普通高等教育"十三五"规划教材

功能高分子材料

贾润萍　徐小威　主编

U0228755

化学工业出版社

·北京·

内容简介

  本书系统总结了目前功能高分子材料的研究现状、发展方向、最新研究进展和未来发展方向。主要论述在工程上应用较广和具有重要应用价值的一些功能高分子材料品种。如已发展较为成熟的吸附性高分子、液晶高分子、导电高分子、高分子表面活性剂等，对它们的研究和发展方向以及最新成果做了一定的介绍，同时对于一些新的功能高分子材料，如形状记忆高分子、智能型凝胶等智能型功能高分子也有所涉及。在阐述这些材料时，着重强调基本概念、基本原理，阐明了功能高分子材料的结构、组成与功能性之间的关系，同时对功能高分子材料的发展也做了扼要的介绍。

  本书适用于材料科学与工程、化学工程、香料专业的本科生和研究生，也可供相关专业人员参考学习。

图书在版编目（CIP）数据

功能高分子材料/贾润萍，徐小威主编. —北京：
化学工业出版社，2021.3（2023.1重印）
ISBN 978-7-122-38458-4

Ⅰ.①功… Ⅱ.①贾… ②徐… Ⅲ.①功能材料-高分子材料-高等学校-教材 Ⅳ.①TB324

中国版本图书馆 CIP 数据核字（2021）第 025822 号

责任编辑：廉　静　　　　　　　　　　　文字编辑：苗　敏　师明远
责任校对：李雨晴　　　　　　　　　　　装帧设计：刘丽华

出版发行：化学工业出版社（北京市东城区青年湖南街 13 号　邮政编码 100011）
印　　装：北京七彩京通数码快印有限公司
787mm×1092mm　1/16　印张 19¾　字数 510 千字　　2023 年 1 月北京第 1 版第 3 次印刷

购书咨询：010-64518888　　　　　　售后服务：010-64518899
网　　址：http://www.cip.com.cn
凡购买本书，如有缺损质量问题，本社销售中心负责调换。

定　　价：69.00 元　　　　　　　　　　　　　　　　版权所有　　违者必究

前言

　　功能高分子材料是高分子材料科学的一个重要分支。大分子通过结合特定的功能基团，或与具有特定功能的其他材料进行复合，或者二者兼而有之，形成具有特殊功能的高分子。功能高分子材料是在传统高分子材料的基础上，随着科学技术日新月异的发展而产生的适应时代潮流的新一代高分子材料，是与其他学科交叉非常紧密、发展最为迅速的一个领域。

　　鉴于功能高分子材料种类及其应用的快速发展，编者根据本专业的特点及多年讲授功能高分子材料课程的教学经验和教改实践以及科研经验，查阅大量近期相关的资料编写而成的。本书根据高分子材料与工程、复合材料等专业的特点，主要论述了在工程上应用较广和具有重要应用价值的一些功能高分子材料品种，内容详略得当，重点突出，主要介绍了发展较为成熟的导电高分子、液晶高分子、吸附性高分子、高分子表面活性剂、光敏高分子、医用高分子和智能高分子，除此之外，结合学科特色也论述了化妆品用高分子材料，包括化妆品合成用功能高分子和香料香精缓释技术用功能高分子，对它们的研究和发展及最新成果做了一定的介绍。本书在阐明这些材料的物类、构成、制法和应用领域等基本概念的同时，着重强调了材料的设计思路、结构和组成与功能性之间的关系，同时对功能高分子材料的发展也做了扼要的介绍。

　　本书在编写的过程中，参考了国内出版的一些同类教材、资料，在此对原作者表示衷心的感谢。上海市教委、上海应用技术大学对本书的编写和出版给予了大力支持和帮助，编者在此也表示深深的感谢。

　　本书可作为高等学校高分子材料及复合材料等相关专业本科生和研究生的教学用书，也可供从事功能高分子材料生产和研究的科技人员学习参考。

　　本书由贾润萍、徐小威担任主编，惠资、黄志雄、赵呈、王大洋、刘新参与本书编写工作。由于功能高分子材料正处在快速发展阶段，以及研究内容涉及很多跨学科的知识，同时限于编者的学识水平，加之时间仓促，书中难免有疏漏和不妥之处，恳请广大读者及同行专家批评指正。

编者

2021. 4

上海应用技术大学

目录

第3章 液晶高分子材料 / 048

第4章 吸附性高分子材料 / 081

第7章 医用高分子材料 / 187

第9章 智能高分子 / 264

第1章

绪论

高分子材料是由分子量较高的高分子化合物为基础构成的材料，包括塑料、橡胶、纤维、涂料、胶黏剂及高分子基复合材料等。与金属和无机材料等传统材料相比，高分子材料发展历史较短，但因其具有原料易得、品种多样、性能优越、加工方便等优于传统材料的特点而得到迅速发展。近百年来，随着高分子材料在工农业生产、人民生活及各种高新技术领域的广泛应用，对高分子材料及其制品的需求迅速增长。其发展速度远远超越金属等传统材料，在材料工业中占有相当重要的地位，其中，有现代三大高分子合成材料之称的塑料、合成纤维和合成橡胶已经成为国民经济建设与人民日常生活必不可少的重要材料。

虽然目前高分子材料应用已非常广泛，但由于高分子材料的基体是由许多重复结构单元组成的，其分子量很大，具有多分散性，且构型、构象复杂多变，因此高分子材料很难形成完美的结晶，没有明确的熔点，物理、化学性质对温度和时间的依赖性比较明显，材料性能一般表现为质量轻、模量和硬度不高、易变形、耐热和耐寒性差、不溶或难溶于常规溶剂、不导电、化学惰性强等。通常情况下，这些高分子材料因其物理力学性能而被当作一般生产、生活材料和低载工程材料使用，所以高分子材料又被称为通用高分子材料。随着现代科技及工程技术的飞速发展，人们对材料性能的要求越来越高，在生产和生活中对材料提出了很多特殊性能或功能需求，从而推动了材料科学与工程学科的快速发展。高分子材料所具有的品种多样性、基材结构组成的可控性、性能的可调性，恰好迎合了这种发展趋势和需求，为设计与制备适应某种特殊用途、具有某些特殊功能的新材料奠定了基础，因此，自20世纪中期开始，功能高分子材料作为材料科学中高分子材料的重要研究领域得到了快速发展。人们通过共聚、掺杂、共混、复合等多种加工处理手段，实现了高分子材料的高性能化、功能化，研制出了许多产量低、附加值高、功能独特、性能优异的新型高分子材料，即功能高分子材料。

随着人类科技的发展和进步，功能高分子材料不管是纯天然的还是合成的都成为人类生产生活中不可缺少的重要材料，给人类生活带来诸多便利，但是在具体的使用过程中会受到诸多因素的影响，影响材料功能的发挥，所以研究和分析功能高分子材料有重要意义。功能高分子材料的主要结构是高分子化合物，是分子量较高的聚合物，其一种来源是天然材料，主要是从动植物生命体中提取的有用高分子物质，如天然竹子纤维、树脂、橡胶等。另外一种是化学合成的高分子材料，如合成纤维、合成橡胶等，化学合成的功能高分子材料要比天然的功能高分子材料功能性要强一些，用途也更加广泛。

1.1 功能高分子材料的定义

功能高分子材料是各种具有特殊功能的高分子材料的统称，是相对于通用高分子材料而言的一个宽泛的概念。功能高分子材料品种繁多，功能各异，应用广泛，且目前仍处于快速成长期，因此对于其确切定义，学术界至今尚无定论。材料的性能是指材料对外部作用的抵抗特性，而功能是指向材料输入某种能量和信息，经过材料的储存、传输或转换等过程，再向外输出的一种特性。一般认为，功能高分子材料是指除了具有一定的力学性能之外，还具有某些特定功能（如化学性、导电性、光敏性、生物活性等），或者理解为一种受到外部刺激时能通过化学或物理方法做出响应的材料。

1.2 功能高分子材料的分类

功能高分子材料的分类并没有一个明确的标准，常用的分类方法有材料的组成和结构、材料的来源以及材料的功能和应用特点等。但这些分类方法也不是一成不变的，经常出现交叉，如结构型导电高分子材料和复合型导电高分子材料均包含了结构与功能的双重特点。

按照功能高分子材料的组成及结构，可以将其分为结构型功能高分子和复合型功能高分子材料。

结构型功能高分子材料是指在大分子链中具有特定功能基团的高分子材料，它们的功能性是通过分子中的特定功能基团实现的，如高分子过氧酸、离子交换树脂等。复合型功能高分子材料通常是指以普通高分子材料为基础或载体，与具有某些特定功能（如导电、导磁）的其他材料以一定的方式复合而成的材料，它们的功能性是由高分子材料以外的添加剂成分决定的，如添加银粉的复合型导电高分子材料、添加碳纳米管的高导热复合材料。

按照功能高分子材料的来源可将其分为天然功能高分子材料、半合成功能高分子材料以及合成功能高分子材料。

天然高分子材料的突出代表是一些生物高分子，如酶、蛋白质、核酸、多肽等，它们在生命活动中扮演着极其重要的角色。如海参在受到刺激时，体内的组织产生收缩，变得僵硬，这就是一种天然的智能型凝胶；又如鳗鱼的表面有一层黏液，这是一种聚多糖物质，它能使水澄清，是一种天然的高分子絮凝剂。

半合成功能高分子材料是指以天然高分子材料为主体，通过对它们改性而制备的功能高分子材料，如淀粉、纤维素可以通过化学反应引入功能性的基团，作为高吸水性树脂或吸油树脂来应用；又如固定化酶，是将酶通过化学键合或物理包埋的方式固定在天然高分子或合成高分子载体上，从而使其具有良好的稳定性和特殊的反应催化活性。

上述两类功能高分子材料通常是可以进行生物降解的，因此具有良好的环境亲和性，但由于其原料来源，使其功能性的发挥受到一定的限制。目前应用最多的是合成功能高分子材料，研究者可以根据功能性的需求，对其化学结构、凝聚态结构、复合结构以及宏观形态进行设计，从而充分发挥其功能性，如各种离子交换树脂、导电高分子材料、分离膜材料、生物组织工程材料、高分子药物等。在本书中主要对这些功能高分子材料进行介绍，同时兼顾上述两种类型。

通常将功能高分子材料按照功能和应用特点进行分类，据此可大致将功能高分子材料分为化学、光、电、磁、热、声、机械、生物八大类，见表1-1。

⊡ **表 1-1 功能高分子材料的分类**

功能特性		种类	应用
化学	反应性	高分子试剂、高分子催化剂、可降解高分子	高分子反应、环保塑料
	吸附和分离	离子交换树脂、螯合树脂、絮凝剂	水净化、分离混合物
光	光传导	塑料光纤	通信、显示
	透光	接触眼镜片、阳光选择膜	医疗、农用膜
	偏光	液晶高分子	显示、记录
	光化学反应	光刻胶、感光树脂	电极、电池材料
	光色	光致变色高分子、发光高分子	防静电、屏蔽材料
电	导电	高分子半导体、高分子导体	透明电极
	光电	光电导高分子	光电池
	介电	电致变色高分子	释电
	热电	热电高分子	显示
磁	导磁	塑料磁石、磁性橡胶、光磁材料	显示、记录、储存
热	热变形	热收缩塑料、形状记忆高分子	医疗、玩具
	绝热	耐烧蚀塑料	火箭、宇宙飞船
	热光	热释光塑料	测量
声	吸音	吸音防震高分子	建筑
	声电	声电换能高分子、超声波发振高分子	音响设备
机械	传质	分离膜、高分子减阻剂	化工、输油
	力电	压电高分子、压敏导电橡胶	机器人材料
生物	生物体	人工心脏、人工组织	人体材料
	医疗用具	一次性高分子用品	注射器、弹性绷带

在某些情况下，将具有特殊力学性能的高分子材料也列于功能高分子材料中，如超高强材料，高结晶材料，热塑弹性体，以及具有高韧性、高强度的纳米复合材料等。必须指出，许多高分子材料同时兼有多种功能。如纳米塑料通过添加不同的添加剂可以具有导热性、导磁性、导电性、气体阻隔性等。液晶高分子既可以作为添加剂提高材料的力学性能，又可以作为记录材料、分离材料等。不同功能之间也可以相互转换和交叉，如光电效应实质上是一种可逆效应，具有光电效应的材料可以说具有光功能，也可以说具有电功能。某功能材料在一定条件下体现出智能化的特点，如形状记忆高分子、具有体积相转变特征的智能凝胶等。因此，这种分类也不是绝对的。

1.3 功能高分子材料的发展

随着 H. Staudinger 建立大分子概念以来，高分子材料科学在理论与工程应用上都有迅猛的发展，成为独立于金属材料、陶瓷材料的新的材料分支。功能高分子材料的发展脱胎于高分子科学的发展，并与功能材料的发展密切相关。国际上"功能高分子"的提法出现于20世纪60年代，当时主要指离子交换树脂，因其有特殊的离子交换作用和提取、分离某些离子化合物的特殊功能而得此名。之后这一研究领域的拓展十分迅速，并从20世纪80年代中后期开始成为独立的学科并受到重视，逐步拓展出分离膜、高分子催化剂、高分子试剂、高分子液晶、导电高分子、光敏高分子、医用高分子、高分子药物、相变储能高分子等十分宽广的研究领域。

最初的功能高分子可以追溯到1935年合成的酚醛型离子交换树脂，1944年生产出凝胶型磺化交联聚苯乙烯离子交换树脂，并成功地应用于铀的分离提取。20世纪50年代末，以离子交换树脂、螯合树脂、高分子分离膜为代表的吸附分离功能材料和以利用其化学性能为主的高分子负载催化剂迅速发展起来，并初步实现产业化，成为当时功能高分子材料的代表。20世纪50年代初，美国开发了感光树脂，将之应用于印刷工业，随后又将之发展到电子工业和微电子工业。1957年发现聚乙烯基咔唑具有光电导特性，打破了高分子只能作为绝缘体的观念。1977年发现了掺杂聚乙炔的导电性，从此导电功能聚合物的研究成为热点，先后合成了数十种导电聚合物。1966年塑料光导纤维问世，目前光导纤维以20%的年增长率迅速发展，研究的重点是开发低光损耗、长距离传输的光纤制品。1972年，美国杜邦公司推出一种超高强度、高模量的液晶高分子产品Kevlar纤维（聚芳香酰胺纤维），引起了宇航、国防和材料工业的极高重视，目前液晶高分子除了制造高强度、高模量的纤维材料外，还可以用于制备自增强的分子复合材料。

上述的几个例子只是功能高分子发展和应用的一小部分。目前功能高分子材料的研究形成了光、电、磁高分子和高分子信息材料研究及医用、药用高分子材料研究两个主要研究领域。

我国功能高分子的研究起步于1956年合成离子交换树脂，但正式提出"功能高分子"研究是在20世纪70年代末。在"功能高分子"领域开展的工作有：吸附和分离功能树脂研究、高分子分离膜研究、高分子催化研究、高分子试剂研究、导电高分子研究、光敏及光电转化功能高分子研究、高分子液晶功能材料研究、磁性高分子研究、高分子隐身材料研究、高分子药物研究、医用高分子材料研究、相变储能材料及纤维研究等。

为了满足新世纪国民经济各领域的新技术发展需要，功能高分子材料正在往高功能化、多功能化（包括功能/结构一体化）、智能化和实用化方面发展。现在功能高分子已经在生物、能源、信息等领域起到了重要作用。对其研究进展到现在，研究人员一共开发出了四大类功能材料：①具有分离或化学功能的高分子材料。这类材料具有一定的化学特性或者能够分离某些物质。活性炭就是我们生活中常见的具有分离功能的高分子材料。②电磁功能高分子材料。这种高分子材料能够在特殊条件下导电，或者在某些外界特定条件下能够转化成绝缘体或者导体。③光功能高分子材料。这类高分子材料可以与光线相互作用产生特殊的现象，能够对光进行转换、储存、吸收和传输。现在不少通信设备、太阳能设施都应用到了这一材料。④生物医用高分子材料。因为医用材料要与人体接触，所以对材料提出了较为严苛的要求。功能高分子材料的发展刚好能够填补这一空白。从20世纪60年代开始就已经有研究人员提出了有机硅聚合物生物材料的概念，随着其投产使用，这些年来使用频率越来越高的高分子材料成为医用材料中的主角。功能高分子材料在现代科技中扮演着重要的角色，随着研究的进一步深入，相信会有更多新的功能材料问世。

下面分别以电功能高分子材料、高分子功能膜材料、液晶高分子材料、医用功能高分子材料等方面的研究进展和美好愿景为例，扼要地讲述人们如何从不断发现的现实需求甚至奇思妙想出发，设计开发新型功能高分子材料。

1.3.1　电功能高分子材料

在特定的环境下，电功能高分子材料可以表现出多种性质，如热电、压电、铁电等。按照功能性可以将其划分为电绝缘性高分子材料、高分子介电材料等。另外，按照组成情况进行划分，可以分为两种：一种是复合电功能材料，另一种是结构电功能材料。电功能高分子材料不仅在电子器件中得以广泛应用，而且在敏感器件中也具有极为关键的作用。

1.3.2　高分子功能膜材料

高分子功能膜属于膜型材料，具有选择性的透过能力，除此之外，还是一种高分子材料，具有一定的特殊功能，通常情况下将其称为分离膜或者功能膜。早在 19 世纪 80 年代，学者们受到生物膜选择透过性的启发，开始致力于环境刺激响应型智能高分子膜的研究。从智能材料的概念出发，智能高分子膜材是指对外界环境的化学物质及物理信号变化具有响应性，并具有执行功能的高分子膜材[1]。作为某些物质可选择性渗透的二维材料，其智能化在于使之对外部环境具有感知、响应性，如智能化的控制渗透膜、具有传感器功能的膜、分子自组装膜、LB 膜等。它们可用于制备人工皮肤、分子电子器件、各种非电子光学器件等。

采用功能膜对物质进行分离，其特点如下：选择性和透过性比较显著，由于在膜两侧的产物为透过产物和原产物两种，这样一来有利于将选取的产物进行收集。另外，在分离的过程中，不仅不会出现异常，而且相变能也不会出现耗费的情况。从功能的角度进行考虑，高分子分离膜之所以应用广泛其主要原因是它具有两大功能：第一种功能是对物质的识别，第二种是对物质进行分离。在研究过程中发现，除了以上两种功能，它还具有对物质和能量进行转化的功能。在实际利用的过程中，在不同的条件下，所显示出的特性不同，到目前为止已经在多个领域中得以广泛应用。

1.3.3　液晶高分子材料

液晶是一些化合物所具有的介于固态晶体的三维有序和无规液态之间一种中间相态，又称介晶相，是一种取向有序流体，既具有液体的易流动性，又具有晶体的双折射等各向异性。1941 年 Kargin 提出液晶态是聚合物体系中一种普遍存在的状态，从此人们开始了对液晶聚合物的研究。然而其真正作为高强度、高模量的新型材料，是在低分子中引入高聚物，合成出液晶高分子后才成为可能的[2]。这一重大成就归功于 Flory，他在 40 多年前就预言刚棒状高分子能在临界浓度下形成溶致性液晶，并在当年得到了证实。到了 20 世纪 70 年代，杜邦公司著名的纤维 Kevlar 的问世及其商品化，开创了液晶高分子（LCP）研究的新纪元。相关液晶的理论也不断发展和完善，然而由于 Kevlar 是在溶液中形成，需要特定的溶剂，并且在成形方面受到限制，人们便把注意力集中到那些不需要溶剂，在熔体状态下具有液晶性，可方便地注射成高强度工程结构型材及高技术制品的热致性液晶高分子（TL-CP）上。1975 年 Roviello 首次报道了他的研究成果，次年 Jackson 以聚酯（PET）为主要原料合成了第一个具有实用性的热致性芳香族共聚酯液晶，并取得了专利[3]。从此，液晶高分子材料的开发得到迅猛的发展。而今 LCP 已成为高分子学科发展的重要分支学科，由于其本身无与伦比的优点，以及与信息技术、新材料和生命科学的相互促进作用，已成为材料研究的热点之一。目前世界上实现商品化 LCP 的主要国家有美国、日本、英国和德国，品种也只限于纤维、塑料。其中，溶致性液晶以 Kevlar 为代表；热致性液晶品种较多，较突出的有 Xy-dar、Vectra、Ekonol、Ultrax、X7G 等[4]。Kevlar 是美国杜邦公司于 1972 年首先实现工业化生产的溶致性液晶纤维，目前的生产能力已达数万吨，主要的牌号有 Kevlar29、Kevlar49 和 Kevlar149 三种。液晶是近些年逐步兴盛起来的一种物质，但是由于其化学性质和物理性质的特殊之处，液晶成为具有广泛应用的特殊功能材料。而且，液晶的特征在于固体晶体和各向同性液体之间的结构。从宏观物理性质的角度来看，液晶不仅具有独特的液体流动性和黏度，而且具有各种晶体特性。液晶在阳光或其他光的照射下具有双折射、布拉格反射、衍射和旋光效果，就像自然界中存在的晶体一样，在实际应用的过程中，也能够使其更好地作用于显示、信号处理、光通信、光信号处理等方面，对我国各类电子元件的构造具有积极的促进作用。如果说小分子液晶是有机化学和电子学之间的边缘科学，那么液晶高分子则牵涉高分子科学、材料科学、生物工程等多门科学，而且在高分子材料、生命科学等方面都得到大量应用。

1.3.4 医用功能高分子材料

我国的生物医用高分子材料研究起步较晚，当西方某些发达国家已经成功研制出某些高分子材料的时候，我国的相关研究才开始着手。但是随着经济的发展，我国在生物医用高分子材料方面的研究取得了较大的进展，尤其是在医用塑料和药用高分子材料方面取得了很大的进步，有些技术甚至已经成为世界一流技术。目前生物用高分子材料主要分为三大类[5]：①医用塑料。这一高分子材料比较常见，例如输液管、注射器、各种医用导管。整个医用塑料占医用器械比例高达 15%，这一数据还在不断增长中。现在各个国家都越来越重视医用塑料的研究和开发，我国虽然取得了一些进展，但是总体来说还有较大进步空间，一些高端的医用塑料无法生产。②人体器官。这类高分子材料可以植入人体，直接与生物体接触，在生命活动中起到一定作用。康奈尔大学研究出了一种能够代替心脏的高分子材料，我国研究人员也制备出了髋关节。现在人体器官高分子材料越来越受到研究人员的重视，尤其是在人口老龄化加剧、器官紧缺的情况下，研究此类课题的意义重大。③药用高分子材料。现代制药中，高分子材料已经成了不可或缺的一部分。不少研究人员已经开发出了具有靶向作用的新型高分子药物，这类靶向药物不仅可以提高药品的使用效率，而且能够更快、更准确地清除病灶。研究人员设想能够发明定时、定量、定位的靶向药物，目前距离这一目标还有很长的一段路要走。

1.3.5 环境降解高分子材料

高分子材料要想发生降解反应需要很多的外界条件和内在条件，例如机械力、化学试剂、热、氧等。简单来讲，在机械力的作用下所发生的降解为机械降解；在化学试剂的作用下所发生的降解为化学降解；在氧的作用下所发生的降解为氧化降解等。经过研究，环境降解高分子材料的功能非常强，得到了显著的应用[6]。

1.3.6 吸附分离功能高分子材料

吸附分离功能高分子按吸附机理分为化学吸附剂、物理吸附剂、亲和吸附剂，按树脂形态分为无定形、球形、纤维状，按孔结构分为微孔、中孔、大孔、特大孔、均孔等。吸附分离功能高分子主要包括离子交换树脂和吸附树脂。

1.4 功能高分子材料结构特征

通过对现代材料的分析可知，其材料的种类丰富多样，按照主要的特征和组成成分对材料进行划分，可以分为金属、陶瓷、高分子等；按照在生活和生产中的用途进行划分，可以分两种，即结构、功能性高分子材料。功能高分子材料从本质上来说，属于一种功能材料范畴，主要是指由分子量相对比较大的长链分子组合而成的一种高分子及其复合材料，其特性是具备某种特殊功能。简单来讲，功能高分子材料主要是指可以表现出多种特性的一种材料，其特性包括力学、电、磁、光等，其结构特征如下。

1.4.1 主链型

其功能基团主要为高分子链单元，所以，主链本身具有非常强大的一种功能作用。例如，在聚乙炔分子链中的一种双键结构，不仅可以使分子链构成一种大 π 键，而且还可以使其在特定的环境下，呈现出一种导电性功能[7]。

1.4.2 侧链型

功能基团主要在高分子链一侧，在分子的主链上通过接枝可以表现出显著的功能。例如，羧基接在苯乙烯主链上可以起到一定的积极作用：一方面，可以对特定物质起到吸水的作用；另一方面，可以使不同离子进行交换。

1.4.3 接合型

功能高分子材料与金属接合而成的层状复合物，可以通过利用该界面的作用对信息进行转变，从而转变成具有科学性的电动势。有研究学者发现，高分子材料与半导体进行接合也可以转变成电动势，有机导体传感材料和半导体传感材料就属于其中的一种[8]。

1.5 高分子功能化原则

针对不同应用领域以及不同用途的功能化目标，实现功能化聚合物的有效性以及使用的安全性，是选择和制备功能化高分子时必须充分重视的两个原则。

1.5.1 有效性

以实现某种特殊化学功能目标如物质分离或化学催化等为例，在选择目标聚合物时，首先需要考虑其能否简便而快捷地连接上具有目标功能的化学基团。根据各种聚合物能够参与的化学反应的类型和条件，确定相对容易的反应类型、试剂和条件。可以发现聚苯乙烯几乎可以进行小分子苯或甲苯能进行的各种化学反应，被接枝上相应的化学功能基团，而且反应条件一般并不苛刻。虽然聚乙烯和聚丙烯也可以进行这些反应，不过其反应条件却要比聚苯乙烯苛刻得多。于是，聚苯乙烯常常成为人们进行特殊化学功能化的优先考虑对象。

1.5.2 安全性

当面对某种特定的生物医学功能化目标时，聚合物的生物相容性与安全性是必须予以高度重视的。虽然聚苯乙烯的功能化有效性很高，但是其生物相容性却相对较差。不仅如此，即使聚苯乙烯内残留单体的浓度极低，其生物相容性、细胞毒性甚至致癌性却是众所周知的。例如，按照我国关于生物药用材料检测标准的规定，材料中的苯乙烯含量不得高于1mg/kg。因此万万不可将聚苯乙烯直接作为特殊生物学或药用功能材料使用。当然，经过某些侧基化反应如磺化反应以后，其生物相容性与毒性又另当别论。

相对而言，聚乙烯和聚丙烯的生物学相容性与安全性让人放心得多。还有聚乙烯醇、聚对苯二甲酸乙二醇酯和聚酰胺等，也具有较高的生物相容性和安全性。不过，除聚乙烯醇外，这些聚合物的化学反应活性均较低，功能化反应条件比较苛刻。为了克服这类相对惰性聚合物功能化反应的困难，人们往往考虑选择强氧化剂、紫外光照以及高能辐射等手段，辅助实现其功能化。

1.6　功能高分子材料的合成与制备

1.6.1　功能高分子材料的合成

在各种功能高分子材料中，通常仅采用高聚物即可实现其功能化，因此合成形态各异、富含各种官能团的高分子是制备功能高分子材料的关键。高分子的合成通常有加成聚合和缩合聚合两种。

加成聚合是指含有不饱和键（双键、三键、共轭双键）的化合物或环状低分子化合物，在催化剂、引发剂或辐射等外加条件作用下，同种单体间相互加成形成新的共价键相连的大分子的反应，相应的产物称为加成聚合物。单体在聚合过程中不失去小分子，无副产物产生，它的重复结构单元与单体的组成是一致的，如聚乙烯、聚苯乙烯、聚氯乙烯等。具体的合成方法则有溶液聚合、本体聚合、乳液聚合以及悬浮聚合。

缩合聚合（缩聚反应）是指具有两个或两个以上官能团的单体相互反应生成高分子化合物，同时生成小分子副产物（如 H_2O、醇等）的化学反应，目前也把形成以酯键、醚键、酰胺键相连接的重复单元的合成反应称为缩聚反应，相应的产物称为缩聚物。这类反应产物的重复单元与单体是不一致的，如聚氨酯、聚酯、聚酰胺等，某些天然高分子如纤维素、淀粉、羊毛、丝等也被划为缩聚物。缩聚反应根据反应条件可分为熔融缩聚反应、溶液缩聚反应、界面缩聚反应和固相缩聚反应 4 种。

为了合成一些特定结构及结构规整的高分子，近年来发展了多种高分子合成新方法，其中活性聚合是目前最受科学界及工业界关注的方法。

活性聚合是 1956 年由美国科学家 Szware 等研究开发的，首先确定了阴离子的活性聚合，阴离子活性聚合也是迄今为止唯一得到工业应用的活性聚合方法。活性聚合最典型的特征是引发速率远远大于增长速率，并且在特定条件下不存在链终止反应和链转移反应，亦即活性中心不会自己消失。这些特点导致了聚合产物的分子量可控、分子量分布很窄，并且可利用活性端基制备含有特殊官能团的高分子材料。

目前已经开发成功的活性聚合除阴离子活性聚合外，还有阳离子聚合、自由基聚合等，但这两种聚合中的链转移反应和链终止反应一般不可能完全避免，只是在某些特定的条件下，链转移反应和链终止反应可以被控制在最低限度，使链转移反应和链终止反应与链增长反应相比可忽略不计。这类活性聚合的聚合反应也为"可控聚合"。目前，阳离子可控聚合、原子转移自由基聚合、基团转移聚合、活性开环聚合、活性开环歧化聚合等一大批"可控聚合"反应被开发出来，为制备特种与功能高分子提供了极好的条件。

1.6.1.1 阴离子活性聚合

相对于自由基聚合，阴离子活性聚合具有聚合反应速率极快、单体对引发剂有强烈的选择性、无链终止反应、多种活性种共存、产物分子量分布很窄的特点。目前，已知通过阴离子活性聚合得到的最窄聚合物分子量分布指数为 1.04。适用于活性阴离子聚合的单体主要有 4 类，包括非极性单体（如苯乙烯、共轭二烯等）、极性单体（如甲基丙烯酸酯、丙烯酸酯等）、环状单体（如环氧烷、环硫烷、环氧硅烷等）、官能性单体。官能性单体的研究开发不但大大拓宽了活性阴离子聚合的研究范畴，而且可以从分子设计入手合成各种各样结构明确的功能高分子。阴离子聚合常用的引发剂为丁基锂、萘基钠、萘基锂等，合成过程中需要的单体、溶剂以及引发剂在使用前均需精制。

阴离子活性聚合是常用的合成嵌段共聚物的方法，此外，还可用于合成结构可控的接枝共聚物、星状聚合物以及环状聚合物等。

1.6.1.2 阳离子活性聚合

阳离子聚合不像阴离子聚合那样容易控制，阳离子活性中心的稳定性极差。因此，自从 1956 年发现阴离子活性聚合以来，阳离子活性聚合的探索研究一直在艰难进行，但长期以来成效不大。直到 1984 年，Higashimura 首先报道了烷基乙烯基醚的阳离子活性聚合，随后又由 Kennedy 发展了异丁烯的阳离子活性聚合，阳离子聚合取得了划时代的突破。在随后的数年中，阳离子活性聚合在聚合机理、引发体系、单体和合成应用等方面都取得了重要进展。

目前用于阳离子活性聚合的单体通常有异丁烯、乙烯基醚类单体，引发剂可用 HI/I_2 体系，HI/ZnI_2 体系，磷酸酯/ZnI_2 体系以及由 $AlCl_3$、$SnCl_4$ 等路易斯酸性很强的金属卤化物与可生成阳离子的化合物组合而成的体系等。以 HI/I_2 体系引发烷基乙烯基醚阳离子聚合为例，阳离子活性聚合有以下特点：数均分子量与单体转化率呈线性关系，向已完成的聚合反应体系中追加单体，数均分子量继续成比例增长，聚合速率与 H^+ 的初始浓度成正比，引发剂中 I_2 浓度增加只影响聚合速率，对分子量无影响，在任意转化率下，产物的分子量分布均很窄，分布指数小于 1.1。

阳离子聚合除可用于合成各种单分散的带不同侧基的聚合物、带特定端基的聚合物、大单体外，还可以合成各种嵌段共聚物、接枝共聚物、星状共聚物、环状聚合物等。

1.6.1.3 基团转移聚合

基团转移聚合反应是 1983 年由美国杜邦公司的 O. W. Webster 等首先报道的。它是除自由基、阳离子、阴离子和配位阴离子型聚合外的第 5 种连锁聚合技术。基团转移聚合是以 α、β-不饱和酸、酮、酰胺和腈类等化合物为单体，以带有 Si、Ge、Sn 烷基等基团的化合物为引发剂，用阴离子型或路易斯酸型化合物作催化剂，选用适当的有机物为溶剂，通过催化剂与引发剂端基的 Si、Ge、Sn 原子配位，激发 Si、Ge、Sn 原子，使之与单体羰基上的 O 原子或 N 原子结合成共价键，单体中的双键与引发剂中的双键完成加成反应，Si、Ge、Sn 烷基团移至末端形成"活性"化合物的过程。以上过程反复进行，得到相应的聚合物。

利用基团转移聚合可以合成端基官能团聚合物、侧基官能团聚合物、结构和分子量可控的无规共聚物和嵌段共聚物、梳状聚合物、接枝聚合物、星状聚合物和不同立体异构规整性聚合物，还可以实现高功能性有机高分子材料的精密分子设计，进行高分子药物的合成，如生理活性高分子载体、高分子抗体复合型药物载体以及某些功能性共聚物等。

1.6.1.4 活性自由基聚合

除阴离子活性聚合外，其他的活性聚合虽能够制备一些结构可控的聚合物，但真正能大规模工业化生产的并不多。其主要问题是它们的反应条件一般都比较苛刻，反应工艺也比较复杂，导致产品的工业化成本居高不下。同时，现有活性聚合技术的单体适用范围较窄，主要为苯乙烯、（甲基）丙烯酸酯类等单体，使得分子结构的可设计性较低，因此大大限制了活性聚合技术在高分子材料领域的应用。

传统的自由基聚合具有单体广泛、合成工艺多样、操作简便、工业化成本低等优点，同时还有可允许单体上携带各种官能团、可以用含质子溶剂和水作为聚合介质、可使大部分单体进行共聚等特点。但是，自由基聚合存在与活性聚合相矛盾的基元反应或副反应，使聚合反应过程难以控制。"活性"自由基聚合反应则解决了这一困境。

所谓的"活性"自由基聚合，即是采取一定措施，使在聚合反应中产生的短寿命的自由基长寿命化，最关键的是要阻止双基偶合终止。为此可采取两种方法：一是降低自由基的易动性，如将生长着的自由基用沉淀或微凝胶包住，使其在固定的场所聚合；二是在高黏度溶剂中及冻结状态下聚合。目前研究的活性自由基聚合有引发-转移-终止法（iniferter 法）、采用自由基捕捉剂的 TEMPO 引发体系、可逆加成-断裂链转移自由基聚合（RAFT）、原子转移自由基聚合（ATRP）以及反相原子转移自由基聚合（RATRP）。

"活性"自由基聚合并不是真正意义上的活性聚合，只是一种可控聚合，聚合物的分子量分布可控制在 1.10～1.30。

1.6.2 功能高分子材料的制备

功能高分子材料可以通过化学合成方法制备，也可以利用物理方法制备，制备功能高分子材料的原则是通过化学反应或物理反应引入功能基团、多功能复合材料及已有功能材料的功能扩展，制备方法有功能性小分子的高分子化、已有高分子材料的功能化、通过特殊加工赋予高分子功能化以及普通高分子材料与功能性材料复合等。

1.6.2.1 功能性小分子的高分子化

许多功能高分子材料是从其相应的功能性小分子发展而来的，这些已知功能的小分子化合物一般已经具备了部分功能，但是从实际使用角度来看，还存在着一些问题，通过将其高分子化即可避免其在使用中存在的问题。如小分子过氧酸是常用的强氧化剂，在有机合成中是重要的试剂，但是，这种小分子过氧酸的主要缺点在于稳定性不好，容易发生爆炸和失效，不便于储存，反应后产生的羧酸也不容易除掉，经常影响产品的纯度，若将其高分子化制备高分子过氧酸，则挥发性和溶解性下降，稳定性提高。

功能性小分子的高分子化，通常是在一些功能性小分子中引入可聚合的基团，如乙烯基、吡咯基、羧基、羟基、氨基等，然后通过均聚反应或共聚反应生成功能聚合物，如图1-1所示。从其结构可以发现，在这些结构中除存在可聚合基团外，还存在着间隔基 Z。间隔基 Z 的存在，可以避免在聚合过程中聚合基团对功能性基团产生影响。

根据功能性小分子中可聚合基团与功能基团的相对位置，可以制备功能基在聚合物主链或功能基在聚合物侧链上的功能高分子。当反应性官能团分别处在功能基团的两侧时，得到主链型功能高分子；而当反应性官能团处在功能基团的同一侧时，则得到侧链型功能高分子。具体的实施方法可以采用本体聚合、溶液聚合、乳液聚合、悬浮聚合、电化学聚合等。

1.6.2.2 已有高分子材料的功能化

目前已有众多的商品化高分子材料，它们可以作为制备功能高分子材料前体。这种方法

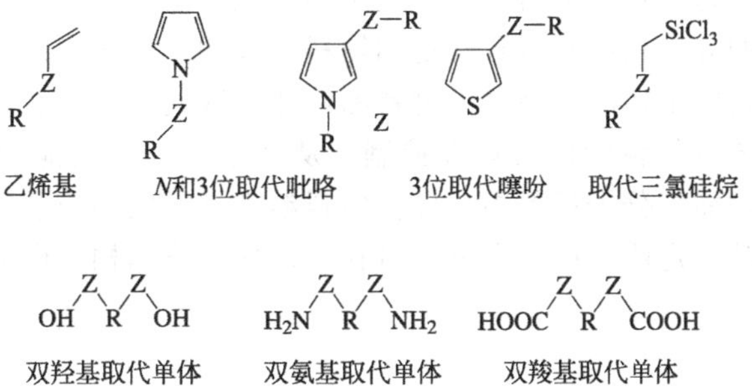

图 1-1　常用于合成功能性高分子的功能性小分子结构示意图

乙烯基　　N和3位取代吡咯　　3位取代噻吩　　取代三氯硅烷

双羟基取代单体　　双氨基取代单体　　双羧基取代单体

的原理是利用高分子的化学反应，在高分子结构中存在着的活性点上引入功能性基团，从而实现普通高分子材料的功能化。如高分子骨架上所含的苯环的邻对位、羟基、羧基、氨基均可以作为引入功能性基团的活性点。有时这些基团的活性还不足以满足高分子化学反应的要求，需对之进行改性以进一步提高其活性。通常用于这种功能化反应的高分子材料都是较廉价的通用材料。在选择聚合物母体的时候应考虑许多因素，首先应考虑较容易地接上功能性基团，此外还应考虑价格低廉、来源丰富，同时具有机械、化学、热稳定性等性能。目前常见的品种包括聚苯乙烯、聚氯乙烯、聚乙烯醇、聚（甲基）丙烯酸酯及其共聚物、聚丙烯酰胺、聚环氧氯丙烷及其共聚物、聚乙烯亚胺、纤维素等。

1.6.2.3　通过特殊加工赋予高分子功能性

许多聚合物通过特定的加工方法和加工工艺，可以较精确地控制其聚集状态结构及其宏观形态，从而具备功能性。例如，将高透明性的丙烯酸酯聚合物经熔融拉丝使其分子链高度取向，可得到塑料光导纤维，从而具有光学功能性。又如，许多通用塑料（如聚乙烯、聚丙烯等）和工程塑料（如聚碳酸酯、聚砜等）通过适当的制膜工艺，可以精确地控制其薄膜的孔径，制成具有分离功能的多孔膜和致密膜。正是这些塑料分离膜的出现，才奠定了现代膜分离技术的发展基础。

1.6.2.4　普通高分子材料与功能性材料复合制备功能高分子材料

利用物理方法，将功能性填料或功能性小分子与普通高分子复合，也可制备功能高分子材料。这是目前经常采用的制备功能性高分子材料的方法，如将绝缘塑料（如聚烯烃、环氧树脂等）与导电填料（如炭黑、金属粉末）共混可制得导电塑料；与磁性填料（如铁氧体或稀土类磁粉）共混可制得磁性塑料。

利用物理方法制备功能化高分子材料的优势在于可以利用廉价的商品化聚合物，并且通过对高分子材料的选择，使得到的功能高分子材料比较有保障。同时，物理方法相对简单，不受场地和设备的限制，特别是不受聚合物和功能性小分子官能团反应活性的影响，得到的功能高分子中功能基团的分布比较均匀，这种方法生成的功能性高分子材料在聚合物与功能性化合物间通常无化学键连接，固化作用通过聚合物的包络作用完成。

聚合物的物理功能化方法主要是通过功能小分子或功能性填料与聚合物的共混和复合来实现的。物理共混方法主要有熔融共混和溶液共混两类。熔融共混是将聚合物熔融，在熔融态加入功能性小分子或填料，混合均匀。功能小分子或填料如果能够在聚合物中溶解，将形成分子分散相，获得均相共混体，否则功能小分子或填料将以微粒状态存在于高分子中，得到的是多相共混体。溶液共混是将聚合物溶解在一定溶剂中，而将功能性小分子或填料溶解在聚合物溶液中成分子分散相，或者悬浮在溶液中成悬浮体，溶剂蒸发后得到共混聚合物。

这种功能性高分子材料基本上由 3 种不同结构的相态组成，即由聚合物基体组成的连续相，由功能填料组成的分散相以及由聚合物和填料构成的界面相。这 3 种相的配制方式和相互作用以及相对含量决定了功能性高分子材料的性能。因此，为了获得某种功能或性能，必须对其组分和复合工艺进行科学的设计和控制，从而获得与该功能和性能相匹配的材料结构。例如，在导电性功能高分子材料中，导电填料粉末必须均匀分散于聚合物连续相中，且其体积分数必须超过某一定值，以致在整个材料中形成网络结构，即形成导电通路时，材料才具有所需的导电性。

1.7　功能高分子材料的发展前景

科学技术的发展和互联网的普及推动了功能高分子材料的发展。在人们的生产、生活中都离不开它，而且材料发展的方向和趋势会直接决定社会经济的发展。近些年，人们生活水平不断提高，对高分子材料的需求和质量提出了更高的要求和标准[9]。传统、落后的高分子材料已经无法顺应时代发展的潮流，为了更好地满足社会发展的必然趋势，国内和国外都开始对新型有机功能高分子材料展开了深入性的开发和研究。根据目前发展的情况来看，高分子材料逐渐在向智能化、功能性强的方向发展。站在科技的角度进行分析，高分子材料的应运而生无论是在国家的经济上，还是在国家的竞争力上都起着极为关键、不可忽视的作用：一方面，提高了国家经济的发展水平，保障国家的财产安全；另一方面，增强了国家的竞争力，使国家在竞争中占据有利的位置。除此之外，高分子材料自身还具有一定的优越性，所以极大地推动了我国材料行业的发展。

在未来的工程技术中，各个科技领域都离不开高分子材料。有研究学者将能源、材料、信息评为了新科技革命的三大根基。功能高分子材料是能源和信息的物质基础，所以功能高分子材料的发展会对科学的发展造成严重的影响。在目前形势下，除了传统的三大合成材料，又研究出多种具有特殊性能的高分子材料，例如，电、光、磁材料等，在此基础上，还有研究学者研究出了更具有特殊性能的功能高分子材料，例如，隐身高分子材料、生物高分子材料等，而且功能高分子材料在发展的过程中推动了我国科学技术的发展，在激烈的竞争中，为科技带来发展的机遇[10]。新型的高分子材料，无论是在工业、农业、科技领域上，还是在日常生活中都起着极为关键的作用，并成为人们生活中必不可少的一种材料。所以，我国对该材料进行了深入研究和探讨，逐渐用高分子材料取代高能耗材料，不断满足现代化发展的实际需求。唯有这样，才可以在真正意义上对科技事业做出自己的贡献，促进国家的经济发展。

随着社会经济的发展，科学技术的进步，功能高分子材料的发展也在逐渐深入。在激烈的市场竞争环境下，不仅增加了对高分子材料的需求，同时对高分子材料的质量也提出了更高的要求和标准。功能高分子材料要想在激烈的市场竞争中占有一席之地，实现长远的发展目标，就要与时俱进，以相关学科作为主要的基础，例如高分子物理学、高分子化学等，这样在应用的过程中，就可以直接将高分子学科的综合知识进行有效联系，以此来不断提升对高分子材料的认识和理解，推动社会经济的发展。

参考文献

[1] Halperin A，Kröger M，Winnik F M. Poly（*N*-isopropylacrylamide）phase diagrams：Fifty years of research [J]. Angewandte Chemie International Edition，2016，54（51）：15342-15367.

［2］ 柯锦玲.液晶高分子及其应用［J］.塑料，2004（3）：86-89.

［3］ Isayev A I. Liquid crystalline composite［M］. Wiley Encyclopedia of Composites，2011：1-29.

［4］ 甘海啸，朱卫彪，王燕萍，等.热致性液晶聚芳酯纤维的制备与热处理［J］.合成纤维，2011，40（5）：1-4.

［5］ 陈跃华.功能高分子材料在生物医学中的研究应用［J］.化工管理，2018，488（17）：102.

［6］ 肖坚.功能高分子及其在电子材料中的应用初探［J］.无线互联科技，2018（2）：108-109.

［7］ 陶欢，李甘.功能高分子材料的研究现状及其发展前景分析［J］.速读（中旬），2017（2）：203.

［8］ 李磊，张巧玲，刘有智.Pickering 乳液在功能高分子材料研究中的应用［J］.应用化学，2015，32（6）：611-622.

［9］ 金泽康.浅谈功能高分子材料的研究现状及其发展前景［J］.科技创新与应用，2017（2）：83.

［10］ 黄乐平，赵瑾朝，王罗新.功能高分子材料教学中案例教学法的应用研究［J］.广州化工，2015（2）：197-198.

第 **2** 章

导电高分子材料

2.1　概述

2.1.1　导电高分子的基本概念

生活中的物质如果按照它们的电化学性能可以分成以下四种类型：绝缘体、半导体、导体和超导体。按照传统观念来说，高分子材料属于绝缘体类物质，是不能够导电的，但是自 1973 年美国科学家黑格（A. J. Heeger）、麦克迪尔米德（A. G. MacDiarmid）和日本科学家白川英树（H. Shirakawa）发现聚乙炔有极其明显的导电性[1]，传统的有机高分子不能够作为导电材料（导体）的这一概念被彻底地改变了，并且使得导电高分子材料成为人们研究的热点。这种具有导电性的聚乙炔的出现还为低维固体电子学和分子电子学的建立打下重要的基础，具有深远的科学意义。黑格、麦克迪尔米德和白川英树也因此获得了 2000 年诺贝尔化学奖[2]。

在导电高分子中，高分子的导电类型分为结构型导电高分子（又称本征型导电高分子）和复合型导电高分子（掺杂型导电高分子）。结构型导电高分子顾名思义就是自身"固有"能够导电的性能，根据导电的理论，它是由聚合物结构自身提供导电载流子（包括电子、离子或空穴）来导电的，并且这类聚合物经一定量各类导电物质的掺杂后，其电导率可大幅度提高，其中有些甚至可以达到金属银的导电水平。而复合型导电高分子是本身不具备导电性的高分子材料，或者是在导电性较差的高分子中掺混入大量的导电物质，如碳系物、金属粉和箔等，通过分散复合、层积复合、表面复合等各类方法构成的导电复合材料，在这些方法中，目前以分散复合最为常用。

导电高分子材料的构造与一般的高分子材料是不同的，导电高分子由高分子链和与链非键合的一价阴离子或阳离子共同组成，因此导电高分子不仅具有普通高分子结构的可设计性、可加工性和密度小等特点，还具有掺杂带来的金属和半导体的特性与功能。而且由于其特殊的构造使得导电高分子材料不仅仅具备了良好的导电性能，还具备了在导电的过程中能够提高电导率和电流传导率的性能。虽然导电高分子已经发展了将近 50 年，但是导电高分子在理论、合成和应用等方面仍然存在着各种各样的瓶颈和挑战。

2.1.2 材料导电性的表征

对于各种材料导电性的判断，一般用电阻和电导来表征。

根据欧姆定律，当对试样两端加上直流电压 V 时，若流经试样的电流为 I，则试样的电阻 R 为：

$$R = \frac{V}{I}$$

而电阻的倒数称为电导，用 G 表示：

$$G = \frac{I}{V}$$

电阻和电导的大小不仅与物质自身的电性能有关，还与物质试样的表面积 S、厚度 d 有关。实验表明，试样的电阻与试样的截面积成反比，与厚度成正比：

$$R = \rho \frac{d}{S}$$

同样，对电导则有：

$$G = \sigma \frac{S}{d}$$

式中，ρ 称为电阻率，$\Omega \cdot cm$；σ 称为电导率，S/m。

所以由上述理论可知，ρ 和 σ 是一个与材料本身无关的比例系数，一个取决于材料固有属性的产量，所以电阻率和电导率都不再与材料本身的尺寸大小有关，而是只取决于它们自身的电化学性质，因此电阻率和电导率是物质的本征参数，都可用来作为表征材料导电性的尺度。而在一般情况下和日常生活中，讨论材料的导电性时，人们更习惯采用电导率来表示。

根据电导率大小，导体、半导体、绝缘体也就区分出来了，如表 2-1 所示。

⊡ **表 2-1　根据电导率区分材料**

$\sigma / (S/m)$	材料类型
$\geqslant 10^2$	导体
$10^{-8} \sim 10^2$	半导体
$\leqslant 10^{-8}$	绝缘体

但是上述规定只在一定范围下具有相对的意义，并不是绝对的。

而材料的导电性主要是由于物质内部本身存在的带电粒子的定向迁移引起的。这些带电粒子可以是正、负离子，也可以是电子或空穴，统称为载流子。载流子在外加电压作用下沿着电场的方向运动，就能够形成电流。由此可见，材料导电性的好坏、高低与物质所含的载流子数目多少及其运动速度快慢有关。

所以现在我们假定在一截面积为 S、长为 l 的长方体中，载流子的浓度（单位体积中载流子数目）为 N，每个载流子所带的电荷量为 q。载流子在外加电场 E 作用下，沿电场方向运动速度（迁移速度）为 v，则单位时间流过长方体的电流 I 为：

$$I = NqvS$$

而载流子的迁移速度 v 通常与外加电场强度 E 成正比：

$$v = \mu E$$

式中，比例常数 μ 为载流子的迁移率，是单位场强下载流子的迁移速度，单位为 $cm^2 /$

$(V \cdot s)$。

结合上述式子得：

$$\sigma = Nq\mu$$

当材料中存在 n 种载流子时，电导率可表示为：

$$\sigma = \sum_{i=1}^{n} N_i q_i \mu_i$$

由此可见，载流子浓度和迁移率是表征材料导电性的一个重要的微观物理量。

总的来说，由于导电性的巨大不同，材料的电导率是一个跨度很大的指标。从最好的绝缘体到导电性非常好的超导体，电导率甚至可相差 40 个数量级以上。所以一般说的绝缘体、半导体、导体和超导体四大类，是一种很粗略的划分，并无十分确定的界线。由于区分困难，且一般高分子本身导电性较差，所以在本书的讨论中，将不区分高分子半导体和高分子导体，统一称作导电高分子。下面举一些例子稍微界定下材料电导率的不同。不同材料不同电导率的分类见表 2-2。

⊡ 表 2-2 不同材料不同电导率的分类

材料	电导率/（S/m）	典型代表
绝缘体	$<10^{-10}$	石英、聚乙烯、聚苯乙烯、聚四氟乙烯
半导体	$10^{-10} \sim 10^2$	硅、锗、聚乙炔
导体	$10^2 \sim 10^8$	汞、银、铜、石墨
超导体	$>10^8$	铌(9.2 K)、铌铝锗合金(23.3K)、聚氮化硫(0.26 K)

2.2 典型的导电高分子

2.2.1 聚乙炔

聚乙炔（polyacetylene）是一种结构单元为 $\text{+CH} = \text{CH+}_n$ 的聚合物材料。其中，反式聚乙炔的电导率较高为 10^{-3} S/m，顺式聚乙炔的电导率仅 10^{-7} S/m。聚乙炔虽有较典型的共轭导电结构，但从上面的电导率可以看出其导电性能并不好，所以，目前一般通过掺杂来提高其导电性。聚乙炔见图 2-1。

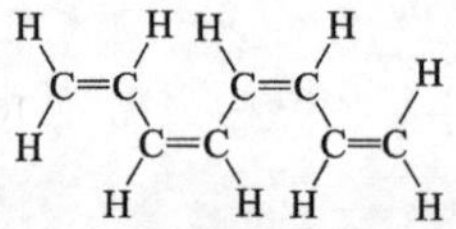

自从 1977 年三位杰出的科学家发现用碘（I_2）或五氟化砷（AsF_5）掺杂的聚乙炔膜甚至具有银的导电性以后[1]，世界上曾出现过研究聚乙炔的热潮。而聚乙炔最常用的几种掺杂物质为五氟化砷（AsF_5）、六氟化锑（SbF_6）、碘（I_2）、溴（Br_2）、三氯化铁（$FeCl_3$）、四氯化锡（$SnCl_4$）、高氯酸银（$AgClO_4$）等。掺杂剂的

顺式聚乙炔

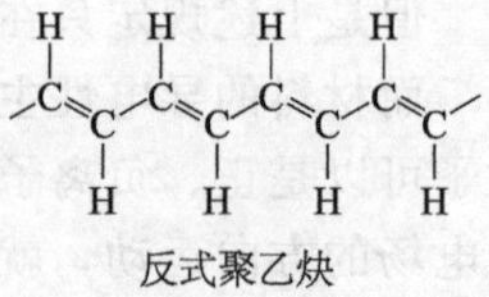

反式聚乙炔

图 2-1 聚乙炔

掺杂量一般为 $0.01\% \sim 2\%$（掺杂剂/—CH ＝）。聚乙炔的导电性随掺杂剂量的增加而逐渐上升，最后慢慢达到一个定值。

~~~~CH=CH—CH=CH~~~~

图 2-2 聚乙炔分子结构式

如图 2-2 所示，聚乙炔具有最简单的共轭双键结构 $\text{+CH} = \text{CH+}_n$，组成主链的碳原子有四个价电子，其中，三个为 σ 电子（sp^2 杂化轨道），两个与相邻的碳原子连接，一个与氢原子链合，

余下的一个价电子π电子与聚合物链所构成的平面相垂直。π电子可在大的共轭基团上自如运动，通电后电子做定向运动形成电流，从而实现其导电的功能。

在19世纪60年代就已经有科研工作者发现并使用齐格勒-纳塔催化剂制取聚乙炔，得到的是黑色固体。1967年秋天，日本化学家白川英树实验室的访问学者偶然合成出了银白色带金属光泽的聚乙炔，白川英树认真、深刻地分析了整个实验过程后，发现该访问学者错误地使用了通常用量1000倍的齐格勒-纳塔催化剂，造成聚乙炔高度结晶，形成了纤维状结构。1975年，麦克迪尔米德到东京工业大学做访问学者，在会议上展示了自己所研究的金色聚氮化硫，白川英树则向他展示了银色聚乙炔。麦克迪尔米德马上联想到聚乙炔的研究前景，邀请白川英树到美国共同做相关研究。最初白川英树希望可以通过纯化聚乙炔来提高导电性，结果却发现越纯导电性越差，麦克迪尔米德想到在聚氮化硫中加入溴之后可以将电导率提高到10倍之高，就建议白川英树在聚乙炔中掺杂部分溴。1976年白川英树发现掺杂少量的碘之后，电流表的指数猛地增大，以致居然都烧坏了仪器。经他们测量，聚乙炔的导电性变成了之前的10^8倍，这已经不可思议地接近了银的导电性，随后他们又和黑格合作，对掺杂机理进行了更深层次的研究，最终获得了诺贝尔奖。导电高分子的诞生见表2-3。

⊡ 表2-3 导电高分子的诞生

时间	研究进展	结果
19世纪60年代	齐格勒-纳塔催化剂制取聚乙炔	黑色固体
1967年秋天	1000倍的齐格勒-纳塔催化剂	聚乙炔高度结晶，形成了纤维状结构
1975年	希望可以通过纯化聚乙炔来提高导电性	越纯导电性越差
1976年	掺杂少量的碘	聚乙炔的导电性变成了之前的10^8倍

聚乙炔特殊的结构和优异的物理、化学性能也使它在诸如能源、光电子器件、信息、传感器、分子导线和分子器件、电磁屏蔽、金属防腐和隐身技术等领域有着十分广泛并且诱人的应用前景。因此，导电高分子自发现之日起就成为材料科学的研究热点，并且一步步正向实用化的方向发展。但其本身易被氧化，因此大规模化的应用暂时没有得到较好的发展，所以曾经也使导电聚合物的研究一度陷入低谷。

目前对聚乙炔的研究主要有用 Ti(OBu)$_4$-AlEt$_3$ 作为催化剂，以稀土配合物为催化剂，以钍的高配合物为催化剂和以过渡金属磷酸酯为催化剂等方法来制备聚乙炔。赵晓江等[3]用 Ti(OBu)$_4$-AlEt$_3$ 催化剂制得聚乙炔薄膜。他们在对聚乙炔进行聚合的时候，主要是用不同的醚类溶剂和非溶剂，聚合之后惊讶地发现，聚乙炔薄膜的强度和导电能力相比普通的聚乙炔有了很大的提高。而且他们制得的聚乙炔薄膜由于采用了直链醚，所以比环状醚制得的聚乙炔薄膜的性能要好得多，但是在聚合效率方面环状醚效率比直链醚高。

1981年沈之荃[4] 第一个以稀土配合物为催化剂成功在常温下制备得到聚乙炔薄膜，合成的聚乙炔薄膜中顺式聚乙炔含量高、抗氧化能力强并且热稳定性好。在他的工作成果发表以后，稀土配合物便成了人们研究聚乙炔合成的一种新的催化剂，使得可以在室温下催化合成顺式含量高的聚乙炔薄膜。之后曹阳等[5] 以钍的高配合物为催化剂也成功制备出了聚乙炔薄膜，其顺式含量也比较高，而且该方法所得到的聚乙炔薄膜有很多物理性质，比如银白色、有金属光泽、柔软性好，并且其抗老化性能也不错。而且通过他们的进一步研究发现，该方法制得的聚乙炔薄膜和人们用其他方法合成出来的聚乙炔薄膜有着相同的结构。

沈之荃、王征等[6] 用过渡金属磷酸酯成功地合成出了聚乙炔膜，通过这种方法制备的聚乙炔薄膜的颜色为银灰色，而且该材料有金属光泽，在其他方面与别的方法合成出来的聚乙炔薄膜都非常相似，这种催化剂的发现使得人们对聚乙炔合成有了更多的选择方法，更好的合成条件。

经过对聚乙炔几十年的研究，在聚乙炔导电材料上众多研究人员取得了各种各样的研究成果。目前，国内外的研究人员已经通过使用不同的催化剂合成了许多不同的聚乙炔，并且深入地研究了聚乙炔掺杂等方面，通过不断研究获得了具有高导电能力的聚乙炔。但是，目前聚乙炔在合成方面仍然存在很多必须解决的问题。

由于聚乙炔易被氧化，所以使用寿命比较短，储存的稳定性较差，这些是聚乙炔导电材料所面临的最大的问题，也是聚乙炔导电材料目前不能工业化大生产的原因。实际测试的聚乙炔电导率与理论计算值的偏差太大，使得人们不能够放心地应用，并且聚乙炔原料的成本较高。

尽管如此，聚乙炔导电材料在物理、化学方面都是很好的研究材料，开发聚乙炔在生活中的应用是科研工作者的一个重要任务。因此对聚乙炔的研究有着重要的意义和发展前途。

2.2.2 聚苯胺

聚苯胺（polyaniline）是一种性能优异的高分子材料，它有特殊的电学、光学性质，经掺杂后可具有导电性，而且其原料廉价易得，合成简单，具有较高的电导率，同时还有良好的环境稳定性，是目前导电高分子研究的主流和热点[7]。

2.2.2.1 聚苯胺材料的导电机理

聚苯胺分子结构式见图 2-3。聚苯胺的电活性源于分子链中的 p 电子共轭结构：随分子链中 p 电子体系的扩大，p 成键态和 p^* 反键态分别形成价带和导带，这种非定域的 p 电子共轭结构经掺杂可形成 p 型和 n 型导电态。不同于其他导电高分子在氧化剂作用下产生阳离子空位的掺杂机制，在聚苯胺的掺杂过程中电子数目不发生改变，而是掺杂的质子酸分解产生 H^+ 和阴离子（如 Cl^-、硫酸根、磷酸根等）进入主链，与胺和亚胺基团中 N 原子结合形成极子和双极子离域到整个分子链的 p 键中，从而使聚苯胺呈现较高的导电性。这种独特的掺杂机制使得聚苯胺的掺杂和脱掺杂完全可逆，掺杂度受 pH 值和电位等因素的影响，并表现为外观颜色的相应变化，聚苯胺也因此具有电化学活性和电致变色特性[8]。

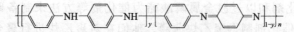

图 2-3　聚苯胺分子结构式

2.2.2.2 聚苯胺的合成方法

根据反应机理，聚苯胺的合成可分为化学氧化聚合和电化学聚合。

（1）化学氧化聚合

化学氧化法一般是在酸性介质中，用氧化剂氧化苯胺单体，得到掺杂态的聚苯胺。化学氧化法制备聚苯胺的主要影响因素有苯胺单体浓度、氧化剂种类、氧化剂浓度、反应介质种类、pH、反应温度、掺杂剂等。目前，主要使用的氧化剂有过硫酸铵（$NH_4S_2O_8$）、氯化铁（$FeCl_3$）、过氧化苯甲酰（BPO）、重铬酸钾（$K_2Cr_2O_7$）、过氧化氢（H_2O_2）等，最常使用的是过硫酸铵（$NH_4S_2O_8$）和氯化铁（$FeCl_3$）。苯胺的聚合反应可以在 $-50\sim50℃$ 的范围内进行，聚合反应温度对聚苯胺分子量、结晶度有较大影响，低温有利于获得高分子量、结晶性好的孔状聚苯胺。1991 年，Armes 等在碱性条件下成功合成了特定形貌的聚苯胺，打破了"聚苯胺只能在酸性介质中合成"的传统观念。后续研究表明，这种采用碱性条件作为起始反应环境的方法不需要添加大量的有机掺杂剂和传统方法所必需的各种有机酸或无机酸即可有效制备具有半导体性能的低维结构聚苯胺，通过简单地调整碱度即可实现可控制备聚苯胺纳米管及微球结构[8]，但在碱性介质中合成的聚苯胺导电性较差。掺杂剂主要是无机酸和有机酸。通常所用的掺杂剂有硫酸（H_2SO_4）、盐酸（HCl）、磷酸（H_3PO_4）、高氯酸（$HClO_4$）、十二烷基苯磺酸（SDBS）、萘磺酸（NSA）、樟脑磺酸（CSA）、乙酸（CH_3COOH）、甲酸（HCOOH）等。化学氧化法合成聚苯胺的反应可分为三个阶段：链诱导期、链增长期、链终止期。苯胺先被慢速诱导氧化为阳离子自由基，两个阳离子自由基再按头尾连接方式形成二聚体，二聚体的形成是苯胺聚合反应的控制步骤；二聚体形成后，其氧化电位低于单体，可以迅速被氧化成阳离子自由基，通过芳环亲电取代进攻单体，进一步氧化脱氢芳构化而生成三聚体，重复亲电取代芳构化过程，即可使链增长持续进行，链增长阶段反应会放出大量的热，自发加速进行，链的增长主要按头尾连接的方式进行；直至所生成的聚合物阳离子自由基的偶合活性消失，反应即结束[9]。

（2）电化学聚合

电化学聚合制备聚苯胺主要影响因素有电解质种类、电解质浓度、pH值、电解液中的阴离子种类、电极材料、电解方式、电解电位等电化学条件。电解质主要采用盐酸（HCl）、硫酸（H_2SO_4）、氢氟酸（HF）、高氯酸（$HClO_4$）等。电极材料可采用石墨电极、铜电极、铂电极、镀金电极等。电解方式可采用恒电位法、恒电流法、动电位扫描法和脉冲极化等方法。电化学聚合反应首先是苯胺单体形成阳离子自由基，两个阳离子自由基通常会发生偶合，通过脱氢芳构化形成二聚体；然后二聚体或新生成的阳离子自由基进一步形成分子量更大的低聚物；类似过程反复进行，最终生成具有较高分子量的聚合物而沉积在电极表面[10~12]。

2.2.2.3 聚苯胺在实际生活中的应用

在涂料方面，聚苯胺涂层使金属钝化，在金属表面形成起保护作用的氧化层，从而降低金属的腐蚀速率。聚苯胺除了作防腐涂料，还可以用来制备电磁干扰（EMI）屏蔽涂料和抗静电涂料，高分子的导电性使得涂层对裸露的金属区域都能起到钝化作用，而EMI屏蔽的原理是：采用低阻值的导体材料，并利用电磁波在屏蔽导体表面的反射和在导体内部的吸收以传输过程的损耗形式而产生阻碍其传播的作用。当导电PAN作为导体材料时，可以在一定程度上解决金属导电填料存在的价格高昂、密度高、容易被氧化或腐蚀等弊端[13]。

在电池方面，聚苯胺具有储存电荷能力高、对氧和水稳定性好、电化学性能良好、密度小和有可逆的氧化/还原特性等特点，在复合物电极中既可作为导电基质又可作为活性物质，已被用作高分子锂电池及太阳能电池等的电极材料。高分子太阳能电池的基本机理主要是基于半导体p-n结的光生伏打效应，即在光的照射下，半导体内部产生的电子-空穴对，在静电场的作用下发生分离产生电动势。高分子半导体材料易于制备与纯化、容易加工、价格低廉，并可根据需要进行化学修饰，具有高的开路电压、能制作大面积柔性器件等。

在防腐蚀方面，聚苯胺可以可逆地进行氧化还原状态转换，因此在钢铁或铝合金表面反应生成致密的聚苯胺钝化膜，改善金属抗点蚀和抗划伤能力，这是其他防腐蚀涂层所不具备的。但是聚苯胺对金属附着力差、薄膜连续性较差，因此聚苯胺作为防腐蚀材料的研究已转移到了聚苯胺复合掺杂无机物或高聚物上。

在变色材料方面，利用聚苯胺掺杂/脱掺杂时发生可逆颜色变化，可以开发聚苯胺变色材料。聚苯胺变色机理尚不明确，受到业界普遍认可的是氧化还原、质子化-脱质子化、离子迁移这三个理论。与液晶材料相比，聚苯胺具有无视角限制、颜色变化可调节、可大面积化、响应速度快、重复性好等优点，因此聚苯胺可以作为新一代显色材料。聚苯胺也可作为隐身涂层材料。在装备表面涂层聚苯胺时，通过掺杂/脱掺杂手段可呈现不同的可见光伪装颜色，同时，由于其红外发射率不同而实现白天夜间红外隐身。另外，聚苯胺也可调节玻璃对光的透射和反射，使光线舒适、柔和。因此，聚苯胺类电致变色材料在新型显示元件、伪装、智能材料等方面具有潜在的应用价值。

2.2.2.4 前景与展望

自 20 世纪 70 年代 MacDiarmid 发现导电聚乙炔以来，全世界就掀起了一股导电高分子的研究热潮。导电聚苯胺自 20 世纪 70 年代末被发现以来，在短短四五十年的时间里被各国学者广泛研究，发展迅速。然而，目前仍旧存在以下问题：①导电机理虽已有电子定态跃迁-质子助于导电模型和颗粒金属岛模型来描述，然而很多实验现象与这两大模型并不相符，仍需对其导电机理进行深入探索；②聚苯胺合成机理目前尚不十分明确，仍需要权威研究来证实；③缺乏对聚苯胺的系统性研究，不同学者研究所得结论存在一定分歧，目前尚未理清聚合方法、聚合条件、溶液 pH、掺杂剂种类和用量等各因素影响聚苯胺化学结构、分子量大小、微观形貌、导电性的具体机理；④聚苯胺目前在传感器、电极材料、电催化材料、电致变色材料、电磁屏蔽材料、吸波材料、防静电材料、导电材料、防腐材料等方面得以广泛研究，也已证明在生物、化学、电化学、军事等领域应用前景广泛，然而，很多研究进展仅仅停留在实验室阶段，工厂化和商品化的产品少之又少；⑤聚苯胺具有重现性差、溶解性差等特点，加工困难，应加大聚苯胺的基础性研究，首先需提升其可加工性；⑥聚苯胺作为一种电致变色材料的相关研究目前尚存有缺口，不够完善。尽管如此，我们仍然深信，随着聚苯胺研究的不断深入与完善，聚苯胺的应用前景会越来越广阔[14~17]。

2.2.3 聚苯硫醚

聚苯硫醚是近年来发展较快的一种导电高分子，它的特殊性能引起了人们的关注。聚苯硫醚是由二氯苯在 N-甲基吡咯烷酮中与硫化钠反应制得的，如图 2-4 所示。

PPS 是一种具有较高热稳定性、优良耐化学腐蚀性以及良好机械性能的热塑性材料，既可模塑，又可溶于溶剂，加工性能良好。纯净的聚苯硫醚是优良的绝缘体，电导率仅为 $10^{-15} \sim 10^{-16} \, S/m$。但经 AsF_5 掺杂后，电导率可高达 $2 \times 10^2 \, S/m$。而 I_2、Br_2 等卤素没有足够的氧化能力来夺取聚苯硫醚中的电子，SO_3、萘钠等会使聚苯硫醚降解，因此都不能用作掺杂剂[18~20]。

由元素分析及红外光谱结果确认，掺杂时分子链中相邻的两个苯环上的邻位碳原子间发生了交联反应，形成了具有共轭结构的聚苯并噻吩，如图 2-5。

图 2-4 聚苯硫醚的合成

图 2-5 聚苯并噻吩

2.2.4 热解聚丙烯腈

热解聚丙烯腈是本身具有较高导电性的材料，不经掺杂的电导率就达 $10^{-1} \, S/m$。先将聚丙烯腈加工成纤维或薄膜，在 $400 \sim 600\,℃$ 下热解环化、脱氢形成梯形含氮芳香结构的产物[21]。热解聚丙烯腈如图 2-6。

同时，由于其具有较高的分子量，故导电性能较好。由聚丙烯腈热解制得的导电纤维，称为黑色奥纶（black Orlon），其流程如图 2-7 所示。

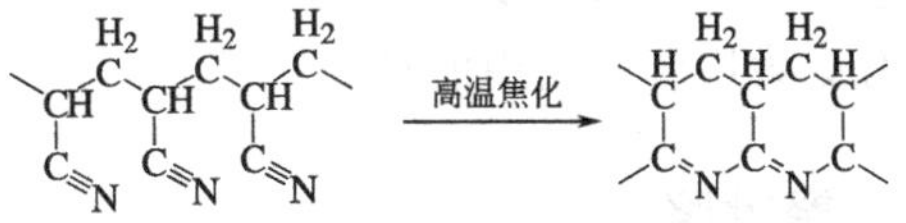

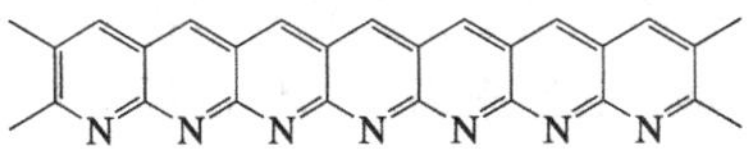

图 2-6　热解聚丙烯腈 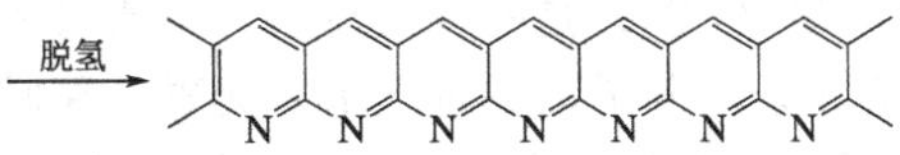　　　　　　　　图 2-7　由聚丙烯腈热解制得导电纤维

如果将上述产物进一步热裂解至氮完全消失，可得到电导率高达 10S/m 的高抗张碳纤维。

将溴代基团引入聚丙烯腈，可制得易于热裂解环化的共聚丙烯腈。这种溴代基团在热裂解时起催化作用，加速聚丙烯腈的环化，提高热裂解产物的得率。聚乙烯醇、聚酰亚胺经热裂解后都可得到类似的导电高分子[22~25]。

2.2.5　聚萘

石墨是六方晶系，一种导电性能良好的大共轭体系。受石墨结构的启发，美国贝尔实验室的卡普朗（M. L. Kaplan）等和日本的村上睦明等分别用 3,4,9,10-二萘嵌苯四酸二酐（PTCDA）进行高温聚合，制得了具有类似石墨结构的聚萘，其具有优良的导电性[26~28]，聚萘合成方法如图 2-8。

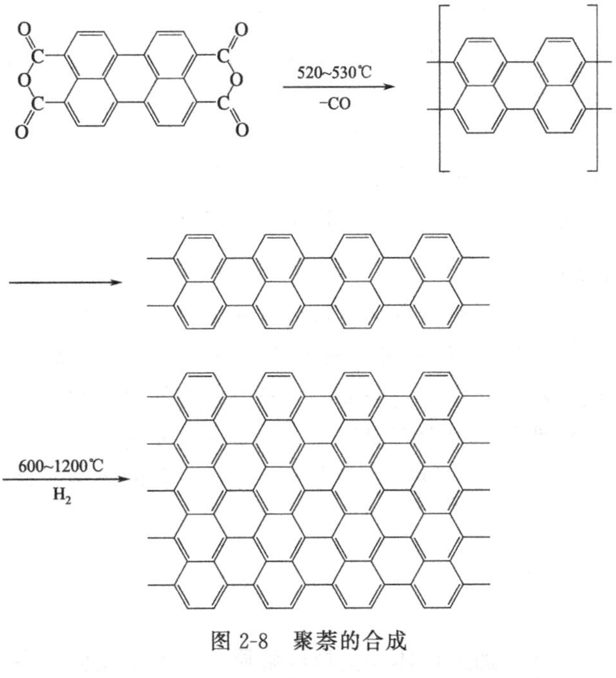

图 2-8　聚萘的合成

聚萘的导电性与反应温度有关。温度越高，石墨化程度也越高，导电性就越大。

聚萘的贮存稳定性良好，在室温下存放 4 个月，其电导率不变。聚萘的电导率对环境温度的依赖性很小，显示了金属导电性[29~32]。

人们预计，随着研究的深入，聚萘有可能用作导电碳纤维、导磁屏蔽材料、高能电池的电极材料和复合型导电高分子的填充料。白色、可染、较细导电纤维则在民用服装、室内装饰、地毯、家用纺织品及微电子、医药（含无菌、无尘服）、食品、精密仪器、生物技术等领域拥有更为广阔的应用前景。

2.2.6 聚吡咯

聚吡咯（PPy）是一种常见的导电聚合物。纯吡咯单体常温下是无色油状液体，是一种C、N 五元杂环分子，微溶于水，无毒。聚吡咯容易合成，电导率高，人们已经对其进行了广泛而深入的研究，并且逐渐向工业应用方向发展。聚吡咯是近年来发现的一种新型功能高分子材料，由于其具有良好的导电性和电化学氧化还原可逆性，对生物和环境基本无危害，是一种理想的环境友好材料，在电化学催化活性材料、电化学传感器、电致发光防腐等领域与纳米技术、生物技术结合，制造分子导线、可控释放药物、人工肌肉等，成为国内外研究的热点。

吡咯单体在氧化剂环境中失去一个电子被氧化为阳离子自由基，阳离子自由基之间通过加成偶合反应脱去质子生成二聚物，二聚物继续被氧化成阳离子自由基，与单体自由基或其他低聚的阳离子自由基继续该链式偶合反应，进一步生成长链聚吡咯，完成聚吡咯的聚合过程。聚吡咯属于本征型导电聚合物，通过其分子结构供给导电载流子，但自身的导电性不强，可通过掺杂的方式大幅度提高材料的电导率。

2.2.6.1 聚吡咯材料的导电机理

聚吡咯分子结构式如图 2-9。聚吡咯导电机理为：PPy 结构有碳碳单键和碳碳双键交替排列成的共轭结构，双键是由 σ 电子和 π 电子构成的，σ 电子被固定住无法自由移动，在碳原子间形成共价键。共轭双键中的2 个 π 电子并没有固定在某个碳原子上，它们可以从一

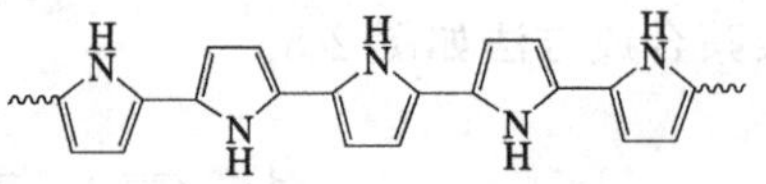

图 2-9　聚吡咯分子结构式

个碳原子转位到另一个碳原子上，具有在整个分子链上延伸的倾向。即分子内的 π 电子云重叠产生了整个分子共有的能带，π 电子类似于金属导体中的自由电子。当有电场存在时，组成 π 键的电子可以沿着分子链移动。所以，PPy 是可以导电的。

2.2.6.2 聚吡咯的掺杂机理

对掺杂度的控制可以改变导电高分子材料的电导率，使其在绝缘体、半导体、金属间改变。"掺杂"是在纯净的无机半导体材料中掺入另外的具有不同价态的物质，从而改变半导体中空穴和自由电子的分布、密度。由于本征型导电聚合物自身的导电性比较差，需要通过合理掺杂使聚吡咯的导电性得到很大幅度的提高。常用金属盐类、卤素类、质子酸类及路易斯酸等物质作为聚吡咯的掺杂剂，掺杂机理有所差异，主要的掺杂机理有电荷转移机理和质子酸机理[33~36]。

2.2.6.3 聚吡咯的合成方法

（1）电化学法

电化学法是在一定溶剂中加入单体和支持电解质进行电解反应，在电极表面沉淀获得共轭高分子膜，微观下在电极表面得到的薄膜比较细致。该方法易控制，合成后的材料具有较好的导电性和力学性能，各种惰性金属电极、导电玻璃、石墨等都可作为电化学聚合使用的

电极。改变电流、电位和反应时间可以调节薄膜的厚度[37~39]。

（2）化学氧化法

化学氧化法是在一定的反应介质中，通过加入氧化剂使单体反应合成聚合物并完成掺杂的方法。该掺杂过程中反应物质会对聚合物的电化学性质产生较大影响，常见的氧化剂有$FeCl_3$、H_2O_2等，反应介质一般有水、乙醚等。该方法工艺简单、合成速度快、成本低，适用于大批量生产。但此方法得到的聚吡咯产物多为固体粉末状，颗粒较粗，难溶于一般有机溶剂。在制备聚吡咯的过程中，还可通过加入表面活性剂提高材料的导电性和产量。此外，单体浓度、氧化剂种类与浓度、聚合温度等因素都会对聚吡咯的物理和化学性质产生影响。

（3）等离子体聚合法

采用等离子体聚合获得的聚吡咯结构相对复杂、电导率低。Wang实验发现等离子体法制备的聚吡咯交联和支化度更高，膜表面光滑度和均匀度更好，具有较好的发光性，但电导率和稳定性有所下降。Kumar等采用此法制备了聚吡咯并讨论了该薄膜的光电学特性。

（4）酶催化法

酶催化法是在室温水溶液中通过生物酶引发单体聚合，而不需要有机溶剂吡咯就可发生聚合反应的方法，该方法反应过程较温和。Mohammad研究了以辣根过氧化物酶催化引发吡咯单体聚合的反应过程，得到的聚吡咯电导率达$5.1\times10^2\,S/cm$。

2.2.6.4　聚吡咯材料在实际生活中的应用

聚吡咯可用于生物、离子检测，超电容及防静电材料及光电化学电池的修饰电极和蓄电池的电极材料。此外，还可以作为电磁屏蔽材料和气体分离膜材料，用于电解电容、电催化、导电聚合物复合材料等，应用范围很广[40,41]，具体如下。①离子交换树脂：相比于传统的离子交换树脂，这种材料把电化学和离子交换结合在一起，能方便地再生和减小能耗、降低污染。②生物材料：PPy具有良好的生物相容性，在电刺激下导电聚合物可以调节细胞的黏附、迁移、蛋白质的分泌与DNA的合成等过程，使其在生物、医学领域有着广泛的应用前景。③质子交换膜：质子交换膜作为质子交换膜燃料电池的核心部件，直接决定着燃料电池的性能。将PPy引入其中制备复合型质子交换膜有助于提高复合膜的热稳定性、阻醇性和溶胀性等。④电催化：PPy膜具有独特的掺杂和脱掺杂性能，可以有针对性地掺杂进许多具有对反应物有催化作用的分子或离子，提高电催化效率和实际应用价值。⑤二次电池的电极材料：PPy具有较高的电导率、环境稳定性好、可逆的电化学氧化还原特性以及较强的电荷贮存能力，是一种理想的聚合物二次电池的电极材料。⑥金属防腐：PPy膜对金属的保护起到钝化和屏蔽作用，提高了金属基体的腐蚀电位，降低了腐蚀速率。

2.2.7　聚噻吩

相对于其他几种导电高分子而言，聚噻吩类衍生物具有可溶解、高电导率和高稳定性等特性。

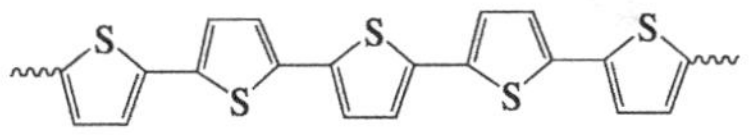

聚噻吩是一种常见的导电聚合物，结构式如图2-10所示。本征态聚噻吩为红色无定形固体，掺杂后则显绿色。这一颜色变化可应用于电致变色器件。聚噻吩不溶，有很高的强度。在三氟化硼乙醚络合物中电化学聚合得到的聚噻吩强度大于金属铝。

图2-10　聚噻吩分子结构式

聚噻吩可用于有机太阳能电池、化学传感器、电致发光器件等。例如，聚噻吩的衍生物聚乙烯二氧噻吩（PEDOT）是有机电致发光器件制备中重要的空穴传输层材料[42~45]。聚噻吩的研究进展有：①噻吩均聚物类电极材料。噻吩类聚合物作为发光材料的研究早已被人们报道。1996 年在电化学电容进展国际会议上就有学者报道了一种Ⅱ型超级电容器，它的 2 个电极分别由聚 3-氟苯噻吩和聚噻吩构成。另外，Mastragostino 等也在会议上报道了另一种既可以 p 型掺杂又可以 n 型掺杂的聚 3,4-双噻吩基噻吩，并与传统的活性炭材料进行性能对比。随后，人们开始关注聚噻吩类超级电容器电极材料的研究。②噻吩共聚物类电极材料。为了进一步提高聚噻吩的性能，可将其与共轭芳基基团共聚，得到性能良好共类电极材料。Yue 等利用电化学方法合成了以吡咯和噻吩衍生物为单体的共聚物，电解液为乙腈溶液，电极使用不锈钢。研究发现共聚物的合成电位比两种单体均聚物低，利用共聚物制备的对称型超级电容器的比电容高达 291 F/g。③复合材料。国内外也有不少人研究聚噻吩类复合电极材料，其中，以聚噻吩和碳基的复合材料为主。江杰青等以樟脑磺酸（HCSA）为掺杂剂、三氯化铁为氧化剂，通过化学氧化法合成了聚（3,4-亚乙基二氧噻吩）/樟脑磺酸（PEDOT/HCAS）复合材料。研究表明，当两者的物质的量比为 2:1 时，复合材料具有良好的导电性能和电化学性能，电导率为 10^4 S/cm，经 150 次循环充放电后容量仍保持在 140F/g 以上，有望作为超级电容器的电极材料[46]。

2.3　复合型导电高分子

复合型导电高分子材料是采用各种复合技术将导电性物质与树脂复合而成的一种材料。复合技术有导电表面膜形成法、导电填料分散复合法、导电填料层压复合法三种。导电表面膜形成法是在材料基体表面涂覆导电性物质，进行金属熔射或金属镀膜等处理。分散复合法是在材料基体内混入抗静电剂、炭黑、石墨、金属粉末、金属纤维等导电填料。层压复合法则是将高分子材料与碳纤维栅网、金属网等导电性编织材料一起层压，并使导电材料处于基体之内。其中，最常见的是分散复合型，层压复合型处于发展阶段，表面成膜型因工艺设备复杂昂贵，以及材料表面的导电膜一旦脱落便会影响其导电效果等原因，其应用和发展趋势不及前两者[47~49]。

复合型导电高分子材料的分类方法有多种。根据电阻值的不同，可划分为半导电体、除静电体、导电体、高导电体；根据导电填料的不同，可划分为抗静电剂系、碳系（炭黑、石墨等）、金属系（各种金属粉末、纤维、片等）；根据树脂的形态不同，可划分为导电橡胶、导电塑料、导电薄膜、导电黏合剂等；还可根据其功能不同划分为防静电、除静电材料，电极材料，发热体材料，电磁波屏蔽材料。表 2-4 列出了一些复合型导电高分子。

▣ 表 2-4　复合型导电高分子

项目	填充物类别	复合物电阻率/$\Omega \cdot cm$	性质特点
碳系	炭黑	$10^0 \sim 10^2$	成本低，密度小
	碳纤维	$10^2 \sim 10^4$	成本低，杂质多，电阻率高
			高强，高模
	处理石墨	$\geqslant 10^{-2}$	
金属系	金	10^{-4}	导电性好，但成本昂贵
	银	10^{-5}	导电性优异，成本高
	镍	10^{-3}	稳定性和导电性一般
	铜	10^{-4}	导电性好，成本低
	不锈钢	$10^{-2} \sim 10^2$	导电性一般

项目	填充物类别	复合物电阻率/$\Omega \cdot cm$	性质特点
金属氧化物	氧化锡	10	电阻率较高
	氧化锌	10	电阻率较高
导电聚合物	聚吡咯	1～10	密度小,电阻率较高
	聚噻吩	1～10	密度小,电阻率较高

复合型导电高分子材料是以普通的绝缘聚合物为主要成型物质制备的,其中添加了较为大量的导电填料,无论在外观形式和制备方法上,还是在导电机理上都与掺杂的结构型导电高分子完全不同。选用基材时可以根据使用要求、制备工艺、材料性质和来源、价格等因素综合考虑,选择合适的高分子材料。从原则上来说,任何高分子材料都可以作复合型导电高分子材料的基质,较为常用的有聚乙烯、聚丙烯、聚氯乙烯、聚苯乙烯、ABS、环氧树脂、丙烯酸酯树脂、酚醛树脂、不饱和聚酯、聚氨酯、聚酰亚胺、有机硅树脂、丁基橡胶、丁苯橡胶、丁腈橡胶、天然橡胶等。高分子的作用是将导电颗粒牢牢地黏结在一起,使导电高分子具有稳定的导电性和可加工性。基材的性能决定了导电材料的机械强度、耐热性、耐老化性。

导电填料在复合型导电高分子中充当载流子,其形态、性质和用量黏结决定材料的导电性。常用的有金粉、银粉、铜粉、镍粉、钯粉、钼粉、钴粉、镀银二氧化硅粉、镀银玻璃微珠、炭黑、石墨、碳化钨、碳化镍等。银粉具有良好的导电性,应用最为广泛。炭黑电导率不高,但来源广泛,价格低廉,也广为应用。依据使用的要求和目的不同,导电填料可制成多孔状、片状、箔片状、纤维状等形式。

通常用偶联剂、表面活性剂以及氧化还原剂等对填料表面进行处理,以改善填料与基质之间的相容性,使填料分散均匀且与基质紧密结合。

复合型导电高分子材料具有重量轻、易成型、导电性与制品可一次完成、电阻可调节、总成本低等优点,在能源、纺织、轻工、电子等领域应用广泛[50～55]。

2.3.1 复合型导电材料导电机理

复合型导电高分子由于其技术简单、成本低和易制备等特点成了一种开发较早的导电高分子。但对于其导电的理论一直存在着争议,目前比较流行的两种理论分别是宏观的渗透理论以及量子力学的隧道效应和场致发射理论。

人们在实验中发现,将各种金属粉末或炭黑粒子混入聚合物材料中后,材料的导电性能随导电填料浓度的变化规律大致相同。导电填料浓度较低时,材料的电导率随浓度增加很少,而当导电填料的浓度达到一定值时,电导率急剧上升,变化值可达 10 个数量级以上。超过这一临界值后,电导率随浓度的变化又趋于缓慢(见图 2-11)。用电镜观察材料发现,

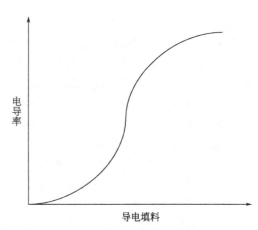

图 2-11　电导率与导电填料用量的关系

当导电填料浓度较低时,填料颗粒分散在聚合物中,相互接触较少,导电性较低。随着填料

用量的增加，颗粒间接触的机会增多，电导率逐步上升。当填料浓度增加到某一临界值时，体系内的颗粒相互接触，形成无限网链，这个无限网链就像一个金属网贯穿于聚合物中，形成导电通道，电导率急剧上升，使聚合物变成了导体。再增加填料的用量，对聚合物的导电性就不会有多大贡献了，电导率趋于平缓[56~58]。

之后人们开始了对复合型导电材料导电机理的研究，即上述的渗透理论（链锁式导电通路）和量子力学的隧道效应，但这两者的最终结论都支持导电性的好坏决定于填料的种类及用量这一说法。

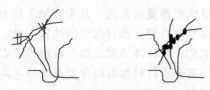

图 2-12　链锁式导电通路的机理

渗透理论（链锁式导电通路）的机理：填料粒子的添加浓度必须达到一定的数值，使得分子间相互靠近（如图 2-12），这样就可产生电压差，使填料粒子的 π 电子依靠链锁传递移动通过电流，且还需要一定的分散度，聚合物中填料粒子的分散状态如图 2-12 所示。根据这个等价回路模型可以理解导电分散相必须在高分子材料中有一定的浓度和分散度，而且该模型也解释了在一定浓度以上复合高分子导电材料的导电能力突飞猛进、急剧升高的情况。

目前根据渗透理论推导出的一系列数学关系式能用来解释导电材料填充物浓度和电导率的关系。这些理论从宏观上解释了复合导电高分子导电的原理，但是也存在着一些问题。

上面所说的链锁式导电通路及其原理是在导电填料与材料复合形成链锁的前提下才逐步提出、推导来的。但是，在一些实验中有研究者用电子显微镜从微观层面观察了拉伸状态下的橡胶是没有炭黑链锁存在的，但是却仍有导电的现象、具有导电性，这就是量子力学的隧道效应。当导电颗粒（锁链）间没有互相接触的时候，由于颗粒间存在着高分子聚合物的隔离层，使得导电颗粒之间的自由电子（载流子）根据电压、电场方向的定向运动受到了阻碍，这种阻碍在这里可以视为具有一定势能的势垒。而我们通过量子力学可以知道，对于一种微观粒子来说，它的能量如果小于势垒的能量时，它就有被反弹回来的可能性，也有了能够穿过势垒的可能性。这种微观粒子能够穿过势垒的现象在量子力学中称为贯穿效应，也可以称为隧道效应。由于电子是微观粒子，具有能够穿过导电颗粒之间的隔离层阻碍的可能性，而这种可能性的大小与隔离层的厚度以及隔离层势垒的能量和电子能量之差值密切相关。隔离层的厚度以及隔离层势垒的能量和电子能量之差值越小，电子穿过隔离层的可能性就越大。如果在隔离层的厚度特别小的情况下（到一定的值），电子就能够很容易地穿透过去，就使得导电颗粒间的绝缘层变成了导电层。这种由隧道效应产生的导电层可以用一个电阻和一个电容并联来等效，即导电性是由填料粒子的隧道决定的。同时有试验证明，随着填料粒子间距的增大，体积电阻亦随之升高。

此外，还有电场放射导电机理，在研究填料填充的高分子材料的电压、电流特性时，发现其结果不符合欧姆定律，认为其之所以如此，是由于填料粒子间产生高的电场强度而发生电流导致电场放射。综上所述，无论从哪种导电机理来理解，都认为填料的种类和配合量是支配材料最终所表现出导电性的主要因素。

由以上分析可以认为导电高分子内部的结构有三种情况：①一部分导电颗粒完全连续地相互接触形成导电回路，相当于电流通过一只电阻；②部分导电颗粒不完全连续接触，其中相互不接触的导电颗粒之间由于隧道效应而形成电流通路，相当于一个电阻与一个电容并联后再与电阻串联；③部分导电颗粒完全不连续，导电颗粒间的聚合物隔离层较厚，是电的绝缘层，相当于电容。

从导电机理可以看出，在保证其他性能符合要求时，为了提高导电性就应增加填料用量。但这种用量与导电性的关系并非呈线性，而是按指数规律变化，这种规律可用下式表示：

$$R = \exp(a/W)p$$

式中，R 为材料的体积电阻；W 为填料的质量百分率；a、p 是由填料和橡胶种类决定的常数。

在实际应用中，为了使导电填料的用量接近理论值，必须使导电颗粒充分分散，若导电颗粒分散不均或在加工过程中发生颗粒凝聚，则即使颗粒含量达到临界值，无限网链也不会形成[59~63]。

2.3.2 金属填充型导电高分子材料

金属填充型导电高分子材料是导电高分子中较年轻的成员，始于 20 世纪 70 年代末。将金属制成粉末、薄片、纤维以及栅网，填充在高分子材料中制成导电高分子材料。金属填充型导电高分子材料主要是导电塑料，其次是导电涂料。这类导电塑料具有优良的导电性，与传统的金属材料相比，重量轻，易成型，生产效率高，总成本低。20 世纪 80 年代，在电子计算机及一些电子设备的壳体材料上获得了飞速发展，成为年轻、最有发展前途的新型电磁波屏蔽材料[64]。

2.3.2.1 导电金属粉末的品种与性质

如上文所述，导电高分子的金属粉末填料主要有金粉、银粉、铜粉、镍粉、钯粉、钼粉、钴粉、镀银二氧化硅粉、镀银玻璃微珠等。聚合物中掺入金属粉末，可得到比炭黑聚合物更好的导电性。选用适当品种的金属粉末和合适的用量，可以控制电导率在 $10^{-5} \sim 10^4 \, \mathrm{S/m}$ 之间。

银粉导电性和化学稳定性优良，在空气中氧化速率极慢，在聚合物中几乎不被氧化，已经氧化的银粉仍具有良好的导电性。在可靠性要求较高的电器装置和电器元件中，银粉是较为理想和应用最为广泛的导电填料。但它的价格高，相对密度大，易沉淀，在潮湿环境中易发生迁移。所谓的迁移是指银粉颗粒随使用时间的延长而沿着电流方向移动的现象，结果会造成电导率变化，甚至发生短路。银迁移的原因是银以正离子的形式溶于聚合物基质的水中后，与 OH^- 生成 AgOH，AgOH 极不稳定，又生成 Ag_2O，Ag_2O 再遇到水生成 AgOH，AgOH 在合适的条件下析出银。最有效和最现实的方法是控制聚合物中的水分含量，也可通过加入混合导电颗粒的方法来解决。

银粉的制备方法不同，其粒径和形状不同，因而物理性质不同，应用场合也不一样。电解法所制得的针状银粉粒径为 $0.2 \sim 10 \, \mu m$。化学还原法制得的球状或无定形银粉粒径为 $0.02 \sim 2 \, \mu m$。银盐热分解制备的是海绵状和鳞片银粉。

金粉是氯化金经化学反应制备的，或由金箔粉碎而成。金粉的化学性质稳定，导电性能好，但价格昂贵，不如银粉应用广泛，在厚膜集成电路的制作中，采用金粉填充。

铜粉、铝粉和镍粉都具有良好的导电性，而且价格较低。但由于它们在空气中易氧化，导电性能不稳定。作防氧化处理后，可提高导电的稳定性。

中空玻璃微珠、炭粉、铝粉、铜粉等颗粒的表面镀银后得到的镀银填料，具有导电性好、成本低、相对密度小的特点。铜粉镀银颗粒的镀层稳定，不易剥落，很有发展前途。这类填料主要用于导电要求不高的导电黏合剂和导电涂料[65~69]。

2.3.2.2 金属填充型导电高分子材料导电性的影响因素

金属的性质对电导率有决定性的影响。在金属颗粒的大小、形状、含量及分散状况都相同时，掺入的金属粉末本身的电导率越大，则导电材料的电导率一般也越高。

聚合物中金属粉末的含量必须达到能形成无限网链时才能使材料导电。金属粉末含量越高，导电性能越好。金属粉末导电不可能发生类似炭黑中电子的隧道跃迁，粉末之间必须有连续的接触，故填料用量往往较大。填料颗粒加入过少时，材料可能完全不导电。相反，导电填料过多，金属颗粒不能紧密接触，导电性能不稳定，电导率也会下降，同时会影响材料的力学性能。因此导电颗粒的含量应有一个适当的值，这个比例与导电填料的种类和密度有关。

导电颗粒的形状对导电材料的导电性能也有影响。球状的颗粒易形成点接触，而片状的颗粒易形成面接触。片接触比点接触更容易获得好的导电性。当银粉含量相同时，片状银粉配制的导电材料比球状银粉配制的导电材料电导率高 2 个数量级。将球状与片状银粉混合使用，可以达到更好的效果。导电颗粒的大小对导电性能也有一定影响。若颗粒大小适当、分散良好，形成最密集的填充状态，导电性能最好；若颗粒太细，会因接触电阻增大，导电性变差。

将顺磁性金属粉末掺入聚合物并在加工时加以外磁场，则材料的电导率上升。

聚合物与金属颗粒的相容性对金属颗粒的分散状况有重要影响。导电颗粒被浸润包覆的程度越大，导电颗粒相互接触的概率就越小，导电性越差。在相容性较差的聚合物中导电颗粒有自发的凝聚倾向，有利于导电性的增加。例如，聚乙烯与银粉的导电性不如环氧树脂与银粉的相容性好，但当银粉含量相同时，聚乙烯的电导率要比后者高 2 个数量级。

金属填充型导电高分子材料在成型加工上难度较大，要有严格的工艺条件，才能保证其良好的性能，通常要经过填料的表面处理、与树脂的混合以及造粒等工艺过程。为了得到好的屏蔽制品，在复合过程中应保证纤维的破损量小，并且要使纤维在树脂中得到均匀的分散，既要使每个粒料中的金属纤维分布均匀，又要使每个颗粒中含有的金属纤维比率的分散性小。在复合造粒过程中，考虑到由于加入金属填料后会降低树脂的流动性，因此要加入相应的助剂来调整黏度以达到加工要求。在塑料成型中，由于添加的黄铜、铝类填料硬度都比较低，因此注射机料筒和螺杆也不需用特殊的材料。但在注射成型过程中为了不使纤维破损，在塑化时应保持螺杆转速较低且背压也小，料筒和模具温度与无金属填料的相比则应稍微提高。为了便于塑化好的熔融料能顺利地、较快地充满模具，一般要求喷嘴孔要大、注射速度慢、注射压力高、主流道和分流道尽可能短，而且喷嘴的位置应使制品难以产生熔接痕。

2.3.2.3　电磁波屏蔽

采用数字电路的电子计算机等电器近年来得到迅速发展，从工厂渗透到家庭。这些电子设备内使用了大量的集成电路等元器件，由此发生的高频脉冲形成电磁波噪音，电磁波的相互干扰会给电子设备带来一系列的问题，如误动作，图像、声音障碍等。这种相互干扰的电磁波，一般称为电磁波干扰（electromagnetic interference，EMI）。在发达国家，这已成为社会公害问题。随着我国经济发展的需要和电子工业的振兴，电磁波干扰问题也已不可忽视。美国联邦通信委员会（FCC）从 1981 年 10 月开始部分实施电磁波控制规则，1983 年10 月 1 日以后全面实施。在 FCC 规则中将电子机器按 A 级和 B 级分类，对不同频率的机器有不同级的控制规范。其 B 级为家用电器，A 级主要是工业、商业和其他业务用电子机器。德国的电子技术协会（VDE）也同 FCC 一样实施电磁波控制规则。

电磁波的传递是按照以下两种途径进行的：①在机器中产生的电磁波依靠电源线或信号线传送，易侵害别的设备；②在机器中发生后传播到大气中再侵害别的机器。电磁波的基本控制方法大致有三种：①在发生源抑制，控制产生电磁波；②在接受部位提高抗电磁波干扰的能力；③限制电磁波的传递途径为最短。

在这里除了考虑机器接地、噪音过滤、线连接、回路设计等技术外，重要的还有机器壳体的屏蔽技术。作为电子设备壳体的屏蔽材料，以前大量采用金属。但是，金属制品存在着生产效率低、二次加工、量重、成本高等方面的问题，特别是随着电子计算机的小型化、轻量化，金属制品已经不能满足需要。以后逐渐采用了塑料制品，在塑料制品上采用锌喷镀、飞溅镀膜、真空蒸镀、镍涂装等二次加工的办法实现屏蔽化。但这种方法的缺点是膜层易剥离、工艺设备复杂昂贵、需要采取防公害措施和生产效率低等，所以采用的比例很小。随着高分子材料成型加工技术的进步，金属填充型导电塑料便成为一种理想的屏蔽材料。

2.3.3 炭黑填充型导电聚合物

炭黑是一种在工业生产中广泛应用的填料，它用于聚合物中主要起四种作用：着色、补强、吸收紫外线、导电。含炭黑聚合物的导电性主要取决于炭黑的结构、形态和浓度。

炭黑以碳为主要成分，结合少量的氢和氧，吸附少量的水，并含有少量的硫、焦油、灰分等杂质。一般来说，氢含量越低，炭黑的导电性越好，一定数量氧基团的存在，有利于炭黑在聚合物中的分散，对导电有利。炭黑的比表面积越大，氧的含量越高，则水分的吸附量越大。水分的存在虽有利于导电性能的提高，但通常使电导率不稳定，应加以控制。

炭黑有各种品种，具有导电性的炭黑必须具有以下五个基本特性，才能称为理想的导电炭黑。

a.结构发达；

b.粒度小；

c.表面积大（细孔多）；

d.捕捉 π 电子的不纯物少（杂质少）；

e.可进一步石墨化。

在上述特性中，尤其值得注意的是粒度、表面积、杂质三项，它们是决定炭黑导电性好坏的关键。

2.3.3.1 复合技术

如果把炭黑的结构、用量看作是实现材料导电化的主观因素，那么复合技术就是实现材料导电化的客观条件。这两者的关系就如同鸡蛋一定要在适当的温度条件下才能孵出小鸡一样。

复合技术主要有几个方面。①炭黑的表面处理：为提高炭黑的分散性和与树脂的亲和力，需要采用适当的助剂进行表面处理。②混炼：当选用的高聚物与炭黑及其用量确定以后，材料的导电性能就决定于炭黑的分散状态及链锁的形成情况。在进行混炼时往往最容易破坏炭黑的结构而影响导电性。这就需要选择适当的加工设备和手段。③混炼的目的：除了为保证后续加工的顺利进行外，从导电性来看还应保证炭黑在聚合物中得到充分的分散。一般的混炼都是用密炼机进行，而为达到充分分散的目的，往往容易随意延长混炼时间和转速。因此，应认识到混炼时间与分散程度对导电性的影响，得到最佳混炼时间，以保证良好的分散性，从而也就得到好的导电性。④熟化：经混炼后的半成品一般并不立即成型，而是要经过一定时间存放或高温处理后才能成型，这种混炼后的处理过程称为熟化。不同的熟化条件对导电性的影响有显著不同，即经过熟化以后体积电阻上升，而且这种上升随着时间的延长而不断增加，温度的影响则并不太大。⑤成型时间：成型时间不仅是决定导电高分子材料物理性能的重要工艺因素，而且也是决定其导电性能的因素。添加乙炔炭黑的氯丁橡胶随着硫化时间的延长导电性增加。⑥成型温度：在高分子材料成型工艺中，成型温度往往与成型时间一起综合考虑。一般升高温度就相应缩短时间，而降低温度则应延长时间。那么当时间一定时，随着温度的升高，导电性变好。

2.3.3.2 炭黑添加型导电材料的导电性影响因素

炭黑添加型导电材料的导电性能对外电场强度有强烈的依赖性。这种依赖性是由于它们在不同的外电场作用下不同的导电机理所决定的。在低电场强度下，主要是界面极化引起离子导电。这种界面极化发生在炭黑颗粒与聚合物之间的界面上，同时也发生在聚合物晶粒与非晶区之间的界面上。这种极化导电的载流子数目极少，电导率较低。在高电场强度下，炭黑中的载流子获得了足够的能量，能够穿过炭黑颗粒间的聚合物隔离层而使材料导电，隧道效应起了主要作用，本质上是电子导电，电导率较高。

在低电场强度时，电导率随温度降低而降低，高电场强度时，电导率随温度降低而增大。这是由于低电场强度下导电是由界面极化引起的，温度降低时载流子动能降低，极化程度减弱，导致电导率降低。相反，在高电场强度下，导电是自由电子的跃迁，相当于金属导电，温度降低有利于自由电子定向运动，电导率增大。

炭黑添加型导电聚合物的导电性能与加工方法和加工条件的关系密切相关。这与炭黑无限网链建立的动力学密切相关。高剪切速率作用时，炭黑的无限网链在外力方向受到拉伸，作用力达到一定值后，网链破坏。聚合物的高黏度使得此破坏不能立即恢复，导电性能下降。经粉碎再生后，网链结构重新建立，电导率恢复。加工条件和加工方法对导电材料性能的影响规律对其应用有重要的意义。

2.3.4 石墨填充型导电聚合物

膨化石墨、膨胀石墨、天然鳞片石墨填充低密度聚乙烯，均可改善复合导电材料的导电性能，其中天然鳞片石墨最弱，膨化石墨最强。复合导电填料的体积电阻率会随着填料的量增加而减小。将聚苯乙烯作为基体、膨胀石墨作为导电填料，随着填料量的增加，复合导电材料的导电性能逐渐提高。渗滤阈值 5%，最小体积电阻率 $8.91 \times 10^5 \Omega \cdot m$。在膨胀石墨含量较低时，膨胀石墨量越多，材料拉伸强度越小，冲击强度越大，膨胀石墨含量达到渗滤阈值之后，膨胀石墨量越多，材料拉伸强度慢慢升高，冲击强度慢慢降低。采用直接共混法和乳液共混法制备的复合材料的导电性能都是随着增塑剂含量的增加而提高，在相同的增塑剂含量条件下，用乳液法制备的复合材料的导电性能比直接共混法制备的复合材料导电性能有所提高。

氧化石墨烯具有液晶性，并利用它这种特性制备了纯石墨烯纤维，给予导电高分子或者化学修饰石墨烯的超级电容器具有高的面积比容量、超快速充放电性能和优异的电化学稳定性。在水热条件下用氧化石墨烯作为氧化剂引发苯胺单体聚合，氧化石墨烯被还原为石墨烯，制得聚苯胺/石墨烯复合材料。这种复合材料是一种比电容很高的电极材料。使用超声波粉碎膨胀石墨用来制备石墨微片，在电热恒温箱中将环氧树脂的黏度降低，从而制备环氧树脂/石墨微片复合材料，产物具有较低的电阻率，而且结构性能也较优。使用相同含量的石墨、不同用量和种类的固化剂也会对环氧树脂的电阻率有影响，存在最佳的用量和固化条件使得复合导电材料的电阻率达到最低。环氧树脂/石墨微片复合材料渗滤效应存在三种导电方式，分别是有效介质导电、隧道效应导电、导电通道导电，隧道效应导电的形成是在渗滤区上形成的材料电阻率急剧下降的原因。

2.3.5 碳纳米管填充型导电聚合物

碳纳米管具备较高的长径比和较好的导电性能。根据聚合物本身的特性，碳纳米管复合材料的主要制备方法有溶液共混法、原位复合法、机械共混法三种。碳纳米管本身是一种性能较好的导电高分子材料，采用机械共混或者溶液共混的方法使之与掺溴的聚苯乙炔共混，所得到的是聚苯乙炔/溴/多壁碳纳米管三元复合材料。该三元复合材料电导率随着所包含的掺溴多壁碳纳米管量的提高而提高，最后与掺溴多壁碳纳米管的导电能力相当。该三元复合材料中存在着许多孤立的导电单元，此导电单元是由掺溴多壁碳纳米管和邻近的掺溴聚苯乙炔以共轭作用结合在一起组成的。以共轭聚合物磺化聚苯乙炔为基体所制得的磺化聚苯乙炔/多壁碳纳米管导电复合高分子材料的电导率有两次突变，而且临界阈值比较低。把乙炔炭黑和碳纳米管同时添加到聚氨酯弹性体中的渗滤值有较为明显的下降趋势，并且导电性能相对于单独填充乙炔炭黑的导电复合材料有十分明显的改善，并且耐热性能、弹性模量以及拉伸强度都有明显的提高。聚苯胺这种导电高分子材料比较特殊，是因为其主链上有交替的氮原子和苯环存在，而且含有共轭大 π 键。多壁碳纳米管采用混酸进行表面改性可以提高其纯度和在水中的分散稳定性，分别以聚苯乙烯和低密度聚乙烯作为基体，通过熔融共混法制备所得的导电复合材料的渗滤阈值分别为 6% 和 8%，而制得的三相复合材料中低密度聚乙烯/聚苯乙烯的组成为 50/50 的时候，渗滤阈值降到了 4%。以多壁碳纳米管为填料、以高密度聚乙烯为基体制备的导电复合材料具有优秀的导电性，在多壁碳纳米管填充量为 3% 到 5% 时，材料出现渗流行为。

2.3.6 抗静电剂填充型导电高分子材料

常见的抗静电剂一般都是表面活性剂，其结构中都有亲水基团，混入材料中使其具有导电性。按化学结构区分，有阳离子型、阴离子型、非离子型、两性离子型、高分子型和半导体型。

2.3.6.1 导电机理

抗静电剂分子是由亲水基及亲油基两部分组成的，它具有不断迁移到树脂表面的性质。迁移在树脂表面的抗静电剂分子，其亲油基与高聚物相结合，而亲水基则面向空气排列在树脂表面，形成了肉眼观察不到的"水膜层"（空气湿度所致），提供了一层电荷向空气中传导的通路，同时因水分的吸收，为离子型表面活性剂提供了电离条件，从而达到防止和消除静电的目的。

抗静电剂的导电作用，除上述这一主要途径外，还有一种途径是依靠减小摩擦来达到防止静电的效果，不能忽视。电荷的产生与摩擦有关。当材料表面层有抗静电剂分子存在时，可降低表面接触的紧密度，黏附、摩擦减少，可使两摩擦介质的介电常数趋于平衡，或接触间隙中的介电常数提高，从而能够在某种程度上减少表面上电荷产生的速率。

添加型抗静电剂的选用原则：①不影响成型加工温度，本身不分解、不发烟、不着色等；②不降低成型加工特性、聚合物本身物理性质以及二次加工性能；③不影响其他添加剂的性能；④不腐蚀成型机械和模具；⑤有高的卫生安全性。

2.3.6.2 制备技术

抗静电剂的导电化方法，有混入法和涂布法两种。前者是混入材料中的抗静电剂在材料内部扩散，并以适当的量向材料表面迁移。与后者相比，其抗静电的耐久性好，而且无须增加涂布、干燥等设备及工序，因此被广泛地应用。

抗静电剂添加材料的优点是：①少量添加即可在材料表面显示出抗静电效果，故树脂原有的物理、机械性能损失较小；②复合工艺简便易行，可以随其他助剂一起加入高分子材料中，不需增加辅助设备；③不会改变材料原有的颜色。

它的缺点是：表面电阻值只限于 $10^8 \sim 10^{10}$ Ω，且耐久性差。此外，材料原有的热变形温度有所降低。

市售的抗静电剂往往不单独使用，而是与各种离子性的物质配合使用，这样可发挥最佳效果。

抗静电剂的混入方法与其他的助剂混入方法基本一样，主要视聚合物本身的形态来决定。当聚合物是粉状或糊状等形态时，可采用一般通用的方法，但要注意加料顺序，也要注意长期混炼（或混合）时温度的影响和不同阶段加入时对后续工艺的影响。如果聚合物是粒料时，抗静电剂的混入分散就很困难，就应考虑先将抗静电剂作成母料，也就是含抗静电剂的树脂粒料，然后将母料依照抗静电剂的浓度进行配制。

2.4 结构型导电高分子材料

结构型导电高分子材料是 1977 年发现的，它是有机聚合掺杂后的聚乙炔，具有类似金属的电导率。而纯粹的结构型导电高分子材料至今只有聚氮化硫（SN）$_x$ 一类，其他许多导电聚合物几乎均需采用氧化还原、离子化或电化学等手段进行掺杂之后，才能有较高的导电性。研究较多的结构型导电高分子是以 π-π 共轭二聚或三聚为骨架的高分子材料。根据对这一导电高分子的研究发现，伴随着导电化，材料的许多物理性质也发生了变化，利用这些物理性质的变化，已经或将开辟广阔的应用领域。

根据结构型导电高分子导电载流子的不同，它有两种不同的导电形式：①电子导电；②离子传导。但是在大多数情况下，两种导电形式是同时起作用的。一般认为只有四类聚合物具有导电性：共轭高聚物、电荷转移型聚合物、金属有机聚合物和高分子电解质。其中，高分子电解质以离子传导为主，其余三类以电子传导为主[70~75]。

2.4.1 共轭高聚物

一般情况下将整个分子是共轭体系的聚合物称作共轭高聚物。共轭聚合物中碳碳单键和碳碳双键交替排列，也可以是碳-氮、碳-硫、氮-硫等共轭体系。具有本征导电性的共轭体系必须具备以下条件：第一，分子轨道能够强烈离域；第二，分子轨道能够相互重叠。满足这两个条件的共轭体系的聚合物，可通过自身的载流子产生和输送电流。

共轭聚合物中，π 电子数与分子构造密切相关。其中最具有代表性的就是聚乙炔，由于分子中 π 电子的非定域性，所以显示出导电的特性。电子离域的难易程度取决于共轭链中 π 电子数和电子活化能的关系。共轭聚合物的分子链越长，π 电子数越多，电子活化能越低，则电子越离域，材料的导电性能越好[76]，如图 2-13 所示。

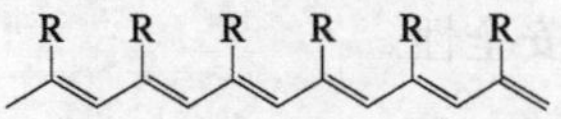

$\sigma = 10^{-15} \sim 10^{-10}$ S/m　聚烷基乙炔

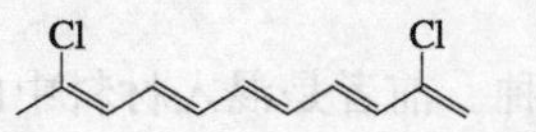

$\sigma = 10^{-12} \sim 10^{-19}$ S/m　脱氯化氢PVC

图 2-13　共轭高聚物及其电导率

按照量子力学的理论,只有共轭体系的分子轨道强烈离域并且分子轨道能相互重叠才具有本征导电性,才能使得自身的载流子能够迁移、传送电流。而聚合物共轭体系的导电机理可以从石墨的层状结构导电得到印证。石墨是平面网,平面网之间的 π 轨道可以重叠,所以在垂直的方向也有一个导电的通道,而石墨平面网的导电性能与温度密切相关,垂直方向随温度上升而增加,平行方向随温度上升而减小。

除了分子链长度和 π 电子数有影响外,共轭链的结构也影响材料的导电性。从结构上分,共轭链可以分为"受阻共轭"和"无阻共轭"。受阻共轭是指共轭分子轨道上存在缺陷。当共轭链中存在庞大的侧基或强极性基团时,会引起共轭链的扭曲、折叠等,使 π 电子离域受到限制。π 电子离域受阻程度越大,分子链的导电性能越差。如聚烷基乙炔和脱氯化氢聚氯乙烯,都属受阻共轭高聚物,其主链上连有烷基等支链结构,影响了 π 电子的离域。无阻共轭是指共轭链分子轨道上不存在"缺陷",整个共轭链的 π 电子离域不受阻碍。这类聚合物是较好的导电材料或半导体材料,如反式聚乙炔、热解聚丙烯腈等。顺式聚乙炔的分子链发生扭曲,π 电子离域受到限制,其电导率低于反式聚乙炔[77]。

2.4.1.1 共轭聚合物的掺杂

共轭型导电高分子是以 π-π 共轭二聚或三聚为骨架的,尽管共轭聚合物有较强的导电倾向,但其电导率并不高。反式聚乙炔虽然有较高的电导率,但这是由于电子受体型的聚合催化剂残留所致。完全不含杂质的聚乙炔其电导率很小。然而共轭聚合物的能隙很小,电子亲合力较大,容易与适当的电子受体或电子给予体发生电荷转移,因此它们经过掺杂后可以得到好的导电性。如在聚乙炔中添加碘或五氟化砷等电子受体,聚乙炔的电子向受体转移,电导率可增至 $10^4 \, S/cm$,达到金属导电的水平。聚乙炔的电子亲合力很大,也可从作为电子给予体的碱金属接受电子而使电导率上升。这种因添加电子受体或电子给予体来提高导电性能的方法称为"掺杂"[78]。

经掺杂处理的导电性高分子中具有代表性的是聚乙炔 $(CH)_x$,采用齐格勒-纳塔催化剂在低温(-78℃)下合成的顺聚乙炔的电导率约为 $10^{-9} \, S/m$。

共轭聚合物的掺杂不同于无机半导体的掺杂,聚合物的掺杂实质上是掺杂剂对聚合物主链实施氧化或还原,使聚合物失去或得到电子,产生带电缺陷,从而使掺杂剂与聚合物形成电荷转移络合物。共轭聚合物掺杂时掺杂剂的用量一般比半导体中多,其掺杂黏度可以高至 0.1 个掺杂剂分子每个链节,有时掺杂剂的用量甚至超过聚合物本身的用量。在有些共轭聚合物掺杂中,也常常伴随着扩链、交联等反应,只是出于习惯,人们一直将这种方法称为掺杂。

掺杂的方法有化学掺杂和物理掺杂两大类。其中掺杂剂与聚合物接触并反应的是化学掺杂法:有气相掺杂、液相掺杂、光引发掺杂等;电化学掺杂是以聚合物为电极,掺杂剂作电解质,在通电情况下使聚合物链发生氧化或还原并与掺杂剂反离子形成电荷转移络合物;此外还有离子注入式掺杂等。目前广泛采用的是化学掺杂法和电化学掺杂。化学掺杂简单易行,有利于了解掺杂前后聚合物结构与性能的变化。电化学掺杂时间短、效率高,经常是聚合物的合成与掺杂同时进行,易于得到导电的聚合物薄膜。

掺杂剂有很多类型,电子受体主要有:卤素(Cl_2、Br_2、I_2、ICl、ICl_3、IBr)、路易斯酸(PF_5、AsF_5、SbF_5、BF_3、BCl_3、BBr_3 和 SO_3)、质子酸(HF、HCl、HNO_3、H_2SO_4 和 $HClO_4$)、过渡金属卤化物(TaF_5、$TiCl_4$、$MoCl_5$)、过渡金属化合物($AgClO_4$、$AgBF_4$、H_2IrCl_6)、有机化合物(四氰基乙烯 TCNE、四氰基对苯醌二甲烷 TCNQ、四氯对苯醌、二氯二氰代苯醌 DDQ)。常用的电子给予体有:碱金属(Li、Na、K)、电化学掺杂剂(R_4N^+、R_4P^+,R=CH_3、—C_6H_5 等)。

掺杂剂的加入，并不止于电荷转移，比如五氟化砷掺杂聚对苯硫醚，当掺杂浓度较低的时候，就形成了简单的电荷转移络合物，如图 2-14 所示。

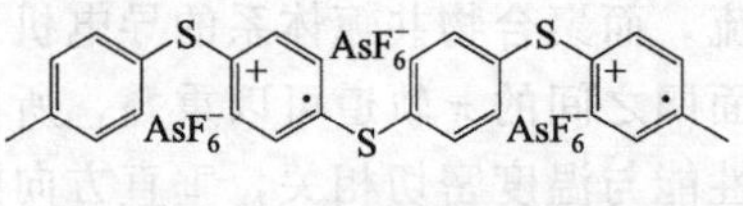

图 2-14　简单的电荷转移络合物

而当掺杂程度较高时就形成了共轭的聚苯并噻吩[79]。

2.4.1.2　共轭型聚合物的合成及其结构对导电性能的影响

共轭型聚合物的合成方法主要有化学合成法、电化学合成法、等离子体聚合以及由非共轭聚合物向共轭聚合物转化的方法。其中，化学合成是根据高分子合成原理来制备主链共轭的聚合物，如在 Ziegler-Natta 催化剂的浓稠液面上使乙炔聚合，可以得到高结晶的、具有拉伸性的薄膜状聚合物。电化学合成法是根据有机电化学合成原理而得到的共轭聚合物，许多杂环得到的聚合物如聚吡咯、聚噻吩等都是采用电化学方法合成的。在辉光放电下使单体聚合得到的聚合物结构较为复杂，等离子体放电的实际应用实例不多。非共轭聚合物向共轭聚合物转化克服了共轭聚合物不溶、不熔、难以成型的缺点。先制备母体聚合物，这些母体聚合物常常溶于溶剂，可以容易地制成薄膜或纤维；母体聚合物经受热处理后即转变成相应的共轭聚合物或纤维。聚噻吩乙炔（PTV）的母体聚合物（PPTV）可溶于氯仿中并可以纺成纤维，使 PPTV 纤维受热，在脱去 CH_3OH 的同时拉伸，可得 PTV 纤维。

聚合物主链的共轭性越好，越有利于 π 电子离域及增加载流子的迁移率，有利于导电性的提高。事实上聚合物具有长共轭性只是获得良好导电聚合物的充分条件，并非必要条件。Tripathy 等用分子力学和量子力学计算证明，可掺杂的聚合物分子结构并非一定要求平面，而只要求当共轭聚合物掺杂后在能量上可达准平面即可。

聚合物的共轭长链有利于电荷传输，但却会使分子链刚硬，丧失了聚合物加工方便的特点。为增加共轭聚合物的溶解性，合成了不少侧基取代的共轭聚合物。在聚乙炔主链上引入取代基后，经掺杂后导电聚合物的导电性下降了许多。在聚吡咯和聚苯胺体系中，侧基取代后，聚合物导电性也有所下降。但在聚对苯乙炔（PPV）的苯环上接入烷氧基取代后，发现聚合物掺杂后的电导率有所上升。在烷基取代聚噻吩中，取代基为甲基或乙基时，聚合物掺杂后导电性比无取代的聚噻吩要高，估计这是因为可溶解性使掺杂更为完全。取代基变得更长时，导电性渐渐变小，导电稳定性也渐渐降低。导电聚合物的主要方向是共轭分子链的方向，除主链及侧链结构对导电性有影响外，聚合物分子的有规取向对聚合物的导电性也有影响。有人制备了分子链定向排列的材料以进一步提高电导率，实验表明聚合物分子链经过有序化后，导电性显著增加。

与此不同的还有一种叫热分解导电高分子，这是将聚酰亚胺、聚丙烯腈、聚氧二唑等在高温下进行热处理，使之生成与石墨构造相近的物质，从而获得导电性。后来发现将 3,4,9,10-二苯四甲酸酐（PTCDA）在氩/氢气流中加热至 1000～2000℃，得到的导电物质的电导率高达 1100S/m。

这些热分解导电高分子无须掺杂处理，故具有优异的稳定性。此外，根据加热处理而赋予的导电性是不可逆的，这与需经掺杂处理方可具有导电性的高分子不同。热分解导电高分子可制成软片或薄膜，在电子领域将获得广泛的应用。

2.4.2　电荷转移型聚合物

高分子电荷转移络合物所包含的种类很多，一般分为两类：一类是掺杂型全共轭聚合物，另一类是由非全共轭型高分子形成的电荷转移络合物，称为高分子电荷转移络合物。后者又分为两类：一类是主链或侧链含有电子体系的聚合物与小分子电子给予体或受体所组成的非离子型或离子型电荷转移络合物，又称为中性高分子电荷转移络合物；另一类则是由侧链或主链含有正离子自由基或正离子的聚合物与小分子电子受体所组成的高分子离子自由基盐型络合物。如果将低分子电荷转移络合物引入高分子链中，就得到了电荷转移型聚合物，从理论上来说，电荷转移型高分子聚合物有四种形式：高分子给予体/低分子受体、高分子给予体/高分子受体、低分子给予体/高分子受体和给予体/受体共聚物。目前制备的较为成功的是高分子给予体/低分子受体络合物。几种电荷转移型聚合物导电材料见图 2-15。

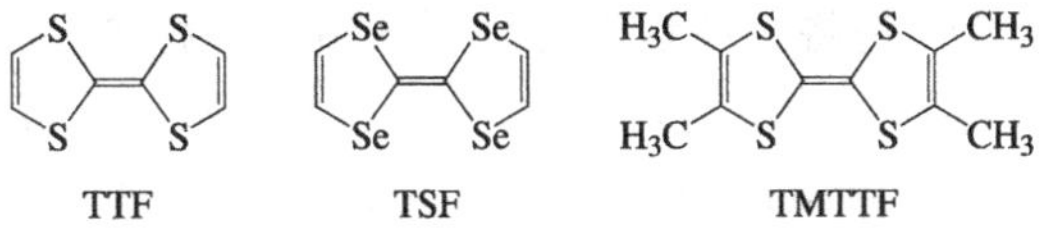

图 2-15 电荷转移型聚合物导电材料

2.4.2.1 中性高分子电荷转移络合物

中性高分子电荷转移络合物有很多，其中大部分由电子给予体型高分子与电子受体型小分子组成，电子给予体型高分子大多是带芳香性侧链的聚烯烃，如对苯乙烯、聚乙烯咔唑、聚乙烯吡啶及其衍生物；作为电子受体的有含氰基化合物、含硝基化合物等。

一般的中性高分子电荷转移络合物的电导率都非常小，比相应的小分子的电导率要小得多，这些络合物的电导率一般都低于 $10^{-2}\,S/m$，这是由于高分子较难与小分子电子受体堆砌成有利于电子交叠的规则型紧密结构。其原因可归结为高分子链的结构与链排列的高次结构存在不同的无序性以及取代基的位阻效应。中性高分子电荷转移络合物见图 2-16。

图 2-16 中性高分子电荷转移络合物

2.4.2.2 高分子离子自由基盐型络合物

高分子离子自由基盐型络合物可以分为以下两种类型：一是电子给予体型聚合物与卤素、路易斯酸等形成的正离子自由基盐型络合物；另一类是正离子型聚合物与四氰代对二次甲基苯醌（TCNQ）等小分子电子受体所的负离子自由基所形成的负离子自由基盐型络合物。

正离子自由基盐型络合物中由卤素或路易斯酸等比较小的电子受体掺杂剂所得的络合物大都导电性良好，高分子电子给予体向卤素发生电子转移，形成了正离子自由基与卤素离子。一般来说是部分电子给予体变成了正离子自由基，处于部分氧化状态（混合原子价态），这样的材料会出现高导电性。由于聚合物是非晶的，结构的无序引起的电导率下降是不可避免的。络合后的聚合物不熔、不溶、难以成膜，但其优点是可以在成膜的状态下提高电导率，并可以由通过的电量来控制掺杂量。

负离子自由基盐型络合物中一般选四氰代对二次甲基苯醌为负离子自由基，研究工作集中在能使 TCNQ 负离子自由基在其中可排列成柱的正离子主链聚合物上。这类络合物可以制成薄膜，作为电容、电阻材料使用。这种由薄膜制成的电容有很高的贮能容量，也可以成膜或作为导电涂料。

2.4.3 金属有机聚合物

金属有机聚合物的导电性在很早以前就被人们所关注并且做了一系列的研究，现在已经成为高分子中很有特色的一大类导电高分子。我们按结构形式和导电机理来分，可分为三类：主链型高分子金属络合物、二茂铁型金属有机聚合物、金属酞菁聚合物[80~83]。

主链型高分子金属络合物是由含共轭体系的高分子配位体与金属构成的主链型络合物，是金属有机聚合物中导电性较好的材料。通过金属自由电子的传导性导致高分子链本身导电，是真正意义上的导电高分子材料。其导电性往往与金属的种类密切相关。主链型高分子金属络合物都是梯形结构，分子链僵硬，成型加工十分困难，因此，近年来发展较为缓慢。

二茂铁型金属有机聚合物是将二茂铁以各种形式引入各种聚合物链中所得到的。二茂铁型金属有机聚合物本身的电导率并不高，在 $10^{-10} \sim 10^{-14}$ S/m，若用 Ag^+、苯醌、HBF_4、二氯二甲基对苯醌（DDQ）在等温条件下经氧化剂部分氧化后，电子由一个二茂铁基转移到另一个二茂铁基上，在聚合物结构中形成同时存在二茂铁基和正铁离子的混合价聚合物，电导率可增加 $5 \sim 7$ 个数量级。二茂铁型聚合物的电导率随氧化程度的提高而迅速上升，在氧化度为 70% 时电导率最高。分子链中二茂铁基的密度明显影响导电性。主链型二茂铁型聚合物通常具有较好的导电性，若将电子受体 TCNQ 引入分子主链中，更加可以提高电导率。但主链型二茂铁型聚合物的加工性欠佳，限制了它的应用。二茂铁型金属有机聚合物价格低廉，来源丰富，导电性良好，是一类很有前途的导电高分子材料[84~86]。

金属酞菁聚合物是指一系列结构中含有庞大的酞菁基团，具有平面的体系结构，中心金属的 d 轨道与酞菁基团中轨道相互重叠，整个体系为一个硕大的大共轭体系的导电金属酞菁聚合物。这种大共轭体系的相互重叠导致了电子的流通。常见的中心金属有 Cu、Ni、Mg、Ca、Cr、Sn 等。

共轭体系的导电性与分子链密切相关，分子量大、电子数量多，导电性就好。金属酞菁聚合物由于结构庞大，柔性很小，熔融性和溶解性都很差，引入芳基和烷基后，方可制备柔性和溶解性都较好的聚合物。近年来，又有一种面对面的层状结构的金属酞菁聚合物得到了开发[87]。

2.4.4 高分子电解质

2.4.4.1 高分子固体电解质导电机理

莫特（Mott）在对大量高分子固体电解质进行研究的基础上，将晶体裂缝引起离子导电的机理提了出来。在他们的理论中，晶体裂缝是引起离子导电的原因，而裂缝有两种形式，分别为 Frenkey 裂缝和 Schottky 裂缝。而裂缝数、载流子迁移率、外电场强度、频率和环境温度都对电导率有不同大小的影响。

2.4.4.2 高分子固体电解质及其导电性

高分子电解质的高分子离子对应的反离子作为载流子而显示离子导电性。高分子电解质包括所有的阳离子聚合物（如聚磷盐等）和所有的阴离子聚合物（如聚丙烯酸等盐类）。纯粹的高分子电解质中离子的数目和迁移率都不高，但相对湿度越大，高分子电解质越容易解离，载流子数目增多，电导率增大。高分子电解质的这种电学特性被用作电子照相、静电记录等纸张的静电处理剂。由于高分子电解质的电导率较低，主要用于纸张、纤维、塑料等的抗静电。在丙纶中加入少量聚氧乙烯进行纺丝制得的抗静电纤维，对电磁波有良好的屏蔽作用，制成地毯，不易沾污。如图 2-17 是高分子固体电解质。

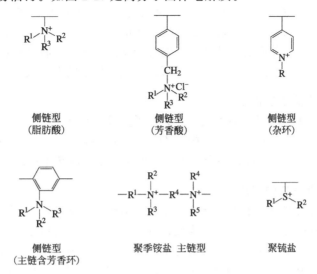

图 2-17　高分子固体电解质

　　聚乙烯醇、聚氧乙烯类非离子型高分子聚合物有很强的亲水性能，在普通大气中也会因为空气有一定湿度而吸湿从而显示离子导电性。

　　聚环氧乙烷与某些碱金属盐形成的络合物也具有导电性，其电导率远远高于一般的高分子电解质，表明其载流子数目较多或迁移速率较快，被称为"快离子导体"或"超离子导体"。快离子导体的导电性与温度、盐的类型、盐的黏度以及聚合物的聚集态有关。聚环氧乙烷-碱金属盐络合物的重要应用途径是作为固体电池的电解质隔膜，可以反复充电。

　　因为高分子固体电解质的电导率并不高，所以在工业上主要用作纸张、纤维、橡胶、塑料等用品的抗静电剂。比如在塑料中加入高分子固体电解质，就能使得塑料抗静电，耐久性提高。

2.5　其他导电高分子材料

2.5.1　电致发光高聚物

　　物质在受到光照时，其电子导电载流子数目比热平衡时增多的现象称为光导电现象。即当物质受到光激发后产生电子、空穴等载流子，它们在外电场作用下移动产生电流，这种现象称为光导电。光激发而产生的电流称为光电流。无机半导体二极管已经被广泛应用在通信、光信息等方面，但是由于其制备工艺复杂、高驱动电压、低发光效率、不能大面积显示等问题，使得无机发光材料的发展受到影响，人们开始研究高分子发光材料。

　　经过十几年的研究，有机化合物电致发光已经取得了万众瞩目的成就，人们也发现了许多高分子化合物，如苯乙烯、聚卤代乙烯、聚酰胺、热解聚丙烯腈、涤纶树脂等，都具有光导电性，目前研究得较为广泛的是聚乙烯基咔唑。

　　物质的分子结构中存在共轭结构时，就可能具有光导电性。光导电性聚合物大致可分为五类：①线型共轭聚合物；②平面共轭聚合物；③侧链或主链中含有多环芳烃的聚合物；④侧链或主链中含有杂环基团的聚合物；⑤高分子电荷转移聚合物。而根据发光中心在聚合物中的位置，聚合物发光材料可分为三类。①侧链型：发光基团在高分子侧链上；②全共轭主链型：整个分子是一发光中心；③部分共轭主链型：发光中心在主链上，但相互之间隔开。全共轭高分子由于共轭度大，难于获得发蓝光的材料，为了降低共轭度，改善共轭聚合物的加工性能，可采用不共面的方法使共轭的发光基团隔开，或将共轭的发光基团用不共轭链段隔离。这样，选择适当的发光中心，便可决定整个分子的发光波长。

2.5.1.1　电致发光高聚物的机理

光导电包括三个基本过程，即光激发、载流子生成和载流子迁移。对光导电材料载流子产生的机理有过不少理论，其中最著名的是 Onsager 离子对理论。它认为在材料受光照后，首先形成离子对（电子-空穴对），整个离子对在电场作用下热解生成载流子。

2.5.1.2　电致发光高聚物的应用

最早得到实际应用的高分子光电导体是添加了增感剂的 PVK。与无机光导电材料相比，光导电型高分子材料具有分子结构容易改变、可以大量生产、可以成膜、可以挠曲、可以通过增感来随意选择光谱响应区、废旧材料易于处理等优点。聚乙烯咔唑大量用于光导静电复制，将它与热塑性薄膜复合，可制得全息记录材料，在充电曝光后再经充电，然后加热显影，由于热塑性树脂加热时软化，受充电放电的压力，产生凹陷而成型。如用激光曝光则制得光导热塑全息记录材料。用光导电材料制作有机太阳能电池也具有很好的前景。

2.5.2　超导电高分子

1911 年，荷兰科学家 Onnes 意外地发现，将汞冷却到 $-268.98\,^\circ\text{C}$ 时，汞的电阻突然消失。后来他又发现许多金属和合金都具有与上述汞相类似的低温下失去电阻的特性。导体的直流电阻率在一定的低温下突然消失，被称作零电阻效应，此时的导体变为"超导体"。这一发现引起了世界范围内的轰动，他也因此获得 1913 年诺贝尔物理学奖。超导体没有电阻，电流可以毫无阻力地在导线中形成强大的电流而无损耗，也可以产生超强磁场。超导的发现不仅有极大理论价值，而且展现了极好的应用前景。

超导的神奇性以及其表现出的诱人的前景吸引了世界各地的众多科学家投身于超导的研究。1957 年，美国科学家 Bardeen、Cooper、Schrieffer 三人密切合作，在前人研究的基础上，成功地提出了第一个超导微观理论，并以他们三人名字的第一个字母命名为 BCS 理论。BCS 理论可以比较好地解释一些超导现象，对超导的发展起到了相当大的促进作用，他们三人也因此获得 1972 年诺贝尔物理学奖，但他们的理论无法更好地解释高温超导。

1964 年，美国科学家 Little 推测有可能制得有机超导体。他认为，在一维有机聚合物中可能存在超导体，并且其超导转变温度比室温高很多。在他提出的模型中，有机物中很少存在游离的电子，电子可以通过极化而形成电子对的激子机制和传统的通过交换声子形成电子对的超导机制不同。他还设计了具体的化学结构，即由一个高导电性的主链和有较低的电子激化能级且有较大极化率的侧链组成的模型，并计算了其超导转变温度，可高达 2200K。

在 Little 模型的基础上，Ginzburg 提出了金属-电介质薄膜二维体系的模型，避免了Little 模型中必须具有的金属导电性主链和晶格畸变导致一维体系产生绝缘性的问题。

法国科学家 Jerome 于 1980 年发现了第一个有机超导体，是以四甲基四硒富瓦烯（TMTSF）为基础的化合物。该材料在 1200kPa 的压力下，超导转变温度 T_c 为 $0.9K_0$，1991 年美国科学家 He-bard 发现了 K_3C_{60}，这是布基球 C_{60} 的一种钾盐，其转变温度为19K。后来，科学家们又研究了多种 C_{60} 和类似结构碳材料的超导性能，这类超导体属于三维结构，是一种很有前途的有机超导体。

已知的具有超导性质的材料，其临界温度都相当低，由理论推算可知要提高材料的超导温度，必须提高 Cooper 电子结合能。如果该结合能不是由金属离子所控制，而是由聚合物中的电子所控制，由于电子的质量是离子的千万分之一，超导临界温度可大大提高。通过对机理的研究，人们认为制备临界温度在液氮温度以上、甚至是常温超导的材料，通过高分子材料来实现的可能性要比金属材料大得多。

近年来，有许多科学家提出了不少超导聚合物的模型，如建立在电子激发基础上的 Little 模型等。但它们都存在不少缺陷，在此领域，尚有许多工作要做。

目前，高温超导材料的研究重点是陶瓷合金材料，但其加工性能不是太好，而目前制备的高温超导陶瓷合金材料极易与水、酸、CO_2、CO 等反应，因此在通常环境下超导陶瓷合金材料接触这些物质会缓慢分解，逐渐失去超导性，不易保存。科研工作者就利用高分子材料的特性，在高温超导陶瓷合金材料中加入高分子材料或在高分子材料中加入高温超导陶瓷合金材料，制备复合材料，提高超导陶瓷合金材料的性能，并改善其加工性。而导电高分子材料由于其自身导电性的不足，将它与超导陶瓷合金材料复合，不仅能发挥其高分子材料的优点，更赋予了复合材料优秀的电性能。

Tonoyan、Davtian 等用高分子量 PE 或 PMMA 和超导陶瓷材料（$Y_1Ba_2Cu_3O_{7-x}$）在 200℃加热后成型得到复合材料，超导转变温度在 96～94K。试验发现此类复合材料在处理过程中受热和氧化作用，超导性能有所降低，但在玻璃化温度和氧气气氛中热处理后，可以恢复此复合材料的超导性。

根据 Little 的设想，有机超导的模型由一个高导电性的主链和有较低电子激化能级且有较大极化率的侧链组成。在导电高分子没有发明之前，高导电性的主链无法实现。现在，导电高分子材料经过 30 多年的发展，其电导率大大提高，利用导电高分子材料构建高导电性的主链成为可能，这也为超导高分子的研究提供了一条新思路。

超导高分子材料的研究属于前沿的交叉学科，而交叉学科往往蕴藏着科学发现的"金矿"。虽然超导高分子材料从理论上讲具有广阔的应用前景，但对于超导高分子材料的研究报告一直处于零散的状态，特别是有机超导高分子材料偶有报道，说明其实验的数据、结果等没有得到广泛的认可。一方面说明超导高分子材料研究的难度，另一方面也说明超导高分子材料研究有很大的空间。

2.5.3 高分子压电材料

物质受外力产生电荷、加电压产生形变的性能称为压电性。

压电高分子材料的研究始于生物体，1940 年苏联发现了木材的压电性，相继发现动物的骨、腱、皮等具有压电性。1950 年，日本开始研究纤维素和高取向、高结晶度生物体中的压电性，1960 年发现了人工合成的聚合物具有压电性，1967 年发现聚合物都有较高的压电性，现已确认，所有聚合物薄膜都具有压电性，但实际应用价值并不高，除了聚偏二氟乙烯（PVDF）及其高聚物之外，还有聚氟乙烯（PVF）、聚氯乙烯（PVC）、聚碳酸酯（PC）和尼龙 11 等。有实用价值的压电高分子材料有三类：天然高分子压电材料；合成高分子压电材料；复合压电材料，包括结晶高分子与压电陶瓷复合，非结晶高分子与压电陶瓷复合。

关于压电性的机理目前尚有争议，多数人认为 PVDF 的压电性是晶区的固有特性，即体积极化度引起的。

以 PbTiO$_3$（PZT）和 BaTiO$_3$ 等为代表的钙钛矿材料，具有突出的压电性能，广泛应用于各类型水声、超声、电声换能器和基于压电等效电路的振荡器、滤波器和传感器等领域。这些无机压电材料虽然有良好的压电性能，但硬度高，脆性大，无法满足使用需求。为满足上述使用需求，拓展压电材料的应用领域，人们研究了高分子压电复合材料。这类高分子压电复合材料具备有机高分子材料的柔韧性、良好的机械性能和易加工性等优点及无机压电材料优异的压电性能，已获得广泛应用。

高分子压电材料研究进展介绍如下。

（1）PVDF 基体类压电复合材料

目前，在压电高分子复合材料中应用较广的聚合物基体是聚偏二氟乙烯（PVDF）。虽然 PVDF 压电性能不如无机压电材料，但它是目前所知的压电性能最佳的高分子材料，具有非常优良的机械力学性能，将其作为高分子基体与无机压电材料粒子复合，可制得具有化学稳定性好、柔性好和不依赖于特定的驱动频率等优点的薄膜压电材料。Choi 等通过球磨分散方法将 PZT 类无机压电材料粉末与 PVDF 共混制备了高分子压电复合薄膜材料，并用气溶胶沉淀法附着在 Si 基板上制备了传感器，还研究了不同 PVDF 含量对高分子压电复合材料性能的影响。Dietze M 等则采用丝网印刷术将 PZT 粉末与聚三氟乙烯共混物涂覆于铟锡氧化物玻璃基板上，制备压电复合材料。结果表明，随着 PZT 的含量增加，高分子压电复合材料的介电系数和压电系数逐渐增大。因为 PZT 含有铅，具有毒性且污染环境，因此科研人员开发了以 PVDF 为高分子基体的无铅功能压电复合材料。

（2）环氧树脂基体类高分子压电复合材料

环氧树脂廉价易得，其黏度易调节，具有较好的机械力学性能，因此许多研究者将环氧树脂高分子基体与无机压电粒子复合，制备高分子压电复合材料。Van 均采用介电电泳法将 PZT 压电粒子极化，制备了环氧压电复合材料。电泳法较好地调控了 PZT 压电粒子在环氧树脂高分子基体中的分布，所得材料具有良好的机械性能，明显提高了压电复合材料的压电性能。虽然环氧树脂作为基体固化后有较好的机械性能，但是其固化后硬度较高、韧性和耐热性较差等缺点限制了其发展。

（3）PVC 基体类高分子压电复合材料

在设计压电复合材料时，需寻找一些廉价易得的聚合物作为基体材料，以降低制备压电复合材料的成本。聚氯乙烯（PVC）比较便宜，成型较易，具有一定的压电性能，成为首选。Nogas-Ćwikiel 等通过溶胶-凝胶法制备了织纹状的 Bi$_4$Ti$_3$O$_{12}$ 铁电陶瓷，再将其与 PVC 熔融共混挤出成型，制得了 Bi$_4$Ti$_3$O$_{12}$-PVC 高分子压电复合材料。由于颗粒太小，成型工艺很难调控，使得高分子压电复合材料没能形成织纹状的结构。虽然 PVC 是一种廉价的工程塑料，但它的耐热性也较差，无机压电粒子在 PVC 中分散比较困难，限制了其在压电复合材料中的进一步应用。

（4）PU 基体类高分子压电复合材料

聚氨酯（PU）具有良好的耐磨性、良好的弹性调节性、能在恶劣环境下长期工作，同时还具有一些特殊性能，如吸声、保温等，也可用于制备高分子压电复合材料。不过，PU 也有一定的缺陷，譬如耐高温性能一般，特别是耐湿热性能不好，限制了其在高分子压电复合材料中的应用。

（5）有机硅聚合物基体类压电复合材料

随着压电传感器的不断发展，要求制备的压电复合材料更薄、更具有柔韧性，如健康检查成像的超声波探头，同时还要具有一定的耐高温性能。有机硅高分子材料具有良好的耐热性、易加工性、化学稳定性、抗水性和不污染环境等优点，尤其是具有优良的柔韧性，可通过调节交联密度来调控其黏弹性，无疑是高分子材料中最好的材料。

2.5.4　高分子热电材料

热电材料在外界温差或电流作用下无须运动部件，便可根据 Seebeck 效应或 Peltier 效应将热能与电能相互转换，因此可望用于自然界温差发电、太阳能利用、汽车尾气和工业余热的回收利用以及温控、通电制冷、微电子电路冷却、无线传感器等领域。热电材料的热电效率可以采用热电优值来评价，见式（2-1）。

$$ZT = \frac{S^2\sigma}{k}T \tag{2-1}$$

$$k = k_E + k_L \tag{2-2}$$

式中，ZT 为热电优值，无量纲；S 为 Seebeck 系数；σ 为电导率；T 为温度；k 为热导率；k_E、k_L 分别表示载流子热导率和声子热导率。ZT 越大热电转化效率越高，一种性能优异的热电材料必须具有高 Seebeck 系数、高电导率和低热导率。S、σ 和 k 均与热电材料的电子和载流子浓度有关，通常提高载流子浓度，可以提高 σ，但同时降低 S 并提高 k_E，因此，大多数材料的 S、σ 和 k 不是相互独立的，难以独立调控。20 世纪 90 年代，科学家们先后提出了声子玻璃-电子晶体、超晶格、低维化与纳米化等概念和方法，实现了 S、σ 和 k 的相对独立调控，促进无机半导体热电材料的研究取得较大的进展，ZT 值突破了 1.0，有些甚至超过 3.0。但这些具有特殊结构的无机半导体热电材料价格昂贵、加工复杂，而且其组成包含稀有元素，有些具有很强的毒性，尚未得到实际应用。由于无机热电材料的诸多缺点，研究者把目光转向了高分子材料。高分子材料的密度约为无机热电材料的 1/7，如果高分子材料具有与无机热电材料类似的热电性能，那就意味着其能量密度相应地提高 7 倍，而且高分子材料价格便宜、来源丰富、易于合成和加工、容易制备柔性器件，且热导率低，与传统的无机热电材料相比，有机高分子热电材料的热导率至少低一个数量级，被认为是最有前途的热电材料之一，因此，研究高分子热电材料具有很强的理论和现实意义。

高分子热电材料研究进展介绍如下。

（1）掺杂高分子热电材料

高分子具有独特的电子能带结构，可调节的电子能带比较宽，甚至有可能通过简单地改变共轭高分子的分子结构使其物理和化学性质在相当大的范围内可调。目前，高分子热电材料主要集中于聚（3,4-亚乙二氧基噻吩)-聚（苯乙烯磺酸）（PEDOT/PSS）、聚苯胺（PAIN）、聚噻吩（PTH）、聚乙炔（PA）、聚吡咯（PPy）等高分子热电性能的研究。导电聚合物经掺杂后其电导率可达 $10^2 \sim 10^4$ S/m，而热导率远低于无机热电材料，曾经被认为是理想的热电材料。室温时，磺基水杨酸掺杂聚苯胺的电导率（74.07 S/cm）大约是硝酸铋掺杂聚苯胺（15.09 S/cm）的 5 倍，前者的 Seebeck 系数（211.37 V/K）也要大于后者（23.72 mV/K）。磺基水杨酸掺杂聚苯胺和硝酸铋掺杂聚苯胺的热导率分别为 0.1869W/(m·K)、0.713W/(m·K)，复合材料的低热导率来源于高分子聚苯胺。研究还发现，室温下磺基水杨酸掺杂的聚苯胺与樟脑磺酸掺杂的聚苯胺热电优值（1.399×10^3）相当，硝酸铋掺杂聚苯胺与盐酸掺杂聚苯胺的热电优值（2.691×10^{-5}）在一个数量级。未掺杂的聚乙炔和聚噻吩具有较高的 Seebeck 系数，但是随着掺杂剂含量的增加，Seebeck 系数急剧降低至 $10 \sim 18\mu V/K$。其他导电聚合物的 Seebeck 系数较低，而且随着掺杂剂的增加，虽然可以提高电导率，但是 Seebeck 系数会进一步降低，因此掺杂剂存在一个最佳含量使得 ZT 值最高。这些研究表明，导电聚合物的 ZT 值仍然较低，难以得到实际应用。

（2）高分子纳米热电复合材料

最近人们开始借鉴无机热电材料的研究思路，对导电聚合物进行低维化和纳米化，有助于增加纳米能级附近的状态密度和载流子的迁移率，导致 Seebeck 系数增加，同时引入了多层界面，有助于声子散射及降低热导率，并且不会显著地增加表面的电子散射，保持材料的电导率，从而提高热电性能。

（3）结构调控高分子基热电材料

从目前的工作来看，有机-无机复合热电材料虽具有较大的发展前景，但其 ZT 值仍较低，这是因为复合材料中无机材料的热电功能往往被弱化，因此需要构筑特殊的结构利用高分子材料低热导率，保持无机材料的电导率和 Seebeck 系数，真正达到取长补短的效果。形成隔离网络结构是构筑特殊结构的一种途径。复合材料的电导率和 Seebeck 系数都高于纯 PEDOT/PSS 复合材料，电导率和 Seebeck 系数分别达到 241 S/cm 和 38.9mV/K，最大的热电功率因子可以达到 21.1W/(m·K^2)，比纯 PEDOT/PSS 高 4 个数量级。这可能是因为 —SO$_3$ 基团与 PSS 链之间的化学键被破坏，量子局限效应和纳米结构的多层界面导致电子和声子迁移率增加。

目前研究表明，通过构筑如隔离网络或纳米结构化的特殊结构，能有效地发挥无机材料的高热电性能和高分子材料的低导热性能。因此，具有特殊结构的有机-无机复合材料在作为价廉、轻质、高效的热电材料上具有很大的发展潜力和研究价值。

2.6　　导电高分子的应用

导电高分子兼具有机高分子材料的性能及半导体和金属的电性能，具有密度小、易加工成各种复杂的形状、耐腐蚀、可大面积成膜以及可在十多个数量级的范围内进行电导率调节等特点，因此高分子导电材料不仅可作为多种金属材料和无机导电材料的代用品，而且使整个应用体系形态学和电学性能更加灵活多变。由于导电高分子可以由苯胺、吡咯、噻吩等这些廉价的有机化合物制备，而对它们进行改性也只需要经过一些简单的化学或电化学掺杂过程，因而它的制备和应用备受人们关注。导电高分子最吸引人的几个性质主要是：①接近于金属的高电导率，且变化范围大；②在溶液或干燥的环境下能显示出良好的耐腐蚀性；③由液相沉积，因而有良好的形态学（morphology）性质。下面以几个具体的前沿应用实例来说明导电高分子的巨大用途。

2.6.1　微孔沉积和薄膜技术

对于微观或纳米尺寸的凹陷（孔洞）结构，要成功实现填充，必须要求反应开始于孔洞的底部。如果沉积反应先发生在微孔的壁上，则随着沉积的进行，到一定时间沉积物就会从两边向中间挤压，最终在微孔底部形成一个空腔缺陷。如果微孔的底部是导电的，而四周的壁是绝缘的，就可以实现从底部开始反应。该技术在半导体微电子领域进行掩膜沉积时广泛应用。为了成功在掩膜未遮盖的部位生长出目标花样，可以事先在硅基板上沉积一层导电高分子，然后再用掩膜覆盖，再进行从底部开始的沉积生长，最后除去掩膜就能得到质量较好的沉积花样。

在薄膜技术中，导电高分子可以用在两个非常重要的方面：一是抗静电保护；二是抗电磁干扰。例如，感光胶卷常用聚乙烯二氧噻吩（PEDOT）作为静电防护层；0.54mm 厚的聚吡咯织层可以吸收掉大约 50％的功率在 30～35W 之间的微波辐射。在电子束平面刻蚀技术（一种利用高能电子束直接在覆盖有电子束绝缘防护层的基板上直接刻蚀图像的技术）中，随着刻蚀的进行，绝缘防护层就会富集大量电荷，引起电子束偏向，从而导致图像损坏；而若在绝缘防护层上沉积一层导电高分子，就会解决这个问题。例如，IBM 就曾利用聚苯胺（PANI）做该导电层。

2.6.2　气体和生物传感器

导电高分子另一个重要的应用是探测环境中的有效成分。探测过程的实质是掺杂/脱掺杂过程，这一特性使得导电高分子可实现高选择性、高灵敏度和高重复性的气体或生物传感。

在酶促探测技术中，由导电高分子（一般是聚吡咯、聚邻苯二胺、聚苯胺等）做成的活性电极能够高选择性地探测生物分子。葡萄糖酶（GOD）通过化学键（共价键、氢键等）结合在导电高分子薄膜上，然后把该薄膜卷附在电极上，酶促反应产生的电子就可以通过导电高分子的传导被电极探测到，从而探测出葡萄糖（glucose）的存在及浓度。在气体传感器技术中，由导电高分子制成的气体传感器有灵敏度高和反应时间短的优点，更重要的是它能在室温下工作，这是普通金属氧化物气体传感器无法比拟的，因而有较大应用价值。一般，还原性的气体分子（如 NH_3）能够给出电子中和聚合物中的极化子，使其电阻增大。当把导电聚合物重新暴露在空气中一段时间后，由于发生了脱掺杂，其导电性能又会迅速恢复。聚噻吩和聚苯胺常被用来做气敏器件。

2.6.3　电致变色显示器件

大部分导电高分子在掺杂过程中，随着氧化还原态的转变能够显示出区别明显的电子吸收光谱，当吸收后反射或产生的光在新的可见光波段时就能发生颜色变化。图 2-18 是聚苯胺的紫外-可见-近红外吸收光谱，可以看到在 300～800nm 之间有两个较明显的吸收峰。这对应的是由极浅的米白色变为浅绿色系、由浅绿色系变为暗蓝色系的两次剧烈的颜色转变。

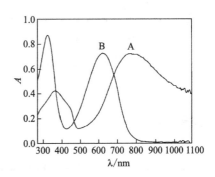

图 2-18　聚苯胺的"紫外-可见光"吸收光谱图
A—掺杂态；B—本征态

2.6.4　人造肌肉

导电高分子在掺杂的过程中会有离子的迁入，这会导致它的体积增加高达 30％。这种变化同样是掺杂/脱掺杂过程，利用这个性质可以制造执行机构和驱动装置。图 2-19 人造肌肉随着阳极 ClO_4^- 的迁入、阴极 ClO_4^- 的迁出，阳极层开始膨胀，阴极层开始收缩，由于中间层体积和长度固定不变，因此在两侧的应力共同作用下产生了向上的弯曲形变；相反，电流反向就会产生反方向的形变。

由以上实例可以看出，导电高分子作为一个新型的学科交叉领域有着诱人的应用前景，而它在各个领域的应用必将给我们的生活带来重大改变。

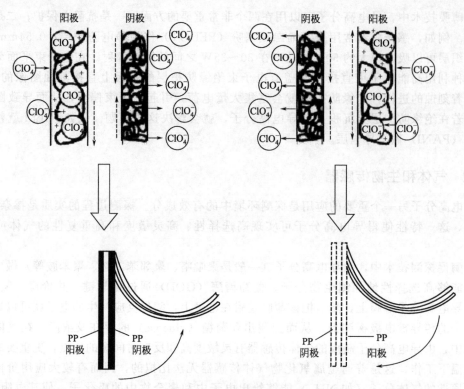

图 2-19　人造肌肉运动机理

2.6.5　导电液晶材料

液晶高聚物材料具有高强度、高模量、耐高温、低膨胀系数、低成型收缩率以及良好的介电性和耐化学腐蚀性等一系列优异的综合性能。与 π 电子结构相关联的线型聚烯烃和芳杂环等的共轭聚合物通过分子改性可以获得导电液晶聚合物，并且这些材料具有可溶性和可加工性。

参考文献

[1] Chiang C K, Jr C R F, Park Y W, et al. Electrical conductivity in doped polyacetylene [J]. Physical Review Letters, 1977, 39(17): 1098-1101.

[2] 裴坚. 塑料、导体和有机光电信息材料：2000 年诺贝尔化学奖简介 [J]. 大学化学, 2001, 16(2): 15-18.

[3] 王佛松, 赵晓江, 龚志, 等. 溶剂或添加剂对乙炔在 Ziegler 型催化剂作用下聚合的影响 [J]. 武汉大学学报, 2005 (4): 83-94.

[4] 沈之荃. 稀土催化剂在高分子合成中的开拓应用 [J]. 高分子通报, 2005(4): 1-12.

[5] 曹阳, 孙鹤才, 刘素芳. 乙炔在钛配合物催化体系下的聚合 [J]. 自然杂志, 2006(5): 397.

[6] 沈之荃, 王征, 王国平, 等. 过渡金属磷酸酯新催化剂合成聚乙炔 [J]. 中国科学：化学, 2001(12): 1251-1256.

[7] 王杨勇, 强军锋, 井新利, 等. 导电高分子聚苯胺及其应用 [J]. 化工新型材料, 2003(3): 1-3.

[8] 闫雪. 碱性条件下微/纳米结构聚苯胺的合成研究 [D]. 长春：吉林大学, 2007.

[9] Wei Y, Hsueh K F, Jang G W. Monitoring the chemical polymerization of aniline by open-circuit-potential measurements [J]. Polymer, 1994, 35(16): 3572-3575.

[10] 颜流水, 魏治, 王承宜, 等. 聚苯胺膜的电化学合机理及掺杂行为 [J]. 功能材料, 2000 (5): 548-550.

[11] Macdiarmid A G, Mu Shao-Lin, Somasiri N L D, et al. Electrochemical characteristics of "polyaniline" cath-odes and an-odes in aqueous electrolytes [J]. Molecu-lar Crystals and Liquid Crystals, 1985, 121(1-4): 187-190.

[12] 徐浩，延卫，冯江涛.聚苯胺的合成与聚合机理研究进展 [J].化工进展，2008 (10)：1561-1568.

[13] Macdiarmid A G，Chiang J C，Richter A F，et al. Polyaniline：a new concept in conducting polymers [J]. Synthetic Metals，1987，18(1-3)：285-290.

[14] Lu L P，Wang F，Kang T F，et al. Electrochemical Deoxyribonucleic Acid Damage Treated with Perfluorinated Compounds on Peroxide Polypyrrole Modified Gold Electrode [J]. Chinese Journal of Analytical Chemistry，2011，39 (3)：392-396.

[15] Samseya J，Srinivasan R，Chang Y T，et al. Fabrication and characterisation of high performance polypyrrole modified microarray sensor for ascorbic acid determination [J]. Analytica Chimica Acta，2013，793：11-18.

[16] Uygun Z O，Dilgin Y. A novel impedimetric sensor based on molecularly imprinted polypyrrole modified pencil graphite electrode for trace level determination of chlorpyrifos [J]. Sensors and Actuators B：Chemical，2013，188：78-84.

[17] Wang J，Neoh K G，Kang E T. Comparative study of chemically synthesized and plasma polymerized pyrrole and thiophene thin films [J]. Thin Solid Films，2004，446 (2)：205-217.

[18] 王德禧.聚苯硫醚的特性及应用 [C].中国科学院化学研究所，2001.

[19] 何志敏，张大伦，张文栓，等.聚苯硫醚/聚四氟乙烯复合材料的研究 [J].塑料，2005，34 (2)：59-62.

[20] Robert W Lenz，Carl E Handlovits，Harry A Smith. Phenylene sulfide polymers. Ⅲ. The synthesis of linear polyphenylene sulfide [J]. Journal of Polymer Science Part A Polymer Chemistry，1962，58 (166).

[21] 时东霞，刘宁，杨海强，等.聚丙烯腈基碳纤维的表面结构研究 [C].第四届全国扫描隧道显微学学术会议，1996.

[22] 张利珍，吕春祥，吕永根，等.聚丙烯腈纤维在预氧化过程中的结构和热性能转变 [J].新型炭材料，20 (2).

[23] Stephen Dalton，Frank Heatley，Peter M Budd. Thermal stabilization of polyacrylonitrile fibres [J]. Polymer，1999，40 (20)：5531-5543.

[24] Gupta S L，Tryk D，Bae I，et al. Heat-treated polyacrylonitrile-based catalysts for oxygen electroreduction [J]. Journal of Applied Electrochemistry，1989，19 (1)：19-27.

[25] Di Zhang，Suying Wei，Zhanhu Guo. Electrospun polyacrylonitrile nanocomposite fibers reinforced with magnetic nanoparticles [J]. Mrs Proceedings，2009，1240 (17)：4189-4198.

[26] 黄美荣，高鹏，李新贵.聚萘的合成及其光电器件 [J].化学进展，2010，22 (1)：113-118.

[27] 张爱清，何宝林，邓克俭，曾繁涤.电化学聚合制备聚萘 [A].中国仪器仪表学会仪表材料分会.第四届中国功能材料及其应用学术会议论文集 [C].中国仪器仪表学会仪表材料分会：中国仪器仪表学会仪表材料分会，2001：3.

[28] 宋厚春，陆军.聚萘二甲酸乙二醇酯 (PEN) 的研究及发展 [J].合成技术及应用，2003 (2)：20-23.

[29] Lillwitz L D. Production of dimethyl-2,6-naphthalenedicarboxylate：Precursor to polyethylene naphthalate [J]. Applied Catalysis A General，2001，221 (1)：337-358.

[30] Cakmak M，Kim J C. Structure development in high-speed spinning of polyethylene naphthalate (PEN) fibers [J]. Journal of Applied Polymer Science，64 (4)：729-747.

[31] Hine P J，Astruc A，Ward I M. Hot compaction of polyethylene naphthalate [J]. Journal of Applied Polymer Science，2004，93 (2)：796-802.

[32] Duh，Ben. Process for the crystallization of polyethylene naphthalate prepolymers and the solid stating of those crystallized prepolymers [J]. 1998.

[33] 李永舫.导电聚吡咯的研究 [J].高分子通报，2005 (4)：55-61.

[34] 程发良，莫金垣.聚吡咯为基质的脲酶传感器生物电化学响应 [J].高分子学报，1999 (4).

[35] 肖迎红，王静，孙晓亮，等.导电聚吡咯的电化学行为及表面形貌研究 [J].南京理工大学学报（自然科学版），2005，29 (4)：483-485.

[36] Diaz A F，Castillo Juan I，Logan J A，et al. Electrochemistry of conducting polypyrrole films [J]. Journal of Electroanalytical Chemistry & Interfacial Electrochemistry，1981，129 (1-2)：115-132.

[37] Kai Yang，Huan Xu，Liang Cheng，et al. In Vitro and in vivo near-infrared photothermal therapy of cancer using polypyrrole organic nanoparticles [J]. Advanced Materials，2013，25 (7)：5586-5592.

[38] Gustav Nyström，Albert Mihranyan，Aamir Razaq，et al. A nanocellulose polypyrrole composite based on microfibrillated cellulose from wood [J]. Journal of Physical Chemistry B，2010，114 (12)：4178-4182.

[39] Vishnuvardhan T K，Kulkarni V R，Basavaraja C，et al. Synthesis，characterization and a. c. conductivity of polypyrrole/Y_2O_3，composites [J]. Bulletin of Materials Science，2006，29 (1)：77-83.

[40] Hutchins，Richard S，Bachas，et al. Nitrate-selective electrode developed by electrochemically mediated imprinting/doping of polypyrrole [J]. Analytical Chemistry，1995，67 (10)：1654-1660.

[41] Street G B. Organic polymers based on aromatic rings (polyparaphenylene，polypyrrole，polythiophene)：Evolution of the electronic properties as a function of the torsion angle between adjacent rings [J]. Journal of Chemical Physics，

1985，83 (3)：1323.

[42] 石家华，杨春和，高青雨，等.聚噻吩在离子液体中的电化学合成研究 [J].化学物理学报（英文版），2004，17 (4)：503-507.

[43] 王炜，李大峰，杨林，等.聚噻吩及其衍生物在生物医学领域的应用 [J].高分子通报，2009 (9)：44-55.

[44] 王红敏，唐国强，晋圣松，等.聚噻吩制备条件对其结构和导电性能的影响 [J].化学学报，2007，65 (21)：2454-2458.

[45] 易文辉，封伟，吴洪才.可溶性聚噻吩甲烯包覆碳纳米管的合成 [C].全国高分子学术论文报告会，2005.

[46] 佟拉嘎，王锦艳，蹇锡高，等.烷基取代聚噻吩的化学合成与光电性能研究进展 [J].功能高分子学报，2004 (3)：173-179.

[47] 杜仕国，李文钊.复合型导电高分子 [J].现代化工，1998 (8)：12-15.

[48] 叶明泉，贺丽丽，韩爱军.填充复合型导电高分子材料导电机理及导电性能影响因素研究概况 [J].化工新型材料，2008 (11)：17-19.

[49] 周炸万，卢昌颖.复合型导电高分子材料导电性能影响因素研究概况 [J].高分子材料科学与工程，1998 (2)：5-7.

[50] 李莹，王仕峰，张勇，等.炭黑填充复合型导电聚合物的研究进展 [J].塑料，2005 (02)：11-15.

[51] 王子成，贾坤，刘孝波.热处理对酞菁/碳纳米管复合型导电高分子吸波性能的影响 [A].中国化学会高分子学科委员会.2015年全国高分子学术论文报告会论文摘要集——主题L高分子复合体系 [C].中国化学会高分子学科委员会：中国化学会，2015：1.

[52] 蒋金武.导电高分子的制备及其对不锈钢保护的研究 [D].湖南大学，2010.

[53] 杨永芳，刘敏江.导电高分子材料研究进展 [J].工程塑料应用，2002 (7)：57-59.

[54] 陶圣如.导电高分子材料的进展 [J].今日科技，(04)：6-9.

[55] 宋波.导电高分子材料的新进展 [J].化工进展，(4)：18-21＋17.

[56] 李芝华，华斯嘉，卢健体.核壳型银/聚苯胺纳米复合材料的导电性能 [J].高分子材料科学与工程，029 (011)：46-49.

[57] 向东，王雷，李云涛，等.导电高分子复合材料相变电阻关系在线监测系统及方法：CN106706700A [P].

[58] Wang J L, Yang J, Xie J Y, et al. A novel conductive polymer-sulfur composite cathode material for rechargeable lithium batteries [J]. Advanced Materials, 2002, 14 (13-14)：963-965.

[59] Wang J, Yang J, Xie J, et al. A Novel Conductive Polymer—Sulfur Composite Cathode Material for Rechargeable Lithium Batteries [J]. 2002, 14 (13-14)：963-965.

[60] Feller J F, Bruzaud S, Grohens Y. Influence of clay nanofiller on electrical and rheological properties of conductive polymer composite [J]. Materials Letters, 58 (5)：739-745.

[61] Kim H K, Kim M S, Song K, et al. EMI shielding intrinsically conductive polymer/PET textile composite [J]. Synthetic Metals, 2003, 135：105-106.

[62] Cochrane, Cédric, Lewandowski, et al. A flexible strain sensor based on a conductive polymer composite for in situ measurement of parachute canopy deformation [J]. Sensors, 201010 (9)：8291-8303.

[63] Alegret, Salvador, Florido, et al. Response characteristics of conductive polymer composite substrate all-solid-state poly (vinyl chloride) matrix membrane ion-selective electrodes in aerated and nitrogen-saturated solutions [J]. Analyst, 1991116 (5)：473.

[64] Duggal Anil R, Lionel M, Levinson. A novel high current density switching effect in electrically conductive polymer composite materials [J]. Journal of Applied Physics, 1997, 82 (11)：5532-5539.

[65] Li Duan, Jiachun Lu, Wenyuan Liu, et al. Fabrication of conductive polymer-coated sulfur composite cathode materials based on layer-by-layer assembly for rechargeable lithium—sulfur batteries [J]. Colloids & Surfaces A Physicochemical & Engineering Aspects, 2012, 414：98-103.

[66] Heinig N F, Kharbanda N, Pynenburg M R, et al. The growth of nickel nanoparticles on conductive polymer composite electrodes [J]. Materials Letters, 62 (15)：2285-2288.

[67] Glouannec P, Chauvelon P, Feller J F, et al. Current passage tubes in conductive polymer composite for fluid heating [J]. Energy Conversion & Management, 49 (4)：493-505.

[68] Duggal, R Anil, Sun. The initiation of high current density switching in electrically conductive polymer composite materials [J]. Journal of Applied Physics, 83 (4)：2046.

[69] Yasin S F, Zihlif A M, Ragosta G. The electrical behavior of laminated conductive polymer composite at low temperatures [J]. Journal of Materials Science Materials in Electronics, 16 (2)：63-69.

[70] 封伟，项昱红，韦玮.π-共轭导电高分子材料的研究进展及存在问题 [J].化工新型材料，(6)：13-19.

[71] 傅杨武，申伟，陈明君.供体-受体型共轭聚合物电子结构和导电性能的理论设计 [J].高分子学报，2013 (7)：

870-877.

[72] 高尚尚.导电共轭聚合物的合成及其应用 [D].西华师范大学.

[73] 李慧，王玉良，吴世永.自旋-轨道耦合作用对共轭导电聚合物电子结构性质的影响 [J].科技创新导报，2012 (5)：114.

[74] 王羽.共轭高聚物中杂质分布的研究 [D].浙江师范大学，2013.

[75] 王天赤，张桂玲，戴柏青.σ-π 共轭高分子导电性的理论研究 [J].哈尔滨师范大学自然科学学报，2006，22 (5)：80-83.

[76] McQuade，Tyler D，Pullen，et al. Conjugated polymer-based chemical sensors [J]. Chemical Reviews，2000，100 (7)：2537-2574.

[77] Günes，Serap，Neugebauer，et al. Conjugated polymer-based organic solar cells [J]. Chemical Reviews，107 (4)：1324-1338.

[78] Xin Guo，Martin Baumgarten，Klaus Müllen. Designing π-conjugated polymers for organic electronics [J]. Progress in Polymer Science，2013.

[79] Burroughes J H，Bradley D D C，Brown A R N，et al. Light-Emitting Diodes Based on Conjugated Polymers [J]. Nature，1990，347 (6293)：539-541.

[80] 朱鹤孙，李荣志.金属有机聚合物膜的直接合成及其电导性质研究 [J].科学通报，1992 (18).

[81] 龚磊，何国梅，夏海平，等.刚性棒状金属有机聚合物 [J].功能材料，2004 (4)：410-413.

[82] 沈雷.量子点/高分子复合物及金属有机聚合物的研究 [D].中国科学技术大学，2008.

[83] 蔡露露.N 型半导体金属有机聚合物的合成和表征 [D].湘潭大学.

[84] Daofeng Sun，Shengqian Ma，Yanxiong Ke，et al. An Interweaving MOF with High Hydrogen Uptake [J]. Journal of the American Chemical Society，2006，128 (12)：3896-3897.

[85] Stock N，Biswas S. Synthesis of metal-organic frameworks (MOFs)：routes to various MOF topologies，morphologies，and composites. [J]. 2012，43 (16)：933-969.

[86] Vitrant G，Astilean S，Baldeck P L. Observation of optical dispersion effects in metallic nanostructures fabricated by laser illumination of an organic polymer matrix doped with metallic salts [J]. 2007，6470：15.

[87] Liu，Xiangming，Matsumura，et al. Nonlinear optical responses of nanoparticle-polymer composites incorporating organic (hyperbranched polymer)-metallic nanoparticle complex [J]. Journal of Applied Physics，2010，108 (7)：321.

第**3**章

液晶高分子材料

液晶是一些化合物所具有的介于三维有序的固态晶体和无规液态之间的一种中间相态，又称介晶相，是一种取向有序流体，既具有液体的易流动性，又有晶体的双折射等各向异性。1941 年，Kargin 提出液晶态是聚合物体系中的一种普遍存在的状态，从此人们开始了对液晶聚合物的研究。然而其真正作为高强度、高模量的新型材料，是在低分子中引入高聚物合成出液晶高分子后才成为可能的[1]。这一重大成就首先归功于 Flory 在 40 多年前就预言刚性棒状高分子能在临界浓度下形成溶致性液晶，并在当年得到了证实[1]。到了 20 世纪 70 年代，杜邦公司著名的纤维 Kevlar 的问世及其商品化，开创了液晶高分子（以下称 LCP）研究的新纪元。相关液晶的理论也不断发展和完善，然而由于 Kevlar 是在溶液中形成的，需要特定的溶剂，并且在成型方面受到限制，人们便把注意力集中到那些不需要溶剂，在熔体状态下具有液晶性、可方便地注射成高强度工程结构型材及高技术制品的热致性液晶高分子（TLCP）上[2]。1975 年 Roviello 首次报道了他的研究成果，次年 Jackson 以聚酯（PET）为主要原料合成了第一个具有实用性的热致性芳香族共聚酯液晶，并取得了专利。从此，液晶高分子材料的开发得到迅猛的发展。而今 LCP 已成为高分子学科发展的重要分支学科，由于其本身无与伦比的优点及与信息技术、新材料和生命科学的相互促进作用，已成为材料研究的热点之一。目前，世界上实现商品化 LCP 的主要国家有美、日、英和德国，品种也只限于纤维、塑料。其中，溶致性品种以 Kevlar 为代表，热致性品种较多，较突出的有 Xy-dar、Vectra、Ekonol、Ultrax、X7G 等[2]。Kevlar 是美国杜邦公司于 1972 年首先实现工业化生产的溶致性液晶纤维，目前的生产能力已达数万吨[1]，主要的牌号有 Kevlar 29、Kevlar 49 和 Kevlar 149 三种。液晶这种物质，是近些年才逐步兴盛起来的一种物质，但是由于其化学性质和物理性质的特殊之处，液晶成为具有广泛应用的特殊功能材料。而且，液晶的特征在于固体晶体和各向同性液体之间的结构。从宏观物理性质的角度来看，液晶不仅具有独特的液体流动性和黏度，而且具有各种晶体特性。液晶在阳光或其他光的照射下具有双折射、布拉格反射、衍射和旋光效果，就像自然界中存在的晶体一样，在实际应用的过程中也能够使其更好地作用于显示、信号处理、光通信、光信号处理等方面，对促进我国各类电子元件的构造具有积极的作用[3]。如果说小分子液晶是有机化学和电子学之间的边缘学科，那么液晶高分子则牵涉到高分子、材料、生物工程等多门学科，而且在高分子材料、生命科学等方面都得到大量应用。

3.1 液晶高分子概述

物质在自然界中通常以固态、液态和气态形式存在，即常说的三相态。在外界条件发生变化时，物质可以在三种相态之间进行转换，即发生所谓的相变。大多数物质发生相变时直接从一种相态转变为另一种相态，中间没有过渡态生成。比如，冰受热后从有序的固态晶体直接转变成分子呈无序状态的液体。而某些物质的晶体受热熔融或被溶解后，虽然失去了固态物质的大部分特性，外观呈液态物质的流动性，但是与正常的液态物质不同，可能仍然保留着晶态物质分子的部分有序排列，从而在物理性质上呈现各向异性，形成一种兼有晶体和液体部分性质的过渡性中间相态（mesophases），这种中间相态被称为液晶态，处于这种状态下的物质称为液晶（liquid crystals），其主要特征是在一定程度上既类似于晶体，分子内有序排列[4]，又类似于液体，有一定的流动性。如果将这类液晶分子连接成大分子或者将它们连接到一个聚合物骨架上，并且仍设法保持其液晶特征，称这类物质为高分子液晶或聚合物液晶。与其他高分子材料相比，液晶高分子材料具有高模量和高取向的特性，可作为结构材料，用于防弹衣、航天飞机、宇宙飞船、人造卫星、飞机、船舶、火箭和导弹等；由于它具有对微波透明，极小的线膨胀系数，突出的耐热性，很高的尺寸精度和尺寸稳定性，优异的耐辐射、耐气候老化性等特性，可用于微波炉具、纤维光缆的包裹、仪器、仪表、汽车及机械行业设备等。

高分子液晶的研究是从化学家 D. Vorlander 一个大胆的假设开始的，他认为液晶态的物质存在于更广的范畴中，于是他建立了液晶高分子的设想[5]，直到 1936 年 Bawden 在烟草花叶病毒的悬浮液中发现了具有液晶态的物质后，这种理论才得到了进一步的讨论[6]。之后，美国物理学家 L. Onsager 和高分子学家 P. J. Flory 对于液晶分子进行了解释，说明了液晶分子是长径要远大于短径的棒状结构[7]。到了 20 世纪末，美国杜邦公司无数次的尝试，终于找到了合适的处理原料的方法，最后制备出了具有高模量的液晶纤维，也就是后来被人们称为魔法纤维的"Kevlar 纤维"，这种材料因为其具有的高模量力学性能常常被应用于防弹衣或者航天材料。这次的突破激发了人们对液晶研究的兴趣，科学家 Economy 和 Plate 合成了液晶支链型聚合物，尤其是在 20 世纪末，合成了大量的液晶聚合物，这就促进了液晶高分子的工业化。德国 BASF 公司相继推出了 3 种工程塑料，如具有很好的热稳定性能的工程塑料以及热塑性塑料得到了世界范围内的推广。可以说凯芙拉纤维的发现是高分子液晶研究的里程碑，后来有的增强塑料也是在这基础上制备出来的。液晶高分子除了优良的力学性能之外，还应用于光学、电学等领域，而且液晶高分子把化学、材料学以及生物学等都联系在一起。近年来液晶高分子对社会科技发展的重要性不断增加，它已经成为一个十分活跃的研究领域，同样它在人们生活中也扮演着举足轻重的作用，因此人们对液晶高分子的研究也产生了浓厚的兴趣。

我国液晶高分子产品的研究和发展是北京大学、中国科学院、中山大学、华东化工学院以及复旦大学等在 20 世纪 80 年代开始对液晶聚合物（LCP）进行的基础研究工作，而北京大学与北京化工研究院共同制备出的一种光纤包覆级液晶聚酯材料，成为我国液晶聚合物从理论研究过渡到实际应用的一个新品种。近年来，国内对液晶高分子的研究大多是以芳香族液晶高分子为主，且已经成功合成了许多种多元的液晶共聚酯。例如，吴大诚等采用酯交换的方法以对羟基苯甲酸、双酚 A 与对苯二甲酸等为主要原料，成功制备出分子量较低的芳香族三元热致性液晶聚合物。张海良等以含酰氯基团的热致性液晶共聚脂（HTH-6）以及含酚羟基的聚砜（PSU）低聚物为主要原料，成功合成出具有 HTH-6 和 PSU 的热致液晶两嵌段共聚物[8]。黄美荣等通过对液晶高分子链结构与热性能之间关系的研究，为液晶高分子在实际成型加工中提供了大量的理论研究基础[8]。张淑媛等合成了一系列的串型聚合物，为国内液晶高分子设计与合成开辟了崭新的研究领域[8]。目前，国内对热致性液晶高分子的研究又有了一个全新的发展方向，即合成多元的液晶共聚酯。利用各种单体具备的不同特性互补及相互补充，可进一步平衡热致性液晶聚合物的性能，获得性能更加优异的液晶聚合物产品。

目前，国外对液晶高分子产品的研究和发展主要都集中在扩大生产规模、增加产量以及开发新型产品等方面，最具代表性的国家有美国、日本以及西欧等国，其生产规模及发展速度最快。美国的液晶高分子产品大多围绕电子产品的开发而设计生产，而日本的液晶高分子产品主要是扩大生产规模，日本不仅在本土大兴建厂以增加产量，同时在亚洲许多国家也投资兴建了许多生产液晶高分子产品的工厂[8]。1984年，美国公司合作研发的聚芳酯液晶产品首次实现了热致性液晶高分子（TLCP）的工业化生产。20世纪90年代以来，液晶高分子产品在美国更是以惊人的速度发展，Hocchst Clanese公司近年来成功开发出液晶高分子产品 Vectra C 130，该产品具有较高的流动性，能够满足特高性能电子部件要求[9]，该公司新开发的电镀级液晶高分子更是成为世界上第一个成功开发可电镀的液晶高分子。此外，美国杜邦公司近年来也开发了一种可作为薄膜或板材的无定形液晶高分子材料。

近30年来，现代科学技术的发展使得液晶高分子这一领域获得了前所未有的活力，目前，它是多种学科成果的综合，又与其他学科相互渗透、相互促进、相互补充，并已经广泛地应用于材料学科、石油化工、军工、生物医学和民用等领域，有着广阔的应用前景。关于液晶高分子的研究一直受到生物、物理和化学家们的广泛关注，液晶聚合物应用领域不断扩大，液晶聚合物类型工业化生产也越来越多，在未来的工业生产、科学技术领域以及人们的生活中将会发挥更大的作用[8]。

3.2　高分子液晶的分类

液晶是一类具有特殊性质的液体，既有液体的流动性又有晶体的各向异性特征。现在研究及应用的液晶主要为有机高分子材料[10]。一般聚合物晶体中原子或分子的取向和平移都有序，将晶体加热，它可沿着2个途径转变为各向异性液体。一是先失去取向有序而成为塑晶，只有球状分子才可能有此现象；另一途径是先失去平移有序而保留取向有序，成为液晶。近年来，高分子液晶的开发已成为当今高分子科学中的一个热门课题。研究表明，形成液晶的物质通常具有刚性的分子结构，同时还具有在液态下维持分子某种有序排列所必需的结构因素，这种结构特征常常与分子中含有对位次苯基、强极性基团和高度可极化基团或氢键相联系[11]。液晶高分子分类方法有3种，按照液晶基元在分子中所处的位置可分为主链型和侧链型2类；从应用的角度可分为热致型和溶致型2类。这2种分类方法是相互交叉的，即主链型液晶高分子同样是热致型和溶致型，而热致型液晶高分子又同样存在主链型和侧链型。按照液晶高分子在空间排列的有序性不同，又有近晶相、向列相、胆甾相和碟相4种不同的结构类型。

3.2.1　按液晶分子形态分类

液晶态聚合物分子结构中一般都会存在刚性分子链，分子链多为轴向长度远大于横向长度的棒状结构，同时具有便于取向的几何不对称性。可以看出，棒状、不对称和刚性是液晶性聚合物的三个基本条件[12]。比如，聚对二甲酰对苯二胺（PPTA）、聚对苯酰胺（PBA）以及生物大分子 RNA 和 DNA 等都可以形成液晶结构。一般高分子液晶可以分为如下三种类型。

（1）向列相液晶

棒状的分子之间以轴向取向平行排布。标注出分子的质心，则会发现分子的质心排布是无序的。换而言之，向列相液晶分子同近晶相液晶一样是棒状结构，但是近晶相液晶分子头尾相连紧密排布而向列相液晶分子链头尾没有完全对齐。向列相是最常见的液晶相之一，向列相这个词来源于希腊语，是螺纹线的意思。这个术语起源于研究向列相的时候发现的线型拓扑缺陷。在一种向列相中，矿物质或者棒状的有机分子不存在位置有序，但是它们自身以近似平行于长轴的方向排列，因此，分子能够自由流动，并且它们的质点是如液体那样任意分布的，仍然保持长程方向有序[13]。大多数向列相只在长轴上有序，然而，一些向列相液晶除了在长轴上有方向性外，它们还在第二轴上也有方向性。向列相具有类似于普通液体的流动性，但是其排列很容易受外部磁场或电场影响。向列相具有单轴晶体的光学性质，其分子中的电子在高磁场作用下，可形成一种"电子向列"形式的物质，这在液晶显示屏上非常有用。因此向列相液晶只存在一维的有序性，如图 3-1(a) 所示。

（2）近晶相液晶

近晶相液晶是最接近晶相结构的液晶类型。这种液晶相的分子序更高，更接近于晶体，但是不像无机非金属那样可以达到很高的结晶度，从结构上来看，它由棒状或条纹状的分子所组成，都具有层状结构，层外分子长轴相互平行或接近于平行[14]。层内液晶分子的质心随机分布，仍像液体一样，层与层之间几乎没有关联，彼此间很容易滑移，层厚度与液晶高分子的液晶基元长度量级相当。近晶型结构比向列型结构有序性更强，所以对一种给定的材料来说，近晶相经常出现在较低温度区域内且黏度较大[15]。近晶相液晶的种类有很多，有

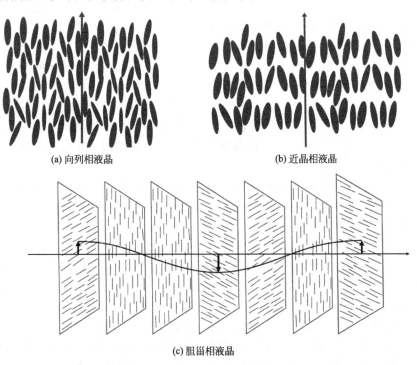

(a) 向列相液晶　　　　　　　　　　(b) 近晶相液晶

(c) 胆甾相液晶

图 3-1　液晶态分子排列示意图

序性各异，形成的织构也各不相同。目前已经发现了八种近晶相（S_A-S_H）和三种扭转近晶相（S_C^*、S_P^*、S_H^*），最近还发现了 S_I 相。因对近晶相的认识还在深入发展中，随着时间的推移，对近晶相织构的归纳还要不断修正，如图 3-1(b)。

（3）胆甾相液晶

胆甾相液晶分子都有手性碳原子，分子本身没有镜像对称性或者掺有手性分子，由这类分子构成的液晶往往有螺旋结构。胆甾相液晶 Ch 是最早发现的液晶，是在胆甾醇的衍生物中观察到的，有时被记作 N^*。胆甾相液晶具有非常奇妙的光学性质，它具有原偏振光的选择性反射特性、强烈的旋光性以及圆二色性。从图 3-1(c) 中我们可看出，胆甾相的分子分层排列，分子躺在层中，层与层平行，在每一层中分子彼此倾向于平行排列，沿着法线的方向，分子的指向矢基本连续均匀地扭曲，具有周期性，周期长度是螺旋结构中螺距的一半[15]。胆甾相实际上是向列相的一种畸变状态，通常在向列相液晶中加入旋光性物质会出现胆甾相，在胆甾相液晶中加入消旋向列相液晶，可将胆甾相变成向列相。向列相液晶都是由内消旋体或非手性体构成，而胆甾相液晶总是由手性体构成。

3.2.2　按液晶的形成条件分类

尽管高分子液晶的发展不过几十年的历史，然而由于它的特殊性能，在众多领域获得了广泛的应用。目前，主链高分子液晶主要用于制造高强度、高模量耐热性纤维，自增强塑料及复合材料；侧链高分子液晶主要用于制造储存热、电和光等信息的功能材料，以及用于制造高效分离的色谱固定相和功能膜等高级材料[16]。高分子液晶的研究与开发已成为高分子材料科学中的一个新的学科领域，日益受到各国的广泛重视。液晶聚合物即为那些能够呈现液晶态的高分子化合物，可以在一定的溶剂、温度或压力的作用下自发形成各向异性的溶液或熔体。

无论是小分子液晶还是高分子液晶按照液晶形成的条件可以分为溶致型和热致型两类。前者是指液晶分子溶解到溶剂中达到一定浓度时形成有序排列而产生各向异性特征的液晶。

热致液晶采用加热的手段，使得物质处于液晶相，表现出各向异性的特点。由温度引起的热致液晶只能在一定的温度范围内存在。如果温度太高，热运动会破坏液晶相中弱相互作用，促使材料向传统各向同性液体转变[13]；而在较低温度下，大多数的液晶材料会转变成传统的晶体。许多热致液晶分子随着温度的变化呈现各种各样的中间相。热致液晶中主要相态有向列相、近晶相、胆甾相、柱状相和立方相。同样对于热致型液晶，其中重要的转变温度有熔点（T_m）、玻璃化温度（T_g）以及清亮点（T_c）。所谓的清亮点是指液晶从液晶相向各向同性液体转变时的温度[17]。

溶致液晶是指加入溶剂而呈现出液晶态的物质，在液晶分子与溶剂分子相互竞争作用下，体系处于结晶和非结晶之间，并且在溶解的过程中仍能保持一定有序性而形成液晶。溶致液晶由两种或者两种以上的组分构成，在一定的浓度范围内呈现液晶相性质。在溶液中，溶剂分子填充化合物周围的空间，为系统提供流动性。跟热致液晶相比，溶致液晶在浓度上有另一种自由度，所以能够产生更多不同的液晶相。在溶致液晶中，溶质分子一般为两亲性分子。两亲性分子具有两个不相容部分，一部分亲水，另一部分疏水，液晶相结构是由两个不相容部分的微相分离形成的，日常生活中肥皂水就是溶致液晶的典型例子[13]。两亲分子溶解到水或其他溶剂中后，浓度的改变会引起自组装结构的变化，当两亲性分子浓度非常低时，溶质分子无序地随机分布；当浓度稍高时，两亲性分子自发地自组装成胶束或小泡，这是为了使两亲性分子的疏水基团隐藏在胶束内，使亲水表面暴露在水溶液里。而在较高浓度下，自组装体变得有序，典型的就是形成六方柱状相。

此外，在外场（如压力、流场、电场、磁场和光场等）中，液晶物质进入液晶态称为感应液晶[18]。例如，聚乙烯在高压下处于液晶态，可以称聚乙烯为压致液晶。

3.2.3　按液晶基体的分布分类

如按照液晶高分子链的结构特征，尤其是液晶基团的分布，液晶高分子又可以分为主链液晶高分子，侧链液晶高分子以及兼具主、侧链的液晶高分子。如图3-2所示。

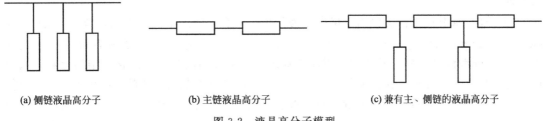

(a) 侧链液晶高分子　　　　　(b) 主链液晶高分子　　　　　(c) 兼有主、侧链的液晶高分子

图 3-2　液晶高分子模型

3.2.3.1　主链型液晶高分子

主链液晶高分子是指致晶基团位于刚性链的液晶高分子[19]，其结构式为

$$\text{—}\!\!\!\!\sim\!\!\text{C—}\boxed{\text{A}}\!\!\overset{\text{B}}{\underset{\downarrow}{}}\!\!\text{—C}\sim\!\!\!\text{—D}\sim\!\!\!\text{—}$$

其中，A为液晶基团，在多数热致液晶聚合物中，其为棒状或者盘状，分子直线型得以维持苯环或者环己烷衍生物等。B为取代基，倘若为柔性长链就可以降低高分子液晶的玻璃化转变温度，若为刚性长链则会提高液晶的玻璃化转变温度；若B为离子性极性基团，此时所得的高分子液晶称为液晶离聚物。D一般为柔性间隔基，由亚甲基、硅氧烷基等组成[17]。

由于主链型液晶高分子空间位阻效应相对其他两种要小得多，在熔融时，黏度急剧下降，刚直大分子极易沿熔体流动方向取向，沿一个方向排列[17]。所以主链型液晶高分子一般具有高强度、高模量以及自增强性能，突出耐热性、阻燃性能、优异的电性能等[20]。

3.2.3.2　侧链型液晶高分子

侧链型液晶高分子是刚性液晶基元位于大分子侧链的高分子，又称梳形液晶高分子。其性质在较大程度上取决于支链液晶基元，受聚合物主链性质的影响较小。液晶基元基本上保持其在小分子时作为液晶基元的尺寸，主链结构的变化对其影响较小，同样，侧链型液晶高分子也可以分为溶致型和热致型两类。但是，目前按热致和溶致两类进行分类没有什么意义，而按液晶基元的结构进行分类，即将侧链液晶高分子分成非双亲侧链液晶高分子和双亲侧链液晶高分子，非双亲侧链液晶高分子是聚合物与液晶基元组成的杂化系统，既具有聚合物的性质，又能较好地呈现小分子液晶基元的性质[11]。正由于这种双重特征使其类似于小分子液晶，被用于光电转换、非线性光学和色谱。一般来说，侧链型液晶高分子的基团排列方式遵循刚柔相间的原则，不同的是侧链第一个刚性基团与大分子柔性主链相连，其结构式为

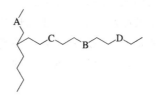

侧链型液晶高分子材料具有可设计性，很好地将小分子液晶的性质和聚合物材料的性质结合在一起。侧链液晶高分子具有小分子液晶的光电效应特征[21]。

3.2.3.3　复合型液晶高分子——甲壳型液晶高分子

在 20 世纪 80 年代以前，液晶高分子的发展已经日益成熟，得到了两条基本的研究思路：第一，制备主链型液晶高分子，分子链刚性大，主要应用方向是高强度、高模量材料领域；第二，通过链式聚合反应制备侧链型液晶高分子，分子链的柔性大，主要应用方面是光电器件。

1987 年，周其凤等首次提出了甲壳型液晶聚合概念，随后甲壳型液晶聚合物（mesogenjacketed liquid crystal polymers，MJLCPs）作为一类新型液晶高分子材料得到了迅速发展[22]。甲壳型液晶高分子又被称为刚性链侧链腰接型液晶高分子，从化学结构上看，属于侧链型腰接液晶高分子。这类液晶高分子具有柔性侧链型液晶高分子的一些优点，可由单体经链式聚合制得，容易得到分子量分布能被控制的高分子量聚合物[19]。但是，侧链基元与主链之间相互作用力较强，这个作用力使得聚合物主链呈刚性排列，所以其性质是刚性的，从物理性质来说属于主链型液晶高分子。这些特点使这类液晶聚合物区别于主链型液晶高分子和侧链型液晶高分子，所以命名为甲壳型液晶聚合物[23]，其模型如图 3-3 所示。

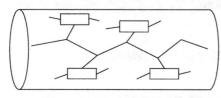

图 3-3　甲壳型液晶聚合物模型

甲壳型液晶高分子被创造性地提出后，至今已发展了二十多年。甲壳型液晶高分子单体及聚合物有十个系列数百种。总结下来，对甲壳型液晶高分子的设计和研究集中在以下三个方面：①设计侧链基元，如刚性、形状、体积、接枝密度和侧基连接点的位置等，研究侧基在甲壳效应中的作用；②聚合物主链的结构设计，研究主链刚性和结构对甲壳型液晶高分子液晶性能的影响；③甲壳型液晶高分子为特殊的侧链型液晶高分子，因而其热力学性质也将不同于传统意义上侧链型液晶高分子，所以对其物理相行为和相结构的研究是甲壳型液晶高分子的重要方向之一。在 MJLCPs 分子设计上将具有很大的灵活性，可以引入功能性的基团或设计特殊的结构以寻求甲壳型液晶高分子的潜在应用价值（光电材料、特种材料等）[23]。

甲壳型液晶高分子主要分为三类：基于乙烯基氢醌的甲壳型液晶高分子、基于乙烯基对苯二胺的甲壳型液晶高分子和基于乙烯基对氨基苯酚的甲壳型液晶高分子。

要得到聚乙烯基氢醌的甲壳型液晶高分子，可以通过乙烯基氢醌的酯化反应得到的一类刚性芳香酯结构的液晶基元与乙烯基直接连接得到不含有任何过渡成分的甲壳型液晶单体[24]。与最早提出甲壳型液晶高分子概念时的模型化合物不同，虽然这种结构理应属于侧链型液晶高分子，但是庞大的侧基团阻碍了聚合物的结晶，这类液晶高分子普遍具有较高的玻璃化转变温度以及清亮点，玻璃化转变温度以上能够生产稳定的向列相液晶[25]。剪切作用下聚合物能够产生刚性链液晶所特有的"条带织构"，说明这种聚合物属于液晶高分子，但又不同于侧链液晶高分子。其结构式如图 3-4 所示。

区别于聚乙烯基氢醌的甲壳型液晶高分子，基于乙烯基对苯二胺的甲壳型液晶高分子链的刚性更大，但稳定性较差，主要是因为酰胺键代替了酯键，一方面容易形成氢键，另一方面酰胺键为中心桥键时，共轭作用弱，极化程度低，不利于液晶相的稳定存在。其结构式如图 3-5 所示。

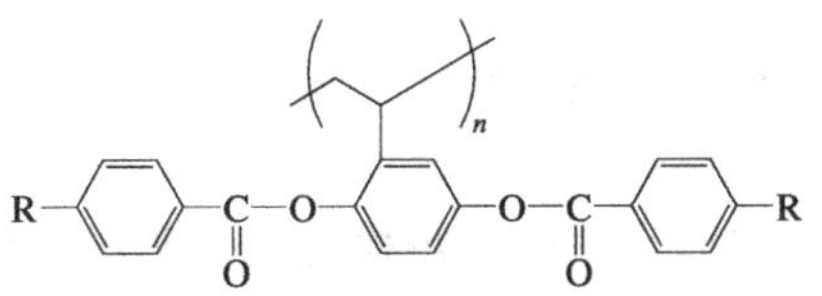

图 3-4 基于乙烯基氢醌的甲壳型液晶的结构式 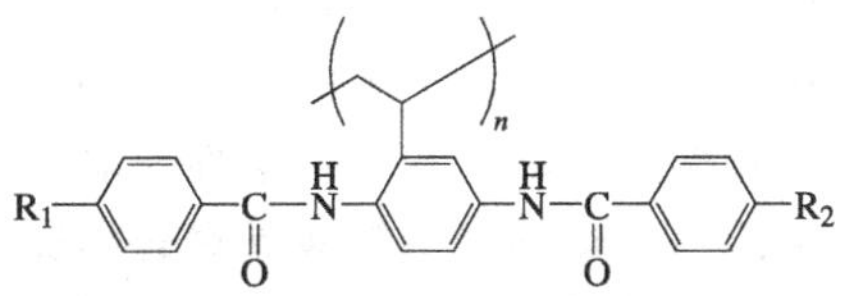 图 3-5 基于乙烯基对苯二胺的甲壳型液晶的结构式

液晶基元的中心桥键在分子设计中起着重要的作用，乙烯基氢醌类液晶单体与乙烯基对苯二胺类液晶单体具有不同的中心桥键，尽管酰胺键和酯键相似，都能形成棒状的分子结构，但聚合物的液晶性质发生明显变化，前者为双向性液晶，而后者不易形成稳定的热致性液晶。乙烯基对氨基苯酚类甲壳型液晶单体结合了上述两类液晶单体的结构特点，分子设计采取不对称结构[24]。研究表明，随着酰胺键的引入，聚合物的液晶性发生规律性变化，基于乙烯基对氨基苯酚类甲壳型液晶高分子的液晶性介于两者之间，为单向性液晶。其结构式见图 3-6。

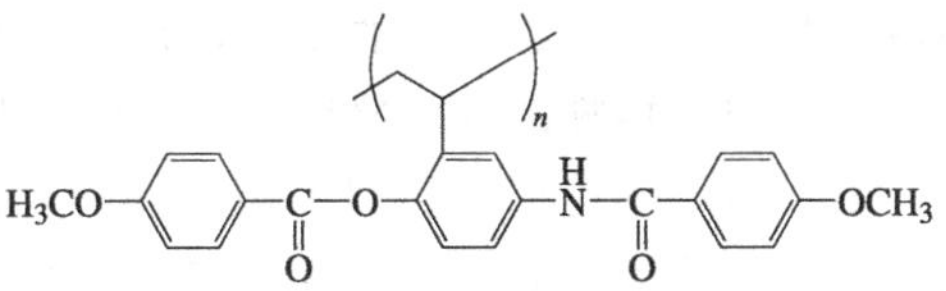

图 3-6 基于乙烯基对氨基苯酚的
甲壳型液晶的结构式

3.2.3.4 液晶离聚物

离子型液晶聚合物简称液晶离聚物，是一类大分子链上存在不小于 15％可离子化基团的高分子材料[26]。液晶离聚物多以乙烯、苯乙烯、丁二烯以及聚氨酯类为骨架链，而含离子的基团主要为羧基和磺酸基，阳离子为 K^+、Na^+、Ba^+ 等。

液晶离聚物 (liquid crystalline ionomers，LCIs) 是指具有液晶性能的离聚物，也是一种具有离子的液晶聚合物[27]。作为一种新型材料，一方面，它保留了液晶高分子高模量、高强度的性能，另一方面，通过离子相互作用使液晶高分子链之间的相互作用增强，从而改善液晶高分子的横向性能，增加了分子间的相互作用力，使液晶聚合物在复合共混时可增加基体与填料间的相容性。由于引入离子基团，使得液晶离聚物甚至可以应用于能源方面，这极大提高了液晶高分子复合材料的应用。

根据链结构特征液晶离聚物可分为三类[28]：①主链液晶离聚物 (main-chain LCIs)，指在液晶高分子主链上带有离子基团，如芳香族聚酰胺类等；②侧链液晶离聚物 (side-chain LCIs)，指在液晶高分子侧链上带有离子基团，如丙烯酸酯类、甲基丙烯酸酯类、聚硅氧烷类等；③复合型液晶离聚物 (combined LCIs)。根据离子类型液晶离聚物可分为三类：①阳离子型液晶离聚物，如离子基元为铵类基团（$-N^+R_3X^-$）等；②阴离子型液晶离聚物，如离子基元为磺酸基团（$-SO^{3-}M^+$）、羧酸基团（$-COO^-M^+$）等；③两性离子液晶离聚物。根据液晶相形成的条件液晶离聚物可分为溶致液晶离聚物 (lyotropic LCIs) 和热致液晶离聚物 (thermotropic LCIs)。从分子结构上来看，液晶离聚物通常包括主链 (polymer backbone)、柔性间隔基 (flexible spacer)、液晶基元 (mesogenic unit) 和离子基元 (ionic unit) 四部分。链柔性的大小主要影响液晶离聚物相转变温度和液晶相的热稳定性。柔性间隔基常选用两个以上亚烷基，其长短对液晶相类型及相转变温度同样具有重要影响[15]。液晶基元一般为棒状刚性体，液晶高分子的双折射现象主要取决于刚性体的共轭程度，液晶相的形成则取决于刚性体的结构、形状、尺寸和性质[29]。离子基元可位于液晶基元、非液晶基元上，也可位于大分子链上。

主链液晶离聚物是指液晶基元和离子基元都位于主链上的液晶聚合物。在基本聚合物的框架下，柔性聚合物可以通过与棒状或者圆盘状液晶基元（这些液晶基元是分子链骨架的一部分）相混合而转换成液晶，这种液晶称为主链型液晶离聚物，主链液晶离聚物具有固有的刚性结构。一般有两种主要的主链液晶聚合物，第一种由刚性棒状聚合物单体构成，第二种是分子链骨架上的液晶基元被柔性间隔基分开，这也使得聚合物主链变得柔顺，同时使得液晶基元可以自由运动。主链液晶聚合物通常具有显著的力学性能和热稳定性，然而，相对于高的轴向力，其横向强度和抗压强度则很弱。另外一个问题是它们与其他化合物有较差的共混性和黏附性，所以很难得到含有主链液晶和传统常规聚合物的共混化合物。

侧链液晶离聚物是指液晶基元和离子基元都位于侧链上的液晶聚合物，目前报道的比较多的主要是含羧基、氨基和磺酸基的侧链液晶离聚物。对于侧链液晶离聚物，柔性大分子主链倾向于采取无规构象，液晶基元则要求采取取向有序的液晶态聚集结构。如果大分子主链和液晶基元不能形成各自的相区，则视这两种力量的相对强弱，要么大分子主链屈服于液晶基元的作用而牺牲部分构象熵并生成液晶相，要么液晶基元屈服于主链的运动而采取无序构象。柔性间隔基的存在起到了缓冲作用，减弱大分子主链和液晶基元之间热运动的相互干扰，从而保证了液晶基元的有序排列及液晶相的形成。

1995 年，Blumstein 等通过季铵化反应，将单体在干燥的乙腈中于 55℃ 搅拌反应 72 小时，合成了白色粉末状的铵类主链液晶离聚物，能较快溶解在无水乙醇或其他极性溶剂中，熔点 166.20℃，液晶相范围 166～225℃，呈现近晶 A 相（S_A）与近晶 C 相（S_C）；1997 年，P. K. Bhowmik 等通过季铵化反应，在乙腈中于 820℃ 反应 12 小时，合成紫罗碱液晶离聚物，产物在极性有机溶剂中表现出溶致液晶性能，在甲醇、乙醇、乙烯醇、二乙烯醇、苯甲醇和甘油中表现为溶致层状液晶相。

由于液晶离聚物拥有液晶高分子与离聚物的双重性能，一出现就备受瞩目。关于液晶离聚物的合成方法和应用的研究仍在不断突破，许多分支领域有待人们去深入研究。作为一类新型功能高分子材料，液晶离聚物涉及化学、物理学、电子学及材料科学等多学科，具有独特的光学、电磁学等物理特性以及良好的力学性能和化学稳定性，不仅具有重要的理论意义和学术价值，而且在光学、信息、军事、印制、复合材料、膜材料等领域具有潜在的应用前景[30]。在现阶段的研究中液晶离聚物被应用在共混材料、液晶复合分离膜、液晶纤维等多个方面[31]。液晶离聚物集液晶高分子和离聚物性能于一身，是一种新型的超分子体系，一出现便备受瞩目，在短短十几年的研究中，取得了可喜的进展。有关液晶离聚物的合成、理论及应用的研究都不断有新的突破，但它毕竟是一个新兴的领域，不仅有许多分支有待于人们进行更深入、更广泛的研究，而且液晶离聚物应用前景的开发与研究也必定会促进人们在这一领域的深入研究[32]。在液晶离聚物的合成和表征手段方面，急需开发出更多的合成方法，合成不同离子、不同介晶基团的功能性液晶离聚物，同时需要更细致的有关液晶离聚物的表征手段，确定液晶相的晶相类型，建立液晶离聚物的结构模型，提出液晶离聚物的理论，为不同性能液晶离聚物的设计提供理论指导[30]。有关液晶离聚物的应用研究目前在共混等领域已做了初步的工作，取得了良好的效果。由于液晶离聚物本身的结构特点，液晶离聚物在液晶高分子及离聚物的众多应用领域中有大量的工作有待开展，而且也正在向生命科学、功能材料等领域扩展。

3.2.3.5 稀土液晶

稀土液晶是指稀土离子掺杂或键合在液晶中使其具有高发光效率的新型有机材料，稀土液晶材料具有磁性、发光强度高、色纯度高、电子极化率高的特性，可应用于有机磁体、非线性光学材料、催化剂等，是一类重要的发光液晶材料。稀土液晶可分为两种类型：一类为掺杂型稀土液晶，指将稀土配合物作为掺杂剂均匀地分散在液晶单体或液晶聚合物中，制成以掺杂方式存在的稀土液晶，即为掺杂型稀土液晶[27]。另一类为键合型稀土液晶，包括小分子稀土液晶和高分子稀土液晶，小分子稀土液晶是指稀土离子与小分子由配体配位形成的小分子稀土液晶；高分子稀土液晶是指稀土配合物以单体形式参与聚合或缩合，或稀土离子配位在液晶分子侧链上。

这种材料将稀土发光特性与液晶的特性结合起来，其应用前景十分广阔。20世纪70年代，小分子稀土配合物显著的荧光和激光特性使之成为研究热点，随着稀土配合物液体激光器的诞生，科学家们开始以液晶作为基质，开启稀土掺杂液晶材料的研究。1977年，美国宾夕法尼亚州研究小组首次将$Eu(TTA)_3$掺杂到向列相液晶中，得到发红光材料，开创了稀土液晶研究的新领域。随后，根据稀土掺杂玻璃陶瓷制备功能材料的方法，人们开始研究稀土化合物掺杂液晶，并获得了一些有实际用途和潜在应用价值的稀土液晶功能材料。含有Eu^{3+}、Tb^{3+}、Sm^{3+}和Dy^{3+}等的稀土离子液晶是一类具有开发和应用价值的荧光物质，尤其是Eu^{3+}、Sb^{3+}、Tm^{3+}稀土离子液晶材料，在紫外光的激发下能够分别发出红、绿、蓝三种色调的荧光，可调制出白光或研制三基色显示器件，利用它们可研制三基色荧光照明灯、有机发光二极管（OLED）、彩色显示器件，还可用于光记录材料、发光涂料和光电池等，应用范围非常广阔。

对于掺杂型稀土液晶，可通过改变稀土离子、液晶材料、激发光波长、温度、外加电场等得到不同波段的发光，其增强原因一般认为是液晶分子对发光分子的散射作用。掺杂型稀土液晶制备简单，易操作，但由于稀土配合物与基质液晶材料相容性差，易发生相分离，且在高分子液晶材料中分散性欠佳，导致荧光分子间易发生猝灭作用，发光效率相对低，需要进一步提高其发光强度，同时在研究过程中主要集中于红光的研究，需要进一步拓宽其发光范围，通过不同稀土离子间的配合，最终实现掺杂型稀土液晶的红、绿、蓝、白光和近红外发光[33]。对于键合型稀土液晶，主要集中于小分子稀土液晶的研究，然而小分子稀土液晶相转变温度高、稳定性较差、不易加工等缺点限制了它的应用和发展。将稀土离子引入高分子液晶基质中制成键合型高分子稀土液晶，既具有稀土离子良好的荧光特性，又具有高分子液晶材料优良的液晶性、热稳定性、易加工成型、良好成膜性等优异性能，能够克服小分子稀土液晶的缺陷，将在显示、激光、非线性光学材料、光电器件、防伪等方面具有广阔的应用前景，是当今国际研究的热点之一。

3.2.3.6 盘状液晶

盘状液晶（DLC）分子间能够通过分子间的自组装形成不同有序程度纳米微结构的液晶材料，是一类具有独特的、显著的电导和光电导性能的材料[8]。盘状液晶的首次发现可以追溯到1960年，在重石油沥青裂解的过程当中，就有人观察到盘状液晶的特性。然而，人们对盘状液晶进行广泛的研究是在1977年由S. Chandrasekhar[34]首次报道了关于盘状液晶分子的合成后才开始的。S. Chandrasekhar等[34]证实了盘状液晶分子是一类呈现平面盘子结构、能够在一定条件下高度有序排列从而具有液晶态的分子，最初将其定义为：以具有大苯环平面刚性结构的硬核为核心（该分子核具有三重、四重或六重对称轴）以及连接在中心硬核外围的数条柔性侧链（不少于六条柔性侧链且每个侧链的碳原子数不少于五个）组成的盘状结构，其结构的典型特点是：盘状液晶分子由苯环间强的π-π相互作用排列堆叠成柱状结构，其轴向垂直于分子平面。由于电子效应、氢键等因素的存在，分子间存在相互作用力。分子的形状是决定分子能否自聚集成液晶相的因素之一，因此按照分子的形状不同，可以分为棒状或者盘状液晶。大多数的盘状液晶通常都含有一个刚性的中心硬核（平面、锥体状、圆锥状类似的几何结构）以及在刚性核心周围绕着的数条柔性侧链基团[35]。具有代表性的基团有：苯并菲、卟啉、六苯冠醚、酞菁及其衍生物等。如图 3-7 所示。

图 3-7　盘状液晶（左图）和柱状液晶（右图）结构示意图

从盘状分子的结构可知，这种分子结构具有较强的分子间作用力，并有柔性侧链，使得材料在呈现液晶态时具有流动性，这种刚性内核和柔性侧链之间存在平衡关系，此结构决定了液晶的液晶性，同时对液晶态分子的聚集态有着重要影响[8]。盘状分子可以在一维方向上，通过一个分子堆叠到另一个分子上进而形成柱状相结构，这是盘状分子自组装性的特点。因此，柱状相是盘状分子最重要、最典型的液晶相。根据盘状液晶分子在柱内的堆叠方式及分子相互作用情况，主要可以分为三种不同的堆积方式。首先，无序的柱状相结构中，盘状分子是不规则的，也就是说盘与盘之间中心位置没有相互对齐或者说盘与盘之间的距离是不相等的。其次，有序的柱状结构是指柱内盘状分子是规则有序的，也就是说盘与盘之间的中心相互对齐，而且盘-盘之间的距离相等，其核心外柔性侧链仍保持无序状态，在堆叠形成的微柱结构当中，柱与柱之间也是相互平行的[8]。最后，对倾斜有序的柱状相结构来说，这类相结构与有序的柱状相结构相似，其柱内盘状液晶分子也是规则有序的，也就是说盘与盘之间的距离相等，其核心外的柔性侧链仍保持无序状态，分子堆叠形成的柱子与柱子之间是相互平行的，所形成的柱与柱的轴向与盘面的法线方向成一定角度倾斜。

（1）以苯环衍生物为内核的盘状液晶

该类盘状液晶分子内核由六个碳原子构成（一般为芳香烃，也可以是环己烷）[36]，其外围连接有多条柔性脂肪链，结构式如图 3-8 所示[37]。自从六取代含酯基的苯衍生物于 1977 年首次被发现，各种类型的苯衍生物盘状液晶分子络绎不绝地被研制出来。考虑到分子合成的难易程度，研究最多的是六取代和 1,3,5-三取代的苯衍生物[37]。为了克服棒状向列液晶在显示屏视角中的问题，Kumar 等[38] 利用 Wolff-Kishner 还原和钯催化的偶联反应等制备出了支链取代的六乙炔基苯衍生物，该化合物具有室温下显示液晶的行为，扩展了液晶显示的视角。进一步的研究表明，此类分子的液晶行为随着取代基链长和连接原子的变化而改变。通过引入电子让分子产生电荷转移效应来控制分子的液晶行为。

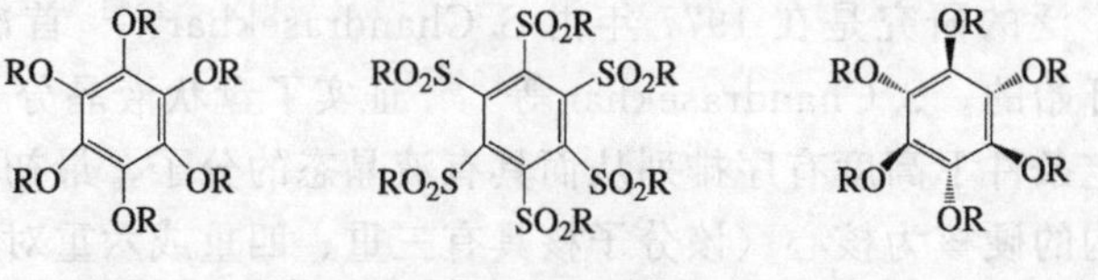

图 3-8　盘状液晶分子结构式

余文浩等[39] 制备了一系列基于 C_3 对称的 1,3,5-三酰胺基苯的盘状液晶化合物，该化合物中芳香基团可通过酰胺键直接连接于苯环上，增强了刚性核部分的分子间相互作用，并且利用柔性侧链的手性诱导效应使周边芳香基团排列成了螺旋状。另外，他们利用基于"sergeants-soldiers"原理的手性放大特性，以酰胺键形成的氢键对柱状相进行固定，最终以手性基团诱导形成的螺旋柱状结构引导非手性盘状液晶分子，也形成了螺旋柱状相。此方法也被进一步扩展到了高分子骨架上。手性基团诱导排列成的螺旋柱状体被用来诱导单体分子形成螺旋柱状，再通过光聚合反应形成高分子螺旋链[37]。该研究组利用圆二色（CD）光谱技术解释了"majority rules"效应，即某一对映体的用量对螺旋结构是否会产生变化，主要对映体的含量决定了螺旋结构的构型。总的来说，在盘状液晶高分子中芳香烯烃类盘状液晶聚合物是最早发现的具有热致性的盘状液晶高分子。这类盘状液晶分子的发现在盘状液晶的研究历史上具有非常重要的意义。

（2）多炔类盘状液晶

多炔类盘状液晶化合物的分子结构比较规整，其结构如图 3-9 所示，呈辐射状[40]。多炔类盘状液晶结构中含有多个苯基和炔基，从而使得其 π 电子非常丰富，因此，这种液晶材料具有化学性质稳定、溶解性良好、合成方法简单等优点，备受人们关注。

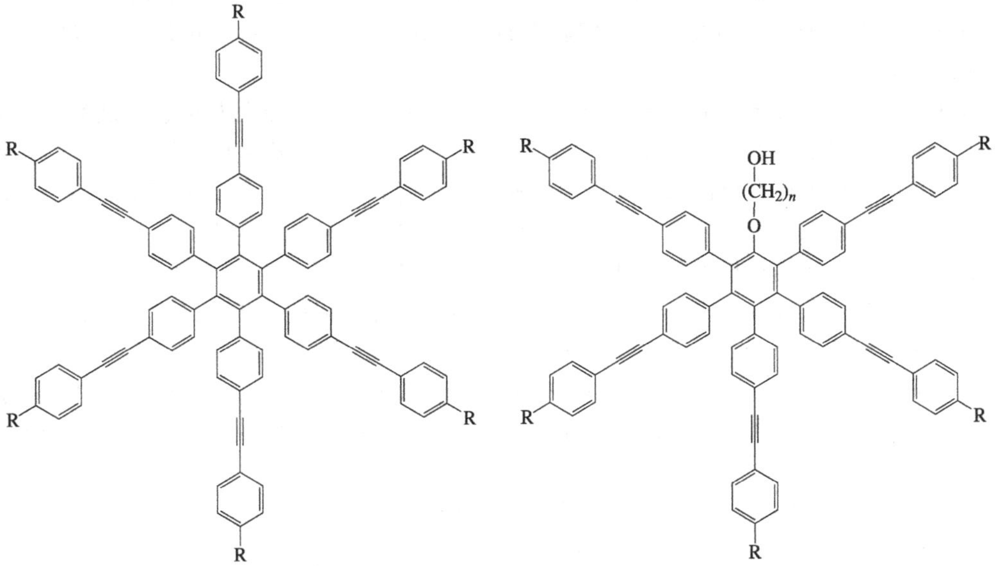

图 3-9　多炔类盘状液晶

（3）以有机金属为内核的盘状液晶

为了使合成的材料具有液晶性能，需要平衡分子间的各种相互作用，而有机金属配合物形成盘状液晶后，由于其具有不平常的电磁特性，目前也成了盘状液晶研究的主要热点之一。这类盘状液晶是利用有机配体（the donor ligands）与金属离子（电子受体）之间的偶合作用形成液晶相的，结构如图 3-10。该类盘状液晶分子在形成液晶相时，分子间的主要作用力有：配体-金属之间的作用力、偶极-偶极之间的相互作用力、色散力以及金属-金属之间的微弱作用力[8]。

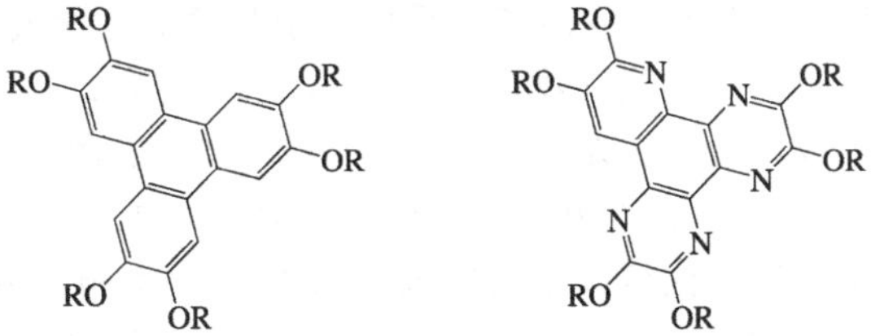

图 3-10　以有机金属为内核的盘状液晶结构

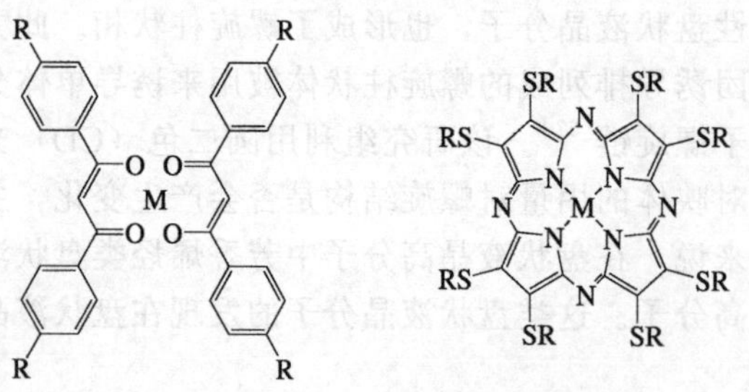

图 3-11 以苯并菲为中心的盘状液晶结构

远远早于 1977 年盘状液晶的发现，在 1907 年，Mannich[41] 就报道了对称的芳烃化合物苯并菲的合成，并确定了其化学结构如图 3-11 所示。直到 1924 年，Schultz 报道了从芳烃热裂解产物中能够提取出该化合物，并将其第一次命名为"苯并菲"。随着苯并菲的提出，不同结构的苯并菲和相似的稠环衍生物的合成不断地被报道，而第一份有关苯并菲类化合物合成的详细报道，是在 1960 年由 Buess 等[42] 报道的。同时，他们预测了该类苯并菲化合物将具有非凡的电学和光学性能。此后，关于苯并菲类衍生物的合成以及结构的报道开始大量出现。苯并菲的研究从 20 世纪 60 年代逐渐引起科研领域的关注，随着有机、高分子在光电子领域的突破，人们越来越关注具有特殊结构的苯并菲及其衍生物的化学、物理性质。

苯并菲化合物简称苯并菲，一个苯并菲分子具有一个基于平面结构的、离域的 18π 电子体系，分子结构式如图 3-11 所示，苯并菲是一个完全独立的苯基多环芳烃，由 4 个苯环并在一起，其中三个苯环在外围通过碳碳单键连接在一起，这三个外围的苯环中的每一个苯环的一个双键和连接三个苯环的 3 个碳碳单键构成了中央的苯环。当含有烷氧基侧链的苯并菲之间以面对面的方式进行排列时，其富电子的分子核之间便会产生较强的 π-π 相互作用力，促使一个苯并菲分子堆叠在另一个上面形成柱子结构，即形成柱状相。经过取代的外围具有数条柔性侧链的苯并菲分子通常都具有液晶相，且大多数都形成了六方柱状相。通常情况下，由于甲氧基链太短、刚性太强，不能促成液晶相形成。而甲基芳基醚中的甲基可被选择性地脱去而生成羟基，因此，在合成羟基取代的苯并菲时，甲氧基通常被作为保护基使用[8]。

以单一的苯环为中心核的盘状液晶自组装形成高度有序的柱状并且具有高度有序的柱状结构相，其中含有较高的载流子迁移率的盘状分子成了研究的焦点。苯并菲衍生物具有易合成、易加工的优点，同时其熔点较低，因而成为研究较多的盘状液晶材料之一。此类液晶分子的构成包括平面刚性的苯并菲核心以及环绕刚性核的多条柔性链[37]。具有此种结构的苯并菲分子易形成柱状液晶相，并沿柱轴方向有较高的电荷和激子传输性能。从应用角度来说，扩大液晶相的温度范围、降低熔点是盘状液晶材料实用化亟待解决的问题，这主要可以通过改变侧链的长度和对称性来实现。因此苯并菲盘状液晶具有以下优点：①苯并菲盘状液晶衍生物具有良好的热稳定性和化学稳定性，原料提取容易，制备合成简单；②苯并菲盘状液晶衍生物具有各种各样的液晶相，如柱状相、向列相等；③苯并菲盘状液晶衍生物高效一维的电荷传输和能量迁移性能具有巨大的实际应用潜力。

基于上述盘状液晶具有的特点，人们需要一种较宽液晶相，同时稳定、性能优异的液晶。G. Wenz 等通过缩聚反应设计合成出了一系列基于苯并菲盘状液晶分子单体和二元醇的主链液晶聚合物。研究表明，该类聚合物的玻璃化温度为 93℃，清亮点为 100～200℃。随后，I. G. Voigt-Martin 等设计合成了苯并菲类盘状液晶分子单体与丙二酸的主链液晶聚合物，与大多数苯并菲类盘状液晶聚合物不同，该聚合物在 -10～31℃ 之间能够形成向列结构，并通过掺杂三硝基芴酮后，该聚合物由向列相转变成柱状相，清亮点为 130℃。Ringsdorf 等采用自由基聚合的方式，成功地合成了以聚丙烯酸和聚甲基丙烯酸为主链的菲类侧链液晶聚合物，研究发现，主链对此类聚合物液晶相的形成有很大的影响。与聚丙烯酸主链相比，聚甲基丙烯酸主链的刚性较强，不利于液晶相形成。同时还发现，有些聚合物虽然没有液晶性，但是与三硝基芴酮相互掺杂以后，均能够形成液晶织构。在聚合物中掺杂 TNF，能够增大苯并菲间 π-π 堆积作用，有利于液晶结构形成。这些性能优异的盘状液晶高分子为光伏电器等领域提供了不可低估的应用前景。

3.3　高分子液晶的合成与表征

3.3.1　高分子液晶的合成

3.3.1.1　高分子液晶单体特征

要得到液晶高分子就要求其大分子链呈现刚性结构且分子链轴的长径比远大于 1，此外还要求分子链主链结构具有比较强的极性，而且数量及位置也会影响液晶态的形成。研究表明，欲使高聚物出现液晶态，其大分子链中最好带有芳香环、双键和三键，这样易于发生电畸变而形成共轭键；分子链的有效截面积要尽可能小，并且没有庞大的周期结构、侧基和支链。这样，高聚物在溶解或熔融后，分子间的作用力仍然有维持分子有序排列的能力。在绝大多数 LCP 中，其大分子链上都含有一定比例的对位芳香环（苯环、2,6-取代苯环等）结构，它既能使大分子链保持线型结构特征，又能使整个大分子链具有一定的刚性[43]。这种对位芳香环基团即是所谓的液晶基元或基团，其单体即为液晶单体。常用的液晶单体按官能团特征的分类见表 3-1。

⊡ **表 3-1　液晶高分子常用单体结构**

单体类型	单体结构
HO—R—COOH	HO—〇—COOH　　HO—〇—〇—COOH HO—〇—CH=CH—〇—COOH
HO—R—OH	HO[〇]$_n$OH　n=1,2,3　　HO—〇〇—OH
HOOC—R—COOH	HOOC[〇]$_n$COOH　n=1,2,3
H$_2$N—R—NH$_2$	H$_2$N[〇]$_n$NH$_2$　　n=1,2 H$_2$N—〇—CH$_2$—〇—NH$_2$
H$_2$N—R—COOH	H$_2$N[〇]$_n$COOH　n=1,2
HO—R—NH$_2$	HO[〇]$_n$NH$_2$　n=1,2

3.3.1.2　高分子液晶的典型化学结构

一般来说，液晶的结构存在着几何不对称的特点，形成液晶要满足以下两个条件：①分子具有不对称的几何形状，即含有棒状、平板状或盘状的刚性结构，其中以棒状的最为常见。②分子应该含有苯环、杂环、多重键等刚性结构，此外还要具有一定柔性结构。

大多数的小分子液晶是长条状或长棒状，其基本的结构模型可以归纳为

$$R^1 \text{———} X \text{———} R^2$$

其中 X 为中心键桥，如亚氨基、偶氮基、氧化偶氮基、酯基和反式乙烯基等，而两侧的刚性基团可以为苯环、脂肪环或者芳香杂环；分子的端基 R 为柔性的极性或可极化基团，如酯基、氰基、硝基、卤素等。表 3-2 列出了一些常见小分子液晶的组成基团。

☐ 表 3-2　液晶分子中棒状刚性部分的刚性连接部件与取代基

R^1	X	R^1
C_nH_{2n-1} $C_nH_{2n-1}O$ $C_nH_{2n-1}OCO$	—OCO———COO— —OCO———COO—	$-N=N-$ $\overset{\downarrow}{O}$ $\overset{O}{-CO-}$ $-CH=N-$ $-N=N-$ $-CH=CH-$ $-C\equiv C-$	$-R$ $-F$ $-Cl$ $-Br$ $-CN$ $-NO$ $-N(CH_3)_2$

耐热性突出：由于 LCP 的介晶基元大多由芳环构成，其耐热性相对比较突出。如Xydar 的熔点为 421℃，空气中的分解温度达到 560℃，其热变形温度也可达 350℃，明显高于绝大多数塑料。此外，LCP 还有很高的锡焊耐热性，如 Ekonol 的锡焊耐热性为 300～340℃/60s。

热膨胀系数很低：由于取向度高，LCP 在其流动方向的膨胀系数要比普通工程塑料低一个数量级，达到一般金属的水平，甚至出现负值，这样 LCP 在加工成型过程中不收缩或收缩很小，保证了制品尺寸的精确和稳定。

阻燃性优异：LCP 分子链由大量芳香环构成，除了含有酰肼键的纤维外，都难以燃烧。燃烧后炭化表示聚合物耐燃烧性指标——极限氧指数（LOI）相当高，如 Kevlar 在火焰中有很好的尺寸稳定性，若在其中添加少量磷等，LCP 的 LOI 值可达 40 以上。

电性能和成型加工性优异：LCP 绝缘强度高、介电常数低，而且两者都很少随温度的变化而变化；导热和导电性能低，其体积电阻一般可高达 $1013\Psi\cdot m$，抗电弧性也较高。另外，LCP 的熔体黏度随剪切速率的增加而下降，流动性能好，成型压力低，因此可用普通的塑料加工设备来注射或挤出成型，所得成品的尺寸很精确。

此外，LCP 具有高抗冲性和抗弯模量，蠕变性能很低，其致密的结构使其在很宽的温度范围内不溶于一般的有机溶剂和酸碱，具有突出的耐化学腐蚀性[1]。当然，LCP 尚存在的制品力学性能各向异性、接缝强度低、价格相对较高等缺点都有待进一步改进。

3.3.1.3　液晶高分子的合成

（1）溶致型液晶高分子的合成

形成溶致型液晶高分子的分子结构必须符合两个条件：分子应具有足够的刚性；分子必须有相当的溶解性。然而，这两个条件往往是对立的。刚性越好的分子，溶解性往往越差。这是溶致型高分子液晶研究和开发的困难所在。目前，这类高分子液晶主要有聚对苯酰胺、

聚酰胺酰肼、聚苯并噻唑、纤维素类等。

1）聚对苯酰胺（PBA）液晶　一种合成方法是从对氨基苯甲酸出发，经过酰氯化和成盐反应，然后缩聚形成 PBA，聚合以甲酰胺为溶剂。

$$H_2N-\!\!\!\boxed{}\!\!\!-COOH \xrightarrow{2SOCl_2} O_2SN-\!\!\!\boxed{}\!\!\!-COCl + SO_2 + 3HCl$$

$$O_2SN-\!\!\!\boxed{}\!\!\!-COCl \xrightarrow{3HCl} HCl\,H_2N-\!\!\!\boxed{}\!\!\!-COCl + SO_2Cl_2$$

$$HCl \cdot H_2N-\!\!\!\boxed{}\!\!\!-COCl \xrightarrow{HCONH_2} \left[HN-\!\!\!\boxed{}\!\!\!-CO\right]_n + 2nCl$$

另一种合成方法是由对氨基苯甲酸在磷酸三苯酯和吡啶催化下直接缩聚。

$$H_2N-\!\!\!\boxed{}\!\!\!-COOH \xrightarrow[DMA,\ LiCl]{P(OC_6H_5)_3,\ C_5H_5N} \left[HN-\!\!\!\boxed{}\!\!\!-CO\right]_n$$

其中，二甲基乙酰胺（DMA）为溶剂，LiCl 为增溶剂[44]。这条路线合成的产品不能直接用于纺丝，必须经过沉淀、分离、洗涤、干燥后，再用甲酰胺配成纺丝液。PBA 属于向列型液晶。用它纺成的纤维称为 B 纤维，具有很高的强度，用作轮胎帘子线。

PPTA（聚对二甲酰对苯二胺）是以六甲基磷酰胺（HTP）和 N-甲基吡咯烷酮（NMP）混合液为溶剂，进行低温缩聚而成的。PPTA 具有刚性很强的直链结构，分子间又有很强的氢键，因此只能溶于浓硫酸中。用它纺成的纤维称为 Kevlar 纤维，比强度优于玻璃纤维。在我国，PBA 纤维和 PPTA 纤维分别称为芳纶 14 和芳纶 1414。

$$nClOC-\!\!\!\boxed{}\!\!\!-COCl + nH_2N-\!\!\!\boxed{}\!\!\!-NH_2$$

$$\xrightarrow{HTP,\ NMP} \left[OC-\!\!\!\boxed{}\!\!\!-CONH-\!\!\!\boxed{}\!\!\!-NH\right]_n$$

2）聚酰胺酰肼液晶　聚酰胺酰肼是美国孟山都（Monsanto）公司于 20 世纪 70 年代初开发成功的。典型代表如 PABH（对氨基苯甲酰肼与对苯二甲酰氯的缩聚物），高强度、高模量纤维 PABH 分子链中的 N-N 键易于内旋转，因此，分子链的柔性大于 PPTA，它在溶液中并不呈现液晶性，但在高剪切速率下（如高速纺丝）则转变为液晶态。

$$nClOC-\!\!\!\boxed{}\!\!\!-COCl + nH_2N-\!\!\!\boxed{}\!\!\!-CONHNH_2$$

$$\xrightarrow{DMA} \left[HN-\!\!\!\boxed{}\!\!\!-CONHNHOC-\!\!\!\boxed{}\!\!\!-CO\right]_n$$

3）聚苯并噻唑类液晶　这是一类杂环高分子液晶，分子结构为环状连接的刚性链，具有特别高的模量。代表产物如 PBT，用其制成的纤维，模量高达 760～2650 mPa。

$$CH_3N-\!\!\!\boxed{}\!\!\!-SH \text{（结构式）} + HOOC-\!\!\!\boxed{}\!\!\!-COOH$$

$$\xrightarrow{PPA} \left[C-\!\!\!\boxed{}\!\!\!-C-\!\!\!\boxed{}\!\!\!\right]_n$$

4）纤维素液晶

纤维素液晶均属胆甾型液晶。当纤维素中葡萄糖单元上的羟基被羟丙基取代后，呈现出很大的刚性。当羟丙基纤维素溶液达到一定浓度时，就显示出液晶性[45]。羟丙基纤维素可用环氧丙烷以碱作催化剂使纤维素醚化而成。

纤维素液晶至今尚未达到实用的阶段。然而，胆甾型液晶形成的薄膜具有优异的力学性能、很强的旋光性和温度敏感性，有望用于制备精密温度计和显示材料。因此，这类液晶深受人们重视。

（2）热致型液晶高分子的合成

主链型热致型液晶高分子中，最典型最重要的代表是聚酯液晶。

1963 年，卡布伦敦公司（Carborindum Co.）首先成功地制备了对羟基甲酸的均聚物（PHB）。原先指望这种刚性链结构的高分子呈现较好的液晶性，但实际上，由于 PHB 的熔融温度很高（大于 600℃），在尚未达到熔融温度之前，分子链已开始降解，所以并没有什么实用价值。20 世纪 70 年代中期，美国柯达公司的杰克逊（Jackson）等将对羟基苯甲酸与聚对苯二甲酸乙二醇酯（PET）共聚，成功获得了热致型液晶高分子。

从结构上看，PET/PHB 共聚酯相当于在刚性的线型分子链中嵌段地或无规地接入柔性间隔基团。改变共聚组成或改变间隔基团的嵌入方式，可形成一系列新品种。PET/PHB 共聚酯的制备包含了以下步骤。

（a）对乙酰氧基苯甲酸（PABA）的制备。

$$\text{HO}-\!\!\!\bigcirc\!\!\!-\text{COOH} + \text{CH}_3\text{COOH} \xrightarrow{\text{NaAc}} \text{H}_3\text{C}-\overset{\text{O}}{\underset{}{\text{C}}}-\text{O}-\!\!\!\bigcirc\!\!\!-\text{COOH} + \text{H}_2\text{O}$$

（b）在 275℃和惰性气氛下，PET 在 PABA 作用下酸解，然后与 PABA 缩合成共聚物。

$$\sim\sim\sim\overset{\text{O}}{\underset{}{\text{C}}}-\!\!\!\bigcirc\!\!\!-\text{O}-\overset{\text{O}}{\underset{}{\text{C}}}-\text{CH}_2\text{CH}_2-\text{O}\sim\sim\sim + \text{H}_3\text{C}-\overset{\text{O}}{\underset{}{\text{C}}}-\text{O}-\!\!\!\bigcirc\!\!\!-\text{COOH} \xrightarrow[\text{N}_2]{275℃}$$

$$\sim\sim\overset{\text{O}}{\underset{}{\text{C}}}-\!\!\!\bigcirc\!\!\!-\overset{\text{O}}{\underset{}{\text{C}}}-\text{OH} + \text{H}_3\text{C}-\overset{\text{O}}{\underset{}{\text{C}}}-\text{O}-\!\!\!\bigcirc\!\!\!-\overset{\text{O}}{\underset{}{\text{C}}}-\text{CH}_2\text{CH}_2\sim\sim$$

$$\xrightarrow{\text{减压}} \sim\sim\overset{\text{O}}{\underset{}{\text{C}}}-\!\!\!\bigcirc\!\!\!-\overset{\text{O}}{\underset{}{\text{C}}}-\text{O}-\!\!\!\bigcirc\!\!\!-\overset{\text{O}}{\underset{}{\text{C}}}-\text{O}-\text{CH}_2\text{CH}_2-\text{O}\sim\sim + \text{CH}_3\text{COOH}$$

（c）PABA 的自缩聚。

$$\text{H}_3\text{C}-\overset{\text{O}}{\underset{}{\text{C}}}-\text{O}-\!\!\!\bigcirc\!\!\!-\text{COOH} \longrightarrow \text{H}_3\text{C}-\overset{\text{O}}{\underset{}{\text{C}}}\!\!\left[\!\text{O}-\!\!\!\bigcirc\!\!\!-\overset{\text{O}}{\underset{}{\text{C}}}\!\right]_n\!\!\text{OH} + (2n-1)\text{CH}_3\text{COOH}$$

从上述反应可知，产物是各种均聚合物和共聚合物的混合物。这种共聚酯的液晶范围在 260～410℃之间，ΔT 达到 150℃左右。

（3）苯并菲类液晶高分子的制备

苯并菲高分子液晶的制备一般采用不同的苯并菲衍生物，如六取代苯并菲、不对称带有官能团的苯并菲衍生物以及 α-取代六烷氧基苯并菲衍生物，如图 3-12 所示。

其中，带羟基的苯并菲衍生物是一种非常有价值的前驱体，可作为多种苯并菲液晶高分子材料的中间体。例如，采用活性官能团羟基与其他基团发生反应，利用苯并菲作为前驱体

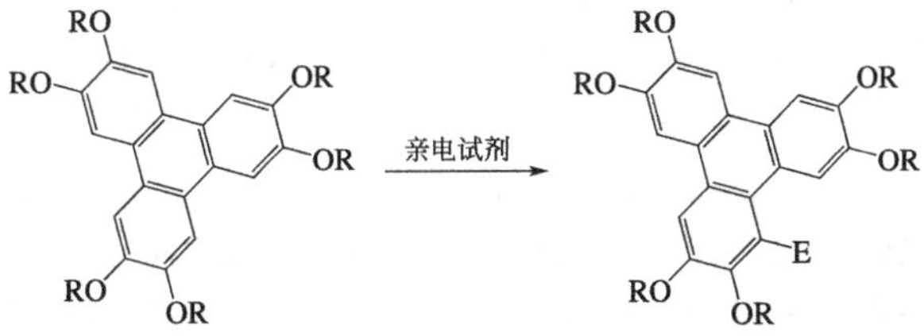

图 3-12 α-取代六烷氧基苯并菲衍生物制备

制得含羟基的苯并菲衍生物，最后合成侧链型苯并菲高分子；主链型苯并菲液晶高分子多以具有两个羟基的苯并菲与其他官能团反应，生产目标产物。带羟基的苯并菲衍生物容易合成，制备方法简单，而且制得的苯并菲极易提纯。其合成路线如图 3-13 所示。

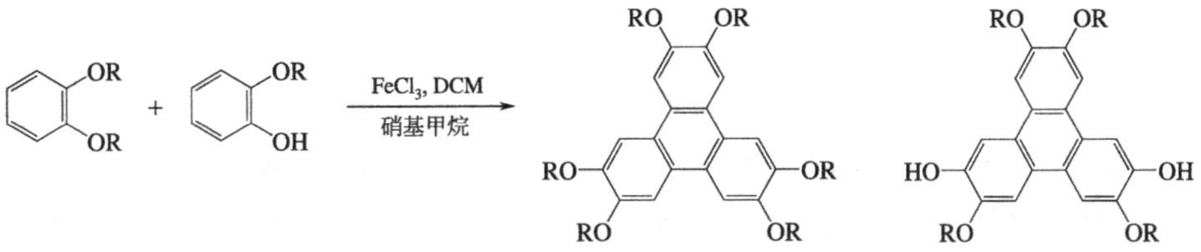

图 3-13 羟基苯并菲的制备

根据聚合基团引入苯并菲中心核的先后顺序可以把侧链型苯并菲高分子的合成方法大致分为两种：一种是先合成不饱和官能团的苯并菲衍生物，然后利用不饱和官能团的缩聚作用合成聚合物。利用羟基苯并菲衍生物合成棒状液晶高分子，Ban 等棒状介晶单元合成盘状介晶单元，并通过优化实验条件，得到一系列侧链型苯并菲液晶高分子。通过这一系列苯并菲高分子的织构测试（POM）和差示扫描量热（DSC）测试，表明这些化合物具有非常好的液晶性质。另一种方法是先合成一种不饱和官能团的苯并菲衍生物，通过不饱和键的加成作用，将聚合基团引入苯并菲衍生物上。如聚硅氧烷侧链苯并菲液晶高分子的合成如图 3-14[12]。

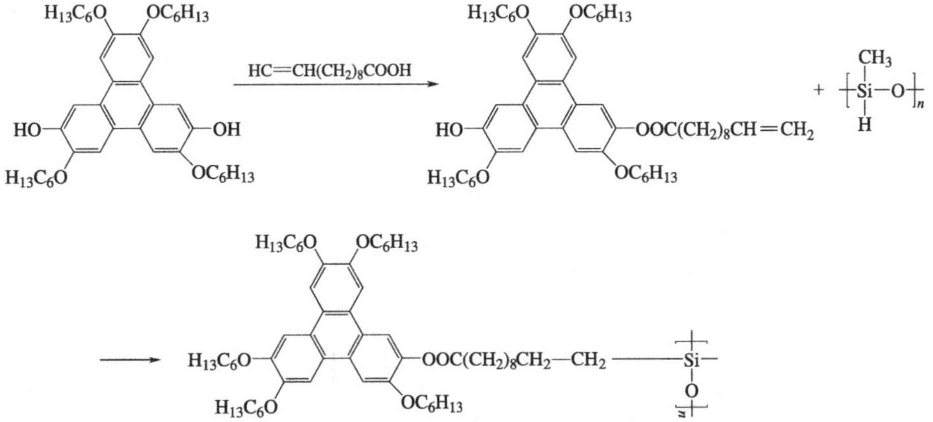

图 3-14 聚硅氧烷侧链苯并菲液晶高分子合成路线

图 3-14 中的中间产物利用硅氢化反应，通过苯并菲中心核分子上不饱和键的加成作用与硅烷聚合单元反应生成最终产物[46]，具体过程是单羟基苯并菲与同摩尔数的十一烯碳酸、过量的 DOC、适量的催化剂 DMAP 溶解于二氯甲烷中，室温下搅拌 47h 后冷却至室温，最后过滤，用二氯甲烷洗涤两次，溶液减压旋干得到白色晶体，提纯。干燥处理过程是将产物

置于一定浓度的 $CH_3Si(H)O$ 溶液中，在氩气的保护下搅拌。然后加入铂和 4-甲基-2-乙烯基二硅氧烷的混合物，在 60℃下搅拌。反应用 FTIR 进行检测，直到反应结束，得到最终产物。以上这两种方法主要根据引入苯并菲中心核的先后顺序来分类，研究表明引入的烯类聚合基团在合成的难度上有所不同，因而采用不同的方法。目前侧链高分子聚合物的研究较多，制备的方法比较成熟，但还有很多棘手的问题有待解决。

主链型苯并菲液晶高分子以苯并菲为中心重复单元，通过聚合作用，形成了高分子聚合物，其分子结构如下：

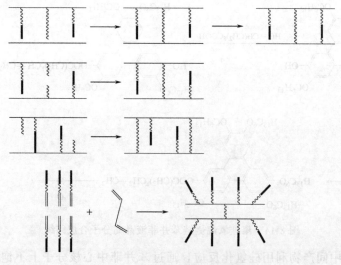

最近几年来，关于主链型苯并菲液晶高分子材料的合成报道很多，苯并菲衍生物中活性官能团与其引发聚合反应官能团的存在，能够以苯并菲衍生物为单体引发聚合反应得到一系列聚合物。这种方法类似于尼龙-66 的合成，尼龙-66 就是利用己二酸和乙二胺的双活性官能团使反应一直进行，而后利用端基封锁的方法控制分子量。这种加入端基封锁剂来终止反应的好处在于以下几点：其一，反应条件温和；其二，后处理简单；其三，产率高。关于主链型苯并菲液晶高分子的研究取得了很多成果，在制备方法、性质研究方面都有很大的进展[47]。主链型苯并菲液晶高分子具有很多重复单元，在光电方面的性质优异，被广泛应用于电材料上。

最后，液晶弹性体也可以分为主链、侧链以及主链侧链混合弹性体，它们的合成原理类似。弹性体一般是由末端带有参加反应的功能基团单体和具有功能基团的交联剂反应而制备的，合成弹性体的示意图如图 3-15。

图 3-15　液晶弹性体的合成路线

这种合成方法主要是利用氢化硅烷化反应将苯并菲单元支链和交联剂连接起来，形成液晶弹性体。这种方法的优势在于便于控制、操作简单、需要的条件温和。通过这种方法合成的多种性能、性质优异的化合物得到了越来越多人的关注。

（4）液晶离聚物的制备

液晶离聚物作为高分子科学一个新的领域，兼具液晶聚合物和离聚物的性能，日益引起人们的广泛重视。近年来，一些有关液晶离聚物的合成与性能方面的研究也有报道。液晶离聚物合成既要向聚合物中引入离子基团，又要引入液晶基团，主要有2种合成路径，即自由基共聚和共缩聚。这些方法制得的通常为主链型液晶离聚物，相变温度较窄，应用上有一定的限制。而侧链型液晶离聚物链刚性比主链型要低得多，相变区间较大，更适合实际应用，可满足不同场合的需求。但合成步骤复杂，难度较大，报道较少，因此，合成路线的优化和新型液晶离聚物的设计是当前研究的重点课题。根据逐步设计的思想先将磺酸基团引入液晶基元中，经一系列中间反应最后接枝到高分子链中，合成了含磺酸基团的侧链型液晶离聚物，这样的设计很大程度上优化了合成工艺。合成步骤如图3-16所示。

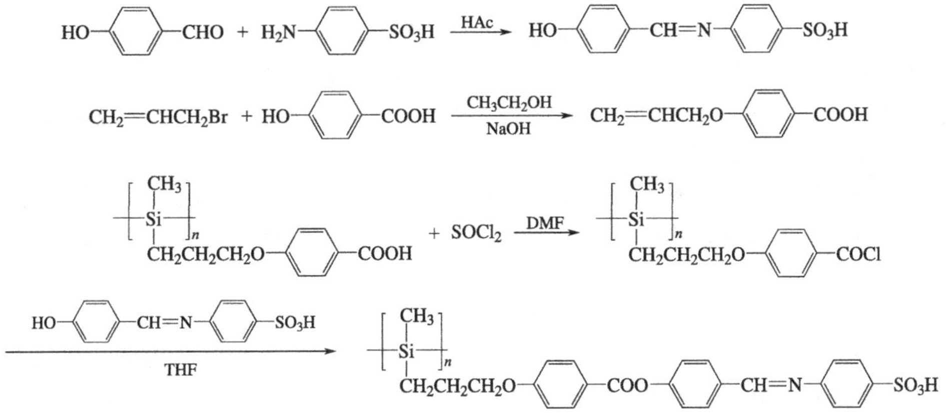

图 3-16　含磺酸基团侧链型液晶离聚物的合成

（5）稀土液晶的制备

液晶聚合物具有独特的液晶性能和易加工成型、抗冲击能力强、热稳定性好等优点，广泛应用于全色彩显示、光发射器、激光器等领域。将稀土离子引入液晶聚合物基质中制备的稀土液晶聚合物，是一类多功能新型材料。首先，聚合物稳定的硅骨架赋予稀土液晶材料良好的热稳定性和加工性能，并拓宽其工作温度范围；其次，液晶聚合物有序的螺旋结构有利于稀土离子均匀分布，不易发生离子团簇，有利于稀土离子有效发光；再次，稀土离子赋予液晶聚合物自发光特性。由此可见，稀土液晶聚合物发光材料在电子、显示、机械、光学等领域的应用前景将十分广阔。

如图3-17以柔性硅氧烷为主链，将手性液晶单体 M_1、M_2 按不同比例接枝共聚制备了含苯甲酸基团的手性液晶聚合物，以此作为配体，稀土离子作为中心离子，通过配位键合方式制得手性稀土液晶聚合物。

3.3.2　液晶高分子表征方法

影响聚合物液晶形态与性能的因素包括外在因素和内在因素两部分。

内在因素为分子结构、分子组成和分子间力。在热致液晶中，对晶相和性质影响最大的是分子构型和分子间力。分子中存在的刚性部分不仅有利于在固相中形成结晶，而且在转变成液相时也有利于保持晶体的有序度。分子中刚性部分的规整性越好，越容易使其排列整齐；分子间力增大，更容易生成稳定的液晶相。分子间力大和分子规整度高虽然有利于液晶

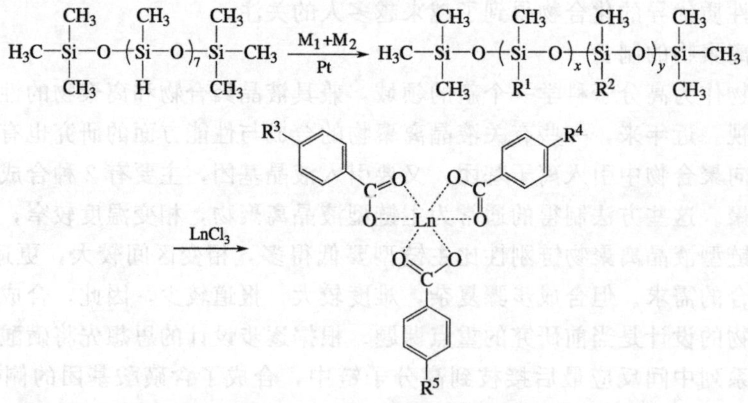

图 3-17　稀土液晶制备方法

形成，但是相转变温度也会因为分子间力的提高而提高，使热致液晶相的形成温度提高，不利于高分子液晶材料的加工和使用。溶致液晶是在溶液中形成的，不存在上述问题。一般来说，刚性体呈棒状，易于生成向列型或近晶型液晶；刚性体呈片状，有利于胆甾醇型或盘型液晶形成。聚合物骨架、刚性体与聚合物骨架之间柔性链的长度和体积对刚性体的旋转和平移会产生影响，因此也会对液晶的形成和晶相结构产生作用。聚合物链上或者刚性体上带有不同极性、不同电负性或者其他性质的基团，会对高分子液晶材料的电、光、磁等性质产生影响。

　　液晶聚合物的热力学性质可应用现代物理、化学方法来表征和研究，常用的高分子液晶态最基本的表征手段有示差扫描量热测试、偏光显微镜观察、X射线衍射和热失重分析等。它们能测量样品在变温环境中的相行为，如玻璃化温度、各种相转变温度及对应的热力学参数、液晶态的织构、材料内部分子的取向结构、液晶体的光学性质和液晶态的种类等，此外，红外光谱、核磁共振和小角中子散射等方法在高分子液晶态研究中的范围逐渐增大，但在常规的表征中并不常用。液晶相态的形成有赖于外部条件的作用。外在因素主要包括环境温度和环境组成（包括溶剂组成）。对高分子热致液晶来说最主要的外在影响因素是环境温度，足够高的温度能够给分子提供足够的热动能，是相转变过程发生的必要条件。因此，控制温度是形成液晶态和确定具体晶相结构的主要手段。除此之外，很多分子存在偶极矩和抗磁性，施加一定电场或磁场力对液晶相的形成是必要的。对于溶致液晶，溶剂与液晶分子之间的作用非常重要，溶体的结构和极性决定了与液晶分子的亲合力大小，进而影响液晶分子在溶液中的构象，能直接影响液晶相的形态和稳定性。控制高分子液晶的浓度是控制溶致高分子液晶晶相结构的主要手段。在过去几十年的研究中，科学家已经合成了多种高分子液晶材料，并对各种高分子液晶的物理、化学性质进行了广泛研究。

3.3.2.1　偏光显微镜表征

　　通常，液晶表征的要点在于研究高分子液晶的相转变过程，即液晶相出现的温度（T_g）、液晶相消失时的温度（T_{cl}）、液晶相区间范围以及液晶属于哪种类型，如向列型、近晶型和胆甾型等信息。

　　偏光显微镜经过多年的发展，已经成为极其精密的仪器。采用偏光显微镜对液晶进行分析可以得到相对准确的信息。利用偏光显微镜可以研究溶致液晶态的产生和相分离过程，热致液晶物质的软化温度或熔点、清亮点，各液晶相间的转变，以及液晶态织构和取向缺陷等形态学问题。液晶织构是液晶体结构的光学表现，热致液晶可以分为三种类型：胆甾型、向列型和近晶型。此外，胆甾相液晶经常表现为层线织构、丝状织构以及焦锥织构。

通过偏光显微镜可以进一步分析液晶的相行为，如液晶的织构，又称纹理和组织。相对于较为简单的热分析，偏光显微镜可以精确地分析高分子液晶的玻璃化转变温度、清亮点以及各液晶相区间的转变温度。此外，这种方法还可以研究热致液晶的分子取向、取向态的缺陷等形态学信息，液晶的光性正负，光轴的个数等。一般液晶化合物在液晶相时会对正交偏光产生双折射现象，在偏光显微镜下会观察到具有各自特点的图案，这种图案被称为织构。它是液晶薄膜在光学显微镜下，特别是在正交偏光显微镜下因平行光系统所产生的双折射现象，其原因是液晶体中某些缺陷，包括两个方面：一是物质本身的结构因素，如杂质或空洞的存在等；二是分子取向状态等方面的因素。它是各介晶态结构属性的表现，如近晶型焦锥织构是近晶型液晶体内部层状结构的反映；胆甾相层线织构是胆甾相各分子层指向矢成螺旋状有序排列的结果。因此织构的图案已成为判断液晶态存在和类型的必要手段。利用带有加热台的偏光显微镜直接观察液晶高分子在液晶态的各种织构是一种直观的方法，到目前，液晶的分类都是根据偏光显微镜观察进行的。作为表征液晶态的主要手段，偏光表征能得到许多热力学参数，如热致液晶的熔点（T_m）、液晶态的清亮点（T_i）、各液晶相间的转变及液晶物质的光学性质等。每种类型的液晶态都有自己的特征织构，每个物质的状态发生变化时，它的织构也随着变化，因此，获取完整的织构及系列随着温度变化的图案，并通过对比，不仅有助于判断是否真正有液晶态出现，而且可以初步推测属于哪一种液晶态。

液晶织构一般指液晶薄膜在正交偏光显微镜下用平行光系统所观察到的图像，包括消光点或其他形式消光结构的存在乃至颜色的差异等，它是判断液晶类型的重要手段。一个理想的、结构完全均匀的样品只能给出单一色调而无织构可言，所以织构是液晶体中缺陷集合的产物。所谓缺陷，可以是物质的，也可以是取向状态方面的。在液晶中，主要是液晶分子或液晶基元排列中的平移缺陷（位错）和取向状态的局部缺陷。作为光学上的各向异性物质，液晶物质的光学特性十分明显，而液晶织构则是液晶体结构的光学表现。

如图 3-18，表示液晶在偏光显微镜下得到的彩色光学图案即织构，可以看出具有不同特征的明暗条纹，向列型液晶表现出丝纹图像，胆甾型液晶表现出破碎焦锥织构。

 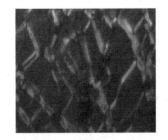

(a) 破碎焦锥织构　　　　　　　　　　　(b) 丝纹织构

图 3-18　液晶的织构

3.3.2.2　热分析技术

热分析是一种技术，用于测量物质的性质与程序升温过程中温度之间的关系。这里的术语"程序控制温度"通常是指线性温度升高或温度降低，而"物质"是指样品本身或者中间产物。由于外界的因素和物质的内部结构不同，使得物质的相变行为不同。对聚合物而言，由于聚合物的分子链具有松弛特性，因此温度改变速率对玻璃化转变温度有着显著的影响。同样也受到外力作用的影响，在聚合物受到应力拉伸时，根据 Flory 自由体积理论，自由体积增加时有利于分子链运动，最终玻璃化转变温度减小。总之，在进行测量时应综合考虑各种影响因素对测量的影响。

热分析是表征材料的基本方法之一，多年来一直广泛用于科学研究和工业生产。近年来，在各个领域，特别是高分子材料领域，使用现代热分析仪器可以使测量操作快速、简单和方便。热重（TG）和差示扫描量热法（DSC）是使用最广泛的。热分析技术即将物质置于不同的温度环境中，对其化学改变和物理改变进行分析，最终得出其与温度之间的关系，这些分析结果和数据将对材料的应用产生很大的影响。总体来讲，热分析技术可以被引用到下述领域当中：①分析材料的性能和结构，并对相关产品的生产进行质量检测，重点检测产品物理性能是否合格；②为生物材料以及分子生物学研究提供理论分析工具；③应用各种动力学和热力学研究，为其提供快捷有效的研究技术，应用范围广，样品用量比较少；④完善对物质的研究层面，全方位了解物质的性能和特点，是一种化学研究和热化学研究的新技术；⑤建立关于各类物质的热分析曲线图，帮助人们准确确立物质的性质。在高分子材料研究与分析中，热差分析就是将两种物质置于同样的温度变化环境下，由一定的程序执行温度变化控制，分析温度变化下物质温度的差值变化，保证物质在持续升温或者降温的环境下不会出现放热、吸热现象，以此展开对物质热效应现象的技术检测和技术分析。热差分析技术可以对玻璃等高分子材料进行降解或者熔融，分析高分子材料的温度变化特征。其技术优势在于可以对高分子材料进行较为全面的分析，且应用领域较为广泛；其缺陷在于对物质放热速度的测量达不到精确度要求，因而这种技术形态在定量测量技术性能的建构层面依然存在着极其明显的局限性，给有关技术研究事业的深入开展创造了较为充分的发展空间。高分子材料中热机械分析法已经被用于测试塑料制品的性质，尤其是各个技术发展步伐较快的国家。热机械分析技术的最大优势在于能够准确科学地分析出塑料类高分子材料的力学性能、应力松弛和软化点，非常适用于塑料产品的质检测试。首先来讲，材料的力学性能分析是极为重要的。

热重分析用于测量程序化温度条件下，物质质量与其温度之间的关系。差示扫描量热法用于测量程序控制的温度条件下，被测物质与参比物质之间的能量差。在液晶聚合物研究中，DSC 可以测定液晶聚合物的玻璃化转变温度、相转变温度、熔点、清亮点、分解温度和液晶分子的相转变。

在一定的温度区间内，高分子能够在玻璃态和橡胶态间进行转变，这是高分子最为普遍的现象。所谓玻璃化转变温度是指聚合物从玻璃态到橡胶态的转变温度，一般用 T_g 表示。在玻璃化转变前后，离聚物的体积、热力学等性质都会发生明显的变化，从 DSC 图像上会发现某个温度区间出现比较大的跃迁，根据这些性质便可以确定玻璃化转变温度。

液晶高分子同低分子化合物一样具有结晶性，液晶高分子分为结晶液晶高分子、半结晶液晶高分子和非结晶液晶高分子。而高结晶度聚合物与低结晶度聚合物比较，既不存在玻璃化转变温度，又不存在橡胶态平台，只出现晶体的熔点。当温度低于熔点 T_m 时，晶态聚合物表现符合 Hooke 弹性规律的普弹性能。一般而言，液晶聚合物能保持主链的结晶性能。

T_g 和 T_i 的大小受主链、取代基、交联度、聚合的方式、结晶度等因素影响。一般来说，柔顺性降低了分子链之间相对运动的难易程度，导致玻璃化转变温度降低。玻璃化转变温度受交联程度影响的规律：轻度交联对非晶态聚合物的 T_g 影响较小，而随着交联程度加大，分子之间的自由体积减小，从而加大了分子链之间相对运动的困难程度，最终导致玻璃化转变温度升高。由于分子链具有良好的柔性，当引入交联剂的含量较低时，玻璃化转变温度降低。

3.4　液晶高分子材料的特性及其应用

高分子量和液晶相有序性的有机结合，赋予了高分子液晶材料独特的性能优势[25]。比如，高分子液晶材料具有一定的强度和高模量，材料在受到很大外力的作用时也能保持其原有的形状或者形变很小，因此常被用于防弹衣、缆绳以及航天航空器的大型结构部件，也可以用于新型的分子及原位复合材料。所谓的分子复合材料，就是液晶高分子材料作为一种助剂以分子级分散于主链为柔性聚合物的基体中，从而对材料进行有效强化；而原位复合材料是热致液晶和热塑性聚合物共混过程中形成微纤结构，从而增加材料的力学性能（如PC/聚酯液晶等）[48]。液晶材料热膨胀系数小，可以作为包裹光纤的材料。同样，它的微波吸收系数也比较小，从而呈现出良好的耐热性，多用于制造微波炉具。

近年，高分子液晶材料仍然受到广大学者的青睐，可见高分子液晶在现代科研领域中占着举足轻重的地位。从高分子的物理角度来看，高分子液晶材料的加入丰富了高分子物质的相态；从晶态和非晶态以及稀溶液和浓溶液角度来看，高分子液晶的引入使其紧密地联系在一起。也就是说高分子液晶的发现为人们进一步了解高分子的凝聚态做了巨大的铺垫。

3.4.1　光致形变液晶高分子的微量液体操控技术

与常见机械装置相比，光致形变液晶高分子执行器不需要复杂的组件进行安装，也不需要复杂的设备进行控制，只需加工成单一形状，即可在外部光照下完成各种运动，因此是制备微型执行器的理想材料[49]。目前已经大量报道了多种光控执行器，例如微纤毛、微米级行走机器人、微型转运装置，可调控光子晶体以及动态表面褶皱等，其中光响应微阵列表面以及微管执行器在微量液体操控领域有较大优势。

液滴在固体表面的运动是自然界普遍存在的现象。例如，沙漠中的甲虫利用其背部亲水和疏水的微米级结构，可以汲取空气中的水汽；蜘蛛丝利用打结处和连接处的多级结构可以从湿润的水汽中收集液体。光可以对任意的特定位置进行精密的聚焦和控制，极其适合进行微纳米尺度的流体操控，实现微系统的流体输送。

微量液体传输是涉及诸多领域的重要问题。诸如昂贵液体药品的无损转移、微流体器件与生物芯片中的液体驱动等，与之直接相关。近年来，随微流体芯片的自身尺寸不断缩小，相应的外部驱动设备和管路越来越复杂和庞大。流控系统的进一步简化成为制约微流体领域发展的瓶颈。在各种研究中，用光来控制微流体是方向之一，但过去的光控微流体，由于材料与驱动机制的限制，传输速度很慢，适用的液体种类也很少，距离实用化还相当遥远。要想解决这一难题，亟待从根本上实现微流体器件构筑材料与驱动机制两方面的突破与创新。传统的微流体器件通常采用硅材料、玻璃等非响应性材料构建，因此，由这些材料构筑的微流体器件需要连接许多外部驱动设备来完成微量液体的操控[49]。有人率先提出了利用光致形变液晶高分子来构建微管执行器的开创性设计理念，但由于传统的光致形变液晶高分子材料存在化学交联结构，导致材料不溶、不熔，无法加工成具有三维立体形状的执行器。之后，虽然将交联型以及动态酯交换型光致形变液晶高分子聚合成型过程与交联过程分开，能制备成更多形状的执行器，但其取向过程依然对执行器构建造成了极大的限制。近来，我们借鉴自然界中强韧生物执行器动脉血管的层状结构，仿造出一种全新结构的线型液晶高分子，进一步成功构筑出强韧的微管执行器，用梯度可见光照使管径产生不对称变化，诱导产生轴向毛细作用力，使液体在拉普拉斯压差的作用下自发运动，从根本上实现微流体器件构筑材料与驱动机制两方面的突破。此类微管执行器不但能够驱动种类丰富的液体，包括非极性和极性液体，例如硅油、正己烷、乙酸乙酯、丙酮、乙醇、水等，还能有效地驱动复杂的流体，例如气液流体、乳化液、液固流体、汽油等，甚至牛血清白蛋白溶液、磷酸盐、缓冲液、细胞培养液和细胞悬浮液等生物复合样品。因为这类微管执行器兼具流体通道和驱动泵的双重功能，可以简化整个微流控系统，有望进一步做到集成化与小型化[49]。因此，在生化检测分析、微流反应器芯片等领域具有可观的应用价值[47]。

由于光作为刺激源的精确控制优势，光致形变液晶高分子自诞生以来便在智能材料领域受到了热切的关注，相关的研究也取得了长足的发展。通过一系列不同化学结构液晶高分子的合成以及不同取向方式的灵活运用，逐步理清了化学结构和分子排列对形变性能的影响，因此，研究人员可据此设计出更加符合需求的材料结构。通过添加其他材料来弥补液晶高分子自身的不足，也是一种有效的手段。例如，引入转换发光材料可极大地拓展刺激光源的波长，引入碳纳米管可增强力学性能等。借助多种微加工技术，科研人员源源不断构筑出各种微执行器，利用这些执行器实现了以前难以实现的多种多样的微操作，有望在人工肌肉、微型机器人、微量液体操控等领域带来全新的应用。

3.4.2　高分子液晶在高强度高模量材料方面的应用

绝大多数商业化液晶高分子产品都具有高强度高模量特性。与柔性链高分子比较，分子主链或侧链带有介晶基元的液晶高分子，最突出的特点是在外力场中容易发生分子链取向。实验研究表明，液晶高分子处于液晶态时，无论是熔体还是溶液，都具有一定的取向度。液晶高分子液体流经喷丝孔、模口、流道的时候，即使在很低剪切速率下获得的取向，在大多数情况下，不再进行后拉伸，就能达到一般柔性链高分子经过后拉伸的分子取向度[50]。因而即使不添加增强材料也能达到甚至超过普通工程材料用百分之十几玻璃纤维增强后的力学强度，表现出高强度、高模量特征。如 Kevlar 的比强度和比模量均达到钢的 10 倍。

分子主链或侧链带有介晶基元的液晶高分子，在外力场中容易发生分子链取向。利用这一特性，可得到著名的 Kevlar 纤维。此纤维可在 $45\sim200℃$ 使用，阿波罗登月飞船软着陆降落伞带就是用 Kevlar29 制备的。Kevlar 纤维还可用于制造防弹背心、飞机、火箭外壳材料和雷达天线罩等。

如今，可以通过改变工艺条件加强液晶高分子的强度。通过控制聚合诱导相转变等反应条件，PPTA（聚对二甲酰对苯二胺）连续聚合生产线上制备出的超高分子量 PPTA 树脂比通用级 PPTA 树脂的数均分子量高。与通用级 PPTA 树脂对比，发现超高分子量 PPTA 树脂的结晶度和晶粒尺寸较大，而耐热性差别不大。用两种树脂混合进行液晶纺丝，并对其芳纶力学性能和结构进行表征，发现混合有超高分子量 PPTA 树脂制备出芳纶的力学性能比通用级 PPTA 树脂制备的芳纶性能好[51]。对添加不同树脂的芳纶进行分子量测定，发现利用混有超高分子量 PPTA 树脂制备的芳纶分子量较高，而经过热处理后，芳纶分子量虽然有降低，但是拉伸强度下降不大，而拉伸模量有很大提高，其力学性能达到杜邦 Kevlar49 水平。同时，研究证明了提高 PPTA 树脂的分子量，可以有效提高芳纶的拉伸强度。

3.4.3　高分子液晶在信息存储方面的应用

随着信息社会的到来和计算机应用的普及，光信息存储技术的发展对信息的存取速度和存储容量产生了重大的影响。以廉价、灵活、通用、高容和高可靠性为特点的光信息存储技术是信息科技的重要组成部分，光信息存储设备已成为多媒体时代数据存储的关键设备，而存储介质的开发一直是光存储技术中的瓶颈，寻求新型高性能光记录介质和探索新的高质量记录膜的制备方法，已经成为当前的主要任务[52]。自 1956 年，Hirshberg 提出光致变色材料可以应用于光信息存储介质材料以来，此类光存储介质材料越来越受到人们的关注[49]。目前，用于光信息存储介质材料的光致变色化合物主要有以下几类：①偶氮苯类化合物，基于偶氮芳香环的顺反变化；②俘精酸酐类化合物，基于 C—C 键的光环化反应；③螺吡喃、螺噻喃和螺嗪类化合物，基于 C—O 键或 C—S 键的断裂与重接；④二芳基乙烯类化合物，基于 C—C 键的光环化反应。偶氮苯类化合物与其他几类光致变色化合物相比不仅具有光稳定性好、易溶解、易制备等特点，更重要的是该材料通过结构修饰，最大吸收峰可以移到短波区（蓝绿光和蓝光），有望作为更高密度光信息存储介质材料使用[53]。另外，该类化合物中的偶氮苯基团是一种具有光学活性的官能团，在紫外和可见光的作用下会发生可逆的顺反异构变化，具有独特的光致变色性，如图 3-19 所示。

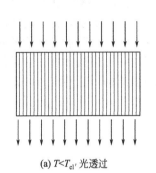
(a) $T<T_{cl'}$ 光透过

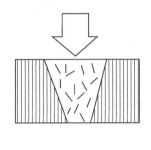
(b) 光照部分 $T>T_{cl'}$ 呈非晶态

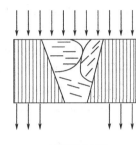
(c) 光部分透过

图 3-19　光致变色示意图

3.4.4　分子复合材料

树脂基复合材料通常是以玻璃纤维、碳纤维等宏观纤维作为增强成分，以热固性或热塑性树脂为基质复合而成的。其产品的品质等级很多，用途十分广泛，但仍存在一些问题。例如，纤维与基质材料间的黏合力不够理想，以及两者的热膨胀系数相差较大，而这两个问题正是材料破坏的关键，导致其抗冲击性能较低。此外，特别是在使用玻璃纤维作为增强体的场合，配料的高黏度和高摩擦不仅要求很高的能量消耗，而且很容易造成设备损坏。由于传统纤维增强复合材料的这些局限性，人们开始寻求一种新的复合材料体系。液晶高分子复合材料的出现为人们获得高模量、高性能、易加工的新型复合材料提供了崭新的途径和方法。

液晶高分子复合材料的优越性在于：①分子复合材料是短纤维增强复合材料向分子水平的延伸，因此要求增强剂应该是具有高的长径比的刚性棒状分子。分子单元应具有高强度、高模量，以达到最大的增强效果。刚性棒状的液晶高分子则具有很大的长径比，比如，分子量等于 30000 和 41000 的 PBZT 分子的长径比分别高达 300 和 400。理想的液晶高分子复合材料以单个分子作为增强剂，长径比可达到最大值，因此可以实现最大的增强效果。②热致液晶高分子的微纤增强是一个显微层次上的增强技术，在加工过程中形成纤维（所谓原位），与宏观纤维相比，它没有纤维与基体材料间的黏合困难，也不存在基质相和增强剂相在热膨胀系数方面的差异，能充分发挥增强剂分子的内在优异力学性能、高温环境稳定性和高耐热性等。此外，少量液晶高分子的加入可以降低共混物的加工黏度，减小了对设备的磨损，从而提高了制备的经济性。③由于增强剂的分散程度达到了分子级别，所以能够充分发挥材料的协同效应。同时，较少用量的增强剂就可以实现大量宏观纤维的增强效果。例如，1983年道氏公司的黄文芳等用刚性棒状高分子聚苯并噻唑增强柔性高分子聚苯并咪唑，成功地制得了高性能分子复合材料。其抗拉强度达 700MPa，模量达 62GPa，能耐 550℃高温，综合性能超过铝合金，而相对密度仅为铝合金的 50%。④由于液晶高分子复合材料通常通过共聚或与极少量的硬段分子链共混，其加工性能与基体的加工性能相当，适应于各种成型方法，而不需要特别的加工设备。传统的纤维复合材料存在加工污染严重、设备磨损严重、难于加工、流动性差等不足。液晶复合材料可用作热塑性工程塑料，也可制成适合于不同用途的纤维和薄膜，可见液晶复合材料有着广泛的应用前景[51]。

液晶高分子复合材料将液晶高分子的特性如链刚性、大的长径比、高取向性、优秀的耐热性等和其他复合成分的有用性质结合起来，有利于改善材料的性能，扩大材料的应用领域。另外，分子复合材料在加工性和性能方面也有许多潜在的优点，相信在不久的将来，液晶高分子复合材料将具有更加喜人的发展前景。但是，液晶高分子复合材料也有不足，例如，它的压缩强度远远低于碳纤维复合材料，这限制了它在高性能复合材料某些领域的应用。于是，兼用两类纤维制造的复合材料以克服各自的缺点和发挥其优点已成为工业界的共识和实践。何嘉松学者提出的原位混杂增强复合材料的概念可谓这一思想的体现，它是指由高性能树脂、热致液晶聚合物和碳纤维组成的三元体系形成的增强结构，这种复合体系就充分发挥了热致液晶聚合物和宏观纤维的各自优势。可见，从分子增强复合材料向原位混杂增强复合材料过渡是复合材料发展的又一重大趋势。

3.4.5 图像显示

液晶显示器为平面超薄的显示设备，由一定数量的彩色或黑白像素组成，放置于光源或者反射面前方。液晶显示器功耗很低，因此备受工程师青睐，适用于使用电池的电子设备。它的主要原理是以电流刺激液晶分子产生点、线、面配合背部灯管构成画面[30]。

液晶显示器的工作原理：液晶是一种介于固体和液体之间的特殊物质，是一种有机化合物，常态下呈液态，但是它的分子排列却和固体晶体一样非常规则，因此取名液晶。它的另一个特殊性质在于，如果给液晶施加一个电场，会改变它的分子排列，这时如果给它配合偏振光片，它就具有阻止光线通过的作用（在不施加电场时，光线可以顺利透过）；如果再配合彩色滤光片，改变加给液晶的电压大小，就能改变某一颜色透光量的多少，也可以形象地说改变液晶两端的电压就能改变它的透光度（但实际中必须和偏光板配合）。

液晶显示器（LCD）对许多用户而言可能是一个并不算新鲜的名词，不过这种技术存在的历史可能远远超出了我们的想象。早在 19 世纪末，奥地利植物学家就发现了液晶，即液态的晶体，也就是说一种物质同时具备了液体的流动性和类似晶体的某种排列特性。在电场的作用下，液晶分子的排列会产生变化，从而影响它的光学性质，这种现象叫电光效应。利用液晶的电光效应，英国科学家在 20 世纪制造了第一块液晶显示器即 LCD。今天的液晶显示器广泛采用的是定线状液晶，如果我们从微观上去看它，会发现它特别像棉花棒。与传统的 CRT 相比，LCD 体积小、厚度薄（14.1 英寸的整机厚度可做到只有 5cm）、重量轻、耗能少（$1\sim10\mu W/cm^2$）、工作电压低（$1.5\sim6V$）、无辐射、无闪烁并能直接与 CMOS 集成电路匹配。由于优点众多，LCD 从 1998 年开始进入台式机应用领域。

第一台可操作的 LCD 基于动态散射模式（DSM），RCA 公司乔治·海尔曼带领的小组开发了这种 LCD。海尔曼创建了奥普泰公司，这个公司开发了一系列基于这种技术的 LCD。1970 年 12 月，液晶的旋转向列场效应在瑞士被仙特和赫尔弗里希霍夫曼-勒罗克中央实验室注册为专利。1969 年，詹姆士·福格森在美国俄亥俄州肯特州立大学（Ohio University）

发现了液晶的旋转向列场效应并于 1971 年 2 月在美国注册了相同的专利。1971 年他的公司（ILIXCO）生产了第一台基于这种特性的 LCD，很快地替代了性能较差的 DSM 型 LCD。

1973 年日本的声宝公司首次将它运用于制作电子计算器的数字显示，在 1985 年之后，这种 LCD 才产生了商业价值。LCD 是笔记本电脑和掌上计算机的主要显示设备，在投影机中，它也扮演着非常重要的角色，而且逐渐渗入桌面显示器市场中。

3.4.6　生物医用液晶高分子材料

生物医用材料是指用于医疗、能够植入人体与生物组织相结合的材料[54]。从 16 世纪开始，冶金技术不断发展，人们利用金属代替上颌骨开裂处，到了 18 世纪末期，用象牙制造人工关节，越来越多的生物医用材料被发现和使用。早期使用的生物医用材料有金属材料、陶瓷、高分子等人工合成材料，近年来使用活材料或组织制造出活组织与无生命的材料结合而制成杂化材料。

生物医学材料应用非常广泛，仅高分子材料，全世界在医学上应用的就有 90 多个品种、1800 余种制品，西方国家在医学上消耗的高分子材料每年以 10%～20% 的速度增长。随着现代科学技术的发展，尤其是生物技术的重大突破，生物材料的应用将更加广泛。由于生物材料应用广泛，品种很多，所以其分类方法也是比较多的。通常按材料属性分为合成高分子材料、天然高分子材料、金属与合金材料、无机材料、复合材料。根据材料的用途，这些材料又可以分为生物惰性、生物活性或生物降解材料。这些材料通过长期植入、短期植入、表面修复分别用于硬组织和软组织修复与替换。生物医用材料由于直接用于人体或与人体健康密切相关，对其使用有严格要求。首先，生物医用材料应具有良好的血液相容性和组织相容性。其次，要求耐生物老化。即对长期植入的材料，其生物稳定性要好；对于暂时植入的材料，要求在确定时间内降解为可被人体吸收或代谢的无毒单体或片段。最后，还要求物理和力学性质稳定、易于加工成型、价格适当。便于消毒灭菌、无毒无热源、不会致癌、不会致畸形也是必须考虑的。而且对于不同用途的材料，其要求各有侧重。由于生物医用材料是材料科学与工程的重要分支，其最大特点是学科交叉广泛、应用潜力巨大、挑战性强。而且新材料、新技术、新应用的不断涌现，吸引了许多科学家投入这一领域的研究，成为当今材料学研究最活跃的领域之一。

生物相容性是指任何一种外源性物质进入生物体或者与生物组织共存时，生物体自身容许这种外源性的物质在生物体内存留，包括生物体与这种外源性物质产生相互作用的能力和性质[55]。而生物相容性的两亲性分子则指与生物体具有较好相容性的两亲分子。以壳聚糖、烷基糖苷、葡糖酰胺、蔗糖酯、环糊精及其衍生物等为代表的生物相容性两亲分子，被食品和化学领域誉为世界级的新一代绿色无毒两亲分子，对人体几乎没有刺激，极为温和，还具有易生物降解的特性。生物相容性的两亲分子在应用方面的优越性主要表现在：①生物相容性两亲分子几乎没有毒性，对人体的眼睛以及皮肤极为温和，无不舒适的刺激感，在药品和食品领域广泛使用，尤其是在人们日常使用的化妆品和蔬菜水果洗涤剂中大幅增加使用。②生物相容性两亲分子与聚氧乙烯类表面活性剂相比易生物降解，且代谢物质有一定的营养价值。③生物相容性的两亲分子有非常理想的复配效果，几乎能与所有类型的表面活性剂复配使用。④部分生物相容性两亲分子具有药用价值，如壳聚糖可抑制癌细胞转移，蔗糖酯可降低血清中的胆固醇。选取绿色、易降解、对人体皮肤无刺激作用的生物相容性两亲分子，在适当条件下研究其聚集体性质，应用于基础药物的缓释和靶向释放，为实际的药物生产应用提供一定的理论指导。细胞膜中的磷脂可形成溶致型液晶；构成生命的基础物质 DNA 和

RNA 属于生物性胆甾液晶，它们的螺旋结构表现出生物分子构造中的共同特征；植物中起光合作用的叶绿素也表现出液晶的特性。英国著名生物学家指出：生命系统实际上就是液晶，更精确地说，液晶态在活的细胞中无疑是存在的。液晶高分子是一类全新的功能材料，在高科技领域具有广阔的应用前景，随着研究的深入和应用的拓展，我们期待更强功能液晶材料问世。

如今，液晶高分子在医学应用中数不胜数，而在几十年前几乎出现在科幻小说中，比如从人工皮肤方面到骨、气管、黏膜等组织的移植技术，随着科技的发展，相信在不久的将来，这种移植技术将会应用于更多组织修复领域。将 LCPs 材料应用于医学，无论是制造人工活组织还是植入材料，都是一项快速发展的技术。然而，目前医学领域在对全聋病例治疗时，需要消耗大量的物质，这给病人带来沉重的经济压力，因此我们需要一种可植入人体且生物相容性好的器械。作为一种人工耳蜗植入材料，液晶高分子（LCPs）具有小型化、制造过程更简单、长期可靠性等优点。此外，LCPs 还可以大规模生产成本极低的设备，具有低材料和低劳动力成本等优点。因此，我们必须在此强调以下几点：①较低的制造成本为发展中国家使用人工耳蜗提供了全新的机会；②传统的外耳道假体也可能受益于这些改进；③可以根据个人特点设计一个电极阵列。如今，LCP 技术还没有推广到所有植入的多模态构建器，LCPs 允许更简洁和更强烈的电刺激，也就是说，尽可能靠近残留的耳蜗神经纤维或与任何其他大脑及周围神经结构接触。测试表明该装置精度更高，几乎可以对应每个去剩余的耳蜗神经，而不干扰附近的神经元。我们目前的目标是为每个聋人建立个性化的植入物。有两点值得说明：①更广泛地使用 LCPs 促使治疗进展，如在听觉神经电植入领域已经取得的进展；②纳米技术已经被应用于其他类型的植入物，无论是神经刺激物还是非神经刺激物。

3.4.7　液晶复合凝胶的应用

液晶复合凝胶是一种多功能的软物质，基于液晶分子的取向性及光响应性，液晶复合凝胶在光电材料、半导体材料及自修复材料方面具有潜在的应用价值。液晶复合凝胶中的凝胶因子与液晶主体在凝胶体系中的无规存在使得凝胶的光散射严重，液晶凝胶的取向在光散射和光透射模式间自由切换。2002 年，Kato 等[54] 制备了可以应用于光电材料的液晶复合凝胶。正常状态下，液晶分子均匀且无序地分散在聚合物网络中，由于凝胶的无序性，凝胶处于光散射模式（即光不会透过凝胶）；在施加电场的条件下，液晶分子顺着电场的方向取向，此时由于液晶分子的有序性，凝胶处于一种光透射模式。根据凝胶因子的不同，凝胶的透射率与施加电压的变化关系截然相反。Zhao 等通过施加电场调整液晶凝胶中液晶的取向进而调控复合物中的荧光强弱；Wang 等制备了可拉伸的液晶凝胶显示器，这种显示器凝胶在拉伸时信息不会失真，而且具有很好的稳定性。因此，液晶复合凝胶在信息显示方面具有广泛的应用。

液晶复合凝胶中的液晶主体在液晶状态及各向同性状态下具有不同的性质。室温液晶 5CB 常温下是一种各向异性的液晶；当温度高于其清亮点时，5CB 是一种常规的有机试剂，可以溶解聚合物等高分子。Yamamoto 等[56] 在二氧化硅粒子表面修饰聚合甲基丙烯酸甲酯，然后将聚合物粒子与室温液晶 5CB 进行复合，在掺杂偶氮苯分子的条件下，复合凝胶具有良好的自修复性能。在液晶复合凝胶的表面分别制作一个压痕和一个裂痕；放置 10min 后，凝胶表面的压痕消失而裂痕依旧存在；然后用紫外光照射裂痕处 20min，再用可见光照射 20min，凝胶表面的压痕消失。这是由于复合凝胶具有一定的黏弹性，所以压痕不会破坏凝胶的内部结构，放置一段时间后压痕自动消失。但是凝胶表面的裂痕破坏了其内部结构，紫外光照射使得凝胶内的偶氮苯分子发生顺反异构效应，在分子协同作用的影响下，液晶主体 5CB 发生液晶相-各向同性相转变，此时 5CB 作为有机试剂将聚合物溶解变为溶胶状态将表面的裂痕修复。最后再用 450nm 的可见光照射 20min，偶氮苯分子由顺式异构化为反式结构，5CB 由各向同性相转变为液晶相，凝胶发生溶胶-凝胶相转变，凝胶表面的裂痕自动修复。

液晶复合凝胶是一种多功能的软物质，基于液晶性和凝胶软物质的黏弹性，液晶复合凝胶具有良好的光电性能和物质的光响应性、取向导电性，在光电材料等方面具有广阔的应用前景。

3.4.8　液晶聚合物共混合金的应用

目前，LCP 作为塑料使用的主要是聚酯类热致性液晶聚合物及其合金，其复合材料包括：①高分子液晶和低分子液晶共混。TLCP 热致液晶聚合物的分子结构特点是刚性强，因而熔融温度高，加工流动性差[57]。通过与低分子共混，能使共混物的熔融温度降低，改善加工性[51]。低分子量液晶化合物的存在对 LCP 合金的力学性能没有大的影响。低分子量的 LCP 在体系中起增塑和降低黏度的作用，使分子共聚酯的熔融温度降低（低分子 LCP 含量为 24% 时，熔融温度降低 20℃），从而大大改善了 LCP 的加工性能，可以在一般聚酯的设备上进行共混。共混的 LCP 在高于液晶相转变温度下挤出成型可使混合液晶取向。取向物冷却，再加热到稍低于熔点的温度，LCP 和低分子液晶便发生酯交换反应，使低分子液晶引入聚合物主链，最终得到高度取向化、芳香化的高模量、高强度的聚合物液晶产品。②两种不同结构的液晶聚合物共混，有物理、化学两种方法。物理共混法是通过溶液、熔融共混使两种 LCP 进行机械混合。这种 LCP 合金成本高，仅当为改善某个特定性能并发生某种协同效应时才选用此法。例如，全芳香族液晶聚酯与液晶聚合物 PET/PHB 共混，PET/PHB 是可纺的，而全芳香族液晶聚酯的热稳定性好，这样得到的共混 LCP 合金纤维既有可纺性，又具有很高的耐热性。化学法制 LCP 合金又有两种类型，一类是多元共聚制得的嵌段聚合物合金，另一类是将两种带有末端可反应基团的 LCP，在一定条件下进行共缩聚反应，形成两组分的嵌段共聚物。如全芳香族的液晶聚酯与液晶 PHB/PET 进行扩链反应的产物，就属于这一类。③热致液晶聚合物（TLCP）和热塑性聚合物共混是最受关注的研究领域。

非液晶性的热塑料（TP）和热致液晶聚合物（TLCP）共混可使 TP 的某些性能显著提高，从而提高材料的档次，并使液晶聚合物扩大应用领域，而合金的成本比一般塑料提高不多，这是目前研究得最多、最广的体系。这种共混物以热塑性聚合物为基体，液晶聚合物在熔融混炼过程中由于受剪切力作用形成纤维状结构，分散于基体中组成复合材料。由于在复合材料中起增强作用的液晶纤维是在共混过程中原地形成的，所以称它为"原位复合材料"。自从 1987 年美国学者首先提出了原位复合材料的概念以来，这类热塑性聚合物（TP）/热致液晶聚合物（TLCP）共混物的新型材料由于其易于加工和原位增强材料性能的特性吸引了大批学者从事此领域的研究，十多年来有大量相关文献发表[28]。但已研究的原位复合材料体系中 TLCP 增强的效果不够显著，加上 TLCP 的价格及最终材料或多或少的各向异性问题未能很好解决，未能达到 TLCP 少量加入使材料性能明显提高的预期效果。

3.4.9　液晶在生物传感器中的应用

生物传感器通常由分子识别原件和换能器两个部件组成。根据生物反应产生信息的物理或化学性质，信号转换器通常采用电化学、光谱、热压电及表面声波等技术与之相匹配，由此衍生出电化学生物传感器、光生物传感器、半导体生物传感器、热生物传感器和压电晶体生物传感器等。生物传感器以其高灵敏度、高选择性、可连续测定等突出优点，在医学生物工程、食品工业和环境污染物检测等领域展示了十分广阔的应用前景。目前，各种新型的生物传感器正在不断涌现。

液晶兼具有液体的流动性和固体的光学各向异性，在熔点与清亮点温度范围内，由于分子取向不同而存在多种不同的中间相态，温度以及表面微小的形貌和化学结构变化即会影响分子之间的短程相互作用以及长程取向序，进而引起分子取向转变，并传播至周围数十微米空间内，这种取向转变具有一定的信号放大作用，能够将生物分子之间的键合作用转换为一种宏观的光学信号。这种液晶生物传感技术具有低耗、快速、无须标记，所呈现的光学信号肉眼可观且易于实现传感器微型化和阵列化等优点，在非标记生物传感检测方面具有潜在应用价值，已经实现了对葡萄糖、蛋白质、核酸等的检测并将得到更广泛的应用。

液晶生物传感器的检测原理建立在液晶具有双折射特性的基础上，取决于液晶分子排列取向的变化。液晶传感器的构建，需对传感基底进行自组装膜修饰，用于诱导液晶分子形成有序的排列取向，同时固定生物分子。再利用生物分子间的相互作用，如酶与底物之间的结合、抗原-抗体特异性结合、核酸序列特异性杂交等，使目标分子选择性地键合在组装膜表面，扰乱液晶分子的取向，而非目标分子不能够键合在组装膜表面，不会改变液晶分子的取向。液晶取向发生变化后，改变了液晶对可见光折射、偏振的能力，导致液晶膜的颜色和光亮度发生变化，颜色变化指示出目标分子的存在，光亮度变化指示出目标分子的浓度。

液晶生物传感器的构建是实现生物分子微量检测的基础。液晶生物传感器的构建主要包括基底修饰以及液晶池的制备。由于近基底表面的液晶分子取向易受表面化学组成、拓扑结构以及表面能的影响，表面化学组成和形貌变化会破坏液晶分子的取向平衡，从而影响其光学成像，因此，液晶生物传感器的基底修饰对生物分子的检测至关重要。目前构建液晶传感基底用以诱导液晶分子有序排列的方法主要有：构建金膜法、摩擦法、硅烷化试剂自组装膜法。构建金膜法需在普通玻片表面喷射一层半透明金膜，构建纳米级沟槽状金膜为传感基底，再在金膜表面组装一层具有分子识别能力的化学敏感膜，该法技术含量要求非常高，在一定程度上限制了其应用。摩擦法是传统的液晶配向方法，通过使用尼龙、棉绒或纤维等材料按照一定方向摩擦取向膜，使其产生定向刮痕或沟槽对液晶分子产生均一的锚定作用。摩擦法虽然简单但也存在一些缺陷，如摩擦过程中易产生粉尘微粒、脱落异物及难控制摩擦的均匀性等。硅烷化试剂自组装膜法可通过控制烷基链的长度诱导液晶分子垂直或平行排列，简单有效。因其能够诱导液晶分子沿着烷基链的方向有序排列，产生全黑背景，因此常用来进行基底修饰。

液晶生物传感器基于生物分子间特异性结合扰乱液晶分子取向从而使液晶膜颜色和亮度发生肉眼可见的光学成像变化的原理，已经实现了对葡萄糖、胆固醇等小分子物质，蛋白质，核酸的检测。与传统的检测方法相比，具有低耗、响应快速、操作简单、易于实现微型化和阵列化等优点，成为生物传感器领域的佼佼者。然而，目前的液晶生物传感技术还存在许多不足，仍处于待完善阶段。在今后的研究工作中，应该着重从以下几方面进行探索：①选用非贵金属亦或其他非金属材料替代 Ag、Au 等贵金属材料进行信号放大，提高液晶生物传感器灵敏度的同时降低检测成本；②加强理论研究，深入探索液晶分子弯曲弹性常数、锚定能、双折射特性与液晶分子取向之间的关系，有助于建立液晶膜颜色及亮度与目标分子浓度之间的数学模型，实现对生物分子的连续、定量检测。以上问题的解决有利于实现液晶生物传感器对生物分子的特异性、高灵敏性、高通量、定量化、低成本分析，将会使液晶生物传感器获得更好的发展前景。

参考文献

[1] 柯锦玲. 液晶高分子及其应用 [J]. 塑料，2004，33 (3)：86-89.
[2] 刘琳. 蒽类电致发光液晶材料的合成与表征 [D]. 北京化工大学，2009.
[3] 甘海啸，朱卫彪，王燕萍，等. 热致性液晶聚芳酯纤维的制备与热处理 [J]. 合成纤维，2011，5：6-9.
[4] 金美芳，王俊九，周谨，等. 液晶化载体促进传递膜的研究 [J]. 膜科学与技术，2003，23 (3).
[5] 王瑛. 热致变色染料及其液晶聚合物的合成与性能研究 [D]. 2005.
[6] 汪菊英，周彦豪，张兴华，等. 热致性液晶聚合物与热塑性塑料原位复合材料的研究进展 [J]. 工程塑料应用，2004，32 (9)：70-74.
[7] 王春颖，孙皓，陈晓婷，等. 芳酯型液晶环氧树脂的合成与表征 [J]. 天津科技大学学报，2007，22 (2)：29-32.
[8] 李自法，张征，宁超峰，等 . 近晶 C (Sc) 相串型液晶高分子的合成与表征 [J]. 高分子学报，1998，1 (4)：412-418.
[9] Culbertson E C. A new laminate material for high performance PCBs：Liquid crystal polymer copper clad films [C]. 1995 Proceedings. 45th Electronic Components and Technology Conference. IEEE，1995：520-523.
[10] 郑莹莹. 侧链型胆甾液晶高分子的合成与液晶性能表征 [D]. 东北大学，2004.
[11] 陈秀娟，马占峰，王锡臣. 液晶高分子的分子设计 [J]. 现代塑料加工应用，2002 (05)：48-51.
[12] 班建峰. 苯并菲侧链型液晶高分子的设计合成及其相行为和相结构的研究 [D]. 湘潭大学，2015.
[13] 范芳芳. 双扇形液晶分子的合成和表征 [D]. 浙江理工大学，2019.
[14] 麻俊霞. 聚噻吩液晶衍生物的制备及其液晶性能研究 [D]. 福建师范大学，2009.
[15] 么冰. 含羧基手性液晶单体及其聚合物的制备与表征 [D]. 东北大学，2011.
[16] 许辉. 聚苯并噁唑的合成研究 [D]. 2003.
[17] Vertogen G，de Jeu W H. Thermotropic liquid crystals，fundamentals [M]. Springer Science & Business Media，2012.
[18] Wu Y. Kanazawa A，Shiono T，et al. Photoinduced alignment of polymer liquid crystals containing azobenzene moieties in the side chain. 4. Dynamic study of the alignment process [J]. Polymer，1999，40 (17)：4787-4793.
[19] 谭茜. 两类新型甲壳型液晶高分子的设计合成、表征与性能研究 [D]. 2009.
[20] Vertogen G，de Jeu W H. Thermotropic liquid crystals，fundamentals [M]. Springer Science & Business Media，2012.
[21] Chu T Y，Lu J，Beaupré S，et al. Effects of the molecular weight and the side - chain length on the photovoltaic performance of dithienosilole/thienopyrrolodione copolymers [J]. Advanced Functional Materials，2012，22 (11)：2345-2351.
[22] Liu Y，Cheng D. LinI H，et al. Microfluidic sensing devices employing in situ-formed liquid crystal thin film for detection of biochemical interactions [J]. Lab On a Chip，2012，12 (19)：3746-3753.
[23] 吕友劲. 新型主链腰接型液晶聚合物的制备及性能研究 [D]. 东南大学，2015.
[24] 陈晓辉. 含不对称液晶基元甲壳型聚对苯的设计与合成 [D]. 郑州大学，2007.
[25] 张冀. 含芳酰胺键的新型甲壳型液晶高分子的合成及基本性质研究 [D]. 东华大学，2012.
[26] 臧宝岭. 含磺酸基液晶离聚物及其复合材料的制备与性能研究 [D]. 2005.
[27] 陈小芳，沈志豪，陈尔强，等. 侧基甲壳效应和甲壳型液晶高分子 [J]. 中国科学：化学，2012，42 (5)：606-621.
[28] 曲文忠. 含磺酸离子的液晶离聚物及其复合材料的制备和性能研究 [D].
[29] 何晓智. 侧链型手性液晶弹性体的合成与性能研究 [D]. 东北大学，2005.
[30] 蓝鑫. 含手性与离子基元液晶及其组装聚合物的合成与表征 [D]. 2015.
[31] ZHANG A，WANG Y，L V Z，et al. Properties of liquid crystal ionomer/polyaniline [J]. Chinese Journal of Power Sources，2010，8.
[32] 曹海燕. 两个系列含磺酸离子的主链液晶离聚物的合成与表征 [D]. 东北大学，2009.
[33] ZHANG A，WANG Y. LV Z，et al. Properties of liquid crystal ionomer/polyaniline [J]. Chinese Journal of Power Sources. 2010，34 (8)：807-806.
[34] Chandrasekhar S，Sadashiva B K，Suresh K A. Liquid crystals of disc-like molecules [J]. Pramana，1977，9 (5)：471-480.
[35] 陈贵祥. 可生物降解主链型液晶聚碳酸酯的合成与性能研究 [D]. 2017.
[36] 孔翔飞. 盘状液晶苯并菲类光电材料的合成及表征 [D]. 北京交通大学，2011.
[37] 陈树森，李田，赵达慧. 盘状液晶材料的研究进展 [J]. 物理化学学报，2010，26 (04)：1124-1134.
[38] Kumar S，Varshney S K. A room - temperature discotic nematic liquid crystal [J]. Angewandte Chemie International Edition，2000，39 (17)：3140-3142.
[39] 余文浩. 苯并菲盘状液晶的分子设计、合成及柱状相锚定 [D]. 四川师范大学，2007.

［40］ 李成.基于苯并菲的侧链型液晶聚合物及嵌段共聚物的可控合成与液晶行为研究［D］.湘潭大学，2014.

［41］ Yang X F，Wang M，Varma R S，et al. Aldol-and Mannich-type reactions via in situ olefin migration in ionic liquid［J］. Organic letters，2003，5（5）：657-660.

［42］ Lawson D，Buess C. Synthesis of 2-Phenyltriphenylene and 2，6，10-Trimethyltriphenylene［J］. The Journal of Organic Chemistry，1960，25（2）：272-273.

［43］ 李冬梅.生物降解型液晶聚酯的研究［D］.大连理工大学，2005.

［44］ 罗启锋.纤维素在氯化锂/二甲基乙酰胺溶剂体系中的溶解实验［J］.人造纤维，2017（1）.

［45］ 唐敏健，丁珊，周长忍，等.液晶态生物材料［J］.化学世界，（12）：55-59.

［46］ 张春秀.苯并菲类盘状液晶的合成以及应用研究［D］.北京交通大学，2009.

［47］ 吴楠.苯并菲衍生物的合成及掺杂诱导液晶分子取向的研究［D］.北京交通大学，2014.

［48］ 韩非.热致性液晶聚氨酯弹性体及与聚苯乙烯复合材料的结构与性能的研究［D］.青岛科技大学，2007.

［49］ 卿鑫，吕久安，俞燕蕾.光致形变液晶高分子［J］.高分子学报，2017（11）：10-36.

［50］ 刘晓丹.对二烯丙氧基苯甲酰对苯二酚酯液晶及其二缩甘油醚的合成、固化与热性能的研究［D］.河北大学，2007.

［51］ 孔海娟.超高相对分子质量 PPTA 树脂及其高模量芳纶的研究［J］.2014.

［52］ 方晶.可用于光信息存储的新型偶氮苯液晶化合物的设计合成及性能研究［D］.浙江工业大学，2014.

［53］ 尚永辉.偶氮染料作为光信息存储介质材料的研究［D］.陕西师范大学.

［54］ Kato T. Self-assembly of phase-segregated liquid crystal structures［J］. Science，2002，295（5564）：2414-2418.

［55］ 李振.生物相容性两亲分子溶致液晶的构筑及性能研究［D］.山东师范大学，2012.

［56］ Yasuda H，Yamamoto H，Yamashita M，et al. Synthesis of high molecular weight poly（methyl methacrylate）with extremely low polydispersity by the unique function of organolanthanide（III）complexes［J］. Macromolecules，1993，26（26）：7134-7143.

［57］ 张爱玲.主链液晶离聚物及其复合材料的研究［D］.2001.

第 4 章

吸附性高分子材料

4.1 概述

随着现代科学技术和工业水平的发展，分离技术越来越成熟，使用得越来越广泛。吸附分离操作在化工、轻工、炼油、冶金和环保等领域都有着广泛的应用。如气体中水分的脱除，溶剂的回收，水溶液或有机溶液的脱色、脱臭，有机烷烃的分离，芳烃的精制等。固体物质表面对气体或液体分子的吸着现象称为吸附。边界层脱离绕流物体壁面的现象称为分离。吸附和分离是紧密相连的，吸附分离是利用混合物中各组分与吸附剂间结合力强弱的差别，即各组分在固相（吸附剂）与流体间分配不同的性质使混合物中难吸附与易吸附组分分离。适宜的吸附剂对各组分的吸附可以有很高的选择性，故特别适用于分离用精馏等方法难以分离的混合物以及除去气体与液体中的微量杂质。此外，吸附操作条件比较容易实现。

分离技术已经发展为一门新的科学，其内容涉及化工产品、天然产物及生物制品的提取、纯化，环境及生物体内有害物质的去除方面，从技术层面讲，涵盖了精馏、过滤、冷冻、膜分离及功能高分子材料的吸附和离子交换。

吸附与离子交换具有非常显著的特点：①分离材料的品种和规格繁多、性能各异，可以根据不同的用途和过程所需进行选择。②分离材料具有相当高的选择性，可以从复杂的体系中吸附或去除某些物质，通过简单的工艺流程获得纯度较高的产品。③尤其适用于稀溶液，通常能在提取和分离的同时，达到浓缩的目的，大大减少能源的消耗。④分离材料的寿命长，能够反复使用多年，从而大大降低分离费用。⑤操作简单、方便，是分离技术中应用最多、最广泛的一类材料。

吸附与离子交换分离技术已经应用到很多工业与科学领域。在机理上，吸附与离子交换已经没有严格的区分界限。许多分离材料兼具吸附与离子交换的双重功能，所以统称为吸附分离功能高分子材料[1]。

吸附分离功能高分子材料主要包括离子交换树脂和吸附树脂。离子变换树脂是一类带有可离子化基团的三维网状高分子材料，主要通过离子交换达到浓缩、分离、提纯、净化的目的。吸附树脂一般是由具有吸附性能的物质构成的圆球状颗粒，具有较大的比表面积，由于物质的性质不同，吸附具有一定的选择性，进而达到分离的目的。功能高分子材料主要在天然产物分离纯化、血液净化治疗、环境保护、组合化学领域中得到了极大的应用[2]。本章将详细讨论离子交换树脂、吸附树脂以及分离膜的结构、性能、制备方法和应用领域等。

4.2 离子交换树脂和吸附树脂

4.2.1 离子交换树脂的结构

离子交换树脂是一类带有可离子化基团的三维网状功能高分子聚合物，结构中含有离子交换功能基、网状结构、不溶性的高分子化合物，根据官能团性质不同可分为强酸、弱酸、强碱、弱碱等类型。其外形一般为颗粒状，不溶于水和一般的酸、碱，也不溶于普通的有机溶剂，例如乙醇、丙酮和烃类溶剂[3,4]。常见离子交换树脂的粒径为 0.3~1.2nm，具有特殊用途的离子交换树脂的粒径可能大于或者小于这一范围。

4.2.2 吸附树脂结构

吸附树脂是指一类多孔性、高度交联的高分子共聚物，这类高分子材料含有某种特定分子或离子，具有选择性亲和作用、较大的比表面积和适当的孔径、较大的吸附容量等特点和性能，被广泛用于天然产物的提取、分离以及工业废水的治理和环境保护等领域[5,6]。

吸附树脂一般为直径为 0.3~1.0 mm 的小圆球，表面光滑，根据品种和性能不同呈乳白色、浅黄色或深褐色。吸附树脂的颗粒大小对性能影响很大。粒径越小、越均匀，树脂的吸附性能越好。但是粒径太小，使用时对流体的阻力太大，过滤困难，并且容易流失。吸附树脂有许多品种，吸附能力和所吸附物质的种类也有区别，但其共同之处是具有多孔性，并具有较大的表面积。

4.2.3 离子交换树脂的分类和命名

离子交换树脂的分类方法有很多种，最常用和最重要的分类方法有以下两种[7]。

（1）根据交换基团的性质分类

根据交换基团的性质不同，可将离子交换树脂分为阳离子交换树脂和阴离子交换树脂两大类。

阳离子交换树脂又可以细分为强酸型、中酸型、弱酸型三种类型。

强酸性阳离子交换树脂的母核结构中用于交换的功能基是强酸性基团，如磺酸基（—SO₃H），该结构在溶液中容易解离出 H^+，表现强酸性。该类树脂解离出 H^+ 后，结构中的负电基团（SO_3^-）可以与溶液中的阳离子型物质结合，从而发生了树脂中的 H^+ 与溶液中的阳离子物质的交换吸附，即阳离子交换吸附。该类树脂酸性很强，解离能力强，受溶液 pH 值影响不大，使用范围较广。

离子交换树脂使用一段时间后，可进行再生处理，选用化学试剂使离子交换反应反方向进行，使树脂的交换基团恢复到原本状态，可供再次使用。如—SO₃H 型阳离子交换树脂可选用强酸进行再生处理，树脂解离出被吸附的阳离子，可与 H^+ 结合而恢复原本的结构[8]。

弱酸性阳离子树脂含有弱酸性基团，常见的功能基团是羧基—COOH，可在水中解离出 H^+ 而呈酸性，余下的负电基团 R—COO—可与溶液中的阳离子型物质结合发生吸附，即阳离子交换吸附作用。该类树脂酸性很弱，在 pH 值小时难以解离并进行离子交换，只能在

pH 值为 5～14 的溶液中起作用[9]。这类树脂可在酸性条件下进行再生，与强酸性树脂相比，容易再生。

阴离子交换树脂又可以分为强碱型和弱碱型两种。

强碱性的阴离子类树脂结构中含有强碱性功能基团，常见的是季铵基碱，该结构树脂可在水中解离出强碱性的 OH^-。解离出 OH^- 的树脂具有正电基团，可与溶液中需要交换的阴离子结合，而发生阴离子交换作用。这种强碱性阴离子交换树脂的解离性强，在不同 pH 值下可正常工作，此类树脂可选用强碱进行再生。

弱碱性阴离子型交换树脂具有弱碱性基团，常见的有伯胺基、仲胺基或叔胺基，它们在水中能解离出 OH^- 而呈弱碱性。这种树脂解离出 OH^- 之后的正电基团可与溶液中的阴离子物质结合，而发生阴离子交换吸附作用。该类树脂的交换吸附作用多数是将溶液中的整个酸分子吸附，只能在 pH 值为 1～9 的酸性或中性条件下工作，可选用弱碱 $NaHCO_3$ 或 $NH_3 \cdot H_2O$ 进行再生[10]。

（2）根据树脂的物理结构分类

根据树脂的物理结构不同，可将离子交换树脂分为凝胶型、大孔型和载体型[11]。图 4-1 是这些树脂结构的示意图。

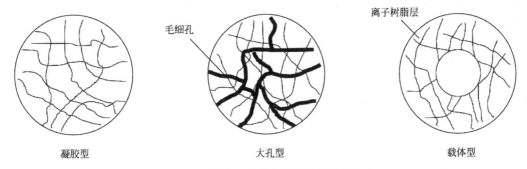

图 4-1　不同物理结构离子交换树脂的模型

凝胶型树脂的高分子骨架，在干燥的情况下内部没有毛细孔。它在吸水时润胀，在大分子链节间形成很微细的孔隙，通常称为显微孔。湿润树脂的平均孔径为 2～4nm，较适合用于吸附无机离子，直径较小，一般为 0.3～0.6nm。这类树脂不能吸附大分子有机物质，因后者的尺寸较大且蛋白质分子直径为 5～20nm，不能进入这类树脂的显微孔隙中。

大孔型树脂是在聚合反应时加入致孔剂，形成多孔海绵状构造的骨架，内部有大量永久性的微孔，再导入交换基团制成的。它内并存微细孔和大网孔。湿润树脂的孔径达 100～500nm，其大小和数量都可以在制造时控制。孔道的表面积可以增大到超过 $1000m^2/g$，这不仅为离子交换提供了良好的接触条件、缩短了离子扩散的路程，还增加了许多链节活性中心，通过分子间的范德华引力产生分子吸附作用，能够像活性炭那样吸附各种非离子性物质扩大它的功能。一些不带交换功能基团的大孔型树脂也能够吸附、分离多种物质，例如化工厂废水中的酚类物。

大孔树脂内部的孔隙又多又大，表面积很大，活性中心多，离子扩散速度快，离子交换速度也快很多，约比凝胶型树脂快十倍。使用时作用快、效率高，所需处理时间缩短。大孔树脂还有多种优点，如耐溶胀、不易碎裂、耐氧化、耐磨损、耐热及耐温度变化以及对有机大分子物质较易吸附和交换因而抗污染力强并较容易再生。

载体型离子交换树脂是一种特殊用途树脂，主要用作液相色谱的固定相。一般是将离子交换树脂包覆在硅胶或玻璃球等表面上制成。它可经受液相色谱中流动介质的高压，又具有离子交换功能。

我国国家标准总局发布 GB1631—79《离子交换树脂产品分类、命名及型号》。这套标准规定，离子交换树脂的全名称由分类名称、骨架（或基团）名称、基本名称排列组成。离子交换树脂的型态分为凝胶型和大孔型两种。凡具有物理结构的称大孔型树脂，在全名称前加"大孔"两字以示区别。凡分类中属酸性的，在基本名称前加"阳"字；凡分类中属碱性的，在基本名称前加"阴"字。为了区别离子交换树脂产品中同一类中的不同品种，在全名称前必须有型号。离子交换树脂产品的型号主要以三位阿拉伯数字组成。第一位数字代表产品的分类；第二位数字代表骨架结构；第三位数字为顺序号，用以区别树脂中基团、交联剂、致孔剂等的不同，由各生产厂自行掌握和制定。凡大孔型离子交换树脂，在型号前加"大"字的汉字拼音的首字母"D"表示之。凝胶型离子交换树脂的交联度值，可在型号后用"X"号联接阿拉伯数字表示。如遇到二次聚合或交联度不清楚时，可采用近似值表示或不予表示。

各类离子交换树脂的具体编号为

001—099　强酸型阳离子交换树脂；100—199　弱酸型阳离子交换树脂；200—299　强碱型阴离子交换树脂；300—399　弱碱型阴离子交换树脂；400—499　螯合型离子交换树脂；500—599　两性型离子交换树脂；600—699　氧化还原型离子交换树脂；见表4-1、表4-2。

⊡ **表 4-1　离子交换树脂产品分类代号**

代号	骨架分类编号	代号	骨架分类编号
0	强酸型	4	螯合型
1	弱酸型	5	两性型
2	强碱型	6	氧化还原型
3	弱碱型		

⊡ **表 4-2　离子交换树脂骨架分类代号**

代号	骨架分类型	代号	骨架分类型
0	聚苯乙烯系	4	聚乙烯吡啶系
1	聚丙烯酸系	5	脲醛树脂系
2	酚醛树脂系	6	聚氯乙烯系
3	环氧树脂系		

国际上离子交换树脂的命名至今未统一，但比较著名的产品有：美国 Rohm&Haas 公司的 Amberlite 树脂、Dow 公司的 Dowex 树脂；日本三菱化学工业株式会社的 Diaion 树脂；瑞典 Farmacia Fine Chemicals 公司的 Sephadex、Sephadex、Sepharose、Sephacryl 等树脂；德国 Bayer 公司的 Lewatit 树脂等。

4.2.4　吸附树脂的分类和命名

吸附树脂品种繁多，吸附能力和所吸附物质的种类也有区别。多孔性是吸附树脂共同的特征，兼具较大的孔内表面积。

人们按照吸附树脂的极性，将吸附树脂分为以下几类[13]：①非极性吸附树脂　一般是指树脂在分子水平上正、负电荷分布相对均匀，不存在各自集中分布的情况。此类吸附树脂由于其表面疏水性较强，故借助与小分子内疏水部分的相互作用进而吸附溶液中的有机物。如郭贤权等以苯乙烯为单体，二乙烯苯为交联剂，合成一种用于提取中药植物有效成分的非极性吸附树脂[14]。②中极性吸附树脂 一般是指合成吸附树脂的单体中存在—COOR—类的极性基团，此类吸附树脂具有中极性。此类吸附树脂既可用于极性溶液中吸附非极性物质，又可用于非极性溶液中吸附极性物质。如周家付以苯乙烯和丙烯酸羟乙酯为合成吸附树脂的单体，制备了一种适用于提取甜菊糖的中极性吸附树脂[15]。③极性吸附树脂 一般是指合成的吸附树脂中存在极性大于酯基的酰胺、亚砜、氰基等基团。此类树脂适用于非极性溶液中吸附极性物质，吸附是依靠吸附树脂与被吸附物质相互之间的静电作用和氢键作用实现的。如郭贤权等以乙酸乙烯酯、丙烯腈和二乙烯苯为单体，合成一种用于提取中药植物有效成分的极性吸附树脂[16]。④强极性吸附树脂 一般是指合成的吸附树脂中存在强极性的基团，如氨基或硫等配体基团。如以三氢甲基丙烷三烯丙酯、三氢甲基丙烷三甲基丙烯酸酯、丙烯腈、丙烯酸甲酯和苯乙烯为单体，合成一种具有能吸附水溶性较强的硝基苯、苯酚等有机物的强极性吸附树脂[17]。

除了上述按照吸附树脂极性进行分类的方法外，吸附树脂的结构性能发展衍生出了其他分类方法，例如，按照吸附机理进行分类，包括氢键吸附、静电吸附、配合吸附、化学吸附等。无论采用何种方法对吸附树脂进行分类，吸附树脂具有一个共性，即均可采用非离子型溶剂对被吸附的物质进行洗脱。表4-3中是部分代表性的吸附树脂。

⊡ 表4-3 部分代表性的吸附树脂

类型	牌号	生产商	结构特征	比表面积 /（m²/g）	孔径 /nm
非极性	AmberliteXAD-2	Rohm & hass 公司	PS	330	4.0
	AmberliteXAD-3	Rohm & hass 公司	PS	526	4.4
	AmberliteXAD-4	Rohm & hass 公司	PS	750	5.0
	X-5	南开大学	PS	550	
	H-103	南开大学	PS	1000	
	GDX-101	天津试剂二厂	PS	330	
	有机载体-401	天津试剂二厂	PS	300～400	
中极性	AmberliteXAD-6	Rohm & hass 公司	—COOR—	498	6.3
	AmberliteXAD-7	Rohm & hass 公司	—COOR—	450	8.0
	AmberliteXAD-8	Rohm & hass 公司	—COOR—	140	25.0
极性	AmberliteXAD-9	Rohm & hass 公司	—SO—	250	8.0
	AmberliteXAD-10	Rohm & hass 公司	—CONH—	69	35.2
	ADS-15	南开大学	—HN—CO—NH—		
强极性	AmberliteXAD-11	南开大学	氧化氮类	170	21.0
	AmberliteXAD-12	Rohm & hass 公司	氧化氮类	25	130.0
	ADS-7	南开大学	NRn	200	

4.3 离子交换树脂和吸附树脂的工作原理

4.3.1 离子交换树脂交换原理

离子交换树脂的作用原理可以看成连接在离子交换树脂骨架上的活性基团与水溶液中同

类电荷的离子之间发生的化学置换过程。

离子交换树脂与被交换离子之间的反应为可逆的过程。阳离子交换过程的交换平衡方程可表示为[18]：

$$R—A^+ + B^+ → R—B^+ + A^+$$

阴离子交换过程的交换平衡方程可表示为：

$$R—C^- + D^- → R—D^- + C^-$$

其中，R 表示树脂，A、C 表示树脂活性基团上可被交换的离子，B、D 表示溶液中离子。

4.3.2　吸附树脂吸附原理

吸附是指被吸附分子在界面上的集聚，是一种界面现象，根据吸附机理，吸附可分为物理吸附和化学吸附。

物理吸附是指没有化学键的作用，其吸附力是分子间力，即固体表面分子剩余的吸引力引起的吸附作用。物理吸附的特点：吸附热接近于液化热，吸附速度快，易于平衡，且不需要活化能进行吸附活动；物理吸附层不仅存在于单分子层中，也存在于双分子层中；物理吸附过程是可逆的[19]。

化学吸附实质上是一种化学反应，化学吸附过程放出的热量大，接近于反应热，其吸附过程是通过化学键相互作用而产生的；其吸附速度较慢，难以平衡，需要活化能来支持其吸附作用；化学吸附层仅仅存在于单分子层中；吸附过程是不可逆的，往往解吸物质的性质不同于吸附物质[19]。

物理吸附与化学吸附虽然在许多性质上具有明显的差异，但是在吸附过程中有时两者可相伴发生。比如钨表面吸附氧，镍表面吸附氢气，既有物理吸附（呈现分子状态），又有化学吸附（呈现原子状态）。H_2 在镍表面上的吸附在低温时，主要呈现分子状态，即物理吸附，而当温度升高时，化学吸附达到平衡，因此，在同一个吸附系统中，达到一定的温度时H_2 分子被活化，低温为物理吸附，高温为化学吸附[19]。这里要注意的是，化学吸附不同于通常所说的化学反应，因为处于吸附剂表面的反应原子在吸附过程中保留了其原格子不变，因此，物理吸附与化学吸附并无严格的区分。

4.4　影响离子交换和吸附作用的因素

4.4.1　离子交换树脂的选择性

离子交换树脂的选择性表现为同一树脂对不同离子之间亲和力的区别，在离子交换过程中，树脂对有的离子亲和力更强，即更容易交换这些离子，有的离子则不容易交换，这主要是因为同种树脂对不同离子的选择性系数或表观选择系数不同。离子交换树脂的亲和力随着选择性系数增大而增强，利用离子交换树脂的这一特性，可以根据需要制备一些具有特殊选择性离子交换树脂，从而达到专一分离或去除某种物质的目的。

在溶液中，强酸型阳离子交换树脂对不同的阳离子选择性顺序如下[20]：

$$Fe^{3+} > Al^{3+} > Ca^{2+} > Mg^{2+} > K^+ > NH_4^+ > Na^+ > H^+ > Li^+$$

强碱型阴离子交换树脂对溶液中不同阴离子的选择性顺序为：

$$SO_4^{2-} > HSO_4^- > ClO_3^- > NO_3^- > HSO_3^- > NO_2^- > Cl^- > HCO_3^- > F^-$$

通常情况下，离子交换树脂选择性系数会随着溶液中离子浓度和离子交换的反应周期等因素而发生改变，但对于不同离子的选择性，离子交换树脂还是遵循以下经验规律[21]：①在室温低浓度溶液中，离子交换树脂优先选择交换高价态的离子。如：$Th^{4+}>Al^{3+}>Ca^{2+}>Na^+$。②当离子化合价相同时，离子交换树脂的选择性随离子的原子序数增大而增强。如：$Cs^+>Rb^+>K^+>Na^+>Li^+$，$I^->Br^->Cl^->F^-$。③对于尺寸较大的离子，离子交换树脂对有机离子的选择性更高。

4.4.2　吸附树脂影响因素

何炳林等[19]通过大量的实验证实，吸附树脂的吸附能力不仅与其本身的物理、化学结构有关，而且与吸附物质的性质、介质的性质及吸附过程的操作方法等有关，其影响因素总体可分为三大类。

（1）吸附树脂结构对吸附作用的影响

吸附树脂的结构从两方面来看，一方面是物理结构，另一方面是化学结构。由于不同的吸附树脂合成单体、交联剂、致孔剂及其制备方法不同，故合成的吸附树脂在其极性、孔径、孔容和比表面积方面均有所不同，进而影响吸附树脂的吸附性能。而化学结构与前文所叙述的吸附树脂按照其极性分类的原理相同，吸附树脂合成单体的极性或树脂本身所带功能基团的差别是化学结构影响吸附作用的本质。

（2）被吸附物的结构对吸附作用的影响

研究表明，吸附物质的结构和性质对吸附作用也产生一定的影响。一般来说，分子形式有利于吸附，但有时吸附作用不局限于分子形式，离子形式也存在。吸附物质的配合作用对吸附作用具有一定的影响，一般认为，配合作用有利于吸附作用的加强。周赟[22]等通过悬浮聚合法合成甲基丙烯酸缩水甘油醚-二乙烯基苯大孔树脂，通过多乙烯多胺与大孔树脂甲基丙烯酸缩水甘油醚-二乙烯基苯反应得到氨化的吸附树脂，并研究该树脂对 Cu^{2+}、Co^{2+}、Ni^{2+} 和 Zn^{2+} 的吸附作用，表明了树脂与金属离子之间的吸附通过配合作用实现。而被吸附物在溶液中的离解作用同样影响吸附作用。如陈青[23]等研究大孔吸附树脂 AB-8 和 S-8 对染料木黄酮的吸附行为，从其研究可知，大孔树脂 AB-8 在 pH 值为 8 时，对染料木黄酮的吸附量最大，而大孔树脂 S-8 则在 pH 值为 5 时，对染料木黄酮的吸附量最大。除了上述所讲的原因之外，被吸附物对吸附作用的影响因素还包括被吸附物在介质内的溶解度、极化度和形成的氢键作用。

（3）吸附工艺操作条件的影响

吸附过程不仅取决于吸附剂和吸附质的物理、化学性质，还取决于所选择的吸附体系、吸附溶液的浓度、吸附树脂预处理方式等。

综上所述，吸附作用不仅关乎吸附树脂与吸附物质自身的物理、化学性质，还需考虑吸附过程中的各种操作条件，如温度的选择、pH 值的选择、吸附溶液初始浓度的选择、吸附时间的长短等。

4.5　离子交换树脂和吸附树脂合成方法及应用

4.5.1　离子交换树脂合成方法

离子交换树脂的合成属于反应性高分子合成的一个分支，应用高分子聚合和有机化学反应原理来合成带有活性基团的多价聚合物。目前的合成方法主要有两类。

（1）加聚法

以具有一个和两个以上双键的单体作原料，在引发剂和稳定剂的作用下，在含有分散剂的介质中经搅拌加热进行悬浮聚合，得到有立体网状结构的柱体，然后进行化学反应，引入活性基团便可得到离子交换树脂。

（2）逐步共聚法（缩聚法）

具有两个或两个以上功能基团的单体通过功能基团之间的相互作用而进行反应。一般伴随有低分子量物质的析出。合成球形树脂通常以透平油和二氯苯作为分散介质进行悬浮聚合。

国内主要有四种合成工艺路线，其中两种为丙烯酸-二乙烯苯系羧酸树脂、聚苯乙烯-二乙烯苯磺酸阳离子树脂。

（1）丙烯酸-二乙烯苯系羧酸树脂

将丙烯酸甲酯、二乙烯苯等单体和过氧化苯甲酰按配比投料，搅拌均匀，得单体相，投入相对密度1.10左右的食盐-明胶水溶液，搅拌调节粒径，缓慢分级升温进行聚合，定形后保温固化制得白球，以氢氧化钠-乙醇溶液加热水解得到钠型羧酸基树脂。

（2）聚苯乙烯-二乙烯苯磺酸阳离子树脂

将白球投入二氯乙烷中溶胀，加入浓硫酸或氯磺酸，加热进行磺化，反应完后缓慢加水稀释，洗涤球体。用氯化钠溶液将其转换成钠型树脂，以沸水洗涤后得磺酸离子交换树脂[24]。

4.5.2　离子交换树脂的应用

水处理：水中的 Ca^{2+}、Mg^{2+} 含量在 0.4 mmol/L 以上时称为硬水。如果硬水中含有 HCO^{3-} 时，加热时会产生 $CaCO_3$ 和 $MgCO_3$ 沉淀，锅炉使用这种水会有结垢，造成危害。离子交换法软化水是将水中的 Ca^{2+}、Mg^{2+} 除去，实质上是一种化学脱盐法。软化水系统一般以减少水中钙、镁离子的含量为主，有些软化系统还可以去掉水中的碳酸盐，甚至还可以降低水中阴、阳离子的含量（即降低水中的含盐量）。

除盐水、纯水、高纯水的制备：纯水是随着工业对水质要求的日益严格而不断发展起来的，如半导体、集成电路的日趋微型化对工艺用水的纯度要求越来越高，目前纯水已经成为集成电路的基础材料之一。超纯水制备中离子交换是最主要的纯化手段，是脱盐的关键。通过离子交换反应将原水中所有溶解性的盐类以及游离态的酸、碱离子除去可制取除盐水。

食品工业：离子交换树脂可用于糖、味精、酒的精制和生物制品等工业装置上。例如：高果糖浆的制造是由玉米萃出淀粉后，再经水解反应，产生葡萄糖与果糖，而后经离子交换处理，可以生成高果糖浆。离子交换树脂在食品工业中的消耗量仅次于水处理。

合成化学和石油化学工业：在有机合成中常用酸和碱作催化剂进行酯化、水解、酯交换、水合等反应。用离子交换树脂代替无机酸、碱，同样可进行上述反应，且优点更多，如树脂可反复使用，产品容易分离，反应器不会被腐蚀，不污染环境，反应容易控制等。

环境保护：离子交换树脂已应用在许多非常受关注的环境保护问题上。目前，许多水溶液或非水溶液中含有有毒离子或非离子物质，这些可用树脂进行回收使用，如去除电镀废液中的金属离子，回收电影制片废液里的有用物质等。

湿法冶金及其他：离子交换树脂可以从贫铀矿里分离、浓缩、提纯铀及提取稀土元素和贵金属。

4.5.3 吸附树脂合成方法

（1）非极性吸附树脂的制备

非极性吸附树脂的制备工艺与大孔型树脂分子骨架的合成相似。非极性吸附树脂主要采用二乙烯基苯经自由基悬浮聚合制备。为了使树脂内部达到预期大小和数量的微孔，致孔剂的选取至关重要。

致孔剂通常为与单体互不相溶的惰性溶剂。常用的有汽油、煤油、石蜡液体、烷烃、甲苯、脂肪醇、脂肪酸等。将这些溶剂单独或以不同比例混合使用，可在较大范围内调节吸附树脂的孔结构。

吸附树脂聚合完成后，采用合适的溶剂洗涤或水蒸气蒸馏的方法除去致孔剂，即可以得到预期孔结构的吸附树脂。

将二乙烯基苯（纯度50％）、甲苯和200♯溶剂汽油按1∶1.5∶0.5的比例混合，再加入1％过氧化苯甲酰，搅拌使其溶解，此混合物称为油相。在三口瓶中先加入5倍于油相体积的去离子水，并在水中加入10％（质量分数）的明胶，搅拌并加温至45℃，使明胶充分溶解，制成水相。将油相投入水相中，搅拌使油相分散成所需粒度的液珠。加温至80℃保持2 h，再缓慢升温至90℃保温4 h，最后升温至95 ℃保温2 h。聚合结束后，将产物过滤，水洗数次。然后装入玻璃柱中，用乙醇淋洗数次，除去甲苯和汽油，即得到多孔性的吸附树脂。此法制得的吸附树脂比表面积在600 m^2/g左右。

按上述类似的方法，将丙烯酸酯类单体与二乙烯基苯或甲基丙烯酸缩水甘油酯进行自由基悬浮共聚，可制得中极性吸附树脂。

（2）极性吸附树脂的制备

极性吸附树脂所含极性基团不同，可据此来制备树脂。

1）含氰基的吸附树脂

含氰基的吸附树脂可通过二乙烯基苯与丙烯腈的自由基悬浮聚合得到。致孔剂常采用甲苯与汽油的混合物。

2）含砜基的吸附树脂

含砜基的吸附树脂的制备可采用以下方法：先合成低交联度聚苯乙烯（交联度＜5％,），然后以二氯亚砜为后交联剂，在无水三氯化铝催化下于80℃反应15 h，即制得含砜基的吸附树脂，比表面积在136 m^2/g以上。

3）含酰胺基的吸附树脂

将含氰基的吸附树脂用乙二胺氨解，或将含仲胺基的交联大孔型聚苯乙烯用乙酸酐酰化，都可得到含酰胺基的吸附树脂。

4）含氨基的强极性吸附树脂

含氨基的强极性吸附树脂的制备类似于强碱性阴离子交换树脂的制备，即先制备大孔性聚苯乙烯交联树脂，然后将其与氯甲醚反应，在树脂中引入氯甲基—CH$_2$Cl，再用不同的氨进行氨化，即可得到含不同氨基的吸附树脂。这类树脂的氨基含量必须适当控制，否则会因氨基含量过高而使其比表面积大幅度下降。

4.5.4 吸附树脂的应用

吸附树脂由于其品种多样化，具有多种吸附作用，如固体对气体的吸附，固体对液体的吸附，固体对固体的吸附等。吸附树脂的制备技术与其他功能材料相比，是最成熟之一，随着吸附树脂品种的增多，其应用领域也随之扩大。

（1）在食品精制中的应用

随着人们生活水平的提高，对食品的要求越来越高，因此，用于食品精制的吸附树脂应运而生。甜菊糖作为一种高度甜味剂，在甜菊叶中的含量为 $10\%\sim12\%$，因此，研究用于提取甜菊糖的吸附树脂十分必要。卢定强[25] 采用 Diaion HP-20 吸附树脂吸附经粉碎并浸泡的甜菊叶，从而提取甜菊糖。刘永宁[26] 等制备交联聚苯乙烯氨基大孔吸附树脂提取叶绿素，其研究过程表明，非极性树脂 AB-8、X-5、CD-8 均可有效吸附叶绿素，吸附量达到 $120mg/g$。Monya[27] 用 Diaion HP-20 吸附树脂吸附柑橘中苦味物质，去除了约 90% 的柠碱。Cornwell[28] 用 XAD-4 配以 Dowex WX50 树脂吸附梨汁中的苦味物质及色素。史作清等[29] 采用 AB-8 吸附树脂从 30% 乙醇-水溶液栀子黄粗提物溶液中提取栀子黄素。花生油、豆油、玉米油、菜籽油等食用油中所含有机酸可用大孔强碱离子交换树脂吸附处理去除，吸附量按游离脂肪酸计算达 $60\sim90g/L$[19]。武彦文[30] 采用吸附树脂法精制天然色素萝卜红，其色价提高 15 倍以上。毕红霞等[31] 用 AB-8 吸附树脂对欧李红色素进行精制，其色价达 15.48。马银海等[32] 通过吸附树脂较好地分离出甘蓝红色素。朱珍等[33] 用 D280 大孔吸附树脂从发酵液中分离提取柠檬酸。张其安等[34] 研究不同大孔吸附树脂对蜂王浆中 10-羟基 2-癸烯酸的吸附性能，结果表明 X-5 树脂对 10-羟基-2-癸烯酸的吸附及解吸性能最好。

（2）在药物提取、纯化中的应用

对于药物的提取、纯化，吸附树脂需具有特殊的性质。首先，吸附树脂应达到足够高的纯度，避免使用过程中污染最终提取物质；其次，药物品种繁多，需采用不同吸附性能的吸附树脂适应不同成分的提取、纯化；最后，吸附树脂的稳定性能也是考虑的重要因素之一。茶多酚是一种具有强消除有害自由基、抗衰老、抗辐射、消炎等抑制作用的天然的抗氧化剂。王平等[35] 研究了 HID-600 大孔吸附树脂对茶多酚的分离、纯化工艺。黄酮类化合物存在于众多中草药中，品种、结构繁多，因此针对不同的黄酮类药物采用不同的吸附树脂。银杏叶中黄酮苷和萜内酯的提取是最具代表性的黄酮类化合物的提取，ADS-16 和 ADS-17 吸附树脂对黄酮苷和萜内酯的吸附性能优于市售的所有吸附树脂，因为此类吸附树脂的功能基团与黄酮苷和萜内酯形成氢键，提升其吸附性能[29]。皂苷类化合物由亲油性的苷元和亲水性的糖基构成，用 5-038 极性吸附树脂从绞股蓝茎叶中吸附绞股蓝皂苷，吸附量可达 $65.8mg/mL$，洗脱液的颜色较浅[36]。维生素 B_{12} 由发酵法生产，再用溶剂法进行提取、分离。该方法蛋白质去除不彻底，导致产品纯度不高。童名容等采用 Amberline XAD-4 吸附维生素 B_{12}，然后用 60% 丙酮水溶液洗脱，维生素 B_{12} 能被 100% 分离，且 X-5 吸附树脂对分离维生素 B_{12} 也有良好的效果。

（3）在环境保护中的应用

随着经济的发展，工业生产的废弃物日益增多，其中有机废水占一大比例，如何处理好有机废水关系到生态健康与经济的可持续发展。近年来，随着吸附树脂种类日渐增多，用于处理有机废水的吸附树脂应运而生。随着吸附树脂处理有机废水的工艺提升，处理的成本大大降低。李志平等[37] 采用经乙醇预处理过的大孔树脂对红印染废水进行吸附，最佳处理条件为废水浓度 $9mg/L$、pH 值为 8、处理时间为 2h、吸附树脂与废水的质量体积比为 $3g/100mL$，处理效果为色度去除率 93.9%。Yu 等[38] 针对五种水性染料——活性亮蓝 KN-R、活性亮黄 K-GN、活性亮红 K-2BP、酸性蒽醌蓝和酸性土耳其玉色 2G，改良吸附树脂对上述染料进行吸附，研究发现其吸附过程是自发进行的。费正皓等[39] 研究表明，吸附树脂 AM-1 和 XAD-4 对水溶液中的腐殖酸具有较好的吸附效果，吸附树脂 JX101 和 LY 04 对水溶液中氯仿、三氯乙烯和 2,4-二氯苯酚具有明显吸附优势。张海珍等[40] 研究在不同条件下大孔吸附树脂 XDA-200 对水溶液中苯酚的吸附行为，吸附过程符合 Freundlich 模型。

（4）在医疗方面的应用

随着现代医学的发展，对医学材料的性能提出了复杂而严格的要求，吸附树脂在医学领域的应用也越来越广泛，更为医学临床治疗提供了新的治疗手段。血液可以循环到身体的各个部位，是人体最重要的体液，当血液中某种成分发生异常时，人体就会产生相应的疾病。Rosenbaum[41] 用 Amnerlite XAD-4 树脂血液灌流清除急性中毒药物取得良好的效果。陈芝等[42] 报道 HA 型树脂血液灌流器血液灌流治愈了 11 例毒鼠强中毒患者，树脂对毒药的吸附量高达 4.385 mg。日本 Kaneka 公司 Liposorber 产品[43,44] 的本质是磺化葡萄糖修饰的球形纤维素，可吸附所有含 Apo-B 的脂蛋白，吸附容量大，选择性高。

4.6 高分子分离膜

4.6.1 高分子分离膜的概述及其发展史

分离膜就是以一定的构成形式对传输流动的物质进行限制和分离成两部分的界面。分离膜既可以是固体形态又可以为液体形态，分离膜所分离的物质既可以是气体也可以是液体[45]。高分子分离膜是一种具有特殊分离功能、呈薄膜状的高分子材料。膜分离技术是一种适用于流体混合物、分离相对简单、高效、低成本的现代工业分离手段。

随着科学技术的迅速发展，人们积累了丰富的膜分离技术基础理论，物质的分离和分离技术已经成为重要的研究课题。在化工单元操作中，常见的分离方法有筛分、过滤、蒸馏、蒸发、重结晶、萃取、离心分离等。对于高层次的分离，如分子尺寸的分离、生物体组分的分离等，采用常规的分离方法是难以分离的，或者达不到分离要求，或需要消耗极大的能源而无实用价值。分离的类型包括同种物质按不同大小、尺寸的分离，异种物质的分离，不同状态物质的分离和综合性分离等。

1748 年，耐克特（A. Nelkt）发现水能自动地扩散到装有酒精的猪膀胱内。1861 年，施密特（A. Schmidt）首先提出了超过滤的概念。他提出，用比滤纸孔径更小的棉膜和赛璐酚膜过滤时，若在溶液一侧施加压力，使膜的两侧产生压力差，即可分离溶液中的细菌、蛋白质、胶体等微小粒子，其精度比滤纸高得多。这种过滤可称为超过滤。按现代观点看，这种过滤应称为微孔过滤。1961 年，米切利斯（A. S. Michealis）等用各种比例的酸性和碱性高分子电介质混合物以水-丙酮-溴化钠为溶剂，制成了可截留不同分子量的膜，这种膜是真正的超过滤膜。美国 Amicon 公司首先将这种膜商品化。20 世纪 50 年代初，为从海水或苦咸水中获取淡水，开始了反渗透膜的研究。1967 年，杜邦公司研制成功了以尼龙-66 为主要组分的中空纤维反渗透膜组件，同一时期，丹麦 DDS 公司研制成功平板式反渗透膜组件，反渗透膜开始工业化。

自 20 世纪 60 年代中期以来，膜分离技术真正实现了工业化。首先出现的分离膜是超过滤膜（简称 UF 膜）、微孔过滤膜（简称 MF 膜）和反渗透膜（简称 RO 膜），以后又开发了许多其他类型的分离膜。

20 世纪 80 年代，气体分离膜的研制成功，使功能膜的地位又得到了提高。由于膜分离技术具有高效、节能、高选择、多功能等特点，功能膜已成为 20 世纪以来发展十分迅速的一种功能性高分子。

膜分离技术是当代新型高效的分离技术，也是 21 世纪最具有发展前途的高新技术之一。

它是借助外界能量或化学位差的推动，对两组分或多组分气体或液体进行分离、分级、提纯或富集。从18世纪人类认识生物膜以来，在长达两百多年的时间里对膜分离技术积累了大量的理论基础研究，为其广泛应用提供了良好的基础。膜分离技术作为一项高效分离、浓缩、提纯及净化技术，具有传统分离方法（蒸发、萃取或离子交换等）不可比拟的优势，因而在海水淡化、环境保护、石油化工、节能技术、清洁生产、医药、食品、电子领域等得到广泛应用，并将成为解决人类能源、资源缺乏和环境危机的重要手段[46]，有力地促进社会、经济及科技的发展。

在膜分离的研究领域中，人们主要集中于对膜材料的研究。高分子材料是一种重要的功能材料，在膜分离过程中占有主导地位。成膜的有机材料一般都具有特殊传质功能，有机膜因为优点众多而被广泛生产，并在众多领域中获得应用，比如在压力作用下的超滤、微滤和反渗透装置，在浓度梯度力作用下的渗透、过滤装置。

分离膜研究的内容包括膜的化学组成、形态结构、构效关系、膜的形态、加工技术工艺、膜分离机制以及应用开发等诸多方面，同时也涉及了化学、物理、力学、电学、光学和医学等众多学科和研究领域。许多专家、学者对高分子分离膜材料的制备、结构、改性及性能等进行了大量研究，推动了膜科学的飞速发展[47]。然而，目前适于制备分离膜的高分子材料有限，而且制备的分离膜的性能又各有优点和不足。探索膜材料结构与性能之间的关系以及开发新的高分子材料以制备性能优良的分离膜是实现分离膜在更多工业领域的应用及发展的重要理论基础[48]。

4.6.2 功能膜的分类

膜材料的发展很快，高分子分离膜是一种节能、高效、具有特殊传质功能的高分子材料。

（1）按膜的材料分类

按制备分离膜的材料种类来分类，可将高分子分离膜分为纤维素酯和非纤维素酯类两大类，如表4-4。

表4-4　纤维素酯和非纤维素酯类高分子分离膜

类别	膜材料	举例
纤维素酯类	纤维素衍生物类	醋酸纤维素、硝酸纤维素、乙基纤维素等
非纤维素酯类	聚砜类	聚砜、聚醚砜、聚芳醚砜、硫化聚砜等
	聚酰（亚）胺类	聚砜酰胺、芳香族聚酰胺、含氟聚酰亚胺等
	聚酯、烯烃类	涤纶、聚碳酸酯、聚乙烯、聚丙烯腈等
	含氟（硅）类	聚四氟乙烯、聚偏氟乙烯、聚二甲基硅氧烷等
	其他	壳聚糖、聚电解质等

（2）按膜的分离原理分类

按膜的分离原理分类可分为①微滤膜：此类膜主要应用于压力驱动分离过程，膜孔径的范围在 $0.1\sim10\mu m$ 之间，主要用于溶液的消毒、脱菌和脱除各种悬浮微粒。②超滤膜：其孔径的范围在 1100nm 左右，常用于脱除粒径较小的大体积溶质，包括胶体级的微粒和大分子。③超细滤膜：膜的孔径范围在 0.110nm 左右，主要用于脱除溶液中的溶质。④密度膜：几乎不存在人为的微孔，主要用于离子的分离。⑤电透析膜：其分离的主要驱动力来源于电场力，用于离子的分离。⑥液体膜：此种膜在使用过程中仍以液态形式存在，具有传质速度快、选择性高、分离效率高、浓缩倍数高、操作简单等特点。由于它相对于固体膜在分离上的优点，20世纪60年代问世后，就以惊人的速度发展。液体膜的发展经历了带支撑体液膜、乳化液膜和含流动载体乳化液膜三个阶段[49]。多孔膜分离特征如图4-2所示。

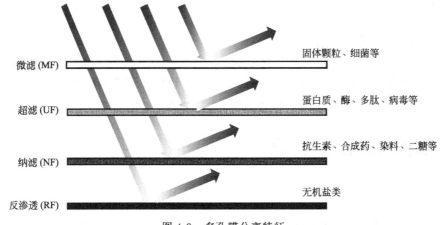

图 4-2　多孔膜分离特征

（3）按成孔方法分类

根据成孔方法可以分为溶胀密度膜、拉伸半晶体多孔膜和烧结多孔膜以及特殊的界面型LB膜和自我成型膜（SA）。

（4）按膜的物理形态分类

根据分离膜断面的物理形态不同，可将其分为对称膜、不对称膜、复合膜、平板膜、管式膜、中空纤维膜等。

（5）按膜分离过程的类型分类

分离膜的基本功能是从物质中有选择性地透过或输送特定的物质，如分子、离子、电子等。也就是说，物质的分离是通过膜的选择性透过实现的。研究表明，分离膜还具有把含有无向量性化学反应的物质变化体系转变为向量体系的功能。

几种主要的膜分离过程及其传递机理如表4-5。

⊡ 表 4-5　几种主要膜分离过程及其传递机理

膜过程	推动力	传递机理	透过物	截留物	膜类型
微滤	压力差	颗粒大小、形状	水、溶剂溶解物	悬浮物颗粒	纤维多孔膜
超滤	压力差	分子特性、大小、形状	水、溶剂小分子	胶体和超过截留分子量的分子	非对称性膜
纳滤	压力差	离子大小及电荷	水、一价离子、多价离子	有机物	复合膜
反渗透	压力差	溶剂的扩散传递	水、溶剂	溶质、盐	非对称性膜、复合膜
渗析	浓度差	溶质的扩散传递	低分子量物、离子	溶剂	非对称性膜
电渗析	电位差	电解质离子的选择性传递	电解质离子	非电解质、大分子物质	离子交换膜
气体分离	压力差	气体和蒸汽的扩散渗透	渗透的气体或蒸汽	难渗透的气体或蒸汽	均相膜、复合膜、非对称性膜

膜过程	推动力	传递机理	透过物	截留物	膜类型
渗透蒸发	压力差	选择传递	易渗的溶质或溶剂	难渗的溶质或溶剂	均相膜、复合膜、非对称性膜
液膜分离	化学反应和浓度差	反应促进和扩散传递	杂质	溶剂	乳状液膜、支撑液膜
膜蒸馏	膜两侧蒸汽压力差	组分的挥发性	挥发性较大的组织	挥发性较小的组分	疏水性膜

4.7 膜材料及膜的制备

4.7.1 膜材料

高分子分离膜是人工或天然合成的高分子分离膜,可借助化学位差的推动对双组分或多组分的溶质和溶剂进行分离、提纯。由于使传统的分离工序发生了革命性的变化,所以高分子分离膜广泛地应用于化学工程、生物技术、医学、食品工业、环境保护、石油探测等众多领域。在当代高新技术领域内,高分子分离膜作为高效能材料而成为开发的重点,并将进一步获得发展[50]。

目前,实用的有机高分子膜材料有:纤维素酯类、聚砜类、聚酰胺类及其他材料。从品种来说,已有百种以上的膜被制备出来,其中约 40 多种已被用于工业和实验中,以日本为例,纤维素酯类膜占 53%,聚砜膜占 33.3%,聚酰胺膜占 11.7%,其他材料的膜占 2%,可见纤维素酯类材料在膜材料中占主要地位。

4.7.1.1 纤维素酯类膜材料

纤维素是由几千个椅式构型的葡萄糖基通过 1,4-β 苷链连接起来的天然线型高分子化合物,其结构式为

从结构上看,每个葡萄糖单元上有三个醇羟基。当在催化剂(如硫酸、高氯酸或氧化锌)存在时,能与冰醋酸、醋酸酐进行酯化反应,得到二醋酸纤维素或三醋酸纤维素。

$$C_6H_7O_2 + (CH_3CO)_2O \longrightarrow C_6H_7O_2(OCOCH_3)_2 + H_2O$$
$$C_6H_7O_2 + 3(CH_3CO)_2O \longrightarrow C_6H_7O_2(OCOCH_3)_3 + 2CH_3COOH$$

醋酸纤维素是当今最重要的膜材料之一。醋酸纤维素性能很稳定,但在高温和酸、碱存在下易发生水解。为了改进其性能,进一步提高分离效率和透过速率,可采用各种不同取代度的醋酸纤维素混合物来制膜,也可采用醋酸纤维素与硝酸纤维素的混合物来制膜。此外,醋酸丙酸纤维素、醋酸丁酸纤维素也是很好的膜材料。

纤维素酯类材料易受微生物侵蚀,pH 值适应范围较窄,不耐高温和某些有机溶剂或无机溶剂,因此发展了非纤维素酯类(合成高分子类)膜。

4.7.1.2 非纤维素酯类膜材料

（1）非纤维素酯类膜材料的基本特性

用于制备分离膜的高分子材料应具备以下基本特性。

a.分子链中含有亲水性的极性基团。b.主链上应有苯环、杂环等刚性基团，使之有高的抗压密性和耐热性。c.化学稳定性好。d.具有可溶性。

常用于制备分离膜的合成高分子材料有聚砜类、聚酰胺类、芳香杂环类、乙烯类和离子性聚合物等。

（2）主要非纤维素酯类膜材料

1）聚砜类

聚砜结构中的特征基团为 $-\overset{\overset{\displaystyle O}{\|}}{\underset{\underset{\displaystyle O}{\|}}{S}}-$ ，为了引入亲水基团，常将粉状聚砜悬浮于有机非溶剂中，用氯磺酸进行磺化。

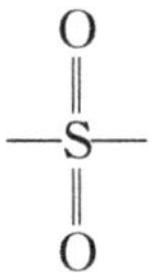

聚砜类树脂常采用的溶剂有：二甲基甲酰胺、二甲基乙酰胺、N-甲基吡咯烷酮、二甲基亚砜等，它们均可形成制膜溶液。

聚砜类树脂具有良好的化学、热学和水解稳定性，强度也很高，pH 值适应范围为 1～13，最高使用温度达 120℃，抗氧化性和抗氯性都十分优良，因此已成为重要的膜材料之一。以下是这类树脂中的几个重要代表品种。

聚砜

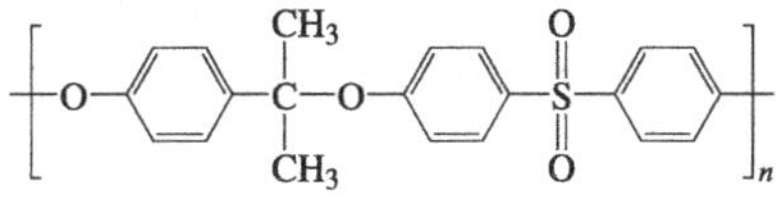

聚芳砜

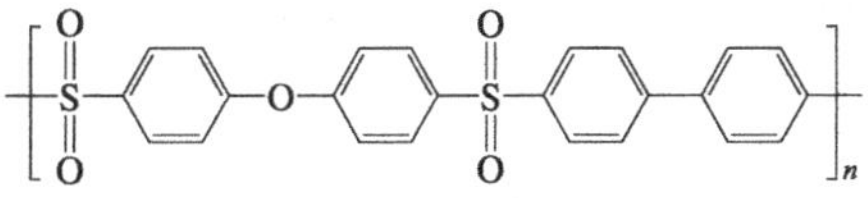

聚醚砜

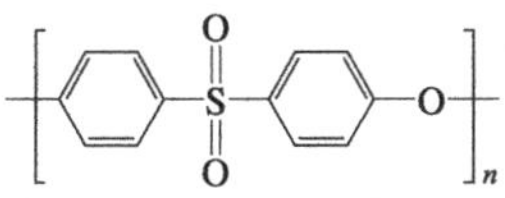

聚苯醚砜

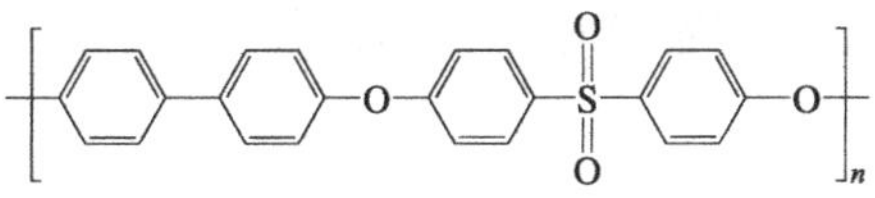

2）聚酰胺类

聚酰胺类高分子是指含酰胺链段（—CONH—）的一系列聚合物，其突出特点是力学强度高、化学稳定性好，特别是高温性能优良，适合制作高力学强度的分离膜，由于聚酰胺类膜对蛋白质溶质有强烈的吸附作用，容易因蛋白质吸附造成膜污染，降低膜通量的恢复和膜质量[51]。

杜邦公司生产的 DP-I 型膜即由此类膜材料制成，合成路线如图 4-3 所示。

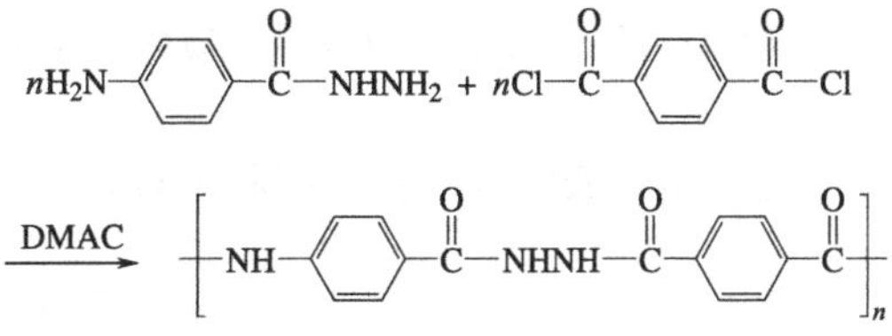

产物在冰水中分离，经水洗、干燥，然后按下述配方制成膜液：15% DP-I，4.5%

图 4-3　DP-I 的合成路线

LiNO$_3$，80.5％ DMAC。

将上述制膜液用流涎法制成 0.38mm 厚的膜，其分离性能与醋酸纤维素膜大致相同，但对海水脱盐的稳定性更好。

3）芳香杂环类

芳香杂环类膜材料虽然品种繁多，但工业化的主要有以下几种。

① 聚苯并咪唑类。聚苯并咪唑类具有较高的透水性，合成路线如图 4-4 所示。

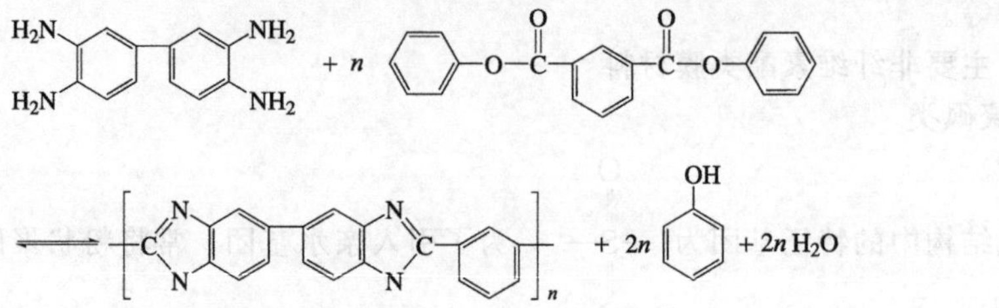

图 4-4　聚苯并咪唑类合成路线

② 聚苯并咪唑酮类。聚苯并咪唑酮类膜的代表是日本帝人公司生产的 PBLL 膜，其化学结构为

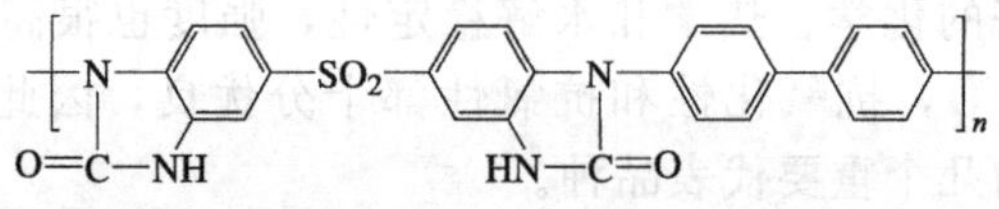

这种膜对 0.5％NaCl 溶液的分离率达 90％～95％，并有较高的透水率。

③ 聚吡嗪酰胺类。聚吡嗪酰胺类膜材料可以用界面缩聚的方法制得，如图 4-5 所示。

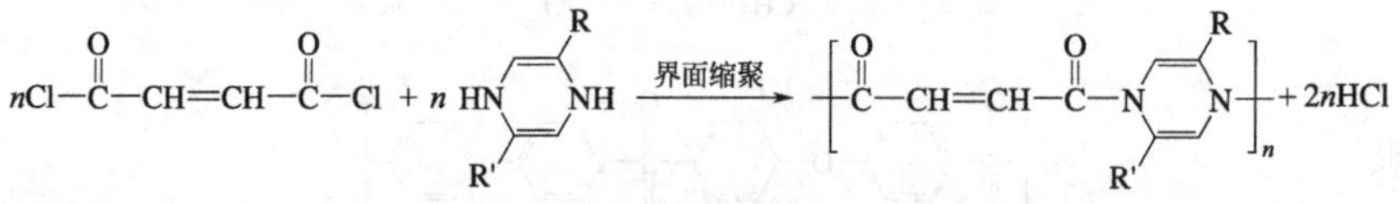

图 4-5　聚吡嗪酰胺类合成方法

由这种材料制成的均质膜或多孔膜均已进入实用阶段。当 R 和 R′变化时，可制得一系列的产品。

④ 聚酰亚胺类。聚酰亚胺类具有很好的热稳定性和耐有机溶剂能力，因此是一类较好的膜材料。具有下面结构的聚酰亚胺膜对氢气有很高的分离效率。

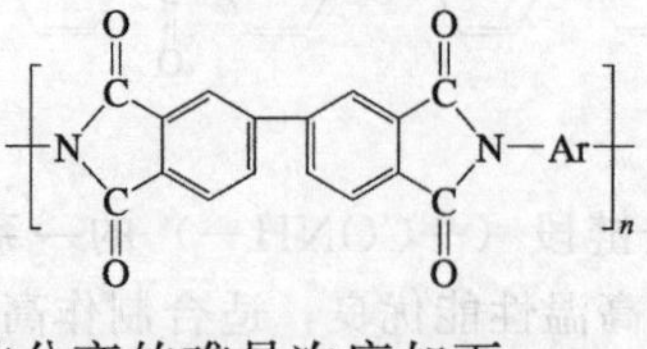

其中，Ar 为芳基。它对气体分离的难易次序如下：

H$_2$O,H(He),H$_2$S,CO$_2$,O$_2$,Ar(Co),N$_2$(CH$_4$),C$_2$H$_6$,C$_3$H$_8$

易 ————————————————————————————→ 难

上述聚酰亚胺溶解性差，制膜困难，因此开发了可溶性聚酰亚胺，其结构为

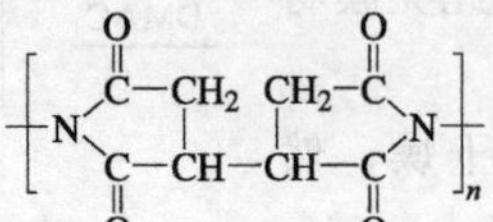

用它可制备 MF 膜、UF 膜和 RO 膜。

⑤离子性聚合物。离子性聚合物可用于制备离子交换膜。与离子交换树脂相同，离子交换膜也可以分为强酸型阳离子膜、弱酸型阳离子膜、强碱型阴离子膜和弱碱型阴离子膜等。在淡化海水的应用中，主要使用的是强酸型阳离子交换膜。

除在海水淡化方面使用外，离子交换膜还大量用于氯碱工业中的食盐电解，具有高效、节能、污染少的特点。

离子交换膜应用中有一些奇特的现象。它们在相当宽的盐溶液浓度范围内，对盐的分离率几乎不变。这是不符合道南（Donnan）平衡的。按道南理论，随进料液浓度增加，分离率将降低。有人认为，这种现象可能与离子交换膜的低含水量、低流动电位能及离子在膜中高的扩散阻力等因素有关。

⑥乙烯基类。常用作膜材料的乙烯基聚合物包括聚乙烯醇、聚乙烯吡咯烷酮、聚丙烯酸、聚丙烯腈、聚偏氯乙烯、聚丙烯酰胺等，共聚物包括聚丙烯醇/苯乙烯磺酸、聚乙烯醇/磺化聚苯醚、聚丙烯腈/甲基丙烯酸酯、聚乙烯/乙烯醇等，聚乙烯醇/丙烯腈接枝共聚物也可用作膜材料。

⑦其他类。有机硅聚合物类具有耐热、抗氧化、耐酸碱等性质，是一种新型分离膜制备材料；高分子电解质类主要是全氟取代的磺酸树脂和全氟羧酸树脂，是制备离子交换分离膜的主要材料，适合在高腐蚀环境下使用，特别是氯碱工业中的膜法工艺路线。

4.7.2 分离膜制备工艺

4.7.2.1 分离膜制备工艺类型

膜的制备工艺对分离膜的性能是十分重要的。同样的材料，可能由于不同的制作工艺和控制条件，其性能差别很大。合理的、先进的制膜工艺是制造优良性能分离膜的重要保证。

目前，国内外的制膜方法可归纳为以下九种：流涎法、纺丝法、复合膜化法、可塑化和膨润法、交联法（热处理、紫外线照射法）、电子辐射及刻蚀法、双向拉伸法、冻结干燥法、结晶度调整法。

生产中最实用的方法是相转化法（包括流涎法和纺丝法）和复合膜化法。

4.7.2.2 相转化制膜工艺

所谓相转化是指将均质的制膜液通过溶剂的挥发或向溶液中加入非溶剂或加热制膜液，使液相转变为固相。可以将制备方法分为以下 4 种。

（1）干法成膜法

干法也称完全蒸发法，是最早使用也是最容易的一种方法。通常选择两种对该聚合物溶解性完全不同的溶剂，并要求这两种溶剂的沸点有一定的差距。具体过程是将聚合物溶解在溶解力强的溶剂中，再加入一定量的非溶剂调节聚合物的饱和度，制成分子分散的单一相或者超分子聚集体的双分散相溶液。用此溶液注膜后，提高温度，低沸点的溶剂首先挥发，留下非溶剂使聚合物溶解度逐步下降，逐步变成聚合物相连续的溶胶。继续提高温度除去溶胶中的非溶剂，即留下多孔性的聚合物膜。此种方法制备分离膜，影响孔径和空隙率的因素有：聚合物浓度、溶液中非溶剂与聚合物的体积比、环境湿度、溶剂与非溶剂的沸点差和聚合物分子量。

（2）湿法成膜法

湿法也称为溶剂交换法。具体方法有两种，一种是聚合物溶液制备好后先经过一个不完全蒸发阶段，使聚合物溶液的浓度和黏度提高，然后再将此溶液放入非溶剂浴中进行溶剂交换，使溶液发生相转变胶化；另一种是直接将制备好的聚合物溶液放入非溶剂浴中进行溶剂交换。此法制备的膜的空隙率主要取决于加入的成孔剂。水或醇类一般可以提高膜的空隙率，而胶化温度会增加膜的空隙率、溶胀程度和透过率。

（3）热法

热法是利用聚合物溶液在温度不同时溶解度有较大变化来制备多孔膜的。聚合物和溶剂混合后，通过加热输入能量产生分子分散相溶液，然后逐步降低温度使其成为超分子聚集态分散相溶液，温度再进一步降低，溶液发生相转变，完成胶化过程。

（4）聚合物辅助法

该方法利用两种共混聚合物的溶解性差别来制备多孔膜。先将两种相容性较好的聚合物溶解在一种溶剂中，制成黏度合适的聚合物溶液，注膜成型后，将其放入第二种溶剂中，溶解掉其中一种水溶性聚合物，留下多孔性溶胶。两种聚合物的相容度越好，孔径越小。

以上这4种方法都是制备单一膜的方法，人们为了扩展分离膜的性能和应用，还发展了由多种膜结合在一起的复合膜[49]。

相转化制膜工艺中最重要的方法是 L-S 型制膜法。它是由加拿大劳勃（S. Leob）和索里拉金（S. Sourirajan）发明的，并首先用于制造醋酸纤维素膜。

将制膜材料用溶剂形成均相制膜液，在玻璃、金属或塑料基板（模具）中流涎成薄层，然后控制温度和湿度，使溶液缓缓蒸发，经过相转化就形成了由液相转化为固相的膜，其工艺流程图如图 4-6 所示。

制备醋酸纤维素膜需经过热处理等工序，而制备其他材料的膜则不需后处理。

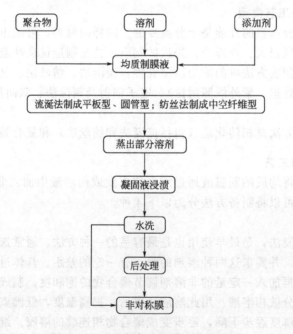

图 4-6　L-S 法制备分离膜工艺流程图

4.7.2.3　复合制膜工艺

由 L-S 法制得的膜起分离作用的仅是接触空气的极薄一层，称为表面致密层。它的厚度为 0.25~1μm，相当于总厚度的 1/100 左右。从前面理论讨论可知，膜的透过率与膜的厚度成反比，而用 L-S 法制备表面层小于 0.1μm 的膜极为困难。为此，发展了复合制膜工艺，如图 4-7 所示。

多孔支持层可用玻璃、金属、陶瓷等制备，也可用聚合物制备，如聚砜、聚碳酸酯、聚氯乙烯、氯化聚氯乙烯、聚苯乙烯、丙烯腈、醋酸纤维素等。聚砜是特别适合制作多孔支持膜的材料，可按需要制成适当孔径大小、孔分布和孔密度的膜。形成表面超薄层，除了常用的涂覆法外，也可采用表面缩合或缩聚法、等离子体聚合法等。

用复合制膜工艺制备的膜，其表面超薄层的厚度为 $0.01\sim0.1\mu m$，具有良好的分离率和透水速率。多孔支持层则赋予膜良好的物理力学性能、化学稳定性和耐压密性。

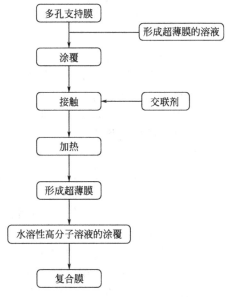

图 4-7 复合制膜工艺流程图

4.7.2.4 其他制膜方法

（1）离子交换膜的制备

离子交换膜的使用尺寸达 $1 m^2$ 以上。因此，制作离子交换膜的材料除了应引入离子交换基团外，还应具有良好的成膜性。常用的制膜方法有：

1）加压成型法

这是最常用的方法，将离子交换树脂粉末用黏合剂混合，在热压机或加热滚筒上加热、加压，使之形成大片的膜。

2）涂布法

用具有一定密度的网眼材料作支持体，在上面涂布溶液状离子交换树脂或乳液状离子交换树脂，干燥后即成为大面积离子交换膜。

3）平板法

在平板上或两块平板间注入离子交换树脂溶液，流平并蒸发去除溶剂，即得离子交换膜。

4）浸渍法

将支持体浸渍入离子交换树脂溶液中，然后干燥，即得离子交换膜。

5）切削法

从大块的离子交换树脂上，用刀切削下薄层。用这种方法只能制造较小面积的膜，要制造超薄型和大面积膜，在技术上尚有不少难题。

（2）拉伸制膜法

熔融拉伸法制膜一般要经过两步：一是将温度已达熔点附近的聚合物挤压，并迅速冷却，制成高度定向的结晶膜；二是将该膜进行拉伸，破坏聚合物的结晶结构，以产生裂缝状的孔道。熔融拉伸法主要适合于结晶度较高并且难溶易熔的聚合物，一般包括聚乙烯、聚丙烯、聚四氟乙烯等。在成型过程中不需要溶剂和添加剂，故制备工艺较为简单方便。但所得聚合物膜材料的孔隙率较低，孔径分布较宽，通量及截留性能较低。

采用聚烯烃类树脂为膜材料时，可用拉伸法制膜。例如，用结晶型 PP 制膜时，可先在低于熔融挤出温度下进行高倍率拉伸，然后在无张力条件下退火，使结晶结构完善，最后纵向拉伸，即得一定强度的膜。

（3）核径迹-浸蚀制膜法

径迹蚀刻膜的制备主要有两个步骤：首先用荷电粒子照射聚合物膜，使聚合物链上化学键断裂，留下敏感径迹，然后将膜浸入适当的化学蚀刻试剂中，聚合物膜的敏感径迹被溶解而形成垂直于膜表面、规整的圆柱状孔。径迹蚀刻法的优点是所制备的微孔膜具有非常窄的孔径分布，缺点在于其孔径大小、孔隙率受到仪器设备性能的限制，制备效率低，成本高，不利于大规模生产、应用。

例如，用 U235 的核分裂碎片对聚碳酸酯膜进行轰击，然后以 NaOH 为浸蚀液浸蚀，可制得孔径为 0.01～12 μm 的微孔膜。用这种方法制得的微孔膜，孔径均匀，孔密度可人为控制。但此法目前尚未实现工业化。

（4）静电纺丝制膜法

静电纺丝技术是利用聚合物溶液或熔体在静电作用下进行喷射、拉伸而获得连续性纤维的纺丝方法。纤维层层堆叠形成微孔分离膜。由该法制备的纤维分离膜因孔隙率高、比表面积大、吸附性高及过滤性强等优点，广泛应用于食品、生物、医用等领域。但由于纳米纤维层力学性能较差，不能够单独作为过滤材料使用，需要与基布复合以提高纤维膜的力学性能。

（5）相转化法

相转化是指将预先混合均匀的聚合物溶液经诱导产生相分离，由于聚合物中溶剂和环境中非溶剂相互扩散而引起聚合物凝胶化。其中，富聚合物相形成多孔基体，而贫聚合物相则导致孔的形成，所述的诱导作用主要可通过浸入非溶剂凝固浴（浸没沉淀相转化）、改变温度（热致相分离）两种方法实现。相转化法制得的膜一般为非对称膜[52]。

4.8 膜的结构与形态

膜的结构主要是指膜的形态、膜的结晶态和膜的分子态结构。膜材料的结构与性能之间的关系是膜研究的重要内容。对于分离膜，其分离性能中的透过率和选择性分别依赖于膜的孔径和材料性质、被分离物的体积和性质以及二者之间的相互作用。

4.8.1 膜的形态

目前常见分离膜的形态主要有管状膜、中空纤维膜、平板（平面）膜。管状分离膜便于清洗，适合连续操作和动态研究分析，多用于高浓度料液或污物较多的物料分离，缺点是能耗大，有效分离面积小；中空纤维膜的力学性能强，适合高压场合的分离操作，缺点是容易被污染且难以清洗；平板膜是宏观结构最简单的一种，适用于各种分离形式，制做简单，使用方便，成本低廉，适用性最广泛。

用电子显微镜或光学显微镜观察膜的截面和表面，可以了解膜的形态。下面仅对 MF 膜、UF 膜和 RO 膜的形态做简单的讨论。

（1）微孔膜——具有开放式的网格结构

电子显微镜观察到的微孔膜具有开放式的网格结构。赫姆克（Helmcke）研究了这种结构的形成机理。他从相转化原理出发认为，制膜液成膜后，溶剂首先从膜与空气的界面处开始蒸发。表面的蒸发速度比溶液从内部向表面的迁移速度快，这样就先形成了表面层。表面层下面仍为制膜液。溶剂以气泡的形式上升，升至表面使表面的聚合物再次溶解，同时形成大大小小不同尺寸的泡。这种泡随着溶剂的挥发而变形破裂，形成孔洞。此外，气泡也会由于种种原因在膜内部各种位置停留并发生重叠，从而形成大小不等的网格。溶剂挥发完全后，气泡破裂，膜收缩，于是形成开放式网格。开放式网格的孔径一般在 0.1～1μm 之间，它们可以让离子、分子等通过，但不能使微粒、胶体、细菌等通过。

（2）反渗透膜和超过滤膜的双层与三层结构模型

雷莱首先研究了用L-S法制备的醋酸纤维素反渗透膜的结构。从电子显微镜照片上，他得到结论：醋酸纤维素反渗透膜具有不对称结构，与空气接触的一侧是厚度约 $0.25\mu m$ 的表面层，占膜总厚度的极小部分（一般膜总厚度约 $100\mu m$），致密光滑，下部则为多孔结构，孔径为 $0.4\mu m$ 左右。这种结构被称为双层结构模型。

吉顿斯对醋酸纤维素膜进行了更精细的观察，认为这类膜具有三层结构。第一层是表面活性层，致密而光滑，其中不存在孔径大于10nm的细孔。第二层称为过渡层，具有孔径大于10nm的细孔。第三层与第二层之间有十分明显的界限，第二层以下的第三层为多孔层，具有孔径50nm以上的孔。与模板接触的底部也存在细孔，与第二层大致相仿。第一、第二两层的厚度与溶剂蒸发的时间、膜的透过性等均有十分密切的关系。

4.8.2 膜的结晶态

一般认为，膜的表面层存在结晶。舒尔茨和艾生曼对醋酸纤维素膜表面致密层的结晶形态做了研究，提出了球晶结构模型。该模型认为，膜的表面层是由直径为18.8nm的超微小球晶不规则地堆砌而成的。球晶之间的三角形间隙形成了细孔。他们计算出三角形间隙的面积为 $14.3nm^2$。若将细孔看成圆柱体，则可计算出细孔的平均半径为2.13nm；每 $1cm^2$ 膜表面含有 6.5×10^{11} 个细孔。用吸附法和气体渗透法实验测得上述膜表面的孔半径为 $1.7\sim2.35nm$，可见理论与实验十分相符。

对芳香族聚酰胺的研究表明，这类膜表面致密层不是由球晶而是由半球状结晶子单元堆砌而成的。这种子单元被称为结晶小瘤（或称微胞）。表面致密层的结晶小瘤由于受到变形收缩力的作用，孔径变细。而下层的结晶小瘤因不受收缩力的影响，故孔径较大。

4.8.3 膜的分子态结构

膜的形态为膜的三次结构，球晶、微胞为膜的二次结构，而分子态结构则是膜的一次结构。这是决定膜性质的最基本结构。用双折射仪可研究膜的分子态结构。

膜的分子态结构至今尚不十分清楚，目前主要解决了分子链的取向问题，即分子链与膜表面的夹角 θ（θ 是一个统计平均值）。对醋酸纤维素膜的大量研究表明，未经热处理和经过热处理的膜，分子链的取向有所不同，不管表面层是否经过热处理，分子链基本与表面平行，而下层的分子链在未经热处理时与表面平行。经过热处理后，大多数分子链则与表面成54°的取向，少数分子链仍保持与表面平行。

4.9　分离膜技术及其应用领域

典型的膜分离技术有微孔过滤（MF）、超滤（UF）、反渗透（RO）、纳滤（NF）、渗析（D）、电渗析（ED）、液膜（LM）及渗透蒸发（PV）等，介绍如下。

4.9.1 微孔膜（MF）

（1）微孔膜的特点

微孔膜始于19世纪中叶，是以静压差为推动力，利用筛网状过滤介质膜的"筛分"作用进行分离的膜。微孔膜是均匀的多孔薄膜，厚度在 90~150mm 左右，过滤粒径在 0.025~10mm 之间，操作压为 0.01~0.2MPa。到目前为止，国内外商品化的微孔膜约有 13 类，总计 400 多种。

微孔膜大都属于开放式网格结构，也有部分属于多层结构，其优点有：①孔径均匀，过滤精度高。②孔隙大，流速快。一般微孔膜的孔密度为 10 孔/cm^2，微孔体积占膜总体积的 70%~80%。由于膜很薄，其过滤速度较常规过滤介质快几十倍。③无吸附或少吸附。微孔膜厚度一般在 90~150pm 之间，因而吸附量很少，可忽略不计。④无介质脱落。

微孔膜的缺点有：①颗粒容量较小，易被堵塞；②使用时必须有前道过滤的配合，否则无法正常工作。

（2）微孔膜技术应用领域

微孔过滤技术目前主要在以下方面得到应用。

1）微粒和细菌的过滤

可用于水的高度净化、食品和饮料的除菌、药液的过滤、发酵工业的空气净化和除菌等。

2）微粒和细菌的检测

微孔膜可作为微粒和细菌的富集器，从而进行微粒和细菌含量的测定。

3）气体、溶液和水的净化

大气中悬浮的尘埃、纤维、花粉、细菌、病毒等，溶液和水中存在的微小固体颗粒和微生物，都可借助微孔膜去除。

4）食糖与酒类的精制

微孔膜对食糖溶液和啤酒、黄酒等酒类进行过滤，可除去食糖中的杂质，酒类中的酵母、霉菌和其他微生物，提高食糖的纯度和酒类产品的清澈度，延长存放期。由于在常温下操作，不会使酒类产品变味。

5）药物的除菌和除微粒

以前药物的灭菌主要采用热压法，但是，热压法灭菌时，细菌的尸体仍留在药品中，而且，对于热敏性药物，如胰岛素、血清蛋白等不能采用热压法灭菌。对于这类情况，微孔膜有突出的优点，经过微孔膜过滤后，细菌被截留，无细菌尸体残留在药物中。在常温下操作也不会引起药物受热破坏和变性。许多液态药物，如注射液、眼药水等，用常规的过滤技术难以达到要求，必须采用微滤技术。

4.9.2 超滤膜（UF）

（1）超滤膜的特点

超滤技术始于 1861 年，其过滤粒径介于微滤和反渗透之间，为 5~10nm，在 0.1~0.5MPa 的静压差推动下截留各种可溶性大分子，如多糖、蛋白质分子、酶等分子量大于 500 的大分子及胶体，形成浓缩液，达到溶液的净化、分离及浓缩目的。超滤技术的核心部件是超滤膜，分离截留的原理为筛分，小于孔径的微粒随溶剂一起透过膜上的微孔，而大于孔径的微粒则被截留。膜上微孔的尺寸和形状决定膜的分离效率。

超滤是一种压力驱动型膜分离技术，主要基于尺寸筛分机理来进行分离[53,54]。在一定的压力下，母液流过超滤膜表面，大分子物质截留在膜的一侧，水和小分子物质透过膜进入另一侧，从而实现不同分子量物质和不同粒径颗粒的分离、浓缩、提纯。通常，超滤膜的孔径为 1~100nm，截留分子量为 500~100000，用来除去溶液中的蛋白质、细菌、胶体等大分子物质[55]。然而，越来越多的实验表明，超滤膜对分子的截留能力不仅仅受孔径大小影响，表面电荷和表面亲、疏水性等表面化学性质也在一定程度上影响着膜的截留能力。

超滤膜均为不对称膜，形式有平板式、卷式、管式和中空纤维状等。超滤膜一般由三层组成，即最上层为表面活性层，致密而光滑，厚度为 $0.1\sim1.5pm$，其中细孔孔径一般小于 $10nm$；中间为过渡层，具有孔径大于 $10nm$ 的细孔，厚度一般为 $1\sim10\mu m$；最下面为支撑层，厚度为 $50\sim250\mu m$，具有孔径 $50nm$ 以上的孔。支撑层起支撑作用，提高膜的机械强度。膜的分离性能主要取决于表面活性层和过渡层。

中空纤维状超滤膜的外径为 $0.5\sim2~\mu m$，特点是直径小，强度高，不需要支撑结构，管内外能承受较大的压力差。此外，单位体积中空纤维状超滤膜的内表面积很大，能有效提高渗透通量。

制备超滤膜的材料主要有聚砜、聚酰胺、聚丙烯腈和醋酸纤维素等。超滤膜的工作条件取决于膜的材质，如醋酸纤维素超滤膜适用于 $pH=3\sim8$，三醋酸纤维素超滤膜适用于$pH=2\sim9$，芳香聚酰胺超滤膜适用于 $pH=5\sim9$、温度 $0\sim40℃$，而聚醚砜超滤膜的使用温度则可超过 $100℃$。

在超滤过程中，在水透过膜的同时，大分子溶质被截留并积聚在膜的表面上，形成被截留大分子溶质的浓度边界层，这种现象称为超滤过程中的浓差极化。由于浓差极化，膜表面处溶质的浓度高，可以导致溶质截留率下降和水渗透压增高，使超滤过程的有效压差减小，渗透通量降低。因此，研究改善膜的材料、结构、工艺及工作条件以降低浓度极化现象，是膜技术发展的主要目标。因此，在实际使用中，超滤膜的工作方式与微孔膜不同，其液流方向与过滤方向一般是垂直的，以保证用液流的切力破坏浓差极化。

（2）超滤膜技术应用领域

超滤膜的应用也十分广泛，在反渗透预处理、饮用水制备、制药、色素提取、阳极电泳漆和阴极电泳漆的生产、电子工业高纯水的制备、工业废水的处理等众多领域都发挥着重要作用。

超滤技术主要用于含分子量 500～500000 微粒溶液的分离，是目前应用最广的膜分离技术，应用领域涉及化工、食品、医药、生化等。主要可归纳为以下几个方面。

1）纯水的制备

超滤技术广泛用于水中细菌、病毒和其他异物的去除，用于制备高纯饮用水、电子工业超净水和医用无菌水等。

2）汽车、家具等制品电泳涂装淋洗水的处理

汽车、家具等制品的电泳涂装淋洗水中常含有 1%～2% 的涂料（高分子物质），用超滤装置可分离出清水重复用于清洗，同时又使涂料得到浓缩重新用于电泳涂装。

3）食品工业中的废水处理

在牛奶加工厂中用超滤技术可从乳清中分离蛋白和低分子量的乳糖。

4）果汁、酒等饮料的消毒与澄清

应用超滤技术可除去果汁的果胶和酒中的微生物等杂质，使果汁和酒在得到净化处理的同时保持原有的色、香、味，操作方便，成本较低。

5）在医药和生化工业中用于处理热敏性物质

分离、浓缩生物活性物质，从生物中提取药物等。

6）造纸厂废水的处理

4.9.3 反渗透膜（RO）

（1）反渗透膜的特点

渗透是自然界一种常见的现象。人类很早以前就已经自觉或不自觉地使用渗透或反渗透原理分离物质。目前，反渗透技术已经发展成为一种普遍使用的现代分离技术。在海水和苦咸水的脱盐淡化、超纯水制备、废水处理等方面，反渗透技术有其他方法不可比拟的优势。

渗透和反渗透的原理如图 4-8 所示。如果用一张只能透过水而不能透过溶质的半透膜将两种不同浓度的水溶液隔开，水会自然地透过半透膜从低浓度水溶液向高浓度水溶液一侧迁移，这一现象称渗透图 4-8(a)。这一过程的推动力是低浓度溶液中水的化学位与高浓度溶液中水的化学位之差，表现为水的渗透压。随着水的渗透，高浓度水溶液侧的液面升高，压力增大。当液面升高 H 时，渗透达到平衡，两侧的压力差就称为渗透压［图 4-8(b)］。渗透过程达到平衡后，水不再有渗透，渗透通量为零。如果在高浓度水溶液一侧加压，使高浓度水溶液侧与低浓度水溶液侧的压差大于渗透压，则高浓度水溶液中的水将通过半透膜流向低浓度水溶液侧，该过程就称为反渗透［图 4-8(c)］。

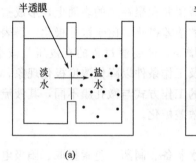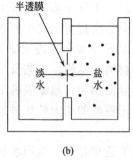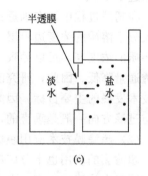

图 4-8　渗透与反渗透原理示意图

反渗透技术所分离物质的分子量一般小于 500，操作压力为 2～100MPa。

用于实施反渗透操作的膜为反渗透膜。反渗透膜大部分为不对称膜，孔径小于 0.5nm，操作压力大于 1Mpa，可截留溶质分子。

制备反渗透膜的材料主要有醋酸纤维素、芳香族聚酰胺、聚苯并咪唑、磺化聚苯醚、聚芳砜、聚醚酮、聚芳醚酮、聚四氟乙烯等。

反渗透膜的分离机理至今尚有许多争论，主要有氢键理论、选择性吸附-毛细管流动理论、溶解扩散理论等。

氢键理论认为，反渗透膜材料，如醋酸纤维素，是一种具有高度有序矩阵结构的聚合物，具有与水和醇类溶剂形成氢键的能力。高浓度水溶液中的水分子与醋酸纤维素半透膜上的羰基形成氢键。在反渗透压的推动下，以氢键结合的进入醋酸纤维素膜的水分子能够由一个氢键位置断裂而转移到另一个位置形成氢键。通过这种连续的移位，直至半透膜的另一侧而进入低浓度水溶液。

选择性吸附-毛细管流动理论认为，当水溶液与亲水的半透膜接触时，在膜表面的水被吸附，溶质被排斥，因而在膜表面形成一层纯水层，这层水在外加压力的作用下进入膜表面的毛细孔，并通过毛细孔从另一侧流出。根据这一机理，当膜表面的有效孔径等于或小于膜表面所吸附纯水层厚度（t）的 2 倍时，透过的将是纯水；大于 2 倍时溶质也将通过膜。因此，膜上毛细孔径为 $2t$ 时，能给出最大的纯水渗透通量，这一孔径称为临界孔径。选择性吸附-毛细管流动理论确定了反渗透膜材料的选择性和膜制备的指导原则，即膜材料对水要优先吸附，对溶质要选择排斥，膜表面活性层应当具有尽可能多有效直径为 $2t$ 的细孔。

溶解扩散理论认为半透膜是非多孔性的，溶剂与溶质透过膜的机理是溶剂与溶质在半透膜的料液侧表面首先吸附、溶解，然后在化学位差的推动下，以分子扩散形式透过膜，在膜中的扩散服从 Fick 扩散定律，最后从膜的另一侧表面解吸。

上述理论都在一定程度或一定范围内揭示了半透膜的反渗透机理，可作为反渗透膜设计和制备的参考。

（2）反渗透膜技术应用领域

随着技术的发展，反渗透技术已扩展到化工、电子及医药等领域。作为经济、高效的制取手段，反渗透在海水淡化、纯水及超纯水制备行业中应用广泛。特别是近年来，反渗透技术在家用饮水机及直饮水给水系统中的应用更体现了其优越性。反渗透膜应用于苦咸水淡化。例如，我国甘肃省膜科学技术研究所采用圆管式反渗透装置，对含盐量为 $3000 \sim 5000mg/L$ 的苦咸水进行淡化，产量为 $70m^3/d$。美国的 Yuma 脱盐厂利用反渗透技术建成 $370000t/d$ 的大淡水加工厂。

据不完全统计，目前全世界用反渗透技术生产的纯水超过 1200 万 t/d。相比之下，我国的生产总量及单项工程规模虽属初级水平，但发展速度很快，市场潜力巨大。据保守估计，目前国内工业用产水量超过 $100m^3/h$ 的反渗透系统已经超过 200 套。预计近两年内将在山东、大连出现日产万吨的饮用水生产系统。由于经济与地理等因素的影响，反渗透工程项目在山东省与大连地区较为集中。随着我国北方地区干旱化的加剧及工业、民用对水量、水质要求的不断提高，膜法海水淡化必然从现在的船用、岛用为主向工业、市政领域发展，市场潜力巨大。

据预测，2030 年中国人口将达到 16 亿，届时人均水资源量仅有 $1750m^3$，预计用水总量为 7000 亿～8000 亿 m^3，要求供水能力比现在增长 1300 亿～2300 亿 m^3，全国实际可利用水资源量接近合理利用水量上限，因此，开发新的水资源如进行海水淡化势在必行，而目前采用反渗透膜进行海水淡化的方法是最经济而又清洁的方法。

另外，近年来我国废水、污水排放量以每年 18 亿 t 的速度增加，全国每天工业废水和生活污水的排放量近 1.64 亿 t，其中约 80% 未经处理直接排入水域。可见，我国在环保水处理方面对膜应用的需求量很大，这一领域将成为水工业发展潜力最大的领域。

（3）反渗透、超滤与微孔过滤的比较

反渗透、超滤和微孔过滤都是以压力差为推动力使溶剂（水）通过膜的分离过程，它们组成了从分离溶液中的离子、分子到固体微粒的三级膜分离过程。它们各自所能分离的物质范围如表 4-6 所示。分离溶液中分子量低于 500 的低分子量物质，应该采用反渗透膜；分离溶液中分子量大于 500 的大分子或极细的胶体粒子可以选择超滤膜；分离溶液中直径为 $0.1 \sim 10\mu m$ 的粒子应该选微孔膜。反渗透膜、超滤膜和微孔膜之间的分界并不是十分严格、明确的，它们应用范围可能会存在一定的相互重叠。

微孔过滤、超滤和反渗透技术的原理和操作特点比较如表 4-6 所示。

▣ 表 4-6　反渗透、超滤和微孔过滤技术的原理和操作特点比较

分离技术类型	反渗透	超滤	微孔过滤
膜的形式	表面致密的非对称膜、复合膜等	非对称膜，表面有微孔	微孔膜
膜材料	纤维素、聚酰胺等	聚丙烯腈、聚砜等	纤维素、PVC 等
操作压力/MPa	2～100	0.1～0.5	0.01～0.2

分离技术类型	反渗透	超滤	微孔过滤
分离的物质	分子量小于 500 的小分子物质	分子量大于 500 的大分子和细小胶体微粒	$0.1\sim10\mu m$ 的粒子
分离机理	非简单筛选,膜的物理、化学性能对分离起主要作用	筛分,膜的物理、化学性能对分离起一定作用	筛分,膜的物理结构对分离起决定作用
水的渗透通量/ $[m^3/(m^2 \cdot d)]$	$0.1\sim2.5$	$0.5\sim5$	$20\sim200$

4.9.4 纳滤膜(NF)

(1) 纳滤膜的特点

纳滤膜的研究可以追溯到 20 世纪 80 年代末,在反渗透复合膜基础上开发出来,从 20 世纪 90 年代开始有了迅速发展,21 世纪初开始了工业化应用[56,57]。纳滤膜是超低压反渗透技术的延续和发展分支,早期被称作低压反渗透膜或松散反渗透膜。如今,纳滤膜技术已经成为世界上应用范围最广的膜分离技术之一。

纳滤膜是一种分离性能介于超滤膜与反渗透膜之间的分离膜[58],孔径分布为 $0.5\sim5nm$,截留分子量约为 $200\sim1000$,对二价离子的截留率高达 99%。纳滤过程以膜两侧的压力差为驱动力,分离过程的传质机理主要是孔径筛分、溶解扩散、Donna 效应等。纳滤膜具有效率高、安全环保、操作压力较低、运行成本低、回收率高、无再生污染等优点,可脱除水中的硬度、色度、小分子有机物和微粒污染物等杂质,在制药行业、食品行业、燃料化工和助剂行业、环保行业、生物技术行业等水处理领域有广泛的应用,如脱盐浓缩、淀粉糖品纯化及浓缩、工业废水的处理及回收等。

目前,美国、日本等发达国家已经有成熟的膜制备工艺与应用体系,纳滤膜的商品化程度较高,纳滤膜的性能良好、使用寿命长。市场上成熟的纳滤膜型号有:美国的 Filmtech 公司开发的 NF 系列纳滤膜、Desal 公司开发的 Dasal-5 系列纳滤膜、Hydranautics 公司开发的 ESNA 系列纳滤膜等,日本日东电工开发的 NTR-7400 系列纳滤膜、东丽公司开发的 UTC 和 SU 系列纳滤膜等。我国对纳滤膜的研究迅速发展于 21 世纪,虽然我国对纳滤膜的制备有了较大的研究进展,应用方面也取得了初步成果,但与美国和日本相比,商品化的程度较低、制备方法和应用体系欠缺。总体来说,纳滤膜存在膜的水通量较低、种类少的问题,并且纳滤膜的商品化及应用程度较低,我国对纳滤膜的开发与应用还需要继续完善[59]。

(2) 纳滤膜技术应用领域

纳滤技术最早也是应用于海水及苦咸水的淡化方面。由于该技术对低价离子与高价离子的分离良好,因此,在硬度和有机物含量高、浊度低的原水处理及高纯水制备中颇受瞩目;在食品行业中,纳滤膜可用于果汁生产,大大节省能源;在医药行业可用于氨基酸生产、抗生素回收等;在石化生产的催化剂分离回收、脱沥青原油中更有着不可比拟的作用。

4.9.5 渗析膜(D)

(1) 渗析膜的特点

渗析技术是最早被发现的膜分离技术,在浓度差的推动下,借助膜的扩散达到分离不同溶质的目的。渗析膜则是指具有渗析作用的半渗透膜,有天然的和合成的渗析膜之分。如早期用于实验研究的羊皮纸、膀胱膜是天然的渗析膜。合成的渗析膜主要采用高分子材料制成，如用于废酸处理的聚砜渗析膜和用于人工肾透析和血液透析的渗析膜等。

（2）渗析膜技术应用领域

渗析膜早期主要用来分离胶体与低分子量溶质。目前，国内外主要将此技术应用在人工肾透析和血液透析领域；在工业废水处理中，应用于废酸、碱液的回收。

4.9.6 电渗析膜（ED）

（1）电渗析膜的特点

电渗析的核心是离子交换膜。在直流电场的作用下，以电位差为推动力利用离子交换膜的选择透过性把电解质从溶液中分离出来，实现溶液的淡化、浓缩及纯化。

离子交换膜有不同的类型。按可交换离子性质分类，离子交换膜可分为阳离子交换膜、阴离子交换膜和双极离子交换膜。这3种膜的可交换离子分别对应阳离子，阴离子和阴、阳离子。按膜的结构和功能分类，离子交换膜可分为普通离子交换膜、双极离子交换膜和镶嵌膜3种。

普通离子交换膜一般是均相膜，主要是利用其对一价离子的选择性渗透进行海水浓缩脱盐；双极离子交换膜由阳离子交换层和阴离子交换层复合组成，主要用于酸或碱的制备；镶嵌膜由排列整齐的中间介入电中性区的阴、阳离子微区组成，主要用于高压渗析进行盐的浓缩、有机物质的分离等。

（2）离子交换膜的工作原理

1）电渗析

电渗析技术是目前海水淡化、工业废水处理中广泛应用的一种方法[60~62]。无机盐含量高于1%的废水直接排放会对生物及工农业用水产生极大危害；直接蒸发结晶，投资大且运行费用高。目前，较为成熟的方案是利用电渗析技术对盐水进行高度浓缩，再将电渗析浓缩液蒸发结晶，有效降低蒸发水量，减少整体的能耗及成本。Lienhard[63]用电渗析技术浓缩石油开采过程中副产的大量盐水，Deghles、Fukumoto[64,65]将电渗析用于皮革制造厂和养殖场的废水后处理中，浓缩液均可作为下一工艺的进料液循环利用。David 等[66]结合印度农村地区的地理特点，光伏和 ED 联用为当地居民提供日常生活用水，将地下水的浪费量减少 50%，成本降低 42%。

在盐的水溶液（如 NaCl 溶液）中置入阴、阳两个电极，并施加电场，溶液中的阳离子将移向阴极，阴离子则移向阳极，这一过程称为电泳。如果在阴、阳两电极之间插入一张离子交换膜（阳膜或阴膜），阳离子或阴离子会选择性地通过膜，这一过程就称为电渗析。由此可见，电渗析的核心是离子交换膜。在直流电场的作用下，以电位差为推动力，利用离子交换膜的选择透过性，把电解质从溶液中分离出来实现溶液的淡化、浓缩及纯化，也可通过电渗析实现盐的电解制备氯气和氢氧化钠等。

电渗析浓缩盐水技术的核心是离子交换膜。电渗析过程中水会从淡化室迁移至浓缩室，导致浓缩液体积增大，浓度降低。电渗析过程的水迁移包括由淡化液和浓缩液的盐浓度差异形成的浓渗水迁移和离子所带结合水随离子迁移形成的电渗水迁移[67]。

用于生产食盐的电渗析器示意图如图 4-9。

2）膜电解

膜电解的基本原理可以通过 NaCl 水溶液的电解来说明。在两个电极之间加上一定电压，则阴极生成氯气，阳极生成氢气和氢氧化钠。阳离子交换膜允许 Na+ 渗透进入阳极室，同时阻挡了氢氧根离子向阴极运动，在阳极室的反应如下：

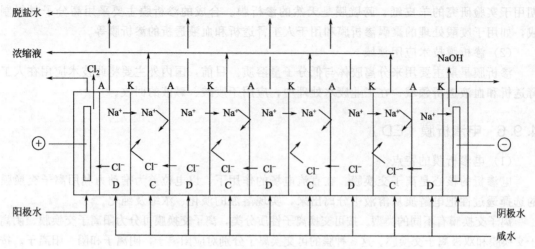

图 4-9　生产食盐的电渗析器示意图

$$2Na^+ + 2H_2O + 2e^- \Longrightarrow 2NaOH + H_2$$

在阴极室的反应为

$$2Cl^- - 2e^- \Longrightarrow Cl_2$$

　　用氟代烃膜和单极或双极膜制备的电渗析器已成为用于制备氢氧化钠的主要方法，取代了其他制备氢氧化钠的方法。

　　若在膜的一面涂一层阴极的催化剂，在另一面涂一层阳极的催化剂，在这两个电极上加上一定的电压，则可电解水，在阳极产生氢气，在阴极产生氧气。

　　（3）电渗析膜技术应用领域

　　自第一台电渗析装置问世后，其在苦咸水淡化、饮用水及工业用水处理方面的巨大优势大大加速了电渗析的进一步研发。近年来，美国 Ionpure Technology 公司又生产出了可以连续去离子的填充床电渗析技术（EDI），使电渗析技术迈上了一个新的台阶。

　　随着电渗析理论和技术研究的深入，我国在电渗析主要装置部件及结构方面都有巨大的创新，仅离子交换膜产量就占到了世界 1/3。我国的电渗析装置主要由国家海洋局杭州水处理技术开发中心生产，现可提供 200m^3/d 规模的海水淡化装置。

　　电渗析技术在食品工业、化工及工业废水的处理方面也发挥着重要的作用。特别是与反渗透、纳滤等精过滤技术的结合，在电子、制药等行业的高纯水制备中扮演着重要角色。

　　此外，离子交换膜还大量应用于氯碱工业。全氟磺酸膜（nafion）以化学稳定性著称，是目前唯一能同时耐 40%NaOH 和 100℃ 的离子交换膜，因而被广泛用作食盐电解制备氯碱的电解池隔膜。

　　全氟磺酸膜还可用作燃料电池的重要部件。燃料电池是将化学能转变为电能效率最高的装置，可能成为 21 世纪的主要能源方式之一。经多年研制，nafion 膜已被证明是氢氧燃料电池的实用性质子交换膜，并已有燃料电池样机在运行。但 nafion 膜价格昂贵（700 美元/m^2），故近年来正在加速开发磺化芳杂环高分子膜，用于氢氧燃料电池的研究，以期降低燃料电池的成本。

4.9.7　渗透蒸发膜（PV）

　　（1）渗透蒸发膜的特点

　　渗透蒸发是近十几年颇受人们关注的膜分离技术。渗透蒸发是指液体混合物在膜两侧组分的蒸气分压差的推动力下，透过膜并部分蒸发，从而达到分离目的的一种膜分离方法，可用于传统分离手段较难处理的恒沸物及近沸物系的分离，具有一次分离度高、操作简单、无污染、低能耗等特点。

渗透蒸发的实质是利用高分子膜的选择透过性来分离液体混合物。其原理如图 4-10 所示。由高分子膜将装置分为两个室，上侧为存放待分离混合物的液相室，下侧是与真空系统相连接或用惰性气体吹扫的气相室。混合物通过高分子膜的选择渗透，其中某一组分渗透到膜的另一侧。由于该组分在气相室中的蒸气分压小于其饱和蒸气压，因而在膜表面汽化。蒸气随后进入冷凝系统，通过液氮将蒸气冷凝下来即得渗透产物。渗透蒸发过程的推动力是膜内渗透组分的浓度梯度。

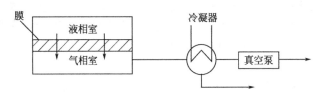

渗透蒸发分离示意图(真空汽化)

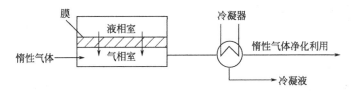

渗透蒸发分离示意图(惰性气体吹扫)

图 4-10　渗透蒸发分离示意图（真空汽化和惰性气体吹扫）

由于用惰性气体吹扫涉及大量气体的循环使用，而且不利于渗透产物的冷凝，所以，目前一般都采用真空汽化的方式。

渗透蒸发操作所采用的膜为致密的高分子膜。描述渗透蒸发过程的两个基本参数是渗透通量 $J[\text{g}/(\text{m}^2 \cdot \text{h})]$ 和分离系数 α。α 的定义为

$$\alpha = \frac{\dfrac{Y_\text{A}}{Y_\text{B}}}{\dfrac{X_\text{A}}{X_\text{B}}}$$

式中，Y 和 X 分别为渗透产物与原料的质量分数；下标 A 为优先渗透组分，B 为后渗透组分。由定义可知，α 代表了高分子膜的渗透选择性。

渗透蒸发膜的性能是由膜的化学结构与物理结构决定的。化学结构是指制备膜的高分子的种类与分子链的空间构型；物理结构则是指膜的孔度、孔的分布、形状、结晶度、交联度、分子链的取向等，取决于膜的制备过程。衡量渗透蒸发膜的实用性有以下 4 个指标：①膜的选择性（a 值）；②膜的渗透通量（J 值）；③膜的机械强度；④膜的稳定性（包括耐热性、耐溶剂性及性能维持性等）。所以，在膜的开发中必须综合考虑这 4 个因素。

（2）制备渗透蒸发膜的材料

1）渗透蒸发膜材料的选择

对于渗透蒸发膜来说，是否具有良好的选择性是首先要考虑的。基于溶解扩散理论，只有对所需要分离的某组分有较好亲和性的高分子物质才可能作为膜材料。如以透水为目的的

渗透蒸发膜，应该有良好的亲水性，因此聚乙烯醇（PVA）和醋酸纤维素（CA）都是较好的膜材料；而当以透过醇类物质为目的时，憎水性的聚二甲基硅氧烷（PDMS）则是较理想的膜材料。

对于二元液体混合物，要求膜与每一组分的亲和力有较大的差别，这样才有可能通过传质竞争将两组分分开。渗透过程取决于组分与膜之间的相互作用，这种作用因素可归纳为4个方面：色散力、偶极力、氢键和空间位阻。式(4-1)是基于溶解度参数的相互作用判据。

$$\Delta\delta_{IM} = \left[(\delta_{dI} - \delta_{dM})^2 + (\delta_{pI} - \delta_{pM})^2 + (\delta_{hI} - \delta_{hM})^2\right]^{1/2} \tag{4-1}$$

式中，$\Delta\delta_{IM}$ 为组分 I 与膜 M 之间的溶解度参数差值；δ_d，δ_p，δ_h 分别为溶解度参数的色散力、偶极力与氢键的分量。

$\Delta\delta_{IM}$ 值越小，表明组分 I 与膜 M 间的亲和力越大，互溶性也就越大。对于待分离的 A、B 混合物，$\Delta\delta_{AM}/\Delta\delta_{BM}$ 可作为衡量膜溶解选择性的尺度，因此可作为膜材料选择的一个基础。例如，要使 A 组分透过膜而使 B 组分滞留，则要选择一种膜使 $\Delta\delta_{AM}/\Delta\delta_{BM}$ 最小。

用溶解度参数预测有机物之间及有机物与聚合物之间的互溶性是一种经验方法，有不少例外，且未考虑空间位阻，再加上渗透蒸发的最终结果还与渗透组分的扩散有关，所以仅以溶解的难易来选择膜材料的判据存在一定的缺陷。譬如，如果膜材料与水的作用力太强，可能反而会束缚水分子使其难以透过。普遍认为，对于含水体系，在膜的化学结构中保持一种亲水与憎水基团的适当比例是重要的。

除膜的选择性外，还需要考虑该种材料是否易于成膜，是否具有足够的力学强度，是否能长时间经受所处理物系及操作条件引起的劣化作用等。

2）制备渗透蒸发膜的主要材料

目前，用于制备渗透蒸发膜的材料大体上可分为两类：一类是天然高分子物质；另一类是合成高分子物质。

天然高分子膜的材料主要包括醋酸纤维素（CA）、羧甲基纤维素（CMC）、胶原、壳聚糖等。这类膜的特点是亲水性好，对水的分离系数高，渗透通量也较大，对分离醇-水溶液很有效。但这类膜的力学强度较低，往往被水溶液溶胀后失去力学性能。如羧甲基纤维素是水溶性的，只能分离低浓度的水溶液。采用加入交联剂的方法可以增强膜的力学性能，但同时会降低膜性能。即使经过交联处理的膜，经长时间使用后也会逐步失去其最初的较优良的分离性能。由于上述原因，用天然高分子材料制备的渗透蒸发膜的适用性受到很大限制，近年来逐步被合成高分子材料所取代。

用于制备渗透蒸发膜的合成高分子材料包括聚乙烯（PE）、聚丙烯（PP）、聚苯乙烯（PSt）、聚四氟乙烯（PTFE）等非极性材料和聚乙烯醇（PVA）、聚丙烯腈（PAN）、聚二甲基硅氧烷（PDMS）等极性材料。非极性膜大多被用于分离烃类有机物，如苯与环己烷、二甲苯异构体，甲苯与庚烷以及甲苯与醇类等，但选择性一般较低。

极性膜一般主要用于醇-水混合物的分离。其中聚乙烯醇是最引人注目的一种分离醇-水混合物的膜材料。聚乙烯醇对水有很强的亲和力，而对乙醇的溶解度很小，因此有利于对水的选择性吸附。该膜在分离低浓度水-乙醇溶液时有很高的选择性。但当水的浓度大于40％时，膜溶胀加剧，导致选择性大幅度下降。

聚丙烯腈对水也显示出很高的选择性，但渗透通量较小，所以通常被用作复合膜的多孔支撑层。在工业发酵罐中得到的是约5％的乙醇-水溶液，这时采用优先透醇膜显然更为经济实用。最常用的透醇膜材料是聚二甲基硅氧烷，但其对醇的渗透速率与选择性都比较低，选择性 α 一般在 10 以下。

考虑到包括渗透速率、选择性、力学强度、耐溶剂性等综合膜性能的要求，采用单一的均聚物往往不能满足要求。因此，将具有不同官能团的大分子通过接枝、共聚、复合、交联、共混等方式以及用 γ 射线辐照接枝、等离子体聚合等较先进的手段进行改性，可有效地改善膜的性能。如通过复合与交联可提高膜的力学性能，同时对渗透通量有较大的影响。

（3）渗透蒸发技术应用领域

渗透蒸发作为一种无污染、高能效的膜分离技术已经引起广泛的关注。该技术最显著的特点是具有很高的单级分离度，节能且适应性强，易于调节。

目前渗透蒸发膜分离法已在无水乙醇的生产中实现了工业化。与传统的恒沸精馏制备无水乙醇相比，可大大降低运行费用，且不受气液平衡的限制。

除了以上用途外，渗透蒸发膜在其他领域的应用尚处在实验室阶段。预计有较好应用前景的领域有：工业废水处理中采用渗透蒸发膜去除少量有毒有机物（如苯、酚、含氯化合物等）；在气体分离、医疗、航空等领域用于富氧操作；从溶剂中脱除少量的水或从水中除去少量有机物；石油化工工业中用于烷烃和烯烃、脂肪烃和芳烃、近沸点物、同系物、同分异构体等的分离等。

4.9.8 气体分离膜

（1）气体分离膜技术的发展

气体分离膜的研究有着悠久的历史，最早可以追溯到 1831 年，英国 J. V. Mitchell 用膜进行 H_2 和 CO_2 混合气渗透实验，发现气体分子不同透过膜时渗透速率不同[68]。对于气体分离膜的系统研究始于 T. Graham，他在 20 年的时间里测量了不同种类气体分子在膜中的透过率[69]，并提出了现在广为人们接受的溶解扩散机理[70]。20 世纪 40～50 年代，Barrer、Amerongen 和 Stem 等相继对气体分离进行了理论研究，为现代气体渗透理论奠定了基础[71~73]。20 世纪 70 年代，Henis 和 Tripodi 提出了气体渗透时的串联阻力模型，并以此制备了多层复合膜，其方法是在非对称基膜上涂覆透气性能优良的硅橡胶，目的是弥补基膜表面的缺陷[74]，使得气体分离膜的工业化应用成为可能。第一家商业化的公司是美国的孟山都（Monsanto）公司，其在 1979 年推出了氢分离 Prism 膜[75]。20 世纪 80 年代以后，随着膜材料、制膜工艺及膜过程的不断涌现，气体分离膜得到了大规模的工业化应用。

我国对气体分离膜的研究始于 20 世纪 80 年代。1985 年和 1987 年分别成功制备了聚砜（PS）中空纤维膜组器和 SR-PS 卷式膜组器。20 世纪 80～90 年代又研制了多种新型气体分离膜材料。其中使用 PS 和聚酰亚胺（PI）研究开发了 H_2/N_2、O_2/N_2、H_2O/CH_4、CO_2/CH_4 和 CO/H_2 的分离膜以及 Pd-陶瓷复合膜用于 H_2 的分离。

（2）气体分离膜的分离机理

气体分离膜的原理是在压力推动下，利用混合气中各组分透过膜的传递速率不同，从而实现混合气体的分离。气体分离膜的形式可分为多孔膜与非多孔膜，分别对应不同的气体传质机理：通过多孔膜时气体分子的渗透机理为微孔扩散；通过非多孔膜时气体分子的渗透机理为溶解扩散。图 4-11 为气体透过多孔膜与非多孔膜的渗透机理示意图。

1）微孔扩散机理

根据孔径大小的不同，微孔扩散机理可分为黏性流动、努森扩散以及表面扩散，如图 4-11 所示。如果膜的孔径（$d_p > 10\mu m$）远大于气体分子的平均自由程（λ），气体透过膜的形式为黏性流动，此时膜对气体没有分离性能；如果膜的孔径（$0.01\mu m < d_p < 0.1\mu m$）远小于气体分子的平均自由程（$\lambda$），此时气体分子之间的碰撞概率要远远小于气体分子与孔壁之间的碰撞概率，努森扩散主导了气体分子穿过微孔的过程。当 d_p 与 λ 相差不大时，努森扩散和黏性流动机理共同主导气体分子穿过微孔的过程，这种传递机制属于平滑流。

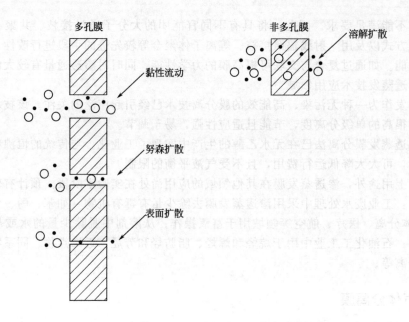

图 4-11 气体透过多孔膜与非多孔膜的渗透机理

对于纯气体，气体分子通过膜的方式可用努森系数（K_a）进行区别：

$$K_a = \frac{\lambda}{d_p} \tag{4-2}$$

$K_a \leqslant 1$，属于黏性流动；$K_a \geqslant 1$，属于努森扩散；$K_a \approx 1$，属于平滑流。

当气体分子通过膜的方式为努森扩散时，气体的传输速率与其分子量的平方根成反比，可表示为

$$J = \frac{\pi n r^2 D_K \Delta P}{RT\tau l} \tag{4-3}$$

其中，J 为通过膜的通量，l 为膜厚，D_K 为 Knudsen 扩散系数，其值为

$D_K = 0.66r\sqrt{\dfrac{8RT}{\pi M_W}}$，$T$ 和 M_W 分别为温度和分子量，r 为孔半径。

2）溶解扩散机理

气体穿过非多孔膜的传递机理为溶解扩散。该机理认为气体分子透过膜主要分为以下三步：①气体在膜上游吸附溶解；②在浓度梯度的推动下，气体向膜的另一面扩散；③气体在膜下游解吸。

气体在非多孔膜中的扩散可用 Fick 定律表示：

$$J = -D\frac{dc}{dx} \tag{4-4}$$

式中，J 为通过气体透过膜的通量；D 为气体分子的扩散系数；dc/dx 为膜两侧的浓度梯度（推动力）。

当达到稳态时，膜中气体的浓度沿膜厚度方向的关系曲线会变为直线，因此对上式积分可得

$$J = \frac{D(c_1 - c_2)}{\delta} \tag{4-5}$$

式中，c_1 与 c_2 分别为气体在膜上游和下游的浓度；δ 为膜厚度。

气体分子在膜中的溶解符合亨利定律，即气体的分压与该气体在溶液内溶解的摩尔浓度成正比，其比例常数称为溶解度系数：

$$c = (c_1 - c_2) = S \times p \tag{4-6}$$

式(4-5) 可改写成

$$J = \frac{P(p_1 - p_2)t}{\delta}$$

$$P = S \times D$$

式中，P 为渗透系数；S 为溶解度系数；D 为扩散系数。

（3）气体分离膜材料

气体分离膜的关键是膜材料的选择，理想的气体分离膜材料应具有优越的气体分离性能，良好的热稳定性、化学稳定性以及力学性能。按材料的类型区分，气体分离膜材料主要有高分子聚合物膜材料、无机和有机无机杂化膜材料等。

高分子膜材料是目前应用最广泛的气体分离膜材料。与其他类型的膜材料相比，高分子具有制备简单，性能稳定，耐溶剂性能较好等优点。目前已经广泛应用的高分子膜材料有聚酰亚胺、纤维素类衍生物、含硅聚合物及聚砜等。

1）聚酰亚胺

聚酰亚胺（PI）是一类耐热性能好、力学性能优异、化学性质稳定的高性能聚合物材料，同时具有优良的气体分离性能，其结构式如图 4-12 所示。聚酰亚胺种类非常多，研究表明含氮芳杂环结构的聚酰亚胺同时具有优异的气体渗透性和选择性，是理想的气体膜分离材料。影响聚酰亚胺膜材料渗透性能的主要因素是其分子结构中的二酰和二胺，因此，为了提高聚酰亚胺的渗透性，研究者通过调整分子结构中的取代基来提高聚酰亚胺的透气性。目前，通过控制缩聚过程中单体的结构来制备高通量、高选择性的聚酰亚胺是实验室研究与工业开发过程中的主要方向。但是，聚酰亚胺类材料的生产成本较高，限制了其在气体分离膜领域的应用。

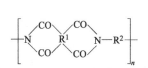

图 4-12　聚酰亚胺的化学结构式

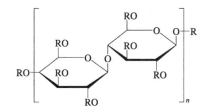

图 4-13　醋酸纤维素的化学结构

2）纤维素类衍生物

纤维素类衍生物是资源最为丰富的天然高分子，也是研究最早、应用最多的高分子功能膜材料之一。1844 年，Schoenbein 发明了硝化纤维素膜，从此开启了高分子膜材料的合成时代。在以后的一个世纪内，纤维素类衍生物成为主要的分离膜材料。1960 年，Loeb 和 Sourirajan 制备出第一张非对称醋酸纤维素反渗透膜，这种膜材料同时拥有高的水通量和高的截盐率，大大促进了膜分离技术的发展[76]。纤维素类衍生物的种类繁多，其中主要有再生、硝酸、醋酸和乙基纤维素等。醋酸纤维素（CA）是最早应用于气体分离的膜材料。

醋酸纤维素（CA）是纤维素与醋酸反应制成的，其结构式如图 4-13 所示。其乙酰基取代了纤维素的羟基，减弱了氢键的作用力，增大了大分子之间的距离，提高了纤维素的溶解性。由 CA 制备的中空纤维膜（泡沫结构）在气体分离中研究最早，因此，CA 成为商业化应用的几种气体分离膜材料之一[77]。

3）含硅聚合

目前在气体分离应用上使用最多的含硅聚合物是聚二甲基硅氧烷和聚三甲基硅-1-丙炔。

聚二甲基硅氧烷（PDMS）通常称为硅橡胶，PDMS 硅原子上带有甲基，—CH$_3$ 与 —Si— 的重复交替组成分子主链，且比值接近于 2，其化学结构如图 4-14 所示。

硅橡胶是人类研究较早的一类气体分离膜材料，主要应用于空气分离。PDMS 中由于 Si—O—Si 的存在，使得整体结构的柔顺性较好，自由体积较大，因此其渗透系数较高。但其强度低，需要涂覆在支撑材料上以达到工业应用要求。目前，PDMS 最广泛的应用是基膜的涂覆材料，用来弥补基膜表面的缺陷。

聚三甲基硅-1-丙炔（PTMSP）是一种玻璃化温度高于 200℃ 的玻璃态聚合物，其 O$_2$ 的渗透系数是 PDMS 的 10 倍。单双键交替组成了 PTMSP 的主链，三甲基硅烷形成的大球状体组成其侧链，增大了分子链的间隙，最终使得 PTMSP 中拥有大量的自由体积，因此，气体分子在 PTMSP 中拥有很高的溶解度系数和扩散系数，成为目前气体渗透性最好的聚合物之一，其化学结构如图 4-15 所示。

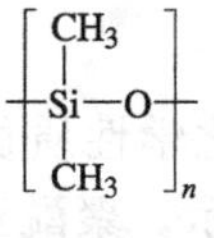

图 4-14　聚二甲基硅氧烷的化学结构 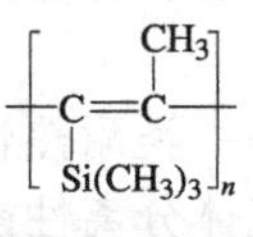　　图 4-15　聚三甲基硅-1-丙炔的化学结构

因为 PTMSP 的分子链之间空隙大，聚合物容易发生链间移动，容易物理老化导致自由体积减小；另外，其分子结构中的双键容易发生氧化，最终使得 PTMSP 的气体渗透性能下降，因此，限制了其在实际生产中的应用。

4）聚砜类

聚砜类材料是广泛应用的膜材料。聚砜在气体膜领域中的工业化应用比较早，其制备的膜具有孔隙率高、厚度薄等优点，因而常用来作为气体分离膜的基本材料。目前常见的聚砜类膜材料主要有聚砜（PS）、聚醚砜（PES）及酚酞型聚醚砜（PES-C）等。例如，美国 Monsanto 公司开发的 Prism 分离器使用的就是聚砜（PS）材料，主要用于从合成氨厂弛放气、炼厂气中回收氢气。聚砜（PS）化学结构式如图 4-16 所示。

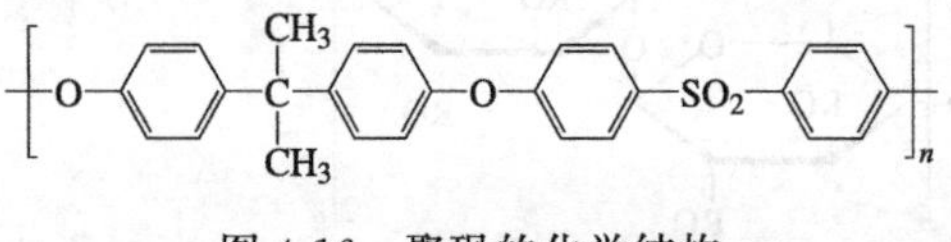

图 4-16　聚砜的化学结构

从聚砜（PS）的结构中可以看出，分子主链上含有砜基及苯环，玻璃化温度为 190℃，使得聚砜拥有较高的热稳定性、化学稳定性以及机械稳定性[78]。聚砜（PS）作为气体分离膜材料最常见的应用是制备成中空纤维膜来进行气体分离。由于 PS 材料的气体渗透率较低[79]，国内外的许多研究者通过调控聚砜铸膜液配方以及纺丝条件提高气体渗透速率。K.Li 等用 PS/NMP/H$_2$O 及 PS/NMP/ethanol 铸膜液体系，研究了空气间隙、聚合物含量及凝固浴温度对膜性能的影响[80]。Chung 等以 PS 为底膜，以聚乙烯基吡啶（PVP）作为选择性分离层，制备了气体渗透性能较好的多层中空纤维复合膜[81]。

（4）气体分离胶的制备

高聚物气体分离膜的制备方法很多，如溶液浇铸法、熔融挤压法、烧结法、拉伸法、核径迹法等。这里重点介绍最常见的致密膜的溶液浇铸法及非对称膜的相转化法。

1）溶液浇铸法

溶液浇铸法是制备致密膜常用的方法。制备方法是将一定质量的聚合物材料溶解在溶剂中，制成均匀的铸膜液，将铸膜液倒在底面平整的玻璃皿中，将玻璃皿放入真空干燥箱，设定一定温度让溶剂蒸发，最后，在玻璃皿中形成厚度均匀的聚合物薄膜。铸膜液的浓度一般为 5％（质量分数）左右。

2）浸没凝胶相转化法（L-S 法）

浸没凝胶相转化法是制备非对称膜最常用的一种方法，由 Loeb 和 Sourirajan 在 1963 年发明，用于制备醋酸纤维素反渗透膜，后人将这种方法称为 L-S 法。平板膜 L-S 法具体操作：先将聚合物溶液浇铸到平板上，待部分溶剂挥发后，连平板一起放入非溶剂中，残余溶剂与非溶剂进行置换形成多孔层膜。中空纤维膜 L-S 法具体操作：铸膜液和芯液通过计量泵在喷丝头共挤出，经过空气间隙进入凝固浴固化成型，经收丝轮牵伸卷绕进行收丝。

L-S 相转化制膜法原理是通过使用某种方式将铸膜液从液态转变为固态。这种成膜方法主要是通过铸膜液中溶剂与凝固浴中非溶剂进行传质交换，铸膜液从稳态变为非稳态，进而产生液-液相或液-固相，分离成为两相（聚合物富相和聚合物贫相），其中，聚合物富相组成膜的主体，贫相则形成膜中的孔。

（5）气体分离膜的应用领域

气体分离膜是当前各国均极为重视开发的产品，已有不少产品用于工业化生产。如美国杜邦公司用聚酯类中空纤维制成的 H_2 气体分离膜，对组成为 $70％H_2$，$30％CH_4$、C_2H_6、C_3H_8 的混合气体进行分离，可获得含 $90％H_2$ 的分离效果。此外，富氧膜，分离 N_2、CO_2、SO_2、H_2S 等气体的膜，都已有工业化的应用。例如，从天然气中分离氮、从合成氨尾气中回收氢、从空气中分离 N_2 或 CO_2、从烟道气中分离 SO_2、从煤气中分离 H_2S 或 CO_2 等，均可采用气体分离膜来实现。

参考文献

[1] 王国建.功能高分子材料 [M].华东理工大学出版社，2006.

[2] 张青，陈昌伦，吴狄.功能高分子材料发展与应用 [J].广东化工，2015，42 (06)：119-120.

[3] 李振华，平其能，刘国杰.离子交换树脂控制药物释放研究进展 [J].离子交换与吸附，1997，13 (6)：613-619.

[4] Ramsel L，Hinsvark N. Recent advances in sustained-release technology using ion-exchange polymer [J]. Pharm Technol，1984，4 (2)：28-34.

[5] 何炳林，钱庭宝.离子交换与吸附树脂 [M].上海：上海科技教育出版社，1995：319-350.

[6] 史作清，施荣富.吸附分离树脂在医药工业中的应用 [M].北京：化学工业出版社，2008：8-9.

[7] 刘振华，郭桐，徐静静，等.纳米磁珠离子交换树脂的制备及应用进展 [J].山东化工，2018，47 (23)：86-87.

[8] 李为兵，陈卫，戴鸣，等.新型 MIEX®离子交换树脂在饮用水处理中的应用研究 [J].净水技术，2009，28 (5)：47-51.

[9] 齐秀玲.离子交换树脂催化剂的应用及发展趋势 [J].精细与专用化学品，2012，20 (7)：15-18.

[10] 姜志新，湛竟清，宋正孝.离子交换分离式程 [M].天津：天津大学出版社，1992：15-20.

[11] 李兵兵.离子交换树脂的结构特点及应用 [J].黑龙江科技信息，2015 (11)：127.

[12] 中华人民共和国国家标准总局发布 GB1631—79《离子交换树脂分类、命名及型号》，1983.

[13] 柯宁.离子交换树脂 [M].朱秀昌，译.北京：科学工业出版社，1960：69.

[14] 郭贤权，高建钧.一种非极性大孔吸附树脂及其合成方法：CN 101200517A [P].20080618.

[15] 周家付.一种中极性大孔吸附树脂的制备方法：CN102190752A [P].20110921.

[16] 郭贤权，高建钧.一种极性大孔吸附树脂及其合成方法：CN101200516A [P].20080618.

[17] 何琦.一种强极性大孔吸附树脂：CN1022974324A [P].201120320.

[18] 孙东刚.离子交换法处理化肥厂废水基础研究 [D].太原理工大学，2008.

[19] 何炳林，黄文强.离子交换与吸附树脂 [M].上海：上海科技教育出版社，1995.

[20] 王广珠，汪德良，崔焕芳.离子交换树脂使用及诊断技术 [M].北京：化学工业出版社，2004.

[21] 过慕英，梁仲容.阴离子交换树脂热降解性能试验研究 [J].离子交换与吸附，1994，010 (003)：258-263.

［22］ 周赟，晏欣，周立清.多乙烯多胺氨化大孔 GMA-DVB 树脂的合成及其对金属离子的吸附 ［J］.化工学报，2011，62（11）：3288-3293.

［23］ 陈青，熊春华，姚彩萍，等.大孔吸附树脂吸附染料木黄酮的研究 ［J］.食品科技，2011，36（5）：199-202.

［24］ 李莎莎.离子交换树脂的制备及在制药工业的应用 ［J］.石化技术，2015，22（06）：151.

［25］ 卢定强，刘骥，陈家英，等.响应曲面法优化大孔树脂吸附甜菊苷工艺 ［J］.食品工业科技，2010，31（7）：206-209.

［26］ 刘永宁，史作清，范云鸽，等.交联聚苯乙烯氨基树脂的结构与脱色性能研究 ［J］.高等学校化学学报，1994，1 S（1）：154.

［27］ Monya S. Kenkynhokoku-ehime-kenkegyo gijutsu senta：1984，22：57.

［28］ Cornwell C J，Wrolstad R E . Causes of Browning in Pear Juice Concentrate During Storage ［J］. Journal of Food Science，1981，46（2）：515-518.

［29］ 史作清，施荣富.吸附分离树脂在医药工业中的应用 ［M］.北京：化学工业出版社，2008.

［30］ 武彦文.天然色素萝卜红的提取与精制 ［D］.天津：天津轻工业学院，1998.

［31］ 毕红霞，李建伟，陈玮，等.AB-8 吸附树脂对欧李红色素的吸附和精制 ［J］.郑州工程学院学报，2004，（2）：40-42.

［32］ 马银海，杨昌红.x-s 树脂吸附和分离甘蓝红色素 ［J］.食品科学，1999（1）：32-34.

［33］ 朱珍，王竞.D280 大孔弱碱树脂的台成及对柠檬酸吸附性能的研究 ［J］.离子交换与吸附，1991，7（5）：387-390.

［34］ 张其安，王娟，杨少波.大孔吸附树脂法分离提取蜂王浆中 10-羟基-2-癸烯酸 ［J］.食品科学，2013，34（6）：116-119.

［35］ 王平，陈成飞，戴春伟，等.HI′D-600 大孔吸附树脂分离茶多酚的研究 ［J］.中成药，2010，32（4）：683-686.

［36］ 马建标.功能高分子材料 ［M］.北京：北学工业出版社，2009.

［37］ 李志平，欧阳玉祝，麻成金.大孔树脂吸附法处理印染废水的研究 ［J］.广西民族学院学报（自然科学版），2005，11（2）：94-97.

［38］ Yu Y，Zhuang Y，Wang Z H. Adsorption of water-soluble dyes onto modified resin ［J］. Chemosphere，2004，54（3）：425-430.

［39］ 费正皓，邢蓉，刘福强，等.吸附树脂对微污染水中有机污染物的吸附研究 ［J］.离子交换与吸附，2010，2G（1）24-32.

［40］ 张海珍，陆光华，黎振球.大孔树脂对苯酚的吸附研究 ［J］.水处理技术，2009，35（1）：68-70.

［41］ Rosenbaum J L，Winsten S，Kramuer M S，et al. Hemoperfusion in treatment of drug intoxication ［J］. Transactions American Society for Artificial Internal Organs，1970，16（2）：134-140.

［42］ 陈芝，王汉斌，杨红军.血液灌流治疗毒鼠强的研究 ［J］.中华急诊医学杂志，2005，27（6）：95-96.

［43］ Kobayashi A，Nakatani M，Furuyoshi S，et al. In vitro evaluation of dextran sulfate cellulose beads for whole blood infusion low δ ensity lipoprotein emoperfusion ［J］. Therapeutic Apheresis & Dialysis，2002，6（5）：365-371.

［44］ Tasaki H，Yamashita K，Saito Y，et al. Low-density lipoprotein apheresis therapy with a direct hemoperfusion column：a japanese multicenter clinical trial ［J］. Ther Apher Dial，2006，10（1）：32-41.

［45］ 万红桥.探究标准高分子分离膜材料及其研究进展 ［J］.中国标准化，2017（02）：170-171.

［46］ Yang Zongwei. Progress in materials and preparation technology of separation membranes ［J］. J Filtrat Separat，2007，17（1）：11（in Chinese）.

［47］ 郭卫红，王济奎.现代功能材料及其应用 ［M］.北京：化学工业出版社，2002：1.

［48］ 赵文远，王亦军.功能高分子材料 ［M］.北京：化学工业出版社，2008：187.

［49］ 邢英.高分子分离膜的研究及应用 ［J］.广东化工，2011，38（01）：94-96.

［50］ 汪多仁.高分子分离膜的研制与应用 ［J］.过滤与分离，1999（1）：36-38.

［51］ Wu Junhui，Wang Zhi，Wang Yao，et al. Polyvinylamine-grafted polyamide reverse osmosis membrane with improved antifouling property ［J］. J Membr Sci，2015，495：1.

［52］ 费正东.丙烯腈共聚物的合成及其分离膜的制备研究 ［D］.浙江大学，2014.

［53］ Li Q，Bi Q-y，Lin H-H，et al. A novel ultrafiltration（UF）membrane with controllable selectivity for protein separation ［J］. Journal of Membrane Science，2013，427：155-167.

［54］ Deng C，Zhang Q G，Han G L，et al. Ultrathin self-assembled anionic polymer membranes for superfast size-selective separation ［J］. Nanoscale，2013，5（22）：11028-11034.

［55］ Zhang J，Xu Z，Mai W，et al. Improved hydrophilicity，permeability，antifouling and mechanical performance of PVDF composite ultrafiltration membranes tailored by oxidized low-dimensional carbon nanomaterials ［J］. Journal of Materials Chemistry A，2013，1（9）：3101.

［56］ Petersen R J. Composite reverse osmosis and nanofiltration membranes ［J］. Journal of Membrane Science，1993，83

(1)：81-150.

[57] Eriksson P. Water and salt transport through two types of polyamide composite membranes [J]. Journal of Membrane Science，1988，36：297-313.

[58] Raman L P. Cheryna M. Rajagopalan N. Consider nanofiltration for membrane separations [J]. Chemical Engineering Progress，1994，90：3 (3)：68-74.

[59] 张玉凤. 聚酰胺复合纳滤膜制备及其在工业废水处理中的应用 [D]. 北京化工大学，2018.

[60] Strathmann H. Electrodialysis，A mature technology with a multitude of new applications [J]. Desalination，2010，64：268-288.

[61] 赵鹏，张新妙，栗金义. 石化高盐废水深度处理技术研究进展 [J]. 石油化工，2018，47 (07)：769-774.

[62] Edwin V，Jacqueline S，FrancOise P，et al. Deacidification of passion fruit juice by electrodialysis with bipolar membrane after different pretreatments [J]. Journal of Food Engineering，2009，90 (1)：67-73.

[63] Lienhard，John. Electrodialysis shows potential for desalination of highly saline water [J]. Membrane Technology，2015 (3)：7.

[64] Deghles A，Kurt U. Treatment of tannery wastewater by a hybrid electrocoagulation/electrodialysis process [J]. Chemical Engineering & Processing Process Intensification，2016，104：43-50.

[65] Fukumoto Y，Haga K. Advanced treatment of swine wastewater by electrodialysis with a tubular ion exchange membrane [J]. Animal Science Journal，2015，75 (5)：479-485.

[66] Bian David W，Watson Sterling M，Wright Natasha C，et al. Optimization and design of a low-cost，village-scale，photovoltaic-powered，electrodialysis reversal desalination system for rural India [J]. Desalination，2019：452.

[67] 蒋晨啸. 以电渗析为基础的传质新理论和新工艺研究 [D]. 中国科学技术大学，2016.

[68] 时钧，袁权，高从楷. 膜技术手册 [M]. 北京：化学工业出版社，2001：2.

[69] Graham，T. On the absorption and dialytic separation of gases by colloid septa [J]. Philosophical Transactions of the Royal Society of London，1866，156：399-439.

[70] Barrer R M，H T C. Solution and diffusion of gases and vapors in silicone membranes [J]. Journal of Polymer Science Part C Polymer，1965，10 (1)：111-138.

[71] Barrer R. Diffusion in and through solids [M]. Cambridge University Press，1951：4654-4657.

[72] Van Amerongen G J. Influence of structure of elastomers on their permeability to gases [J]. Journal of Polymer Science，1950，5 (3)：307-332.

[73] Stem，S. A. Industrial applications of membrane processes：the separation of gas mixtures，Membrane Processes for Industry [R]，Southern Research Institute：Birmingham，1966.

[74] Henis J M S，Tripodi M K. Composite hollow fiber membranes for gas separation：the resistance model approach [J]. Journal of Membrane Science，1981，8 (3)：233-246.

[75] Jay M. S. Henis，Mary K. Tripodi. A novel approach to gas separations composite hollow fiber membranes [J]. Science & Technology，1980，15 (4)：1059-1068.

[76] Loeb，S. Sourirajan. Sea water demineralization by means of an osmotic membrane [M]. Advances in chemistry Series，1963.

[77] 谭婷婷，展侠，冯旭东，等. 高分子基气体分离膜材料研究进展 [J]. 化工新型材料，2012，40 (10)：4-5.

[78] 彭福兵，刘家棋. 气体分离膜材料研究进展 [J]. 化工进展，2002，21 (11)：820-823.

[79] Ghosal K，Freeman B D，Daly W H，et al. Effect of basic substituents on gas sorption and permeation in polysulfone [J]. Macromolecules，1996，29 (I2)：4360-4369.

[80] Wang D，Teo W K，Li K. Preparation and characterization of high-flux polysulfone hollow gas separation membranes [J]. Journal of Membrane Science，2002，204 (1-2)：247-256.

[81] Chung T S，Shieh J J，Lau W W Y，et al. Fabrication of mufti-layer composite hollow fiber membranes for gas separation [J]. Jowiial of Membrane Science，1999，152 (2)：211-225.

第**5**章

高分子表面活性剂

5.1 概述

    高分子表面活性剂是指分子量达到数千以上，又有一定表面活性的物质。由于高分子表面活性剂兼具有增黏性和表面活性，因此，在石油开采、医药、化妆品、涂料工业、农药工业、环境治理等领域中有巨大的应用前景。

    高分子表面活性剂的应用已有很长的历史，一些天然高分子长期以来一直作为表面活性剂使用。如淀粉、纤维素及其衍生物。近年来，发展迅速的甲壳素、壳聚糖等也可归属于这一类。

    最早使用的天然高分子表面活性剂，如淀粉、纤维素及其衍生物等天然水溶性高分子化合物，虽然具有一定的乳化和分散能力，但由于这类高分子化合物具有较多的亲水性基团，与低分子表面活性剂的性能相差很大。如一般不会在水中形成胶束，故其表面活性较低。1951 年，Stauss 将含有表面活性基团的聚合物聚 1-十二烷-4-乙烯吡啶溴化物命名为聚皂。1954 年，美国 Wyandotte 公司发表了聚氧乙烯、聚氧丙烯嵌段共聚物作为非离子表面活性剂的报道，以后，各种合成高分子表面活性剂相继开发并应用于各种领域。

    与低分子表面活性剂一样，高分子表面活性剂也是由亲水和亲油两部分组成的。高分子表面活性剂的溶液黏度高，成膜性好，在各种表面、界面有很好的吸附作用，因而，分散性、絮凝性和增溶性均优于低分子表面活性剂，用量较大时还具有强的乳化、稳泡、增稠、成膜和黏附作用。高分子表面活性剂的毒性也相对较低。但相对低分子表面活性剂来说，高分子表面活性剂在降低表面张力、界面张力、去污力、起泡力和渗透力方面比较差，多数情况不形成胶束。在通常情况下高分子表面活性剂的表面活性伴随着分子量提高急剧下降。例如，聚乙烯醇是一种常用的高分子表面活性剂，但质均聚合度为 $2 \times 10^4 \sim 8 \times 10^4$，水解度为 83.9% 的聚乙烯醇的表面张力只有 50mN/m（1.0% 水溶液，25℃）；广泛使用的聚氧乙烯聚氧丙烯嵌段共聚物的表面活性最佳可达 33.1mN/m（牌号 Pluronic 104，0.1% 水溶液），但其分子量仅 8.1×10^3。因此，合成高分子量、高表面活性的两亲性聚合物成为近年来表面活性剂的主要研究方向。

5.2 高分子表面活性剂的特性与分类

5.2.1 高分子表面活性剂的特性

亲水和疏水的结构单元是组成高分子表面活性剂的基本单元。在水溶液中的高分子表面活性剂分子呈紧密的螺旋状，直径比相同分子量的聚电解质要小得多。高分子表面活性剂具有如下特点：①因为其自身结构、分子量等原因，其表面活性一般较低；②聚合物链段的分子量大小分布和链段的形态决定形成分子间还是分子内胶束，溶液浓度对它没有影响[1]；③起泡性差，稳定性好，常用作消泡剂和稳泡剂；④低毒，改性容易。

高分子表面活性剂具有以下特性。

（1）降低表面张力

高分子表面活性剂同时含有疏水基团和亲水基团，能在界面排列，有一定的取向性，因此，在一定程度上能降低界面张力。但是，由于多数高分子表面活性剂的分子量较大，分子链也比较长，单分子链即可卷曲成团，其疏水基团在水中能缔合形成以疏水链段为内核、亲水链段与水接触的极性外壳，即大分子胶束，或者分子链相互缠绕，缔合成多分子胶束，向界面迁移和定向排列的数量减少，因此，降低表面/界面张力的能力低于一般小分子表面活性剂[2~4]。高分子表面活性剂的表面活性主要取决于其在溶液中的大分子形态或构象，大分子的化学结构（嵌段、接枝、无规）和组成等则影响其构象。

高分子表面活性剂的分子量增大，有助于界面张力降低。已工业化生产的聚氧乙烯聚氧丙烯的分子量为 8.1×10^3 [5]，表面张力为 33.1mN/m（Pluronic 104，0.1%）。聚乙烯醇的分子量为 $2 \times 10^4 \sim 8 \times 10^4$，表面张力只有 50mN/m（1.0%，25℃）[6]。

（2）乳化作用

由于高分子表面活性剂具有两亲结构，与油混合并充分振荡后，其亲水部分溶于水中，疏水部分可以吸附在界面或进入油相，形成亲水链段为外壳、疏水链段为核心、油相分布在疏水核心中的乳液粒子，达到乳化的功能。由于高分子表面活性剂的分子量较高，分子链间相互缠绕和疏水缔合作用形成三维网络结构，空间阻碍作用能有效阻碍乳状液滴之间接触而发生的并聚作用，从而形成稳定的乳液分散体系。而普通的表面活性剂则不能满足这一点。

因此，这些高分子表面活性剂往往具有良好的乳化功能。如聚苯乙烯聚氧化乙烯嵌段共聚物（PS-b-POE）、聚异丁烯-聚氧化乙烯-聚异丁烯三嵌段共聚物（PIB-b-POE-b-PIB）可用作苯乙烯乳液聚合的乳化剂。

（3）分散作用

高分子表面活性剂具有两亲性结构，在颗粒悬浮体系中，其分子的一部分可吸附在粒子表面，其他部分则溶于作为连续相的分散介质中。当聚合物的分子量不太高时，伸展于分散介质中的分子链具有空间阻碍效应，可有效阻止颗粒接近，从而防止凝聚。

（4）凝聚作用

当高分子表面活性剂的分子量很高时，同一分子可同时吸附在多个颗粒上，从而在粒子之间产生架桥作用，使颗粒相互凝聚而形成絮凝物。因此，高分子表面活性剂在此起到了絮凝剂的作用。

（5）增稠作用

高分子表面活性剂含有疏水基团，在水中能缔合形成三维空间网络结构，使流体力学体积变大，黏度增大。一般具有增稠性的高分子表面活性剂的分子量相对较高，如聚氧乙烯的分子量为 250 万左右时具有增稠性。常用的增稠剂有聚氧乙烯、脂肪胺聚氧乙二醇酯、聚乙烯吡咯烷酮、羧甲基纤维素等[7]。当前较多开发的主要增稠剂为聚丙烯酰胺的衍生物[8,9]及聚氨酯衍生物[10]等。

（6）胶束性质

在水体系中，氢键作用能使水分子形成一定的结构。高分子表面活性剂溶于水后，水分子间的氢键结构重新排列，水分子在疏水基团周围形成特殊的结构，即冰山结构。当亲水部分碳氢链段部分或全部远离水，形成半脱水或脱水状态，则使冰山结构破坏，体系由比较有序变为较为无序，$\Delta S_m > 0$，体系的熵增加，生成胶束的焓值 ΔH_m 很小，有时为负值，由 $\Delta G_m = \Delta H_m - T\Delta S_m$ 可知 ΔG_m 有较大的负值，疏水基团能破坏水的冰山结构且有远离水的热力学趋势，因此，高分子表面活性剂能形成胶束。

高分子表面活性剂的疏水基团远离水的方式有两种，一种是吸附在界面上，呈现长棒状或椭球状，减少与水分子的接触；另一种是疏水基团缔合形成以疏水链段为内核、亲水链段为外壳的大分子胶束。前者能降低表面/界面张力，后者能增溶有机物质，但对降低界面张力的贡献很小。当高分子表面活性剂的分子量为 $10^5 \sim 10^7$ 时，分子链太长，单个分子就可卷曲成线团，疏水基团缔合形成单分子胶束，或者大分子间相互缠结成多分子胶束，因此，高分子表面活性剂向界面迁移、降低界面张力的能力降低甚至丧失。如果高分子表面活性剂的分子链在水中较为伸展，胶束难以形成，分子链就能够迁移到表面进行排列，表面活性则比较高。如果高分子表面活性剂的分子链在水中卷曲成线团，就易于形成胶束留在水中，表面活性则丧失。当高分子表面活性剂为非离子类时，可在稀溶液中缔合成胶束。其胶束缔合数的一般规律[11]：增大分子量，缔合数增大；链段越长，缔合数越大；溶解性增强，胶束易于解缔合。

（7）其他功能

高分子表面活性剂分子量较高，本身起泡能力不强，但因溶液黏度较大，稳定泡沫的能力则较强，因此可用作泡沫稳定剂。另外，高分子量也赋予高分子表面活性剂良好的成膜性和黏附性，因此可在造纸工业、化妆品领域广泛应用。

5.2.2　高分子表面活性剂的分类

按照高分子表面活性剂的来源可将高分子表面活性剂分为天然和合成的高分子表面活性剂；按结构可将高分子表面活性剂分为嵌段型、接枝型、无规型和均聚型；根据其疏水部分的化学组成还可将高分子表面活性剂分为碳氢型（常规型）、碳氟型、硅氧烷型和含金属型四类；按其亲水基种类可分为阴离子、阳离子、两性非离子及两性高分子表面活性剂，如表 5-1 所示。

⊡ 表 5-1　高分子表面活性剂

离子性	亲水基类别	聚合物表面活性
阴离子	羧酸盐 磺酸盐 硫酸酯盐 磷酸酯型	聚丙烯酸盐、苯乙烯-马来酸酐共聚物 聚苯乙烯磺酸盐、萘磺酸甲醛缩聚物 缩合烷基半乳基醚硫酸酯 缩合烷基酚聚氧乙烯醚磷酸酯 氧基烷基丙烯酸酯共聚酯改性聚亚乙基亚胺
阳离子	胺型 季铵盐型	1-十二烷基-4-乙烯吡啶溴化物的聚合物、聚乙烯基苄基 三甲铵盐
两性非离子	多元醇型 其他	聚乙烯醇 聚丙烯酰胺、环氧乙烷环氧丙烷嵌段共聚物、聚乙烯吡啶烷酮、聚氧乙烯缩合烷基苯基醚等

5.2.2.1　天然及改性高分子表面活性剂

许多水溶性的天然高分子物质，如水溶性蛋白质、树脂等，都是很好的表面活性剂。常见的种类有纤维素类、淀粉类、腐殖酸类、木质素类、壳聚糖等。

天然高分子表面活性剂中一般羟基含量较高，亲水性过高，因此表面活性不高。通过接枝、嵌段等方法将合成高分子链接入天然高分子表面活性剂分子链中，可显著提高其表面活性。天然高分子表面活性剂的改性是长期以来高分子表面活性剂发展的一个非常重要的方向。

5.2.2.2　合成高分子表面活性剂

合成高分子表面活性剂可通过两亲性单体的均聚，或由亲水单体和亲油单体通过无规共聚、嵌段共聚和接枝共聚等方法制备，也可在水溶性高分子上引入两亲性单体或亲油性单体制得。因此，合成高分子表面活性剂在结构上可分为无规型、嵌段型和接枝型三大类。

根据离子表面活性剂在水中解离后表面所带的电荷分为阳离子型、阴离子型以及两性型表面活性剂。

（1）离子表面活性剂

1）阳离子表面活性剂

阳离子表面活性剂解离后，表面带正电荷，常被应用于对阴离子重金属盐以及有机污染物的吸附。Leyva-Ramos 等[12] 通过将阳离子表面活性剂十六烷基三甲基溴化铵（HDTMA）吸附在沸石的外表面来制备表面活性剂改性的沸石（SMZ）。通过 Na-BET 方法测定表面积和孔体积，发现表面活性剂分子吸附在沸石上导致表面积和孔体积都减小。在对 Cr(Ⅵ) 的吸附中，SMZ 在 pH＝6 时对 Cr(Ⅵ) 的吸附容量达到最大值，并且当 pH 值从 6 增大到 10 和 pH 值从 6 减小到 4 时，其吸附容量分别减小到最大值的 1/18 和 1/2.7。同时，解吸研究表明 Cr(Ⅵ) 不可逆地吸附在 SMZ 上，证实 Cr(Ⅵ) 在 SMZ 上存在化学吸附。Su 等[13] 制备了 CTAB 改性的麦草（MWS）用于去除水溶液中的甲基橙（MO）染料。在最佳条件 pH＝3.0、MWS 用量 1.00g/L、接触时间 520min 和温度 303K 时，对 MO 的吸附容量为 50.4mg/g。Zhao 等[14] 采用阳离子表面活性剂十六烷基溴化吡啶（CPB）修饰的花生壳作为吸附剂，用于除去水溶液中浅绿色（LG）染料，在 pH 为 2～4 时吸附效果最好。

2）阴离子表面活性剂

阴离子表面活性剂在水中解离后，带负电荷，因而可通过静电作用对阳离子染料和金属离子进行吸附。Chen[15] 等将十二烷基硫酸钠用于修饰 ATP/PPy 复合物以形成 ATP/PPy/SDS 复合物。透射电子显微镜（TEM）和扫描电子显微镜（SEM）证明该复合物具有 "核-壳-壳" 结构。Ni(Ⅱ) 的吸附等温线数据符合 Langmuir 等温线模型，最大吸附容量可达到 186.22mg/g。可使用 0.5mol/L NaOH 溶液进行解吸，并且吸附剂即使进行 5 次解吸-吸附循环仍保持高吸附容量。此外，与 Cr(Ⅵ) 相比，Ni(Ⅱ) 很容易被 ATP/PPy/SDS 复合物萃取。Ahn[16] 等为了增强活性炭吸附重金属的能力，分别用阴离子表面活性剂十二烷基硫酸钠（SDS）、十二烷基苯磺酸钠（SDBS）和磺基琥珀酸二辛酯钠（DSS）浸渍活性炭。结果表明表面活性剂浸渍的活性炭对 Cd(Ⅱ) 的去除量高达 0.198mmol/g，比不含表面活性剂的活性炭（即 0.016mmol/g）去除性能高出一个数量级。Zhang[17] 等通过溶剂热法成功制备了大小在 10～50nm 之间的 $ZnFe_2O_4$ 纳米颗粒，并使用 SDS 进行了修饰。发现 SDS 改性的 $ZnFe_2O_4$ 样品具有高比表面积和介孔结构。在 288K、pH＝12 时，SDS 改性的 Zn-Fe_2O_4 对水溶液中 MB 的吸附容量可达 699.30mg/g。

3）两性表面活性剂

两性表面活性剂既含有阴离子又含有阳离子，所以可用于去除含阴离子的污染物，也可去除含阳离子的污染物。柴等[18] 分别用两性表面活性剂（十二烷基二甲基甜菜碱）和阳离子表面活性剂（十六烷基三甲基溴化铵）来改性凹凸棒石，用于吸附养猪废水中的有机物。结果表明，两种表面活性剂成功地结合到了凹凸棒石的表面，但并没有改变凹凸棒石的晶体结构。同时，改性后，吸附剂对有机污染物的吸附性能明显提升。在最佳实验条件：修饰比例为100％、吸附剂浓度为 16g/L、pH=4.0 时，两种吸附剂对废水中有机物的去除率分别为 88％和 92％，且吸附量可达到 79mg/g 和 82mg/g。Xu 等[19] 通过共沉淀法将十二烷基乙氧基磺基甜菜碱（OSB-12）修饰到硅酸铝表面制备了一种新型纳米无机/有机杂化材料。该材料对染料弱酸性桃红 B 和碱性艳蓝 BO 的吸附容量分别为 471mg/g 和 847mg/g。李婷[20] 分别用中长碳链的十二烷基二甲基甜菜碱（BS-12）和长碳链的十八烷基二甲基甜菜碱（BS-18）修饰膨润土以用于吸附 Cd^{2+}。当表面活性剂的修饰比小于 100％时，Cd^{2+} 的吸附量随着修饰比的增大而减少；当修饰比大于 100％后，对 Cd^{2+} 的吸附量逐渐增大。

（2）非离子表面活性剂

非离子表面活性剂在水中几乎不电离，其亲水部分通常由含氧基团如羟基和聚氧乙烯组成。相比于离子表面活性剂，非离子表面活性剂具有以下优点：①毒性更低；②很容易生物降解[21]。因而，在吸附中，采用非离子表面活性剂作为修饰剂来增强对有机和无机污染物吸附的研究也非常多。Sharma 等[22] 将非离子表面活性剂（Tween 20）修饰到金合欢和稻壳上以用于对水溶液中 Cr(Ⅵ) 的吸附。吸附剂的吸附容量取决于 Cr(Ⅵ) 溶液的 pH，并且发现原始金合欢、表面活性剂改性的金合欢、稻壳以及表面活性剂改性的稻壳对 Cr(Ⅵ) 的吸附容量分别为 96.1mg/g、147.1mg/g、35.7mg/g 和 37.2mg/g。Renuka 等[23] 研究了用 Tween 20 和 Tween 40 包裹的粉煤灰对水溶液中刚果红的去除。结果表明，表面活性剂改性的粉煤灰比未改性的粉煤灰具有更好的吸附性能。同时，Tween 20 修饰的粉煤灰（0.907mg/g）比 Tween 40 改性的粉煤灰（0.694mg/g）的吸附容量更高。Kong 等[24] 分别采用 CTAB、SDS、P123 和 Triton X-100 对香蕉树干进行修饰以研究其对水溶液中苯的去除。结果表明，在这些表面活性剂中，Triton X-100 的效果最好，对苯的吸附容量可达到 280.890mmol/g。

5.3　天然高分子表面活性剂及其改性

传统表面活性剂是以石油化工产品为原料，但因为天然油脂资源的紧缺和石油价格的不断上涨及其资源的枯竭，人们不得不去寻找新的表面活性剂原料。由于表面活性剂越来越多地出现在人们所消费的药物、食品、化妆品和个人卫生用品中，人们对各类与人体接触配方中表面活性剂的毒副作用给予越来越多的关注，在选择表面活性剂时，首先以保护皮肤、毛发的正常、健康状态，对人体产生尽可能小的毒副作用为前提，其次才考虑发挥表面活性剂的最佳主功效和辅助功效。因此，无论是从资源的易得性，还是从对环境、人体的安全性、相容性及可持续性发展方面考虑，研究和开发以天然可再生资源制备低毒或无毒及生物降解性好的表面活性剂是十分必要的[25]。

天然有机高分子化合物淀粉、纤维素和壳聚糖在自然界中的含量十分丰富，而且价格低廉，来源广泛，可作为新型表面活性剂的原料，在高分子表面活性剂领域中占有十分重要的地位。但这类高分子表面活性剂的表面活性较低，越来越不能适应现代科学对其的要求，因此对天然高分子表面活性剂的改性研究已成为天然高分子表面活性剂发展的重要方向。

5.3.1 淀粉基表面活性剂

淀粉是由许多葡萄糖分子缩合而成的多糖，有直链和支链两种不同结构，分别称为直链淀粉和支链淀粉。淀粉广泛存在于植物的谷粒、果实、块根、块茎、球茎等中，为植物的主要能量储存形式，如米、麦、番薯、马铃薯以及野生的橡子、葛根中淀粉含量都很丰富。淀粉不溶于冷水，和水加温至50～60℃，膨胀而变成具有黏性的半透明胶体溶液，这种现象称"糊化"。淀粉的这些特性决定了它直接作为表面活性剂的效率不高，通常需要进行化学改性。根据化学改性的方式，可分为直接改性法和转化改性法两种。前者是将淀粉直接改性，后者是将淀粉先降解为单糖或低聚糖，再将其与高级脂肪醇或高级脂肪酸反应进行改性。

5.3.1.1 直接改性法

直接改性法即以淀粉为原料，直接对其进行化学改性来制取淀粉酯类、羧甲基淀粉类和两性改性淀粉类表面活性剂[26]。

（1）淀粉酯类表面活性剂

淀粉酯是变性淀粉中的一类。常见的有乙酸淀粉酯、磷酸淀粉酯和烯基淀粉酯等。常见淀粉酯的制备方法如图5-1所示。

研究发现，取代度越高的淀粉酯，其溶液表面张力越低。以辛烯基琥珀酸淀粉酯为例，当取代度为0.0157时，其临界胶束浓度对应的表面张力为20mN/m。因此，取代度较高的淀粉酯可作为高品质的表面活性剂。

经过改性制备的淀粉酯的溶液黏度通常要比原淀粉高。例如，用十二烯基琥珀酸酐对淀粉进行改性后，得到的十二烯基琥珀酸淀粉酯的最高黏度可达320mPa·s，

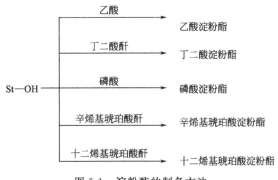

图5-1　淀粉酯的制备方法

而未经改性的原淀粉的最高黏度仅为230mPa·s。丁二酸淀粉酯在较低的剪切速率下，其黏度为90mPa·s，而对应的未经改性的玉米淀粉的黏度为2.5mPa·s。可见改性后的淀粉有极强的增稠能力，可作为增稠剂使用。

（2）羧甲基淀粉类表面活性剂

羧甲基淀粉（简称CMS）是一种可溶于冷水的阴离子型淀粉醚，也是一种以淀粉为原料，经醚化反应得到的变性淀粉。1924年首次制成，1940年开始工业化生产。羧甲基淀粉（或钠盐）是以氢氧化钠作为催化剂，通过淀粉与一氯乙酸反应制备的。淀粉中葡萄糖单元上的羟基与羧甲基形成醚键，削弱了羟基之间的氢键作用，因此淀粉的水溶性增强。因为每个葡萄糖单元上有3个羟基，理论上取代度能达到3。但实际上每个葡萄糖单元上只有0.3～0.5个羟基能被羧甲基取代，因此多数取代度为0.3～0.5。随着取代度增加，羧甲基淀粉水溶解度增大。因此，在保持淀粉颗粒形态的水溶液体系中，不可能制得取代度大于0.1的羧甲基淀粉。如果要制备高取代度的产品，需要在非水介质中进行。

羧甲基淀粉作为一种阴离子表面活性剂，它的结构特点决定了其具有良好的螯合作用、离子交换作用和絮凝作用。羧甲基淀粉具有易糊化、透明度高、耐酸碱等优良性质，可用作

增稠剂、稳定剂、乳化剂、填充剂等助剂，被广泛应用于洗涤用品、制药、食品、印染、涂料等行业[26]。

（3）两性改性淀粉

两性改性淀粉是在羧甲基淀粉的基础上进一步引入阳离子基团形成的。例如，以羧甲基淀粉为基础，以硝酸铈铵为引发剂，在羧甲基淀粉中接枝上丙烯酰胺。然后以甲醛、二甲胺为醚化剂，通过曼尼奇反应对接枝在淀粉分子上的丙烯酰胺进行氨甲基化改性，引入季铵基团，即可制得两性改性淀粉。

Jonhed[27] 等先用次氯酸钠在 36℃、pH=9.5 的条件下将淀粉氧化，然后用 3-氯-2-羟基丙基十二烷基氯化铵对氧化后的淀粉进行疏水改性，得到了两性淀粉分子：

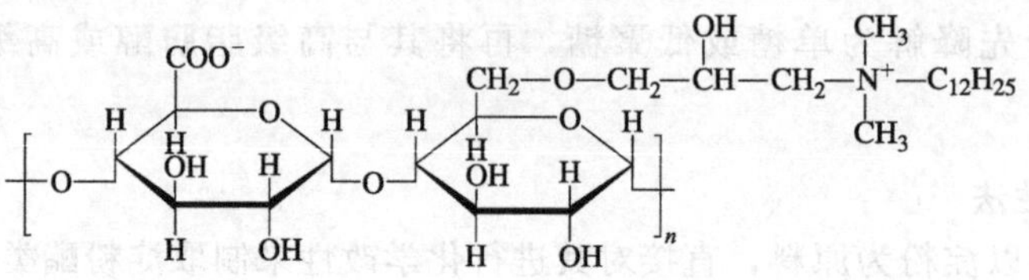

两性改性淀粉对悬浮颗粒有很强的凝聚作用，在环境治理、造纸工业中有广泛的应用。

5.3.1.2 转化改性法

转化改性法是先将淀粉水解为葡萄糖，之后对葡萄糖进行化学改性来制备山梨醇类、烷基糖苷类和葡糖胺类表面活性剂。

（1）山梨醇类表面活性剂

早在 20 世纪 40 年代，以司盘（Span，山梨醇脂肪酸酯）为代表的山梨醇类表面活性剂已由美国阿特拉斯公司研制成功。司盘即山梨醇脂肪酸酯是以山梨醇和脂肪酸为原料，用醚化剂将山梨醇脱水醚化生成失水山梨醇，之后与脂肪酸在酯化催化剂下酯化获得产物。其制备途径如图 5-2。

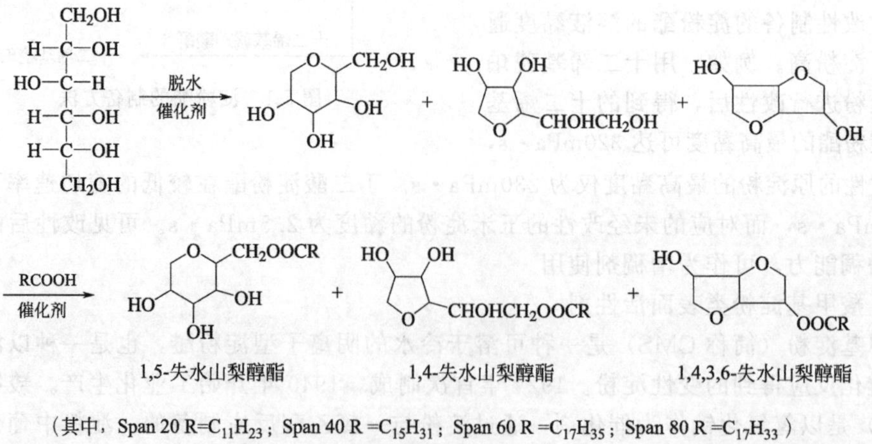

（其中，Span 20 R=C$_{11}$H$_{23}$；Span 40 R=C$_{15}$H$_{31}$；Span 60 R=C$_{17}$H$_{35}$；Span 80 R=C$_{17}$H$_{33}$）

图 5-2　山梨醇类表面活性剂制备方法

上述反应得到的失水山梨醇酯是以 1,4 位失水山梨醇酯为主要成分的复杂混合物。Smidrkal 等在第一步制备失水山梨醇时用磷酸作催化剂，在第二步中将制得的失水山梨醇与脂肪酸在 NaOH 的催化下进行酯化反应，制得的产品在色泽上有明显的改进，同时也有较好的外观。

虽然失水山梨醇酯被广泛使用，但是对它的界面和物理、化学性质的研究还很少。Peltonen 等[28] 研究了水-庚烷界面的失水山梨醇酯的界面张力（γ）与浓度（C）的关系，发现$-\lg C$ 与 γ 之间呈线性关系。此外，他们还研究了 Span 类表面活性剂在戊烷中的临界胶束浓度（cmc）。结果表明，Span 20 在戊烷中的 cmc 值为 $2.4 \times 10^{-5} \, \text{mol/L}$，比其他 3 个 Span 类表面活性剂的临界胶束浓度值大。

失水山梨醇与不同高级脂肪酸反应可形成各种不同的酯，乳化能力会有很大不同，如由失水山梨醇与月桂酸形成的失水山梨醇月桂酸酯（Span 20）、由失水山梨醇与棕榈酸形成的失水山梨醇单棕榈酸酯（Span 40）、由失水山梨醇与硬脂酸形成的失水山梨醇单硬脂酸酯（Span 60）和由失水山梨醇与油酸形成的失水山梨醇单油酸酯（Span 80）等。

山梨醇类表面活性剂可作乳化剂、润湿剂、分散剂、稳定剂、消泡剂、抗静电剂等，广泛用于食品、医药、化妆品、纺织印染助剂及化工等行业。

（2）烷基糖苷类表面活性剂

烷基糖苷即 APG，是由脂肪醇与葡萄糖缩合苷化得到的一种新型非离子表面活性剂。德国人 Fischer 于 1893 年首次报道了甲基糖苷的制备技术，1901 年人们根据 Koenigs-Knorr 反应由 β-溴代-4-乙酰基葡萄糖和烷醇在氧化银催化下制得烷基糖苷。

目前用于工业化生产的只有直接苷化法（a）和转糖苷化法（b），如图 5-3 所示。

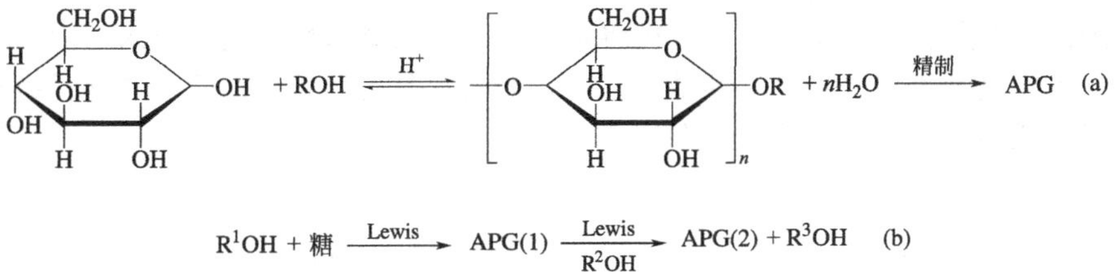

$$R^1OH + 糖 \xrightarrow{\text{Lewis}} APG(1) \xrightarrow[R^2OH]{\text{Lewis}} APG(2) + R^3OH \quad (b)$$

图 5-3　烷基糖苷类表面活性剂合成路线

胡飞等[29] 采用两步法将葡萄糖与 2 种不同链长的醇混合合成烷基糖苷，获得了不同组分的烷基糖苷产品，并对其基础应用性能进行了研究。结果表明，低碳链的烷基糖苷在产品中所占的比例越大，其表面活性越低，而产品乳化力的优劣与表面张力大小并不直接相关。

在室温下，十二烷基糖苷的表面张力已达 26.0mN/m，较其他两个表面活性剂聚氧乙烯脂肪醇（LAE）和十二烷基苯磺酸钠（C_{12}LAS）低（见表 5-2），因此，APG 具有很好的表面性能和界面性能。烷基糖苷主要组分的 HLB 值集中在 10～14，具有显著的乳化性能。

▫ 表 5-2　APG 与其他常用表面活性剂性质比较（25℃，蒸馏水）

表面活性剂	表面张力/（mN/m）	润湿时间/s	cmc/（mmol/L）
十二烷基糖苷	26.0	18	0.3
LAE	27.5	12	0.41
C_{12}LAS	29.3	8	6.0

目前，烷基糖苷已工业化大量生产，因具有良好的表面活性、低刺激性和低毒性的特性，可作为手洗及机洗餐具洗涤剂中活性物质的主要原料。此外，APG 还可以应用于工业清洁剂、高档日用化妆品和食品工业中。

（3）葡糖胺类表面活性剂

Roux 于 1901 年从葡萄糖由糖肟制得了葡糖胺（GA），这种表面活性剂具有生理性能好、无刺激和生物降解性好等特点。

据文献报道，国外对葡糖胺进行改性，由葡糖胺可以制备多种类型的非离子、阳离子等表面活性剂。Kelkenterg[30] 的研究表明，葡糖胺二乙酸的洗涤能力同三聚磷酸盐（STPP）

相当，在 60℃时与钙配合能力为 197mg $CaCO_3/g$，而 STPP 仅为 120mg $CaCO_3/g$。在一定范围内，Na_2SO_4 对葡糖胺二乙酸的去污能力有协同作用，同 STPP 相比可减少用量。

5.3.2 纤维素类表面活性剂

纤维素是自然界中储量最大、分布最广的天然有机物。地球上每年由生物合成的纤维素有 5000 亿吨，其中用于化学改性的纤维素仅 700 万吨[31]。纤维素是由葡萄糖结构单元通过 β-1,4-糖苷键连接而成的大分子。纤维素分子单元糖环上具有 3 个活泼的羟基，可以发生一系列与羟基有关的化学反应，如酯化、醚化、接枝共聚、交联等。同时，纤维素还可以发生氧化、酸解、碱解和生物降解等各种降解反应。通过这些反应，纤维素可以合成一系列表面活性剂。目前，从国内外的研究来看，以纤维素为原料制备高分子表面活性剂，主要是通过醚化或酯化等高分子反应在水溶性纤维素衍生物中引入疏水基，同时破坏纤维素分子间的氢键缔合，使其不能结晶，从而溶于水。按反应的改性方法不同，可以分为大分子反应和接枝共聚两大类。

5.3.2.1 大分子反应

（1）含长链烷基纤维素类表面活性剂

20 世纪 80 年代末，Landoll[32] 首次将带长链烷基的疏水性反应物引入一般水溶性纤维素衍生物（如甲基纤维素、羟乙基纤维素）中，制备了具有预期表面活性的含长链烷基纤维素类高分子表面活性剂。典型反应如图 5-4。

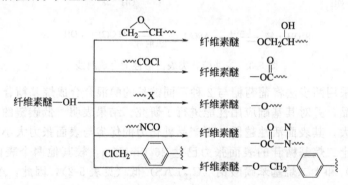

图 5-4 长链烷基纤维素的制备方法

近年来 Tanaka 等[33] 进一步研究表明，由于含长链烷基的纤维素类表面活性剂在溶液中的疏水效应，其溶液还具有独特的增黏性、耐盐性和抗剪切稳定性。

蒋刚彪等[34] 以 CMC（DS＝0.44）为原料，以异丙醇、水混合物为溶剂，与环氧丙基二甲基十四烷基氯化铵进行接枝反应，合成了两性纤维素高分子表面活性剂，并用元素分析和红外光谱证明了该表面活性剂的结构。

目前，该类表面活性剂在国外已形成一些商业品牌，如 Natrol 250 GR、Natrosol Plus Grade 330（英国 Aqualon 公司）等，除可望用作性能优良的水性涂料增稠剂、胶乳分散稳定剂、洗发水增黏剂、高盐油藏驱油剂之外，还可用来制备分离用凝胶、药物缓释材料等。

（2）含碳氟基团纤维素类表面活性剂

碳氟链表面活性剂是一类有着独特性能的表面活性剂，具有表面活性高、降低水表面张力能力强、化学稳定性和热稳定性好等一系列优点。一般认为，碳氟链与碳氢链相比具有更强的疏水性，这体现在它们具有较小的内聚能密度和表面能，而碳氟表面活性剂的临界胶束浓度和溶液表面张力同碳氢类似物相比，通常要显著降低。

1993年，Hwang等[35]首次报道了含碳氟基团纤维素类高分子表面活性剂的研究，合成时先制得1,1-二氢全氟烷基缩水甘油醚（PEAGE）和1,1-二氢全氟烷基对甲苯磺酸酯（PFAPAts）两种疏水性改性剂，然后PEAGE、PFAPAts分别与水溶性HEC进行非均相化学反应，制得了含碳氟基团羟乙基纤维素类表面活性剂。

目前，含碳氟基团纤维素类表面活性剂的研究尚处于开始阶段，在许多方面有待进一步深入研究。

5.3.2.2 接枝与共聚

两亲链段纤维素高分子表面活性剂是继含长链烷基、含碳氟基团的纤维素类高分子表面活性剂之后，以四川大学高分子研究所的曹亚等为代表，从分子设计的角度出发，采用超声波共聚的新方法，先通过超声波辐照作用，将羧甲基纤维素（CMC）、羟乙基纤维素（HEC）等降解形成大分子游离基，引发具有双亲结构的表面活性剂大单体（壬基酚聚氧乙烯醚丙烯酸酯、十二烷基醇聚氧乙烯醚丙烯酸酯、硬脂酸聚氧乙烯醚丙烯酸酯）及第三单体（苯乙烯或甲基丙烯酸甲酯）参与反应，进而制备出兼具一定表面活性和良好增稠能力的改性纤维素共聚物。其中，用HEC引发$NPEO_nA$（$n=4$）及NINIA得到的共聚物，其最低表面张力为29.8mN/m，最低界面张力为1.66mN。用CMC引发$R_{12}EO_nA$或$NPEO_nA$反应得到的二元共聚物以及引发$R_{12}EO_n$和苯乙烯反应得到的三元共聚物，其分子量为$10^4\sim10^5$，具有较大的增黏能力，同时也具有较高的表面活性；共聚物含量为0.5%时，表面张力为30mN/m，油水界面张力为$1\sim2$mN/m，其表面活性已能与低分子相媲美，可以算是纤维素类高分子表面活性剂研究最成功的典范。纤维素类表面活性剂的结构如图5-5所示。

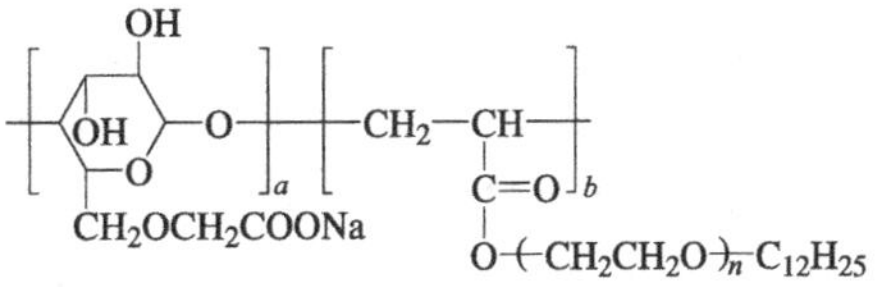

同时，利用低温E-SEM研究了CMC系表面活性剂水溶液的胶束形态，发现CMC类表面活性剂分子在水溶液中同样形成胶束聚集体。尽管这些表面活性剂的分子结构相同，骨架主链均有CMC链段，但表面活性单体链段不同即亲水-疏水性不同，使胶束粒子呈现球形、椭球形、棍状等形状。此外，此类表面活性剂的水溶液在硅胶冰界面上的吸附量较大。

图5-5 纤维素类表面活性剂的结构

5.3.3 壳聚糖类表面活性剂

壳聚糖（CTS）是甲壳素脱乙酰化的产物，其分子中存在羟基和氨基。脱乙酰基程度决定了大分子链上氨基的数量，从而影响其性能。通过对羟基和氨基进行化学改性，不仅可以改善它们的溶解性能，而且不同取代基团的引入，赋予了壳聚糖更多的功能特性。壳聚糖具有可生物降解性、无毒、耐腐蚀等特点，同时具有生物和免疫活性，生物相容性良好，在生物医学及制药等方面的应用极其广泛。此外，壳聚糖还可用于制作人工肾透析膜和隐形眼镜。由壳聚糖制备出的微胶囊，是一种生物降解型的高分子膜材料，是优良且极具发展前途的医用缓释体系。

使经过化学改性的壳聚糖与长链的高分子化合物反应，可制备不同类型的高分子表面活性剂。

例如，使羧甲基壳聚糖与不同碳链长度的烷基缩水甘油醚在碱性条件下进行反应，可制备一系列阴离子型高分子表面活性剂。引入的疏水基越长，表面张力下降越多，即表面活性越大。这类离子型高分子表面活性剂的表面张力在$30\sim40$mN/m之间。

使壳聚糖分别与丁基缩水甘油醚和丁二酸酐反应，进行亲水和疏水改性，可制备非离子型两亲性壳聚糖衍生物（2-羟基-3-丁氧基）丙基-丁二酰化壳聚糖（HBP SCCHS），其表面张力可达 51.23mN/m，且具有良好的起泡性能和泡沫稳定性，对液体石蜡具有比 Tween 60 更好的乳化力。

对不同分子量的（2-羟基-3-十二烷氧基）丙基-羟丙基壳聚糖（HDP-HPCHS）的表面活性研究结果表明，不同分子量的 HDP-HPCHS 产物均具有良好的水溶性和表面活性。其表面活性随分子量减小而增大，而临界胶束浓度（CMC）随其分子量降低呈现出逐渐增大后又降低的变化趋势（如表 5-3）。

⊡ 表 5-3 HDP-HPCHS 的表面活性参数（25℃）

样品编号	1	2	3	4
特性黏数 [η]/(ml/g)	94.8	53.7	50.9	31.5
表面张力/(mN/m)	42.4	39.0	38.8	30.0
界面张力/(mN/m)	32.4	35.9	36.1	44.9
CMC/(mg/L)	2.6	8.1	8.5	3.4

（1）阴离子型

隋卫平等[36] 利用羧甲基壳聚糖在碱性条件下与不同碳链长度的烷基缩水甘油醚反应，合成了一系列具有两亲性的化合物；进一步的研究结果表明，在一定疏水基取代度范围内，取代度增加有利于表面张力降低，且疏水链碳数增加有利于改进产物的表面活性。Sun 等[37] 通过羧甲基壳聚糖的酰基化改性，得到了酰基羧甲基壳聚糖，并研究了其对废水中残油的去除能力。Sui 等[38] 用十二烷基缩水甘油醚改性了羧甲基壳聚糖，得到了不同取代度的（2-羟基-3-十二烷氧基）丙基羧甲基壳聚糖（HDP-CMCHS）；进一步的研究表明，HDP-CMCHS 能吸附于水溶液表面并使其表面张力下降，且在其浓度超过一定值后能发生聚集，取代度的提高以及 NaCl 的加入能进一步改进其表面活性。丙基羧甲基壳聚糖的合成路线见图 5-6。

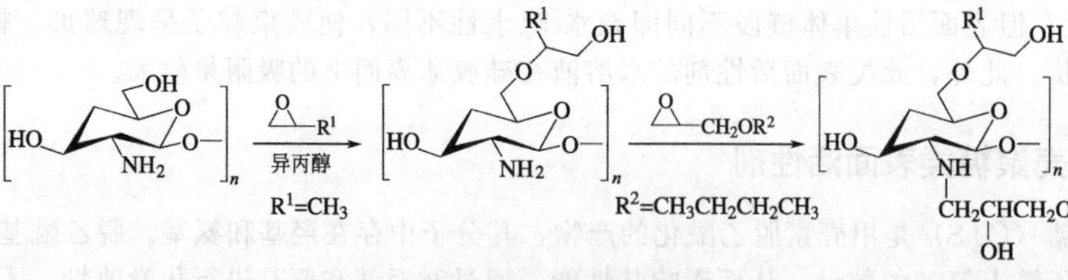

图 5-6 丙基羧甲基壳聚糖合成路线

壳聚糖类高分子表面活性剂可应用在多个领域。Khiew 等[39] 利用壳聚糖月桂酸盐在水溶液中自组织形成的胶束为模板，制得了具有纳米结构的 ZnS 材料。Onésippe 等[40] 利用 N-十二烷基壳聚糖乙酸盐/SDS 具有的良好表面活性，制备了有良好皮肤适应性的化妆品；Philippova 等[41] 利用 N-十二烷基壳聚糖在稀乙酸溶液中的自组织性能得到可用于药物负载的胶束颗粒。Lee 等[42] 利用己酸酐等改性壳聚糖生成的酰基化衍生物成功地处理了含 Cd^{2+} 等重金属离子及正辛酸等脂肪酸的废水。

（2）非离子型

Heras 等[43] 用壳聚糖的冰醋酸溶液与磷酸反应，得到黏度为 22.5mPa·s 的 N-亚甲基磷酸壳聚糖（NMPC），其结构式如图 5-7 所示。实验结果表明壳聚糖衍生物 NMPC 在酸、碱和有机溶剂中的溶解能力与壳聚糖相比都有很大的提高。随后，Ramos 等[44] 在 NMPC 上接枝烷基链，合成出一种新型表面活性剂。

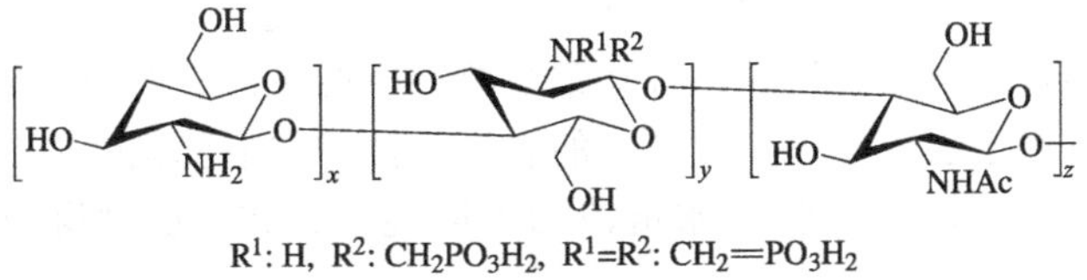

R¹: H, R²: CH₂PO₃H₂, R¹=R²: CH₂=PO₃H₂

R^1: H, R^2: $CH_2PO_3H_2$, $R^1=R^2$: $CH_2=PO_3H_2$

图 5-7　N-亚甲基磷酸壳聚糖的化学结构

通过壳聚糖的酰基化改性向其分子结构中引进疏水基也是一种重要的制备壳聚糖基高分子活性剂的方法。如 Sui 等[45] 用丁基缩水甘油醚在碱性条件下改性了琥珀酰壳聚糖，得到了具有表面活性的（2-羟基-3-丁氧基）丙基琥珀酰壳聚糖。

Lee 等[46] 利用 1-(3-二甲氨基丙基)-3-乙基碳二亚胺（EDC）催化下的偶联反应，将脱氧胆酰基引进壳聚糖分子结构中，得到了取代度 2.8%～5.1%的脱氧胆酰壳聚糖（DC）；进一步的研究表明，DC 在磷酸盐缓冲溶液中形成的自聚集体直径及 CAC 值随取代度或离子强度提高而降低。Jiang 等[47] 通过羧酸酐与壳聚糖反应，将硬脂酰基等引入壳聚糖结构中，得到了取代度为 0.9%～29.6%的壳聚糖酰基化衍生物，这类壳聚糖衍生物在水中可自组装成粒径为 140～278nm 的球状胶束。

（3）两性离子型

唐有根等[48] 通过壳聚糖与环氧丙基二甲基十四烷基氯化铵反应后，再在甲酰胺介质中用氯磺酸磺化，得到了一种吸湿性极强且有优异表面活性的磺酸型壳聚糖基两性高分子活性剂（APCTSS，如图 5-8），在化妆品、医药、环保、膜材料等领域可获得广阔的应用前景。

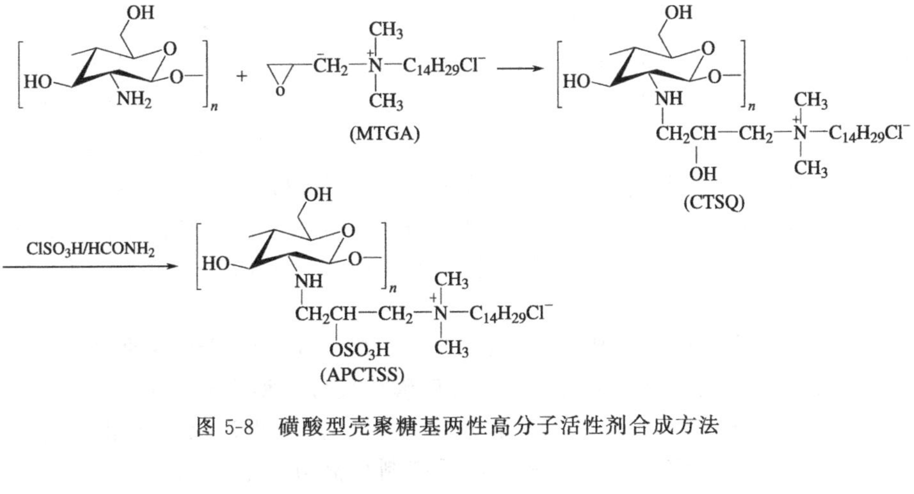

图 5-8　磺酸型壳聚糖基两性高分子活性剂合成方法

5.4　合成高分子表面活性剂

合成高分子表面活性剂是通过人工合成方法制备的具有两亲结构的高分子化合物，一般为线型高分子。根据其结构特征，通常将合成高分子表面活性剂分为阴离子型、阳离子型和非离子型三类。近年来，随着对高分子设计研究的不断深入，两亲性嵌段共聚物和接枝共聚物用作高分子表面活性剂的研究也有很大进展。

近年来高分子表面活性剂的制备途径主要有表面活性单体聚合、亲水/疏水单体共聚、高分子聚合物化学改性和天然高分子产物的化学改性等 4 种方法[49]。

(1) 表面活性单体聚合

表面活性剂单体一般由可聚合的反应基团（双键、三键、氨基、羟基、环氧基等）、亲水基（链段）及亲油基（链段）组成，含有重复单元的两亲性表面活性剂单体，很多离子型高分子表面活性剂可溶于水或盐中，有较好的表面活性和增溶乳化性能，还可用于无皂乳液聚合等。按表面活性大单体中亲水-疏水链段的不同连接方式，所制得的高分子表面活性剂有如图 5-9 所示的三种结构。

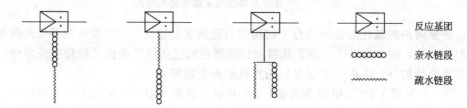

图 5-9　由表面活性剂单体制备的分子表面活性剂的三种分子结构

典型的非离子表面活性单体有甲基丙烯酸聚氧化乙烯酯、聚氧化乙烯基苯乙烯。这类大单体与甲基丙烯酸低碳醇酯、苯乙烯的共聚物质量分数为 1％水溶液的表面张力为 36～56mN/m（25℃）、cmc（临界胶团浓度）为 100～150mg/L；丙烯酰胺、丙烯酸聚氧化乙烯酯大单体与第三种单体共聚得到的高分子表面活性剂，与低分子表面活性剂相近，但具有高黏度及其他特性。

(2) 亲水/疏水单体共聚

采用阴离子聚合或开环聚合得到含亲水/疏水链段的嵌段高分子表面活性剂。亲水链段有聚氧乙烯、聚乙烯亚胺等，疏水链段有聚氧丙烯、聚苯乙烯和聚氧硅烷等。此类共聚物有良好的乳化性能，但高分子量的两嵌段或三嵌段共聚物降低表面（界面）张力的能力十分有限，其原因可能是大分子疏水链段在水溶液中易缔合，可形成以亲水链段为外壳、疏水链段为脱水内核的胶束，致使疏水链段不能在界面形成有效的覆盖[50]。多嵌段共聚物如氧乙烯-氧丙烯多嵌段共聚物（商品 Pluronics），其疏水性氧丙烯链段为亲水性氧乙烯链段所间隔而分布于整个分子链上，不易缔合，增大了大分子链向界面迁移的能力，呈现了较高的表面活性。某些高分子表面活性剂的表面活性远高于低分子表面活性剂。如氧化乙烯-硅氧烷嵌段共聚物质量分数为 0.1％水溶液的表面张力最低可达 20mN/m（20℃）。

(3) 高分子聚合物化学改性

在高分子中引入亲水或疏水基团以修正其亲水-疏水性，可得到各种类型的高分子表面活性剂。聚丁二烯、聚异戊二烯通过三氧化硫磺化反应可得到分子量为 $1.0×10^4～6.6×10^4$ 的水溶性高分子表面活性剂，质量分数为 0.05％ 的水溶液表面张力为 38mN/m（20℃）。烷基酚与甲醛的缩合物再与氧乙烯反应制得高分子表面活性剂，CIVIC 浓度下的表面张力为 32mN/m（25℃）。将对烷基酚与甲醛缩合所得的线型高分子与环氧乙烷加成，可得到水溶性非离子表面活性剂。将此种非离子表面活性剂硫酸化，可得到阴离子型高分子表面活性剂。聚乙烯吡啶季铵化后可得阳离子高分子表面活性剂[51]。烷基酚-甲醛缩合物与氧乙烯反应制备得高分子表面活性剂，平均分子量为 $5.8×10^3～8.6×10^3$，cmc 下水溶液表面张力为 32mN/m（25℃），烷基苯水溶液（0.25％）的界面张力可低至 $1×10^{-3}$mN/m（25℃）。

（4）天然高分子产物的化学改性

天然高分子产物的化学改性是非常值得重视的高分子表面活性剂制备方法，如将一般水溶性纤维素衍生物［如常见的 HEC（羟乙基纤维素）、MC（甲基纤维素）和 HPC（羟丙基纤维素）］在适当的条件下与带长链烷基的疏水性反应物进行高分子化学反应，可提高其表面活性并制得具有预期性能的含长链烷基的纤维素类高分子表面活性剂。淀粉改性也可得到高分子表面活性剂，如近几年发展的阳离子改性淀粉就是一种典型的淀粉类高分子表面活性剂，具有良好的乳化、分散和絮凝性能。隋卫平等[36]将壳聚糖经丙酸及（2-羟基-3-丁氧基）丙酸改性，生成水溶性的两亲性化合物（2-羟基-3-丁氧基）丙酸，羟丙酸壳聚糖，使之除具有天然高分子的生物活性、生物相容性和可降解性等外，还是具有表面活性的高分子表面活性剂。

5.4.1 阴离子型高分子表面活性剂

阴离子型高分子表面活性剂是指其亲水基团由羧基、磺酸基和磷酸酯基等酸性基团构成的两亲性聚合物。

羧酸型高分子表面活性剂常采用含羧基单体通过均聚或共聚获得，也可通过含酯基单体聚合后水解转化为含羧基聚合物。常用的含羧基单体有丙烯酸、甲基丙烯酸、顺丁烯二酸酐等。

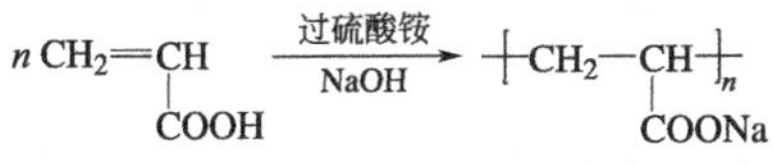

图 5-10　聚丙烯酸钠的制备

例如，丙烯酸或丙烯酸盐用过硫酸盐作为引发剂进行自由基水溶液聚合，可直接得到水溶性阴离子聚合物。反应过程如图 5-10 所示。

用顺丁烯二酸酐与苯乙烯共聚。因为顺丁烯二酸酐自身不会均聚，与苯乙烯共聚时，当顺丁烯二酸酐用量很大时，可制备近乎交替的共聚物。产物经碱性处理后可得水溶性的苯乙烯-顺丁烯二酸酐交替共聚物（图 5-11）。

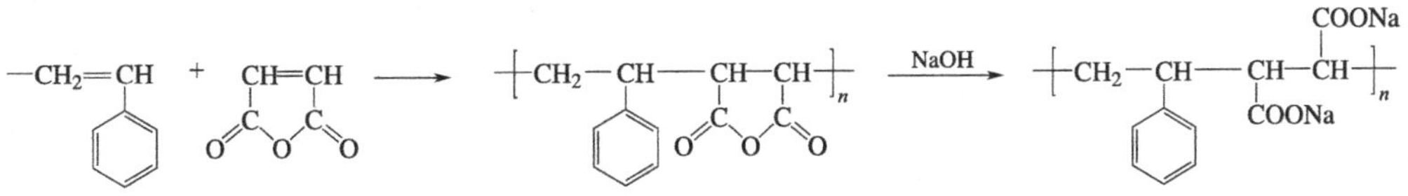

图 5-11　苯乙烯-顺丁烯二酸酐交替共聚物的合成

聚磺酸型高分子表面活性剂可通过含乙烯基磺酸盐、苯乙烯磺酸盐等单体的聚合获得。这类单体本身是水溶性的，因此可采用过硫酸盐等水溶性引发剂进行水溶液聚合。也可先制备聚苯乙烯，然后通过磺化反应引入磺酸基团。由这两种聚合方法所制得的聚苯乙烯磺酸盐具有良好的分散作用，也可以作为抗静电剂使用。如图 5-12 所示。

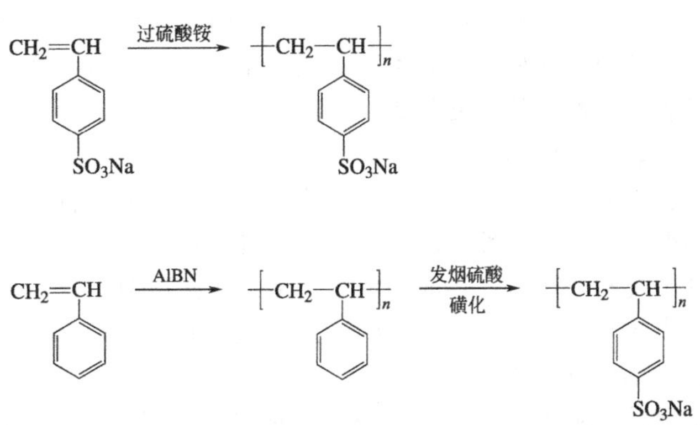

图 5-12　聚苯乙烯磺酸钠的制备

将萘磺酸盐与甲醛进行缩聚反应可得到萘磺酸盐型高分子表面活性剂，可用作染料分散剂和混凝土减水剂。反应过程如图 5-13 所示。

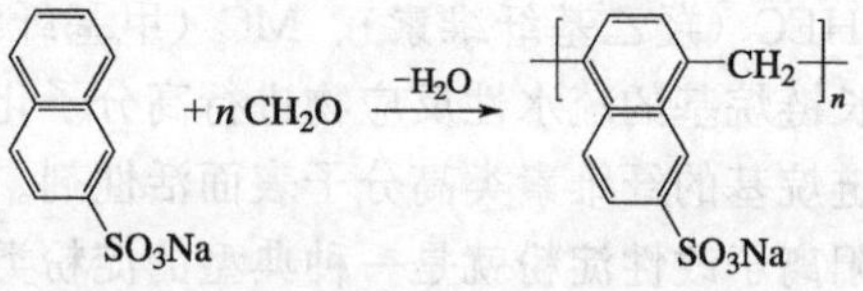

图 5-13　萘磺酸盐型高分子表面活性剂的制备

5.4.2　阳离子型高分子表面活性剂

除极少数的聚硫盐及聚磷盐外，大部分阳离子型高分子表面活性剂都是含有季铵盐的高分子，通常通过含有乙烯基的脂肪胺或芳香胺聚合后，再经季铵化所得。也可直接通过季铵单体聚合而成。

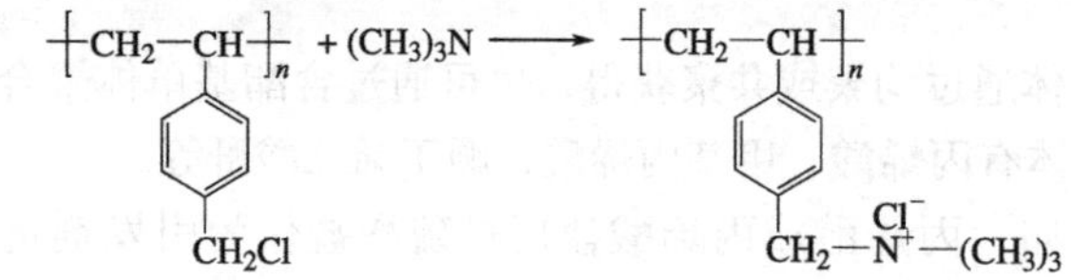

(a) 聚季铵盐高分子表面活性剂的制备

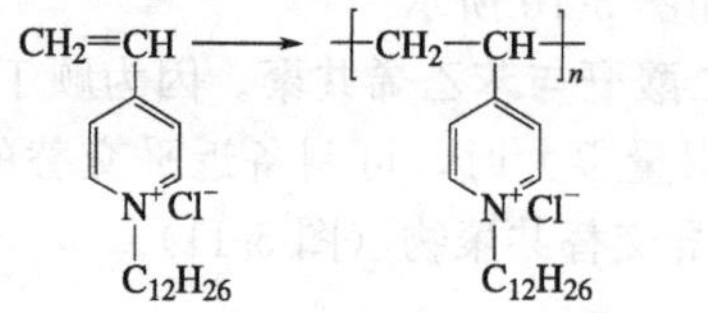

(b) 聚吡啶盐高分子表面活性剂的合成

图 5-14　阳离子型高分子表面活性剂的制备

例如，将苯乙烯低聚物在二氯甲烷中进行氯甲基化，再用三甲胺对聚对氯甲基苯乙烯进行季铵化改性，即可得到聚季铵盐高分子表面活性剂，反应过程如图 5-14(a) 所示。

将 4-乙烯基吡啶盐进行均聚，可直接得到聚吡啶盐高分子表面活性剂，如图 5-14(b) 所示。

为了提高阳离子型高分子表面活性剂的水溶性并调节其亲水亲油平衡，常将乙烯基的脂肪胺或芳香胺与其他单体共聚。丙烯酰胺几乎是所有阳离子型高分子表面活性剂的共聚单体，这主要是因为丙烯酰胺水溶性好、价廉。

阳离子型高分子表面活性剂有较好的分散、凝聚、乳化作用，在农药、造纸和环境保护等领域有广泛的应用。

5.4.3　非离子型高分子表面活性剂

在高分子表面活性剂中，非离子型高分子表面活性剂无论是在产量上还是在用途方面均具有十分重要的意义。目前广泛使用的辛基酚聚氧乙烯醚类表面活性剂就是低分子量烷基酚聚氧乙烯醚类的表面活性剂。此外，蓖麻油聚氧乙烯醚、聚乙烯醇、聚乙二醇和聚丙烯酰胺都是非离子型高分子表面活性剂的重要代表。

（1）聚氧乙烯醚类表面活性剂

聚氧乙烯分子中含有大量亲水性乙氧基，水溶性良好，不适合直接作为表面活性剂。在聚氧乙烯的分子末端引入一个亲油性链段，使分子链具有适当的亲水亲油平衡，成为一类重要的表面活性剂。其中烷基酚聚氧乙烯醚类的表面活性剂是目前广泛使用的一类非离子型表面活性剂。这类产品中较重要的有壬基酚聚氧乙烯醚系列（NP）、辛基酚聚氧乙烯醚系列（OP）、仲辛酚聚氧乙烯醚（SOP）等。

烷基酚聚氧乙烯醚是酚醚中产量较大的一类，它的用途广泛，不仅具有良好的乳化力，而且有较好的润湿力和渗透力，在水油乳化、乳液聚合等方面均有应用。此类产品经磷酸酯化反应，还可制得酚醚磷酸酯及磷酸酯盐。

烷基酚聚氧乙烯醚中最典型的代表为 OP 型表面活性剂。OP 型表面活性剂是分子末端带有一个辛烷基酚的聚氧乙烯醚，常用通式 OP-X 表示。其中，X 为整数字，代表聚氧乙烯醚的聚合度。如 OP-10 即为含有 10 个乙氧基的辛烷基酚聚氧乙烯醚。

如果将烷基酚聚氧乙烯醚中的烷基酚改成植物油或脂肪酸，则形成了另一类重要的非离子型表面活性剂：植物油醚和酯类非离子表面活性剂。

植物油醚和酯类非离子表面活性剂的重要代表有蓖麻油聚氧乙烯醚（EL）、米糠油聚氧乙烯醚、松香酸聚氧乙烯酯（RPEO）、油酸聚氧乙烯酯（AO）等。这类表面活性剂常用作农药表面活性剂，也可作为工业洗涤剂、分散剂等。其中，蓖麻油聚氧乙烯醚是其代表性品种，在农药用混合型乳化剂中应用较多，产量也较大，在作为家用或农用杀虫剂的助剂方面也有应用。

（2）其他类型非离子型高分子表面活性剂

除了烷基酚聚氧乙烯醚外，其他类型的非离子型高分子表面活性剂主要有聚乙烯醇、聚乙二醇和聚丙烯酰胺等。

乙烯醇本身不稳定，聚乙烯醇是通过聚乙酸乙烯酯在酸性或碱性条件下水解转化而成的。聚乙烯醇的表面活性不强，主要用作乙酸乙烯酯乳液聚合的保护胶体、悬浮聚合的分散剂等，也可作为植物油、矿物油和石蜡的乳化剂。

聚乙二醇型高分子表面活性剂是在酸性或碱性催化剂存在下，使环氧乙烷进行开环聚合制得的。分子结构中的亲水基团为乙氧基。由于分子链中疏水基团较少，表面活性不高。主要用作纺织助剂中的上浆剂、增稠剂等。

将环氧乙烷和环氧丙烷进行嵌段聚合，所得产物具有良好的乳化作用，可以作为乳液聚合用乳化剂和低泡型洗涤剂使用。

聚丙烯酰胺是又一类非离子型高分子表面活性剂。它是以过硫酸盐作为引发剂，由丙烯酰胺进行自由基水溶液聚合制备的。这类聚合物有很强的吸附、絮凝作用，是典型的非离子型高分子絮凝剂，在造纸工业中用以增强纸的拉力和提高纸浆得率。

5.4.4 接枝型高分子表面活性剂

接枝型高分子表面活性剂的一条主链上带有若干条支链，要么以主链为亲水链段，要么以支链为亲水链段。由主链和支链构成梳状两亲性的高分子结构。其表面活性取决于亲水链段和疏水链段的结构、比例、各段的分子量以及在溶液中的分子形态。

接枝型高分子表面活性剂主要可通过大分子单体法、偶合法、活性中心法制备。

（1）大分子单体法

大分子单体法是制备接枝型高分子表面活性剂十分有效的方法，其特点是可以通过分子设计制备具有特定结构的大分子单体，然后通过各种聚合方法制备支链长短一致的接枝共聚物，其结构与性能间的关系十分明确。

例如，通过阴离子聚合反应制备聚氧乙烯大分子单体有两种方法。第一种方法是用一种不饱和引发剂引发环氧乙烷的阴离子聚合，而双键因不参加聚合保留在聚氧乙烯链的末端。第二种方法是借助聚氧乙烯活性链与不饱和亲电试剂之间的反应在聚氧乙烯末端引入双键。

在第一种方法中，采用对烯丙苯甲醇钾引发环氧乙烷的阴离子聚合。对烯丙苯甲醇钾具有很低的亲核性，不会与 α-甲基苯乙烯的双键反应，反应式如图 5-15 所示。

上述反应是以二苯基甲醇钾为金属化剂在四氢呋喃（THF）中实现的。因为与 THF 高度缔合的对烯丙苯甲醇钾盐在此介质中是不溶物，所以上面的聚合反应刚开始时是非均相反

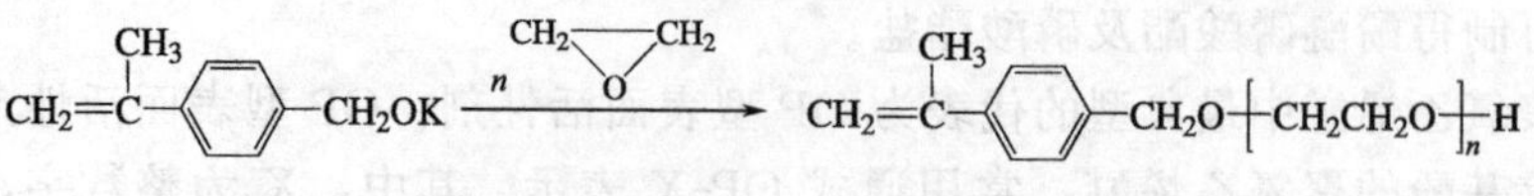

图 5-15　不饱和引发剂引发环氧乙烷制备大分子单体

应。当聚合度超过 5 以后，聚合反应成为均相反应[52,53]。以偶氮二异丁腈为引发剂，可以成功实现苯乙烯与带有甲基丙烯酸或苯乙烯端的聚氧乙烯大分子单体的自由基共聚反应[54]，得到具有不同表面活性的高分子表面活性剂。

在第二种方法中，可将环氧乙烷以烷基锂作为引发剂进行聚合，得到末端为阴离子的活性链，然后与含双键化合物反应得到聚氧乙烯大分子单体。

Niwa 等[55] 已经合成出以聚氧乙烯为亲水部分的两亲接枝共聚物。在碱液中通过聚氧乙烯乙二醇单甲醚钠和氯气之间的反应，可以制备出含有功能化芳基的聚氧化乙烯大分子单体。这些末端为苯基的聚氧化乙烯与甲基丙烯酸甲酯共聚，可得到高分子量的共聚物。

在甲苯溶液及惰性气氛下，通过丙烯酰氯或甲基丙烯酰氯与单甲氧基聚氧乙烯反应可以合成出单甲氧基聚氧乙烯丙烯酸酯和单甲氧基聚氧乙烯甲基丙烯酸酯。三乙胺用来中和酸，这样就可以在高得率下获得大分子单体。这些大分子单体和甲基丙烯酸甲酯共聚反应可以形成凝胶。凝胶的形成与聚合度有着紧密的联系，一旦聚合度超过某一临界值就会形成凝胶。Gramain 和 Frere[56] 将这种凝胶的形成归因于聚合物微结构，认为主链上接枝的"间同键接"会诱导晶区形成，而这种晶区将大大降低接枝共聚物的溶解性。

（2）偶合法

偶合法借助一种聚合物的活性末端基与另一种聚合物链上的活性点之间的反应。这些活性末端基可以是离子聚合反应中产生的活性末端，也可以是一些对底物高分子链上某些特定位置具有较高反应活性的基团。

例如，酯交换反应可被用来合成聚甲基丙烯酸甲酯-聚氧乙烯接枝共聚物。将聚氧乙烯的末端羟基转换成醇钾，然后进攻聚甲基丙烯酸甲酯上的羰基，可将聚氧乙烯链接到聚甲基丙烯酸甲酯上，如图 5-16 所示。

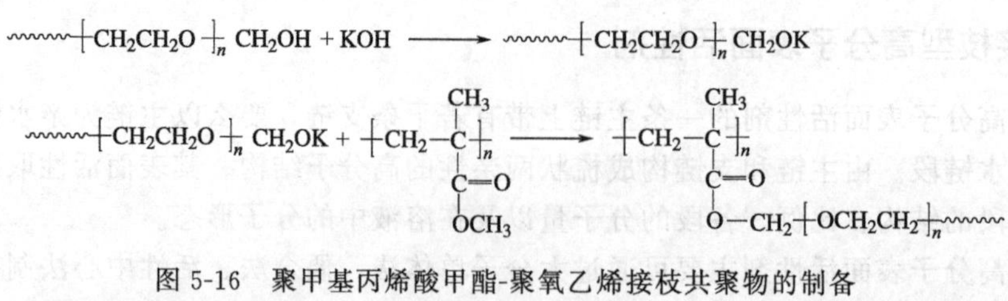

图 5-16　聚甲基丙烯酸甲酯-聚氧乙烯接枝共聚物的制备

聚氧乙烯醇钾与聚对氯甲基苯乙烯偶合可得到相应的接枝共聚物。接枝共聚物的结构示意如图 5-17 所示。

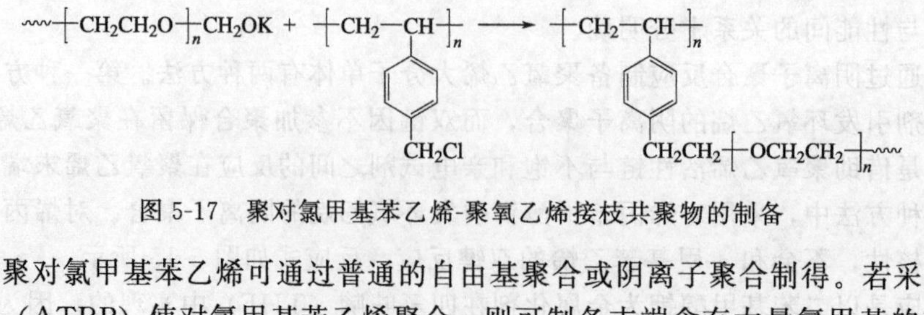

图 5-17　聚对氯甲基苯乙烯-聚氧乙烯接枝共聚物的制备

其中，聚对氯甲基苯乙烯可通过普通的自由基聚合或阴离子聚合制得。若采用原子转移自由基聚合（ATRP）使对氯甲基苯乙烯聚合，则可制备末端含有大量氯甲基的超支化聚合物。进一步与聚氧乙烯醇钾偶合，可制得两亲性的超支化聚合物。研究结果表明，这种两亲性超支化聚合物在水中的浓度很低时，可形成单分子胶束，可作为泡沫稳定剂、介孔材料模板等。

Miyauchi 等[57] 也合成出以乙烯吡咯烷酮低聚物为亲水部分的接枝共聚物。甲基丙烯酸甲酯骨架单体和许多其他带有功能基的共聚单体发生共聚反应，从而产生了一些活性接枝点。这些憎水性的二组分或三组分共聚物通过甲基丙烯酸甲酯、甲基丙烯酸-β-溴乙酯、氯甲基苯乙烯或甲基丙烯酸缩水甘油酯之间的自由基聚合反应得到。β-巯基丙酸用作乙烯吡咯烷酮低聚物合成时的链转移剂。乙烯吡咯烷酮低聚物中的羧酸末端基和甲基丙烯酸酯中的溴乙基或环氧基之间的反应即为接枝反应。

（3）活性中心法

活性中心法即采用某些特殊的方法使高分子链上形成可进一步引发其他单体聚合的活性中心，这种活性中心可以是阴离子或阳离子，也可以是自由基。反应中心引发另一种单体的聚合反应从而得到接枝共聚物。

例如，高价铈盐如硝酸铈盐或硫酸铈盐与有机还原剂如醇、硫醇、醛和胺共存时，将形成一种氧化还原体系，这种氧化还原反应会产生能引发乙烯基单体聚合的自由基。其反应式如图 5-18 所示。

$$Ce^{4+} + RCH_2OH \longrightarrow R\dot{C}HOH + RCH_2O^{\cdot} + Ce^{3+} + H^+$$

图 5-18　高价铈盐与有机还原剂的氧化还原反应

利用这一反应，用硝酸铈铵催化聚乙烯醇反应，制备含有活性自由基的聚乙烯醇，然后加入丙烯酰胺，可制备有良好表面活性的聚乙烯醇-聚丙烯酰胺接枝共聚物。图 5-19 为这一反应的实例。

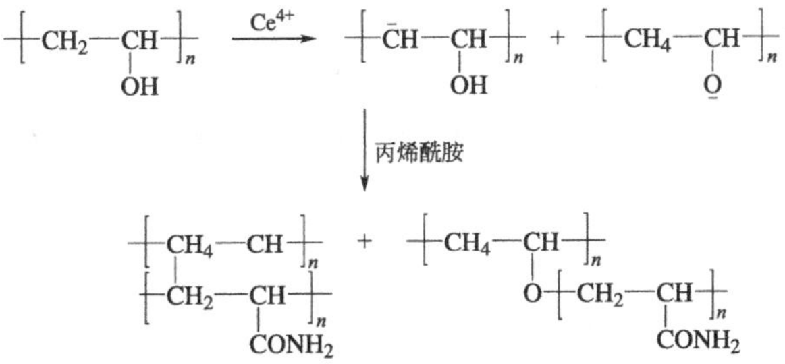

图 5-19　活性中心法制备高分子表面活性剂

采用硫酸铈铵催化羧甲基纤维素钠（NaCMC）反应，制备含有活性自由基的羧甲基纤维素钠，然后将具有表面活性的低分子阳离子表面活性剂氯化十二烷基二甲基烯丙基铵（JT-12）接枝到高分子链上，制得接枝型高分子表面活性剂 NaCMC-g-JT-12。表面张力测定实验结果表明，随着 NaCMC-g-JT-12 质量浓度升高，溶液的表面张力都有下降的趋势。与原始的羧甲基纤维素钠相比，所得产物溶液的表面张力均小于 NaCMC，且接枝率越高，其溶液的表面张力越低。

常用天然大分子制备接枝型高分子表面活性剂，如以淀粉为主干聚合物，以无机盐氧化剂诸如硫酸铈铵、过硫酸铵、高锰酸钾，甚至紫外线为引发剂，同丙烯酰胺、丙烯酸、丙烯腈等单体进行共聚反应，即可制得接枝型高分子表面活性剂[58~61]。有时为了提高表面活性，亦可对支链进行改性。此外，把疏水性链段引入亲水性主链上是高分子化学反应的另一种形式，如把十八碳酸、二十二碳酸等作为疏水链段引入聚乙烯醇主链上，也可把疏水链引入甲基纤维素、羟乙基纤维素上，形成支链为疏水链段的接枝型高分子表面活性剂。

5.4.5　嵌段型高分子表面活性剂

嵌段型高分子表面活性剂是由两种亲水亲油性能不同的分子链通过头尾相接形成的高分子表面活性剂，嵌段数量可以是两段，也可以是多段，根据各链段的亲水性和亲油性决定。与接枝型高分子表面活性剂类似，它们的表面活性同样取决于亲水链段和疏水链段的结构、比例、各段的分子量以及在溶液中的分子形态。

常见二嵌段或三嵌段共聚物的亲水基团和亲油基团均位于大分子主链上，随着分子链增长，大分子容易卷曲形成多分子或单分子胶束，使表面活性逐步降低。因此，要合成分子量较高、同时具有较强表面活性的嵌段型高分子表面活性剂，必须对分子结构进行设计。一般应满足以下条件：①控制聚合物的结构与组成，使大分子在界面上的吸附自由能小于或等于形成胶束的自由能，以阻碍胶束形成；②使分子链上带有较强的吸附基团，形成较强的侧向吸附力，可在界面上形成较牢固的吸附层。

聚氧化乙烯-聚氧化丙烯嵌段共聚物、聚乙烯亚胺嵌段共聚物等典型的嵌段型高分子表面活性剂的表面张力一般在 $22\sim35\text{mN/m}$ 之间。

嵌段型高分子表面活性剂的合成方法基本上可分为 3 种：顺序聚合法、偶合法和后改性法。

（1）顺序聚合法

顺序聚合法是近年来发展十分迅速的新型聚合方法。这种方法特别适合制备嵌段共聚物。利用前一单体活性聚合所得到的聚合物活性链上的活性端基进一步引发后一单体聚合，即可得到嵌段共聚物。

阴离子聚合法是最适合制备单分散聚合物和高纯度嵌段共聚物的方法，在制备嵌段型高分子表面活性剂方面也有独到之处。如通过阴离子聚合法制备的聚苯乙烯-聚氧化乙烯嵌段共聚物，各段分子量均可严格控制，可调节其亲水亲油平衡。聚苯乙烯-聚氧化乙烯嵌段共聚物的制备示意图如图 5-20。通过类似方法也可制备三嵌段或多嵌段的高分子表面活性剂。

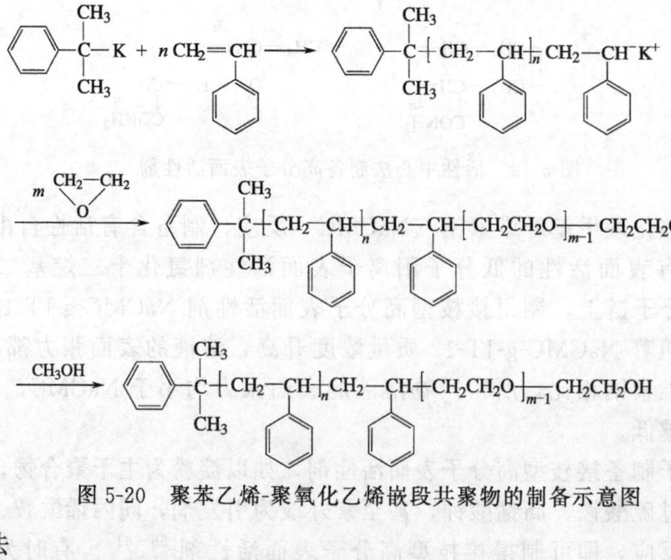

图 5-20　聚苯乙烯-聚氧化乙烯嵌段共聚物的制备示意图

（2）偶合法

将两种带有活性端基的高分子链通过偶联剂联结成嵌段共聚物是较简单有效的方法，例如，先通过离子偶合得到亲氧化乙烯和聚氧化丙烯，然后通过二卤化物偶合实现嵌段共聚。

图 5-21 是这种方法的一个例子。

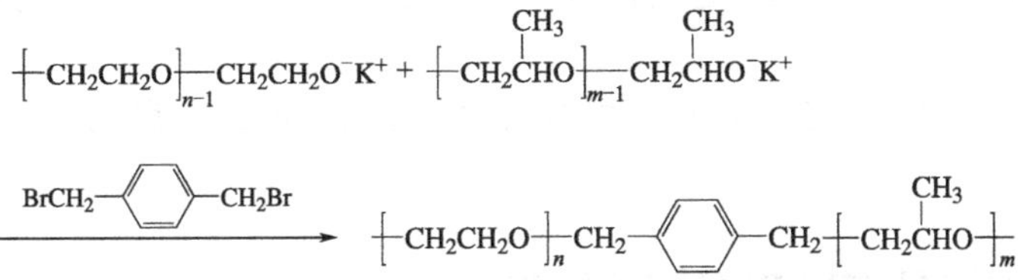

图 5-21　偶合法制备聚氧化乙烯-聚氧化丙烯嵌段共聚物示意图

（3）后改性法

有些聚合物没有相应的单体，有些聚合过程中存在副反应，这些因素限制了某些两亲性嵌段共聚物的制备，因此，对某些不具备两亲性的嵌段共聚物进行改性，也是制备嵌段型高分子表面活性剂的方法之一。

例如，聚甲基丙烯酸-聚乙烯醇嵌段共聚物无法采用常规聚合方法制备，因聚乙烯醇必须通过聚乙酸乙烯酯转化而来，而聚甲基丙烯酸则必须通过水溶液聚合制备，两者无法在一个匹配的聚合体系中完成。但如果采用以下方法，就会很容易解决。

将甲基丙烯酸叔丁酯采用 ATRP 方法聚合，得到聚甲基丙烯酸叔丁酯。然后以此作为大分子引发剂引发乙酸乙烯酯聚合，得到聚甲基丙烯酸叔丁酯-聚乙酸乙烯酯嵌段共聚物。后一步聚合虽不是活性聚合，但却能得到聚合度较高的聚合物。使聚甲基丙烯酸叔丁酯-聚乙酸乙烯酯嵌段共聚物在酸性或碱性条件下水解，聚甲基丙烯酸叔丁酯链段转变为聚甲基丙烯酸，聚乙酸乙烯酯链段转变为聚乙烯醇链段，得到聚甲基丙烯酸-聚乙烯醇嵌段共聚物。该聚合物可作为悬浮聚合的高效分散剂和保护胶体。反应过程如图 5-22 所示。

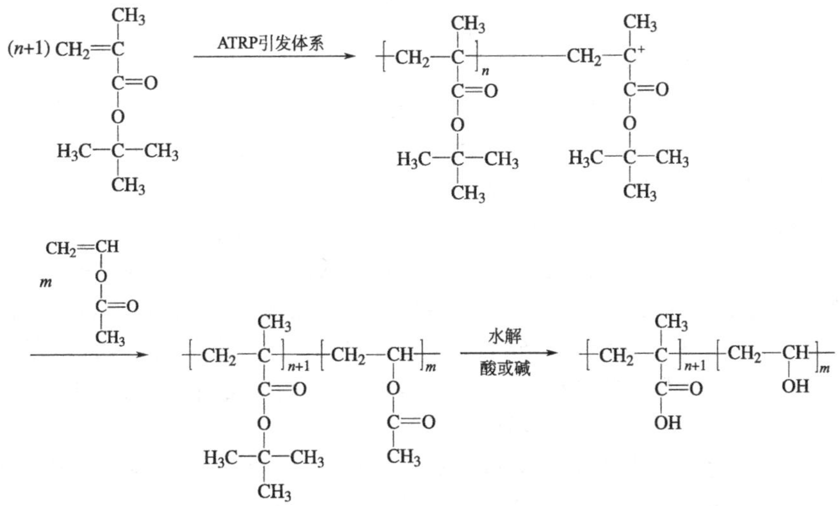

图 5-22　聚甲基丙烯酸-聚乙烯醇嵌段共聚物的制备

在嵌段型高分子表面活性剂中，环氧乙烷和环氧丙烷的嵌段共聚物是最早工业化的高分子表面活性剂之一。这种高分子表面活性剂是使环氧乙烷在酸性或碱性催化剂作用下与聚丙二醇进行嵌段共聚形成的，是一类聚醚型高分子表面活性剂。其反应过程如图 5-23 所示。

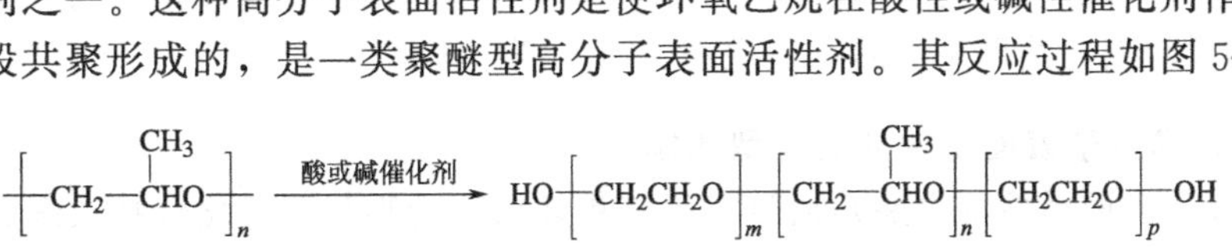

图 5-23　聚醚型嵌段共聚高分子表面活性剂的制备

通过调节聚氧化乙烯和聚氧化丙烯链段的数量和聚合度，可使环氧乙烷-环氧丙烷嵌段共聚物的 HLB 值在 3~12 间变化，可广泛用于制备起泡剂、乳化剂、洗涤剂和分散剂等。

这种制备嵌段型高分子表面活性剂的方法似乎很难严格地归属到上述 3 种方法中。

5.5　特种高分子表面活性剂

特种高分子表面活性剂主要是指含有氟和硅的高分子表面活性剂。这两类高分子表面活性剂不仅具有特种低分子量活性剂和高分子表面活性剂的一般特征，还因其较高的分子量和特殊的分子结构而具有一些特殊的功能和性能。

5.5.1　含硅高分子表面活性剂

5.5.1.1　含硅高分子表面活性剂的特点与性能

有机硅高分子表面活性剂的疏水基是聚甲基硅氧烷链，亲水基是硅氧烷链上的一个或多个极性基团，疏水基骨架硅氧烷链具有很好的柔顺性，且链周围被甲基或其他烷基覆盖。含硅高分子表面活性剂在常温下呈液态，在水或非水溶剂中都有很高的表面活性，在水中的表面张力可达 20~21mN/m。通常含硅高分子表面活性剂中聚甲基硅氧烷链的平均分子量在几千以上，然后在聚甲基硅氧烷骨架上引入亲水基团[62]。

根据亲水基团中极性基团的种类，含硅高分子表面活性剂可分为阴离子、阳离子、两性离子和非离子型四类。引入羧基、磺酸基或硫酸酯基得到阴离子型，引入季铵得到阳离子型，引入氧化乙烯链段、氧化丙烯链段、葡糖基、麦芽糖基得到非离子型，引入甜菜碱基得到含硅两性高分子表面活性剂。

非离子型是有机硅高分子表面活性剂中应用最广、性能较好的一种，其中又以聚醚硅氧烷最为重要。通过调整硅氧烷链与亲水基团聚醚的比率和聚醚部分中环氧乙烷（EO）与环氧丙烷（PO）的比率来调整表面活性剂的亲水亲油平衡值 HLB。聚醚链段分子的比例越大，共聚物的水溶性越好，氧化乙烯基与氧化丙烯基的比例增大，HLB 也增大，在水中溶解度增大，浊点也相应增高。氧化乙烯链节与氧化丙烯链节的共存能形成非常有效的油包水型乳化液及三重乳化液用乳化剂。两性甜菜碱型表面活性剂随 pH 值不同显示不同的离子特性。含硅高分子表面活性剂按结构可分为耙型（梳型或接枝共聚型）、ABA 嵌段型（活性端基型）。在油（气）/水界面，亲水基团指向水相，烃基长链指向油相（或气相），聚硅氧烷主链则固定在界面上，该聚合物不会为界面所吸收[62]。

作为一种高分子表面活性剂，聚醚硅氧烷在许多方面的性能是一般高分子表面活性剂甚至纯硅氧烷无法比拟的。它既具有传统硅氧烷类耐高、低温，抗老化，疏水，电绝缘，低表面张力等优异性能，又具有聚醚链段提供的润滑、柔软效果，良好的铺展性和乳化稳定性等特殊性质。聚醚改性硅油现已广泛用于聚氨酯泡沫匀泡剂、化妆品、涂料助剂（流平剂、润湿剂、消泡剂等）、纺织助剂（抗静电剂、柔软整理剂、消泡剂）、日化助剂（调理剂、乳化剂）、造纸用柔软剂、油田化学品（消泡剂、破乳剂）等。

5.5.1.2　含硅高分子表面活性剂的类型和制备

含硅高分子表面活性剂主要是通过有机硅单体或聚合物与有机化合物或聚合物反应制备的。产品主要是各种改性硅油。

（1）氨基改性硅油

氨基改性硅油是阳离子型硅油，通过含氢硅油与烯丙基胺或二甲基烯丙基胺反应制备。反应如图 5-24 所示。

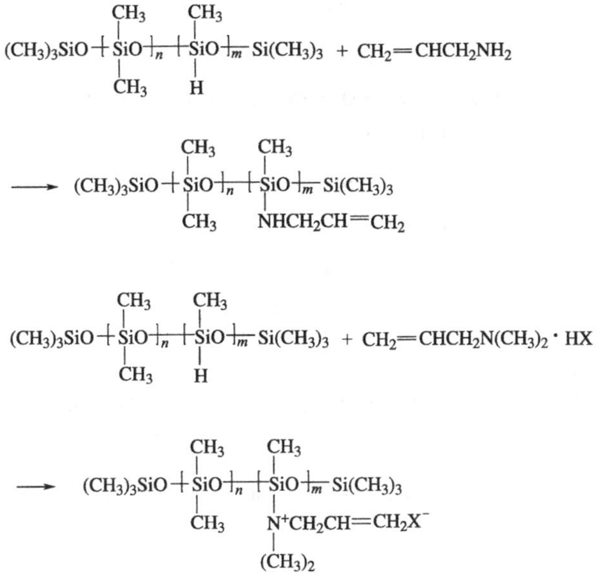

图 5-24　含氢硅油与烯丙基胺或二甲基烯丙基胺反应制备氨基改性硅油

通过二氯甲基硅烷与烯丙基胺反应制备氨基硅烷，然后水解、聚合形成低聚物，也是制备氨基改性硅油的方法之一。如图 5-25 所示。

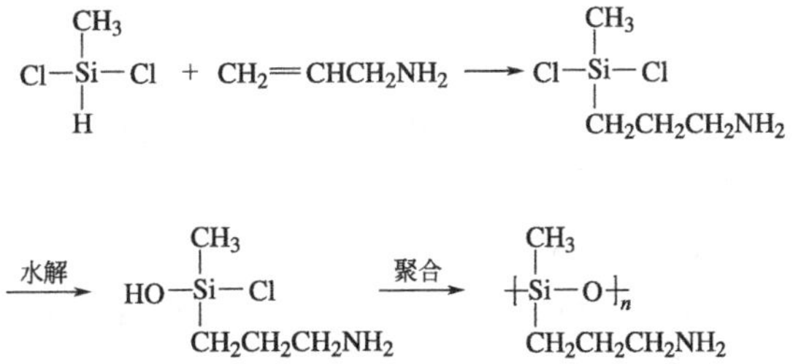

图 5-25　二氯甲基硅烷与烯丙基胺反应制备氨基改性硅油

（2）羧基改性硅油

羧基改性硅油是阴离子型硅油。通过含氢硅油与丙烯酸或甲基丙烯酸反应可直接制备羧基改性硅油，如图 5-26 所示。

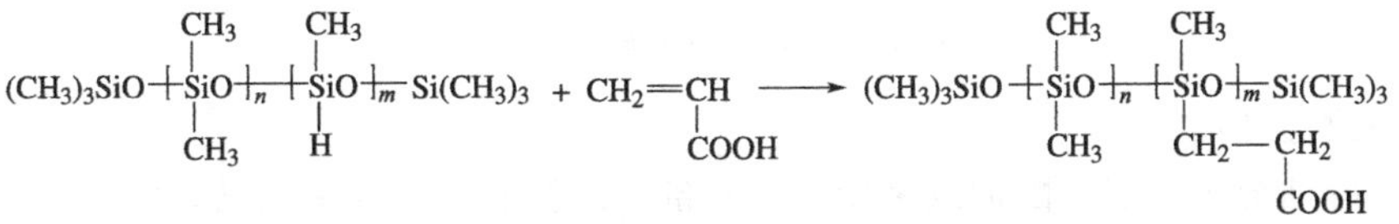

图 5-26　含氢硅油与丙烯酸反应制备羧基改性硅油

也可通过二氯甲基硅烷与（甲基）丙烯酸反应制备羧基硅烷，然后水解、聚合形成低聚物来制备羧基改性硅油。如图 5-27 所示。

（3）聚醚改性硅油

聚醚改性硅油是一种典型的非离子型硅油。通过含氢硅油与聚醚（聚氧化乙烯、聚氧化丙烯和聚氧化乙烯-聚氧化丙烯嵌段共聚物）反应可直接制备聚醚改性硅油。如图 5-28 所示。

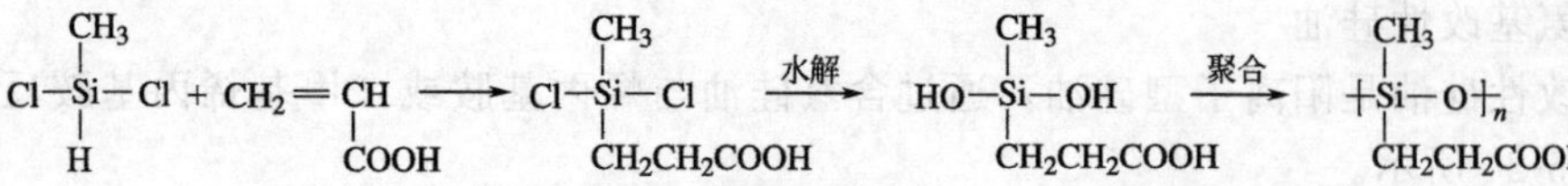

图 5-27 二氯甲基硅烷与丙烯酸反应制备羧基改性硅油

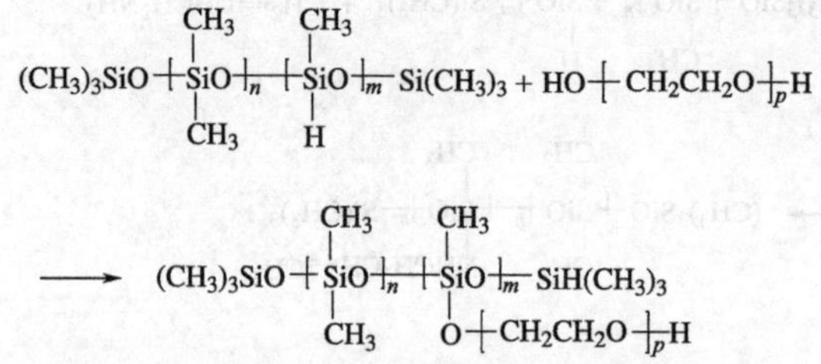

图 5-28 聚醚改性硅油的制备

（4）羟基改性硅油

羟基改性硅油可以通过含氢硅油与不饱和醇或二元醇反应制备。如图 5-29 所示。

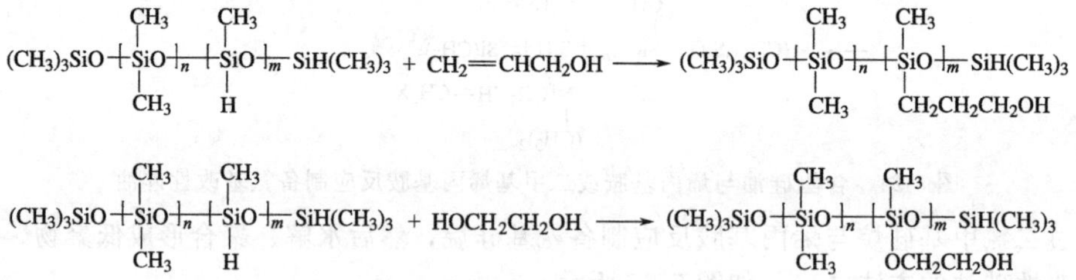

图 5-29 羟基改性硅油的制备

（5）环氧改性硅油

环氧改性硅油可通过含氢硅油与含环氧基的不饱和单体进行加成反应，或通过含羟基的环氧化合物与氯硅烷反应制得。如图 5-30 所示。

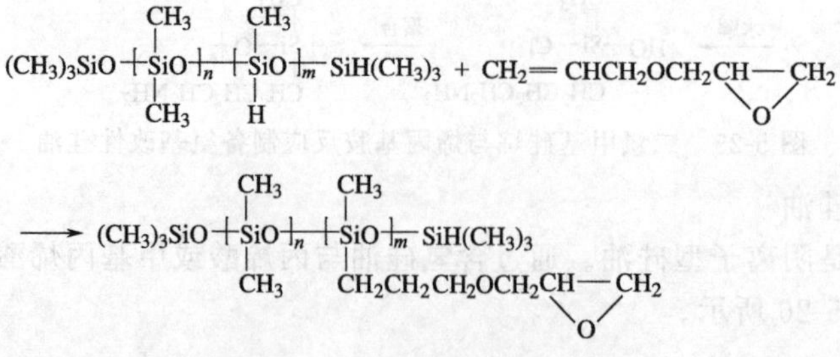

图 5-30 环氧改性硅油的制备

（6）酯改性硅油

通过在硅油分子中引入酯剂或聚酯，可制备酯改性硅油。如采用己内酯与羟基硅油进行酯化反应制备酯改性硅油的反应，如图 5-31 所示。

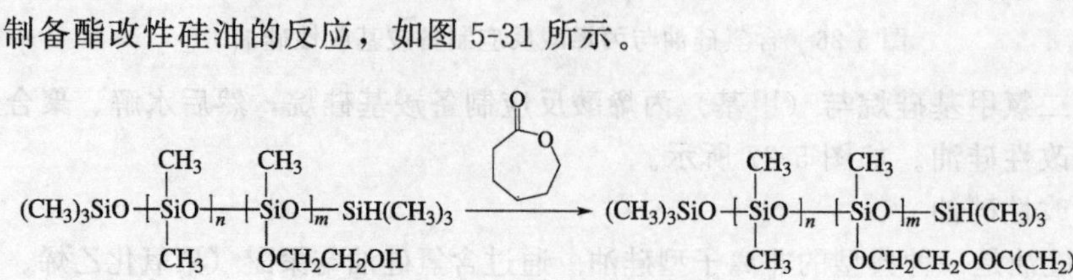

图 5-31 酯改性硅油的制备

5.5.2 含氟高分子表面活性剂

5.5.2.1 含氟高分子表面活性剂的特点与性能

含氟高分子表面活性剂主要是碳氢链疏水基团中的氢部分或全部为氟原子所取代的高分子表面活性剂，不同于传统的碳氢和硅表面活性剂。氟原子的电负性大、直径小，C—F键能高、键长短，能将C—F键屏蔽起来，使其保持高度稳定性，因而使氟碳表面活性剂具有"三高"（高表面活性、很高的耐热性、高化学稳定性）、"二憎"（憎水、憎油）的特性。同有机硅、烃类表面活性剂相比，含氟高分子表面活性剂在憎水性、憎油性、防污性、耐洗性、耐摩擦性、耐腐蚀性等方面都有着不可比拟的优势。氟表面活性剂的分子排列成行，降低了水性和非水性体系的表面张力。相反，碳氢表面活性剂在非水体系中不能正确地排列成行，因而不能降低表面张力。

含氟高分子表面活性剂按亲水基的结构分为阴离子、阳离子和非离子型三种，与具有相同亲水基的烃系相比，其所产生的一系列特性主要取决于全氟烷基。非离子型是含氟高分子表面活性剂最主要的一种。

含氟高分子表面活性剂的主要特性表现在以下几个方面。

（1）高表面活性

C—F键的内聚力小，与极性分子间的作用力弱，显示出显著的憎水和憎油性，这是其他任何材料均不具有的结构特征。例如，聚全氟烷基丙烯酸酯在水中浓度为1%时，可将水的表面张力从$72mN/m$降低至$20mN/m$。

（2）高热稳定性

C—F键中氟原子的电负性很大，键距短，键能大，因此分子不容易断裂。又由于氟原子的半径大于碳原子，因此对碳原子的屏蔽作用很强，故大大提高了C—F的热稳定性。

（3）高化学稳定性

C—F键的键能大，对外界介质有较强的抵抗能力，耐酸、碱性均十分优异。此外，自然界中不存在天然的C—F烃，因此对一般生物体不显活性，不容易降解。高分子量的全氟烷烃高分子表面活性剂无毒，但低分子的全氟烯烃是有毒的。因此，含氟高分子表面活性剂中残余单体的含量应严格控制。

（4）其他

含氟高分子表面活性剂还具有低摩擦系数、低折射率、高绝缘性等特点。

含氟高分子表面活性剂按亲水基的结构也可分为阴离子型、阳离子型和非离子型三种。非离子型是含氟高分子表面活性剂中最重要的一类。

含氟高分子表面活性剂最重要的应用之一基于含氟聚合物的低表面能。含氟聚合物作用的机理就是在底材的外表面形成一层薄膜，使底材表面的表面张力显著降低，小于一般的液体，从而表现憎水、憎油和防污的功能。含氟聚合物在大气中有良好的防污效果，一旦被沾污后，洗净又较容易[62]。

5.5.2.2 含氟高分子表面活性剂的类型和制备

含氟高分子表面活性剂的主要品种有含氟丙烯酸酯共聚物、含氟聚氨酯、含氟聚醚、氟硅聚合物等。

（1）含氟丙烯酸酯类聚合物

含氟丙烯酸酯和通常的非氟系丙烯酸酯单体一样有优良的均聚性及与其他单体的共聚性，并且可用各种丙烯酸或丙烯酰卤与各种不同醇合成多种结构的单体，合成方法简单，是合成含氟或氟烷基功能性聚合物极有用的单体。这类含氟的聚合物有独特的表面性质，其均聚物和共聚物广泛应用于憎水、憎油剂中。含氟丙烯酸酯聚合物比通常氟树脂的溶解性好，透明性高。

含氟丙烯酸酯聚合物中有酯部分的醇是含氟的或主链中含氟或氟烷基的，最常用的是聚（甲基）丙烯酸氟烷基酯（PFM/PFA），玻璃化温度较高，在 α 位导入氟的聚-2-氟代丙烯酸氟烷基酯或烷基酯（PFF，PRF）和在 α 位导入氯的聚-2-氯代丙烯酸烷基酯（PFC）等也有不同的用途。含氟醇有多种不同的合成方法，可合成有多种不同结构的含氟丙烯酸酯聚合物。表 5-4 列出了含氟醇的品种，可按用途选择含碳原子数不同、直链或支链的含氟醇。

⊡ **表 5-4　几种典型的含氟醇**

直链型	$CF_3(CF_2CF_2)_n(CH_2)MOH, CF_3CF_2(CF_2CF_2)_n(CH_2)MOH, H(CF_2CF_2)NCH_2OH, CF_3CFHCF_2CH_2OH,$ $Cl(CF_2CFCl)NCH_2OH$
支链型	$(CF_3)CF(CF_2CF_2)_n(CH_2)MOH, C(CF_3)_3OH, HC(CF_3)_2OH, FC(CF_3)_2OH, CH_3C(CF_3)_2CH_2OH$
其他	$C_3F_7O[CF(CF_3)CF_2O]CF(CF_3)CH_2OH, HP(CH_2)_m(CF_2CF_2)_n(CH_2)_mOH$

含氟丙烯酸酯的单聚物往往不能单独使用，一般情况下为赋予成膜性及与底材的接合性，采用乙烯基系单体多元共聚，即由一种或几种氟代单体和一种或几种非氟代单体共聚而成。

含氟丙烯酸酯聚合物最重要的应用基于氟烷基的低表面能，用作防污涂料、流平剂、分散剂、抗粘连剂等。荷兰 EFKA 公司的 EFKA772、777 是氟改性聚丙烯酸树脂，用作高分子消泡剂。含氟丙烯酸酯聚合物还可应用于一般树脂或涂料中作内部添加型表面改性剂，用作表面改性剂的性能优劣取决于如何能使氟烷基部分偏移到与空气接触的表面。Witte 等[63] 研究证明，含氟丙烯酸酯单体与非氟系丙烯酸酯单体的无规线型共聚物与嵌段共聚物两者相比，后一种共聚物用作表面改性剂较好。

含氟烯烃与 α-甲基丙烯酸酯或丙烯酸酯的共聚反应已有报道。这一体系属无规共聚，但共聚性能很差，聚合物中很难导入含氟烯烃。一种好的方法是在（甲基）丙烯酸酯类单体中引入氟—碳键通过聚合形成含氟（甲基）丙烯酸酯类涂料。

（2）含氟聚氨酯

含氟聚氨酯表面活性剂是将图 5-32 中的含氟化合物接枝到含有活性基团的聚合物主链上。氟代聚氨酯涂料是较早的氟碳树脂防污涂料，表面能低，易去除污染物。

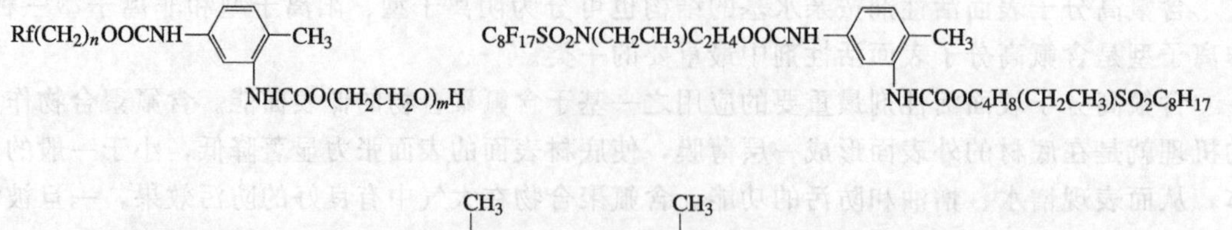

Rf(CH_2)_nOOCNH—〈苯环〉—CH_3　　C_8F_17SO_2N(CH_2CH_3)C_2H_4OOCNH—〈苯环〉—CH_3
　　　　NHCOO(CH_2CH_2O)_mH　　　　　　　　　　　　NHCOOC_4H_8(CH_2CH_3)SO_2C_8F_17

C_8F_17SO_2N(CH_2CH_3)C_2H_4OOCNH—〈苯环〉—N=C=N—〈苯环〉—NHCOOC_4H_8N(CH_2CH_3)SO_2C_8F_17

图 5-32　含氟聚氨酯衍生物

（3）含氟聚醚

使功能性有机氟表面活性剂与聚醚反应，可得到含氟聚醚型高分子表面活性剂；或使全氟烷醇或氧杂化全氟烷醇与聚乙二醇、环氧乙烷等反应，得到长链大分子，产物可呈水乳性甚至水溶性（图 5-33）。

$$C_8F_{17}COOCOF + HO(CH_2CH_2O)_nH \longrightarrow C_8F_{17}COO(CH_2CH_2O)_nH$$

$$RfOCF_2CF_2OH + (CH_2)_2O \longrightarrow RfOCF_2CF_2O(CH_2CH_2O)_nH$$

$$RfOCF_2CF_2OH + (CH_2)_2O + HO(CH_2CH_2O)_mH \longrightarrow RfOCF_2CF_2O(CH_2CH_2O)_mH$$

图 5-33 含氟醚的制备方法

（4）氟硅聚合物

含氟硅氧烷高分子表面活性剂综合了含氟、含硅化合物的特点，具有优异的高效性和稳定性，可用作防水、防污、防油处理和涂料工业的助剂。即使在很低的浓度下，它也能够改善许多涂料、清漆和胶黏剂的性能。Daw Corning 公司制备的含氟硅高分子高效表面活性剂用量为 ppm10^{-6}mg/L 级时便可消泡。一般含氟硅高分子表面活性剂的结构为长 Rf 的硅氧链侧基的高分子或长 Rf 的硅氧链端基的高分子。Tego Airex930 是氟化聚硅氧烷，作为涂料用的消泡剂具有很好的效果[64]。氟硅高分子表面活性剂还能够降低或消除蒸发阶段的表面张力梯度进而改善涂料的流平性得到更均匀的涂膜。

氟代聚硅氧烷是一种新型的低表面能防污涂料，如 PNFHMS 及 PTFPMS，其结构式如图 5-34 所示。线型的聚硅氧烷骨架上带有氟碳侧基，—CF$_3$ 在涂膜中将取向表面，既吸取了线型聚硅氧烷的高弹性及高流动性，又吸取了氟碳基团的超低表面能特性，—CH$_2$CH$_2$—增加分子对水及热的稳定性，—CH$_2$CH$_2$—偶极子被限制在表面之下，对防污不利，而对增加附着力有利。

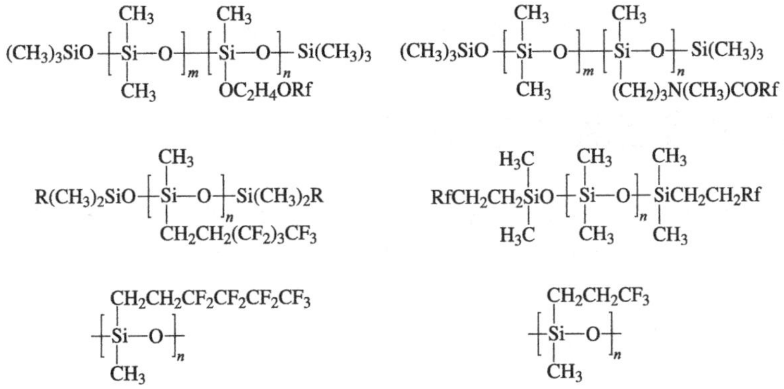

图 5-34 氟硅高分子表面活性剂分子结构

含氟高分子表面活性剂的制备方法主要有电解氟化法、调聚反应法和阴离子聚合法 3 种。

（1）电解氟化法

将有机化合物单体溶解在无水氨氟酸中，在 5～6V 电压下进行电解，即可生成全氟化合物。例如，丙烯酸经电解氟化后可形成全氟丙烯酸。聚合并经中和后得到阴离子型含氟高分子表面活性剂聚全氟丙烯酸钠（如图 5-35）。

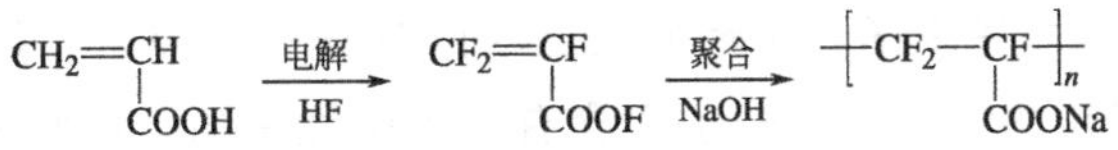

图 5-35 电解氟化法制备含氟高分子表面活性剂

上述聚全氟丙烯酸钠可进一步进行酰胺化、季铵化，制备阳离子型高分子表面活性剂；将环氧乙烷加成到全氟聚合物上，则可制备非离子型含氟高分子表面活性剂。

此法的优点是操作简单，缺点是副反应较多，全氟化合物的收率较低。

（2）调聚反应法

使四氟乙烯在调聚物 CF_3I、CH_3CH_2I 的存在下进行自由基聚合，产物为分子链中含有含碘基团的聚四氟乙烯线型调聚物。在调聚物的含碘部位引入亲水性基团，即形成含氟高分子表面活性剂。

用这种方法制备含氟高分子表面活性剂的收率较高，副反应也较少。但所制备的高分子表面活性剂中亲水基团的分布不均一。

（3）阴离子聚合法

使四氟乙烯、六氟丙烯或全氟环氧丙烷等在含氟阴离子存在下进行阴离子聚合，生成 $C_6 \sim C_{14}$ 的低聚物。然后将亲水基团引入低聚物，即可制得含氟高分子表面活性剂。例如，阳离子型全氟聚氧化丙烯表面活性剂的制备如图 5-36 所示。

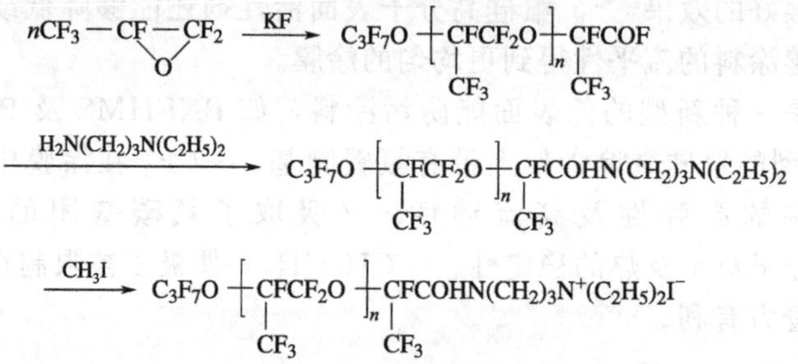

图 5-36　阳离子型全氟聚氧化丙烯表面活性剂的制备

5.6　高分子表面活性剂的应用

由于高分子表面活性剂具有低分子表面活性剂所不具有的许多特殊功能，在各种工业部门得到广泛的应用。下面针对高分子表面活性剂应用的几个方面进行介绍。

5.6.1　在造纸工业中的应用

我国每年仅废纸脱墨用表面活性剂就达 7000t 之多，这说明表面活性剂在改善制浆造纸过程、提高纸张性能方面起到越来越重要的作用[65]。高分子表面活性剂在造纸中主要作为内施胶剂、颜料分散剂、表面施胶剂、助留助滤剂、抗油抗水剂、纸张柔软剂、造纸消泡剂等进行使用[66]。

（1）内施胶剂

阳离子聚酰胺环氧氯丙烷、二甲氨基甲基丙烯酰胺/丙烯酸共聚物等[67] 在造纸中常常作为内施胶剂使用，可大大提高纸质的抗水性。

（2）颜料分散剂

聚丙烯酸钠溶液（商品名称有 DC-854、Dispex N-40、SP-61）、烷基酚聚氧乙烯醚（OP 型产品）、马来酸酐二异丁烯共聚物的二钠盐以及脂肪醇聚氧乙烯醚（OS 型）等[68,69] 在水溶液体系中具有优良的溶解性，分子中含有多种极性基团，可紧紧吸附于颜料表面，防止颜料脱落，同时可大幅度降低颜料颗粒与分散介质之间的界面张力，保持溶液体系的稳定性，所以常常作为颜料分散剂进行使用。

（3）表面施胶剂

天然改性高分子表面活性剂如淀粉基高分子表面活性剂、壳聚糖类高分子表面活性剂、阳离子瓜尔胶，以及合成高分子表面活性剂如聚氨酯、聚苯乙烯-丙烯酸等在造纸中常常作为表面施胶剂进行使用[70]。

（4）助留助滤剂

丙烯酸共聚物、马来酸酐系共聚物、羧甲基纤维素、淀粉接枝丙烯酰胺在造纸行业中常作为助留助滤剂进行使用，具有优良的性能，能使抄纸工艺中填料和微细纤维的留着率提高，并加快滤水性。

（5）抗油抗水剂

聚硅氧烷、全氟烷基乙基丙烯酸酯聚合物等有机氟和有机硅高分子表面活性剂都具有优良的表面活性，可大大降低纤维与水、油的界面张力。将其涂抹在物质表面，具有优良的防水防油作用。在造纸工艺中，常常将这类含有机氟与有机硅的高分子表面活性剂作抗油抗水剂使用[66]。

（6）纸张柔软剂

纸张的柔软程度取决于造纸所用纤维，高分子表面活性剂可以对造纸纤维的表面进行改性，降低原料纤维的动、静摩擦指数，从而使纸张具有柔软的手感。造纸纤维原料具有多种类型，需要搭配不同类型的柔软剂。国外目前在造纸工艺中使用较多的纸张柔软剂主要有英国公司生产的脂肪酰胺类阳离子型高分子表面活性剂及美国杜邦公司生产的 Zealn 商品。国内在这方面相对落后，如生活用纸的柔软剂主要以烷基咪唑啉季铵盐和有机硅高分子表面活性剂为主。

（7）造纸消泡剂

造纸原料中含有胶质及皂类物质，导致在制浆造纸的多个工序中都容易产生泡沫，产生的泡沫会对不同工艺流程造成程度不同的危害。嵌段聚醚是一类十分有效的高分子表面活性消泡剂，有着"敌泡"的美誉，被广泛应用在造纸工艺中。除此之外，有机硅高分子表面活性剂[71] 也因同样出色的消泡效果而被广泛应用。

助留剂的应用是为了提高抄纸工艺中微细纤维及填料的留着率，加快滤水性。用作助留剂的高分子表面活性剂一般为聚乙烯亚胺和阳离子型丙烯酰胺聚合物。

表面施胶剂具有能增强纸张表面强度、改善印刷适性和表面抗水性等功能，近年来发展很快。由于高分子表面活性剂具有良好的渗透性和成膜性，被广泛用作施胶剂。表面施胶剂品种很多，如天然改性高分子表面活性剂中的改性淀粉、氧化淀粉、磷酸酯淀粉、乙酸酯淀粉、壳聚糖、羧甲基纤维素和阳离子瓜尔胶等；合成高分子表面施胶剂如聚乙烯醇、聚苯乙烯马来酸盐及其半酯的共聚物、聚丙烯酰胺、聚苯乙烯丙烯酸及其酯类共聚物、甲基丙烯酸酯共聚物等都有广泛的应用。有些阳离子表面活性剂本身也是良好的施胶剂，如阳离子聚酰胺环氧氯丙烷。

为了提高印刷用涂料纸和白板纸的印刷效果，需要涂布含有黏土和碳酸钙之类的白色涂料。涂料的主要成分为黏合剂和颜料，需要使用分散剂来分散颜料。纸张涂料的分散剂多采用丙烯酸类聚合物。

制浆造纸产生的污水量很大，已成为各国日益重视的问题。污水处理的办法很多，近年来使用表面活性剂作为絮凝剂取得了明显的效果。造纸工业污水处理中常用品种有聚丙烯酰胺（非离子、阴离子、阳离子、两性离子等品种），淀粉改性物如阳离子淀粉、两性淀粉等，壳聚糖及其改性物等。

5.6.2 在石油工业中的应用

（1）作为油气集输用化学剂

油气集输用化学剂主要用于解决石油井、处理站和管线中石油的生产与运输等问题[72]，通常为多种不同油溶性高分子表面活性剂的复合物。此类化学剂的品种主要包括原油清防蜡剂和长输管线化学降凝剂、降黏剂、原油破乳剂等。传统的高分子表面活性剂如胺类环氧烷聚醚、多元醇类烷聚醚、环氧乙烷环氧丙烷共聚物等在原油破乳方面都有不错的效果。20世纪 80 年代后期所研制的聚丙烯酸酯类与聚酯胺型高分子表面活性剂具有良好的表面活性与润湿性、合适的 HLB 值及突出的破乳性能，在石油工业中得到广泛应用[73,74]。

（2）作为采油用化学剂

采油用化学剂包括压裂、酸化、采油化学剂。其中，压裂与酸化化学剂主要应用在中低渗透层、裂槽段地层的修复与改造，目的在于增大油气流通孔道，进而提高油气井产量。压裂与酸化使用的化学剂中天然高分子表面活性剂有羧甲基纤维素、瓜尔胶，合成高分子表面活性剂有聚丙烯酰胺及其他添加剂。采油用化学剂品种多样，高分子表面活性剂占主导地位。其中比较典型的采油用化学剂有苯乙烯磺酸-甲基丙烯酸酯共聚物，在与油田相仿的高温、高矿化度条件下，具有极好的抗温性、抗盐性。

（3）作为钻井用化学剂

在钻井过程中广泛应用的高分子表面活性剂包括[75]：①乙烯基单体共聚物；②SK 系列聚合物产品，多用于岩盐与情况复杂的深井之中；③两性离子聚合物产品，对于保护低层伤害具有明显的效果；④阳离子聚合物产品如聚季铵盐聚合物；⑤正电胶与复合金属两性离子聚合物产品。这些产品都具有优良的流变性与抗温、抗盐能力，在许多油田中都具有不错的效果。

5.6.3　在废水处理中的应用

我国水资源的基本国情表明，我国是一个缺水较为严重的国家，淡水资源总量约为 28000 亿 m^3，占全球水资源的 6%，我国人均水资源量只有 2050m^3，仅为世界平均水平的 1/4，是全球人均水资源最贫乏的国家之一，因此必须做到节约用水[76]。人类的日常生活及工业发展产生了大量废水，废水直接排放造成了严重的环境污染与水资源浪费问题，使用水处理剂对污水进行净化、循环用水，是提高水利用率最直接、有效的方法。常用高分子表面活性剂作为絮凝剂与阻垢分散剂对生活/工业废水进行处理。

絮凝剂是阳离子型高分子表面活性剂的一大应用领域。水中悬浮的固体粒子大都表面带负电荷，由于负电荷的相互排斥使得粒子很难凝集沉降，因此混浊的水很难澄清。当有阳离子型高分子表面活性剂加入时，它所带的正电荷与悬浮粒子的负电荷中和，使悬浮粒子很快凝集。另外，高分子对悬浮粒子的吸附架桥作用也使粒子互相凝集。这双重作用加速了粒子的凝集，达到絮凝目的。因此与非离子型高分子表面活性剂相比，阳离子型高分子表面活性剂用于水处理时，用量少得多，而絮凝效果则好得多。

高分子表面活性剂作为絮凝剂，主要应用于工业上的固液分离过程中，包括沉降、澄清、浓缩及污泥脱水等工艺，应用的主要行业有城市污水处理、造纸工业、食品加工业、石油化工、冶金工业、选矿工业、染色工业和制糖工业及各种工业的废水处理。常用的絮凝剂主要为聚丙烯酰胺及其改性产品、聚二甲基二烯丙基氯化铵等阳离子型高分子表面活性剂。

用于水处理的高分子表面活性剂品种主要有：①聚丙烯酰胺类（PAM），属于非离子型高分子表面活性剂。用作絮凝剂的 PAM 的分子量在 300 万～500 万之间。絮凝凝聚剂占水处理剂总量的 3/4，其中聚丙烯酰胺类（PAM）占絮凝凝聚剂总量的一半以上[77]。②2-丙烯酰胺-2-甲基丙烷磺酸（AMPS）聚合物，属于阴离子高分子表面活性剂，单体 AMPS 名为叔丁基丙烯酰胺磺酸。由于其聚合物中含有磺酸基团，亲水性和分散性好，在水处理中阻垢性能较好。③苯乙烯磺酸钠聚合物，属于阴离子高分子表面活性剂，该聚合物热分解温度为 33℃，耐高温，特别适合作为锅炉水处理的阻垢剂。④二甲基二烯丙基氯化铵

（DADMA）聚合物，属阳离子型高分子表面活性剂，在废水处理中常常作为絮凝剂使用[77]。⑤聚乙烯基吡咯烷酮（PVP），属于阳离子型高分子表面活性剂，也有文献将其归类为非离子型高分子表面活性剂，分子量在 4 万～36 万之间。在废水处理中常常作为澄清剂和分散剂进行使用[78]。

根据文献报道，高分子表面活性剂的分子量在数千到数十万之间，分子量越大，极性基团越多，絮凝能力越强。

5.6.4　在合成橡胶、合成树脂工业中的应用

高分子表面活性剂还广泛用于合成橡胶、合成树脂工业，作为乳液聚合用乳化剂、分散剂、表面改性剂等。近年来，人们开发了许多两亲性高分子表面活性剂，并作为乳化剂应用于乳液聚合之中。如两亲性嵌段共聚物 PS-b-POE（聚苯乙烯-聚氧化乙烯嵌段共聚物）、PIB-b-POE-b-PIB（聚异丁烯-聚氧化乙烯三嵌段共聚物）可作苯乙烯乳液聚合的优良乳化剂。带磺酸基的 PVA 衍生物、甲基丙烯酸十八烷基酯-甲基丙烯酸共聚物等可用于反相乳液聚合物和非水乳液聚合物的制备。

在合成树脂工业中，聚乙烯醇-聚二甲基硅氧烷嵌段共聚物或接枝共聚物以及聚乙烯丙酰胺等表面活性剂都可作为悬浮聚合的分散剂。

两亲性嵌段和接枝共聚物还被广泛用作高分子合金的相容剂。

5.6.5　在无机材料工业中的应用

高分子表面活性剂在无机材料工业中主要作为分散剂使用，如用作陶瓷制造的分散剂、金属电镀用分散剂等。如在陶瓷粉末制备过程中，适当地使用高分子表面活性剂可以改善粉末制备过程中颗粒的分散状态，对控制粉末团聚、提高组分的均匀性具有积极的意义。

例如，超细粉末的制备和应用远比普通粉体复杂，这主要是由于物质超细化后，比表面积显著增大，具有巨大的表面能，粒子处于极不稳定状态，使其具有强烈的相互吸引而达到稳定的趋势。超细粉末的团聚严重地影响了烧结性能和产品的应用性能，是当今超细粉末技术研究中一个重要而亟待解决的问题。利用高分子表面活性剂可实现颗粒间的高静电效应和空间位阻效应，使颗粒间的静电斥力增大，将颗粒界面间的非架桥羟基和吸附水彻底遮蔽，降低颗粒界面间的表面张力，从而实现对颗粒团聚的控制。

在水泥混凝土、耐火材料和陶瓷行业中采用聚羧酸盐系共聚物作为高效减水剂，可大幅度减少胶凝材料用量，提高制品的强度。这类聚羧酸盐系减水剂被称为"第三代高效减水剂"。

5.6.6　在日用化学品工业中的应用

天然高分子化合物如蛋白质、淀粉、纤维素及其改性产品等天然高分子表面活性剂，聚乙二醇聚乙烯醇、聚氧乙烯醚等水溶性高分子表面活性剂具有亲水基，能够与水作用形成氢键，显示出良好的保湿效果，它们常被用于膏、霜、乳液等化妆品之中。

聚乙烯吡咯烷酮、羧甲基纤维素等高分子表面活性剂能使气泡膜得到强化，并延长气泡保持时间，对气泡的性质和外观具有明显的影响。因此，它们在一些与泡沫有密切关系的化妆品中广泛应用，如剃须膏、沐浴露及洗发水等。其中，聚乙烯吡咯烷酮用于洗发水之类的发用化妆品中，不仅具有泡沫稳定作用，而且会残存在漂洗后的毛发上，可赋予其柔润的光泽。

聚乙烯吡咯烷酮用作牙膏的泡沫稳定剂时，还具有除去牙斑的功效。羧甲基纤维素应用于洗发水或沐浴露等中，由于其胶体保护作用，可使洗脱的悬浮污垢不再重新附着在皮肤或毛发上，即具有所谓的抗再沉积效果。

阳离子型高分子表面活性剂还常用作化妆品中的杀菌剂或用于护发及改善头发的梳理性。

5.6.7 在纺织印染工业中的应用

高分子表面活性剂作为纺织印染助剂已有较长历史。聚醚类高分子表面活性剂常被用作低泡洗涤剂、乳化剂、分散剂、消泡剂、抗静电剂、润湿剂、匀染剂等；聚乙烯醇等高分子化合物作为增稠剂和保护胶体广泛应用于乳液型印染助剂的制备中；羧甲基纤维素等纤维素衍生物被用于洗涤剂作为再沾污防止剂；聚丙烯酸及其共聚物被用作螯合分散剂；木质素磺酸盐、酚醛缩合物磺酸盐等被用作不溶性染料的分散剂等。

活性染料在纤维和织物染色中的应用比例不断扩大。但活性染料染色后部分染料不能与纤维反应形成共价键，而是水解后沾在织物表面形成浮色，影响染色织物的牢度。染色后一般需要进行皂洗处理，以去除织物表面的浮色，提高织物的水洗和摩擦牢度。近年来，皂洗剂的开发较为活跃，主要为低泡皂洗剂。另外，在纺织品印花后要经过水洗（或皂洗）退浆，以洗去织物上未固着的染料和用毕的浆料及其他印染助剂，以提高色牢度，得到图案鲜艳清晰的印花织物。

在上述洗涤剂的开发中，高分子表面活性剂扮演了十分重要的角色。高分子表面活性剂克服了低分子表面活性剂泡沫较多、难以清洗、用水量大等不足。另外，高分子表面活性剂所具有的吸附性能、配合能力以及胶体保护性能等使高分子表面活性剂与染料有很强的结合能力，对织物表面的浮色有很强的去除作用，并且能使洗下来的染料稳定地存在洗涤液中，不再沾污到织物上去。例如，以聚丙烯酸盐和马来酸丙烯酸共聚物为原料制备的无泡皂洗剂用于织物活性染料染色和印花后的洗涤，具有无泡、浊点高、皂洗效果好的优点。以聚乙烯吡咯烷酮为原料制备的防沾色洗涤剂对防止洗涤过程中从有色织物上洗脱的染料再沾污到白色织物上具有良好的效果。

5.6.8 其他

高分子表面活性剂具有良好的乳化性、分散性及保护胶体的作用，在医药、农药及化学工业中得到广泛应用。在纺织行业中可用作织物上浆剂及聚酰胺类织物的整理剂。可在颜料研磨、乳胶漆的制备、玻璃纸和聚氨酯泡沫塑料的制造中作为助剂使用。在制革行业中可用作复鞣填充剂、匀染剂和染色助剂、脱脂剂等。此外，还可作为混凝土和砂浆防冻剂、玻璃表面保护剂、润湿剂等。

参考文献

[1] Schmolka I R. A review of block polymer surfactants [J]. Journal of the American Oil Chemists' Society, 1977, 54 (3): 110-116.

[2] 张志庆. 多枝状嵌段聚醚高分子表面活性剂的合成、表征与应用 [D]. 山东大学, 2005.

[3] 李智慧, 张庆生, 黄雪松, 等. 高分子表面活性剂及其在油田中的应用 [J]. 河南科学, 2014, 32 (8): 1425-1431.

[4] 何方岳, 涂料用高分子表面活性剂的研究 [J]. 浙江化工, 2005, 36 (11): 25-28.

[5] 严瑞煊. 水溶性高分子 [M]. 北京: 化学工业出版社, 1998.

[6] Schmelka R L，Ed. Ln：Schich M J. Nonionic Surfactants [J]. New York：Marcel Lnc，1967：300-371.

[7] 胡中青. 一类含马来酸酐交替共聚单元的高分子表面活性剂的辐射法合成及其应用 [D]. 中国科学技术大学，2006.

[8] 朱胜庆. 反相乳液聚合法制备疏水缔合聚丙烯酰胺增稠剂的研究 [D]. 陕西科技大学，2010.

[9] 何平，谢洪泉，侯笃冠. 反相乳液聚合法制备聚丙烯酸增稠剂的几个问题 [J]. 高分子材料科学与工程，2002，18 (3)：172-175.

[10] 黄艳玲，郭建维，吕满庚. 新型梳状聚氨酯缔合型增稠剂的合成及性能研究 [J]. 功能材料，2010，41 (z1)：168-171.

[11] Chen K M，Liu H J. Preparation and surface activity of water-soluble polyesters [J]. Journal of Applied Polymer Science，1987，34 (5)：1879-1888.

[12] Leyva-Ramos R，Jacobo-Azuara A，Diaz-Flores P E，et al. Adsorption of chromium (V) from an aqueous solution on a surfactant-modified zeolite [J]. Colloids and Surfaces A：Physicochemical and Engineering Aspects，2008，330 (1)：35-41.

[13] Su Y，Jiao Y，Dou C，et al. Biosorption of methyl orange from aqueous solutions using cationic surfactant-modified wheat straw in batch mode [J]. Desalination and Water Treatment，2013，52 (31-33)：6145-6155.

[14] Zhao B，Xiao W，Shang Y，et al. Adsorption of light green anionic dye using cationic surfactant-modified peanut husk in batch mode [J]. Arabian Journal of Chemistry，2017，10：53595-53602.

[15] Chen Y，Wang S，Kang L，et al. Enhanced adsorption of Ni(Ⅱ) using ATP/PPY/SDS composite [J]. RSC Advances，2016，6 (14)：11735-11741.

[16] Ahn C K，Park D，Woo S H，et al. Removal of cationic heavy metal from aqueous solution by activated carbon impregnated with anionic surfactants [J]. Journal of hazardous materials，2009，164 (2-3)：1130-1136.

[17] Zhang P，Lo I，O'Connor D，et al. High efficiency removal of methylene blue using SDS surface-modified $ZnFe_2O_4$ nanoparticles [J]. Journal of colloid and interface science，2017，508：39-48.

[18] 柴琴琴，呼世斌，刘建伟. 有机改性凹凸棒石对养猪废水中有机物的吸附研究 [J]. 环境科学学报，2016，36 (5)：1672-1682.

[19] Xu，Gao G，Hong wen. Betaine OSB-12@kaolin Hybrid Material Synthesized for Adsorption of Dyes [J]. Acta Chimica Sinica，2012，70 (24)：2496.

[20] 李婷. 两性修饰膨润土对苯酚和Cd(Ⅱ) 的平衡吸附特征 [D]. 西北农林科技大学，2012.

[21] 胡冬慧，陈佳明，艾林. 阴-非离子型表面活性剂的研究进展 [J]. 科技创新与应用，2017 (26)：23.

[22] Sharma L，Sharma S C. Tween20 Modified Acacia nelotica and Oryza sativa Biomass for Enhanced Biosorption of Cr (Ⅵ) in Aqueous Environment [J]. Tenside Surfactants Detergents，2015，52 (1)：41-53.

[23] Renuka NS. TWEEN20 and TWEEN40 modified flyash for dye remediation from wastewater [J]. International Journal of Science Research and Technology，2016，2 (2)：40-44.

[24] Kong H，Cheu S C，Othman N S，et al. Surfactant modification of banana trunk as low-cost adsorbents and their high benzene adsorptive removal performance from aqueous solution [J]. Rsc Advances，2016，6 (29)：24738-24751.

[25] 郑晖，魏玉萍，程静，等. 天然高分子表面活性剂 [J]. 高分子通报，2006 (10)：59-69.

[26] 蔡宗荣. 天然高分子基类表面活性剂研究概况 [J]. 化工技术与开发，2010，39 (01)：30-34.

[27] Anna Jonhed，Lars Järnström. Phase and gelation behavior of 2-hydroxy-3-(N,N-dimethyl-N-dodecy lammonium) propykoxy starches [J]. Starch，2003，55 (12)：569-575.

[28] Peltonen L，Hirvonen J，Yliruusi J. The behavior of sorbitan surfactants at the water-oil interface：straight-chained hydrocarbons from pentane to dodecane as an oil phase [J]. Journal of Colloid & Interface Science，2001，240 (1)：272-276.

[29] 胡飞，温其标，陈玲，等. 二步法合成烷基糖苷表面活性剂产品的应用性能研究 [J]. 现代化工，2000，20 (1)：34-36.

[30] Kelkenterg H. Detergenzien auf zuckerbasis [J]. Tenside Surfactants Deterg，1998，25：8-13.

[31] 宋湛谦，周永红. 利用生物质资源发展表面活性剂 [J]. 精细与专用化学品，2005，13 (20)：1-3.

[32] Landoll L M. Nonionic polymer surfactants [J]. Journal of Polymer Science Part A Polymer Chemistry，1982，20 (2)：443-455.

[33] Tanaka R，Meadows J，Williams P A，et al. Interaction of hydrophobically modified hydroxyethyl cellulose with various added surfactants [J]. Macromolecules，1992，25 (4)：1304-1310.

[34] 蒋刚彪，周枝凤. 羧甲基纤维素接枝长链季铵盐合成两性高分子表面活性剂 [J]. 精细石油化工，2000 (1)：19-21.

[35] Hwang F S. Fluorocarbon-modified water-soluble cellulose derivatives [J]. Macromolecules，1993，26 (12)：

3156-3160.

［36］隋卫平，蒋晓杰，瞿利民，等. 两亲性羧甲基壳聚糖衍生物的表面活性研究［J］. 高等学校化学学报，2004，25
　　　（1）：99-102.

［37］Gang-zheng Sun，Xi-guang Chen，Jing Zhang，et al. Adsorption characteristics of residual oil on amphiphilic chi-
　　　tosan derivative［J］. Water Science and Technology，2010，61（9）：2363-2374.

［38］Weiping Sui，Uuilan Song，Uuohua C'hen，et al. Aggregate formation and surface activity property of an amphiphil-
　　　ic derivative of chitosan［J］. Colloids Surface A：Physicochemical and Engineering Aspects，2005，256（1）：29-33.

［39］P S Khiew，S Radimana，N M Huang，et al. Preparation and characterization of ZnS nanoparticles synthesized from
　　　chitown laurate micellar solution［J］. Materials Letters，2005，59（8-9）：989-993.

［40］Cristel Onésippe，Lagerge S. Studies of the association of chitosan and alkylated chitosan with oppositely charged so-
　　　dium dodecyl sulfate［J］. colloids & surfaces a physicochemical & engineering aspects，2008，330（2-3）：201-206.

［41］Philippova O E，Volkov E V，Sitnikova N L，et al. Two types of hydrophobic aggregates in aqueous solutions of chi-
　　　tosan and its hydrophobic derivative［J］. Biomacromolecules，2001，2（2）：483-490.

［42］Moo-Yeal Lee，Kyung-Jin Hong，Toshio Kajiuchi，et al. Synthesis of chitosan-based polymeric surfactants and their
　　　adsorption properties for heavy metals and fatty acids［J］. International Journal of Biological Macromolecules，2005，
　　　36（3）：152-158.

［43］A Heras，N M Rodriguez，V M Ramos，et al. N-Methylene phosphonic chitosan：a novel soluble derivative［J］.
　　　Carbohydrate Polymers，2001，44（1）：1-8.

［44］Ramos V M，Rodiguezr N M，Diaz M F，et al. N-Methylene phosphonicchitosan，effect of preparation methods on
　　　its properties［J］. Carbohydrate Polymers，2003，52（1）：39-46.

［45］Weiping Sui，Yuanhao Wang，Shuli Dong，et al. Preparation and properties of an amphiphilic derivative of succinyl-
　　　chitosan［J］. Colloids and Surface A：Physicochemical and Engineering Aspects，2008，316（1-3）：171-175.

［46］Kuen Yong Lee，Won Ho Jo. Physicochemical characteristics of self-aggregates of hydrophobically modified chitosans
　　　［J］. Langmuir，1998，14（9）：2329-2332.

［47］Gang-Biao Jiang，Daping Quan，Kairong Liao，et al. Preparation of polymeric micelles based on chitosan bearing a
　　　small amount of highly hydrophobic groups［J］. Carbohydrate Polymers，2006，66（4）：514-520.

［48］唐有根，蒋刚彪，谢光东. 新型壳聚糖两性高分子表面活性剂的合成［J］. 湖南化工，2000，30（1）：30-33.

［49］易昌凤，徐祖顺，程时远. 高分子表面活性剂的功能与用途［J］. 湖北化工，1997，2：8-10.

［50］Slack N L，Savidsan P，Chibbaro M A，et al. The bridging conformations of double-end anchored pobmer-surfac-
　　　tants destabilize a hydrogel of lipid membranes［J］. Journal of Chemical Physics，2001，10（115）：6252-6257.

［51］王学川，赵军宁. 高分子表面活性剂的合成及其应用进展［J］. 皮革科学与工程，2004，14（6）：73-78.

［52］Masson P，Gérard Beinert，Franta E，et al. Synthesis of polyethylene oxide macromers［J］. Polymer Bulletin，
　　　1982，7（1）：17-22.

［53］Rempp P，Lutz P，Masson P，et al. Macromonomers-a new class of polymeric intermediates in macromolecular syn-
　　　thesis. I-synthesis and characterization［J］. Macromolecular Chemistry & Physics，1984，8（Supplement 8）：3-15.

［54］Rempp P，Franta E，Masson P，et al. Macromonomers as polymeric intermediates. Synthesis and applications［M］.
　　　Polymers as Colloid Systems. Steinkopff，1985.

［55］Niwa M，Matsumoto T，Izumi H. Kinetics of the photopolymerization of vinyl monomers by bis（isopropylxantho-
　　　gen）disulfide. design of block copolymers［J］. Journal of Macromolecular Science Chemistry，1987，24（5）：
　　　567-585.

［56］Gramain P，Frere Y. Synthesis and ion binding properties of the polycryptate poly（4,7,13,16-tetraoxa-1,10,21,24-
　　　tetraazabicyclo［8.8.8.］hexacos-21,24-ylene-2,7-dihydroxyoctamethylene）［J］. Die Makromolekulare Chemie Rap-
　　　id Communications，1981，2（2）：161-165.

［57］Miyauchi N，Kirikihira I，Li X，et al. Graft copolymers having hydrophobic backbone and hydrophilic branches. Ⅲ.
　　　Synthesis of graft copolymers having oligovinylpyrrolidone as hydrophilic branch［J］. Journal of Polymer Science Part
　　　A Polymer Chemistry，1988，26（6）：1561-1571.

［58］Kimura K，Inaki Y，Takemoto K. Vinyl polymerization by metal complexes，30. On the initiation mechanism of vi-
　　　nyl polymerization by the system copper（Ⅱ）chelate of poly（vinyl alcohol）/carbon tetrachloride：Spin trapping
　　　and gelation studies［J］. Macromolecular Chemistry & Physics，1977，178（2）：317-328.

［59］隋卫平，李涛，王党生. 高分子表面活性剂的制备与应用进展［J］. 现代化工，2004，24（S1）：90-92.

［60］Gnanou Y，Rempp P. Synthesis of difunctional poly（dimethylsiloxane）s：Application to macromonomer synthesis
　　　［J］. Die Makromolekulare Chemie，1988，189（9）.

[61] Lutz P，Rempp P. New developments in star polymer synthesis. Star：haped polystyrenes and star-block copolymers [J]. Die Makromolekulare Chemie，2003，189（5）：1051-1060.

[62] 黄月文，刘伟区，罗广建. 有机硅、氟高分子表面活性剂在建材中的应用发展 [J]. 高分子通报，2005（03）：89-95.

[63] Witte J D，Piessens G，Dams R. Surfactants and Their Use in Coatings [J]. Surface Coatings International，1995（2）：58-64.

[64] 涂料工艺编委会编. 涂料工业：上册. 3 版. 北京：化学工业出版社，1997.

[65] 陈根荣. 全球主要地区（国家）造纸化学品市场新动态（Ⅱ）[J]. 造纸化学品，2001，13（2）：7-14.

[66] 张光华，顾玲，卢凤纪. 高分子表面活性剂的特性及其在造纸工业中的应用 [J]. 日用化学工业，2003，2（33）：10-13.

[67] 沈一丁. 造纸化学品的制备及作用机理 [M]. 北京：中国轻工业出版社，1998.

[68] Rchmann S K，Letscher M B. Process and composition for deinking dry toner electrostatic printed wastepaper [J]. US：US5302242，1994.

[69] Kanluen R，Licht B H. Polyfunctianal polymers as deinking a-gents [P]. EP：EP 0394690，1990-10-31.

[70] 张光华，杨建洲. 造纸工业中表面活性剂的应用现状与发展 [J]. 精细化工，2001，18（4）：192-197.

[71] 王哀哀，左一杰，杨艳娜，等. 油用消泡剂的消泡抑泡性能评价 [J]. 应用化工，2017，4（12）：11-13.

[72] 张亚丽，王廷春，王秀香，等. 中国石化管道及罐区隐患排查治理监管系统研究与应用 [J]. 中国安全生产科学技术，2016（04）：66-69.

[73] 乔孟占，赵娜，赵英杰，等. 双阴离子型表面活性剂的合成与驱油效果 [J]. 油田化学，2017（01）：17-33.

[74] 徐坚. 高分子表面活性剂研究进展 [J]. 油田化学，1997，14（3）：95-99.

[75] 曹亚，张熙，李惠林，等. 高分子材料在采油工程中的应用与展望 [J]. 油田化学，2003，11（6）：35-39.

[76] 吕睿. 浅谈我国水资源保护 [J]. 黑河学刊，2017（01）：20-23.

[77] 严瑞，王宣. 水处理剂中间体的现状和发展 [J]. 精细与专用化学品，1999，2（13）：10-15.

[78] 王敏. 聚乙烯基吡咯烷酮生产开发现状 [J]. 中国化工信息，1998，6（14）：4-13.

第6章

光敏高分子

6.1 概述

6.1.1 光敏高分子基本概念

光敏高分子材料也称为光功能高分子材料。感光高分子材料是指在光参量的作用下能够表现出某些特殊物理或化学性能的高分子材料。而且这种变化发生后，材料将输出其特有的功能。从广义上讲，按其输出功能，感光性高分子包括光导电材料、光电转换材料、光能储存材料、光记录材料、光致变色材料和光致抗蚀材料等[1]。

吸收光能后发生化学变化的光敏高分子材料有光致刻蚀剂、光敏涂料（发生光聚合、光交联、光降解反应等）和光致变色高分子材料（发生互变异构反应，引起材料吸收波长的变化）。

吸收光能后发生物理变化的光敏高分子材料有光力学变化高分子材料（引起材料外观尺寸变化）、光导电高分子材料（可增加载流子）、非线性光学材料（发生超极化而显示非线性光学性质）、荧光发射材料（将光能转换为另外一种光辐射形式发出）等。

光敏高分子材料是光化学和光物理科学的重要组成部分，近年来发展迅速，并在各个领域中获得广泛应用[2]。

6.1.2 高分子光物理和光化学原理

6.1.2.1 光的性质和光的能量

物理学的知识告诉我们，光是一种电磁波。在一定波长和频率范围内，它能引起人们的视觉，这部分光称为可见光。广义的光还包括不能为人的肉眼所看见的微波、红外线、紫外线、X射线和γ射线等，见表6-1。

许多物质吸收光子以后，可以从基态跃迁到激发态，处在激发态的分子容易发生各种变化。如果这种变化是化学的，如光聚合反应或者光降解反应，则研究这种现象的科学称为光化学；如果这种变化是物理的，如光致发光或者光导电现象，则研究这种现象的科学称为光物理。

光线名称	波长/nm	能量/kJ	光线名称	波长/nm	能量/kJ
微波	$10^6 \sim 10^7$	$10^{-1} \sim 10^{-2}$	紫外线	400	299
红外线	$10^3 \sim 10^7$	$10^{-1} \sim 10^{-2}$		300	399
可见光	800	147		200	599
	700	171		100	1197
	600	201	X 射线	10^{-1}	10^6
	500	239	γ 射线	10^{-3}	10^8

我们将研究高分子中发生的这些过程的科学称为高分子光化学和高分子光物理。

高分子光物理和光化学是研究光敏高分子材料的理论基础，其中键能起关键作用[3~5]，表 6-2 列出了一些化学键的键能。

⊡ 表 6-2　键能

化学键	键能/（kJ/mol）	化学键	键能/（kJ/mol）	化学键	键能/（kJ/mol）
O—O	138.9	C—Cl	328.4	C—H	413.4
N—N	160.7	C—C	347.7	H—H	436.0
C—S	259.4	C—O	351.5	O—H	462.8
C—N	291.6	N—H	390.8	C=C	607

6.1.2.2　光吸收和分子的激发态

光子能量

$$E = h\nu = \frac{hc}{\lambda}$$

其中，h 为普朗克常数（6.62×10^{-34} J·s）。

在光化学中有用的量是每摩尔分子所吸收的能量。假设每个分子只吸收一个光量子，则每摩尔分子吸收的能量称为一个爱因斯坦（Einstein），实用单位为千焦耳（kJ）或电子伏特（eV）。

物质对光的吸收程度，可以用 Lambert-Beer 公式表示：

$$A = -\lg T = Kbc$$

其中，A 为溶液的吸光度；c 为溶液浓度；b 为厚度；T 为透光率。

光的吸收能力与分子结构有密切关系。在分子中对光敏感、能够吸收紫外线和可见光的部分被称为发色团。能够提高光摩尔吸收系数的结构称为助色团。

光化学第一定律（Gtotthus-Draper 定律）：只有被吸收的光才能有效地引起化学反应。光化学第二定律：（Stark-Einstein 定律）：一个分子只有在吸收了一个光量子之后，才能发生光化学反应（吸收一个光量子的能量，只可活化一个分子，使之成为激发态）。物质吸收光子并不能都转化为激发态分子，而是转化为其他形式的能量。光激发效率可以用激发光量子效率表示，即生成激发态的数量和物质吸收光子的数目之比称为激发光量子效率。

从光化学定律可知，光化学反应的本质是分子吸收光能后活化。当分子吸收光能后，只要有足够的能量，分子就能活化。

分子的活化有两种途径：一是分子中的电子经光照后能级发生变化而活化；二是分子接受另一光活化的分子传递来的能量而活化，即分子间的能量传递。下面我们讨论这两种光活化过程。按量子化学理论解释，分子轨道是由构成分子的原子价壳层的原子轨道线性组合而成的。换言之，当两个原子结合形成一个分子时，参与成键的两个电子并不是定域在自己的原子轨道上，而是跨越在两个原子周围的整个轨道（分子轨道）上[6,7]。

6.1.2.3　激发能的耗散

一个激发到较高能态的分子是不稳定的，除了发生化学反应外，它还将尽快采取不同的方式自动地放出能量，回到基态。

激发态分子的激发能有三种可能转化方式：①发生光化学反应；②以发射光的形式耗散能量；③通过其他方式转化成热能。后两种方式称为激发能的耗散。所以激发能耗散的方式有许多种。

6.1.2.4　（荧、磷）光量子效率

光量子效率是指物质分子每吸收单位光强度后发出的荧光强度与入射光强度的比值，用来描述荧光过程或磷光过程中的光能利用率。量子效率与分子的结构关系密切，如饱和烃类化合物的荧光量子效率较低，观察不到荧光现象，而具有共轭结构的分子体系，特别是许多芳香族化合物的量子效率较高，多为荧光物质。

6.1.2.5　激发态的猝灭

激发态分子以非光形式衰减到基态或者低能态的过程称为激发态的猝灭。

猝灭过程是光化学反应的基础之一。芳香胺和脂肪胺是常见的有效猝灭剂，空气中的氧分子也是猝灭剂。

6.1.2.6　分子间或分子内的能量转移过程

激发态的能量可以在不同分子之间或者同一分子的不同发色团之间转移。

能量转移在光物理和光化学过程中普遍存在，特别是在聚合物光能转化装置中起非常重要的作用。

6.1.2.7　激基缔合物和激基复合物

处在激发态的分子和同种处于基态的分子相互作用，生成的分子对被称为激基缔合物。处在激发态的物质和另一种处在基态的物质发生相互作用，生成的物质被称为激基复合物。

激基缔合物和激基复合物在功能高分子中比较普遍。

6.1.2.8　光引发剂和光敏剂

光引发剂和光敏剂均能促进光化学反应。光引发剂吸收光能后跃迁到激发态，当激发态能量高于分子键断裂能量时，断键产生自由基，光引发剂则被消耗；光敏剂吸收光能后跃迁到激发态，然后发生分子内或分子间能量转移，将能量传递给另一个分子，光敏剂则回到基态。

光引发剂和光敏剂如同化学反应的反应试剂和催化剂。

6.1.3　高分子光化学反应类型

与光敏高分子材料密切相关的光化学反应包括光聚合反应和光交联反应、光降解反应、光异构化反应。

6.1.3.1　光聚合反应和光交联反应

光聚合反应和光交联反应都是以线型聚合物为反应物，吸收光能后发生光化学反应，使生成的聚合物分子量更大。

其中，以分子量较小的线型低聚物作为反应单体，发生光聚合反应，生成分子量更大的线型聚合物，称光聚合反应；以分子量较大的线型聚合物作为反应物，在光引发下高分子链之间发生交联反应，生成网状聚合物，称为光交联反应。

光聚合反应和光交联反应的主要特点是反应温度适应范围宽，特别适合于低温聚合反应。

（1）光聚合反应

根据反应类型，光聚合反应分为光自由基聚合、光离子型聚合和光固相聚合三种。其中，光自由基聚合反应相对普遍。

在光自由基聚合反应中，低分子量聚合物中应该含有可聚合基团，这些可聚合基团列于表6-3中。

为了增大光聚合反应的速度，经常需要加入光引发剂和光敏剂。

（2）光交联反应

按照反应机理，光交联反应可以分为链聚合和非链聚合两种。

链聚合反应的反应速度较快，线型聚合物链之间直接发生光交联反应，一般不需要交联剂。能够进行链聚合的线型聚合物主要是带有不饱和基团的高分子，如丙烯酸酯、不饱和聚酯、不饱和聚乙烯醇、不饱和聚酰胺等。

非链聚合反应的反应速度较慢，除含有碳碳双键的线型预聚物外，一般还需要加入交联剂。交联剂通常为重铬酸盐、重氟盐和芳香叠氮化合物。

▣ **表6-3 可用于光聚合反应的单体结构**

结构名称	化学结构	结构名称	化学结构
丙烯酸基	$H_2C=\underset{H}{C}-COO-$	乙烯基硫醚基	$H_2C=\underset{H}{C}-S-$
甲基丙烯酸基	$H_2C=\overset{CH_3}{\underset{}{C}}-COO-$	乙烯基醚基	$H_2C=\underset{H}{C}-O-$
丙烯酰氨基	$H_2C=\underset{H}{C}-CH_2NH-$	乙烯基氨基	$H_2C=\underset{H}{C}-\overset{H}{N}-$
顺丁烯二酸基	$-OOCH_2C-CH_2COO-$	环丙烯基	$H_2C-\overset{O}{C}-CH_2-$
烯丙基	$H_2C=\underset{H}{C}-CH_2-$	炔基	$-C\equiv C-$

6.1.3.2 光降解反应

光降解反应是指在光的作用下聚合物链发生断裂、分子量降低的光化学过程。光降解过程主要有三种形式。

（1）无氧光降解过程

一般认为，聚合物中羰基吸收光能后，发生一系列能量转移和化学反应，导致聚合物链断裂。

（2）光氧化降解过程

在光作用下产生自由基，与氧气反应生成过氧化物。过氧化物是自由基引发剂，产生的自由基进一步引起聚合物的降解反应。

（3）催化光降解过程

当聚合物中含有光敏剂时，光敏剂分子可以将吸收的光能传递给聚合物，促使其发生降解反应。光降解反应可使高分子材料老化、力学性能变坏，但也可以使废弃聚合物经光降解消化，对环境保护有利。

在三种光降解过程中，光氧化降解是聚合物降解的主要方式。因此，在聚合物中加入光稳定剂，可以减慢其反应速度，防止聚合物老化，延长其使用寿命。

6.1.3.3 光异构化反应

光化学反应后，产物的分子量不变，结构发生变化，引起聚合物性质改变，这种光化学反应称为光异构化反应。

6.1.4　光敏高分子的分类

光敏高分子材料是一种用途广泛、具有巨大应用价值的功能材料，其研究、生产、发展的速度都非常快，涉及的领域不断拓展[8~10]。目前，主要有以下几类。

（1）高分子光敏涂料

以可光固化的光敏高分子材料为主要原料的涂料称为高分子光敏涂料，主要特点是不使用溶剂或使用量极少、固化快等。

（2）高分子光刻胶

高分子光刻胶在光的作用下可以发生光交联（或者光降解）反应，反应后溶解性能发生显著的变化，而且配合腐蚀工艺，具有光加工性能，可用于集成电路工业。

（3）高分子光稳定剂

高分子光稳定剂能够大量吸收光能，并且以无害方式将其转化成热能，以阻止聚合材料发生光降解和光氧化反应。

（4）高分子荧光（磷光）材料

在光照射下，将所吸收的光能以荧光（或者磷光）形式发出的高分子材料称为高分子荧光（或者磷光）材料。

（5）高分子光催化剂

在光能转换装置（能够吸收太阳光，并能将太阳能转化成化学能或者电能的装置）中，起到促进能量转换作用的聚合物称为高分子光催化剂，可用于制造聚合物型光电池和太阳能储能装置。

（6）高分子光导电材料

在光的作用下，电导率能发生显著变化的高分子材料称为高分子光导电材料，可以制作光检测元件、光电子器件以及用于静电复印和激光打印的核心部件。

（7）光致变色高分子材料

在光的作用下，吸收波长发生明显变化，从而导致材料外观颜色发生变化的高分子材料称为光致变色高分子材料。

（8）高分子非线性光学材料

在强光作用下表现出明显的超极化性质、具有明显二阶或者三阶非线性光学性质的材料称为高分子非线性光学材料，具有光倍频、电折射控制和光频率调制等性能。

（9）高分子光力学材料

在光的作用下，材料分子结构变化引起材料外形、尺寸变化，从而发生光控制机械运动，这种材料称为高分子光力学材料[11~13]。

6.2　光敏涂料和光敏胶

6.2.1　光敏涂料的组成

光敏涂料主要由预聚物（光敏树脂）、光敏剂和光引发剂、光敏交联剂、稀释剂、热阻聚剂以及调色颜料等组成。简单来说就是光敏剂（光引发剂）、低聚物（树脂）、活性稀释剂（单体）、助剂（流平剂、消泡剂）[14~16]。

6.2.1.1 光敏涂料分类

按用途不同光敏涂料大致分为竹木地板涂料、塑料涂料、纸张上光涂料、金属涂料、真空镀膜涂料、防眩光涂料。

按主体树脂不同光敏涂料又可分为环氧树脂涂料、聚氨酯树脂涂料、聚酯树脂涂料、有机无机杂化涂料、聚醚树脂涂料[17~19]。

6.2.1.2 光敏树脂

光敏树脂通常为具有可光聚合基团的分子量较小的低聚物（1000~5000）或者可溶性的线型聚合物[20~23]，有以下主要类型。

（1）环氧丙烯酸酯类树脂

这种光敏树脂是在环氧树脂中引入可光聚合的（甲基）丙烯酸酯构成的。

（2）不饱和聚酯

光敏涂料用的不饱和聚酯类光敏树脂是线型不饱和聚酯，一般由含不饱和双键的二元酸与二元醇进行缩合反应生成。例如，1,2-丙二醇、邻苯二甲酸酐和马来酸酐缩聚可生成不饱和聚酯类光敏树脂。不饱和聚酯光敏涂料具有坚韧、硬度高和耐溶剂性好等特点。

（3）聚氨酯

用于制备光敏涂料的聚氨酯类光敏树脂一般通过含羟基的（甲基）丙烯酸与多元异氰酸酯反应制备。例如，己二酸与己二醇反应制得具有羟基端基的聚酯，该聚酯再依次与甲基苯二异氰酸酯和丙烯酸羟基乙酯反应得到制备光敏涂料的聚氨酯类光敏树脂。聚氨酯光敏涂料具有黏结力强、耐磨和坚韧等特点，但是受到紫外线的照射容易泛黄。

（4）聚醚

用于制备光敏涂料的聚醚类光敏树脂一般由环氧化合物与多元醇缩聚而成。此时，树脂分子中游离的羟基作为光交联的活性点，如图 6-1 所示。

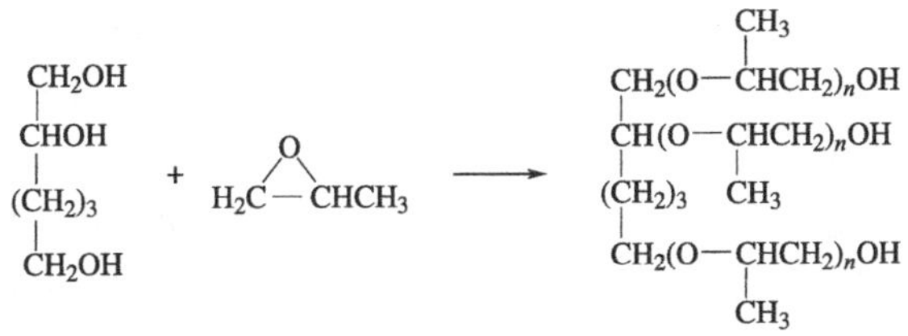

图 6-1 聚醚的合成

聚醚光敏涂料是低黏度涂料，价格也较低[24~27]。

6.2.1.3 光引发剂与光敏剂

（1）光敏剂

光敏剂是一种能吸收光能而发生光化学变化产生具有引发聚合能力的活性中间体（自由基或阳离子）的物质。这种将吸收的光能转移给另一个分子，并使该分子产生自由基的物质称为光敏剂。

光敏剂应具有稳定的三线激发态，其激发能与被敏化物质（如光引发剂）要相匹配。

常见的光敏剂多为芳香酮类化合物，如苯乙酮和二甲苯酮。

（2）光引发剂

光引发剂类似于光敏剂，能够产生自由基或者离子的化合物均可以作为光引发剂，光引发剂对固化速度起决定作用，光固化涂料通过光引发剂吸收紫外线而产生自由基或阳离子，引发低聚物和活性稀释剂发生聚合交联反应，形成网状的涂膜。

光引发剂通常是具有发色团的有机羰基化合物、过氧化物、偶氮化合物、有机硫化物、卤化物等，如安息香、偶氮二异丁腈、硫醇、硫醚等。

在光敏涂料中，使用的部分光引发剂和光敏剂的种类与性能列于表 6-4 和 6-5 中。

表 6-4 光引发剂的种类和使用光波长

种类	感光波长/nm	代表化合物	种类	感光波长/nm	代表化合物
羰基化合物	360～420	安息香	卤化物	300～400	卤化银、溴化汞
偶氮化合物	340～400	偶氮二异丁腈	色素类	400～700	核黄素
有机硫化物	280～400	硫醇、硫醚	有机金属	300～450	烷基金属
氧化还原对		铁/过氧化氢	羰基金属	360～400	羰基锰
其他		三苯基膦			

表 6-5 常用的光敏剂

种类	相对活性	种类	相对活性
米蚩酮	640	2,6-二溴-4-二甲氨基苯	797
萘	3	N-乙酰基-4-硝基-1-萘胺	1100
二苯甲酮	20	对二甲氨基硝基苯	137

6.2.1.4 光敏稀释剂

为了降低涂料的黏度，提高施工性能和涂层力学强度，光敏涂料中还需要加入光敏稀释剂。这些光敏稀释剂多是丙烯酸酯类单体和乙酸丁酯等。

6.2.2 光敏涂料的固化

6.2.2.1 固化条件

（1）光源

光源的选择参数包括波长、功率和光照时间等。其中，波长的选择要考虑光引发剂和光敏剂的种类，即与光引发剂或者光敏剂的波长作用范围相匹配。对大多数光引发剂而言，使用紫外线作为光源比较普遍。

光源的功率与固化的速度关系密切，提高光功率可以加快固化速度。

光照时间取决于涂层的固化速度和厚度。多数光敏涂料的固化时间较短，一般在几秒至几十秒之间。

（2）环境条件

首先，环境气氛会对光固化产生影响。如空气中的氧气对涂层表面有阻聚作用，环境气氛对采用的光源具有吸收作用等。

其次，温度对光固化产生影响。一般在较高的温度下固化速度较快，而且固化程度也较高。

6.2.2.2 固化特点

光敏涂料固化速度快，而且在固化过程中产生的挥发性物质少，对环境的污染较小。但是价格和成本较高，是目前阻碍其广泛应用的重要因素之一。

6.2.3 光致抗蚀剂

光致抗蚀是指高分子材料经过光照后，分子结构从线型、可溶性转变为网状、不可溶性，产生了对溶剂的抗蚀能力。而光致诱蚀正相反，当高分子材料受光照辐射后，感光部分发生光分解反应，从而变为可溶性。目前广泛使用的预涂感光板就是将感光材料树脂预先涂敷在亲水性的基材上制成的。晒印时，树脂若发生光交联反应，则溶剂显像时未曝光的树脂被溶解，感光部分树脂保留下来。反之，若发生光分解反应，则曝光部分的树脂分解成可溶性物质而溶解。该树脂又称光刻胶，广泛用于集成电路工业和印刷工业等光加工工业领域。光刻胶是微电子技术中细微图形加工的关键材料之一。特别是近年来大规模和超大规模集成电路的发展，大大促进了光刻胶的研究和应用。

根据光照后溶解度变化的不同，分为正胶（正性光刻胶）和负胶（负性光刻胶）。

光照后涂层发生光交联反应（称为曝光过程），使胶的溶解度下降，在溶解过程中（也称为显影过程）保留下来，进而在化学腐蚀过程中（也称为刻蚀过程）保护氧化层。此种光刻胶为负性光刻胶。

与负性光刻胶正好相反，即光刻胶光照后发生光降解反应，使胶的溶解度增大，在溶解过程中被除去，这样光照部分在化学腐蚀过程中被腐蚀掉。此种光刻胶为正性光刻胶。

根据采用光的波长不同，光刻胶还可以分成可见-紫外光刻胶、放射线光刻胶、电子束光刻胶和离子束光刻胶等。

6.2.3.1 负性光致抗蚀剂

负性光致抗蚀剂主要是分子链中含有不饱和键或可聚合活性点的可溶性聚合物。如聚乙烯醇肉桂酸酯、聚乙烯氧肉桂酸乙酯、聚对亚苯基二丙烯酸酯、聚乙烯醇肉桂亚乙酸酯等。

聚乙烯醇肉桂酸酯光致抗蚀剂的制备反应及作用机理如图 6-2 所示。

图 6-2　聚乙烯醇肉桂酸酯光致抗蚀剂的制备

6.2.3.2 正性光致抗蚀剂

早期开发的正性光致抗蚀剂是酸催化酚醛树脂。其作用原理：曝光后光致抗蚀剂从油溶性转变为水溶性，在碱性水溶液中显影时，受到光照部分溶解，对氧化层失去保护作用。如连接有邻重氮萘醌结构的线型酚醛树脂，见图 6-3。

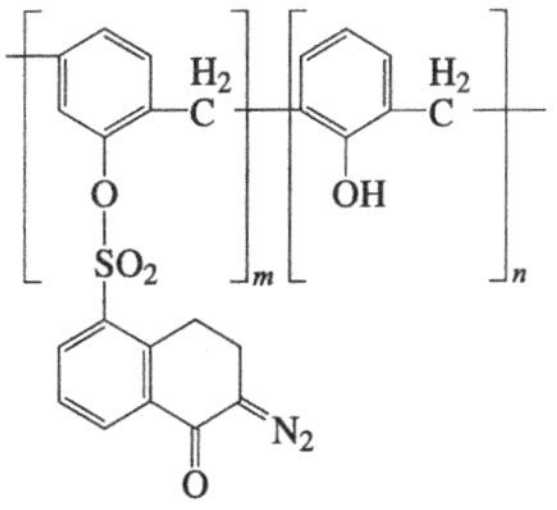

虽然这种正性光致抗蚀剂在显影时可以使用水溶液替代有机溶剂，但是对显影工艺要求较高，材料本身价格较高。同时，光照前后溶解性变化不如负性光致抗蚀剂明显，因此使用受到一定限制。

图 6-3　酸催化酚醛树脂

近年开发的正性光致抗蚀剂是深紫外光致抗蚀剂。其原理与酚醛树脂类大不相同，即深紫外线的能量较高，可以使许多不溶性聚合物的某些键发生断裂进而发生光降解反应，使其变成分子量较低的可溶性物质，从而在显影过程中达到脱保护。

这一类的光致抗蚀剂种类比较多，在表 6-6 中列出了部分深紫外光致抗蚀剂。

□ 表 6-6　深紫外光致抗蚀剂结构与性质

名　　称	波长范围/nm	相对灵敏度
聚甲基丙烯酸甲酯	200～240	1
聚甲基异丙烯酮	230～320	5
（甲基丙烯酸甲酯-α-甲基丙烯酸丁二酮单肟）共聚体	240～270	30
（甲基丙烯酸甲酯-α-甲基丙烯酸丁二酮单肟-甲基丙烯腈）共聚体	240～270	85
甲基丙烯酸甲酯-茚满酮共聚体	230～300	35
甲基丙烯酸甲酯-对甲氧苯基异丙基酮共聚体	220～360	66

由于深紫外线波长短，发生光绕射的程度小，因此光刻精度可以大大提高。但是这种光刻工艺也存在着对所加工材料要求高、设备复杂的缺点。

6.2.4 常见的光敏涂料

6.2.4.1 苯偶姻（安息香）及其衍生物

最早商品化的光引发剂如图 6-4 所示。最早商品化的光引发剂成本低、合成容易，但热稳定性差、易发生暗反应、易黄变，目前已很少使用。苯偶姻（安息香）及其衍生物的光敏变化如图 6-5。

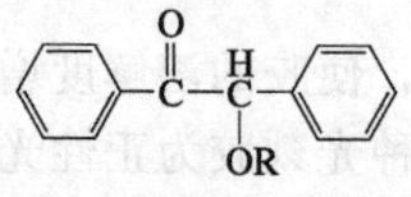

R=H、CH₃、C₂H₅、CH(CH₃)₂、CH₃CH(CH₃)₂、C₄H₉

图 6-4 最早商品化的光引发剂

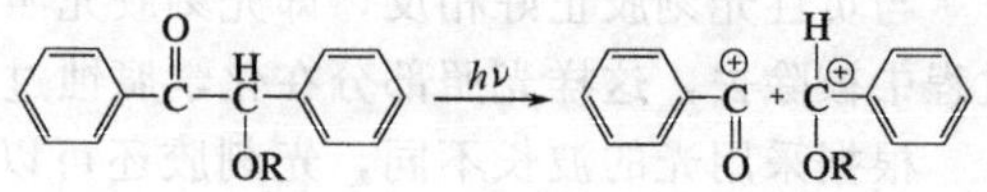

图 6-5 苯偶姻（安息香）及其衍生物的光敏变化

6.2.4.2 苯偶酰及其衍生物

651 有很高的光引发活性，合成成本低，价格便宜但容易黄变。其光敏变化如图 6-6 所示。

6.2.4.3 α-羟基酮衍生物

α-羟基酮衍生物是目前最常用的，也是光引发活性很高的引发剂。图 6-7～图 6-9 所示是 α-羟基酮的衍生物结构式。

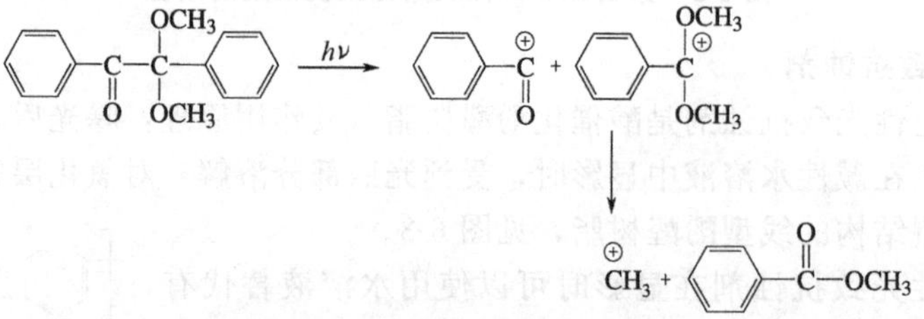

图 6-6 二甲基苯偶酰缩酮光起始剂 Irgacure 651（简称 651）

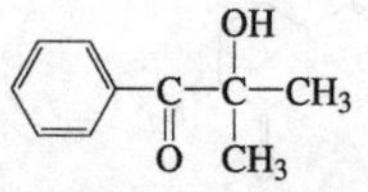

图 6-7 巴斯夫光引发剂 Darocur 1173（HMPP，简称 1173） 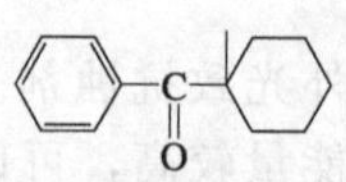　　图 6-8 光起始剂 Irgacure 184（HCPK，简称 184） 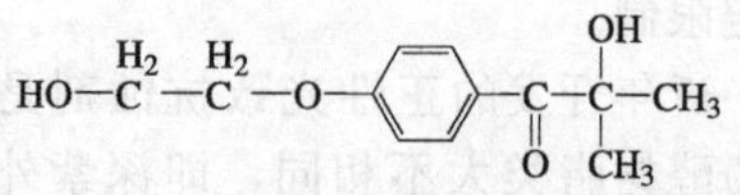　　图 6-9 巴斯夫光引发剂 Darocur 2959（HHMP，简称 2959）

184 为白色结晶粉末。1173 为液体，热稳定性优良，不易黄变，合成容易，价格低廉，使用方便；缺点是光解产生苯甲醛，有不良气味。这两种引发剂广泛应用于要求高的清漆当中。

6.2.4.4 提氢型引发剂

$$X \xrightarrow{h\nu} X^* \xrightarrow{RH} XH + R$$

激发态的光引发剂分子从活性单体、低聚物等氢原子给予体上提取氢原子，从而成为活性自由基。

6.2.5 光敏胶

无影胶（UV 胶）又称光敏胶、紫外光固化胶，是一种必须通过紫外线照射才能固化的胶黏剂，可以作为黏结剂使用，也可作为油漆、涂料、油墨等的胶料使用。紫外线（UV）是肉眼看不见的，是可见光以外的一段电磁辐射，波长在 $10\sim400nm$ 的范围。无影胶固化原理是 UV 固化材料中的光引发剂（或光敏剂）在紫外线的照射下吸收紫外线产生活性自由基或阳离子，引发单体聚合、交联化学反应，使黏合剂在数秒钟内由液态转化为固态。

光敏胶特点：通用型产品、适用范围极广、塑料与各种材料的黏结都有极好的黏结效果；黏结强度高、通过破坏试验的测试可达到塑料本体破裂而不脱胶，UV 胶可几秒钟定位、一分钟达到最高强度，极大地提高了工作效率；固化后完全透明、产品长期不变黄、不白化；相比于传统的瞬干胶黏结，具有耐环测、不白化、柔韧性好等优点；P+R 按键（油墨或电镀按键）破坏试验可使硅橡胶胶皮撕裂；耐低温，高温、高湿性能极优；可通过自动机械点胶或网印施胶，方便操作。

6.3 高分子光稳定剂

高分子材料在加工、储存和使用过程中，因受到太阳光的作用，其性能会逐步变坏，以致最后失去使用价值。这种现象称为"光老化"。

"光老化"的实质是光化学反应，即光降解、光氧化和光交联反应。光降解反应产生高活性的自由基，进而发生分子链的断裂或交联，表现为材料的外观和力学性能下降；光化学反应产生的自由基还可能引发高分子光氧化反应，在高分子链上引入羰基、羧基、过氧基团和不饱和键，致使高分子链更容易发生光降解反应，引起键的断裂；光降解过程中产生的自由基也会引起光交联反应，使高分子材料变脆，性能变坏。

高分子光稳定剂指那些在吸收光能后能以无害方式将能量耗散，从而防止基体高分子材料发生光化学反应的高分子吸光材料。其多以添加剂的形式存在于被保护聚合物中。有光屏蔽剂、激发态猝灭剂和紫外线抗氧化剂等，分别用于阻挡有害光线射入、猝灭光引发产生的自由基和吸收或消耗聚合物中的氧化物。与其小分子同类光稳定剂相比，高分子化的光稳定剂与聚合物的相容性好，稳定性高。

高分子材料长期暴露在日光或短期置于强荧光下，会吸收紫外线能量，引起自动氧化反应，导致聚合物降解，使得制品变色、发脆、性能下降，以致无法再用。这一过程称为光氧老化或光老化。凡能抑制或减缓这一过程进行的措施，称为光稳定，所加入的物质称为光稳定剂或紫外光稳定剂。它用量极少，通常仅需高分子材料重量的 $0.01\%\sim0.5\%$。

按作用机理分类，光稳定剂可分为四类：①光屏蔽剂，包括炭黑、氧化锌和一些无机颜料；②紫外线吸收剂，包括水杨酸酯类、二苯甲酮类、苯并三唑类、取代丙烯腈类、三嗪类等有机化合物；③猝灭剂，主要是镍的有机配合物；④自由基捕获剂，主要是受阻胺类衍生物。

光稳定剂应具备下列几个条件：能强烈吸收 $290\sim400nm$ 波长范围的紫外线，或能有效地猝灭激发态分子的能量，或具有足够的捕获自由基的能力；与聚合物及其助剂的相容性好，在加工和使用过程中不喷霜、不渗出；具有光稳定性、热稳定性及化学稳定性，即在长期曝晒下不遭破坏，在加工和使用时不因受热而变化，热挥发损失小，不与材料中其他组分发生不利的反应；耐抽出、耐水解、无毒或低毒、不污染制品、价格低廉[28,29]。

6.3.1 光降解与光氧化过程

6.3.1.1 光的波长、光吸收度和光降解量子效率的影响

（1）光的波长

太阳光的基本组成为紫外线占 10%、可见光占 50%、红外线占 40%。其中，可见光和红外线对光老化的影响较小；而紫外线所占的比例虽然不大，但由于其能量较高，对光老化过程影响最大。

（2）光吸收度

光吸收度与分子的激发态相关，即光吸收度越大，被激发的分子数越多。大多数高分子材料本身对近紫外线和可见光没有或很少吸收，因此，高分子材料中的各种吸光性添加剂（如染料和颜料）和杂质在光降解过程中占有重要地位。

（3）光降解量子效率

光降解量子效率 Φ 是发生降解分子数与吸收光量子数之比。大多数聚合物材料的 Φ 值在 $10^{-3} \sim 10^{-5}$ 之间，量子效率非常低，这说明在激发态分子中仅有极小部分能发生光降解反应。

▣ 表 6-7　常用聚合物的光降解参数

聚合物	光敏感区/nm	Φ（254nm）	聚合物	光敏感区/nm	Φ（254nm）
聚四氟乙烯	<200	$<1 \times 10^{-5}$	纤维素	<200	约 1×10^{-3}
聚乙烯	<200	$<4 \times 10^{-2}$	聚甲基丙烯酸甲酯	214	2×10^{-4}
聚丙烯	<200	约 1×10^{-1}	聚己内酰胺		6×10^{-4}
聚氯乙烯	<200	约 1×10^{-4}	聚碳酸酯	260,210	约 1×10^{-3}
乙酸纤维素	<200	约 1×10^{-3}	聚对苯二甲酸乙二醇酯	260	约 2×10^{-4}

由表 6-7 可见，化合物的结构是影响光降解光子效率的主要因素，特别是化学键的类型影响较大。

▣ 表 6-8　有机化合物键能与对应的光波波长

化学键	键能/（kJ/mol）	对应光波/nm	化学键	键能/（kJ/mol）	对应光波/nm
O—H	1938.74	259	C—O	351.69	340
C—F	441.29	272	C—C	347.92	342
C—H	413.26	290	C—Cl	328.66	351
N—H	391.05	306	C—N	290.80	410

表 6-8 给出了不同化学键的键能以及对应的敏感光波波长。

6.3.1.2 聚合物光老化过程的引发机理

（1）自由基的产生

自由基可以由聚合物分子产生，但是在更多的情况下是由聚合物中存在的杂质或添加剂产生的。

从机理上看，自由基可以通过激发态分子自身被离解产生，也可以通过激发态分子与另外一个处于基态的分子反应，发生能量转移而产生。

（2）自由基的光化学反应

a. 自由基可以直接与其他聚合物分子发生链式降解或者交联反应。

b. 自由基也可以通过能量转移过程，将能量传递给其他分子，由其他分子完成自由基光降解反应。

c. 当有氧气存在时，自由基可与氧分子反应形成过氧自由基，进而发生氧化自由基链式反应。由此生成许多含氧基团成为新的发色团，这些发色团在光的照射下，又可引发新的链式自由基反应，加速聚合物的光老化过程。相比于光降解过程，光氧化过程对高分子材料老化具有更大的影响。

6.3.1.3 聚合物的抗老化（光老化）及光稳定剂

聚合物的抗老化原理：①阻止自由基的生成；②清除已经生成的自由基。

抗老化具体措施：①对有害光线进行屏蔽、吸收，或者将光能转换成无害形式；②用激发态猝灭剂猝灭产生的激发态分子，防止自由基产生；③采用自由基捕获剂吸收产生的自由基，切断光老化链式反应。

聚合物的抗老化可以用加入光稳定剂的方法实现。

加入聚合物中，能够提高高分子材料对光的耐受性，增强抗老化能力的材料统称为光稳定剂。

阻止聚合物中自由基的生成主要考虑以下三方面：①保证聚合物中不含有对光敏感的光敏剂或者发色团，尽量减少聚合物中残留的催化剂、杂质等。②用光稳定剂对聚合物进行光屏蔽（如表面涂布涂料或反光材料以及加入光稳定性颜料等），阻止光射入聚合物中或使聚合物中的光敏物质无法被激发。③在聚合物中加入激发态猝灭剂，猝灭光激发产生的激发态分子，防止自由基产生。激发态猝灭剂是重要的光稳定剂之一。

清除光激发产生的有害自由基的方法：①加入自由基捕获剂，清除已经生成的自由基，阻止光降解链式反应发生。因此，自由基捕获剂也可以作为光稳定剂。②加入抗氧剂。由于氧的存在会加快聚合物的老化速度，所以加入抗氧剂可以清除聚合物内部的氧化物，阻止光氧化反应，减缓老化速度。抗氧剂是重要的光稳定剂之一。

6.3.1.4 引发光降解的重要因素

聚合物分子吸收光量子成为激发态分子，这是聚合物分子发生光化学变化的起点，即光引发。激发态的聚合物分子通过发光（荧光、磷光）、放热以及能量传递等过程，消散大部分激发能。大多数高分子材料所吸收的光能量并不多，但由于聚合物分子中存在潜在的活性（在聚合、加工以及光老化过程中形成的）光敏性基团，会导致聚合物的光敏性增强，光引发降解反应的可能性增大。这些光敏性杂质正是高分子材料光降解重要的引发源。此外，离子辐射、超声波、热、机械加工等物理因素也是降解反应的引发源。

（1）单线态氧产生与光降解反应

单线态氧表示为 $1O_2$（普通氧为 $3O_2$），是一种激发态的分子氧，有两种能级。处于高能态的氧分子极易脱活释放出能量。

（2）氢过氧化物的产生与光分解

单线态氧攻击不饱和键产生的氢过氧化物是聚合物光降解的关键中间体。高聚物在贮存及热加工过程中，由于热氧化造成氢过氧化物不断积累。

（3）羰基的形成及光敏化作用

在聚烯烃的热加工和贮存过程中，发生不同程度的热氧化，随着吸氧量的增加，红外光谱中羰基的吸收增大。

（4）其他光引发因素

高分子材料中含有的大量各种各样的杂质都可能成为光氧化作用的潜在敏化剂。如在高聚物合成过程中使用催化剂，因聚合条件所致，最终在树脂中残存有痕量的催化剂。这些变价金属的离子以及其氧化物是光氧化和热氧化的有效敏化剂[30,31]。

6.3.1.5 光稳定剂的作用机理

从光氧化降解机理可以看出，高分子材料的老化是综合因素作用导致的复杂过程。为了抑制这一过程，添加光稳定剂是简便而有效的方法。聚合物的光稳定过程需从如下几个方面进行：①紫外线的屏蔽和吸收；②氢过氧化物的非自由基分解；③猝灭激发态分子；④钝化重金属离子；⑤捕获自由基。其中，①~④为阻止光引发措施，⑤为切断链增长反应措施。光稳定剂可抑制聚合物光氧化降解，至少具备上述一种功能。

根据稳定机理不同，光稳定剂大致分为四类：光屏蔽剂、紫外线吸收剂、猝灭剂、自由基捕获剂。

（1）光屏蔽剂

又称遮光剂，是一类能够吸收或反射紫外线的物质。它的存在像是在聚合物和光源之间设立了一道屏障，使光在到达聚合物的表面时就被吸收或反射，阻碍紫外线深入聚合物内部，从而有效地抑制了制品的老化。

光屏蔽剂构成了光稳定剂的第一道防线。这类稳定剂主要有炭黑、二氧化钛、氧化锌、锌钡等。炭黑是吸附剂，而氧化锌和二氧化钛稳定剂为白色颜料，可使光反射掉。其中效力最大的是炭黑，在聚丙烯中加入2%的炭黑，寿命可达30年以上。

炭黑具有苯醌结构及多核芳烃结构，具有光屏蔽作用。由于含有苯酚基团，具有抗氧化性。在橡胶中大量使用炭黑（作补强剂），所以其光稳定性能比较好，没有必要再加其他光稳定剂。

（2）紫外线吸收剂

这是目前应用最广的一类光稳定剂，它能强烈地、选择性地吸收高能量的紫外线，并以能量转换形式将吸收的能量以热能或无害的低能辐射释放出来或消耗掉，从而防止聚合物中的发色团吸收紫外线能量发生激发。具有这种作用的物质称为紫外线吸收剂。紫外线吸收剂包括的化合物类型比较广泛，但工业上应用最多的当属二苯甲酮类、水杨酸酚类和苯并三唑类等。紫外线吸收剂的应用为塑料的光稳定化设置了第二道防线。

（3）猝灭剂

又称减活剂或消光剂，也称激发态猝灭能、能量猝灭剂。这类稳定剂本身对紫外线的吸收能力很低（只有二苯甲酮类的1/10~1/20），在稳定过程中不发生较大的化学变化，但它能转移聚合物分子因吸收紫外线后所产生的激发态能，从而防止聚合物因吸收紫外线而产生游离基。这是光稳定化的第三道防线。

（4）自由基捕获剂

自由基捕获剂是近20年来新开发的一类具有空间位阻效应的哌啶衍生物类光稳定剂，简称受阻胺类光稳定剂（HALS）。

此类化合物几乎不吸收紫外线，但通过捕获自由基、分解过氧化物、传递激发态能量等多种途径赋予聚合物高度的稳定性。

光屏蔽剂、紫外线吸收剂和猝灭剂构成的光稳定过程都是从阻止光引发的角度赋予聚合物光稳定性功能，而自由基捕获剂作为第四道防线则是以清除自由基、切断自动氧化链反应的方式达到光稳定目的的。

受阻胺光稳定剂是目前公认的高效光稳定剂。20世纪70年代以来，有关其光稳定机理的研究异常活跃。尽管迄今仍有许多观点未能取得一致，但受阻胺作为自由基捕获剂和氢过氧化物分解剂的功能却毋庸置疑。

6.3.2　高分子光稳定剂的种类与应用

聚合物光稳定剂按其反应模式分类，有以下四类：①光屏蔽剂（阻止自由基生成）；②激发态猝灭剂（阻止自由基生成）；③过氧化物分解剂（清除已经生成的自由基）；④抗氧剂（清除已经生成的自由基）。

光屏蔽剂要求：①应有足够大的消光系数，保证在添加剂量不大的条件下对有害光实施有效屏蔽；②在吸收光能之后，应该能无害地耗散其所吸收的光能，而自身和聚合物不受损害。

光屏蔽剂有光屏蔽添加剂与紫外线吸收剂两类。

光屏蔽添加剂：将颜料（光屏蔽添加剂）分散于受保护的聚合物中，通过反射或吸收消除有害的紫外线和可见光，从而阻止光激发。最常用的光屏蔽添加剂是炭黑。它不仅有吸收光的作用，而且有捕获自由基的能力。缺点是影响聚合物材料的颜色和光泽。

紫外线吸收剂：也是一种光屏蔽剂，但是只对光老化过程影响大的紫外线有吸收，对可见光没有影响。不影响聚合物的颜色和光泽，特别适用于无色或浅色体系。大多数紫外线吸收剂具有形成分子内氢键的酚羟基，或者具有发生光重排反应的能力，如图6-10所示。

激发态猝灭剂：激发态的分子既可以生成自由基，又可以通过将能量转移给猝灭剂分子等过程回到基态。

猝灭剂和激发态分子间的能量转移既可以通过辐射方式的长程能量传递，又可以通过碰撞交换能量的短程能量传递。其中，具有长程能量传递功能的猝灭剂在猝灭过程中不需要与激发态分子相接触，猝灭效率较高。目前常用的猝灭剂多为稀土金属配合物。

抗氧剂：抗氧剂的抗光氧化机理还不清楚。通常将热氧化反应的抗氧剂作为抗光氧化剂使用。这些抗氧剂在紫外线下稳定性一般较差，所以只有高立体阻碍的脂肪胺类等常用于抗光氧化。如图6-11所示。

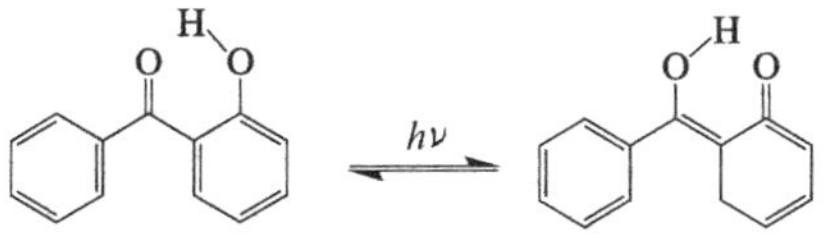

图6-10　2-羟基二苯酮（光重排反应） 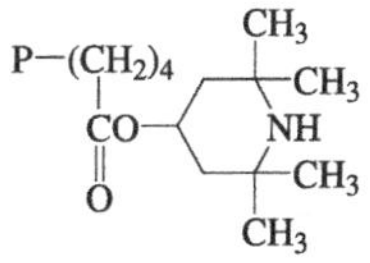　　　图6-11　2,2,6,6-四甲基哌啶类衍生物

聚合物型光稳定剂：在应用过程中，存在光稳定剂与聚合物之间的相容性不佳及自身损耗（由热挥发或者稳定剂缓慢迁移至聚合物表面而渗出等原因引起）等问题。

光稳定剂的高分子化可以解决上述问题。

① 将长脂肪链接在光稳定剂上，不仅改进了与聚合物的相容性，而且长脂肪链的"锚"作用，可以降低光稳定剂在聚合物中的扩散过程，如图6-12所示。

② 将光稳定剂直接接枝到高分子骨架上，如图6-13所示。

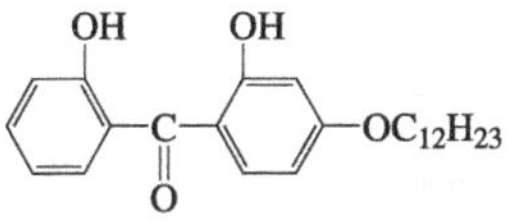

图6-12　2,2′-二羟基-4-十二烷氧基二苯甲酮 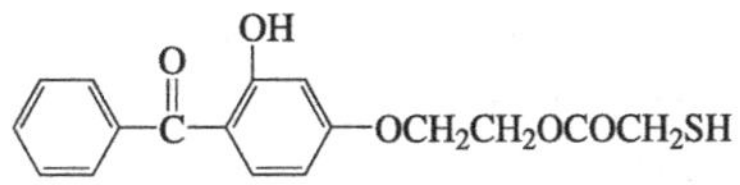　　　图6-13　2-羟基二苯甲酮键合于ABS类高分子骨架上

表 6-9 列出了常用紫外线稳定剂的种类和作用机理。

表 6-9 常用紫外线稳定剂的种类和作用机理

⊡ **表 6-9　常用紫外线稳定剂的种类和作用机理**

类别	商品名称	机理
紫外线屏蔽剂	炭黑	紫外线屏蔽
紫外线吸收剂	cyasorb UV 531	紫外线吸收/断链电子给体
紫外线吸收剂	tinuvin 326	紫外线吸收/断链电子给体
紫外线吸收剂	tinuvin 120	断链电子给体/紫外线吸收
紫外线吸收剂	cyasorb UV 2908	断链电子给体
激发态猝灭剂	cyasorb 1084	紫外线吸收/断链电子给体/过氧化物分解
自由基捕获剂	tinuvin 770	断链电子给体/断链电子受体

6. 3. 2. 1　二苯甲酮类

二苯甲酮类光稳定剂是邻羟基二苯甲酮的衍生物,有单羟基、双羟基、三羟基、四羟基等衍生物[32]。

此类化合物吸收波长为 290～400nm 的紫外线,并与大多数聚合物有较好的相容性,因此广泛用于聚乙烯、聚丙烯、聚氯乙烯、ABS、聚苯乙烯、聚酰胺等材料中,其主要品种见表 6-10。

⊡ **表 6-10　常见的二苯甲酮类光稳定剂**

化学名称	商品名称	最大吸收波长/nm 吸收系数	外观
2,4-二羟基二苯甲酮	uvinul 400	288 66.5	灰白色
2-羟基-4-甲氧基二苯甲酮	cyasorb UV-9	287 68.0	淡黄色粉末
2-羟基-4-辛氧基二苯甲酮	cyasorb UV-531	290 48.0	淡黄色粉末
2-羟基-4-癸氧基二苯甲酮	uvinul 410	288 42.0	灰白色粉末
2-羟基-4-十二烷基氧基二苯甲酮	rylex D AM-320	325 28.0	淡黄色粉末
2-(2-羟基-4-甲氧基苯甲酰基)苯甲酸	cyasorb UV-207	320 34.8	白色粉末
2,2′-二羟基-4,4′-二甲氧基二苯甲酮	uvinul D-49	288 45.5	黄色粉末
uvinul-D-19 与四取代二苯甲酮的混合物	uvinul 490	288 46.0	黄色粉末
2,2′,4,4′-四羟基二苯甲酮	uvinul D-50	288 48.8	黄色粉末
2-羟基-4-甲氧基-5-磺基二苯甲酮	uvinul MS-40 cyasorb UV-284	288 46.0	白色粉末
2,2′-二羟基-4,4′-二甲氧基-5-磺基二苯甲酮	uvinul DS-49	333 16.5	粉末
5-氯-2-羟基二苯甲酮	HCB	262 68.0	

紫外光吸收剂 UV-9 和 UV-531 是应用广泛的光稳定剂。UV-9 能有效吸收 290～400nm 的紫外线，几乎不吸收可见光，适用于浅色透明制品。对光、热稳定性良好，在 200℃ 时不分解，但升华损失较大。可用于油漆和各种塑料，对软、硬质 PVC，聚酯，PS，聚丙烯酸树脂和浅色透明木材家具特别有效，用量为 0.1～0.5 份。其结构式如图 6-14 所示。

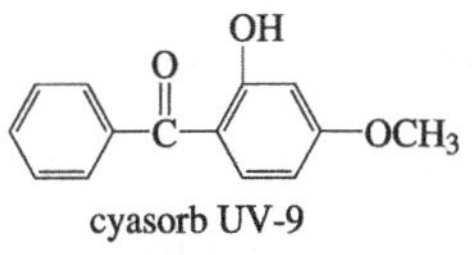

图 6-14　UV-9

6.3.2.2　水杨酸酯类

水杨酸苯酯是最早的紫外光吸收剂，其优点是便宜，与树脂的相容性较好。缺点是紫外光吸收率低，吸收波段较窄（340nm 以下）。本身对紫外线不甚稳定，光照后发生重排会明显地吸收可见光，使制品带色。该吸收剂可用于聚乙烯、聚氯乙烯、聚偏乙烯、聚苯乙烯、聚酯、纤维素等。

常见的水杨酸酯类光稳定剂品种如表 6-11 所示。

▫ 表 6-11　常见的水杨酸酯类光稳定剂

化学名称	商品名称	最大吸收波长/nm	吸收系数	外观	熔点/℃
水杨酸苯酯	salol	310	24.0	白色固体	62
水杨酸-p-叔丁基苯酯	TBS	311	17.0	白色结晶	65～66
7-水杨酸-p-叔辛基苯酯	OPS	311	16.0	白色粉末	72
间苯二酚单苯甲酸酯	RMB	340	28.0	黄色粉末	133
p,p'-次异丙基双酚双水杨酸酯	BAD			白色粉末	158～160

6.3.2.3　苯并三唑类

苯并三唑类光稳定剂是一类性能比二苯甲酮类优良的紫外光吸收剂。结构式如图 6-15 所示。

它能较强烈地吸收 310～385nm 紫外线，几乎不吸收可见光。热稳定性优良，但价格较高，可用于聚乙烯、聚丙烯、聚苯乙烯、聚碳酸酯、聚酯、ABS 等制品。

6.3.2.4　三嗪类

三嗪类光稳定剂是一类高效的吸收型光稳定剂，对 280～380nm 的紫外线有较高的吸收能力，比苯并三唑类稳定剂吸收能力强。它是 2-羟基苯基三嗪衍生物，其特点是分子结构中含有邻位羟基，其通式如图 6-16 所示。

这类化合物吸收紫外线的效果与邻羟基的个数有关，邻羟基个数越多，吸收紫外线的能力越强。不同取代基的引入，降低了均三嗪环的碱性，提高了化合物的耐光坚牢性，同时也提高了树脂的相容性。

6.3.2.5　取代丙烯腈类

取代丙烯腈类光稳定剂的结构如图 6-17 所示。

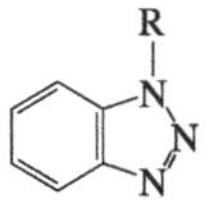

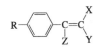

图 6-15　苯并三唑类 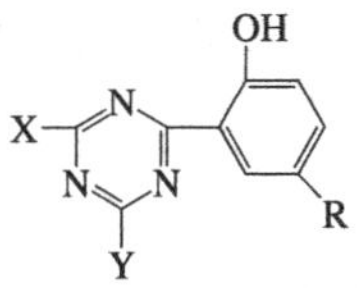　　　　图 6-16　三嗪类　　　　图 6-17　取代丙烯腈类

结构式中 R 为氢、甲氧基；X 和 Y 为羧酸酯或氰基；Z 为氢、烷基、芳基。此类化合物仅能吸收 310～320nm 范围内的紫外线，且吸收指数较低。取代丙烯腈类光稳定剂不含酚式羟基，具有良好的化学稳定性和与聚合物的相容性，可应用于丙烯酸树脂、环氧树脂、脲醛树脂、三聚氰胺树脂、聚酰胺、聚酯、聚烯烃、聚氯乙烯、聚氨酯等。

6.4 光致变色高聚物

在光的作用下能可逆地发生颜色变化的高分子材料称为光致变色高分子材料。这类材料在光照射下，化学结构会发生某种可逆性变化，对光的吸收光谱也会发生某种改变，在外观上表现为相应的颜色变化。

自 1867 年 Fritsche 观察到并四苯的变色现象后，100 多年来人类一直在此方向上进行着研究，但真正将光致变色现象的研究与应用作为一项高新技术并产业化还是在 20 世纪 70 年代。随着人们对光致变色现象及光致变色材料研究的不断深入，光致变色材料在涂料工业、防伪装、建筑装潢、光电信息技术以及复印记录等领域的应用前景逐渐崭露头角[33]。

目前，对光致变色材料的变色特性研究虽然很多，但主要集中在个别已知变色类属上，且其变色机理尚未完全明确，许多变色理论建立在猜想之上，因而无法解决诸如材料稳定性差、抗疲劳性差、对光灵敏性和抗氧化性不理想等缺陷，有待进一步深入探索。严格意义上的光致变色化合物的主要结构形式有两种：①光致变色材料分子作为侧链基团直接或通过间隔基与主链大分子相连；②光致变色材料分子作为主链结构单元或共聚单元形成聚合物。随着研究的不断深入，变色材料种类和结构形式也不断扩大，也有人认为将光致变色化合物添加到聚合物中形成聚合物类型，但此种形式仍存在广泛争议[34～36]。

6.4.1 光致变色高聚物原理

在光致变色过程中，聚合物吸收可见光后，内部的结构发生变化，如互变异构、顺反异构、开环反应、生成离子、解离成自由基或者氧化还原反应等，从而引起光致变色现象。光致变色现象（对光反应变色）指一个化合物（A）受一定波长（λ_1）光的照射，进行特定化学反应生成产物（B），其吸收光谱发生明显的变化，然后在另一波长（λ_2）的光照射下或热的作用下，又恢复到原来的形式。

如果按照材料光反应前后颜色不同分类，光致变色聚合物可分为正光色性类和逆光色性类两种；按照变色机理进行分类，光致变色聚合物可分为 T 类型和 P 类型；但应用最广泛的分类方法还是按照材料物质的化学成分进行分类，即分为无机化合物和有机化合物两大类。无机材料存在光发色及消色速度较慢和低感光度、积热、褪色等缺点。因此，现阶段对光致变色材料的研究主要集中在有机高分子材料方面，如甲亚胺类光致变色高分子、偶氮苯类光致变色高分子、硫靛噻嗪类光致变色高分子、螺吡喃类光致变色高分子、螺嗪类光致变色高分子、俘精酸酐类光致变色高分子、二芳杂环基乙烯类光致变色高分子、苯氧基萘并萘醌类光致变色高分子，同时也在继续探索和发现新的光致变色体系[37]。

6.4.2 光致变色高分子材料的制备

光致变色高分子材料的制备主要有两个途径：①将小分子光致变色材料与聚合物共混，使共混后的聚合物具有光致变色功能；②通过共聚或者接枝反应，以共价键将光致变色结构单元连接在聚合物的主链或者侧链上形成光致变色高分子材料。一般来说，小分子光致变色化合物进行高分子化后，光致变色转换速度大大下降；光致变色高分子材料的光致变色转换速度在溶液中相对较快，在固体中相对较慢，如含有偶氮苯结构的光致变色聚合物[38~40]。

6.4.3　主要的光致变色高分子

（1）含甲亚胺结构型的光致变色高分子

在高分子主链上含有邻羟基苯甲亚氨基的聚合物具有光致变色功能，其光致变色机理如下：甲亚胺基邻位羟基的氢分子内迁移形成反式酮，然后热异构化为顺式酮，再通过氢的热迁移返回顺式烯醇。需要指出的是，分子量小的聚甲亚胺光致变色不明显，这是由于反式酮和顺式烯醇的共轭体系均不大，两者的吸收光谱没有较大的差别。因此，先合成邻羟基苯甲亚胺的不饱和衍生物，再与苯乙烯或甲基丙烯酸甲酯（MMA）等单体共聚合才能得到光致变色高分子。

（2）含硫卡巴腙结构型的光致变色高分子

二苯基硫卡巴腙汞盐具有良好的光致变色性能，但它与聚合物掺混制成的光致变色材料的溶解分散性差，很容易被溶剂抽提出，应用受到限制。若将二苯基硫卡巴腙汞盐接枝到聚合物上，既解决了溶解分散性差及易被溶剂抽提出的问题，又保持了耐热、耐光、变色速度快及变色鲜明等特性，其应用广泛。最典型的是由对甲基丙烯酰胺基苯基汞二硫腙配合物与苯乙烯、MMA、丙烯酸丁酯和丙烯酰胺等共聚合制得的光致变色高分子。

以硫卡巴腙与汞的配合物为例，含有硫卡巴腙汞配合物的聚合物在光照下化学结构会发生图 6-18 所示的变化（互变异构）。

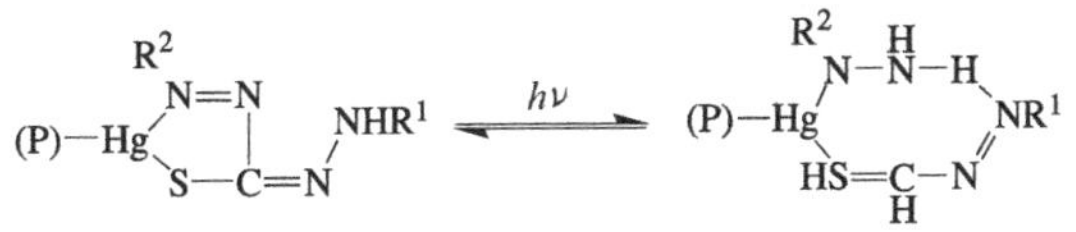

图 6-18　硫卡巴腙与汞的配合物

当 $R^1 = R^2 = C_6H_5$ 时，光照前的最大吸收波长为 490nm，光照后的最大吸收波长为 580nm，即颜色发生变化；当光线消失，回到原结构。

（3）含偶氮苯的光致变色高分子

含有偶氮苯结构的聚合物在光照下，偶氮苯结构发生顺反异构变化，引起光致变色现象。如图 6-19 所示。

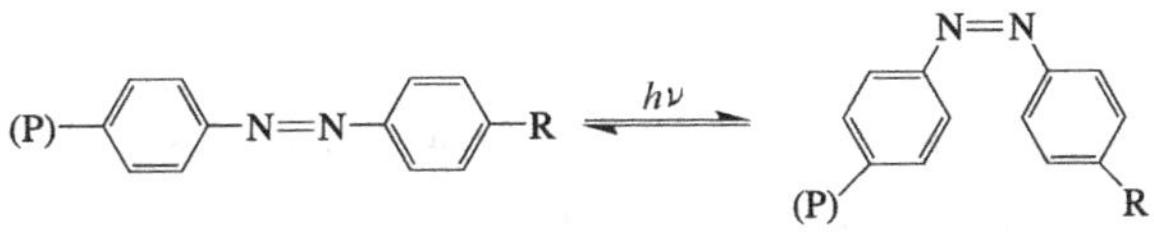

图 6-19　含偶氮苯的光致变色高分子

其中，反式偶氮苯结构为稳定态（最大吸收波长约为 350nm），当吸收光照后，变为不稳定的顺式偶氮苯结构（最大吸收波长约为 310nm）。

（4）含螺苯并吡喃结构的光致变色高分子

螺苯并吡喃结构在紫外线的作用下，吡喃环发生可逆的开环异构化反应，分子中吡喃环的 C—O 键断裂开环，分子部分结构进行重排；当吸收可见光或者在热作用下，能重新合环，恢复原来的吸收光谱。

含螺苯并吡喃结构的光致变色高分子变色明显，目前备受人们的关注。常见的螺苯并吡喃结构的光致变色聚合物主要有以下三种结构类型：a.含螺苯并吡喃结构的甲基丙烯酸酯或者甲基丙烯酸酰胺与普通甲基丙烯酸甲酯的共聚产物；b.含螺苯并吡喃结构的聚肽；c.主链中含有螺苯并吡喃结构的缩聚高分子。

（5）氧化还原型光致变色聚合物

这一类光致变色聚合物主要包括含有联吡啶盐结构、硫堇结构和噻嗪结构的高分子衍生物。如含硫堇结构的聚丙烯甲酰胺氧化还原型光致变色聚合物（如图6-20）和含噻嗪结构的聚丙烯甲酰胺氧化还原型光致变色聚合物（如图6-21）。

它们的光致变色是发生光氧化还原反应的结果。

（6）聚联吡啶型

在光照射下通过氧化还原反应而变色。如图6-22所示。

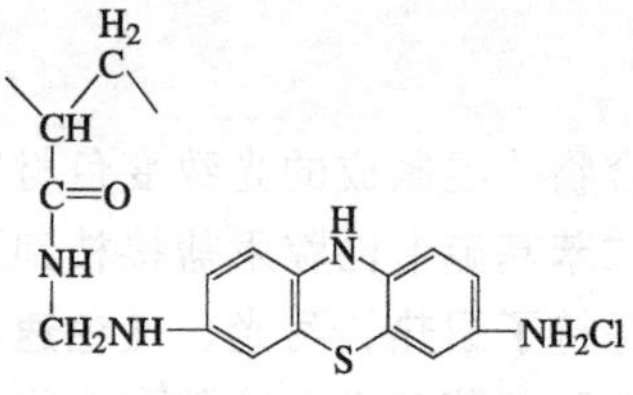

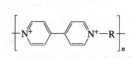

图6-20　含硫堇结构的聚丙烯甲酰胺
氧化还原型光致变色聚合物

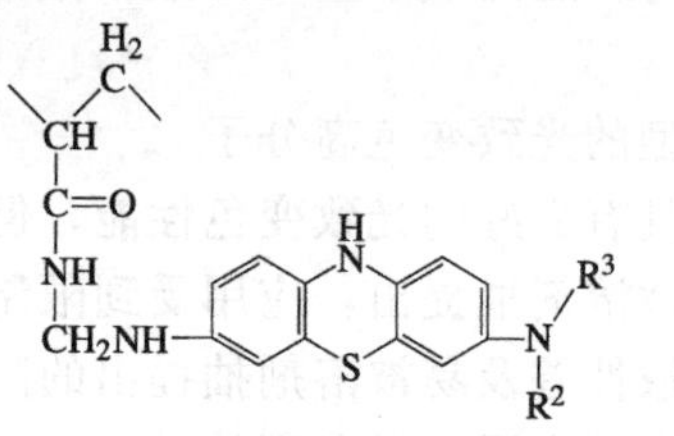

图6-21　含噻嗪结构的聚丙烯甲酰胺
氧化还原型光致变色聚合物

图6-22　聚联吡啶型

（7）含茚二酮结构型

2-取代-1,3-茚二酮在光照下几乎100％异构化为亚烷基苯并呋喃酮，如图6-23（a）所示。

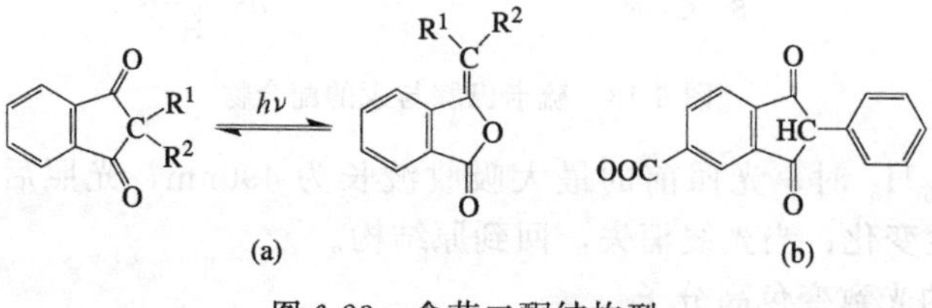

图6-23　含茚二酮结构型

图6-23（b）中化合物与聚乙酸乙酯反应，经酯交换作用制得（含茚二酮单元）光致变色高分子。

（8）含噻嗪结构型

变色是氧化还原反应的结果，其氧化态是有色的，还原态是无色的。通过 N-羟甲基丙烯酰胺与丙烯酰胺的共聚物同相应的噻嗪衍生物进行反应。

（9）物理掺杂型

把光致变色化合物通过共混的方法掺杂到作为基材的高分子化合物中。化合物可能是有机物，也可能是无机物，如螺旋吡喃、二芳基烯的衍生物、方钠石等。

6.4.4　光致变色高分子中的光力学现象

某些光致变色高分子材料在光照时不仅颜色会发生变化，还会引起分子结构的改变，从而导致聚合物整体尺寸改变。这种可逆变化称为光致变色聚合物的光力学现象。例如，含有螺苯并吡喃结构的聚丙烯酸乙酯，4,4-二氨基偶氮苯同均苯四甲酸酐缩合成的聚酰亚胺，甲基丙烯酸羟乙酯与磺酸化的偶氮苯颜料的共聚物等。其中，含有偶氮苯结构的聚合物的光力学现象是由于发生了顺反异构变化，引起聚合物的外形、尺寸收缩变化。尽管光致变色聚合物的光力学现象还没有实际应用，但其潜在的应用价值很大[41~44]。

6.5 光导电高分子材料

无光照时是绝缘体，有光照时其电导值可以增加几个数量级变为导体的光控制导体为光导电材料。

光导电材料可以分为两种。①无机光导材料：硒、氧化锌、硫化镉、砷化硒和非晶硅等。（其中只有硒材料可以广泛应用，但是来源缺乏、工艺复杂、价格昂贵。）②有机光导材料：小分子光导材料、高分子光导材料。

6.5.1 光导电机理与结构的关系

6.5.1.1 光导电性测定与影响因素

光导材料的光导电性能常采用感度 G 来表示，其定义为单位时间材料吸收一个光子所产生的载流子数目，其表达式为

$$G = \frac{I_p}{e I_o (1-T) A}$$

式中，I_p 表示产生的光电流；I_o 是单位面积入射光子数；T 为测定材料的透光率；A 为光照面积。

6.5.1.2 光导电机理

光导电的基础是在光的激发下，材料内部的载流子密度能够迅速增加，从而导致电导率增大。光导载流子通过以下两步生成：①光活性分子中的基态电子吸收光能后至激发态，激发态的分子发生离子化，形成电子-空穴对。②在外加电场下，电子-空穴对发生解离，解离后的电子或空穴作为载流子产生光电流。即

$$D + A \xrightarrow{\text{光激发}} [D^+ A^-] \xrightarrow{\text{电场}} D^+ + A^-$$

式中，D 表示电子给予体；A 表示电子接受体。电子转移可以在分子内完成，也可以在分子间进行。

当光消失时，电子-空穴对会逐渐重新结合而消失，导致载流子数减少，电导率降低，光电流消失。

6.5.1.3 提高光电流强度的条件

入射光的频率与材料的最大吸收波长一致，使摩尔吸光系数尽可能增大；选择光敏化效率高的材料，提高光激发效率，有利于提高光电流。降低辐射和非辐射耗散速率，提高离子化效率，增加载流子数目，有利于提高光电流。加大电场强度，使载流子迁移速度加快，降低电子-空穴对重新复合的概率，有利于提高光电流。

6.5.2 光导电聚合物的结构类型

光导电高分子应具备条件：在入射光波长处有较高的摩尔吸光系数；具有较高的量子效

率。因此，光导电高分子一般多为具有离域倾向 π 电子结构的化合物。从结构上划分，有如下三种类型。

（1）线型共轭高分子光导材料

线型共轭导电高分子在可见光区有很高的光吸收系数，吸光后在分子内产生孤子、极化子和双极化子作为载流子，导电能力大大增强，表现出很强的光导电性质。由于多数线型共轭导电高分子材料的稳定性和加工性能不好，只有聚苯乙炔、聚噻吩等少数材料得到研究应用。

（2）侧链带有大共轭结构的光导电高分子材料

绝大多数多环芳香烃和杂芳烃类共轭结构的化合物都有较高的摩尔吸光系数和量子效率，一般都表现出较强的光导性质。如果将这类共轭分子，如萘基、蒽基、芘基等，连接到高分子骨架上则构成光导高分子材料。

（3）侧链连接芳香胺或者含氮杂环的光导电高分子材料

高分子侧链上连接芳香胺或者含氮杂环，其中最重要的是咔唑基，构成光导电高分子材料。这种光导电高分子的侧链上也可以只连接咔唑基，但更重要的是同时连接咔唑基和光敏化结构（电子接受体），在分子内形成电子-空穴对。如聚乙烯咔唑-硝基芴酮体系光导电高分子材料。

聚乙烯骨架：柔性较差，当感光膜卷曲到感光鼓上时，产生轻微的裂纹。

聚醚骨架：可以大大改进材料的柔性。

咔唑聚合物的导电过程：在无光条件下，咔唑聚合物是良好的绝缘体，吸收光后分子跃迁到激发态，并在电场作用下离子化，构成大量的载流子，从而使其电导率大大提高。

6.5.3 光导电聚合物的应用

6.5.3.1 在静电复印机中的应用

光导电体最主要的应用领域是静电复印。

第一步：在无光条件下，电晕放电空气，使空气中的分子离子化后均匀散布在光导体表面，使其带与导电性基材相反符号的电荷，即对光导材料进行充电。

第二步：曝光过程（即潜影过程）。通过透射或反射，要复制的图像光投射到光导体表面，受光部分因光导材料电导率提高而使正、负电荷发生中和，而未受光部分的电荷仍得以保存。显然，此时电荷分布与复印图像相同。

第三步：显影过程。显影剂通常由载体和调色剂两部分组成，其中，调色剂是含有颜料或染料的高分子，在与载体混合时由于摩擦而带电，且所带电荷与光导体所带电荷相反（负电）。通过静电吸引，调色剂被吸附在光导体表面带电荷部分，使第二步中得到的静电影像变成由调色剂构成的可见影像。

第四步：将该影像通过静电引力转移到带有相反电荷的复印纸上，经过加热定影将图像在纸面固化，完成复印任务。

最早在复印机上使用的光导材料是无机的硒化合物和硫化锌-硫化镉（采用真空升华法在复印鼓表面形成光导电层），不仅昂贵，而且容易脆裂。

目前，主要使用含聚乙烯咔唑结构的光导聚合物。如聚乙烯咔唑-硝基芴酮体系光导电高分子材料。

6.5.3.2 在激光打印机中的应用

激光打印机的工作原理与静电复印机类似，只是光源采用半导体激光器。目前研究较多的激光打印机的光导材料有偶氮染料类、四方酸类和酞菁类等小分子有机化合物，在使用过程中往往用高分子材料作为成膜剂（共混）。

6.5.3.3 光导材料在图像传感器方面的应用

图像传感器：利用光导电特性，实现图像信息的接收与处理，广泛用于摄像机、数码照相机和红外成像设备中的电荷耦合器件。

工作原理：当入射光通过玻璃电极照射到光导电材料层时，形成光电流。由于光电流是入射光强度和波长的函数，因此光电流信号反映了入射光的信息，即通过光电流检测记录，接受和处理光信息的结构单元称为图像单元。如果将大量（几十万到几百万）的图像单元集成在一起，则构成 X-Y 二维平面图像接受矩阵，形成一个完整的图像传感器（形成电子图像）。

为了获得高质量的图像信号，光导材料必须具有大的动态响应范围（记录光强范围大）和宽的线性范围（灰度层次清晰、准确）。

目前已经有多种有机高分子光导电材料用于图像传感器的制备。如以聚 2-甲氧基-5-(2'-乙基)己氧基-对亚苯基乙烯树脂和聚 3-辛氧基噻吩与 C_{60} 衍生物复合，其性能接近非晶硅材。

在一个图像传感器中，图像单元的数量越多、图像传感器的体积越小，其性能越好。为了制作微型图像单元，目前采用分子自组装技术，可以做到像区尺寸达到纳米级的超精高密像元矩阵。

6.6 高分子非线性光学材料

6.6.1 非线性光学性质及相关的理论概念

6.6.1.1 非线性光学材料的定义

非线性光学材料是指光学性质依赖于入射强光强度的材料，包括以下条件：①必须在强光（光频电场远远大于 105V/cm，只有激光才能满足条件）下才能体现非线性光学性质，也即强光下的光学性质；②非线性光学材料的光学性质与其宏观偶极矩有关。在强光下材料的宏观偶极矩 μ 和极化度 P 可用下式表示：

$$\mu = \mu_0 + \alpha E + \beta EE + \gamma EEE + \cdots$$
$$P = P_0 + X_{(1)} E + X_{(2)} EE + X_{(3)} EEE + \cdots$$

式中，μ_0 是分子的固有偶极矩；μ 是材料在电场 E 下的偶极矩；P 是材料在电场 E 下的极化率；展开系数 α、β、γ 分别是材料的第一级、第二级和第三级超极化率；$X_{(1)}$、$X_{(2)}$、$X_{(3)}$ 分别是材料的第一阶、第二阶和第三阶电极化率。只有当系数 β、γ 数字明显时，才能称其具有非线性光学性质。系数 β、γ 分别被称为二阶非线性光学系数和三阶非线性光学系数。

为了使材料具有非线性光学性质，需满足条件：①分子在激光下可极化，而且在分子中只有价电子发生不对称偏离时才具有超极化性；②可极化的特殊分子必须有序排列，才能使产生的分子偶极矩互相不抵消，产生宏观偶极矩。

6.6.1.2 非线性光学材料的二次效应

如上所述，具有明显第二超极化系数 β 的材料称为二阶非线性光学材料。二阶非线性光学材料具有以下性质：①倍频效应。将入射光的频率提高一倍的作用，即所谓的二次谐波作用。如激光器将长波光变成短波光。②电光效应。对非线性光学材料施加电场后，其光折射率发生变化的性质。利用该性质可以用电信号调谐控制光信号。

6.6.1.3　非线性光学材料的三次效应

如上所述，具有明显第三超极化系数 γ 的材料称为三阶非线性光学材料。三阶非线性光学材料具有以下性质。

（1）光折射效应

材料的折射率随着入射光强度变化而变化的性质。利用该性质可以制备光子开关器件，用一束光控制另一束光的通路。

（2）反饱和吸收与激光限幅效应

三阶非线性光学材料光吸收系数随着入射光强增强而增大，非线性透过率随着光强增强而减小。利用该性质可以制备激光限幅器：在较低输入光强下，器件具有较高的透射率；在高输入光强下，具有较低的透射率，把输出光限制在一定范围，从而实现对激光的限幅。

（3）三倍频效应

同倍频效应一样，利用三次谐波作用可以将入射光的频率提高三倍，从低频入射光获得高频输出光，对入射光的频率可以进行多种调制。

6.6.1.4　非线性光学材料的种类和结构要求

（1）按材料的类型分类

非线性光学材料分为无机晶体材料、有机晶体材料、高分子模型材料。其中有机晶体材料和高分子模型材料具有容易进行分子设计、来源广泛、非线性系数高等特点，是当前开发、研究新型非线性光学材料的重要领域。

（2）按材料的性质分类

二阶非线性光学材料：具有给电子基团和吸电子基团非线性光学材料结构，而且组成的分子和构成的宏观结构不具有中心对称性。

三阶非线性光学材料：分子中的价电子要具有较大的离域性，其中共轭长链高分子是目前常见的三阶非线性光学材料。

6.6.2　高分子非线性光学材料的结构与制备

6.6.2.1　高分子二阶非线性光学材料

（1）结构特点

二阶非线性光学高分子材料结构上含有可不对称极化的结构：①在分子结构中，含有推电子部分和供电子部分，具有分子非对称中心的偶极矩；②分子排列形成材料，具有非对称性。为了使分子偶极矩相互叠加，达到宏观偶极矩最大，需要分子头-尾相接地有序排列。

（2）制备方法

主要有极化法（物理法）和分子自组装法两种。

1）极化法

极化法包括所谓的主宾体系制备和分子链含非线性光学性质化学结构的聚合物的制备等两种方法。

① 主宾体系制备。将具有非线性光学性质的小分子直接加入聚合物基体中。将聚合物体系升温至玻璃化转变温度以上，施加强静电场使分子取向。然后将混合体系的温度快速降

至其玻璃化转变温度之下使取向固定，形成非线性光学高分子材料。

例如，目前使用最多的主体是聚甲基丙烯酸甲酯和聚苯乙烯，客体是分子的 β 值大且与主体相容性好的物质。

特点：优点是制备方法简便。缺点是受到主宾体系相容性的限制，客体的含量不可能很高，因此宏观二阶非线性系数不高，而且由于在高温下取向衰退，热稳定性较差。

② 分子链含非线性光学性质化学结构的聚合物的制备。通过高分子化的方法，将具有非线性光学性质的化学结构直接引入高分子骨架上，制成侧链型或者主链型聚合物，然后通过极化的方法得到极化聚合物。

特点：优点是可以大大提高生色团的密度，从而增强材料的宏观非线性光学性能。缺点是主链型聚合物虽然具有热稳定性好的优点，但是由于极化困难，使用比较少见。主要使用的是侧链型聚合物。

2）分子自组装法

利用分子间力，通过自主成型技术或者 LB 膜技术使分子形成有序排列的 SA 膜和 LB 膜二阶非线性光学高分子材料[21]。

6.6.2.2 高分子三阶非线性光学材料

（1）结构特点

高分子材料的三阶非线性系数一般均比较小。三阶非线性光学高分子材料的必备条件：具有大的共轭电子体系；其三阶非线性系数随着共轭体系的长度增加而增大；三阶非线性系数随着各原子 π 电子能隙减小而增大。

（2）制备方法

常见的三阶非线性光学高分子材料有如下几种：聚乙炔（PA）类、聚二炔（PDA）类、聚亚芳香基和聚亚芳香基乙炔类、梯形聚合物类、σ 共轭聚合物类、富勒烯类等其他类。

不同类型的三阶非线性光学高分子材料有不同的制备方法。

6.7　高分子荧光材料

高分子荧光材料是将荧光物质（芳香稠环、电荷转移配合物以及金属粒子）引入高分子骨架形成的功能高分子材料。高分子荧光材料都为含有共轭结构的高聚物材料。荧光材料在工农业生产和科学研究方面有着广泛的应用。

6.7.1　概述

6.7.1.1　高分子荧光材料

受到可见光、紫外线、X 射线和电子射线等照射后发光，其发光在照射后也能维持一定时间的高分子材料称为高分子荧光材料。荧光材料也称为光致发光材料。

从 Jablonsky 光能耗散图可知，材料所发出的荧光波长与材料分子内价电子的最低能级相对应，即一种特定的荧光材料所发出的荧光颜色是一定的，而不管其所吸收的激发光波长如何[45~47]。

6.7.1.2　影响荧光过程的因素

（1）激发光的波长

因为分子吸收激发光的能量后，必须跃迁到第一激发态以上的激发态，才能发出荧光，所以激发光波长要短于荧光波长，即激发光的能量要高于价电子最小激发能量（激发光的能量$\geqslant S_1 - S_0$）。

（2）荧光材料的分子结构

具有较高荧光量子效率（指荧光发射量子数与被物质吸收的光子数之比，也可表示为荧光发射强度与被吸收的光强之比）的化合物，其分子应该有生色团。

生色团：具有离域大π键的共轭体系，如单双键交替的开链共轭体系及含芳香环的闭环共轭体系，其基态π键与激发态π^*键能量差较小，可以在可见光区吸收光能而"生色"。

生色团是确定荧光颜色和效率的主要影响因素，而且在分子中连接有荧光助色团，可以提高荧光量子效率。

助色团：单个双键官能团和具有未成键轨道 n 的饱和官能团虽然单独存在时一般不吸收可见光区能量而不生色，但是它们与π轨道的生色团相结合时，不仅使生色团的吸收波长红移而且增强生色团的吸收强度，这种官能团称为助色团。

例如：=C=O、—N=O、—N=N、=C=N—、=C=S 等基团连接分子的共轭体系时，会产生较明显的荧光。

对于芳香性化合物，增加稠合环的数量、增大分子共轭程度、提高分子的刚性可以提高荧光量子效率。芳环上的邻、对位取代基可以使荧光增强，间位取代基使荧光减弱，硝基和偶氮基团对荧光有猝灭作用。

（3）光敏剂的作用

光敏剂具有较高的摩尔吸光系数，吸收光能跃迁到激发态后，可将能量传递给荧光物质。所以，在荧光材料中加入光敏剂，可以在不改变荧光材料最大发射波长的前提下有效提高荧光效率。

（4）外部环境的影响

如温度通过影响荧光量子效率对材料的荧光强度有一定影响；通常情况下，降低温度可以提高荧光量子效率。再如在溶液中，溶液的极性和黏度对荧光过程也有影响；一般荧光强度随着溶液的极性增强而增强[48~50]。

6.7.2　荧光高分子材料的类型和应用

有机荧光材料主要包括芳香稠环化合物、分子内电荷转移化合物和某些特殊金属配合物。这三类荧光物质通过高分子化过程都可以成为荧光高分子材料。

荧光高分子材料在工农业生产和科学研究方面有着广泛的应用，如高分子转光农膜可以吸收太阳光中的紫外线转换成可见光发出，高分子荧光油墨可以用于防伪印刷和道路标识绘制等，以及应用于分析化学和化学敏感器的制备方面[51~53]。

6.7.2.1　芳香稠环化合物

芳香稠环化合物具有较大的共轭体系、平面以及刚性结构，所以具有较高的荧光量子效率，是一类重要的有机荧光化合物。

① 苊：荧光发射波长$\lambda_m = 580nm$，已被广泛用于激光领域。结构如图 6-24。

② 带有双羧基酯的苊衍生物：具有强烈的黄绿色荧光，由于它的水溶性好，常用于公安侦测方面。结构如图 6-25。

③ 甲酸二酰亚胺苊衍生物：具有由橘色到红色的强烈荧光，而且色彩鲜艳，对光、热以及有机溶剂有良好的稳定性，特别适用于热塑性塑料的染色以及液晶显示和太阳能收集领域。结构如图 6-26。

图 6-24 苝

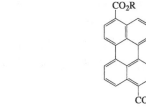
图 6-25 带有双羧基酯的苝衍生物

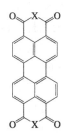
图 6-26 甲酸二酰亚胺苝衍生物

④ 晕苯：较苝的共轭程度及分子刚性更大，因此具有更好的荧光性能。荧光发射波长为 $\lambda_m=520nm$，同时具有很大的量子效率，是一个非常理想的紫外电荷耦合显示（UV-CCD）材料。结构如图 6-27。

⑤ 氮杂苝：具有强烈的橘红色荧光，$\lambda_m=584nm$，量子效率高（0.84），在染料激光和光能收集系统方面具有相当大的发展潜力。结构如图 6-28。

图 6-27 晕苯

图 6-28 氮杂苝

6.7.2.2 分子内电荷转移化合物（供电子和吸电子基）

具有共轭结构的分子内电荷转移化合物是目前研究最为广泛和活跃的一类。其中应用较多的主要有以下几类。

（1）芪类化合物

芪类化合物的两个苯环之间具有共轭结构，在光照时发生分子内电荷转移发出荧光。

当两个苯环分别带有供电和吸电取代基（如硝基和氨基）时，处于激发态的分子原有的电荷密度分布发生了变化，量子效率增加，荧光发射波长红移。

芪类化合物是荧光增白剂中使用数量最多的荧光材料。

（2）香豆素类衍生物

在香豆素母体上引入氨基类取代基可调节荧光的颜色，发射出蓝绿色的荧光，已用作有机电致发光材料。但是，香豆素类衍生物往往只在溶液中有高的量子效率，在固态中容易发生荧光猝灭，故常以混合掺杂形式使用。

在品种和数量上仅次于芪类化合物。在分子结构上，香豆素类衍生物是肉桂酸内酯化而形成，即通过内酯化，将肉桂酸酯的双键保护起来，使原来量子效率较低的肉桂酸酯转变为具有较高量子效率的香豆素类衍生物。通过对香豆素母体进行化学修饰，可以调整荧光光谱。香豆素类衍生物能发射蓝绿-红色荧光，可作为有机电致发光材料使用。

（3）吡唑啉衍生物

它们的分子均可在吸收光后被激发，引起分子内的电荷转移而发射出不同颜色的荧光，均有较高的荧光效率。它由苯腙类化合物通过环化反应得到。

环化导致苯腙内双键受到保护，使这类化合物表现出强的荧光发射。这类化合物在溶液中可以吸收 300～400nm 的紫外线，发出很强的蓝色荧光，被广泛用于荧光增白剂，还可作为有机电致发光材料。

（4）1,8-萘酰亚胺衍生物

这类荧光材料色泽鲜艳，荧光强烈，已被广泛用于荧光染料和荧光增白剂、金属荧光探伤、太阳能收集器、液晶显色、激光以及有机光导材料之中。

1,8-萘酰亚胺衍生物是将1,8-萘酰亚胺重氮化后加以修饰制得的。若在其中引入磺酸基、羧基、季铵盐，可以制得水溶性荧光材料。若引入芳基或杂环取代基，能有效地提高荧光效率，同时使荧光光谱向长波方向偏移。

（5）蒽酮衍生物

蒽酮衍生物以蒽酮为中间体制得，具有良好的耐光、耐溶剂性能，稳定性较好，也具有较高的荧光效率。

（6）若丹明类衍生物

若丹明是由荧光素开环得到的。而若丹明系列的荧光材料以季铵盐取代若丹明羟基位置而得。为了提高荧光效率，将两个氮原子通过成环，置于高刚性的环境中，使荧光效率接近1，同时又具有极好的热稳定性。

若丹明系列的荧光材料具有强烈的绿色荧光，广泛用于生命科学中。

上述分子内电荷转移荧光化合物主要通过混合掺杂方法进行高分子化，得到涂料、板材等使用的荧光材料。也可以通过共聚反应将上述荧光化合物直接连接到高分子骨架上，荧光素的高分子化是一个典型例子。

6.7.2.3　金属配合物荧光材料

金属配合物荧光材料主要是指稀土型配合物。其中，稀土离子既是重要的中心配位离子，又是重要的荧光物质。

许多配体分子在自由状态下不发光或发光很弱，但是形成配合物后转变成强发光物质。如8-羟基喹啉是一个常用的配位试剂，几乎不发荧光，但是与Be、Ga、In、Sc、Th、Zn、Zr等稀土金属离子能形成发光配合物。这是因为形成配合物后，配体的结构变得更为刚性，大大减小了无辐射跃迁概率，使得辐射跃迁概率得以显著提高。

稀土配合物的高分子化主要有混合掺杂和直接高分子化两种形式。

（1）掺杂型高分子稀土荧光材料

将有机稀土小分子配合物通过溶剂溶解或熔融共混的方式掺杂到高分子体系中，一方面可以提高配合物的稳定性，另一方面还可以改善其荧光性能，这是由于高分子共混体系减小了浓度效应。

如将稀土Eu荧光配合物掺杂到塑料薄膜中，可以得到所谓转光膜的农用薄膜，可以吸收太阳光中有害的紫外线转换成可见光发出。据报道，可以提高产量达20%。

（2）键合型高分子稀土荧光材料

先合成含稀土配合物的单体，然后用均聚或共聚方法得到配体与高分子骨架通过共价键连接的高分子稀土荧光材料，甲基丙烯酸酯、苯乙烯等是常用的单体。

有两种键合方式：①先合成稀土配合物单体，然后与其他有机单体共聚得到共聚型高分子稀土荧光材料。甲基丙烯酸酯、苯乙烯等是常用的共聚单体。共聚单体必须具有相当的聚合活性才能够获得理想的共聚物，所以使用范围受到一定限制。②先制备含有配位基团的聚合物，然后再通过高分子与稀土离子之间的配合反应将稀土离子与高分子结合，获得高分子稀土荧光材料。如带有羧基、磺酸基、β-二酮结构的高分子与稀土离子配合得到高分子配位的荧光材料。由于高分子本身的空间局限性，不能获得高配位配合物，制备高荧光强度的高分子稀土材料比较困难[54~56]。

6.7.3　前景

随着对高分子荧光材料的需求逐渐变大，我国需要研究新型高分子荧光材料，稀土高分子荧光材料成了新的热点。稀土元素是 21 世纪具有战略地位的元素，稀土光致发光材料的研究开发与应用是国际竞争最激烈也是最活跃的领域之一。中国是稀土资源最丰富的国家（以金属计估计有 $3.6 \times 10^7 t$），我们的目标就是要将资源优势转化为经济优势。要实现这一目标，根本出路在于提高我国稀土光致发光材料产业自身高科技的应用水平，提高稀土光致发光材料的产品质量，并进一步开发稀土新材料在光致发光领域的应用技术。有效地利用稀土，制造出具有高附加值的高新技术产品，对我国的经济发展都将具有积极的推动作用。

6.8　与光能转换有关的高分子材料

太阳能是人类解决能源危机、寻找永久性能源的重要出路。在现阶段，太阳能的利用主要通过下述三种方式实现：①利用太阳能电池将太阳能转变为电能；②通过太阳能收集器将其转变成热能；③将太阳能通过光化学反应转换成化学能。

以上方法虽然都可以将太阳能转变成可以直接使用的能源，但是通过①②的方法只能得到不易储存的能源。③的方法如同植物一样，可以得到容易储存的能源，相对来说是一种比较理想的解决方法。

目前，功能高分子材料在太阳能转换过程中的应用是一个研究热点，主要研究方向有下面三个方面：①功能高分子材料作为光敏剂和猝灭剂在光电子转移反应中将水分解为富有能量的氢气和氧气，将太阳能转变成化学能（制备清洁能源氢和氧）；②利用功能高分子本身或者直接、间接参与的光互变异构反应储存太阳能（太阳能化学储能器）；③以功能高分子为基本材料制备有机太阳能光电池（有机光电池）。因为氢气和氧气燃烧的无污染性，这种太阳能利用方法特别受人们重视。

6.8.1　功能聚合物在太阳能水分解反应中的应用

6.8.1.1　水的光电子转移分解反应原理

水的光电子转移分解反应即在光敏剂、激发态猝灭剂和催化剂存在下，在水中发生的光电子转移反应。

$$S \xrightarrow{\text{光照}} S^*$$
$$S^* + R \longrightarrow S^+ + R^-$$

式中，S 为光敏剂（电子给予体）；R 为猝灭剂（电子接受体）。

在催化剂作用下，正、负离子分别同水分子发生氧化还原反应，产生氧气和氢气，光敏剂和猝灭剂恢复到原来的基态。

$$4S^+ + 2H_2O \xrightarrow{\text{催化剂}} 4S + 4H^+ + O_2 \quad E' = 0.82V$$
$$2R^- + 2H_2O \xrightarrow{\text{催化剂}} 2R + 2OH^- + H_2 \quad E' = 0.41V$$

为了防止已经离子化的光敏剂和猝灭剂在水的光电子转移分解反应中再重新结合，将光敏剂和猝灭剂高分子化（即使反应体系成为多相体系）。

6.8.1.2 在水光分解反应中光敏剂和猝灭剂的种类和作用

水的光分解反应中最常见的光敏剂和猝灭剂是含贵金属的化合物，如含 N,N-二甲基-4,4-联吡啶盐的聚合物作为猝灭剂（电子接受体）。

EDTA 将还原由光电子反应生成的 $[\mathrm{Ru(bpy)}_3^{3+}]$，使 $[\mathrm{Ru(bpy)}_3^{2+}]$ 再生；N,N-二甲基-4,4-联吡啶盐在铂催化剂存在下将电子转移给 H^+，自身恢复。恢复后的光敏剂与猝灭剂可再次进行光电子转移反应，形成此循环反应，不断产生氢气和氧气，将光能以化学能的方式储存起来。

6.8.2 利用光照射下分子发生互变异构储存太阳能

利用光互变异构反应转化和储存太阳能是太阳能利用的另一个重要方面。即在光能作用下，通过互变异构反应合成高能量的、含有张力环的化合物来储存太阳能。

如降冰片二烯（NBD）（双键打开）与四环烷烃（含有两个高张力三元环和一个四元环的富能量的四环烷烃）之间的光互变异构反应。（$\Delta H = 87.78\mathrm{kJ/mol}$）

为了有效控制能量的吸收和释放，使催化剂通过高分子化实现多相催化反应。

6.8.2.1 高分子光敏剂

①光敏剂＋光照→单线激发态→三线激发态；②三线激发态＋反应分子→光敏剂＋反应分子激发态。重要的高分子光敏剂如图 6-29 所示。

6.8.2.2 高分子光催化剂多为过渡金属配合物

高分子金属配合物是以高分子化的配位基为配体的金属配合物。许多高分子金属配合物，特别是过渡金属配合物，具有催化活性，是常用的高分子催化剂，其结构式如图 6-30 所示。

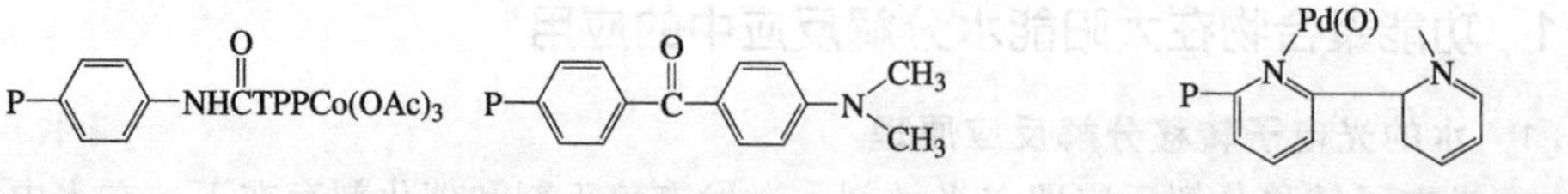

图 6-29 高分子光敏剂　　　　图 6-30 高分子金属配合物

带有多配位体的高分子金属螯合物是能使四环烷烃恢复到降冰片二烯的重要高分子催化剂。

6.8.3 功能聚合物在有机太阳能电池制备方面的应用

6.8.3.1 太阳能电池的结构和作用机理

太阳能电池是将太阳能直接转化成电能的主要装置。即利用光电材料吸收光能后发生光电子转移反应和材料的单向导电，将正、负电荷分离，使电子转移在外电路中完成，产生必要的电动势和电流。

目前大多数太阳能电池是由无机材料制成的，主要包括以下三类：①结晶硅太阳能电池。要求高纯度的硅单晶，需要特殊工艺进行切割和研磨，制作难度大，造价较高。②非晶态硅太阳能电池。通过真空蒸发法或者辉光放电形成非晶态硅膜，制作方法简单，制成的薄膜更薄，容易制成大面积 p-n 结构。③无机盐太阳能电池。如以砷化镓和硫化镉等为材料的太阳能电池，光转换效率最高，可以达到22%。

6.8.3.2　聚合物多层修饰电极型太阳能电池

（1）聚合物多层修饰电极

用功能高分子材料对电极表面进行修饰改造，赋予其新的性质和功能，达到控制电子转移过程和方向的目的。显然，这种修饰是化学修饰。若为多层修饰，则称该电极为聚合物多层修饰电极。

通过聚合物修饰，可以得到具有如同半导体二极管单向导电特性的聚合物修饰电极、具有各种三极管和简单逻辑电路功能的分子型电子器件。

（2）聚合物修饰电极太阳能电池

用聚合物修饰电极还可以制备分子型太阳能转换器——聚合物型光电池。

聚合物修饰电极构成太阳能电池装置（具有半导体二极管单向导电结构）。

各电极的还原电位：

电极 1　内层（聚合物 1）＜外层（聚合物 2），即电子只能从内层向外层转移。

电极 2　内层（聚合物 2'）＞外层（聚合物 1'），即电子只能从外层（对光敏剂的激发态具有猝灭作用）向内层转移。

电极 1 上两种聚合物的两个还原电位均高于电极 2 上两种聚合物的还原电位。当光照射含有光敏剂的电解液时，光敏剂被激发，将电子转移给具有猝灭作用的电极 2 的外层聚合物（如功能聚合物在太阳能水分解反应中的应用），然后电子通过内层聚合物转移到电极 2。

在电极 1 上，电子只能由内向外转移，因此激发态的光敏剂转移的电子不能向电极 1 转移。同理，在电极 2 上积累的电子不能向外层聚合物转移，只能通过外电路经电极 1 回到电解液，因此在外电路中有光电流产生。外电路中的电池电势＝聚合物 2－聚合物 2'。

修饰电极是将可电化学聚合的基团（吡咯或噻吩）在电极表面上直接电化学聚合（原位聚合）而形成的。

光敏剂也可以做成聚合物，直接修饰到外层聚合物的表面上，此时电极为三层修饰。由于反电极不与光敏物质接触，因此没有必要修饰。

（3）电极的聚合物修饰材料

太阳能电池的修饰材料如图 6-31 所示。

图 6-31 （a）中的聚合物（还原电位高，－0.42V）和（b）中的聚合物（还原电位低，－0.64V）均是 N,N-桥接的 2,2-仲联吡啶衍生物。有的其他光敏化剂聚合物可以直接修饰在作为猝灭剂的（b）中的聚合物上面。

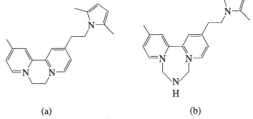

（a）　　　　　　　（b）

图 6-31　用于聚合物光电池的两种功能高分子材料

聚合物修饰电极型太阳能电池的特点：可以发挥有机聚合材料的柔性好、制作容易、材料来源广泛、成本低的优势，对大规模利用太阳能提供廉价电能具有重要意义。但由于研究历史短，无论是使用寿命，还是电流效率等诸多方面暂时不能和无机硅光电池相比较，有待于进一步研究探索。

6.9　感光性高分子材料

6.9.1　感光性高分子的分类

感光性高分子有多种分类方法：①根据光反应的类型可分为光交联型、光聚合型、光氧化还原型、光分解型等。②根据感光基团的种类可分为重氮型、叠氮型、肉桂酰型、丙烯酸酯型等。③根据物理变化可分为光致不溶型、光致溶化型、光降解型、光导电型、光致变色型等。④根据聚合物的形态和组成可分为感光性化合物（增感剂）＋高分子型、带感光基团的聚合物型等[57]。

6.9.2　感光性高分子

6.9.2.1　重要的感光性高分子

这类感光性高分子是由高分子化合物与增感剂混合而成的。它们的组分除了高分子化合物和增感剂外，还包括溶剂和添加剂（如增塑剂和颜料等）。

增感剂可分为两大类：无机增感剂和有机增感剂。代表性的无机增感剂是重铬酸盐类；有机增感剂主要有芳香族重氮化合物、芳香族叠氮化合物和有机卤化物等。

芳香族重氮化合物是有机化学中用来合成偶氮类染料的重要中间体，它们对光敏感这一特性早已为人们所注意，并且有不少应用成果，如用作复印感光材料等。芳香族重氮化合物与高分子配合组成的感光高分子，已在电子工业和印刷工业中广泛使用。

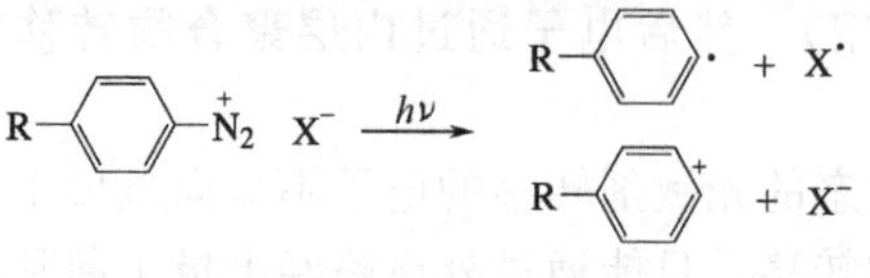

图 6-32　芳香族重氮化合物在光照作用下发生光分解反应

芳香族重氮化合物在光照作用下发生光分解反应，产物有自由基和离子两种形式，如图 6-32。例如下面是一种已实用的芳香族重氮化合物。双重氮盐＋聚乙烯醇感光树脂在光照射下其重氮盐分解出自由基，分解出的自由基残基从聚乙烯醇上的羟基夺氢形成聚乙烯醇自由基。自由基偶合，形成在溶剂中不溶的交联结构。

在该光固化过程中，实际上常伴随有热反应。

具有感光基团的高分子从严格意义上讲并不是真正的感光性高分子。因为在这些材料中，高分子本身不具备光学活性，而是由小分子感光化合物在光照下形成活性种，引起高分子化合物交联。在本节中将介绍真正意义上的感光高分子，在这类高分子中，感光基团直接连接在高分子主链上，在光作用下激发成活性基团，从而进一步形成交联结构的聚合物。

6.9.2.2　具有感光基团的高分子的合成方法

在有机化学中，许多基团具有光学活性，其中以肉桂酰基最为著名。此外，重氮基、叠氮基都可引入高分子中形成感光性高分子。

这类本身带有感光基团的感光性高分子有两种合成方法。一种是通过高分子反应在聚合物主链上接上感光基团，另一种是通过带有感光基团的单体进行聚合反应而成。

通过高分子的化学反应在普通的高分子上连接感光基团，就可得到感光性高分子。这种方法的典型实例是 1954 年由美国柯达（Kodak）公司开发的聚乙烯醇肉桂酸酯，它是将聚乙烯醇用肉桂酰氯酯化而成的。该聚合物受光照形成丁烷环而交联。

以上的例子都是使具有感光基团的化合物与高分子反应制得感光性高分子。在某些情况下，与高分子反应的化合物本身并不具备感光基团，但在反应过程中却能产生出感光基团的结构。例如，聚甲基乙烯酮与芳香族醛类化合物缩合就能形成性质优良的感光性高分子。

6.9.2.3 感光性单体聚合法

用这种方法合成感光性高分子，一方面要求单体本身含有感光性基团，另一方面又具有可聚合的基团，如双键、环氧基、羟基、羧基、氨基和异氰酸酯基等。但也有一些情况，单体并不具有感光性基团，聚合过程中，在高分子骨架中新产生出感光基团。

（1）乙烯类单体

乙烯类单体的聚合已有十分成熟的经验，如通过自由基、离子、配合等方法聚合。因此，用含有感光基团的乙烯基单体聚合制备感光性高分子一直是人们十分感兴趣的。经过多年的研究，已经用这种方法合成出了许多感光性高分子，如图 6-33。

在实际聚合时，由于肉桂酰基或重氮基也有一定反应活性，所以感光基团的保护存在许多困难。例如，肉桂酸乙烯基单体中两个不饱和基团过分靠近，容易发生环化反应而失去感光基团，如图 6-34。在这种感光性乙烯基单体的聚合技术方面还有许多问题有待解决。

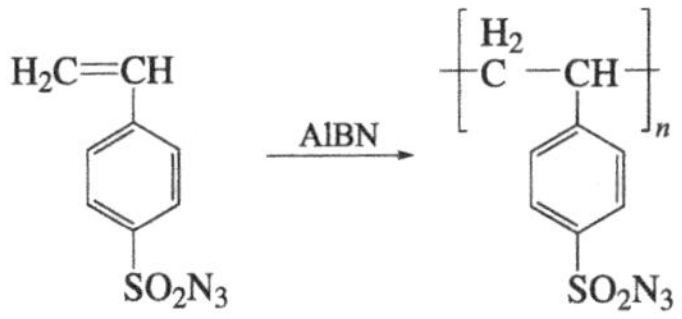

图 6-33　乙烯类单体

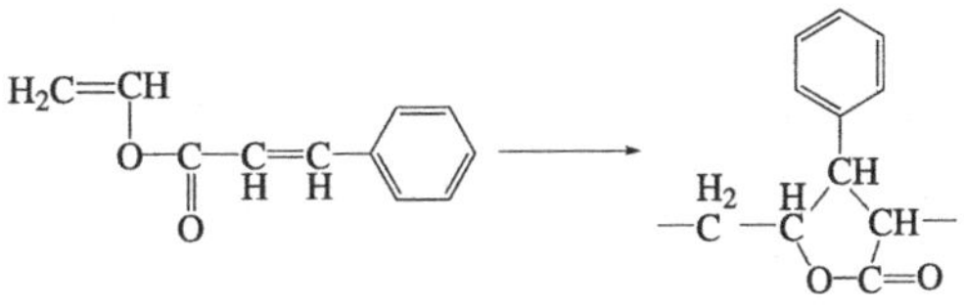

图 6-34　自由基聚合发生环化反应

一般来说，自由基聚合易发生环化反应，而离子型聚合则不易发生环化反应，但难以得到高分子量聚合物。

（2）开环聚合单体

在这类单体中，作为聚合功能基的是环氧基，可以通过离子型开环聚合制备高分子，同时又能有效地保护感光基团，是合成感光性高分子较有效的途径。例如，肉桂酸缩水甘油酯和氧化查耳酮环氧衍生物的开环聚合都属此类。如图 6-35。

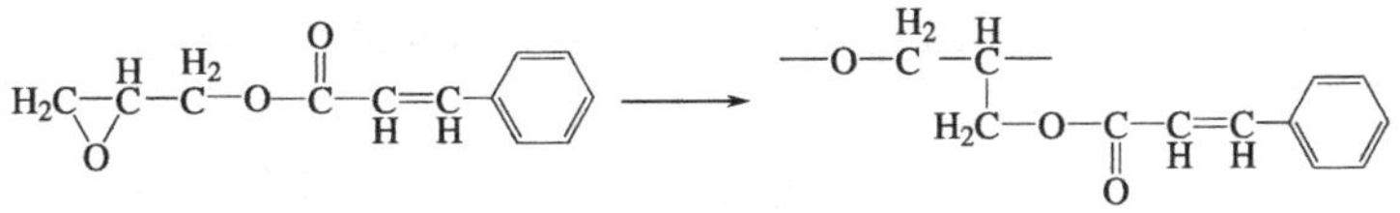

图 6-35　开环聚合单体

（3）缩聚法

这是目前合成感光性高分子采用最多的方法。含有感光基团的二元酸、二元醇、二异氰酸酯等单体都可用于这类聚合，并且能较有效地保护感光基团。

1）聚乙烯醇肉桂酸酯及其类似高分子

孤立的烯烃只有吸收短波长（180～210nm）的光才能进行反应，这是因为它只发生 $\pi \rightarrow \pi^*$ 跃迁。而当它与具有孤对电子的某些基团结合时，会表现出长波长的 $n \rightarrow \pi^*$ 吸收，使光化学反应变得容易。肉桂酸酯中的羧基可提供孤对电子，并且双键与苯环有共轭作用，因此能以更长的波长吸收，引起光化学反应。

聚乙烯醇肉桂酸酯在光照下侧基可发生光二聚反应，形成环丁烷基而交联，其结构如图 6-36 所示。

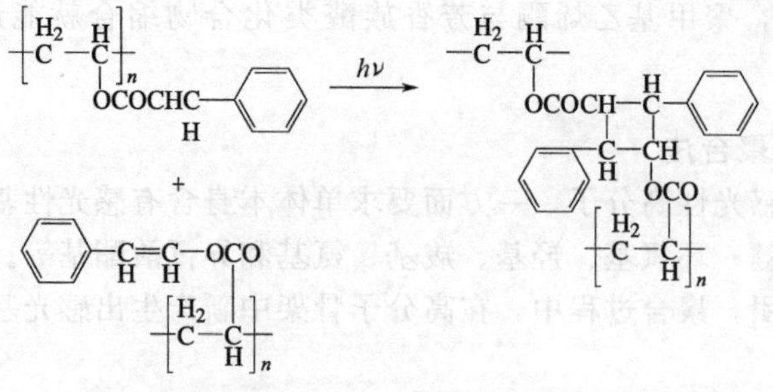

图 6-36　聚乙烯醇肉桂酸酯在光照下侧基可发生光二聚反应

这个反应在 240~350nm 的紫外线区域内可有效地进行。但在实际应用中，希望反应能在波长更长的可见光范围内进行。研究发现，加入少量三线态光敏剂能有效地解决这一问题。

2）具有重氮基和叠氮基的高分子

前面已经介绍过，芳香族的重氮化合物和叠氮化合物具有感光性。将它们引入高分子链中，就形成氮基树脂和叠氮树脂。这是两类应用广泛的感光高分子。

①具有重氮基的高分子。聚丙烯酰胺型重氮树脂。

②具有叠氮基的高分子。第一个叠氮树脂是 1963 年由梅里尔（Merrill）等将部分皂化的 PVAc 用叠氮苯二甲酸酐酯化而成的。这种叠氮树脂比聚乙烯醇肉桂酸酯的感光度还高。如果加入光敏剂，其感光度进一步提高[58,59]。

6.9.3　光聚合型感光性高分子

因光照射在聚合体系上而产生聚合活性种（自由基、离子等）并由此引发的聚合反应称为光聚合反应。光聚合型感光性高分子就是通过光照直接将单体聚合成所预期的高分子，可用于印刷制版、复印材料、电子工业和以涂膜光固化为目的的紫外线固化油墨、涂料和黏合剂等。

大多数乙烯基单体在光的作用下能发生聚合反应。如甲基丙烯酸甲酯在光照作用下的自聚现象是众所周知的。实际上，光聚合体系可分为两大类：一类是单体直接吸收光形成活性种而聚合的直接光聚合；另一类是通过光敏剂（光聚合引发剂）吸收光能产生活性种，然后引发单体聚合的光敏聚合。

在光敏聚合中，也有两种不同情况：光敏剂被光照变成活性种，由此引起聚合反应；光敏剂吸收光被激发后，它的激发能转移给单体而引起聚合反应。

已知能进行直接光聚合的单体有氯乙烯、苯乙烯、丙烯酸酯、甲基丙烯酸酯、甲基乙烯酮等。实际应用中，光敏聚合更为普遍、更为重要[60]。

参考文献

[1] 尹希猛，王运赣，黄树槐.快速成型技术：90 年代新的造型工具 [J].中国机械工程，1993 (6)：25-27.

[2] 曹峰，朱子康.新型光敏聚酰亚胺/SiO₂ 杂化材料的制备与性能研究 [J].功能高分子学报，2000，13（3）：325-328.

[3] 吴世康.具有荧光发射能力有机化合物的光物理和光化学问题研究 [J].化学进展，2005，(1)：15-39.

［4］　李善君.高分子光化学原理及应用［M］，2003.

［5］　张琼，王秋亚，刘龙珠.光化学应用的研究进展［J］.咸阳师范学院学报，2012，27（6）：36-39.

［6］　邱有恒，应阳君，王敏，等.光子能量沉积计算的一种新方法［J］.原子核物理评论，（1）：101-106.

［7］　邱有恒，应阳君，王敏，等.提高光子能量沉积计算效率的几种技巧［J］.原子核物理评论，（2）：73-77.

［8］　洪啸吟.光照下的缤纷世界：光敏高分子化学的应用［M］.1998.

［9］　赵儒林，范昌烈，卓仁禧.含吡啶鎓伊利德聚丙烯酸类高分子的合成及其光敏性能研究［J］.科学通报，（13）：33-35.

［10］　资料室.高分子聚合物的未来［J］.有机化学，（01）：50-51.

［11］　Günter Bartels，Hallensieben Manfred L，Wlbowo Thomas S，et al. Photosensitive polymers［J］. Polymer Bulletin，21（2）：145-150.

［12］　Rehab A. New photosensitive polymers as negative photoresist materials［J］. 1998，34（12）：1845-1855.

［13］　Crivello J V，Lam J H W. Photosensitive polymers containing diaryliodonium salt groups in the main chain［J］. Journal of Polymer Science Part A Polymer Chemistry，1979，17（10）：3845-3858.

［14］　解一军，刘盘阁，姬荣琴，等.半酯法合成环氧丙烯酸酯型光敏涂料［J］.河北工业大学学报，（2）：67-73.

［15］　唐铭，王姝.紫外光固化光敏涂料的研制［J］.化工进展，2010，29（6）：1116-1119.

［16］　解一军.光敏涂料的制备与性能表征［D］.河北工业大学，2002.

［17］　朱普坤，金晓岚，李佐邦.丙烯酰化环氧大豆油光敏涂料的研究［J］.河北工业大学学报，1992（3）：8-18.

［18］　张振英，阎恒梅.光敏涂料的研究与应用［J］.应用化工，1992（3）：28-30.

［19］　姜云华.一种光敏涂料.

［20］　于然，黄伟.3D打印用光敏树脂［C］.北京粘接学会第二十四届学术年会暨粘接剂、密封剂技术发展研讨会，2015.

［21］　陈乐培，王海杰，武志明.光敏树脂及其紫外光固化涂料发展新动向［J］.热固性树脂，2003，18（5）：33-36.

［22］　王永祯，许并社，杨媛丽，等.光敏树脂在紫外光固化成型中聚合行为的研究［C］//2006年全国功能材料学术年会专辑，2006.

［23］　高明，邓光万，任碧野，等.酚醛环氧丙烯酸光敏树脂的合成及应用［J］.涂料工业，（5）：39-42.

［24］　Kurisaki M，Harada T，Kudo T，et al. Photosensitive resin composition［J］. Pharmacy Practice，2002，1997（6）：5.

［25］　Jp T H I K. negative type photosensitive resin composition［J］. 2004，1997（6）：5.

［26］　Tazawa K，Saito A. Heat-resistant photosensitive resin composition［J］. 1988.

［27］　Ichikawa T，Chiba T. Photosensitive resin composition and photosensitive element using the same，1994.

［28］　于淑娟，韦德麟，陆树文，等.苯并三唑类复合型高分子光稳定剂的合成与性能研究［J］.塑料科技，44，286（2）：59-62.

［29］　于淑娟，韦德麟，刘韦，等.两亲性梳状复合型高分子光稳定剂的合成与表征［J］.塑料工业，（11）：112-115.

［30］　于淑娟，韦德麟，郑广俭，等.复合型高分子光稳定剂的合成及在PVC/剑麻纤维复合材料中的应用［J］.高校化学工程学报，（4）：978-984.

［31］　陈义铺.合成材料的高分子光稳定剂［J］.塑料科技，（4）：29-34.

［32］　刘忠泽.二苯甲酮系列产品的合成及应用［J］.精细化工中间体，2002，32（2）.

［33］　陈齐，王志平.光致变色聚合物［J］.合成树脂及塑料，（03）：58-61+64.

［34］　王建营，冯长根，等.光致变色聚合物研究进展［J］.化学进展，2006（2）.

［35］　连慧琴，柳海兰，金荣虎，等.新型萘并萘醌光致变色聚合物［C］.2005年全国高分子学术论文报告会论文摘要集，2005.

［36］　桑文玲.光致变色聚合物薄膜偏振全息特性研究［D］.长春理工大学.

［37］　孙静，裴广玲.聚合物微球对光致变色材料的吸附及变色性能［C］."力恒杯"第11届功能性纺织品、纳米技术应用及低碳纺织研讨会论文集，2011.

［38］　费逸伟，朱江，郭常颖.有机光致变色高分子材料的研究进展［J］.技术与市场，2009，16（11）：12.

［39］　PHOTOCHROMIC POLYMER［J］.

［40］　Francesco Stellacci，Chiaro Bertarelli，Francesca Toscano，et al. A High Quantum Yield Diarylethene Ⅲackbone Photochromic Polymer［J］. Advanced Materials，1999，11（4）：292-295.

［41］　L Matějka，M Ilavsky，et al. Photomechanical effects in crosslinked photochromic polymers［J］. Polymer，22（11）：1511-1515.

［42］　Athanassiou A，Kalyva M，Lakiotaki K，et al. All-optical reversible actuation of photochromic-polymer microsystems［J］. Advanced Materials，2005，17（8）：988-992.

［43］　Victor，John G，Torkelson，et al. Photochromic and fluorescent probe studies in glassy polymer matrices. 2. Isomerizable planar probe molecules lacking an inversion center of symmetry [J]. Macromolecules，20 (11)：2951-2954.

[44] Ebisawa F，Hoshino M，Sukegawa K. Self-holding photochromic polymer Mach – Zehnder optical switch [J]. 1994，65 (23)：2919-2921.

[45] 凌启淡，章文贡. 稀土高分子荧光材料研究综述 [J]. 高分子通报（01）：49＋51＋53＋55＋57-59＋41.

[46] 周新木，陈慧勤，谈宏宇. 稀土高分子荧光材料研究进展 [J]. 化学试剂（9）：18-22＋56.

[47] 徐垠. pH 敏感/温敏性高分子荧光材料的制备及性能研究 [D]. 天津大学，2014.

[48] 范丽娟，陈红，马荣梁. 共轭高分子荧光材料在指纹显现中的应用及指纹显现方法.

[49] 廖立敏，邓兵，雷光东. 新型高分子蓝色荧光材料的制备及性能（英文）[J]. 光谱学与光谱分析（2）：310-314.

[50] Chu，Hsuan-Chih，Lee，et al. Novel reversible chemosensory material based on conjugated side-chain polymer containing fluorescent pyridyl receptor pendants [J]. Journal of Physical Chemistry B，115 (28)：8845-8852.

[51] Reddithota J. Krupadam. An efficient fluorescent polymer sensing material for detection of traces of benzo [a] pyrene in environmental samples [J]. Environmental Chemistry Letters，9 (3)：389-395.

[52] Arslan，Mustafa，Yilmaz，et al. Double fluorescent assay via β-cyclodextrin containing conjugated polymer as biomimetic material for cocaine sensing [J]. Polymer Chemistry：10. 1039. C7PY00420F.

[53] Jiahui Li，Kendig Claire E，Evgueni E. Nesterov. Chemosensory performance of molecularly imprinted fluorescent conjugated polymer materials [J]. Journal of the American Chemical Society，129 (51)：p. 15911-15918.

[54] Yu S-J，Wang F，Luo Z-J，et al. Synthesis of chitosan-based polymer carbon dots fluorescent materials and their UV aging resistance properties for paper [J]. Chinese Journal of Luminescence，2017，38 (11)：1443-1449.

[55] Ellerbrock B M. Fabrication of fluorescent nanoparticle-polymer composites for photoactive-based materials [J]. 2010.

[56] Sun Q，Wang L，Liu Y，et al. Preparation and properties of near infrared polyvinyl alcohol fluorescent polymer materials [J]. 2018.

[57] 矢部明，尹秀丽. 感光性高分子材料 [J]. 感光材料（04）：36-39.

[58] 顾震宇. 感光性高分子材料的发展及其在印刷业的应用 [J]. 印刷杂志（7）：45-48.

[59] 马满珍. 低收缩感光性高分子材料的研究 [J]. 工程塑料应用（03）：22-26.

[60] 黄毓礼，王淑芳，阮维青，等. 耐水性丝网印刷感光高分子性能研究 [J]. 高分子材料科学与工程，018 (5)：174-176.

第**7**章

医用高分子材料

7.1 医用高分子概述

7.1.1 医用高分子发展历程

生物医用材料离不开医用高分子材料，其主要作用在于能够替代、增强、修复或矫正生物内受损器官、组织、细胞或其主要成分功能，如人工器官、外科修复、理疗康复、诊断检查等医疗领域。

医用高分子材料研究是一种在高分子材料基础上不断向医学和生命科学渗透，并且涉及物理、化学、生物学、医学等的一门交叉学科[1]。因此，医用高分子材料已经成为一门介于现代医学和高分子科学之间的边缘学科。医用高分子材料的研究内容包括两个方面，一是设计、合成和加工等适合不同医用目的的高分子材料与制品；二是确保医用高分子材料对人体的伤害最小化。

在大自然中无论是人、动物以及植物，其存在的最基本形式都离不开有机高分子，与动植物体息息相关的物质——蛋白质、肌肉、纤维素、淀粉、生物酶和果胶等都是高分子化合物。这就使得有机高分子化合物与医学领域密切相关，是最有可能广泛应用于医学领域的一类材料[2]。

医用高分子发展的驱动力来自医学领域的客观要求。当人体器官或组织无论是内部病变还是受到外部损伤，都迫切需要与组织器官相近的材料去填补，而有机高分子材料凭借着很好的生物相容性成了医学材料的不二之选[3]。早在公元前 3500 年，古埃及人用棉花纤维、马鬃缝合伤口。墨西哥印第安人用木块来修复破损的头盖骨。公元 500 年，在中国和埃及的墓葬中发现由高分子材料制得的假牙、假鼻、假耳。进入 20 世纪，高分子科学迅速发展，新的合成高分子材料不断出现，为医学领域提供了更多的选择空间。1936 年，赛璐珞薄膜应用于血液透析。1949 年，美国学者发表了一篇展望性论文，在论文中叙述利用聚甲基丙烯酸甲酯作为人的头盖骨、关节和股骨，利用可降解的聚酰胺纤维作为缝合线的临床应用情况。直到 20 世纪 50 年代，有机硅聚合物被应用于医学领域，使得人工器官的应用范围进一步扩大，包括人工血管（1951 年）、人工食道（1951 年）、人工心脏瓣膜（1952 年）、人工心肺（1953 年）、人工关节（1954 年）、人工肝（1958年）等人工器官，均在 20 世纪 50 年代试用于临床。20 世纪 60 年代后，医用高分子在医学领域又进入了一个新的高峰。

在过去的十年中，医用高分子取得了巨大的进步，聚合物科学的进步为组织工程、药物输送和整容手术领域提供了新的材料和策略。对于组织工程研究，主要关注、开发能够充当临时三维支撑结构的天然细胞外基质（ECM）支架的替代物，促进和引导正确的组织模式形成[4]。天然存在的和合成的聚合物已经成为这种应用生物材料的自然选择，原因有很多，包括它们作为资源的可用性和易于复制的能力以及可降解的特性。聚合物支架在体内条件下，通常还需要具有良好的细胞黏附性，促进细胞和生物材料相互作用，表现出结构和机械完整性，并且具有适于组织整合和对细胞存活至关重要的因子交换的微结构。用于多面聚合物系统的支架设计参数和制造方法最终依赖于聚合物的基本化学性质。例如，虽然胶原蛋白是可降解的，并且非常适合作为缺损部位修复的临时支架材料，但是对承重应用来说，还需研究聚氨酯的力学强度和不可降解性。在生物医学应用中用作生物材料的聚合物可分为两大类：天然存在的聚合物和合成聚合物。

7.1.2　对医用高分子的基本要求

医用高分子是一种需要和生物基体相互接触的材料，在使用过程中，常需要和生物组织、血液、体液等接触，有的还要长期植入人体。医用高分子材料和人的健康有直接联系，因此对临床使用阶段的生物高分子材料具有严格的要求，要求其有十分优良的特性。总之，要满足医用材料的要求，需具备以下几个方面要求[5]。

（1）在化学性质上表现惰性，不会和体液发生反应

人体内环境复杂，各部分组织的性质相差巨大。如胃液是酸性的，肠液是碱性的，血液在正常情况下是微碱性的。血液中含有大量 Na^+、K^+、Ca^{2+}、Mg^{2+}、Cl^-、HCO_3^-、PO_4^{3-}、SO_4^{2-} 等离子以及 O_2、CO_2、H_2O、类脂类、类固醇、蛋白质、各种生物酶等物质[6]，要让高分子能够在这种复杂的环境下长期工作，其必须具有良好的化学稳定性。否则，在使用的过程中，不仅材料本身性能发生变化，影响使用寿命，而且新产生的物质可能对人体有危害。如聚烯烃类聚合物在人体内生物酶作用下，易发生主链断裂反应，产生新的自由基，影响人体的健康。人体环境对高分子材料的作用，主要有以下几种形式：①体液引起聚合物降解、交联和相转变；②材料足够稳定，在人体内不会新生自由基；③组织分泌的生物酶引起聚合物分解反应；④聚合物在体液的作用下，添加剂溶出，引起性质变化；⑤人体血液、体液中小分子如类脂类、类固醇及脂肪等物质渗入聚合物材料，使材料的增塑、强度降低。

因此在选择材料时，必须考虑上述因素。例如，聚酰胺、聚氨酯中的酰胺基团、氨基甲酸酯基团都是极易水解的基团，故在人体内易降解而失去强度。而硅橡胶、聚乙烯、聚四氟乙烯等材料分子中无可降解基团，稳定性相对较好。聚氨酯经嵌段改性后，化学稳定性也有所提高[7]。

值得指出的是，对医用高分子来说，在某些情况下，"老化"并不一定都是贬义的，有时甚至还有积极的意义[8]。如作为医用黏合剂用于组织黏合，或作为医用手术缝合线时，在发挥了相应的效用后，反倒不希望它们有太好的化学稳定性，而是希望它们尽快地被组织所分解、吸收或迅速排出体外。在这种情况下，对材料的附加要求是在分解过程中，不应产生对人体有害的副产物。

（2）对医用高分子材料的人体效应要求

1）无毒、化学惰性

一般要求高分子材料对人体组织无任何伤害，因此在生产医用高分子时，应该仔细纯化，材料的配方组成和添加剂的规格按要求严格控制，优化成型工艺、环境以及严格保证包装。

2）不会发炎

有些高分子对人体是有害的，当植入人体时会出现排异现象；有些高分子材料本身对人体组织并无不良影响，但在合成时避免不了残留一些有毒单体，或者是一些添加剂。当材料植入人体后，这些单体和添加剂会缓慢地从内部到表面，从而对周围组织发生作用，引起炎症。

由外来物引起人体应急反应的几种情况为：①急性局部反应。如局部炎症、坏死、异物排斥反应形成血栓等。②慢性局部反应。如局部炎症、组织增生、致癌等。③急性全身反应。如发热、神经麻痹、循环障碍等。④慢性全身反应。

如慢性中毒、血液破坏、脏器功能障碍等。

3）不会致癌

现代医学理论认为，人体致癌的原因是正常细胞发生了变异。当这些变异细胞极其迅速地增长并扩散时，就形成了癌。引起细胞变异的因素是多方面的，有化学因素和物理因素，也有病毒的原因[9]。当医用高分子材料植入人体后，高分子材料本身的性质，如化学组成、交联度、分子量及其分布、分子链构象、聚集态结构、高分子材料中所含的杂质、残留单体、添加剂都可能与致癌因素有关。但研究表明，排除了小分子渗出物的影响之外，与其他材料相比，高分子材料本身并没有更多的致癌可能性。

（3）具有良好的血液相容性，不会出现凝血现象

人体的血液在表皮受到损伤时会自动凝固，这种血液凝固的现象称为血栓。这是一种生物体的自然保护性反应，否则，一旦皮肤受伤即流血不止，生命将受到威胁，因此血栓现象是生物进化和自然选择的结果[10]。高分子材料与血液接触时，也会产生血栓。因为当异物与血液接触时，血液流动状态发生变化，情况与表面损伤类似，因此也将在材料表面凝血即产生血栓。当高分子材料用于人工脏器植入人体后，必然要长时间与体内的血液接触，因此，医用高分子材料与血液的相容性是所有性能中最重要的。血液相容性是指材料在体内与血液接触后不发生凝血、溶血现象，不形成血栓。发生凝血现象会造成严重的生理破坏作用，是医用高分子材料特别是植入式高分子材料必须防止的现象。生物体的凝血是一个非常复杂的生物过程，属于生物体内的一种自我保护机制。一般认为凝血是因为材料与血液接触后，蛋白质、脂质吸附在材料表面上，其中部分化学结构由于吸附产生构象变化，释放出凝血因子，导致血液内部各成分相互作用，特别是血小板作用导致凝血[11]。这些相互作用包括血细胞凝血因子活化导致纤维蛋白凝胶形成，进而吸附血小板并发生形变放出第三因子，第三因子凝血体系活化产生凝血反应。吸附后的凝血酶、纤维蛋白在材料表面交织成网状，与血小板、红细胞等形成血栓。显然，血液相容性只与材料的表面性质有关，与材料内部的结构无关[12]。

（4）长期植入不会出现力学性能降低

许多人工器官一旦植入人体内，将会长期存在，有的甚至伴随一生，因此要求植入体内的高分子材料在极其复杂的人体条件下能够稳定存在，不会出现力学性能下降的情况。

事实上，在长期的使用过程中，高分子材料受到各种因素的影响，其性能不可能永远保持不变。现在仅希望变化尽可能少一些，或者说其寿命尽可能长一些。这就要求在选择材料

时，尽可能全面地考察人体环境对材料可能引起的各种影响。一般来说，化学稳定性好的、不含易降解基团的高分子材料，机械稳定性也比较好。如聚酰胺的酰胺基团在酸性和碱性条件下都容易降解，将其用来制作人体各种部件时，均会在短期内损失其力学强度，一般不适宜选作植入材料。

有的时候高分子植入人体后要承受一定的负荷和恒定的动态应力。如作为关节材料，既要承受一定的负荷，又要长期动态工作，耐疲劳性要强，不然高分子材料会受到破坏失去其基本的功能，且要求聚合物粒子在破碎后不会让周围组织发炎病变。

(5) 能经受必要的清洁消毒措施而不产生变性

高分子材料在植入体内之前，都要经过严格的灭菌消毒。目前，灭菌处理一般有蒸汽灭菌、化学灭菌和 γ 射线灭菌三种方法，国内大多采用前两种方法[13]。因此在选择材料时，要考虑其耐受性。蒸汽灭菌一般是在压力灭菌器中进行的，温度可达 120～140℃，软化点较低的聚合物在这温度条件下会发生软化，故不能选用。化学灭菌采用灭菌剂灭菌，常用的灭菌剂有环氧乙烷、烷基（芳基）季铵盐、碘化合物、甲醛、戊二醛、过氧乙酸等[14]。它们的优点是可以低温消毒，材料在消毒过程中不存在变形问题，但新产生的问题是容易与高分子材料发生副反应。例如，环氧乙烷易与聚氯乙烯反应生成氯乙醇，含有活泼氢原子的聚合物（如酚醛树脂、氨基树脂）可被环氧乙烷羟乙基化等。除了化学反应外，还有一些高分子材料表面易吸附灭菌剂。被吸附的灭菌剂在人体内释放是相当危险的，可引起溶血、细胞中毒和组织炎症，严重时可引起全身性反应。例如，实验观察到，聚合物表面吸附 $30\mu g/g$ 环氧乙烷，可造成狗的溶血速度增大一倍。因此，临床应用时，必须除去一切灭菌剂后才能植入体内。γ 射线灭菌的特点是穿透力强，灭菌效果好，并可自动化、连续化操作，可靠性好。但由于辐射能量大，对聚合物材料的性能会有较大影响，通常使其力学强度下降。具有灭菌作用的 γ 射线剂量大约为 2～3mrad，这种剂量的 γ 射线足以使许多聚合物的强度受到影响。例如，聚丙烯只能耐 3mrad 的射线剂量；硅橡胶、氯丁橡胶只能耐 10mrad 以下的射线剂量；耐辐射较好的聚合物有聚乙烯、丁苯橡胶、天然橡胶等，均可耐 100mrad 的射线剂量；聚氨酯则可耐 500mrad 以上[15]。

(6) 对医用高分子材料的加工性能要求

除了对医用高分子本身具有严格要求之外，还要防止在聚合物反应过程中引入有害物质。第一，严格控制用于合成医用高分子材料的纯度，不能带入有害杂质，重金属物质含量不能超标[16]。第二，医用高分子材料的加工助剂必须是符合医用标准的。助剂不会带给人体不适，也不会使得人体出现排异现象。第三，对于人体组织用的高分子材料，必须进行消毒达到适宜的洁净级别，符合国家标准。

与其他高分子材料相比，对医用高分子材料的要求更加严格。对于不同用途的高分子材料，往往有一些具体的要求。在医用高分子材料进入临床试验之前，都必须对材料本身进行测试，包括力学性能以及材料和生物、人体的相互适应性。

7.1.3 医用高分子种类

生物医用高分子材料包括人工合成高分子材料、天然生物材料、金属与合金材料、无机材料、复合材料等，其中天然生物材料一般是指可降解、可吸收的生物材料，是天然存在的，来源于动植物或人体内的大分子物质，能在机体生理环境下，通过水解、酶解等多种方法，从大分子物质逐渐降解成对机体无损害的、机体内自身就存在的小分子物质，最后通过机体的新陈代谢完全吸收或排泄，且对机体无毒副作用[17]，如各种甲壳类、甲壳聚糖纤维、海藻酸盐、丝素纤维。随着社会的发展和世界人口的增长，资源日益匮乏，各种疾病的发病率越来越高，生物材料在医学上的应用也越来越广泛，如何最大限度地开发和利用现有的天然生物材料成了材料应用研究的热点问题之一。天然可降解和可吸收生物材料的主要医学用途有：①作为可降解、吸收的组织缝合材料，如胶原、壳聚糖等经过一定的工艺可制成可降解手术缝合线；②作为载体材料用于药物控制释放体系，如壳聚糖和丝心蛋白的共混材料；③作为组织修复的引导再生膜材料，如胶原与丝心蛋白的复合材料；④作为组织修复的替代植入材料；⑤作为隔离组织的防组织粘连膜材料。目前医学领域研究最多、应用也最多的天然可降解和可吸收生物材料主要有胶原、壳聚糖、聚羟基烷基酸酯等。

医用高分子材料是一门较为崭新的学科，发展历史不长，至今对医用高分子的定义尚不十分明确[17]。另外，医用高分子材料是多学科参与交叉的学科，根据不同学科领域习惯出现不同的分类方式。医用高分子可按照用途、来源、与活体组织的相互关系、与肌体组织接触的关系等进行分类。这些分类方法仍处于混合使用的状态，尚未统一标准。

（1）按照用途分类

按照用途，医用高分子可分为：①与生物体组织不直接接触的材料，如血浆袋、注射器等。②与皮肤、黏膜接触的材料，如手术用手套、吸氧管、假肢等。③与人体组织短期接触的材料，如人工心脏、人工肺、人造皮肤等。④长期植入体内的材料，如人工关节、手术缝合线、组织黏合剂等。⑤药用高分子，如聚青霉素。

（2）按来源分类

按来源，医用高分子可分为：①天然医用高分子材料，如胶原、明胶、丝蛋白、角质蛋白、纤维素、糖胺聚糖、甲壳素及其衍生物等。②人工合成医用高分子材料，如聚氨酯、硅橡胶、聚酯等。1960年以前主要是商品工业材料的提纯、改性，之后主要根据特定目的专门设计、合成[18]。③天然生物组织与器官。天然生物组织用于器官移植已有多年历史，至今仍是主要危重疾病的治疗手段。天然生物组织与器官包括取自患者自体、他人或其他动物的同类组织器官。

（3）按与机体组织接触的关系分类

按与机体组织接触的关系，医用高分子可分为：①长期植入材料。指的是长期存在于体内的材料，如人工血管、人工关节、人工晶状体等。②短期植入材料。指短时间内与内部组织或体液接触的材料，如血液外循环的管路和器件（透析器、心肺机等）。③体内、体外连通使用的材料。指使用中部分在体内部分在体外的器件，如心脏起搏器的导线、各种插管等。④体表接触材料与一次性使用医疗用品材料。

（4）与生物体不直接接触的材料

这些材料仅仅作为医疗器械的制造材料，不与生物体直接接触，如药剂容器、输血袋、输液用具、注射器、化验室用品（试剂瓶、培养瓶、血球计量器）、手术室用品、麻醉用品（蛇腹管、蛇腹袋等）[19]。

（5）长期植入人体内的材料

用这类材料可以制作心脏、肾脏、肝脏、血管、关节、骨骼等，植入人体之后将伴随人终生，不再取出。因此要求这类材料有很高的生物相容性以及抗血栓性，并且具有较高的物理和化学稳定性。这类材料主要有：用于代替关节和骨骼的超高分子量聚乙烯、高密度聚乙烯、尼龙等；用于制备血管的聚酯纤维、聚四氟乙烯、嵌段聚醚氨酯等；用于代替食道的高分子材料如聚硅氧烷；用于代替皮肤的硝基纤维素、聚酯、甲壳素等。

（6）药用高分子

这类高分子包括大分子化的药物和药物高分子。前者指将传统的小分子药物大分子化，如青霉素；后者指本身就有药理功能的高分子，如阴离子聚合物型的干扰素诱发剂。

7.1.4 天然医用高分子

7.1.4.1 胶原蛋白

胶原蛋白是细胞外基质蛋白。Ⅰ型胶原蛋白是一种纤维状的棒状分子，是 27 种不同类型胶原蛋白中含量最多的，可以通过相对简单的生化处理方法从包括肌腱、韧带、骨、皮肤和角膜的许多组织中纯化Ⅰ型胶原[20]。细胞外基质中Ⅰ型胶原蛋白的高含量是其用于医学应用研究最多的蛋白质之一的关键原因。由于它通常在身体组织中提供结构框架和拉伸强度，被认为是构建组织工程支架的优良生物资源。

（1）低免疫原性

胶原作为医用生物材料，最重要的特点在于其低免疫原性，与其他具有免疫原性的蛋白质相比，胶原蛋白的免疫原性非常低[21]。人们甚至曾认为胶原不具有抗原性，研究表明：胶原具有低免疫原性，不含端肽时免疫原性尤其低。

（2）相容性

生物相容性是指胶原与宿主细胞及组织之间良好的相互作用。胶原本身是构成细胞外基质的骨架，其三股螺旋结构及交联所形成的纤维或网络对细胞起到锚定和支持作用，并为细胞的增殖生长提供适当的微环境[22]。无论是在被吸收前作为新组织的骨架，还是被吸收同化进入宿主成为宿主的一部分，胶原都与细胞周围的基质有着良好的相互作用，表现出相互影响的协调性，并成为细胞与组织发挥正常生理功能的一部分。比如海绵状Ⅰ型胶原蛋白与兔脂肪干细胞具有良好的体外生物相容性，能为组织工程种子细胞的生长提供适宜的三维空间，可作为脂肪组织工程种子细胞的载体材料。

（3）可降解性

胶原能被特定的蛋白酶降解，即具有生物降解性。胶原具有紧密牢固的螺旋结构，绝大多数蛋白酶只能切断其侧链，只有胶原酶、弹性蛋白酶等特定的蛋白酶在特定的条件下才能降解胶原蛋白，断裂胶原肽键。胶原的肽键一旦断裂，其螺旋结构随即被破坏而彻底水解为小分子多肽或氨基酸，小分子物质可以进入血液循环系统，被机体重新利用或代谢排出。可生物降解性是胶原蛋白能作器官移植材料的基础[21]。

（4）凝血性

胶原具有止血性能，该性能的发挥通过两方面实现，即促进血小板凝聚和血浆结块。胶原可以与血小板通过黏合、聚集形成血栓起到止血作用。当血管壁的内皮细胞被剥离时，血管中的胶原纤维暴露于血液中，血液中的血小板立刻与胶原纤维吸附在一起，发生凝聚反应，生成纤维蛋白并形成血栓，进而血浆结块阻止血流。胶原的天然结构是凝聚能力的基础[22]。胶原是参与创伤愈合的主要结构蛋白。止血活性依赖于胶原聚集体的大小和分子的天然结构，变性的胶原（明胶）诱导止血无效。研究表明，胶原蛋白能有效诱导血小板聚集，与二磷酸腺苷比较，胶原蛋白诱导不受初始剂量、浓度等因素的影响，表现迅速而彻底。

7.1.4.2 壳聚糖及其衍生物

自然界中第二丰富的聚合物是壳聚糖，一种线型阳离子多糖，由几丁质（一种由 β-1,4 连接的 N-乙酰葡糖胺单元构成的线型多糖）脱乙酰化而得到[23]。由于几丁质在普通溶剂中的不溶性以及这对加工造成的困难，脱乙酰化是必需的，并且脱乙酰壳多糖成为可用的产品。壳聚糖是一种很有前途的可降解聚合物，是生物医学工程中使用的仅有的两种非人源天然聚合物（以及海藻酸）之一。壳聚糖的降解主要受乙酰化程度的影响。控制降解曲线的另一种方法是改变聚合物的侧基，使其通过连接庞大的侧基来防止广泛的氢键结合。壳聚糖的体外降解通过几种酶进行，包括壳聚糖酶，溶菌酶和木瓜蛋白酶，其中，溶菌酶是用于体内降解的生理学相关酶。以下为壳聚糖对生物体的五种作用。

（1）控制胆固醇

人类健康的最大问题之一是胆固醇，它导致许多严重的疾病。壳聚糖有两个机制降低胆固醇：一个是阻止脂肪吸收；另一个是将人体血液内的胆固醇排泄掉[24]。脂肪酶分解脂肪使人体进行吸收，壳聚糖抑制这些有助于脂肪吸收的脂肪酶的活性。另外，血液中的胆固醇被用于制造胆酸。这两种机制使得壳聚糖成为强胆固醇清除剂。壳聚糖是一种天然材料，具有强大的阴离子吸附力，适用于降低胆固醇含量而没有任何副作用。

（2）抑制细菌活性

壳聚糖在弱酸溶剂中易于溶解，特别值得指出的是溶解后的溶液中含有氨基，这些氨基通过结合负电子来抑制细菌。壳聚糖抑制细菌活性的功能使其在医药、纺织和食品等领域有着广泛的应用[25]。

（3）预防和控制高血压

对高血压最有影响力的因素之一就是氯离子（Cl^-）。它通常通过食盐摄入。2010 年以来许多人都过量消费盐[25]。血管紧缩素转换酶产生血管紧缩素Ⅱ，它是一种引起血管收缩的材料，其活力来自氯离子。高分子壳聚糖像膳食纤维一样发挥作用，在肠内不被吸收。壳聚糖通过自身的氯离子和氨根离子之间的吸附作用，排泄氯离子。因此，壳聚糖可降低血管紧缩素Ⅱ含量，有助于防止高血压，特别是那些过量摄入食盐的人群。

（4）吸附和排泄重金属

壳聚糖的一个显著特性是吸附能力。许多低分子量的材料，比如金属离子、胆固醇、甘油三酯、胆酸和有机汞等，都可以被壳聚糖吸附。壳聚糖不仅可以吸附镁、钾，而且可以吸附锌、钙、汞和铀。壳聚糖的吸附活性可以有选择地发挥作用。这些金属离子在人体中浓度太高是有害的。比如，血液中铜离子（Cu^{2+}）浓度过高会导致铜中毒，甚至致癌。现已证明壳聚糖是高效的螯合物介质。壳聚糖吸附能力大小取决于其脱乙酰度，脱乙酰度越大，吸附能力越强。

（5）免疫效果

壳聚糖具有更高的蛋白吸附能力；在降解酶的作用下，壳聚糖具有降解性；壳聚糖很容易加工成线，适合做成线状或片状的医用材料[26]；壳聚糖具有亲和力和溶解性，适用于生产各类衍生物；壳聚糖

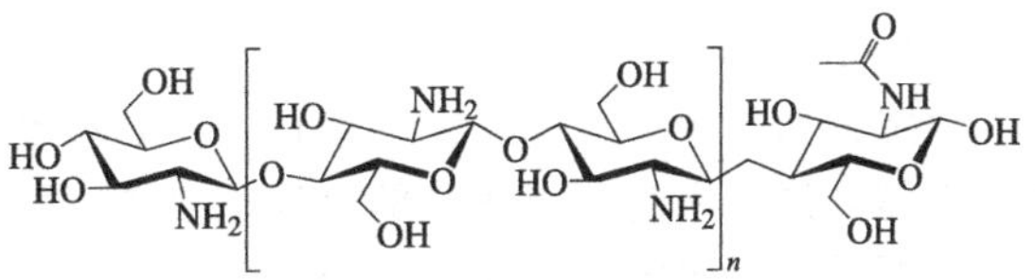

图 7-1　壳聚糖的化学结构

具有更高的化学活性；壳聚糖的持水性高；在血清中，壳聚糖易降解、吸收；壳聚糖具有更高的生物降解性；壳聚糖表现出有选择性地高度抑制口腔链球菌生长的作用，同时并不影响其他有益细菌的生长。

壳聚糖的结构如图 7-1 所示。

7.1.4.3　血纤维蛋白

血纤维蛋白是一种很重要的蛋白质，血纤维蛋白原是纤维蛋白的组成部分，是一种大的糖蛋白，具有三对多肽链，即 Aα，Bβ 和 Cγ，它们通过二硫键桥结合。涉及凝血酶和活化因子Ⅷ 的独特聚合方法将纤维蛋白原转化为纤维蛋白并形成纤维蛋白网络。该多肽通常因其作为组织损伤止血塞的生理作用而为人所知。交联的选择是实现纤维蛋白网络各种微观结

构和机械特征的一种方式。另外，可以通过使用由患者自身血液制成的纤维蛋白来制造自体支架[27]。

血纤维蛋白是停止出血的凝血最后阶段的关键元素。它不可溶，在伤口部位产生结缔组织，通过变硬停止出血。血液凝固过程中，在凝血酶的作用下，由血纤维蛋白原生成血纤维蛋白。然后，经过几步反应，形成血纤维蛋白块，引起血液凝固。它只在需要时由身体产生。在受伤时，人体会发出生产纤维蛋白的信号。难以产生或缺乏这种蛋白质会导致危及生命的疾病。这种蛋白质是由单体小分子聚合在一起产生的。在人体遭遇创伤时，会释放凝血酶，然后给身体发出信号生产叫血纤维蛋白原的可溶性蛋白质。这两种物质在伤口部位结合产生血纤维蛋白，使血液凝固。除了凝结以外，纤维蛋白还在激活血小板、信号传导和蛋白质聚合等相关活动中扮演一定角色。

在信息传递、血液凝固、血小板活性化及蛋白质聚合等生物过程中都需要血纤维蛋白。研究表明，酶解猪血纤维蛋白所含 8 种人体必需氨基酸，占氨基酸总量的 40%。

血纤维蛋白异常也可以由遗传疾病引起，如低纤维蛋白原血症和异常纤维蛋白原血症等。这些疾病导致蛋白质生产紊乱，并造成血液疾病。

7.1.4.4　海藻酸钠

海藻酸钠为白色或淡黄色粉末，几乎无臭无味。海藻酸钠溶于水，不溶于乙醇、乙醚、氯仿等有机溶剂。溶于水形成黏稠状液体，1% 水溶液的 pH 值为 6～8。当 pH＝6～9 时黏性稳定，加热至 80℃以上黏性降低[28]。海藻酸钠无毒，LD_{50}＞5000mg/kg。螯合剂可以配合体系中的二价离子，使得海藻酸钠能稳定于体系中。

海藻酸钠在药物制剂上的作用显著，早在 1938 就已收入美国药典。海藻酸在 1963 年收入英国药典。海藻酸不溶于水，但放入水中会膨胀。传统上，海藻酸钠用作片剂的黏合剂，海藻酸用作速释片的崩解剂。海藻酸钠对片剂性质的影响取决于处方中放入的量，在有些情况下，海藻酸钠可促进片剂的崩解。海藻酸钠可以在制粒的过程中加入，而不是在制粒后以粉末的形式加入，这样制作过程更简单。与使用淀粉相比，所制得的成片力学强度更大。

海藻酸钠也用于悬浮液、凝胶与以脂肪和油类为基质的浓缩乳剂的生产中。海藻酸钠用于一些液体药物中，可增强黏性，改善固体的悬浮状态。藻酸丙二醇酯可改善乳剂的稳定性。

7.1.4.5　透明质酸与硫酸软骨素

糖胺聚糖是指一系列含氮的多糖，主要存在于软骨、腱等结缔组织中，构成组织间质。各种腺体分泌出来起润滑作用的黏液也多含糖胺聚糖，代表性物质有透明质酸、硫酸软骨素等，透明质酸类多糖在滑膜液、眼的玻璃体和脐带胶样组织中相对较多，为 N-乙酰葡糖胺与葡糖醛酸的共聚物，分子量为 106～107，呈双螺旋高级结构[29]。6-硫酸软骨素主要存在于软骨等组织中，同属透明质酸系列的多糖。这些多糖分子能够形成含水量很高的固溶胶，1g 透明质酸可得到 5L 可溶解胺类物质。透明质酸是一种剪切稀化材料（假塑性流体），随剪切速率上升，黏性下降。在高剪切速率下黏性下降能使表面移动变快，连接处能耗减小。关节液最重要的作用就是对连接面的黏着力提供边界润滑，由此控制连接处的表面性能。透明质酸可能对此发挥着一定作用。透明质酸系列的多糖在生物医用领域可以用作防粘连材料和药物控制释放载体等。

7.1.5　人工合成医用高分子

7.1.5.1　脂肪族聚酯

脂肪族聚酯在含水体系中能够水解为相应的单体，后者参与生物组织的代谢。随着单体中碳/氧比增大,聚酯的疏水性增大,可水解性降低。在双组分聚酯中,如果用含4~6个碳原子的单体,那么这些聚酯在生物体系温和环境中是可以水解的。某些双组分聚酯,例如,由己二酸和乙二醇缩聚制备的聚己二酸乙二醇酯,如果其分子量小于20000,也有可能发生酶催化水解。据报道,酯酶(如脂肪酶)能够增加聚酯的水解速度。若分子量大于20000,酶水解较困难,聚酯的水解速度变得非常缓慢。此外,双组分聚酯是黏聚能低、结晶性高的强度材料[30]。

7.1.5.2 聚醚酯

聚醚酯可代替脆性的聚乙醇酸(PGA)和左旋聚乳酸(PLLA),人们设计合成了一类柔顺性较好的聚醚酯。以含醚键的内酯为单体,通过开环聚合,可合成聚醚酯。聚对二氧环己酮可用作单纤维手术缝合线[31]。由丙交酯与聚乙二醇或聚丙二醇共聚,得到聚醚聚酯嵌段共聚物。在这些共聚物中,硬段和软段是相分离的,其力学性能和亲水性均得以改善。据报道,由PGA和聚乙二醇组成的低聚物可用作骨形成基体。

7.1.5.3 聚酯

由ω-羟基酸均聚合成的聚合物属于单组分聚酯。典型的例子是聚己内酯和聚β-羟基丁酸(PHB),前者是由己内酯开环聚合得到的;后者主要是生物合成的,也可以通过内酯开环聚合进行制备[16]。这些聚ω羟基酸在体内水解非常缓慢,不太适于用作生物医学材料,但可作为"环境友好"的生物降解塑料用于地膜和食品包装袋的制造。

7.1.5.4 聚酰胺酯

吗啉-2,5-二酮衍生物开环聚合合成聚酰胺酯。由于酰胺键的存在,这些聚合物具有一定的免疫原性。它们能够通过酶和非酶催化降解,有可能在某些领域找到用途,也有可能在医学领域得到应用。

7.2 医用高分子材料与生物相容性

高分子材料要应用到医学领域,必须要求生物相容性好,也就是说植入基体的高分子材料无论其结构、性质,都是外来异物。人体的免疫系统能够识别这些外来物并且对它进行攻击,这就出现了排异现象。这种排异现象的严重程度取决于材料的生物相容性。因此,提高应用高分子材料与肌体的生物相容性,是材料和医学科学家必须面对的课题。

不同的高分子材料在医学中的应用目的不同,生物相容性又可以分为组织相容性和血液相容性两种。组织相容性是材料与人体组织,如骨骼、牙齿、内部器官、皮肤等的相互适应性,而血液相容性是材料与血液接触时不会引起凝血、溶血等不良反应。

7.2.1 高分子材料的组织相容性

组织相容性是指生物体和生物体接触时候,生物组织不会产生炎症、排异反应,高分子材料不会脱落等。组织相容性功能高分子材料设计主要基于其疏水性和亲水性,包括微相分离结构的高分子以及它们的表面改性,尤其是细胞黏膜增殖材料在最近几年的研究应用过程中取得较大的研究进展。

聚硅氧烷及其共聚物是制备人工肺、人造血管甚至人造心脏的重要材料,也可用作人工乳房填充材料等。八甲基环四硅氧烷经开环聚合反应可制得聚二甲基硅氧烷[32],反应式如下：

$$\begin{matrix} R & & R \\ R-Si-O-Si-R \\ O & & O \\ R-Si-O-Si-R \\ R & & R \end{matrix} \longrightarrow \begin{bmatrix} R \\ Si-O \\ R \end{bmatrix}_n$$

聚二甲基硅氧烷具有很好的力学性能，很高的弹性和气体透过性，与其他单体共聚，可以得到微相分离材料，以提高其抗凝血性能。存在的问题是长期植入后的异物反应，在长期动态下应用时其力学性能不能满足要求，吸收脂肪后导致龟裂等。

综合性能比较好的材料是共聚聚氨酯类高分子[33]。如下所示结构是嵌段共聚聚氨酯类高分子的结构。

$$\begin{bmatrix} & & O & & O \\ & \| & & \| \\ R'-OCNH-R-NHCO \end{bmatrix}_n$$

聚氨酯是由二元醇与二异氰酸酯经逐步聚合反应得到的聚合物；R 可以是芳香族或脂肪族基团，由二异氰酸酯决定；R′ 可以是聚醚、聚酯、聚硅氧烷或其他聚合物。它们的亲水性及强度好，还能随心所欲地使材料带有电荷，而带净负电荷的聚离子复合物是公认的微相分离材料，具有很好的血液相容性，可以作为人工肺、人造血管、人工肾和血液净化用的材料。

在组织相容性中，组织细胞在材料上的黏附增殖有着重要意义。烧伤患者的植皮是一项颇为重要的工作，将患者的表皮细胞散播在组织相容性高分子材料上，然后使表皮细胞在适宜的条件下繁衍增殖于其上，可以得到无排异性的着床型人工皮肤[34]。研究者将表皮细胞散播在骨胶原-软骨素硫酸酯多孔海绵状膜上，经增殖连片，外层用有机硅膜包裹，植皮后取下有机硅膜。这种植皮材料，包括伪内膜形成材料的这类高分子材料与活体组织的杂化材料，是相当好的组织相容性材料[31]。与此相反，白内障手术后植入的人工晶体应是组织相容性好，且能排斥纤维细胞在晶面上黏着和增殖，以免白内障复发。

7.2.2 高分子材料的血液相容性

血液相容性包括的内容很广，但是最主要的是指高分子材料与血液相接触时，不引起凝血及血小板黏着凝聚，没有破坏血液中有形成分的溶血现象，即凝血和溶血。普通材料与生物体内的血液接触时，在 1～2min 内就会在材料表面形成血栓。血栓的形成与血浆蛋白质、凝固因子、血小板等多种血液成分有关，是一种复杂的反应。一般认为，材料表面与血液接触后，蛋白质和脂质吸附在材料表面上，这些分子发生构象上的变化，导致血液中各成分相互作用产生块状血栓[35]。形成血栓后，像人造心脏、人工肾脏、人工肝脏、人造血管等与血液长期接触的人造器官就无法正常工作。

材料的血液相容性是一个非常重要且难以攻克的世界性难题。目前，国外有很多的研究所和高校研究组正进行着大量相关的研究工作，如华盛顿大学生物工程系和化工系的多个研究小组在此领域表现非常活跃，我国北京大学、南京大学、浙江大学、南开大学、武汉大学、四川大学、中国医学科学研究院等单位都相继开展了相关研究。为了提高血液相容性，学者们对凝血机理做了大量的研究。学者们认为，控制材料表面吸附的蛋白质层的组成及其性质是提高血液相容性的重要途径，材料表面吸附蛋白质层的过程与材料表面的性质直接相关。显然，材料或装置的表面设计和表面修饰成为改变其表面性质的重要手段。

当人体的表皮受到损伤时，流出的血液会自动凝固，称为血栓[36]。实际上，血液在受到下列因素影响时，都可能形成血栓：①血管壁特性与状态发生变化；②血液的性质发生变化；③血液的流动状态发生变化。现代医学研究证明，关于血液的循环，人体内存在两个对立系统，一个是促使血小板生成和血液凝固的凝血系统；另一个是由肝素、抗凝血酶及促使纤维蛋白凝胶降解的溶纤酶等组成的抗凝血系统。当高分子材料植入体内与血液接触的时候，血液的流动状态和血管壁状态都将发生变化，凝血系统开始发挥作用，因此也会形成血栓[37]。血栓的形成机理十分复杂，一般认为，异物与血液接触时，首先将吸附血浆内蛋白质，然后黏附血小板，继而血小板被破坏，放出血小板因子，在异物表面凝血，产生血栓。

当高分子材料植入人体以后，细胞膜表面的受体会积极地寻找与之相接触的材料表面所能提供的信号，以区别所接触材料为本体或者异体，因此，材料表面的性质直接关系到材料是否被生物体认可，即生物相容性[35]。未经表面改性的生物医用高分子材料的表面在被生物体认可方面都存在着一定的问题。所以，生物医用高分子材料，特别是抗凝血性高分子材料的设计与合成的关键就在于材料的表面设计和表面修饰。生物材料表面的改性也就理所当然地成为高分子生物材料研究的长久性课题。提高材料的生物相容性是一个最终和总体的目标。通过表面改性来提高生物相容性的方法和手段是多种多样的，可以将其分为两大类："钝化"表面和生物"活化"。以下为几种血液相容性高分子材料。

（1）血液净化高分子材料

血液承担运输人体养料的职责，能循环到人体各个部位，是人体中最为重要的体液。目前最普遍的血液净化方法是通过半透膜的扩散、过滤去除血液中代谢产生的物质。近些年来，透析技术发展越来越好，以人造肾脏为中心，相继出现了性能卓越的透析仪器。血液的治疗主要利用膜的膜孔大小，而吸附净化则取决于吸附剂对目标的亲和性[38]。

（2）血液净化膜材料

采用滤过沉淀或吸附的原理，将体内内源性或外源性毒物（致病物质）专一性或高选择性地去除，从而达到治病的目的。这是治疗各种疑难病症的有效疗法，如尿毒症、各种药物中毒、免疫性疾病、高脂血症等，都可采用血液净化疗法治疗，其核心是滤膜吸附剂等生物材料。1854 年，苏格兰化学家 Thomas Graham 提出了透析的概念，他第一次提出晶体物质通过半透膜弥散并开创了渗透学说，被称为现代透析之父[39]。1913 年，美国的 John Abel 等[40] 设计了第一台人工肾。用火棉胶制成管状透析器，抗凝治疗使用了水蛭素——一种从水蛭中提取的抗凝物。1924 年德国的 Georg Haas 第一次将透析技术用于人类，也使用火棉胶制成管状透析器，同时使用水蛭素抗凝。1945 年，荷兰的 Willem Johan Kolff[41] 在极为困难的二次世界大战时期，设计出转鼓式人工肾，被称为人工肾的先驱。20 世纪 50 年代中期，日本杉浦光雄、坂本启介试制成简易人工肝（人工肝辅助装置），20 世纪 60～70 年代有了微载体细胞培养法和毛细中空纤维肝细胞反应器。1970 年，加拿大学者张明瑞[42] 应用白蛋白火棉胶半透膜包裹活性炭制成的微胶囊进行血液灌流，既提高了活性炭的血液相容性，又有效地防止了炭颗粒脱落。

目前已研究和开发用于制备血液净化高分子膜的材料多达数十种，但是由于临床对血液透析、血浆滤过和血浆置换用高分子膜的要求非常苛刻，即必须具备良好的通透性、力学强度以及血液相容性，所以实际已获得临床使用的只有以下几种，即纤维素类膜、聚丙烯腈膜、聚碳酸酯膜、聚砜膜、聚烯烃膜和聚乙烯醇膜。表 7-1 列出了血液净化高分子膜的材料。

材料名称	制造公司	膜的形态
铜氨纤维素	德国 AKZ0-EnKa 公司	空心纤维膜、平膜
血仿纤维素、醋酸纤维素	日本旭化株式会社； 德国 AKZ0-EnKa 公司； 美国 Cordis Dow 公司	空心纤维膜
聚丙烯腈	日本帝人株式会社； 美国 Celanese 公司； 法国 Rhone Poulen 公司	空心纤维膜、平膜
聚甲基丙烯酸甲酯	日本东丽株式会社	空心纤维膜
乙烯-乙烯醇共聚物	日本可乐丽株式会社	空心纤维膜
聚碳酸酯、聚砜	美国膜公司； 美国 Amicon； 德国费林尤斯公司	空心纤维膜、平膜

（3）血液净化吸附材料

血液净化用吸附剂要有很高的吸附性和血液无毒性。吸附剂的比表面积比透过膜的大，而且吸附点的活性高，和血液直接接触时，吸附蛋白质和血细胞之类的血液成分同时使血液凝固系统进行净化，甚至直接接触血液。

根据吸附材料的吸附机理可以将其分为三类：非专一吸附剂、高选择性吸附剂和专一性吸附剂。

1）非专一吸附剂

活性炭、碳化树脂、常见疏水吸附树脂等是通过物理、化学作用吸附目标物质的。它的孔洞半径多在 $50\sim200\mu m$ 之间，主要通过疏水作用从血液中吸附具有一定疏水性的物质，包括药物以及其代谢物、肾衰竭患者血液中存在的小分子有机物和中分子物质。总之，吸附性材料的比表面积越大就越有利于吸附血液中的物质。这些材料的合成技术与吸附树脂相同，只是要求材料自身的生物相容性一定要高。倘若缺乏生物相容性，往往需用抗凝血高分子材料包膜后才可应用[43]。

2）高选择性吸附剂

利用生物体系作用原理，将分子中的特定官能团引入多孔珠状高分子载体上，合成出的吸附剂对某类物质具有较高的吸附选择性。这类吸附剂的载体多为血液相容性好的亲水性高分子微球，如交联聚乙烯醇等。

3）专一性吸附剂

在生物体系中，存在着许多类型相互配对的作用，这些作用符合高度针对性，如抗原-抗体、酶-底物、DNA 互补链段等[44]。将其一半固定在载体上，可专一性地吸附另一半。设计免疫吸附剂必须注意一些问题：一是选用载体时应确定载体与血液的相容性好；二是固定化的抗原与抗体在固定化反应、消毒、贮存过程中必须稳定，不能失去活性，否则将丧失功能；三是抗原和抗体之间的键合性保持不变，否则抗原或抗体脱落会导致生物免疫反应。

7.2.3 生物吸收高分子材料

随着医学和材料科学的发展，人们希望材料移植入人体之后能够产生短暂的代替作用，随着组织和血液的再生逐渐吸收、降解，以最大限度减小高分子材料对肌体的长期影响[45]。例如，外科手术缝合时需要的手术线、体内植入药剂的赋型缓释材料等。如果这些材料不能被生物降解，当伤口愈合、器官修复或药物释放完毕后，上述材料必须从人体取出，这就给患者带来了二次伤害。人工合成的生物吸收性高分子材料属于在温和水解条件下发生水解的生物吸收性高分子，降解过程不需要酶参与。这种特性使得人造生物高分子材料与生物体相容性更好，出现排异现象的可能性极低，尤其是由短链羟基酸合成的聚酯及其聚合物在临床上得到了广泛应用。

吸收和降解是生物吸收性高分子材料在体液作用下必须经历的两个过程。降解过程的特征是主链断裂，使得分子量降低。在一般情况下，由C—C键形成的聚烯烃类高分子材料在体内难以降解[45]。只有某些具有特殊结构的高分子材料才能被组织分泌的某些酶所降解。作为医用高分子材料，要求其降解产物（单体、低聚体或碎片）对人体无毒、无副作用。高分子材料在体内最常见的降解反应为水解反应，包括酶催化水解和非酶催化水解。能够通过酶专一性反应降解的高分子称为酶催化降解高分子；通过与水或体液接触发生水解的高分子称为非酶催化降解高分子。从严格意义上讲，只有酶催化降解才称得上生物降解，但在实际应用中一般将这两种降解统称为生物降解。吸收过程是生物体为了摄取营养或排泄废物（通过肾脏、汗腺或消化道）所进行的正常生理过程。高分子材料在体内降解以后，进入生物体代谢循环，这就要求生物吸收性高分子应当是正常代谢物或其衍生物通过可水解键连接起来的。

人体中不同组织、不同器官的愈合速度是不同的。例如，表皮组织的愈合需要3～10d，膜组织的痊愈需要15～30d，内脏器官的恢复需要1～2个月，硬组织（如骨骼）的痊愈一般需要2～3个月，较大器官的再生需要半年以上等[46]。因此，用于生物组织治疗的生物吸收性高分子材料，其分解和吸收速度必须与组织愈合速度同步。对植入人体内的生物吸收性高分子材料来说，在组织或器官完全愈合之前，必须保持适当的力学性能和功能；而在肌体组织痊愈之后，植入的高分子材料应尽快降解并被吸收，以减少材料存在产生的副作用。然而，大多数高分子材料只是缓慢降解，在失去功能之后还会作为废品存于体内相当长的时间。

影响生物吸收性高分子材料吸收速度的因素主要有主链和侧链的化学结构、疏水/亲水平衡、分子量、凝聚态、结晶度、表面积、物理形状等。其中，主链结构和聚集态结构对降解吸收速度的影响较大。

酶催化降解和非酶催化降解的结构与降解速度的关系不同。非酶催化降解的降解速度主要由主链结构（键型）决定。主链上含有易水解基团如酸酐、酯基、碳酸酯等的高分子，通常有较快的降解速度[47]。而对于酶催化降解高分子如聚酰胺、聚酯、糖苷等，其降解速度主要与酶和待裂解键的亲和性有关。酶与待裂解键的亲和性越好，越容易相互作用，降解越容易发生，而与化学键类型关系不大。此外，由于分子量低的聚合物溶解或溶胀性能优于分子量高的聚合物，因此对同种高分子材料来说，分子量越大，降解速度越慢。亲水性强的高分子能够吸收水、催化剂或酶，一般有较快的降解速度。特别是含有羟基、羧基的生物吸收性高分子，不仅因为其较强的亲水性，而且由于其本身的自催化作用，比较容易降解。相反，主链或侧链含有疏水长链烷基或芳基的高分子，降解性能往往较差。以下是几种生物吸收性高分子材料[45]。

(1) 脂肪族聚酯类

聚酯及其共聚物由二元醇和二元酸、羟基酸逐步聚合获得，也可由内酯开环聚合制备。这一类反应都属于缩合聚合范畴，在反应过程中会产生小分子副产物，这些副产物的产生严重限制了聚酯聚合度的提高，那么在聚合过程中必须设法解决副产物问题。开环聚合只受催化剂活性和外界条件影响，可得到高分子量的聚酯，分子量高达10^6左右。

除了五元环 γ-内酯外，其他内酯的聚合在热力学上都是反应有利的。例如，七元环 ε-己内酯的聚合反应自由能的变化 ΔG 为 $-15kJ/mol$，容易进行聚合反应。三元、四元环酯具有高的环内张力，从焓效应方面看对聚合是十分有利的。而六元环和六元环以上内酯的开环聚合，其推动力是熵变，内酯的开环聚合原则上可以由通常已知的各种聚合机理引发进行，如阳离子聚合、阴离子聚合、自由基聚合、配位聚合等。用于内酯开环聚合的阳离子催化剂主要有：①质子酸，如 HCl、RCO_2H、RSO_3H 等；②Lewis酸，如 $AlCl_3$、$FeCl_3$、$FeCl_2$、BF_3、BBr_3、$TiBr_4$、$SnBr_4$、$SnCl_2$、$SnCl_4$ 等；③烷基化试剂，如 $CF_3SO_3CH_3$、Et_3OBF_4、FSO_3CH_3、$FSO_3CH_2CH_3$ 等；④酰化试剂，如 $CH_3CO^{+-}OCl_4$ 等。

通过阴离子催化剂催化的阴离子开环聚合一般得到分子量较低的聚合物，可用来进一步制备嵌段聚酯和特殊结构聚酯。

（2）聚 α-羟基酸酯及其改性物

聚酯主链上的酯基容易在生物体中水解，这是由于酯键在酸性或者碱性条件下容易水解，产物为相应单体或短链段，而水解后的产物与生物的相容性很好[6]。随着单体中的碳/氧比增大，聚酯的疏水性增强，酯键的水解性随之降低。

脂肪族的聚酯合成分为两大类：混合缩聚和均缩聚。在混合缩聚中，由含 4～6 个碳原子的单体进行逐步聚合，每一步的聚合反应都伴随着小分子副产物的产生，如己二酸与乙二醇缩聚制备的聚酯己二酸乙二醇酯，当其分子量小于 20000 时，有可能发生酶解，这是由于分子量小，聚酯的内聚能不大，结晶度低，容易发生解聚反应。单组分聚酯中最有代表性的是 α-羟基酸及其衍生物。

α-羟基酸包括乙醇酸或乳酸，它们的 α-碳是非对称的，因此在缩聚后的产物具有一定的光学特性，并称其为 α-羟基酸酯（聚乙醇酸 PGA 和聚乳酸 PLA）。乳酸中的 α-碳不对称，D-乳酸和L-乳酸是两种光学异构体。由单体 D-乳酸和L-乳酸制备的聚乳酸是有光学活性的，得到的产物可称为聚 D-乳酸（PDLA）和聚 L-乳酸（PLLA）。如果得到的乳酸是两种异构体的混合体系，其不具有光学活性。虽然这两种乳酸的化学、物理性质基本相同，不过 PLA 的性质与两种光学活性聚乳酸差别很大。

在自然界存在的乳酸基本都是 L-乳酸，制备的 PLLA 的生物相容性最好。

聚 α-羟基酸酯可通过如下两种方法直接合成[25]：①羟基酸在脱水剂的存在下热缩合；②卤代酸脱卤化氢而聚合。但是这些方法合成的聚 α-羟基酸酯的分子量都在 20000 以下，在生物体中很容易水解，这是由于聚合体系的黏度过大，而平衡常数 K 较小，使得最终产物分子量无法突破。因此需要提高分子量才能更有效地在医学领域应用。

为了得到分子量很高的聚 α-羟基酸酯，目前采用环状内酯开环反应的技术路线。根据聚合机理，环状内酯的开环聚合一般分为：阴离子聚合、阳离子开环聚合以及配位开环聚合。不同的聚合机理所用到的催化剂不同，阴离子聚合用的催化剂一般是强碱，如 Ba(OH)$_2$、PhOH 以及 BuOK 等。阳离子开环聚合的催化剂为 Lewis 酸，例如 $SnCl_2$、$SnCl_4$、$TiCl_4$、Sb_2O_3 等。而配位聚合用到的催化剂有烷基金属化合物、烷氧基金属化合物以及双金属催化剂。目前，商业中聚 α-羟基酸酯一般采用阳离子开环聚合进行生产。

在制备聚 α-羟基酸酯时，可以通过控制结晶度和亲水性改变或控制聚 α-羟基酸酯的降解性和生物吸收性。例如，将丙交酯与己内酯共聚得到的共聚物要比单独 PLLA 具有更好的柔性，这样就进一步提高了材料的实用性，可用于制造单纤维的手术缝合线。

（3）聚醚酯及其相似聚合物

生物相容性和高分子链段的柔顺性有关，PGA 和 PLLA 都是高结晶性的高分子，但是大多由刚性链组成，柔性不够。因此人们需要设计出一种具有较好柔顺性的生物吸收高分子材料——聚醚酯，以弥补 PGA 和 PLLA 的不足。

聚醚酯可以含醚键的内酯为单体进行开环聚合得到。如由二氧六环开环制备的聚二氧六环可用作单纤维手术缝合线。

（4）其他生物吸收性合成高分子

除了上述的几种 α-羟基酸酯类高分子材料以外，也可以对其他类型生物高分子材料进行研究。

聚酸酐、聚原酸酐、聚磷酸酯和脂肪族聚碳酸酯等高分子也有大量报道，主要尝试用于药物释放体系的载体。由于这些聚合物目前尚难以得到高分子量的产物，力学性能差，不适合在医学领域作为植入体应用。

7.2.4 生物惰性高分子材料

一些需要在体内长期存在的材料，希望其具有生物惰性，即材料在体内稳定，对宿主不产生有害反应。非降解型医用高分子材料主要是聚氨酯、硅橡胶、聚乙烯、聚丙烯酸酯等，广泛用于韧带、肌腱、皮肤、血管、人工脏器、骨和牙齿等人体软、硬组织及器官的修复和制造黏合剂、材料涂层、人工晶体等。其特点是大多数不具有生物活性，与组织不易牢固结合，易导致毒性、过敏性等反应[48]。

众所周知，人体是一个十分复杂的环境，各部位的性质差别很大。如血液是酸性的，肠液是碱性的，体液在正常状态下是微碱性的。血液和体液中含有大量的 Na^+、K^+、Ca^{2+}、Mg^{2+}、Cl^-、HCO_3^-、PO_4^{3-} 和 SO_4^{2-} 等离子，以及 O_2、CO_2、H_2O、类脂质、类固醇、蛋白质和各种生物酶等物质。在这样复杂的环境中，长期工作在人体内的高分子材料必须具有优良的化学稳定性，否则在使用过程中，不仅材料本身性能不断发生变化，影响使用寿命，而且新产生的物质可能对人体产生危害。如聚烯烃类聚合物在人体内生物酶的作用下，易发生主链断裂反应，产生自由基，对人体有不良影响[49]。

常见的生物惰性高分子如下。

（1）聚乙烯（PE）

聚乙烯是链状非极性分子，对化学药剂极为稳定，耐酸、耐碱。聚乙烯非常坚韧，有一定的柔顺性和高绝缘性。聚乙烯具有优异的物理力学性能，其化学稳定性、耐水性和生物相容性均良好，无味、无毒、无臭，植入体内无不良反应。因此在医用高分子领域中得到广泛应用，是医用高分子消耗量最大的一个品种。超高分子量聚乙烯耐磨性强，摩擦系数很小，蠕动变形小，有高度的化学稳定性和疏水性，是制作人工髋、肘、指关节的理想材料。高密度聚乙烯还可以用作人工肺、人工气管、人工喉、人工肾、人工尿道、人工骨、矫形外科修补材料及一次性医疗用品。

（2）聚氯乙烯（PVC）

聚氯乙烯的聚合度约为 590（数均分子量约为 3.6 万～9.3 万），化学稳定性好，有良好的耐化学药品及耐有机溶剂的性能，在常温时对酸（任何浓度的盐酸，90% 的硫酸，20% 以下的稀硝酸、碱）及盐的作用稳定；可溶于二甲基甲酰胺、环己酮、四氢呋喃等溶剂，力学性能和电性能良好；耐光和热的稳定性较差，软化点为 80℃，于 130℃ 开始分解变色，析出氯化氢。聚氯乙烯制品分为软制品和硬制品两类。聚氯乙烯的性质可用添加增塑剂来改善，常用的增塑剂有邻苯二甲酸二丁酯、邻苯二甲酸二辛酯、环氧大豆油和磷酸三甲酚酯等。增塑剂能使聚氯乙烯的可拉伸性和弹性增加，但抗张强度降低。

21 世纪以来发现单体氯乙烯有致癌毒性，许多国家规定医用及食品包装用聚氯乙烯制品的氯乙烯残留量必须小于 1ppm，溶出量小于 0.05ppm。使用增塑剂的聚氯乙烯软制品，如作植入物及输血、输液袋和贮血袋等用时必须考虑所用增塑剂的溶血量及毒性，须按材料安全条件严格筛选。聚氯乙烯制品除其热稳定性较差而难以加热煮沸消毒外，其他性能良好，大量用作贮血、输血袋，以及用来制造输液管、输血管、体外循环装置、人工腹膜、人工尿道及人工心脏等。

（3）丙烯酸树脂

丙烯酸树脂由丙烯酸酯、甲基丙烯酸酯或取代丙烯酸酯经聚合或共聚而成。丙烯酸树脂的特点是生物惰性、组织相容性好，无三致（致癌、致畸、致突变）、无毒，易灭菌消毒，力学强度好、黏结力强、可室温固化、被广泛应用于生物医学和医疗卫生领域。丙烯酸树脂中最常用的是聚甲基丙烯酸甲酯（PMMA），俗称有机玻璃，具有良好的生物相容性、耐老化性能，力学强度较高，在医学上被用于颅骨修复材料、人工骨、人工关节、胸腔填充材料、人工关节与骨材料的胶黏剂，以及义齿、牙托等。改性亲水性 PMMA 在眼科、烧伤敷料、微胶囊等方面得到应用。

（4）聚四氟乙烯

聚四氟乙烯有"塑料王"之称，由四氟乙烯单体聚合而得，引发剂多采用无机过氧化物，根据聚合压力分高压法与低压法[47]。

聚四氟乙烯是最好的耐高温塑料，结晶熔点高达 327℃，几乎是化学惰性的，具有自润滑性或非黏性，不易被组织液浸润，具有优良的耐化学药品性能、电性能、表面性能与物理力学性能，不易凝血、植入后组织反应小，广泛用于人工器官与组织修复材料、医用缝合线、医疗器械材料等方面。如人工输尿管，胆管、气管、喉、韧带和肌腱，食管扩张器，人工血液、人工心脏瓣膜、人工血管、心脏瓣膜的缝合环、血液相容性丝绒、肺动脉和室间隔的缺损补片，下颌骨、髋关节材料、修复眼眶骨、隆鼻材料。

膨体聚四氟乙烯是一种特殊的聚四氟乙烯材料，由聚四氟乙烯树脂经拉伸等特殊加工方法制成，白色，富有弹性和柔韧性，由微细纤维连接而形成的网状结构，这些微细纤维形成无数细孔，使膨体 PTFE 可任意弯曲（过 360°）。血液相容性好，耐生物老化，用于制造人造血管、心脏补片等医用制品。从医学角度来说，是目前最为理想的生物组织代用品。由于其良好的生物相容性及特有的微孔结构，无毒、无致癌、无致敏等副作用，而且人体组织细胞及血管可长入其微孔，形成组织连接，如同自体组织一样，效果十分不错。

聚四氟乙烯应用的局限性：价格高昂；膨体表面的微孔可以藏细菌，有些细菌属条件致病菌，正常情况下不会引起感染。但由于其多孔的特性，一旦感染出现将很难控制，一般只有将其取出，且取出操作较困难。

（5）有机硅高分子

2000 年来，有机硅高分子材料在医学上获得了广泛的应用，如有机硅橡胶、有机硅季铵盐抗菌防霉剂等。有机硅是指 Si—O 键交替组成的化合物，其中最重要的是以（SiR_2—O—SiR_2—O）$_n$ 为主链而侧链带有机基团的高分子化合物。因其独特的化学结构而具有许多优异的物理、化学性能和生物相容性。

由于有机硅具有无毒、无味、生物相容性好、无皮肤致敏性、生物惰性、耐高低温、透气性好、独特的溶液渗透性以及物理和化学性能稳定等特点，在医学领域中有了长足的发展。有机硅橡胶是医用有机硅高分子材料的大类，具有无毒、无腐蚀、不引起凝血、不致癌、不致敏、注入或在人体内使用后不会引起周围组织炎症和变态反应等特性，与人的机体相容性好，并可耐受苛刻的消毒条件，是一种理想的医用高分子材料。有机硅橡胶制品长期植入人体不丧失其弹性和抗张强度。如人造瓣膜和人造心脏要求不引起血栓；人造血管必须有微细网眼；作人造肾脏透析时，要能透过像尿素等小分子化合物而不能透过血清蛋白等大分子，有机硅橡胶完全满足上述要求。从内科、外科到五官科、妇科，从人工脏器到医用材料，如静脉插管、导尿管、人工心肺机泵管以及各种输血、输液管等，大多是采用硅橡胶制成的。

二甲基硅油由于其生理惰性及良好的消泡性能，广泛用于医疗方面。有机硅血液消泡剂具有无毒性、对血液无破坏性、消泡快而彻底等优点，用于处理人工血液循环装置及输血用的仪器、器械、器皿，可消除体外循环血液中的氧气泡，保证血液正常流通和心肺手术的实施。

（6）聚丙烯酰胺（PAM）

按其在水溶液中基团的电性可分为非离子型、阴离子型和阳离子型，但无论是哪种类型的 PAM，均是由丙烯酰胺（简称 AM）单体通过自由基聚合形成的均聚物或共聚物。其合成方法有均相水溶液聚合、反相乳液聚合和反相悬浮聚合等。按 AM 自由基引发的方式又可分为化学引发聚合、辐射聚合和 UV 光聚合等。

在医学上丙烯酰胺水凝胶可用于药物的控制释放和酶的包埋、蛋白质电泳（检验）、人工器官材料与植入物（人工晶体、人工角膜、人工软骨、尿道假体、软组织替代物）。

（7）聚氨酯（PU）

聚氨酯（PU）是医学领域中最理想的材料之一[49]。一般由二异氰酸酯与含活泼氢的二元醇、二元胺或二元羧酸反应，以聚酯或聚醚大分子二醇为原料与不同的二异氰酸酯反应，采用不同的小分子二醇、二胺、醇胺作扩链剂，控制反应条件，可根据设计要求，得到性能广泛的材料。

聚氨酯弹性体有较好的抗凝血性能，并具有耐磨、弹性、耐挠曲等良好的物理力学性能，已成为研究和应用最广泛的抗凝血高分子材料之一。近 30 年来，人们对经典的聚氨酯弹性体（嵌段聚氨酯）进行了各种改良、修饰，并在此基础上发展，形成了接枝型聚氨酯、离子型聚氨酯和表面负载抗凝血活性物质的聚氨酯等各种类型的抗凝血聚氨酯材料。从结构上看，聚氨酯的氨基甲酸酯基（—CONH—）可以看作酰胺基（—NH—）和碳酸酯（—CO—）的组合，因而有独特的性能。它具有突出的耐磨、耐撕裂、耐辐射、高强度和化学稳定性。

聚氨酯的医学应用已取得不少成果，并形成了一系列具有使用价值的商品化聚醚聚氨酯生物医用材料，主要应用有以下几个方面：①人工脏器膜和医疗器械。聚醚型嵌段聚氨酯具有优良的水解稳定性、血液相容性，其强度又优于硅橡胶，因此在医用弹性体方面占主导地位，如制作血泵（人工心脏）和人工血管、心脏助动器、心脏旁路、人工肾渗析膜、人工心室、人工心脏瓣膜、诊断和治疗导管、心脏起搏器等[50]。②人工皮及假肢。聚氨酯软泡不但富有弹性而且透气性好，适于制作人工皮，这种人工皮可促进人体自身皮肤生长。另外，聚氨酯有优良的挠曲性，是制作现代最先进的轻便、耐用假肢的理想材料。③骨折复位固定材料。人体骨折复位治疗后要进行固定，以前用石膏绷带，但由于石膏质量重、强度低、透气性差、不耐水、对皮肤有刺激作用、不透 X 射线，给医生和患者带来诸多不便。而聚氨酯制成的矫形绷带强度大、质量轻、有良好的透气性和耐水性、固化速度快、操作简便、X 射线的透射性好，可在 X 射线照射下进行复位固定，并可在不拆除绷带的情况下随时检查复位固定及骨折愈合情况，提高了治疗效果。④聚氨酯软组织黏合剂。α-氰基丙烯酸酯类软组织黏合剂毒性较大，2000 年以来快速固化聚氨酯软组织黏合剂有很大发展，已用于心血管外科涂料，防止缝合渗血。一种含氟芳香族异氰酸酯类的聚氨酯黏合剂可在 2 分钟内固化肝脏撕裂的止血和皮肤切口黏合等。⑤可降解的聚氨酯和聚氨酯水凝胶。以草酸酯为基础的可降解聚氨酯用于处理儿童动脉瘤、作医用黏合剂，以聚己内酯或天然产物为基础的聚氨酯在人体内也容易水解和酶解。用亲水的聚乙二醇制备的聚氨酯水凝胶含水率达 67％，有的可达 80％以上。此外，聚氨酯还可用作人工食管、气囊，用作急性呼吸不足病人治疗用膜式肺的插管以及透析用锁骨下双腔插管等。

7.2.5 生物活性高分子材料

随着医用高分子发展的不断深入，人们发现材料表面生物活化可以改善其生物相容性。因此，20 世纪 80 年代以来，生物活性高分子材料不断受到人们的重视。

（1）肝素化胶原的抗凝血性能

为了抑制血液凝固，一些抗凝固生物活性分子如肝素、抗凝血酶、尿激素、链激酶、肾上腺酶、香豆素等用于高分子材料的表面修饰，合成出抗凝血性能较好的高分子生物材料。其中以肝素最为常用，而且至今仍是抗凝血材料研究热点之一[51]。合成这类材料的关键是生物活性与高分子材料结合后，必须保持原有活性。

肝素是带有负电荷的糖胺聚糖，其链节是由葡糖胺磺酸、葡糖醛酸以及艾杜糖醛酸等组成的，含有氨基磺酸基、磺酸酯基、羧基负离子基团，能够与带正电荷的高分子材料形成高分子复合物。阳离子脂质体（DAEM）与肝素的离子复合物能够以 $40ng/(cm^2 \cdot min)$ 的速率恒速释放肝素 1000min。在聚氨酯膜上通过离子键固定肝素，肝素固定量及其释放速率可以通过间隔臂的性质和结合方式进行控制。在体外试验中，随着肝素固定量的增加，抗凝血活性、抑制血小板黏附和激活性能均有所改善。

对于不含阳离子的高分子材料，可采用两种方法吸附肝素。一是 GBH 法，1961 年 Gou 等用石墨涂覆和肝素溶液处理来提高高分子材料的抗凝血性能时，为了对石墨表面进行消毒，用季铵盐溶液进行浸渍处理，结果意外发现这样处理后的表面对肝素有很强的吸附力，而且可以在长时间内维持较好的抗凝血性能。其原因在于季铵盐吸附在表面上，其阳离子特性便于吸附肝素。这个偶然的发现，后来发展为石墨-氯化苄铵盐肝素化法。该方法适用于聚碳酸酯、有机玻璃等塑料，而不适用于弹性体。为了克服 GBH 法中使用石墨带来的缺点，又出现了 TDMAC 法，利用长链季铵盐在高分子材料中的溶解性和表面吸附性，通过离子键将肝素固定在材料表面。由于该季铵盐能够溶解在高分子材料的表面层内，所以本方法既适用于塑料又适合于有机硅橡胶等弹性体的表面肝素化[52]。

肝素化材料都是通过不断向血液中释放肝素分子来维持血液相容性的，一旦肝素全部释放出来，材料的抗凝血性能就会下降或消失。为了长期的、稳定的血液相容性，可以通过共价键结合的方法实现肝素化。通过适当的间隔臂，可将肝素共价固定在材料表面。一般而言，如果高分子材料含有羧基，可以通过缩合反应直接结合肝素。如果材料含有羟基或氨基，可先用六亚甲基二异氰酸酯活化，再与肝素反应。若材料不含活性基团，则需要先对材料表面进行活化处理，如电子辐射、等离子体辐射、表面臭氧化处理等，在材料表面产生羟基、氨基或者羧基等活性基团，然后通过适当的反应结合肝素分子。但是，有两个问题阻碍这类材料的实用化：一是肝素共价固定后生物活性下降；二是材料表面组成与结构不均匀而引起的表面肝素化不完整。为了克服上述问题，以亲水性的 PEO 或聚乙烯亚胺（PEI）为间隔臂共价固定肝素，其生物活性有较大的提高。不过，由于长链间隔臂的应用，肝素固定量必然有所降低。为了提高固定量，可采用"化学放大法"。例如，首先在聚氨酯表面引入具有功能基团的聚乙烯亚胺（PEI），然后在氨基上接枝聚氧乙烯（PEO），最后 PEO 末端通过反应链接到肝素分子。用这种方法可以使得 PEI 和 PEO 的含量增加四倍，抗凝血作用明显提高。

（2）新型聚氨酯表面肝素化

医用聚醚型聚氨酯由脂肪族聚醚嵌段与氨基甲酸酯与脲基键合的硬段构成，形成了聚氨酯表面微相分离结构，类似于生物体组织和细胞表面所具有的微区结构，相对于其他合成材料，聚氨酯（PU）具有较好的生物、血液相容性，同时具有良好的物理力学性能，因而可作为理想的人工器官高分子材料，应用于人工心脏、介入用导管、体外循环装置等。目前医用聚氨酯材料的生物相容性远未达到最佳，而肝素分子表面结合是提高其生物相容性的有效途径，方法主要有两大类：离子键或共价键结合。表面肝素离子键结合具有良好的抗凝血性能，肝素结合量高，但易于脱落；表面肝素共价结合具有很好的稳定性，但结合反应需时很长，对材料本身力学性能影响大，肝素分子可能部分或全部被破坏而丧失抗凝活性。而新型酯键反应方式将肝素分子结合到聚氨酯材料表面，肝素结合量高、活性高，具有较高的应用价值。

（3）酶、抗体的固定

酶、抗体、DNA 等生物大分子在临床医疗和临床检测中有着重要用途。例如，在血液净化中，这些物质能够在多孔高分子载体上固定，可以转移、吸附、清除目标。再比如，生物传感器是通过这些物质的固定来实现目标物质的检测的。还可以通过将这些物质固定在乳胶微球上，经过这样的处理可以避免免疫检测，包括 DNA 检测。因此生物高分子得到了深入研究，目前拥有的技术主要是包埋法、吸附法、共价固定法。

① 包埋法。采用高分子凝胶可以将生物大分子包埋其中。由于生物大分子和高分子之间的相互作用较弱，其活性得到最大限度保留，这就是包埋法的优点。但是这种方法得到的材料稳定性较差，长期使用容易使得生物大分子脱落，材料稳定性下降。因此，包埋法使用较少。

② 吸附法。酶、抗体可以通过物理吸附作用固定在高分子微球载体表面上。如果采用疏水性载体如交联聚苯乙烯乳胶，则吸附是采用疏水作用进行的。一般来说，在含水的体系中，疏水吸附固定酶或抗体是不可逆的，不必担心它们会在实验过程中脱落。吸附能量通过生物大分子在介质中的浓度或抗体与微球比例来控制。

通过吸附固定在微球表面对生物高分子来说非常重要。抗体由抗原结合片段（F_{ab}）和结晶片段（F_c）组成，图7-2 给出抗体的一般结构。其中，抗原结合片断决定着免疫反应，而结晶片断因具有较强的吸附性（尤其是与类风湿因子的吸附作用），往往在免疫凝集试验中带来问题。因此，人们希望抗体以结晶片断吸附（最好埋植）在高分子微球上，而结合片断保持自由状态。为了完全避免结晶片断带来的不利影响，可以通过 S-S 还原剂或加热等方法处

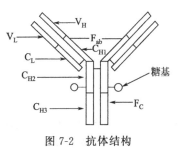

图 7-2　抗体结构

理抗体样品，使其抗原结合片断与结晶片断裂解，以 $F_{(ab)_2}$ 代替全抗体固定在高分子微球上。这一处理对抑制由补体、纤维蛋白或纤维蛋白原的降解产物以及样品中其他凝集物质引起的非专一性作用也有良好效果。

抗体在乳胶颗粒上的吸附具有定向的特点，疏水乳胶吸附抗体之后，需要增加一步处理，遮盖未被抗体占据的表面，以抑制对蛋白的非专一性吸附。

（4）化学键合法固定抗体

大多数情况下，采用不同功能官能团的高分子微球和酶或抗体的氨基酸反应，这是因为蛋白质一般含有较多的氨基，而氨基的反应活性较好，容易实现固定作用。此外，利用酶和抗体的氨基而不是羧基进行固定，往往能保留更高的活性[50]。目前，聚苯乙烯乳胶也通过共价结合的方式固定酶或抗体，但因其对疏水性物质的非选择性吸附目前较少使用。由于亲水高分子在含水体系中的非选择性吸附较弱，故适于共价结合酶或抗体，高分子水凝胶含有

的反应性—OH、—COOH、—CHO、—NH$_2$ 等基团能够方便地与酶或抗体结合。值得指出的是，在多数情况下，生物高分子固定之后，其活性均显著下降。有时，通过在载体与生物大分子之间插入间隔臂可以使情况得以改善。

7.3 医用高分子在医学领域的应用

随着高分子材料和加工技术的飞速发展，人工合成材料在医学领域的应用也日益广泛。在临床医用的过程中，无数研究证实医用高分子材料具有很大的应用前景。为进一步发挥医用高分子材料的临床应用效果，从其基本的分类出发，对其医用的现状进行综述性研究是十分必要的。因此，本研究主要从可生物降解材料和非生物降解材料这一基本的分类出发，对目前医用高分子材料的应用现状进行了综述，希望为医用高分子材料的研究指明方向。

相对于国外研究进展而言，我国对医用高分子的研究依然处于初级阶段，理论和实际进展方面都有待提高。在 20 世纪 60 年代以前，我国大部分医生只是依据临床需求，选择适宜的材料，并且仅以辅助性的作用为主。医用高分子在目前的应用方面缺乏专一性，进而导致应用过程中出现不尽如人意的现象，如组织发炎、并发症等。随着现代医学的不断发展，医用高分子材料的研究逐步深入，并且在实际医用材料过程中得到广泛推广。未来医用高分子的发展状况归纳为以下几点：第一，多样性材料。在生物材料性能及其构成不断提高和优化的过程中，目前我国已经有 20 多种医用材料，被广泛应用于医疗器械的发展中。第二，发展速度快。目前全球的科学家都致力于生物材料的研究，医用材料被纳入高技术材料研究领域中。我国对医用高分子材料的研究强度加大，生物高分子材料研究开阔了发展空间。第三，具有较大的市场潜力。医用高分子应用领域广泛，如人工器官制造、医药生物以及医用植入体制造等。

7.3.1 可生物降解材料的应用

可生物降解高分子材料主要是指在应用过程中，在特定的条件下，且在诸多因素的影响下，能够促使其化学结构在较短的时间内产生较为明显的变化。可生物降解医用高分子材料，依据来源不同，可将其分为天然的医用高分子材料（如多糖和蛋白质等）和合成的可生物降解的医用高分子材料（如聚乳酸等）。有研究学者对天然生物医用高分子材料进行了研究，在研究中指出，多糖和蛋白质是最好的医用高分子材料，具有更为广阔的应用前景。也有研究学者对聚乳酸的应用展开了研究，在研究中指出，聚乳酸具有较好的环保性能，且具有较完全的降解性能。目前，聚乳酸已经获得了美国食品和药品管理局的认可。聚乳酸在医学领域中，主要被应用于骨折内固定、人工血管以及药物缓释材料等。然而，关于可生物降解高分子材料，不同的研究学者也从不同的角度展开了研究。例如，有的研究学者从分类和应用的角度展开了研究，有的研究学者仅以单一的高分子材料展开了研究，如对聚乙烯材料的研究，从其降解的原理、影响因素以及研究进展方面展开了分析。总之，目前关于可生物降解医用高分子材料的研究，大部分研究学者是从某些作用材料出发，对其研究的进展展开了研究。

自然形成的可分化原料活性过强、易发生排斥反应，因人体各部位的酶含量有差异，比较困难评价其在机体内的分化速度和天然高聚物可降解原料强度机能差等不足使其在运用方面受到限制。表 7-2 为天然可降解高分子材料的具体类型。

类型	来源	特点	应用
胶原	哺乳动物组织、皮肤、骨头、软骨、腔及韧带的主要成分	良好的生物相容性、可消化吸收、经过处理可消除抗原性、对组织的恢复有促进作用，无异物产生，不致癌	生物可降解缝合线、人造皮肤、伤口敷料、人造腱及血管；止血剂、血液透析膜，各种眼科治疗装置，取代眼睛玻璃体及药物缓释载体
明胶	动物皮、骨、筋腱	水溶性高分子、缓解吸水膨胀软化	药物的微胶囊化、包衣，制备可降解水凝胶，人造皮肤，防治伤口体液流出和感染
多糖	改性纤维素、淀粉、各种葡聚糖、藻朊酸、透明质酸、肝素、壳聚糖	优良的生物相容性和降解性	手术缝合线、人工骨、皮肤、核聚糖作用载体
丝素蛋白	蚕丝，由 18 种氨基酸组成	良好的生物亲和性，对机体无毒性，无致敏和刺激作用，成膜性好	人造皮肤、药物载体、人工肌腱与韧带、作组织工程支架材料、人工血管、非口服药物载体
生物合成聚酯	微生物发酵产生的热塑性聚酯	热塑性、良好组织相容性和物理性能	骨科材料、药物控释体系

（1）聚乳酸类型的高分子材料

聚乳酸属于丙交酯聚酯的一类，丙交酯属于一类手性分子，包括两种立体异构体：左旋丙交酯和右旋丙交酯，它们的均聚物都是半结晶。二者混合后会产生其他类型的物质——外消旋丙交酯。该类交酯属于聚合物类型，是没有规则的。临床上应用的聚左旋丙交酯骨固定器械包含有多种，比较常见的主要有 Meniscal Stinger®器械以及 Bio Screw®器械等。除了上述医疗器械，聚左旋丙交酯还能够应用于制作药物洗脱支架器械等。

（2）聚乙交酯类型的高分子材料

聚乙交酯类型的材料应用在医疗器械上主要通过降解作用，该类材料的降解于水解作用下完成。通常聚乙交酯在某个温度范围内力学性能会出现一定程度的降低，而在某个温度范围内会存在一定的损失，因而应用在医疗器械上时质量会有损失。研究显示，聚乙交酯于人体的机体中通过降解作用后会出现甘氨酸，同时甘氨酸在人体中消化，最后会伴着尿液排到人体外，最终形成二氧化碳以及水等物质。聚乙交酯成纤性优良，最早被用于制作可吸收缝合线。此外聚乙交酯具备优良的力学性能以及较好的降解性等，因而在再生支架材料中比较常用，如聚乙交酯无纺布。

7.3.2　非生物降解材料的应用

非生物降解材料主要有聚四氟乙烯、聚丙烯腈等，研究主要集中在这两种材料上。聚四氟乙烯主要广泛应用于整形手术中，较为常见的整形手术是隆鼻。这主要是由于聚四氟乙烯具有线型结晶和非极性，同时，还具有较好的稳定性和较强的耐酸碱性等。除了应用在这一领域外，聚四氟乙烯还应用于心血管系统领域中。聚丙烯腈主要广泛应用于人工肾、血管等领域，还可被应用于脑动脉瘤等中。

7.3.3　医用硅橡胶材料的应用

硅橡胶属于线型高聚物的一类，主要在碱性催化剂或者酸性催化剂的作用下，二甲基硅氧烷单体聚合其他有机硅单体而形成。硅橡胶具备非常良好的生物性能，主要特点包括生理惰性、耐生物老化、无毒，从理论上说，不会影响机体组织，植入机体组织之后也不会对附近组织形成影响，不会导致异物反应与炎症反应。硅橡胶是医疗材料中非常重要的一种，应用最为广泛以及发展最为迅速的硅橡胶制品要数导管制品，一般应用于制药厂输液管、各种器械连接管、体外各类泵管。此外，硅橡胶材料在泌尿和生殖系统制品中的应用也相对丰富，包括梅花型导尿管、单腔导尿管等。

7.3.4　甲壳素的应用

甲壳素是灰白色或白色片状、半透明、略有珍珠光泽的无定性固体，分子量因原料和制备方法的差异从数十万到数百万不等。不溶于水、稀碱、稀酸及一般的有机溶剂，可溶于浓的盐酸、硫酸、硝酸等无机酸和大量的有机酸。壳聚糖是葡糖胺和酰葡糖胺的复合物，由于聚合程度不同，其分子量在 50000～1000000 之间。壳聚糖的外观呈半晶体状态，晶体化程度与去乙酰化相关。50％去乙酰化时，其晶体化程度最低。甲壳素和壳聚糖均具有非常复杂的螺旋结构，且甲壳素和壳聚糖的结构单元不是单胺，而是二胺。甲壳素和壳聚糖分子中含有—OH、—NH_2、吡喃环等功能基团，因此在一定的条件下可以发生生物降解、水解、烷基化、酰基化、缩合等化学反应。作为氨基多糖，壳聚糖（pK_a = 6.5）溶解性与 pH 值紧密相关，在酸性条件下，由于氨基质子化而溶于水。在 pH<5 时，壳聚糖完全溶于水形成十分黏稠的液体，经碱化处理后，可以形成凝胶而沉淀。

7.3.5　PVC 的应用

PVC 是常用医用高分子材料之一，可以制成贮血袋、输液（血）器具、导液管、呼吸面具、肠道和肠道外营养管、腹膜透析袋、体外循环管路、膜式氧合器和血液透析管路等一次性医疗用品，在临床上广泛使用，但它存在着一些不可忽视的弊端，如药物吸附、增塑剂毒性等[53]。此外，由 PVC 塑料制成的输液管、包装袋、贮血袋、呼吸面具、食品袋等产品对人类发育和繁殖有害[54]。所以，目前各国都在从事 PVC 改性、替代材料的研究、开发。最近，一些发达国家研究、开发了几种热塑性弹性体，作为医用制品的原材料。目前，上海氯碱化工股份有限公司已成功研制出了医用级聚氯乙烯树脂，并通过国家级鉴定。这对规范医用聚氯乙烯制品市场、推进行业技术进步、保障人民身体健康都具有重要的意义。

7.3.6　聚氨酯材料的应用

医用聚氨酯材料主要指具有嵌段结构的聚氨酯弹性体。嵌段聚氨酯由聚酯或聚醚二元醇等作为嵌段和二异氰酸酯与小分子二醇或二胺扩链剂作为硬段两部分构成。以 4,4'-二苯基甲烷二异氰酸酯（MDI）、聚四氢呋喃醚二醇（PTMG）及小分子二胺类扩链剂为原料，通过预聚体法合成聚氨酯[52]。

TDI 中含有苯环结构，合成的弹性体具有较大的刚性，作为医用聚氨酯材料并不适合，故加入一定量的六亚甲基异氰酸酯（HDI），通过脂肪族异氰酸酯主链的柔顺性改善弹性体性能。本反应扩链反应的机理与上述合成相同。

聚氨酯弹性体材料具有与人体匹配的物理性能、力学性能、耐化学试剂性、机体顺应性和生物相容性，作为医用材料其可用性已十分成熟。20 世纪 50 年代，骨头裂痕是最先被聚氨酯弹性体修补的组织，而到了 20 世纪 60 年代用弹性纤维制成的人造心脏泵血装置得到发展，之后作为外涂层已用于外科手术缝合修补，后又发展到聚氨酯人工心脏、肾脏、输血管、主动脉内球囊、输尿管、假肢、胃镜的导管、软骨和外科手术。其具有优良的抗凝血性能；毒性试验符合医用要求；临床应用中生物相容性好，无致畸变作用，无过敏反应，可解决天然胶乳医用制品存在的"蛋白质过敏"和"致癌物亚硝胺析出"两个问题，从而成为许多天然胶乳医用制品的更新换代产品；具有优良的韧性和弹性，加工性能好，加工方式多样，是制作各类医用弹性体制品的首选材料。

7.3.7　人工器官

人工器官指的是能植入人体或能与生物组织或生物流体相接触的材料，或者说是具有天然器官组织或部件功能的材料，如人工心脏瓣膜、人工血管、人工肾、人工关节、人工骨、人工肌腱等，通常被认为是植入性医疗器械。人工器官主要分为机械性人工器官、半机械性半生物性人工器官、生物性人工器官3种。第1种是指用高分子材料仿造器官，通常不具有生物活性；第2种是指将电子技术和生物技术结合；第3种是指用干细胞等纯生物的方法，人为"制造"出器官。目前，生物医用高分子材料主要应用在第1种人工器官中[35]。

目前，植入性医疗器械中骨科占据约38％的市场份额，随后是心血管领域占36％，伤口护理和整形外科分别为8％左右。人工重建骨骼在骨科产品市场中占据了超过31％的市场份额，主要产品是人工膝盖、人工髋关节以及骨骼生物活性材料等，主要应用的生物医用高分子材料有聚甲基丙烯酸甲酯、高密度聚乙烯、聚砜、聚左旋乳酸、乙醇酸共聚物、液晶自增强聚乳酸、自增强聚乙醇酸等。心血管产品市场中支架占据了一半以上的市场份额，此外，还有周边血管导管移植、血管通路装置和心跳节律器等。

目前，各国都认识到了人工器官的重要价值，加大了研发力度，取得了一些进展。2015年，美国康奈尔大学的研究人员开发出了一种轻量级的柔性材料，并准备将其用于创建一个人工心脏。在我国3D打印人工髋关节产品获得国家市场监督管理总局注册批准，这也是我国首个3D打印人体植入物。

人工器官未来发展趋势是诱导被损坏的组织或器官再生。人工骨制备的发展趋势是将生物活性物质和基质物质组合到一起，促进生物活性物质黏附、增殖和分化[35]。血管、生物支架的发展趋势是聚合物共混技术，如海藻酸钠/壳聚糖、胶原/壳聚糖、胶原/琼脂糖、壳聚糖/明胶、壳聚糖/聚己内酯、聚乳酸/聚乙二醇等体系。

7.3.8　医用塑料

医用塑料主要用于输血输液器具、注射器、心脏导管、中心静脉插管、腹膜透析管、膀胱造瘘管、医用黏合剂以及各种医用导管、医用膜、创伤包扎材料和各种手术、护理用品等。注塑产品是医用塑料制品当中产量最大的品种。与普通塑料相比，医用塑料要求比较高，严格限制了单体、低聚物、金属离子残留，对原材料的纯度要求很高，对加工设备的要求也非常严格，在加工和改性过程中避免使用有毒助剂，通常具有表面亲水、抗凝血等特殊功能。常用医用塑料包括聚氯乙烯（PVC）、聚乙烯（PE）、聚丙烯（PP）、聚四氟乙烯（PTFE）、热塑性聚氨酯（TPU）、聚碳酸酯（PC）、聚酯（PET）等。

目前，医用塑料市场约占全球医疗器械市场的10％，并保持着每年7％～12％的年均增长率。统计数据显示，美国每人每年在医用塑料领域消费额为300美元，而我国只有30元，由此可见医用塑料在我国的发展潜力非常大。

我国医用塑料制品产业经过多年的发展，取得了长足的进步。中国医药保健品进出口商会统计数据显示，2015年上半年，纱布、绷带、医用导管、药棉、化纤制一次性或医用无纺布服装、注射器等一次性耗材和中低端诊断治疗器械等成为我国医疗器械的出口大户。但是也必须清醒地认识到,我国的医用塑料发展水平还比较落后。医用塑料的原料门类不全、生产质量标准不规范、新技术和新产品的创新能力薄弱,导致国内所需的高端产品原料还主要靠进口。

目前,各国都认识到了医用塑料的重要价值,加大了研发力度,取得了一些进展。2015年,英国伦敦克莱蒙特诊所率先开展了塑胶晶状体移植手术,不仅可以治疗远视眼或近视眼,还可以恢复患有白内障和散光者的视力;住友德马格公司推出一种聚甲醛(POM)齿轮微注塑设备,在新型白内障手术器械中具有重要作用;美国美利肯公司开发了一项技术,可使非处方药和保健品塑料瓶的抗湿性和抗氧化性提高30%;MHT模具与热流道技术公司开发出了PET血液试管,质量不足4g,优于玻璃试管;Rollprint公司与TOPAS先进高分子材料公司合作,采用环烯烃共聚物作为聚丙烯腈树脂的替代品,以满足苛刻的医疗标准;美国化合物生产商特诺尔爱佩斯推出了一款硬质PVC,以取代透明医疗零部件中用到的PC材料,如连接器、止回阀、Y接头、套管、鲁尔接口配件、过滤器、滴注器和盖子,以及样本容器。

未来医用塑料的发展趋势是开发可耐多种消毒方式的医用塑料,改善现有医用塑料的血液相容性和组织相容性,开发新型的治疗、诊断、预防、保健用塑料制品等。

7.3.9 药用高分子材料

药用高分子材料在现代药物制剂研发及生产中扮演了重要的角色,在改善药品质量和研发新型药物传输系统中发挥了重要作用。药用高分子材料的应用主要包括两个方面:用于药品剂型的改善以及缓释和靶向作用,此外还可以合成新的药物。

药物缓释技术是指在药物表面包裹一层医用高分子材料,使得药物进入人体后短时间内不会被吸收,而是在流动到治疗区域后再溶解到血液中,这时药物就可以最大限度地发挥作用。药物缓释技术主要有贮库型(膜控制型)、骨架型(基质型)、新型缓控释制剂(口服、渗透泵控释系统、脉冲释放型释药系统、pH敏感型定位释药系统、结肠定位给药系统等)。

贮库型制剂是指在药物外包裹一层高分子膜,分为微孔膜控释系统、致密膜控释系统、肠溶性膜控释系统等,常用的高分子材料有丙烯酸树脂、聚乙二醇、羟丙基纤维素、聚维酮、醋酸纤维素等。骨架型制剂是指将药物分散到高分子材料形成的骨架中,分为不溶性骨架缓控释系统、亲水凝胶骨架缓释系统、溶蚀性骨架缓控释系统,常用的高分子材料有无毒聚氯乙烯、聚乙烯、聚氧硅烷、甲基纤维素、羟丙甲纤维素、海藻酸钠、甲壳素、蜂蜡、硬脂酸丁酯等。

我国的高分子基础研究处于世界一流,但是药用高分子的应用发展相对滞后,品种不够多、规格不完整、质量不稳定,导致制剂研发能力与国际产生差距。国内市场规模前10大种类分别为明胶胶囊、蔗糖、淀粉、薄膜包衣粉、1,2-丙二醇、PVP、羟丙基甲基纤维素(HPMC)、微晶纤维素、HPC、乳糖。高端药用高分子材料几乎全部依赖进口。专业药用高分子企业则存在规模小、品种少、技术水平低、研发投入少的问题。

目前,药物剂型逐步走向定时、定位、定量的精准给药系统,医用高分子材料所具备的优异性能,将会在这一发展过程中发挥关键性的作用。未来发展趋势是开发生物活性物质(疫苗、蛋白、基因等)靶向控释载体。

7.4 医用高分子未来发展方向

医用高分子材料的发展已有 60 多年的历史，其应用已渗透到整个医学领域，取得的成果十分显赫。但距离随心所欲地使用高分子材料及人工脏器来置换人体病变脏器的目标尚远，因此还应更深入地研究探索。就目前来说，医用高分子材料将在以下几个方面进行深入的研究。

（1）人工脏器的生物功能化、小型化、体植化

人工器官是医用高分子材料的主要发展方向。目前，用高分子材料制成的人工器官已植入人体的有人工肾脏、人工血管、人工心脏瓣膜、人工关节、人工骨骼、整形材料等。应用的高分子材料主要有 PVC、ABS、PP、硅橡胶、含氟聚合物等[55]。正在研究的有人工心脏、人工肺、人工胰脏、人造血、人工眼球等。目前使用的人工脏器大多数只有"效应器"的功能，即人工脏器必须与有功能缺陷的生物体共同协作，才能保持体内平衡。研究的方向是使人工脏器永久性地植入体内，完全取代病变的脏器。这就要求高分子材料本身具有生物功能，因此复制具有人体各部分天然组织的物理力学性质和生物学性质的生物医用材料，达到高分子的生物功能化和生物智能化是医用高分子材料发展的重要方向。

（2）高抗血栓性材料的研制

迄今为止，尚无一种医用高分子材料具有完全抗血栓的性能，许多人工脏器的植换手术就是因为无法解决凝血问题而归于失败。因此，尽快解决医用高分子材料的抗血栓性问题，已成为医用高分子材料发展的一个关键性问题，受到各国科学家的高度重视。除了设计、制备性能优异的新材料外，还可通过对传统材料进行表面化学处理、表面物理改性和生物改性提高材料性能。材料表面改性是生物材料研究的永久性课题。如在选用合成高分子材料制造人造器官时，可以用共聚的方法，把两种以上的高分子合成在一起，使材料分子中的亲水基团稀稀落落地分布于各处，呈微观体均匀结构状态，这样可以大幅度提高抗血栓功能。

（3）发展新型医用高分子材料

至今为止，医用高分子材料所涉及的大部分限于已工业化的高分子材料，这显然不能适应和满足十分复杂的人体各器官的功能要求，因此发展适合医学领域特殊要求的新型、专用高分子材料，已成为广大化学家和医学专家的共识。可喜的是，研究、开发混合型人工脏器，即将生物酶和生物细胞固定在合成高分子材料上，制取有生物活性的人工脏器的工作，已经取得了相当大的成就，预计在不久的将来可得到广泛的应用。

（4）推广医用高分子的临床应用

高分子材料在医学领域的应用虽已取得了很大的成就，但很多尚处于实验阶段，如何将已取得的成果迅速推广到临床应用阶段，以拯救更多患者的生命，显然需要高分子材料界与医学界的通力协作。总之，在更加关爱人类自身健康的 21 世纪，医用高分子材料的研究对保障人体健康、促进人类文明的发展具有重要的现实意义。生物医用材料未来的发展必将是从简单地使用到有目的地设计合成，获得具有生命体所需的良好生物相容性和生物功能性的材料。高新技术的注入将极大地增强医用高分子材料产业的活力。常规医学材料的应用中面临的人工关节失效的磨损、碎屑问题，心血管器件的抗凝血问题，材料的降解机制问题，评价材料和植入体长期安全性、可靠性的可靠方法和模型等问题有望得到解决。我国医用高分子相关产业的规模以及研究、开发的水平同发达国家相比还有较大的差距。

7.4.1　3D 打印技术在医学领域中的应用

3D 打印技术是在 20 世纪 80 年代后逐渐发展起来的一种新兴制造技术，有 SLA、FDM、SLS 以及 3D 生物打印等打印技术。它是在计算机的控制下，把数据模型按照设定方式，层层打印堆叠成立体实物的一种成型方式。近年来，随着生物医用高分子材料在医学领域的广泛应用及 3D 打印技术的兴起，利用 3D 打印技术进行生物医用高分子材料制备吸引了众多研究人员的关注并取得了一定研究成果，如在骨科中的修复骨骼项目、神经内科的制造神经组织工程支架材料项目以及规划外科手术项目等方面，均获得了理想的修复效果且大大降低了医疗成本。

被短期或长期植入人体中的生物支架材料应具有相容性优良和可降解性等优点，且有较高的孔隙率。骨组织、软骨组织、神经组织、个性化的人工器官等都属于组织工程支架材料，组织工程中的基本支架是生物材料支架，这也说明选择生物材料是制备生物支架的一个关键。在传统临床上的骨修复或是神经修复、再生等都是一大难题，原因是支架材料不能与患者病变的部位完美匹配，而且构造内部结构比较复杂的器官时，种植细胞就不能移植到支架内部，也就无法控制支架内部的细胞分化，所以就无法达到完美的效果，而结合现代先进的 3D 打印技术可以解决该问题。可生物降解支架材料的来源有天然生物、合成生物、复合生物等可生物降解材料。其中，合成生物材料中的聚己内酯（PCL）、聚丙交酯（PLA）、聚羟基乙酸（PGA）及其共聚物（PLGA）材料都属于热塑性高分子材料，也就是容易形成各种结构类型，同时它们的力学性能和降解速度等可以通过成型、结构以及调整相对质量大小来控制，以便满足不同的临床要求。又因为这些材料的最终产物是 H_2O 和 CO_2，对于生物体没有产生毒性且具备较好的力学强度、弹性模量、生物相容性特点，所以，这些材料在目前组织工程研究中应用较多且较有应用潜力[56]。

可生物降解水凝胶属于一种带有亲水基团的三维聚合物，用水作为介质，在亲水基团的作用下大量吸水膨胀，仍能够维持良好的外观表面。因拥有大量吸水的特点，也可以用在工业和农业等领域中。吸水膨胀的表面力学性质与人体软组织类似，较多用在医疗领域中药物的可控释放和构建组织工程支架上。通常，用来制作可生物降解水凝胶的原料包括天然高聚物和合成高聚物，比如蛋白质中的胶原就属于天然高聚物，聚乙二醇和其他高聚物嵌段而成的高聚物就属于合成高聚物。其中，将 PEG 用作基础材料来获得可生物降解水凝胶占有独特的优势，因为该高聚物的结构末端带有比较容易发生化学作用的基团即亲水基团羟基，从而容易制备出性能各异的水凝胶。传统制备水凝胶的方法有两种：一是通过一定的化学交联，二是通过物理作用。但是这两种制备方法都因对凝胶内、外部无法精确控制而一直难以广泛应用。采用 3D 打印技术可以弥补传统制备方法的不足并解决材料与生物不能很好匹配的难点。如以 PLA-PEG-PLA 共聚物为原料，通过 SLA 打印技术能够打印出多孔和非多孔水凝胶，因为材料的贯通性、力学性质都比较良好，所以这种水凝胶可以促进细胞黏附与生长。Tetsu 等利用 SLA 技术以聚丙交酯（PLA）和聚乙二醇（PEG）为原料，制备出了力学性能较高和孔隙连接性良好的 3D 水凝胶支架和多孔支架，在这些支架材料上的细胞可以黏附与分化。Arcaute 等利用 SLS 技术以聚乙二醇双丙烯酸酯为原料制备出了水凝胶神经导管支架，而含有较多内腔结构的水凝胶经过冻干/溶胀以后，仍可以维持材料的初始形态，所以能被用于体内移植。

通过 3D 生物打印技术能够精确地控制支架材料内部的结构以及细胞与孔径之间的连接，能够模拟细胞生长、分化的真实环境，使其易于形成功能组织，效果良好。许多研究人员通过 3D 生物打印技术来制备细胞组织或器官都取得了一定的成果。英国一家干细胞技术公司通过与赫瑞瓦特大学合作，利用 3D 打印技术打印出具有高活性的人类胚胎干细胞球体，这一突破使得打印更精确的人体组织模型成为可能，对人类的健康医学发展具有里程碑意义。Boland 等以牛血管内皮细胞和藻酸盐水凝胶为材料，通过 3D 生物打印技术成功制出内皮细胞-水凝胶复合物，内皮细胞有序地黏附在水凝胶支架内部，且保持了良好的细胞活性。近日，据 3D 打印网报道，曲晓丽等通过生物 3D 打印技术成功制造出人体的肝组织，这一发现能够大幅度减少动物和人体试验。另外，在哈佛医学院的 Yoo 等通过该技术打印出了双层细胞支架，两层细胞中的内部纤维和外部角质都能保持较高的细胞活性。

7.4.2　医用高分子载体材料

随着材料科学、医学以及生物学的发展及交叉融合，医用高分子材料的研究和应用正经历着快速发展。一方面，这一领域的基础研究十分活跃，另一方面，该领域的部分产品已经应用或即将临床应用。未来 10～20 年将是医用高分子载体材料从基础到转化应用的关键发展阶段：①医用高分子载体材料质量的高可控性和应用性能有望大幅提升。高分子载体材料体内外生物学效应研究已经具备很好的积累，对载体命运等特定规律的探索具备扎实的基础，结合高分子合成理论和方法学的发展，研究人员可望实现高分子载体材料质量的高可控性和应用性能的大幅度提升。同时，结合分子生物学对疾病认识的增强，有望研发更具"广泛性"或"个性化"的不同特征的高分子载体材料，用于疾病诊断和治疗。②医用高分子载体材料在增强小分子候选药物、生物活性大分子药物（如核酸类药物、多肽、蛋白质药物、疫苗等）的成药性方面具有独特的优势和重要应用前景，特别是有望解决生物活性大分子药物体内应用关键瓶颈问题。除了可有效缩短药物的研发周期、促进转化外，还将医用高分子载体材料的研发与生物活性大分子药物在分子水平上特异性结合，实现更精准、高效的疾病治疗。同时，高分子药物载体的研发平台将更有效服务于重大和突发性疾病的药物研发，实现更快速的临床诊断以及药物的临床转化。③医用高分子载体材料有助于疾病的精准诊断和治疗，从而有助于实现"精准医学"理念。一方面，通过医用高分子载体可望实现对疾病发展的实时诊断和精确判断，帮助制定最精准的临床治疗方案，提升疗效，另一方面，医用高分子载体可协助界定病灶（如肿瘤组织）边界，提高手术治疗精准度。

7.4.3　无痛医用高分子微针贴片

对很多人来说，打针是件可怕又痛苦的事，而现在科学家已经研发出一种无痛注射疫苗。在人体临床试验中，他们发现无痛微针贴片在输送流感疫苗方面同样有效，并且比普通针头更容易注射、运输、储存和处置。这种微针贴片上包含了一些微小塑料针头。使用时，就像在皮肤上贴了创可贴[35]。另外，这些微针在短时间内溶解，将疫苗有效送入血管。

该技术不仅无痛，而且因为疫苗已进行干燥处理，在运输或储存过程中不需要冷藏。而可溶解的微针则意味着使用过的贴片可以安全地被丢弃。研究人员希望这种微针贴片的便利性可以鼓励更多的人每年接种疫苗，目前，美国成年人接种疫苗率约为 40%。这项研究的首席研究员 Nadine Rouphael 表示："尽管建议民众接种流感疫苗，但流感仍然是导致疾病发病率和死亡率高的主要原因。这种无痛、可以自行接种的流感疫苗可以提升这种重要疫苗的覆盖率和保护。"这项临床试验开始于 2015 年 6 月，有 100 名志愿者参与其中，他们在前一年没有接种流感疫苗。他们被随机分为四组：第一组由医生为其接种微针贴片疫苗，第二组自行接种，第三组则通过传统方式接种标准流感疫苗，第四组给予安慰剂贴片。研究报告显示，三个非安慰剂组的抗体反应非常相似。超过 70% 使用微针贴片的参与者表示，他们将来更愿意通过这种方式来接种疫苗。除了贴片周围皮肤有些红肿之外，没有其他副作用。该小组还发现，微针贴片中的药物可以在常温下保存一年以上。

7.4.4　新型生物可降解高分子

近 40 年来，超临界流体在理论和应用方面的研究发展迅速，超临界流体作为反应介质或新型溶剂的研究成为热点，目前，该技术已经广泛应用于萃取、污水处理、石油化工等领域，并且在化学反应、化学分析、成分提取、环境保护、生物技术、节能工艺以及仪器清洗等领域也进行了广泛的探索研究。CO_2 作为一种常见易得的资源，已在超临界流体中作为一种最常用的载体而被广泛使用。超临界 CO_2 中合成生物医用高分子材料有着许多传统方法无法达到的优势，如不需要使用有毒的有机溶剂，副反应少，后处理操作步骤简单，得到的产物纯度较高等。

$ScCO_2$ 是超临界流体的一种，临界温度为 31℃，临界压力为 7.38MPa，处于超临界状态下时，既有类似气体的扩散性又具有液体的溶解性，同时兼具低黏度、低表面张力的特性且在临界点附近对温度和压力的改变特别敏感。$ScCO_2$ 作为溶剂和反应的介质使用时，有如下优势：①同有机试剂相比，CO_2 无毒无害，廉价易得，使用安全，无需考虑溶剂残留并且不会污染环境。②CO_2 分子结构对称，为非极性分子。根据相似相溶原理，可作为有机反应的溶剂，将脂溶性反应物和产物溶于其中保持反应的均相性，也可作为萃取剂，通过适当改变温度、压力条件，控制 CO_2 的溶解性，从而将不同的有机物从混合状态中分离。③CO_2 为反应营造了惰性环境，可以循环使用，节约能源和资源。

超临界 CO_2 技术制备生物医用材料的研究已经取得了一定的进展，但还存在着一定的问题。目前，这类材料聚合所用到的高效催化剂主要还是含锡化合物，但是由于有机锡化合物有细胞毒性，长时间使用会对人体造成危害，因此研究完全无毒且高效的催化剂势在必行，对降低聚合物的毒副作用具有重要的意义。另外，目前科学界虽已成功合成分子量上万的聚合物，但是利用超临界 CO_2 技术制备更高分子量的聚合物还有待继续深入的研究。用于生物医药方向的新材料已成为目前科研开发的重点方向，使用超临界 CO_2 绿色工艺技术制备可降解材料会有非常广阔的发展前景。

7.4.5　形状记忆医用高分子

形状记忆聚合物是一类具有刺激-响应的新型智能高分子材料，能感知外界环境变化，并对外界刺激做出响应，从而自发调节自身状态参数恢复到预先设计的状态。兼具生物相容性和生物降解性的 SMPs 已经在微创外科手术、血管支架、骨组织的固定、可控药物缓释、血栓移除中得到了应用。本章详细讨论了聚乳酸基、聚己内酯基和聚氨酯基三种最常见的生物降解形状记忆聚合物的研究状况。

聚己内酯是一种半结晶性的脂肪族聚酯，酯基（—COO—）在自然条件下易被微生物或酶分解，生成小分子产物 CO_2 和 H_2O。线型的 PCL 不具有形状记忆效应，交联成网络状的 PCL 耐热性能显著提高，表现出形状记忆行为。PCL 的交联固化一般分物理交联和化学交联。

另外一种重要的医用形状记忆聚合物是聚氨酯类高分子，形状记忆聚氨酯（SMPU）是多异氰酸酯（如 TDI、MDI、PDI 等）和可降解的多元醇或聚酯类多元醇（如 PCL、PGA、聚己二酸丁二醇酯等）反应，再以多元醇（如乙二醇、丁二醇、己二醇等）作为扩链剂制备而成的。按结构特点可将形状记忆聚氨酯分为热塑性 SMPU、热固性 SMPU。

生物医用形状记忆聚合物材料不但可以充当现代医疗中的一些临时材料，如药物缓释体系等，而且其独特的形状变化还具有广阔的应用前景。集生物相容性、生物降解性和形状记忆性能于一体的聚合物材料必将是生物领域中最热门的智能材料。生物医用形状记忆聚合物的一些研究趋势概括如下：①双程形状记忆效应具有单程形状记忆效应不具备的应用优势，而且之前报道的双程 SMP 很少，因此需要加强对这类形状记忆材料在生物医学方面的研究。②由于生物医用 SMP 需应用于人体中，所以将转变温度调整至 37℃ 附近是有必要的。目前具有该转变温度的生物医用 SMP 的种类尚少，医用选择性少，因此需要研究或开发更多种类满足上述转变温度的生物医用 SMP。③对于植入体内的形状记忆聚合物，不仅要研究其直接或者间接的热响应，而且要考察体液环境、pH 值等对形状记忆效应的影响。

2018 年 3 月 29 日，在首届粤港澳大湾区新材料产业高峰论坛上，浙江大学高分子科学与工程学系教授、博士生导师王利群发表了《中国生物医用分子材料——现状、机会与挑战》主题演讲，介绍了现代生物医用高分子材料三大应用领域和中国生物医用高分子材料的发展机遇与挑战。对于未来生物医用材料的发展，王利群教授十分看好。他认为未来生物医用材料市场潜力巨大、充满机遇。一方面，《"十三五"生物产业发展规划》强调要大幅提升生物医药及高性能医疗器械领域的新材料应用水平；另一方面，我国人均医疗器械费用远低于其他发达国家，叠加我国巨大的人口基数、城镇化、老龄化的趋势刺激，保守估计市场规模将超过 6000 亿元，进口产品被替代已成为趋势。我国有一批国际生物医用材料前沿产品，如组织诱导性骨和软骨、组织工程制品、植入性生物芯片、脑刺激电极、生物人工肝等几乎与国际研发同步或领先做出样品，这为进一步实施产业化、发展新的产业奠定了基础。未来产学研协同的高度结合，也将助力我们把握生物医用材料的新机遇。但王利群也表示，由于国内在生物医用材料方面的研究起步较世界晚 20 年，因此目前仍面临巨大挑战。尽管我国在这方面的基础研究已取得显著进步，但整体生产水平依然十分低下，如目前大多数生产原料、加工设备和检测仪器还主要依赖进口，生产企业大多如同进口原材料的加工和组装车间，生物医用材料生产周期长、投入大，相关产业具有很高的准入壁垒。

参考文献

[1] 许利丽，陈淑花，于驰，等.生物医用膜的制备及其应用研究进展 [J].化工新型材料，2018，46（11）：35-38.

[2] 潘则林，王才.水溶性高分子产品应用技术 [M].北京：化学工业出版社，2006.

[3] 吴惠英.基于 3D 生物打印技术制备生物医用材料的研究进展 [J].丝绸，2019（06）：38-45.

[4] Tibbitt M W，Rodell C B，Burdick J A，et al. Progress in material design for biomedical applications [J]. Proceedings of the National Academy of Sciences，2015，112（47）：14444-14451.

[5] Sahlgren C，Meinander A，Zhang H，et al. Tailored approaches in drug development and diagnostics：from molecular design to biological model systems [J]. Advanced healthcare materials，2017，6（21）：1700258.

[6] 干锦波.生物材料表面拓扑结构与蛋白质、细胞相互作用的研究 [D].武汉理工大学，2011.

[7] 栾迪.新型医用高分子材料的制备及生物相容性评价 [D].北京化工大学，2016.

[8] 对医用高分子材料的材料学性能基本要求 [J].中国组织工程研究与临床康复，2011，15（47）：8882.

[9] Aktipis C A，Nesse R M. Evolutionary foundations for cancer biology [J]. Evolutionary applications，2013，6（1）：144-159.

[10] Li Z，Ma J，Li R，et al. Fabrication of a blood compatible composite membrane from chitosan nanoparticles，ethyl cellulose and bacterial cellulose sulfate [J]. RSC Advances，2018，8（55）：31322-31330.

[11] 王皓正.构建基于聚氧乙烯-聚氧丙烯-聚氧乙烯三嵌段共聚物的多级微纳结构及其血液相容性 [D].青岛科技大学，2018.

[12] 王昭.利用 QCM-D 监控生物分子在材料表面的吸附行为 [D].西南交通大学，2014.

[13] Teo A J T，Mishra A，Park I，et al. Polymeric biomaterials for medical implants and devices [J]. ACS Biomaterials

Science & Engineering, 2016, 2 (4): 454-472.

[14] Shelton IV F E, Widenhouse T S V. Tissue ingrowth materials and method of using the same: U. S. Patent 9, 700, 311 [P]. 2017: 7-11.

[15] 荆晶. 医用高性能水凝胶材料的合成工艺研究 [D]. 吉林大学, 2015.

[16] 谭桂龙. 医疗中生物医用高分子材料的应用探析 [J]. 化工管理, 2017 (02): 76.

[17] Haider A, Haider S, Han S S, et al. Recent advances in the synthesis, functionalization and biomedical applications of hydroxyapatite: a review [J]. Rsc Advances, 2017, 7 (13): 7442-7458.

[18] Shandas R, Nelson A, Rech B, et al. Shape memory polymer prosthetic medical device: U. S. Patent 9, 119, 714 [P]. 2015: 1-9.

[19] Teo A J T, Mishra A, Park I, et al. Polymeric biomaterials for medical implants and devices [J]. ACS Biomaterials Science & Engineering, 2016, 2 (4): 454-472.

[20] 刘福娟. 聚乳酸/乙醇酸共聚物 (PLGA) 仿生细胞外基质的制备、表征及其与蛋白界面交互作用的研究 [D]. 东华大学, 2010.

[21] Dong C, Lv Y. Application of collagen scaffold in tissue engineering: recent advances and new perspectives [J]. Polymers, 2016, 8 (2): 42.

[22] Koob T J, Pringle D, Hernandez D. Methods of making high-strength NDGA polymerized collagen fibers and related collagen-prep methods, medical devices and constructs: U. S. Patent 9, 603, 968 [P]. 2017: 3-28.

[23] 蔡萍, 刘公汉, 华清泉, 等. α-氰基丙烯酸酯医用胶在几丁质室修复兔颞骨内面神经缺损中的应用 [J]. 中国修复重建外科杂志, 2002 (03): 158-160.

[24] Palivan C G, Goers R, Najer A, et al. Bioinspired polymer vesicles and membranes for biological and medical applications [J]. Chemical society reviews, 2016, 45 (2): 377-411.

[25] 秦益民. 壳聚糖纤维的理化性能和生物活性研究进展 [J]. 纺织学报, 2019, 40 (05): 170-176.

[26] Rodríguez-Vázquez M, Vega-Ruiz B, Ramos-Zúñiga R, et al. Chitosan and its potential use as a scaffold for tissue engineering in regenerative medicine [J]. BioMed Research International, 2015, 2015: 1-15.

[27] Thomopoulos S, Sakiyama-Elbert S, Silva M, et al. Polymer nanofiber scaffold for a heparin/fibrin based growth factor delivery system: U. S. Patent 9, 375, 516 [P]. 2016.

[28] Moscovici M. Present and future medical applications of microbial exopolysaccharides [J]. Frontiers in microbiology, 2015, 6: 1012.

[29] Zanellato A M, Corsa V, Carpanese G, et al. Pharmaceutical formulations comprising chondroitin sulfate and hyaluronic acid derivatives: U. S. Patent 9, 655, 918 [P]. 2017: 5-23.

[30] Maitz M F. Applications of synthetic polymers in clinical medicine [J]. Biosurface and Biotribology, 2015, 1 (3): 161-176.

[31] Scalzo H, Kriksunov L B, Tannhauser R J, et al. Braided suture with filament containing a medicant: U. S. Patent Application 15/427, 963 [P]. 2018: 8-9.

[32] 邓进军. 聚二甲基硅氧烷基稳定剂的制备及在超临界 CO_2 分散聚合中的应用研究 [D]. 大连理工大学, 2017.

[33] 蔡元婧. 环氧改性聚二甲基硅氧烷的合成及其性能研究 [D]. 武汉理工大学, 2011.

[34] Teo A J T, Mishra A, Park I, et al. Polymeric biomaterials for medical implants and devices [J]. ACS Biomaterials Science & Engineering, 2016, 2 (4): 454-472.

[35] He W, Benson R. Polymeric biomaterials [M]. Applied Plastics Engineering Handbook. William Andrew Publishing, 2017: 145-164.

[36] Teo A J T, Mishra A, Park I, et al. Polymeric biomaterials for medical implants and devices [J]. ACS Biomaterials Science & Engineering, 2016, 2 (4): 454-472.

[37] 石强, 栾世方, 金晶, 等. 通用高分子材料的化学和生物改性及其血液相容性研究 [J]. 中国材料进展, 2014, 33 (04): 212-223, 253.

[38] 俞悦平. 烷基化壳聚糖对血液中重要组分结构和功能的影响 [D]. 暨南大学, 2016.

[39] Gottschalk C W, Fellner S K. History of the science of dialysis [J]. American journal of nephrology, 1997, 17 (3-4): 289-298.

[40] Abel J J, Rowntree L G, Turner B B. On the removal of diffusible substances from the circulating blood of living animals by dialysis [J]. J Pharmacol Exp Ther, 1914, 5 (275): 1913-1914.

[41] Moulopoulos S D, Topaz S, Kolff W J. Diastolic balloon pumping (with carbon dioxide) in the aorta-a mechanical assistance to the failing circulation [J]. American heart journal, 1962, 63 (5): 669-675.

[42] 张明瑞, 郑文徽. 八十年代血液灌流技术和中国石油碳 [J]. 中国生物医学工程学报, 1983, 2 (3): 37-44.

［43］　靳欣欣.肝素连接苯丙氨酸血液净化材料去除内毒素的研究［D］.重庆大学，2013.

［44］　李涛，吕思瑶，孙康祺，等.天然高分子外敷材料研究进展［J］.化学通报，2016，79（2）：111-117.

［45］　孙俊荣.环酯的制备及 PLGA/PEG/PLGA 三嵌段共聚物聚氨酯的合成［D］.天津大学，2006.

［46］　杨柳.生物可吸收聚乳酸-聚乙二醇嵌段共聚物自组装纳米胶束药物控释体系研究［D］.复旦大学，2010.

［47］　Shelton IV F E，Bezwada R S，Widenhouse C W. Low inherent viscosity bioabsorbable polymer adhesive for releas-ably attaching a staple buttress to a surgical stapler：U. S. Patent Application 14/667，892［P］.2016：9-29.

［48］　黄书浩，余晓芬，郑照县，等.高分子材料在医疗器械中的应用现状［J］.医疗装备，2019，32（03）：196-199.

［49］　Li Z，Qin M，Zhu S，et al. Effect of treatment temperature on the structure and properties of braiding reinforced thermoplastic polyurethane medical hollow fiber tube for invasive medical devices［C］.Chinese Materials Conference. Springer，Singapore，2017：715-721.

［50］　Toth K，Nugay N，Kennedy J P. Polyisobutylene-based polyurethanes：Ⅶ. structure/property investigations for medical applications［J］. Journal of Polymer Science Part A：Polymer Chemistry，2016，54（4）：532-543.

［51］　赵娜.生物材料在医学上的应用［J］.黑龙江科技信息，2016（28）：121.

［52］　宋姗姗.具有生物活性的高分子材料设计合成及表征［D］.安徽大学，2012.

［53］　Tipnis N P，Burgess D J. Sterilization of implantable polymer-based medical devices：A review［J］. International journal of pharmaceutics，2018，544（2）：455-460.

［54］　Li W，Belmont B，Greve J M，et al. Polyvinyl chloride as a multimodal tissue-mimicking material with tuned me-chanical and medical imaging properties［J］. Medical physics，2016，43（10）：5577-5592.

［55］　都彦伶.新型生物可降解水凝胶的生物相容性及应用研究［D］.青岛科技大学，2017.

［56］　王彩.生物基可降解聚氨酯的制备及结构与性能调控［D］.北京科技大学，2017.

[1] 阿布力孜·阿不都热依木，何利莉，伊帕尔古丽·伊明等. 化妆品用天然高分子材料应用研究进展[J]. 新疆师范大学学报(自然科学版), 2019,38(3):51-56,78.

[2] 刘德峥. 化妆品生产工艺学[M]. 北京: 化学工业出版社, 2001.

[3] 李清春. 化妆品配方手册[M]. 北京: 化学工业出版社, 2009.

第 **8** 章

化妆品用功能高分子

化妆品（或称彩妆）是除了简单的清洁用品以外，被用来提升人体美丽程度的物质。根据 2007 年 8 月 27 日国家市场监督管理总局公布的《化妆品标识管理规定》，化妆品是指以修正人体气味，保持良好状态为目的的化学工业品或精细化工产品，或者以涂抹、喷洒或者其他类似方法，散布于人体表面的任何部位，如皮肤、毛发、指（趾）甲、唇齿等，以达到清洁、保养、美容、修饰和改变外观的目的[1]。

天然高分子应用于化妆品工业由来已久，它在化妆品中可起到许多重要作用，如分散稳定、增黏、增稠、成膜、稳定气泡、保湿、乳化作用等。然而其质量往往因气候、环境等外界条件的变化而不稳定，还容易受细菌或霉菌的作用而变质，导致其逐渐被合成高分子所代替。但其在使用上具有独特的微妙触感，是合成高分子所不具备的。因此，迄今为止在化妆品中天然高分子还不能完全被取代。近年来，人们对绿色化妆品的呼声越来越高，纯天然个人护理品深受消费者喜爱，天然高分子重新受到人们的重视[2]。

由于天然高分子具有许多缺陷，于是人们对其进一步处理，可以得到具有不同特性的衍生物。这类产品包括纤维素衍生物、瓜尔胶衍生物、淀粉衍生物、甲壳素衍生物、黄原胶衍生物等。该类高分子化合物兼有天然高分子和合成高分子的优点，在化妆品中具有广阔的市场及应用前景[2]。

8.1 化妆品中常用的天然高分子

8.1.1 动物性成分类

8.1.1.1 明胶

明胶是由动物皮肤、骨、肌膜、筋等结缔组织中的胶原部分降解成为白色或淡黄色、半透明、微带光泽的薄片或粉粒，故又叫动物明胶、膘胶[3]。明胶中水分和无机盐大约占 16%，蛋白含量占 82% 以上。与母体胶原类似，明胶也由 18 种氨基酸组成，其中亚氨基酸 Pro 和 Hyp 的含量较高。明胶凝胶中的类三螺旋结构主要靠分子内氢键和氢键水合维系，Pro 的—NH、Hyp 的—OH 与其他氨基酸侧链基团及水分子均可形成氢键，利于类三螺旋结构稳定。明胶按照提取原料分类如图 8-1 所示。

明胶成品为白色或淡黄色、半透明、微带光泽的薄片或粉粒，是一种无色无味、无挥发性、透明坚硬的非晶体物质。明胶是胶原变性的产物，是一种热可逆性的混合物，没有固定的结构和分子量，其分子量分布在几万到几十万。明胶可溶于热水，不溶于冷水，但可以缓慢吸水膨胀软化，可吸收相当于自重 $5\sim10$ 倍的水。明胶溶液可形成具有一定硬度、不能流动的凝胶。当明胶凝胶受到环境刺激时会随之响应，即当溶液的组成、pH 值、离子强度发生变化和温度、光强度、电场等刺激信号发生变化时，或受到特异的化学物质刺激时，凝胶就会发生突变，呈现出相转变行为[3]。明胶是一种有效的保护胶体，可以阻止晶体或离子聚集，用以稳定非均相悬浮液，在水包油的分散体药剂中作为乳化剂。

图 8-1 明胶按提取原料分类

明胶是一种天然的高分子材料，其结构与生物体组织结构相似，因此具有良好的生物相容性，分子结构如图 8-2 所示。明胶作为一种天然的水溶性的生物可降解高分子材料，其优点就是降解产物易被吸收而不产生炎症反应。在应用明胶的可降解性时，经常对其进行化学修饰，调控其降解速度以适应不同的需要。

制备方法：①碱法。将动物的骨和皮等用石灰乳液充分浸渍后，用盐酸中和，经水洗，于 $60\sim70℃$ 熬胶，再经防腐、漂白、凝冻、刨片、烘干而得。成品称"B 型明胶"或"碱法明胶"。②酸法。原料在 pH＝$1\sim3$ 的冷硫酸液中酸化 $2\sim8h$，漂洗后水浸 24h，在 $50\sim70℃$ 下熬胶 $4\sim8h$，然后冻胶、挤条、干燥而成。成品称"A 型明胶"或"酸法明胶"。③酶法：用蛋白酶将原料皮酶解后用石灰处理 24h，经中和、熬胶、浓缩、凝冻、烘干而得。

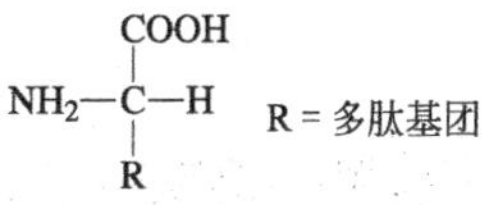

图 8-2 明胶的分子结构

8.1.1.2 酪蛋白

酪蛋白是哺乳动物包括母牛、羊和人奶中的主要蛋白质。牛奶的蛋白质，主要以酪蛋白为主，人奶以白蛋白为主。酪蛋白是一种大型，坚硬，致密，极难消化、分解的凝乳。酪蛋白是等电点为 pH＝4.8 的两性蛋白质。在牛奶中以磷酸二钙、磷酸三钙或两者的复合物形式存在，构造极为复杂，直到现在没有完全确定的分子式，分子量大约为 $57000\sim375000$。干酪素在牛奶中含量约为 3%，约占牛奶蛋白质的 80%。纯干酪素为白色、无味、无臭的粒状固体，相对密度约 1.26，不溶于水和有机溶剂。干酪素能吸收水分，浸于水中则迅速膨胀，但分子并不结合。

制备方法：①新鲜牛奶脱脂，加酸（乳酸、乙酸、盐酸或硫酸），将 pH 调至 4.8，使干酪素微胶粒失去电荷而凝固、沉淀。用这种方法得到的干酪素称为酸酪蛋白，加酸的种类不同得到的酸酪蛋白却几乎毫无区别。酸酪蛋白是白色至淡黄色粉末或颗粒，稍有奶臭和酸味。在水中只是溶胀，若加入氨、碱及其盐时，则可分散溶解于水中，可溶于强酸、二乙醇胺、吗啉、尿素、甲酰胺、热苯酚和土耳其红油。②将牛奶与粗制凝乳酶作用，形成凝固沉淀物，称为粗制凝乳酶酪蛋白，白色粒状，几乎无味无臭，加热灼烧会产生特有的臭味。凝乳酶酪蛋白比酸酪蛋白的灰分含量高。

8.1.2 植物性成分类

8.1.2.1 淀粉类

淀粉是由许多葡萄糖分子脱水聚合而成的一种高分子碳水化合物，分子式为 $(C_6H_{10}O_5)_n$，广泛存在于植物的茎、块根和种子中，为无色无味的颗粒，无还原性，不溶于一般有机溶剂[4]。淀粉在酸的作用下加热逐步水解生成糊精、麦芽糖及异麦芽糖、葡萄糖。

$$(C_6H_{10}O_5)_n \longrightarrow (C_6H_{10}O_5)_n \longrightarrow C_{12}H_{22}O_{11} \longrightarrow C_6H_{12}O_6$$

淀粉　　　　糊精　　　　麦芽糖　　　　葡萄糖

我国目前所利用的淀粉按来源分类如图 8-3 所示。

淀粉由直链结构和支链结构的淀粉组成。直链淀粉聚合度为 1000～4000，分子量为 160000～600000，易溶于温水，流体力学半径为 7～22nm，水溶液黏度较小但不稳定，静置后可析出沉淀。直链淀粉是由 D-葡萄糖残基通过 α-1,4-糖苷键连接成的一条长链，如图 8-4 所示。

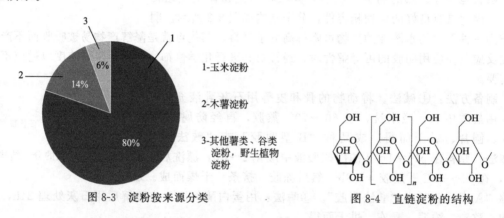

图 8-3　淀粉按来源分类

1-玉米淀粉

2-木薯淀粉

3-其他薯类、谷类淀粉，野生植物淀粉

图 8-4　直链淀粉的结构

直链淀粉是卷曲成螺旋状的葡萄糖长链。每 6 个葡萄糖单元组成螺旋的一个螺距，在螺旋内部只有氢原子，羟基位于螺旋外侧。螺旋结构的内腔表面呈疏水性，螺旋结构由分子内的氢键维持。直链淀粉一般也存在微量的支化现象，分支点是 α-(1,6)-D-糖苷键，平均每 180～320 个葡萄糖单元有一个支链。分支点 α-(1,6)-D-糖苷键占总糖苷键的 0.3%～0.5%。直链淀粉遇碘变深蓝色。

支链淀粉的聚合度为 1000～3000000，平均聚合度高达 100 万以上，分子量在 2 亿以上，是天然高分子化合物中分子量最大的，难溶于水，只有在加热条件下才能溶于水形成黏滞糊精，流体力学半径为 21～75nm，呈现高密度线团构象，遇碘变成红紫色。支链淀粉以由数千个 D-葡萄糖残基中一部分通过 α-1,4-糖苷键连接成的一条长链为主链，再通过 α-1,6-糖苷键与由 20～25 个 D-葡萄糖残基构成的短链相连形成支链，支链上每隔 6～7 个 D-葡萄糖残基形成分支，呈树状分支结构。主链、支链均呈螺旋状，各自均为长短不一的小直链。直链淀粉和支链淀粉的区别见表 8-1。

▷ 表 8-1　直链淀粉和支链淀粉的比较

特征	直链淀粉	支链淀粉
淀粉颗粒中比例/%	15～35	65
连接方式	α-1,4-糖苷键	α-1,4-糖苷键和 α-1,6-糖苷键

特征	直链淀粉	支链淀粉
α-1,6-糖苷键中比例/%	<1	$4\sim6$
分子量/Da	$10^4\sim10^5$	$10^7\sim10^8$
聚合度 n	$10^2\sim10^3$	$10^3\sim10^4$
链长	$3\sim1000$	$3\sim50$
碘液反应	蓝色($n>45$)	紫红色
溶液稳定性	不稳定	稳定
成膜能力	非常强	中等

（1）淀粉的基本性能

淀粉是由许多脱水葡萄糖单元经糖苷键连接而成的天然大分子。淀粉的来源不同，淀粉颗粒中含有的支链淀粉和直链淀粉的量也不同，但一般来说，淀粉颗粒中含有30%左右的直链淀粉和70%左右的支链淀粉。淀粉的结构如图8-5所示。

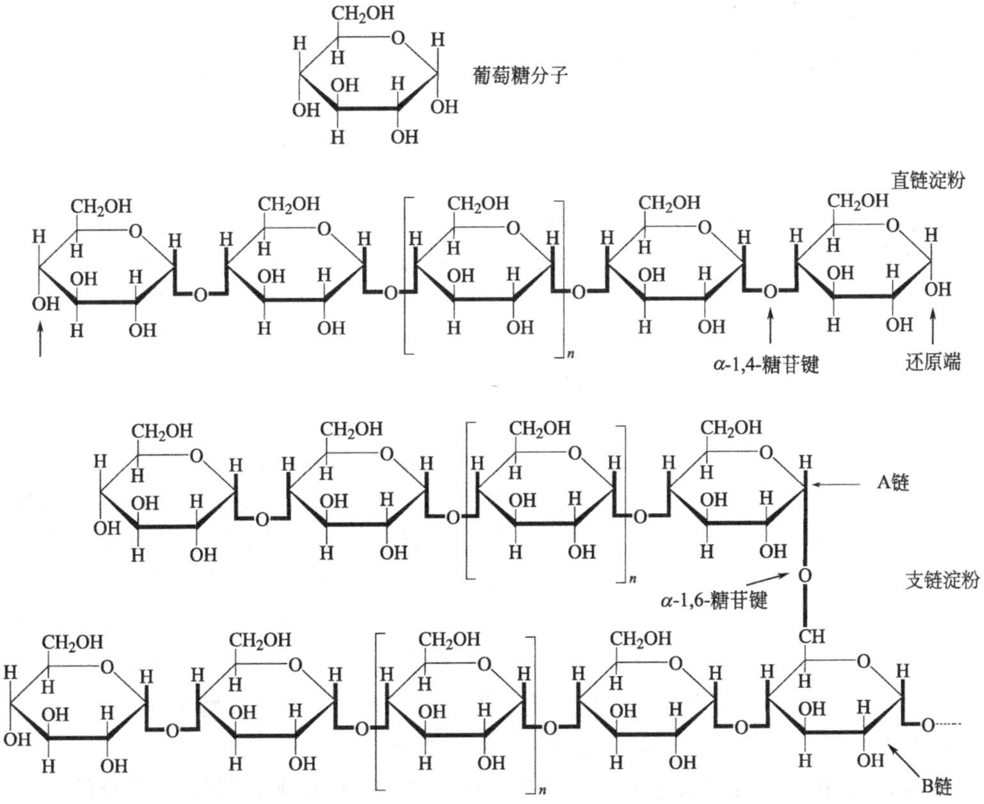

图8-5　淀粉的结构

天然淀粉是继纤维素之后可得到的最为丰富且价格低廉的农业原材料。但是天然淀粉的性能单一，应用领域狭窄，所以为了提高天然淀粉的性能，扩大其应用范围，就必须利用物理、化学或酶法对天然淀粉进行处理，使其适用于人类生活特定的应用要求，这些经过二次加工处理的淀粉统称为变性淀粉[5]。所谓变性淀粉是指在淀粉固有特性的基础上，经过理化手段或者酶法处理，淀粉分子发生重排、切断、氧化或引入新的基团，从而性能得到改善或拥有新性能的淀粉衍生物，具有功效稳定、适应面广、绿色、无副作用等特点，因此变性淀粉作为化妆品添加剂具有很大的发展潜力[6]。

（2）淀粉在化妆品中的应用

阳离子瓜尔胶、阳离子纤维素是目前洗发水配方中应用最广的阳离子调理剂。然而，阳离子纤维素价格较高，阳离子瓜尔胶价格也因瓜尔豆粉大量应用于石油行业而大幅度提高，这给化妆品生产厂商带来了较大的成本压力。而淀粉作为一种与纤维素和瓜尔胶结构类似的原料，来源广泛、价格低廉、质量可控，符合绿色再生的时代趋势[7]。专利 CN103191033A 公开了一种阳离子淀粉的洗发水组合物，该洗发水组合物将阳离子淀粉与硅油乳液进行复配，改进了洗发过程中头发的手感、头发干后的手感、梳理性能和光泽度，提供了极佳的使用感并降低了组合物的成本[8]。

目前，变性淀粉的品种、规格已超过 2000 种，包括通过物理变性得到的预糊化淀粉、机械碾磨处理淀粉、湿热处理淀粉等，化学变性得到的酸解淀粉、氧化淀粉、焙烤糊精、交联淀粉、酯化淀粉、醚化淀粉、接枝淀粉等，酶法变性得到的环状糊精、麦芽淀粉、直链淀粉等，以及通过复合变性得到的氧化交联淀粉、交联酯化淀粉等。其中许多种类如酸解淀粉、氧化淀粉、预糊化淀粉、酯化淀粉、醚化淀粉等已实现专业化生产。辛烯基琥珀酸淀粉酯是其中的一种[9]。

辛烯基琥珀酸淀粉酯由疏水性的辛烯基琥珀酸酐和淀粉在弱碱性条件下酯化反应制得，结构如图 8-6 所示。

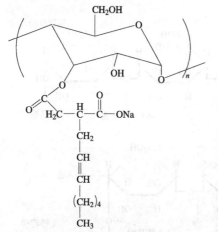

图 8-6　辛烯基琥珀酸淀粉酯的结构

辛烯基琥珀酸淀粉酯在化妆品中可作为胶合剂、悬浮剂、增稠剂和乳化剂来使用，可使化妆品在其特定的黏度下有好的稳定性，以防止乳化分子和粉末发生分离。在性能上具有乳化性和增稠性，溶解后不会回生，透明度好，在黏度上对热和冷的剪切力也很稳定，呈现假塑性流体的特性。加上辛烯基琥珀酸淀粉酯具有很大的黏度范围，在生产上可以调节，使其在应用上就更灵活。它的性能优于天然树胶，因而它可以取代天然树胶，如阿拉伯胶等。例如，在透明型洗发水中应用时，与未配辛烯基琥珀酸淀粉酯的洗发水相比，使用辛烯基琥珀酸淀粉酯的洗发水，头发产生滑感和滋润感显著提高。还可用在乳、霜、洗涤剂、婴儿粉等中增加柔软如丝的感觉，缓和油性润肤剂等的油腻感。辛烯基琥珀酸淀粉酯具有优良的乳化性、起泡力和泡沫稳定性，配制出的洗涤剂乳质感强、泡沫多、易洗净、触感好，作为化妆品的基材使用效果良好，而且它还具有生物降解性好等特点[9]。

淀粉微球可用于吸附剂及包埋剂，可将香精、香料吸附或者包埋于淀粉微球中，可延长香味的散发时间，并将通常的液态转换成固态（固体香精），使物质不易变质。用淀粉微球吸附香精后的缓释制剂来做粉底，可得到手感细腻、覆盖力较好的淀粉微球缓释制剂。淀粉微球的吸湿和保湿性能都要明显优于可溶性淀粉，对改善皮肤状况具有明显效果[10]。

8.1.2.2　植物性胶质类

胶质是石油中的一种组分，目前国际上没有统一的分析方法和确定定义。其为一种不同高分子化合物的混合物，我国目前采用氧化铝吸附色谱法分离胶质。胶质通常为褐色的黏稠且流动性很差的液体或者无定形碳，受热时熔融，相对密度1.0，胶质的着色能力强，汽油中只要加入少量胶质，汽油将被染成草黄色。

动物性胶质食物有：鸡脚、猪脚（皮）、猪脚筋、牛筋、乌骨鸡（皮）、鱼皮、鲍鱼、海参。

植物性胶质食物有：木耳、羊角豆、海带、山药、栗子、菇类、莲藕、红凤菜。

胶原蛋白是细胞外基质（EMC）的主要化合物，随着生物化学、分子生物化学和细胞生物化学的进展，人们对胶原蛋白的认识逐渐提高，现在已经肯定胶原蛋白并不是一个蛋白质的名称，而是和免疫球蛋白一样，且有多样性和组织分布的特异性，是与各组织、器官机能有关的功能性蛋白。根据它们在体内的分布和功能特点，可将胶原分成间质胶原、基膜胶原和细胞外周胶原[11]。

人类表皮分为基底层、棘细胞层、颗粒层、透明层、角质层等，是处于不断更新、再生的组织，基底层细胞黏附到和真皮分界的基底膜上，表皮的分化伴随有基底细胞黏附减少，不断分裂，逐渐向上推移、角化、变形，形成角质层以致最后脱落。每人每天约有6～14g鳞屑脱落，胶原蛋白在调节表皮更新、再生中发挥重要的作用，胶原蛋白可促进细胞黏附和细胞增殖[12]。当人活动时，皮肤中胶原蛋白发挥作用，使皮肤具有保护功能，同时又具有适当弹性及坚硬度，如手脚能自由弯曲，跳高时具有弹性等。胶原蛋白是维持皮肤与肌肉弹性的主要成分，能促使肌肉细胞连接并使其具有弹性与光泽。肌肉主要是由肌纤蛋白及肌球蛋白所构成的，而细胞与细胞之间是利用胶原蛋白进行黏合的，同时也是身体构成材料之一。胶原蛋白分子所形成的立体骨架可以使身体保持良好姿势，并呈现适当柔软度[13]。胶原蛋白是人体不可或缺的一部分，皮肤的真皮层里，80％左右都是胶原蛋白。现在一般爱美的时尚女性以及保健意识挺强的男性都会服用胶原蛋白，而不是从猪蹄中提取，因为口服的纯胶原蛋白是不含脂肪的。

在化妆品工业中，各种不同的蛋白质已经被作为原材料，目的是保护皮肤结构，改善其功能。胶原蛋白用于化妆品中的主要功效如下：①营养性。可以补充皮肤层所需的养分，补充17种对人体有益的氨基酸，使皮肤中的胶原蛋白活性增强，保持角质层水分以及纤维结构的完整性，改善皮肤细胞生存环境和促进皮肤组织新陈代谢，增强循环，达到滋润皮肤、延缓衰老、美容、消皱、养发的目的。②修复性。胶原蛋白和周围组织的亲和性好，从而使其具有独特的修复组织功能。胶原蛋白可用于小型皮肤缺损修复及组织缺损修复，是理想的医用美容材料。③保湿性[14]。天然保湿因子是保持皮肤水分的重要物质，其主要成分是甘氨酸、羟脯氨酸、丙氨酸、天门冬氨酸、丝氨酸等游离的氨基酸。在水解胶原产品中，甘氨酸、丙氨酸、天门冬氨酸及丝氨酸的含量都比较丰富，质量分数分别达到20％～23％、10％～12％、4％和3％。另外，胶原分子外侧亲水基团羧基和羟基等大量存在，使胶原分子极易与水形成氢键，因此胶原蛋白及多肽具有良好的保水、保湿性能。④配伍性。胶原蛋白可以起到调节和稳定pH值、稳定泡沫、乳化胶体的作用。同时，作为一种功能性成分在化妆品中可以减轻各种表面活性剂、酸、碱等刺激性物质对毛发、皮肤的损害。⑤亲和性。胶原蛋白对皮肤和头发表面的蛋白质分子有较强的亲和力，胶原蛋白主要通过物理吸附与皮肤和头发结合，能耐漂洗处理。亲和作用大小随分子量增大而增强，分子量较大的分子，结合位置较多，结合力增强，亲和力增大。这些分子可以渗入皮肤表皮和头发，甚至皮质层，达到营养皮肤的作用[15]。

（1）瓜尔胶

1）瓜尔胶的基本性能

瓜尔胶是一种天然半乳甘露聚糖胶，化学组成如表 8-2 所示。在结构上以 β-1,4 键相互连接的 D-甘露糖单元为主链，不均匀地在主链的一些 D-甘露糖单元的 C_6 位上再连接单个 D-半乳糖（β-1,6 键）为支链，通常甘露糖与半乳糖的摩尔比为 2:1，分子结构如图 8-7 所示。

⊡ 表 8-2　瓜尔胶的化学组成

组成	含量/%
半乳甘露聚糖	78～82
粗蛋白质	4～5
粗纤维	1.5～2.0
灰分	0.5～0.9
醚萃取物(脂肪)	0.5～0.75
水分	10～13

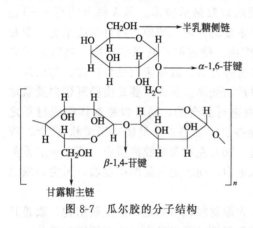

图 8-7　瓜尔胶的分子结构

瓜尔胶是一种溶胀高聚物，对它来说水是唯一的通用溶剂，不过也能以有限的溶解度溶解于与水混溶的溶剂中，如乙醇。此外，瓜尔胶具有良好的无机盐类兼容性能，耐受一价金属盐，如食盐的浓度可高达 60%，但高价金属离子的存在可使溶解度下降。在控制溶液 pH 值的条件下，瓜尔胶能与交联剂如硼酸盐、金属离子等反应，生成稍带弹性的黏质。瓜尔胶还能形成一定强度的水溶性薄膜[16]。瓜尔胶具有较好的水溶性和增稠性，经常用作增稠剂、稳定剂、乳化剂、黏结剂和调理剂等。然而它具有下述缺点：不能快速溶胀和水合，溶解速度慢；水不溶物含量高；水溶液的黏度不易控制；溶液易被微生物分解而不能长期保存。这些缺点使得瓜尔胶的使用受到一定的限制，究其原因还得从瓜尔胶的分子结构来分析，固态下瓜尔胶分子通常以卷曲的球形结构存在，主链甘露糖在里，其大量羟基基本被包裹在分子内部，不仅没有表现出应有的水溶性，反而由于分子内氢键作用，形成分子内自交联，难以较好地水合，使得其水溶性大大降低。因此需要对瓜尔胶进行改性。其中，阳离子瓜尔胶是一种常用的改性瓜尔胶化合物。

2) 瓜尔胶在化妆品中的应用

阳离子瓜尔胶作为功能性化妆品添加剂，广泛用于护发、护肤用品中。1977 年，阳离子瓜尔胶衍生物在化妆品中首次应用，是被用来制备"二合一"洗发水，这类洗发水不仅具有柔软、抗静电效果，而且在湿发梳理方面表现出杰出的功效[17]。这主要是由于阳离子瓜尔胶含有带有正电荷的季铵基团，与头发结合后，能够更好地吸附在头发表面，形成阳离子高分子膜，从而改善发质。阳离子瓜尔胶在洗发水中还起到使有效成分残留的作用，对发质表面的完整性和蛋白丢失都具有修复作用[18]。阳离子瓜尔胶衍生物通常与硅油类化合物共同使用，其在"二合一"洗发水中具有很好的协同增效作用，而且在使用过程中只需要少许的硅油，从而降低了洗发水的成本，并且可以为头发提供健康和光亮的色泽，使湿梳和干梳更容易。阳离子改性瓜尔胶在头发冲洗过程中可有所控制，从将要被冲洗掉的组分中释放出来吸附在头发上。它具有以下特性：①与其他阳离子调理剂相比在头发上有更高的吸附率；②无累积副作用；③与高分子量的二甲基硅油乳液一起使用具有独特、卓越的配伍效果；④赋予头发健康的光泽，充满动感活力[16]。

阳离子改性瓜尔胶对毛发、皮肤具有良好的亲和性和很好的相容性，并且具有所需的护理和美学特性。它广泛用于化妆品中，通常作为功能性添加剂，包括润肤剂、保湿剂、增稠剂、紫外线抑制剂、防腐剂、色素、染料、着色剂等，还可以和烷基硫酸酯等其他表面活性剂复配，拥有良好的复配能力，此外，也能用于牙科护理产品和含有香料或杀菌剂的产品中[16]。传统的阳离子瓜尔胶一般被用在不透明的洗发水和护发素中。

两性瓜尔胶衍生物具有较强的耐盐能力，因此具有很强的应用优势。它配伍性好，能与其他阳离子、阴离子、非离子和两性表面活性剂相容，具有优异的增稠、增溶和稳定泡沫的性能，并且在日化产品中不会分层和沉淀，比其他调理剂更为温和，可防止对头发的损伤，并可降低各种洗涤剂对皮肤的刺激性，特别适用于婴儿和女性专用洗发水及沐浴液[16]。两性瓜尔胶衍生物的角蛋白护理化妆品组合物特别适合护理毛发、皮肤和指甲，不仅能提供优良的护理，同时具有审美特性，而且还具有良好的相容性和亲和性。在洗发水中使用这种两性瓜尔胶，人们发现其具有很好的澄清度，能形成纯净的组合物。两性瓜尔胶也可用于个人护理产品中，如牙膏制剂[19]。

20世纪中后期，透明的洗发水再次兴起，它给消费者一种光亮、不含杂质的感觉。与其他阳离子调理剂如聚季铵盐-10相比，传统阳离子瓜尔胶不能达到同等透明的要求。但是聚季铵盐-10与高分子量的二甲基硅油的协同增效作用就不如阳离子瓜尔胶。罗地亚公司于20世纪90年代开发了一款透明阳离子瓜尔胶。该产品可满足人们对透明洗发水的诉求，同时与高分子量二甲基硅油乳液一起使用，具有独特、卓越的配伍效果，赋予头发健康的光泽，充满动感活力[20]。阳离子瓜尔胶还可以作为皮肤调理剂，可以降低表面活性剂等对皮肤的刺激并能增加皮肤的柔软性[21]。

（2）黄原胶

1）黄原胶的基本性能

黄原胶又称黄胶、汉生胶，是一种自然多糖和重要的生物高聚物，由甘蓝黑腐病野油菜黄单胞菌以糖类为主要原料，经好氧发酵生物工程技术产生。黄原胶聚合物骨架结构类似于纤维素，但是黄原胶的独特性质在于每隔一个单元上存在由甘露糖乙酸盐、终端甘露糖单元以及两者之间的一个葡萄糖醛酸盐组成的三糖侧链。侧链上的葡萄糖醛酸和丙酮酸群赋予了黄原胶负电荷。带负电荷的侧链之间以及侧链与聚合物骨架之间的相互作用决定了黄原胶溶液的优良性质。黄原胶高级结构是侧链和主链间通过氢键维系形成的螺旋和多重螺旋。黄原胶的二级结构是侧链绕主链骨架反向缠绕，通过氢键维系形成的棒状双螺旋结构。黄原胶的三级结构是棒状双螺旋结构间靠微弱的非极性共价键结合形成的螺旋复合体[22]。黄原胶易溶于水呈透明胶体溶液，分子量在10^8左右，随制备条件变化而异。该胶的最大特点是其水溶液对温度的依赖性小，在温度变化、碱性及高含盐（如Ca^{2+}、Mg^{2+}）情况下，黏度稳定。

2）黄原胶在化妆品中的应用

黄原胶在化妆品行业中最重要的用途是用于牙膏。其优良的剪切稀化流动行为使牙膏易于从管中挤出和泵送分装。黄原胶是所有类型牙膏的优良结合剂，其易于水化、优秀的酶稳定性可生产出均匀稳定的产品，并改良产品的延展成条性[23]。

黄原胶应用于发用化妆品中，不但能促进乳液形成，使泡沫稳定，而且在广泛范围pH内与表面活性剂及其他添加剂有相互协同作用，这一点对洗发水、染发剂而言是十分重要的。由于洗发水易于使用和在头发上易于扩散而被人们广泛接受。但是，当洗发水里含有小尺寸颗粒活性成分时，这些颗粒的悬浮和沉积就会带来各种问题。这时加入少许黄原胶就可以改良洗发水的流动性质，悬浮不溶性色素和药用成分，产生稳定、丰富、细腻的奶油状泡沫，而且在广泛范围 pH 值内与表面活性剂及其他添加剂有协同作用[24]。同时，黄原胶具有亲水基团，在水、酒精中溶解性好。在干燥情况下，有耐潮性，而遇水时，又表现为亲水性，制成品易洗涤。与喷射剂和添加剂有相容性，也能使各种油剂更好地发挥使头发柔软的护发效果。

黄原胶应用于洁肤类产品中，主要是基于它的胶体性质，在一定程度上稳定乳状液和泡沫，达到除去面部、皮肤污物的目的。黄原胶应用于护肤类产品中，主要作为乳化剂的稳定剂。另外，黄原胶的保湿性也有助于对皮肤的全面护理，令人产生好的皮肤感觉，防止皮肤干燥。对于护肤霜和乳液，黄原胶提供优良的稳定性。黄原胶静置时的高黏度有利于个人护理产品中均匀分散的油相稳定，擦用时的剪切变稀性质则提供了良好的润滑和爽肤作用。抗氧化剂抗坏血酸能促进胶原蛋白合成，预防老化，减少细纹、淡化黑色素，常用于护肤类化妆品中。但是为了把有效成分运送到特定位置必须选用合适的运送体系，这时在 O/W 的微乳化体系中加入少量黄原胶作为增稠剂可以起到很好的效果。黄原胶还可以作为遮光剂用于防晒类护肤品中，使皮肤免受紫外线的伤害。另外，黄原胶也可以作为增稠剂在低 pH 值和高电解质浓度条件下用于美白化妆品中[25]。

黄原胶用于眼影中可以使眼影具有流体结构、良好的稳定性，更重要的是可以让眼影在 45℃ 的条件下保存两个月。

8.2　半合成高分子化合物

8.2.1　纤维素及其衍生物

8.2.1.1　纤维素的基本性能

纤维素是以无水 β-葡萄糖为基环的多糖大分子，由 β-1,4-糖苷键连接而成，在每个基环上均有 1 个伯羟基和 2 个仲羟基。天然纤维素由于自身聚集态结构（较高的结晶度、分子间和分子内存在很多的氢键），不能熔融，也很难溶于常规溶剂，加工性能差，极大地限制了其开发和利用。通过化学改性的方法可以显著改善纤维素材料的溶解性、强度等性质，并赋予其新的性能，扩展纤维素材料的应用领域。纤维素分子链上有很多羟基，很容易通过化学改性的方法制得多种纤维素衍生物[26]，纤维素醚即是其中一种。

8.2.1.2　纤维素在化妆品中的应用

羟乙基纤维素可通过水合膨胀的长链而增稠，使用量一般为 1%（质量分数）左右。化妆品中羟乙基纤维素用于改善洗发水、沐浴露等的黏度，可提高物料分散性和泡沫稳定性，提高各类膏、霜的黏性和流动性等[27]。

阳离子羟乙基纤维素是由羟乙基纤维素与 2,3-环氧丙烷三甲基氯化铵反应生成的季铵盐型改性纤维素。它是阳离子高聚物家族中最重要的代表之一，美国化妆品、盥洗品和香料工业协会（CTFA）称其为"聚季铵盐-10"。在国际"CTFA"注册的人体保护用阳离子聚合物中，它的用量居首位，已广泛应用于洗发水、液体香皂等日化产品中[27]。

阳离子羟乙基纤维素应用如此广泛，主要是因为其分子内存在带有正电荷的季铵基团，可被吸附在带负电荷的头发表面，从而具有柔顺头发、减少摩擦、难生静电、容易梳理等调理功能。此外，阳离子羟乙基纤维素不仅具有良好的直染性，而且可以帮助有效成分在头发上沉积，这样就可以保护角质层免遭物理、化学方面的损伤、刺激。在洗发后仍有部分吸附沉积在头发上，从而继续保护和滋润头发[27]。

8.2.2 甲壳素

8.2.2.1 甲壳素的基本性能

甲壳素又名甲壳质、壳蛋白，广泛存在于甲壳纲水生生物如虾、蟹的壳体和低等植物如菌类、藻类的细胞壁中，分布十分广泛。自然界每年生物合成的甲壳素远远超过了其他的氨基多糖，是一种十分丰富的自然资源。它是 N-乙酰基-D-葡糖胺通过 β-(1,4)-糖苷键连接的直链多糖，学名 (1,4)-2-乙酰胺基-2-脱氧-β-D-葡聚糖，分子结构与纤维素相似，如图 8-8 所示。

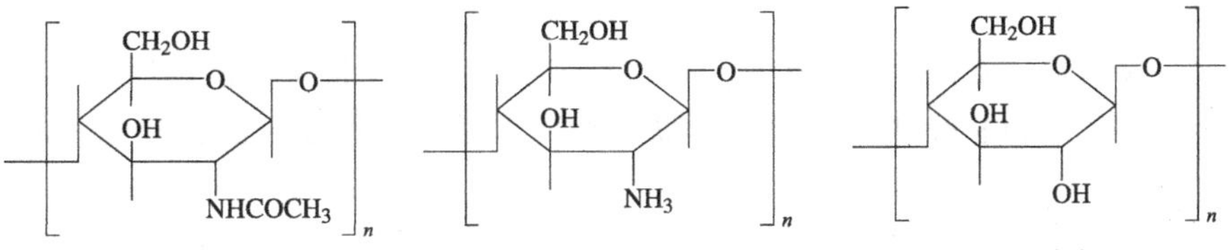

图 8-8　甲壳素、壳聚糖、纤维素分子结构

它与纤维素的区别在于葡萄糖基环上 C_3 处有乙酰胺基，而不是羟基；C_2 和 C_6 则为羟基。壳聚糖是一个高度弯曲折叠的纤维状的糖胺聚糖，具有与蛋白质相似的一、二、三、四级结构，一级结构是线型链中 β-1,4-糖苷键连接 N-氨基，有葡萄糖残基的顺序，不涉及次级的相互作用；二级结构是指骨架链中以氢键结合所形成的各种聚合体，二级结构只关系到壳聚糖分子主链的构象，不涉及侧链的空间排布；三级结构是指有重复顺序的一级结构和非共价相互作用造成的有序的二级结构导致空间有规则而粗大的构象；四级结构是指长链间非共价结合形成的聚集体。甲壳素衍生物无毒、无味，具有耐酸碱、耐热、耐晒、保湿、防静电、防灰尘、生物可降解、良好的成膜性能及对皮肤的调理作用等特性，使其在化妆品领域也大显身手，获得了巨大的发展[28]。

自然界中存在的甲壳素有三种结晶聚合形式：α-甲壳素、β-甲壳素、γ-甲壳素。这三种形式的甲壳素的主要区别在于结晶区内分子结构排列不同，α-甲壳素的分子链是反向排列的，β-甲壳素分子链是平行排列的，γ-甲壳素一般认为是由两条平行链与一条反向链组成的。α-甲壳素和 β-甲壳素均有 C=OH—N 分子间氢键，β-甲壳素的—CH_2OH 基团间没有氢键作用，而 α-甲壳素有，因而 β-甲壳素在水中的溶胀性比 α-甲壳素好[28]。

甲壳素可以从虾、蟹的甲壳及柠檬酸发酵的菌体等多种原料中分离得到，从虾、蟹壳中分离比较容易。虾、蟹壳中除含有甲壳素外，其余主要是碳酸盐和蛋白质，可通过简单的化学处理除去。一般用稀盐酸在常温下分解碳酸盐，用稀碱液经加热分解蛋白质，再经高锰酸钾处理或用有机溶剂萃取除去色素，可得到白色的甲壳素产品。产率一般在 15%～30% 之间。所得甲壳素的分子量因来源不同而异[29]。

甲壳素经脱乙酰反应便得壳聚糖，脱乙酰反应一般在 40%～60% 的浓碱液（氢氧化钠）中于 100～180℃加热非均相进行，得到可溶于稀酸的、脱乙酰度一般在 80% 左右的壳聚糖。与一般的胺类物质不同，壳聚糖的氨基在碱液中十分稳定，即使在 50% 的氢氧化钠中加热至 160℃也不分解。提高反应温度、碱液浓度及延长反应时间可提高脱乙酰度，但在碱液中甲壳素的主链也会发生水解，随着脱乙酰反应强化，大分子链的降解也变得严重[29]。

如果甲壳素的脱乙酰化反应均相进行，可得到脱乙酰化度在 50％左右、能溶于中性水的产物。在非均相条件下得到的相同脱乙酰化度的产物不但不溶于水，也不溶于稀酸。一般认为，这种差异是在两种反应条件下得到的产物中脱乙酰的氨基在分子链上的分布不同造成的[29]。壳聚糖系列发用产品上市，欧美各国也有类似产品上市。

8.2.2.2　甲壳素在化妆品中的应用

作为化妆品材料应具备三大功能：防老化、美白和保湿。甲壳素形成化妆品材料的应用形态可分为三种类型：①甲壳素的超微粉末可加速其渗透作用。②使用壳聚糖盐的水溶液可改善皮肤和毛发的保湿功能。③根据水溶性甲壳素衍生物的特性可开发出皮肤护理剂、毛发加工的保护剂和防止皮肤晒黑的产品等。近来发现甲壳低聚糖（分子量 $10^3 \sim 10^4$）作为化妆品材料效果特别好[30]。

由于壳聚糖具有优良的生物相容性、降解性、成膜性、保湿性、润湿性、增稠性、抗静电作用、毛发柔软和保护作用，以及对皮肤无刺激、无毒等特性，已引起化妆品界的广泛关注。

壳聚糖在弱酸性条件下可成为带正电的高分子聚电解质而直接用于洗发水等的配方中，使乳胶稳定化以保护胶体；壳聚糖分子中的氨基质子带正电荷，使其具有抑制静电荷蓄积与中和负电荷的作用，这种防止带电的效能可以防止脱发；在发用化妆品中，壳聚糖处理过的头发，黏滞性极小，可改善头发梳理性，使头发富有弹性，兼具光泽。壳聚糖还能在毛发表面形成一层有润滑作用的覆盖膜，是理想的固发原料，其固发效果持久，且不易沾灰尘；与染料复配，同时起固发和染发作用，使头发增添色彩和光泽。以 5％～30％甲壳素衍生物为主要成分配制的发胶具有防头发油腻、防吸尘、固发时间长、不损伤头发的特点[28]。

在护肤类化妆品中，壳聚糖与当今人们公认的"超级保湿剂"——透明质酸相类似，具有优良的保湿性和润湿性。与某些化学合成的保湿剂相比较，它无毒、无害、对皮肤和眼黏膜无刺激，不存在接触过敏的问题，而且价格低廉。添加壳聚糖的洁肤、护肤液具有良好的吸湿、保湿性能。将壳聚糖酰基化、羧基化、羟基化、酸化等可得到水溶性的壳聚糖衍生物，并依然有良好的保湿性。此种壳聚糖具有水溶性，黏度可高可低，吸湿和保湿效果优于同分子量的透明质酸，因而在保湿化妆品中可替代透明质酸。壳聚糖可渗透进入皮肤毛囊孔，可消除由于微生物积累而引起的黑色素、色斑等。壳聚糖本身还可以抑制黑色素形成酶-酪氨酸酶，从而消除由于代谢失调引起的黑色素[28]。

由于壳聚糖是亲水胶体，自身具有保水能力，可与蛋白质和类脂质相互作用形成保护膜附着于角蛋白和类脂质上，起到保持皮肤水分的作用。皮肤和头发的自然 pH 在 4.5～5.5 范围，而壳聚糖盐水溶液 pH＜6，是配制化妆品的最适 pH。因此，配有壳聚糖的各种护发、护肤化妆品在使用时极具亲和性，于人体无任何不适、异样[31]。

在皂液产品中，壳聚糖可有效提高皂液的黏度，在低 pH 皂液中极为有效，而其他水解胶体在低 pH 时会发生沉淀。为改善市场上各种低 pH 皂液的流动性，只要在配料中加入少量壳聚糖，质量便有明显改进。固体肥皂中加入壳聚糖，能使皮肤有很好的润湿感。

膏霜类化妆品中适量加入壳聚糖可增加人体对细菌、真菌的免疫力，阻碍原菌生长，消除微生物侵害而引起的皮炎、粉刺，对破损的皮肤不但不会引起感染，还会促使其愈合，消除面部疾患。壳聚糖与其他高分子物质复合制备的面膜，由于这种多糖类物质良好的亲水性、亲蛋白性，对皮肤无过敏、无刺激、无毒性反应，且在成膜过程中使得整个面膜材料与皮肤接触感明显柔和。壳聚糖分子结构中的游离氨基可与金属离子如 Fe^{3+}、Mn^{4+}、Au^{3+}、Hg^{2+}、Pb^{2+}、Zn^{2+}、Cu^{2+}、Ag^+ 等发生螯合作用，形成配合物或沉淀对金属离子予以封锁，使产品质量提高[28]。

在美容化妆品中，壳聚糖具有易成膜，皮肤调理性能好，防止皮肤干裂、粗糙及老化，加速伤口愈合，增强化妆品有效成分透皮吸收，加速表皮细胞代谢和再生能力的功能，从而达到减缓衰老、修饰美容的效果。如果把它添加到霜膏中，不但可以给皮肤提供营养成分如胶原蛋白等，而且可填充在表皮产生的干裂缝中和表皮脂膜层中神经酰胺作用，最终和表皮长成一体，以达到修饰美容的效果。添加有壳聚糖的化妆品对紫外线和激光损伤的皮肤有很好的疗效，起到使损伤的皮肤再生、补充皮肤水分、增加皮肤弹性、减少炎症、减轻皮肤干燥症状的作用。壳聚糖与染料合成着色剂，将其精制成微粒，可以作为粉剂、唇膏、指甲油和眉笔等的底物，使它们更加易涂布和滑润，并且不易结块，毒性明显降低[28]。

壳聚糖及其衍生物可以预防龋齿和牙周溃疡、除去或减轻口臭。在牙膏中加入 5% 甲壳素无机酸或有机酸颗粒，还可以改进研磨性与外观，同时有抗菌消炎的作用，成为口腔卫生的佳品[28]。

8.3 合成高分子化合物

水溶性高分子化合物具有的亲水性和其他许多宝贵的性能如黏合性、成膜性、润滑性、成胶性、螯合性、分散性、絮凝性、减磨性、增稠性、流变性、增溶、增泡稳泡、浊点升高、保湿、营养等，使其成为化妆品中的有效添加剂之一，正得到愈来愈广泛的应用。

8.3.1 乙烯类

8.3.1.1 聚乙烯醇

在聚乙烯醇分子中存在着两种化学结构，即1,3-乙二醇和1,2-乙二醇结构，但主要的结构是1,3-乙二醇结构，即"头-尾"结构。聚乙烯醇的聚合度分为超高聚合度（分子量25万～30万）、高聚合度（分子量17万～22万）、中聚合度（分子量12万～15万）和低聚合度（2.5万～3.5万）。醇解度一般有78%、88%、98%三种。部分醇解的醇解度通常为87%～89%，完全醇解的醇解度为98%～100%。常取平均聚合度的千、百位数放在前面，将醇解度的百分数放在后面，如17～88即表示聚合度为1700，醇解度为88%。一般来说，聚合度增大，水溶液黏度增大，成膜后的强度和耐溶剂性提高，但水中溶解性、成膜后伸长率下降。聚乙烯醇在空气中加热至100℃以上慢慢变色、脆化。加热至160～170℃脱水醚化，失去溶解性，加热到200℃开始分解。超过250℃变成含有共轭双键的聚合物。溶解聚乙烯醇应先将物料在搅拌下加入室温水中，分散均匀后再升温加速溶解，这样可以防止结块影响溶解速度。聚乙烯醇水溶液（5%）对硼砂、硼酸很敏感，易引起凝胶化，当硼砂达到溶液质量的1%时，就会产生不可逆的凝胶化。铬酸盐、重铬酸盐、高锰酸盐也能使聚乙烯醇凝胶化。其水溶液在储存时，有时会出现毒变。聚乙烯醇无毒，对人体皮肤无刺激性[32]。

聚乙烯醇（PVA）结构通式为 $(CH_2—OH)_n$，由于分子链上含有大量侧基——羟基，PVA具有良好的水溶性，在化妆品中PVA主要用作黏合剂、成膜剂、增稠剂、抗再沉积剂和助乳化剂等，可配制面膜、去死皮霜等。

8.3.1.2 聚乙烯基吡咯烷酮

聚乙烯基吡咯烷酮（PVP）是一种非离子型合成水溶性高分子化合物，既溶于水，又溶于大部分有机溶剂，是由 N-乙烯基吡咯烷酮（NVP）在一定的条件下聚合而成的，反应过程如图 8-9 所示。自 1938 年德国化学家 Reppe 首次用乙炔为原料合成 NVP 及其聚合物 PVP 至今，PVP 已经发展成为均聚物、共聚物和交联物三大类，PVP 的商品也发展到工业级、医药级和食品级三个规格。

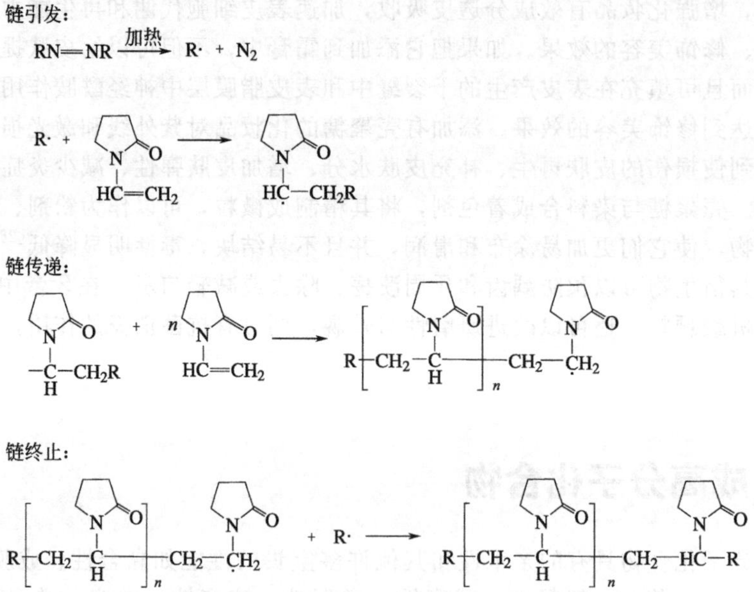

链引发：

$$RN \!=\! NR \xrightarrow{\text{加热}} R\cdot + N_2$$

链传递：

链终止：

图 8-9 聚乙烯基吡咯烷酮的制备过程

我国对 PVP 的生产技术研究起步较晚，1987 年，河南博爱化工厂和浙江化工厂研究院合作兴建了一套年产 50 吨 NVP 的中试装置，广东工业大学在 1996 年与广东省罗定市农药厂合作兴建了一套年产 500 吨 NVP 的生产装置。但目前我国的 PVP 产品仍主要依赖进口，在研制及应用领域的研究与国外相比也存在很大的差距。近年来随着我国经济的发展和科学技术的进步，对 PVP 的生产及应用的研究也多方位展开[33]。

PVP 在化妆品中有多种功能，如胶体保护、成膜、润滑、保湿、稳泡、除臭、保香、温和剂（减少某些组分对皮肤的刺激作用）等。在护发用品中，N-乙烯基吡咯烷酮（NVP）/乙酸乙烯酯（VAc）共聚物（简称 VAP 树脂）具有很好的成膜性，由于它在分子结构中引入了疏水的乙酸乙烯酯单元，降低了薄膜对湿度的敏感性，所以在高湿度环境下，不会发黏并延长保持发型的能力。VAP 树脂的性能随 NVP 与 VAc 之比不同而不同，导入 VAc 可使共聚物膜柔韧，在干燥时减小膜的脆性。PVP 阳离子共聚物 PVP/DM 季铵盐的出现是 20 世纪 80 年代"摩丝"成功销售的关键因素[33]。

由于乙烯基吡咯烷酮与甲基二甲氨乙酯共聚物中导入了阳离子单体，提高了对头发和皮肤的直接性及亲和性。在一般 pH 值下，头发纤维的表面具有阴离子特性，使用阳离子有助于沉积、吸附作用，这类共聚物广泛用于头发调理漂洗液、洗发水以及一般定型摩丝制品中，使湿发易于梳理，不发生头发缠结，当头发干时自然蓬松、光泽、卷曲，犹如湿发时的发型[33]。

现市场销售的 Arisroflex AVC 是丙烯酰二甲基牛磺酸胺/乙烯吡咯烷酮共聚物，可用作 O/W 型乳液和水溶液体系的增稠剂和流变特性改善因子。Arisroflex AVC 的一种特殊用途是用来制备不含表面活性剂、乳化剂的 O/W 型膏霜即啫喱霜，产品具有轻柔细腻、无黏稠感、涂布均匀和清新的特点。

8.3.2 丙烯酸衍生物和甲基丙烯酸衍生物类

8.3.2.1 卡波树脂

（1）卡波树脂的基本性能

卡波树脂是一种重要的聚丙烯酸系增稠剂，由丙烯酸或丙烯酸酯与烯丙基醚发生化学交联而得，其成分包括聚丙烯酸（均聚物）和丙烯酸酯/$C_{10\sim30}$ 烷基丙烯酸酯交联共聚物。其外观为松散白色粉末，能溶于水、乙醇、甘油，成堆密度约为 $208kg/m^3$，玻璃化温度为 $100\sim105℃$。分子中含有 $56\%\sim68\%$ 羧基，因此树脂呈弱酸性，0.5% 水分散体的 pH 为 $2.7\sim3.5$，其当量为 2.6 ± 4，平衡水分量为 $8\%\sim10\%$（相对湿度 50%）。卡波树脂被中和使羧基离子化后，由于负电荷的相互排斥作用，使分子链弥散伸展，呈极大的膨胀状态，并具黏性。中和后的凝胶对紫外线照射不敏感，不受温度影响，不支持细菌、霉菌生长。而电解质存在、持久搅拌或高剪切搅拌会造成凝胶黏度损失[34]。

卡波树脂具有优良的增稠性、凝胶性、黏合性、乳化性和悬浮性。由于其优越的性能，现已被收入美、英等国的药典，我国药典也已收载。卡波树脂在医药、化妆品工业中有着重要的地位[34]。

卡波树脂在化妆品和医药行业中主要用作增稠剂。增稠剂是能增加胶乳、凝胶等黏度的物质，一般为亲水胶体，兼有乳化作用。它实际上是具有流动性能的调节剂。在需要增稠的介质中添加少量增稠剂，就能显著增大体系的表观黏度，使之达到需要。随着现代工业化，增稠剂已在石油钻探、食品工业、农业、建筑业、化学工业及纺织印染等部门得到了广泛应用。增稠剂除了增稠作用外，近几年在其他领域的应用也得到了普遍的关注，例如在医药、电池等领域的应用也成了增稠剂研究的热点[34]。

（2）卡波树脂在化妆品中的应用

增稠剂在化妆品配方中有着举足轻重的地位，不但可以帮助配方师很方便地改变产品的黏度，而且还能够增加产品的稳定性、质感和触变性。对广大消费者说来，实用型的配方应该是使用性能、摆放持久性和产品美感度的有机结合。产品的流变性在改善和提高这些特性方面发挥着相当大的作用。配方师在设计配方时，一般要考虑配方产品最终的流变形式，因为产品的流动特性通常与产品的品质、稳定性和功能有密切的关系，合适的触变形态能给产品带来质感和美感，便于生产和使用，对配方的稳定性有一定的影响。因此，控制产品的流变特性是许多化妆品配方及制备的关键。很多化妆品的黏度会影响人们对产品的感官，从而直接影响消费者对产品的认可程度，控制这些流变特性成为此类个人护理品成功销售与否的关键性因素[35]。

卡波树脂在洗护类化妆品中作为增稠剂的应用越来越广泛，具有如下优点：①它对人的皮肤和眼睛不产生刺激，经过大量的毒理学试验发现，它具有很高的安全性，如今人们已经使用 60 多年；②它可以使香波有很好的悬浮稳定性，与纤维素及瓜尔胶等常用的悬浮稳定剂相比，悬浮稳定性更高、更持久；③它能够提高低泡沫体系的泡沫稳定性；④与丙烯酸酯/$C_{10\sim30}$ 烷基丙烯酸酯的交联共聚物具有很好的耐盐性能，这样即使在有盐存在的体系中，仍能够保持高黏度，受电解质浓度和 pH 值的影响较小，应用范围更加广泛；⑤它带有亲水的羧基，极易在水中溶胀，缩短了润湿时间，节省了很多人力、物力和时间；⑥它具有一定的弱酸性，可以有效地抑制细菌生长，所以它具有很长的保质期，容易储存[35]。

卡波树脂在化妆品中的具体使用方法：首先，将卡波树脂粉末均匀地撒在水面上，等到卡波树脂粉末在水中完全溶胀，形成均匀的分散液后，缓慢搅拌半个小时，加入部分碱液进行预中和，使溶液有一定的黏度，然后，在低转速的剪切搅拌下加入配方中的其他组分，最后，把卡波树脂中和到所需要的黏度。但是要注意，配方中应避免加入阴离子表面活性剂或高盐性表面活性剂，以免造成体系的黏度降低。如果要求产品的透明度较高，则必须选用去离子水进行配制，以确保产品质量，同时也避免在光照下引起黏度降低。此外，在混合过程中，不可使用具有高剪切速度的设施，例如高速剪切泵、均质器和胶体磨，以避免高剪切造成黏度降低[35]。

8.3.2.2　聚氧化乙烯

（1）聚氧化乙烯的基本性能

聚氧化乙烯（又叫聚环氧乙烷，PEO）按照分子量的大小通常可分为两类：一类是分子量 1×10^5 以下的，通常又叫聚乙二醇，一般为液体或蜡状固体；另一类是分子量 1×10^5 以上的，一般为硬的固体。高分子量聚氧化乙烯具有一些独特的物理性质和化学性质，生物毒性低，是很有前途的日化和药用高分子[36]。

聚氧化乙烯是环氧乙烷开环聚合而成的线型有规则的螺旋结构，其性质与蜡状的聚乙二醇很不相同，可以认为是新的高分子。聚氧化乙烯最突出的性质是兼有水溶性和热塑性，分子量 $10^5 \sim 10^7$ 的聚氧化乙烯具有高度有序结构，呈结晶态，熔程 $63 \sim 67℃$，能完全溶于水，可溶于部分有机溶剂，溶液黏度高。高分子量聚氧化乙烯有絮凝作用。聚氧化乙烯独特的长链线型结构赋予了聚合物综合的物理、化学性能：①给头发或肌肤留下丝般滑爽、优雅的手感；②卓越改善产品湿梳的性能，提供"无损式"护发；③改善表面活性剂体系的泡沫密度、丰满度、稳定性与持久性；④改善产品的润滑性和液态产品的低温流动性，并有助于提高产品稠度；⑤改善膏霜的涂敷性能及涂后感，用于防晒产品可帮助防晒剂成膜。

高分子量的 PEO 分子量大，很难被胃肠道吸收，因此口服毒性非常低。它基本不刺激皮肤，激活能力低、损伤眼睛的能力也很轻微，将 5％（质量分数）PEO 的水溶液注入兔子的眼睛，只引起轻微的灼烧。分子量大于 10^3 的 PEO 口服、静脉注射或经皮肤给药时是没有毒性的。据估计，人体每天可接受 PEO 的最大摄入量为 10mg/kg。PEO 的生物低毒性使得它在食品、药物和化妆品等领域有很好的应用前景[37]。

（2）聚氧化乙烯在化妆品中的应用

洗发水同时使用高分子量聚氧化乙烯（PEO）和阳离子羟基纤维素可以提供卓越的调理性能。用含有阳离子羟乙基纤维素和高分子量的 PEO 配方清洁头发，湿梳调理性比仅含阳离子羟乙基纤维素的配方改善 30％，阳离子羟乙基纤维素控制的硅油和甲氧基肉桂酸辛酯的吸附量分别有 27％ 和 25％ 的提高。

由于 PEO 的无毒性和成胶性，可用作假牙固定剂的组分之一，在假牙和口腔之间可起到缓冲作用，也有助于减少令人不愉快的气味和味道。PEO 水溶液是一种假塑性液体，利用其黏度对剪切速率的敏感性可用作接触镜即隐形眼镜用液，且细菌不易在 PEO 上生长，能保持接触无菌。

含有 PEO 的混合物可作为皮肤清洁剂（如洗涤剂、洗手皂等），该清洁剂具有良好的泡沫性能，易被水洗掉，会使皮肤产生柔软、光滑的感觉。还可以作为牙齿美白液的组分，得到效果很好的牙齿美白液。它也作为剃须膏的组分，在面部形成一层薄膜，实现不产生泡沫的剃须。PEO 经交联处理后制成的吸水树脂可用于妇女卫生巾和婴儿纸尿裤[36]。

8.3.2.3 聚丙烯酸钠

（1）聚丙烯酸钠的基本性能

聚丙烯酸钠是一种阴离子型聚合物电解质，是可溶的线型高分子化合物，其分子量的大小差异造成其应用在不同的领域，而且其净化效能高，在化妆品、农林园艺、涂料、石油化工、纺织、医药、食品、水处理等方面已经得到了工业化的应用。聚丙烯酸钠具有良好的溶解性，其分子内不含有亲水基团，在溶解于水后形成黏度极大的透明溶液，由于分子链延伸，使得水溶液产生黏度，而且黏度远远高于天然胶体。因此，可以利用聚丙烯酸钠这个特性，在化妆品中作为弱碱性的增稠剂[38]。例如，丙烯酸酯/十六烷基乙氧基（20）衣康酸酯共聚物、丙烯酸酯/VA交联聚合物等。聚丙烯酸类增稠剂有氢键结合增稠及中和增稠两种增稠机理。氢键结合增稠是聚丙烯酸类物质先与水结合形成水合分子，再与表面活性剂的羟基相结合，使其卷曲的分子在含水体系中伸展开形成水化网状结构，从而达到增稠效果。而中和增稠是在呈酸性的聚丙烯酸类溶液中加碱中和，其分子的离子化使得聚合物的主链产生负电荷，离子之间同性电荷相斥，促使蜷缩的分子伸直张开形成网状结构达到增稠效果；可溶性盐的存在、中和剂以及pH值对该增稠体系的黏度有较大的影响，pH值小于5时，pH值增大，黏度升高；pH值在5~10时黏度几乎不变；但随着pH值不断升高，增稠效率反而下降。一价离子只降低体系的增稠性能，二价或三价离子不但会降低体系的黏度，而且会在含量高时产生不溶性的沉淀物[39]。

（2）聚丙烯酸钠在化妆品中的应用

低分子量的聚丙烯酸钠具有广泛的用途，特别是分子量小于$2×10^4$的聚丙烯酸钠应用更为广泛，在日用化工领域主要用作水溶性表面活性剂、洗涤助剂等。因为聚丙烯酸钠具有螯合多价离子、分散污垢团粒和钙皂的作用，在污垢颗粒上有很强的吸附力，能提高阴离子表面活性剂的去污力。而且它具有良好的热稳定性和较强的抗冷水、硬水的能力，生物降解度高；在特种洗涤剂等中可部分替代三聚磷酸钠以减少对环境的污染[40]。

低分子量聚丙烯酸钠有良好的水溶性和较大的极性，能够结合水中的钙、镁等多价离子形成可溶的链状阴离子体，在工业热交换设备中应用较广，主要用于锅炉防垢和阻垢。分子量在500~5000的低分子量聚丙烯酸钠主要起分散剂作用[40]。

高分子量聚丙烯酸钠能产生宽广范围的黏度和流动性，低添加量可产生高黏度，且产品黏度受环境温度的影响较小，还能使不溶性组分永久悬浮于体系中，有助于提高产品的稳定性，延长成品的储存期。因此，它在日用化学工业中常用作化妆品（如面膜精华液、护肤霜等）增稠剂，对化妆品乳液的稳定性起着相当重要的作用，配方师不必受各原料之间的兼容性限制，使疗效性化妆品更趋于功能化、多元化；利用其成膜性制成头发定型剂、啫喱水等[40]。

聚丙烯酸钠高吸水性树脂具有吸水量大、保水性强和安全无毒等特点，在很多领域广泛应用，其产品形态很多，不同的形态分别满足不同的用途。在日化工业中应用最为广泛，如化妆品方面，在制造护肤霜、香水和花露水等化妆品的过程中可加质量分数0.5%~1.0%的高吸水性树脂，既可防止香料和酒精的挥发又可保持香味持久，还起保水增稠、滋润皮肤的作用。由于聚丙烯酸钠高吸水性树脂具有亲水性基团，在水、酒精中的溶解性好，用它作头发定型剂，在干燥时有耐潮性，但洗发时又因亲水性易去除。在染发剂中加入聚丙烯酸钠高吸水性树脂，可提高染发效果，此外，还可作为增稠剂、杀菌剂来配制营养型、药物型化妆品。在留香材料方面，利用高吸水性树脂对香料有较好的吸附作用和缓慢释放作用，制成的空气清新剂、飘香纸和芳香凝胶片香味持久。在卫生用品方面，如夹到多层片当中的粉状树脂可制成纸尿裤和卫生巾，具有质量轻、吸液量大和保水性好等优点；还可制成纸巾、毛巾和鞋垫等。此外，聚丙烯酸钠高吸水性树脂还可用作食品保鲜包装材料和食品的增稠、保形添加剂（高吸水性树脂添加量一般小于0.2%）[40]。

8.4 高分子在肤用化妆品中的应用

8.4.1 洁肤用化妆品

8.4.1.1 沐浴露

沐浴露又称沐浴乳，是指洗澡时使用的一种液体清洗剂，是一种现代人常见的清洁用品。沐浴露的发明主要是为了取代传统清洁肥皂的触感和功效。沐浴露接触人们肌肤时并不会有像肥皂那样硬邦邦的感觉，氨基酸沐浴露的效果格外明显，氨基酸沐浴露相较硫酸盐类表面活性剂为原料的沐浴露pH值偏低些，温和滋润肌肤，不会对皮肤造成强酸、碱刺激。沐浴露的主要成分为茶皂素、辛烯基琥珀酸淀粉糖酯等高分子。

（1）茶皂素

1）茶皂素基本性能

茶皂素始于20世纪30年代初，日本学者青山新次郎是第一个从茶籽中提取分离得到茶皂素的人，但他并没有纯化得到茶皂素结晶。茶皂素不仅具有抑菌，抗炎，止痛，降低血脂、胆固醇等生物活性，而且具有乳化、发泡、分散、润湿、稳泡等性能，是一种优良的天然表面活性剂。茶皂素属于可循环利用的新型资源，在自然环境中容易被生物降解利用，是一种环保型的、低碳的、绿色有机的、无公共危害的新型表面活性资源，并且在日化、轻工业、农业、医药、建材等领域都有应用，应用前景十分广阔[41]。

茶皂素是从山茶科、山茶属植物中提取出来的，以齐墩果烷型五环三萜为母核、旁支带有不同糖苷、糖醛酸或者有机酸等官能团的皂苷类化合物的总称，其化学结构如图8-10所示[42]。茶皂素具有皂苷的一般通性，吸湿性强，具有辛辣苦味，对鼻腔黏膜具有刺激性，会引起打喷嚏。纯净的茶皂素呈白色柱状晶体，平均分子式为$C_{57}H_{90}O_{28}$，分子量范围为1200~2800。

2）茶皂素表面活性

茶皂素分子结构中同时有疏水基团和亲水基团，具备了表面活性作用的条件。在茶皂素的分子结构中有强负电性的含氧基团，如—OH、—COOH等，这些含氧基团主要存在于与茶皂素皂苷元连接的糖苷、有机酸及其他小分子基团中，构成了亲水部分；其皂苷元为齐墩果烷型的五环三萜结构，为非极性，在水溶液中呈现憎水亲油的倾向，成为疏水部分。其双亲结构在界面上的作用用模型来表示，如图8-11所示。这种双亲结构使得茶皂素既能够亲水又能够亲油，是一种优良的天然非离子表面活性剂[42]。

3）茶皂素在化妆品中的应用

早前，江西等地民间就有使用茶皂素来洗衣服、洗头发的习惯。茶皂素是一种天然的表面活性剂，除具有良好的表面活性外，还具有较好的清洁去污功能，相比其他合成的表面活性剂，茶皂素具有高效、对环境友好、易生物降解、无毒无公害的特性。茶皂素具有较强的抗氧化性及一定的活性氧自由基清除能力，可以保护皮肤免受自由基诱导的细胞凋亡及随后的纤维化，可以防止细胞衰老，从而去除老年斑、雀斑、皱纹、妊娠纹等[42]。

将茶皂素应用于化妆品中，利用茶皂素去屑、止痒、生发、护发等特点研制出高档洗发水、天然草本洗发露；利用茶皂素驱虫、消炎的作用研制出防晒油膏；将茶皂素、薄荷叶、

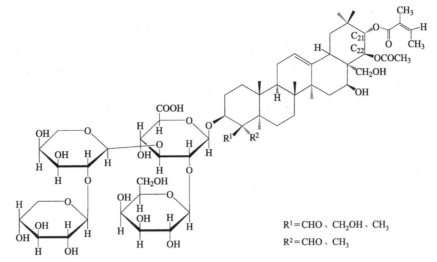

R^1=CHO、CH$_2$OH、CH$_3$

R^2=CHO、CH$_3$

图 8-10 茶皂素的化学结构

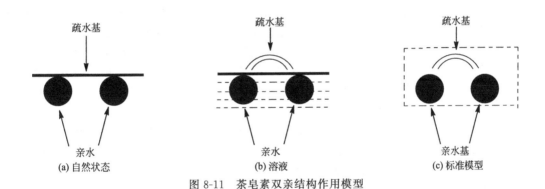

(a) 自然状态   (b) 溶液   (c) 标准模型

图 8-11 茶皂素双亲结构作用模型

皂角、首乌、香精等原料配制成洗发水，可改善发质无弹性、发色枯黄、发梢分叉等情况，同时还具有去头屑、止痒、杀菌、美发等功效[42]。

（2）辛烯基琥珀酸淀粉糖酯

辛烯基琥珀酸淀粉糖酯的商品名为纯胶，在碱性条件下由辛烯基琥珀酸酐与淀粉发生酯化反应而得。

糖酯因既有疏水部分又有亲水部分的结构特点，国内外在日化中应用广泛，尤其是用于护肤品和洗浴用品。例如，应用神经酰胺及其脂质体作为活性添加剂的高功能个人护理用品已在市场上出售。国际著名化妆品公司 Eliza-beth Arden 公司、P&G 公司及上海家化联合公司均已推出含神经酰胺及其脂质体的系列护肤品，且在我国、日本、美国、德国等很多国家都有有关神经酰胺作为化妆品活性组分添加剂的专利报道[43]。

8.4.1.2 洗面奶

洗面奶能清洁面部污垢、卸妆。品质优良的洗面奶应该具有清洁、营养、保护皮肤等功效。一般来说，普通洗面奶是不具有美白效果的。若在优质洗面奶中再添加适量的皮肤美白剂（如熊果苷、维生素衍生物、胎盘提取物、艾蒿、曲酸及其衍生物等），久用是会有美白功效的。

一般来说，洗面奶是由油相物、水相物、表面活性剂、保湿剂、营养剂等成分构成的液体状产品。其中，奶油状洗面奶含有油相成分，适用于干性皮肤；水晶状透明产品不含油相成分，如配方调理适当，可满足绝大多数消费者。洗面奶中表面活性剂具有润湿、分散、发泡、去污、乳化五大作用，是主要活性物。此外，根据相似相溶原理，在洁面过程中，可借油相物溶解面部油溶性的脂垢及多余的油脂，借其水相物溶解脸上水溶性的汗渍、污垢。洗面奶的基本类型有非泡沫型洗面奶、皂基型泡沫洗面奶、MAP 型泡沫洗面奶、胶原型洗面奶。表面活性剂是洗面奶的主要成分，作为洗面奶的活性物或有效物。表面活性剂至少有两个作用：一是溶于水中能在较低浓度条件下大幅降低溶液体系的表面张力；二是在达到临界胶束浓度后能形成大量胶束，起到润湿、增溶、乳化、分散等作用。

一般来说，根据表面活性剂在水中离解出来的离子类型及其所带的电荷不同，可分为三类：①阴离子表面活性剂，种类多、价格低，但一般抗硬水能力低，需要与助剂复配来使用；②非离子表面活性剂，目前产量低于阴离子表面活性剂、位居第二位，其生物降解性好、耐硬水、与其他表面活性剂有较好的配伍性；③阳离子与两性表面活性剂，一般去污能力弱，但具有较好的柔软、抗静电、杀菌等作用[44]。

阴离子型表面活性剂是指能够在水溶液中发生电离，极性头基是负电荷的表面活性剂，如磺酸基、羧酸基等。阳离子型表面活性剂是指极性头基是正电荷的表面活性剂，如十六烷基三甲基氯化铵等。两性离子型表面活性剂是指在水溶液中发生电离时，能够同时产生阴离子和阳离子的一类表面活性剂，如氨基酸型、甜菜碱型和咪唑啉型。非离子表面活性剂与离子型表面活性剂具有相似的分子结构，都具有亲水基团和亲油基团，其与离子型表面活性剂的差异主要集中在亲水基团上，非离子表面活性剂分子的亲水基团通常是由一定数量的含氧基团等组成的[45]。

在众多的表面活性剂里，阴离子表面活性剂占有举足轻重的地位，其在表面活性剂中的生产工艺最为成熟、种类最为繁盛、历史最为悠久。因其具有价格低、性能优、用途广的特点，阴离子表面活性剂在所有表面活性剂的生产中占据很大的比例，约为表面活性剂总产量的一半。根据阴离子表面活性剂分子结构不同，主要是亲水基不同，可以将阴离子表面活性剂分为以下四种类型：磺酸盐型、羧酸盐型、磷酸酯盐型和硫酸酯盐型[45]。

在四种类型的阴离子表面活性剂中，磺酸盐型阴离子表面活性剂是其中最为重要的一个品种，主要包含烷基苯磺酸盐、烷基磺酸盐、α-烯基磺酸盐、N-甲基油酰胺牛磺酸盐和琥珀酸酯盐等。羧酸盐型阴离子表面活性剂主要以羧酸钠盐为代表，它能够在水中电离出—COO—负离子。硫酸酯盐型阴离子表面活性剂主要包括脂肪醇硫酸酯钠盐和脂肪醇聚氧乙烯醚硫酸酯钠盐两种。磷酸酯盐型阴离子表面活性剂可以分为单酯和双酯两种类型，脂肪醇磷酸单酯双钠盐和磷酸双酯钠盐结构式如图 8-12 所示[45]。

20 世纪 50 年代之后，洗涤剂在使用过程中造成的大量泡沫对环境造成了巨大的污染，难以降解，成为焦点问题。直链产品具有很好的生物降解性，在 20 世纪 60 年代初，直链烷基苯磺酸盐开始登上洗涤剂工业的舞台，逐渐取代了支链烷基苯磺酸盐的地位。

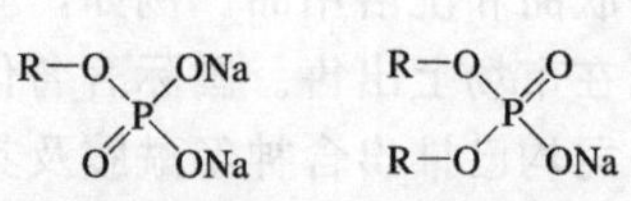

脂肪醇磷酸单酯双钠盐　　　磷酸双酯钠盐

图 8-12　脂肪醇磷酸单酯双钠盐和磷酸双酯钠盐结构式

目前，世界上表面活性剂品种约有一万多种，但能用于合成化妆品领域的品种很有限，只有十种左右，主要为直链烷基苯磺酸钠（LAS）、脂肪醇聚氧乙烯醚硫酸钠（AES）、脂肪醇聚氧乙烯醚（FAPE）、有机硅表面活性剂[45]。

(1) 直链烷基苯磺酸钠

直链烷基苯磺酸钠俗称 LAS，是较早就发展的阴离子表面活性剂，具有良好的去污、润湿、发泡、乳化等性能，有良好的耐酸性、耐碱性、耐水解性，但耐硬水性差。直链烷基苯磺酸钠对尘埃污垢、蛋白污垢和油性污垢的去除性较好，与其他表面活性剂配伍性较好，应用范围较广。但其缺点在于脱脂力较强，对皮肤的刺激性较大，衣物洗后手感较差，而且与酶制剂的配伍性较差[44]。

当今直链烷基苯磺酸钠的市场来源充足，其生产成本低、工艺成熟，被国内外广泛应用。以三氧化硫来磺化烷基苯，将得到的烷基苯磺酸同碱进行中和反应，得到烷基苯磺酸钠。原料烷基苯根据结构不同可分为直链烷基苯和支链烷基苯。以支链烷基苯为原料合成的洗涤剂废液在自然界很难被生物降解，因此也被称作硬性烷基苯。直链烷基苯的磺化产品具有较好的生物降解性，也被称作软性烷基苯。从 20 世纪 60 年代起，直链烷基苯已逐步取代支链烷基苯[45]。

烷基苯磺酸钠的结构式如图 8-13 所示。

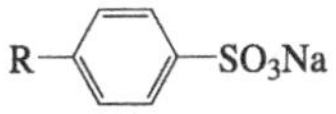

烷基取代基的碳原子数目一般为 12～18。烷基取代基的链长不同会导致直链烷基苯磺酸钠溶解度、表面张力、润湿力、起泡性等性能存在差异。直链烷基苯磺酸钠的水溶性一般可以通过其被取代的碳原子数来判断。一般来说，其被烷基取代的碳原子的数目越少，烷基的链长度越短，其疏水性就会越差，在室温下也越容易溶解在水中。表面活性剂

$$R-\!\!\!\!\bigcirc\!\!\!\!-SO_3Na$$

图 8-13　烷基苯磺酸钠结构式

的润湿力随烷基碳原子数增加呈下降趋势。表面活性剂的洗净力随碳原子数增多而逐渐提高。从其表面活性和生物降解方面考虑，制造洗涤剂时烷基苯中烷基的碳原子数一般为 10～13[45]。

(2) 脂肪醇聚氧乙烯醚硫酸钠

脂肪醇聚氧乙烯醚硫酸钠是脂肪醇聚氧乙烯醚经硫酸化后得到的产品，简称 AES。环氧乙烷的加成数为 3～5，其应用性能较为优越，具有很好的去污、润湿、发泡、乳化性能，其水溶性、抗硬水性都比 LAS 好，在较高的钙、镁离子浓度下不生成沉淀，有较好的钙皂分散力，广泛地应用于液体洗涤剂中。

20 世纪 70 年代初，合成洗涤剂导致水中的磷酸盐含量增加，导致水质富营养化，制取无磷或低磷洗涤剂的需求日益迫切，AES 再度回到人们的视野。AES 有很多优点，如较好的抗硬水性能，良好的稳定性和出色的溶解性等。近几年，在西方发达国家的洗涤剂市场上，AES 的用量增加，而 LAS 的用量相对减少[45]。

AES 与 LAS 按一定比例复配的效果比二者单独使用时更好。而且其性能比 LAS 温和，对皮肤和眼睛的刺激性小[44]。

(3) 脂肪醇聚氧乙烯醚

脂肪醇聚氧乙烯醚是非离子表面活性剂系列产品中的典型代表，是以高碳脂肪醇为亲油基与亲水基环氧乙烷进行聚氧乙烯化反应得到的加成物，与 LAS 和 AES 都是合成洗涤剂最主要的成分，具有很好的去污、润湿、发泡、乳化性能，有较高的去脂性能和耐硬水性能，广泛用于洗涤剂、洗发水、金属清洗剂、纺织助剂等[44]。

脂肪醇聚氧乙烯醚（FAPE）具有很好的去污、润湿、发泡、乳化性能，广泛用于洗涤剂、金属清洗剂、纺织印染助剂等。

阴离子和非离子表面活性剂复配使用，由于协同效应而发挥增效作用，去污力比两者单独使用时有所提高。

（4）有机硅表面活性剂

1）有机硅表面活性剂基本性能

自 20 世纪 60 年代以来，有机硅表面活性剂就作为一种新型的特殊表面活性剂开发研究。以聚二甲基硅氧烷为疏水主链，在其中间位或端位连接一个或多个有机硅极性基团所构成的一类表面活性剂被称为有机硅表面活性剂。在有机硅表面活性剂的分子结构中，既含有有机基团又含有硅元素，这类表面活性剂除了具有氧化硅的性质如耐高温、无毒、无腐蚀、耐气候老化以及生理惰性等特点外，还具有碳氢表面活性剂的表面活性高、乳化性、润湿性、分散性、抗静电性能好，以及能够消泡、稳泡、起泡等特点。目前，随着对这种表面活性剂的深入开发，以及应用领域的不断拓宽，有机硅表面活性剂的用途已经涵盖了日化、涂料、纺织、塑料、纤维、机械、农药、石油等工业领域，由于经济附加值很高，它不但具有高的开发价值，而且有广阔的发展前景[46]。

2）有机硅表面活性剂基本结构

有机硅表面活性剂化学结构通式如图 8-14 所示。

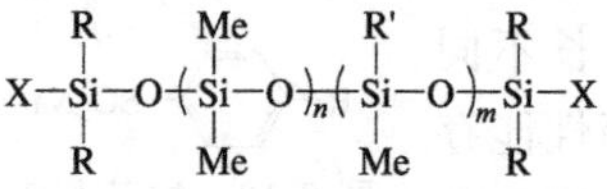

$$X\!-\!\underset{\underset{R}{|}}{\overset{\overset{R}{|}}{Si}}\!-\!O\!\!\left(\underset{\underset{Me}{|}}{\overset{\overset{Me}{|}}{Si}}\!-\!O\right)_{\!n}\!\!\left(\underset{\underset{Me}{|}}{\overset{\overset{R'}{|}}{Si}}\!-\!O\right)_{\!m}\!\underset{\underset{R}{|}}{\overset{\overset{R}{|}}{Si}}\!-\!X$$

图 8-14　有机硅表面
活性剂化学结构通式

式中，R 为烷基、芳基；R′ 为烷基、芳基、氢、碳官能团及聚醚链等；X 为烷基、芳基、链烯基、氢、羟基、烷氧基、乙酰氧基、氯、碳官能团及聚醚链等；n、$m = 0$、1、2、3…[46]。

最常见的有机硅表面活性剂：聚二甲基硅氧烷；聚甲基氢硅氧烷，俗称含氢硅油；聚甲基苯基硅氧烷，也被称为苯甲基硅油；结构式如图 8-15 所示。

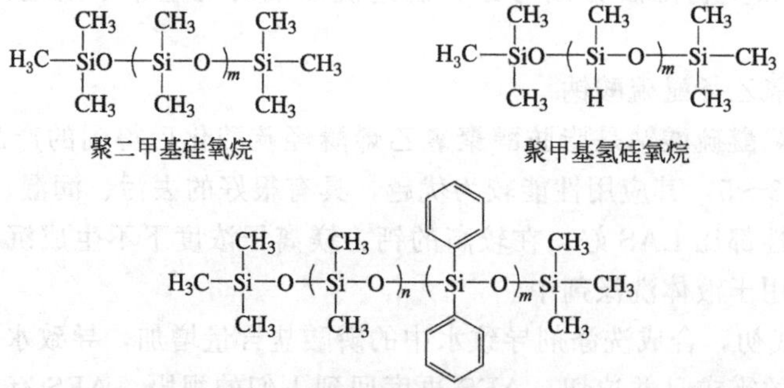

聚二甲基硅氧烷　　　　　　聚甲基氢硅氧烷

聚甲基苯基硅氧烷

图 8-15　常见有机硅表面活性剂

有机硅属于线型的聚甲基硅氧烷，分子为容易绕曲的"之"字形链节，分子结构决定了它具有以下的特性：①表面张力低。有机硅适宜用作消泡剂，表面张力低是很重要的因素。聚二甲基硅氧烷的表面张力比水、表面活性剂水溶液及一般油类都要低。②活性高，且在水及一般油中的溶解度低。聚硅氧烷分子结构比较特殊，主链含硅氧键，是非极性分子，与极性溶剂水不亲和，与一般油品的亲和性也比较小[46]。

8.4.1.3　香皂

（1）肥皂的基本性能

肥皂是指至少含有 8 个碳原子的脂肪酸或混合脂肪酸的碱性盐类（无机的或有机的）的总称。

肥皂从广义上讲，是油脂、蜡、松香或脂肪酸与有机或无机碱进行皂化或中和所得的产物。油脂、蜡、松香与碱的作用实质上是脂肪酸酯或脂肪酸与碱发生反应，因而肥皂是脂肪酸盐，是最古老的表面活性剂。

肥皂由碱溶液与天然油脂反应得到。早在公元前 2500 年，苏美尔人便利用草木灰与油加热制造肥皂。19 世纪 90 年代，电解 NaCl 制造 NaOH 方法发明，以碱皂化油脂制造肥皂便进入了工业化生产阶段。肥皂的大量商业化生产使其一度成为世界范围内主要的洗涤用品，20 世纪中期世界肥皂的年产量超过 800 万吨，达到鼎盛时期[44]。

香皂的主要成分也是高级脂肪酸盐，与肥皂生产工艺大同小异。

香皂主要用来洗手、洗脸、沐浴。其加工工艺与洗衣皂的区别在于，洗衣皂是用碱整理，而香皂用盐整理，以减少游离碱，碱含量低对皮肤刺激性小。香皂在去污功能的基础上，引进了具有护肤、保健功能的成分，在整理调和中加入杀菌、抑菌成分，美白成分，保湿成分等，形成各种特色，还可以调节组成使之适合干性、中性、油性皮肤[47]。

（2）肥皂的性质

1）表面活性

肥皂溶于水后可以降低水表面张力的性质称为肥皂的表面活性。肥皂具有表面活性，是因为皂体分子由易溶于水的亲水基（疏油基）和不易溶于水的疏水基（亲油基）组成。亲水基一端易被水分子吸附，疏水基一端则受到水分子的排斥而亲向不溶于水的物体（如油垢），从而使肥皂分子具有吸附、润湿、渗透、乳化等性能，起到洗涤、去垢的作用[47]。

2）吸湿性和溶解性

肥皂在潮湿环境中有吸收水分的能力，称为肥皂的吸湿性。肥皂吸湿时，含水量增加到一定程度则溶解成胶状物。

肥皂的吸湿和溶解是由于分子中亲水基的存在，分子的碳链越短、双键越多，其亲水性越强，则吸湿性越高，溶解性越大[47]。

3）润湿性

润湿性是指肥皂能使水与不溶性物体相吸附，并扩散、渗透到固体物之间及固体物内部的性质。它有助于污垢被卷离织物和污垢颗粒被分散，从而提高去垢能力[47]。

4）泡沫性

肥皂溶于水经搅动能产生大量泡沫，且消失缓慢，这种性质称为泡沫性或起泡性。泡沫生成有助于增大皂液的表面活性面积，并将污垢带起，对肥皂的去垢性能有一定的促进作用[47]。

8.4.2 护肤用化妆品

8.4.2.1 面膜

面膜具有洁肤和美容的功效，通过涂抹，面膜在皮肤上形成一层薄膜，经过一定时间干燥后，随着面膜洗去，可以将皮肤的污垢、皮屑和角质洗掉，同时面膜可以隔绝皮肤和外界空气，使皮肤的温度升高，毛孔扩张，皮肤就可将面膜中的营养成分吸收，改善皮肤状况，达到美容的功效。相对于其他护肤品类型，面膜的功效更为广泛，见效更迅速。因此，面膜越来越受到广大消费者的青睐。

人类远在古埃及金字塔时代，已知道利用一些天然的原料如土、火山灰、海泥等敷于面部或身体上，治疗一些皮肤病，发现这些物质具有不可思议的治疗效力。后来，发展到将粗羊毛脂与各种物质如蜂蜜、蛋类、粗面粉、粗豆类、水仙球根、菖蒲根、牛角粉和海鸟粪等混合，调成浆状，敷在脸上进行美容或者治疗一些皮肤病。

面膜是用粉末制成的泥浆状到透明流动状的胶状物。从其产品形态与使用方式来分，现在市场上的面膜主要有四大类型：剥离型、黏土/石膏型、膏霜型与面贴型。

剥离型面膜常常是透明凝胶状产品，成膜剂的选择和配方的确定是剥离型面膜制备中的关键要素，一般要选择成膜性较好且具有较高分散、涂抹功效的成膜剂。黏土/石膏型面膜的配方中粉状类的物质比重较大，涂抹开来呈白色粉末状，常常添加的粉状物质是珍珠粉。膏霜型及面贴型面膜的主要配方也是成膜剂、乳化剂、保湿剂和功效成分等。除了上述四种面膜类型外，还有近年来源自韩国、在中国造成大热的免洗面膜，也称为晚安面膜，它具有隔夜免洗的特性，因为使用方便及诱人的外观，受到人们的追捧[48]。

面膜是护肤品中的一个类别。其最基本最重要的目的是弥补卸妆与洗脸的清洁不足，在此基础上配合其他精华成分实现其他的保养功能，例如，补水保湿、美白、抗衰老、平衡油脂等。面膜的主要成分一般有纤维素、薏苡仁内酯、乳铁蛋白、免疫球蛋白等。

（1）薏苡仁

1）薏苡仁的基本性能

薏苡仁，别名薏米、川谷、菩提子，为一年生或多年生禾本科植物薏苡的干燥成熟种仁，属药食同源。薏苡仁有着丰富的营养价值及保健功效，常被人称为"世界禾本科之王"。

薏苡仁最早产于中国和东南亚地区，我国对薏苡仁了解的历史源远流长，早在中国的古典著作里就有记载，从古到今对其功效都有研究，把它当成养生和美容的佳品。在古代，薏苡仁多被用作药材，随着人们对薏苡仁不断地研究和了解，现今卫生部已将薏苡仁同金银花、灵芝、天麻等药用植物列为药食同源植物，为薏苡仁在食品工业中的开发奠定了基础。薏苡仁有很高的营养价值，常被用作食疗的材料代替药疗。对薏苡仁的研究，最初只是在薏苡仁的营养成分上，如蛋白质、维生素和糖类等，随着人们对薏苡仁研究的逐渐深入，对其发挥保健功效的主要活性成分也做了研究。薏苡仁的功效成分有薏苡仁多糖类化合物、薏苡仁酯类化合物及三萜类化合物等功能性成分[49]。

大量的研究指出，薏苡仁油的主要成分包括薏苡仁酯、甘油三酯类化合物、薏苡内酯（又称薏苡素）、棕榈酸、硬脂酸、长链脂肪酸、维生素 E、角鲨烯等。由此可见，薏苡仁油中不饱和脂肪酸所占的比重比较大，而不饱和脂肪酸具有抗氧化作用，对增强免疫力和抗氧化作用等有很大功效，因此，薏苡仁油具有良好的营养价值及保健作用，将其提取出来会有很大使用价值。薏苡仁多糖类化合物主要为淀粉，经测定，薏苡仁多糖主要是鼠李糖、葡萄糖、甘露糖、半乳糖、阿拉伯糖等。三种活性多糖 A（分子量为 1.4×10^4）、多糖 B（分子量为 1.7×10^4）和多糖 C（分子量为 2×10^4）构成了薏苡仁多糖。薏苡仁是淀粉质植物，淀粉构成了其化学成分的很大部分。薏苡仁中的蛋白质一般占 $12.18\% \sim 16.65\%$，且含有人体所必需又不能自身合成的 8 种氨基酸，这些氨基酸的比例非常接近人体的需要。薏苡仁蛋白质主要包括清蛋白、球蛋白、醇溶蛋白和谷蛋白，分别占蛋白质总量的 1.43%、6.20%、44.74% 和 37.38%[49]。

2）薏苡仁在化妆品中的应用

① 美容作用。薏苡仁的美容功效早在《本草纲目》中就有了记载，书中说到薏苡仁"健脾养胃，补肺清热，祛风祛湿，美颜驻容，轻身延年"。可见薏苡仁的美容作用确有其根据。现代研究表明，薏苡仁中含有多种维生素和矿物质，尤其含有可使人体皮肤细腻、祛除色斑、提亮肤色的维生素 E 和维生素 B_1。常食薏苡仁可以保持皮肤光泽细腻，对治疗粉刺、雀斑、老年斑、妊娠斑、皮肤皲裂、粗糙等都有显著的疗效。经研究，薏苡仁可以活血化瘀，促进皮肤的微循环、软化皮肤的纤维组织，使皮肤组织得到修复和再生。此外，植物薏苡的根、叶入药，具有美容养颜的功效[49]。

② 减肥作用。薏苡仁是谷类物质中纤维质含量最高的，又是低脂、低热量的，因此薏苡仁具有减肥功效。薏苡仁主要的活性成分是薏苡素、薏苡仁油脂及三萜类化合物等成分，

它可以辅助肥胖人群进行瘦身。每日用生薏苡仁 50～100g 熬成粥饮用，有利尿、燃烧身体脂肪的功效。薏苡仁不仅能够利水消肿，还可以促进人体新陈代谢。薏苡仁制成的减肥茶在日常生活中可用作节食用品[49]。

③ 抗衰老作用。薏苡仁内酯具有抗衰老的作用，除此以外，薏苡仁油中的不饱和脂肪酸、其他营养物质比如维生素 E 都具有抗氧化作用，而抗氧化对抗衰老是极其重要的[49]。

（2）骆驼乳

1）骆驼乳的基本性能

牛奶由于营养丰富而备受青睐，是许多人每日重要的营养来源。骆驼乳的营养成分绝不亚于牛奶，可以为广大牧民带来巨大的经济收益。骆驼乳的钙含量高，饱和脂肪酸含量低，甚至还具有医疗价值。骆驼乳是非常健康的产品，骆驼乳可以减少糖尿病患者对胰岛素的需求，对新生儿有益，不含过敏原，对消化性溃疡病患有益，对高血压也有帮助。

骆驼乳对许多人来说较为陌生，但在许多国家已经被视为一项不可替代的营养品。在阿拉伯骆驼乳已经是一种广为熟知的饮品；在俄罗斯、哈萨克斯坦，医生将其当成一种处方推荐给身体虚弱的病人；在印度，骆驼乳被用来治疗水肿、黄疸、脾脏疾病、肺结核、哮喘、贫血和痔疮；在非洲，人们经常建议艾滋病人饮用骆驼乳以增强身体的抵抗力；在海湾阿拉伯国家，人们认为它还具有滋阴壮阳的作用[50]。

2）骆驼乳的营养成分

骆驼乳的主要营养成分包括蛋白质、脂肪、糖类、维生素和矿物质等。骆驼乳营养成分及含量见表 8-3。

▣ 表 8-3　骆驼乳的营养成分及含量

营养成分	含量/%
蛋白质	3.55～4.47
脂肪	5.65～6.39
糖类（乳糖）	4.24～4.71
维生素	0.45～0.56
矿物质	微量

3）骆驼乳在化妆品中的应用

据科学分析，骆驼乳中含有酪蛋白、乳铁蛋白、免疫球蛋白、维生素、矿物质、脂肪酸、氨基酸以及多种生物活性物质，虽然其他动物的乳汁中也含有这些成分，以维生素 C 为例，100mL 骆驼乳与等量牛乳的维生素 C 含量分别为 3.8mg 和 1.0mg[50]。

乳铁蛋白是一种分子量约为 80000 的铁结合性糖蛋白。其一级结构是由 703 个氨基酸残基组成的，二级结构是由 α-螺旋和 β-折叠交替排列组成的。由于含有高活性的乳铁蛋白，骆驼乳可应用于抗衰老化妆品的研制中[50]。

免疫球蛋白是由 β-淋巴细胞的浆细胞生成的抗体，可以与肥大细胞中的受体相结合，使受体系统激活并释放出组胺。组胺可以增强毛细管的通透性和平滑肌的收缩作用，对丙酸杆菌属类厌气真菌所引起的痤疮有治疗作用。免疫球蛋白（Ig）是具有抗体活性、能与相应抗原发生特异性结合的球蛋白，占牛初乳总蛋白含量的 12%～33%。乳免疫球蛋白可分 5 大类，分别为 IgG、IgA、IgM、IgD 和 IgE。骆驼乳中的 IgG 含量明显高于牛奶和水牛乳。因此，骆驼乳可用于治疗粉刺、痤疮的化妆品和药品的研制中[50]。

不少研究显示，维生素作为一种有效的外用药，对维生素缺乏而引起的皮肤障碍和皮肤炎症来说，是有治疗效果的；维生素在合适用量范围内是安全和无副作用的。牛乳一直以来是人们比较熟悉的天然美容品。牛奶存在着普遍过敏反应，其以各种形式折磨着某些人群中高达50％的个体。而骆驼乳却避免了这一缺点，且其含有多种具有美容护肤作用的维生素，很多维生素的含量比牛乳中的含量更高[50]。

骆驼乳中的维生素 A、维生素 B_1、维生素 B_2、叶酸较牛乳中含量少；维生素 E、维生素 B_6、维生素 B_{12} 与牛乳中含量基本相同；烟酸和维生素 C 的含量明显高于牛乳。

维生素 C 可以抑制皮肤上异常色素沉着以及酪氨酸-酪氨酸酶反应进而起到抗酶化作用，还具有使酪氨酸生成的中间体多巴色素还原的作用，阻止黑色素形成。此外，维生素 C 可以预防紫外辐射的伤害，减少 UV-B 诱发的红斑，同时，预防 UV-A 对皮肤的伤害，是一种预防性的光防护剂。骆驼乳中蛋白和维生素 C 的最佳平衡，使骆驼乳成为一种美容的奢侈品，既可以防止皮肤氧化又可以增加皮肤的水分，而且适用于较敏感的皮肤和婴儿皮肤[50]。

烟酸在皮肤用品中有抗溃疡、愈合伤口、治疗粉刺等作用，可显著减轻一些化合物对皮肤的刺激感，有活血和增进血液流通的效果，有研究认为烟酸的上述活肤效果与它能促进皮肤保湿的脑酰胺的生物合成有关。

此外，骆驼乳中所含的叶酸可以活化皮肤表皮细胞，促进水分保持和营养吸收，减慢皮肤的角化速度，从而达到美容养肤和嫩化皮肤的目的。维生素 B_2 有助于粉刺的预防和治疗，调理皮肤。维生素 B_6 与人体氨基酸代谢有密切关系，可以促进氨基酸吸收和蛋白质合成，为细胞生长所必需，可用于治疗脂溢性皮炎、粉刺等皮肤炎症。维生素 E 有润肤、防护紫外线损伤和减缓色素或脂褐质沉积等作用[50]。

研究表明，骆驼乳中氨基酸种类齐全，人体必需氨基酸含量丰富，特别是色氨酸（Trp）含量显著高于牛奶。氨基酸可以提高皮肤免疫功能，调节水分、酸碱度，平衡油脂，有改善敏感性皮肤的抗敏能力，防止皱纹产生；激活皮肤细胞超氧化物歧化酶的活性，去除皮肤细胞过剩的自由基，有效延缓皮肤衰老；激活巨噬细胞的吞噬能力，增强淋巴系统排毒、解毒功能，有效阻断外界有害物质对皮肤的侵害；提高皮肤抗过敏能力，并有助于体内有害物质及老化细胞分解、排泄；可与皮肤中二价金属离子和胶原蛋白发生交联作用，维持足够的胶原纤维和弹性纤维，使皮肤柔滑、细腻、富有弹性[50]。

油酸能够保护皮肤，尤其能防止皮肤损伤和衰老，使皮肤具有光泽。亚麻酸有美白和抗皮肤老化作用。γ-亚麻酸与曲酸反应生成的 γ-亚麻酸酯可作为酪氨酸酶的抑制剂，具有抗黑色素生成的作用，可作为增白化妆品的功能因子，也可以制成药膏治疗色素沉着。另外，γ-亚麻酸可作为化妆品的天然油脂原料，具有保护皮肤、润湿皮肤、延缓皮肤老化、治疗慢性湿疹、促进血液循环等作用。

骆驼乳面膜的研制能将骆驼乳的上述功效集于一身，且其对面部皮肤的消炎抗菌、美白保湿、防辐射和抗衰老的功效远优于牛奶以及其他乳制化妆品[50]。

骆驼乳中还含有与牛奶接近且粒子范围明显宽于牛奶的酪蛋白，酪蛋白在化妆品工业中被广泛用于保湿剂、营养剂和调理剂，可改善皮肤的粗糙度，使皱纹细化，同时还可增强其他活性成分的效果。骆驼乳中还含有果酸（AHA）和水杨酸（BHA），骆驼乳是果酸和水杨酸的天然来源，而羟基酸被认为具有能够使皮肤圆润、光滑、细腻的功效[50]。

8.4.2.2　精华素

精华素是护肤品中之极品，成分精细、功能强大、效果显著，始终保持着较高的人气和销量。精华素是将护肤品中的高营养物质进行提取和浓缩，使其具有较多的微量元素、胶原蛋白、血清等营养成分，起到防止衰老、抗皱、保湿、美白、去斑作用。精华素一般分为水剂和油剂两种。

（1）植物精华素

从各种野生或人工种植的植物中提取的精华素，如桑叶精华、玫瑰精华、金盏花精华等，最受欢迎的是芦荟，因其刺激性小，对各类肤质都适用，主要效用是滋润、平衡水分和油脂分泌、消除红肿、减轻炎症。精华素就是根据肌肤活动原理研制的胶状营养液，天然植物配方，减缓眼部细纹，延缓肌肤老化速度，让肌肤重现活力与光彩；从天然植物中提取有效生物活性多肽序列，结合了组合化学和活性多肽优化等多种尖端技术。它的诞生标志着抗皱、祛皱化妆品从传统活性物向生物活性物转变。

（2）果酸精华素

从水果中提炼果酸，用从果酸中提取的保养肌肤物质制成果酸精华素，如甜杏精华、柠檬精华、水蜜桃精华、苹果精华。果酸精华素具有较强的毛孔收敛功效，可使肌肤紧致光滑，但过敏性肤质不适用。

（3）动物精华素

动物精华素所具有的抗皱、防干燥功效不容否认，如王浆精华、鲨烯精华等，性质温和、养分充足，适用于缺水性肌肤。

（4）维生素精华素

从对皮肤有益的维生素中提取的精华，如维生素 E 精华、维生素 C 精华，不同的维生素精华有不同的功效，有很强的针对性。所有精华素都富含维生素 E，对皮肤最有益处，通常的胶囊矿物精华素可补充肌肤所需的微量元素，适合工作繁重、压力较大的女性使用。维生素精华素针对性较强，但因不少维生素都具有水溶性，必须采用按压密闭式小瓶包装，否则其浓缩成分的生物活性会大打折扣。

（5）基因精华素

基因精华素是通过基因重组和生物工程技术得到的，是一种新型的、水溶性高分子生物胶原蛋白制成的精华素，也叫类人胶原蛋白精华素。胶原蛋白精华素采用世界顶尖的纳米胶原配以透明质酸、灵芝、人参等精华成分，深层补充肌肤能量，全面增强细胞活力及弹性，增加皮肤紧密度，扩大皮肤张力，缩小毛孔，清除表皮暗淡代谢物，能令肌肤的每寸纹理都饱满、紧致，带给肌肤由深层提升般的弹力感。添加的灵芝萃取精华能迅速渗入肌肤底层，全面发挥美白、滋养功效，消除肌肤粗黑、瑕疵等问题，皮肤得到迅速的美白再生效果，让皮肤更加润泽、光滑、白皙，肌肤即刻体验紧致、提拉，皮肤的表面还会形成一层保护皮膜。基因精华素无色素、无香料，柔滑，温和不刺激，快速渗透肌肤底层，补充皮肤所需能量，有效淡化细纹、皱纹，使肌肤丰盈、平滑、紧实、富有弹性，重现年轻光彩。胶原蛋白精华素可抵抗皮肤老化，预防并淡化皱纹，深层滋养肌肤，恢复肌肤弹性及张力，补充水分，排除毒素，有效地去除皱纹与色素，使皮肤恢复光泽和弹性，有效地淡化皱纹和斑点。其他精华成分可唤醒肌肤内部活力，为细胞注入源源能量并促进微循环，重现细嫩、润滑的平衡之美。

8.4.3　润肤用化妆品

8.4.3.1　皮肤结构与保湿作用

皮肤是人体抵御外界侵袭的第一道防线，总质量占体重的 5%～15%，属于人体面积最大的器官。皮肤由外至内可分为表皮、真皮和皮下组织三大部分，而表皮又可分为角质层、透明层、颗粒层、有棘层及基底层。皮肤最外层的角质层在屏障功能方面起着重要作用，角质层含水量在 10%～20% 之间时皮肤状态较好，若含水量低于 10%，皮肤易干燥甚至脱屑。皮肤除了屏障保护作用外，还具有感觉、体温调节、分泌、排泄及吸收等其他生理作用[51]。

人体皮肤中的天然保湿系统主要由水、脂类、天然保湿因子（NMF）组成。在角质层中，能够使水结合到细胞内的吸湿性和水溶性物质被称为天然保湿因子，它们是一组可溶性低分子物质，占干燥质量的 25%，其中氨基酸、吡咯烷酮羧酸和乳酸盐为主要成分，占 NMF 的 64%，此外还有尿素，葡萄糖和无机离子如钾、钠、钙等。水和 NMF 的结合是皮肤水合作用的静态方面，动态方面涉及角质层的选择渗透性和脂质屏障性，脂类呈层状填充于角质层细胞之间，起到形成屏障、减缓水分蒸发的作用[51]。

8.4.3.2　常用皮肤保湿剂

保湿剂根据不同作用机理可分为油脂保湿、吸湿保湿、水合保湿和修复保湿 4 类。油脂保湿主要是利用油脂的封闭性减少皮肤水分散失；吸湿保湿最常见，利用多元醇类如甘油、丙二醇、山梨醇等吸收外界水分达到保湿目的；水合保湿增强细胞的水合作用；修复保湿是指修复角质细胞的保水性。现已开发的保湿剂可分为天然保湿剂和化学合成保湿剂两种，其中天然保湿剂包括角鲨烷、霍霍巴油、蜂蜜、灵芝提取液、芦荟提取物、透明质酸、神经酰胺、丝蛋白类保湿剂、胶原蛋白等天然物质；化学合成保湿剂包括多元醇类保湿剂、乳酸钠、葡萄糖衍生物、聚丙烯酸树脂、蓖麻籽油及其衍生物、甲壳素和壳聚糖及其衍生物、吡咯烷酮羧酸钠等化学合成物[51]。

（1）霍霍巴油

护肤产品配方中许多非常有效的成分多是那些物理特性类似于皮肤表层的化合物。由于霍霍巴油可以与皮脂完全混合，将其涂抹在皮肤上，会在皮肤上形成一层非常薄的无油膜，这个局部的多孔渗水膜可以促进皮肤表层呼吸，调节皮肤的湿度。不同于矿脂、矿物油以及一些羊毛脂之类的多脂材料，霍霍巴油为广大消费者提供了一种不油腻、清爽的润肤剂。同时，霍霍巴油可以通过不完全阻隔气体及水分的蒸发方式明显减少表皮水分流失。霍霍巴油作为一种优异的保湿剂，具有易铺展、润滑的作用，在防止皮肤水分流失的同时给人以柔软但不油腻的清爽感觉，并使皮肤更加光滑有弹性[52]。

通过进一步的研究，发现霍霍巴油可以很快地渗入皮肤，起到从内到外滋润皮肤的作用。对皮脂穿透能力的药效研究结果表明，有 6 种因素影响其对角质层的渗透率：①黏度。低黏度油相对高黏度油具有较高的渗透率，而霍霍巴油的黏度较低。②饱和度。不饱和油具有较高的渗透率。③皂化值。皂化值越低，渗透率越高，而霍霍巴油皂化值很低。④碳链长度。碳链长度越短，渗透率越高。⑤卵磷脂含量。油中卵磷脂含量越少，其渗透率越高。霍霍巴油中不含卵磷脂。⑥分子结构。直链和支链酯的渗透性比甘油三酸酯的渗透性好[52]。

霍霍巴油由单一的不饱和脂肪酸和单一的不饱和脂肪醇组成，具有较低的皂化值，含有较少甚至不含卵磷脂。在密歇根大学所做的经皮吸收研究表明，霍霍巴油可以快速通过毛孔和毛囊得到吸收而进入皮肤。另外，霍霍巴油在快速吸收后，毛孔和毛囊仍处于张开状态，更能促进其发挥作用。通过毛孔和毛囊的霍霍巴油可以经毛囊（腺）皮脂腺组织扩散到皮肤的角质层。黏弹性正交实验表明，仅仅在使用 30min 后，皮肤表层中霍霍巴油的含量可增加 37%[52]。

保湿作用实验结果表明，霍霍巴油可以使面部表层干纹在使用 1h、4h 和 8h 后有效减少到 26%、18% 和 11%。研究表明，纯霍霍巴油以及加入化妆品配方中的霍霍巴油可以保持皮肤润滑达 8h 以上。总之，霍霍巴油可以在皮肤表层形成部分闭塞的液膜，并且快速扩散到角质层细胞间的空隙中，软化组织，从而起到有效保湿和润滑皮肤的双重作用效果[52]。

霍霍巴油进入皮肤的油相中，并与之结合，起到护理皮肤的作用，这是一个直接的过程。霍霍巴油的亲水/亲油平衡值大约为 6，也就是说，它几乎可以与所有的阳离子、阴离子、两性以及非离子表面活性剂组分相溶。霍霍巴油因其多功能可以取代矿物油、甘油三酸酯、羊毛脂、角鲨烷和人造酯，还可以促进产品功效达到一个新的水平[52]。

（2）芦荟提取物

芦荟的药用功效很早就被发现，早在公元前 30～前 20 世纪古埃及民间处方中芦荟被当作外用伤、泻药、安眠药、苦味剂、眼药等治疗疾病的草药来用。长期以来未经科学验证，芦荟一直被看成偏方，应用范围受到一定限制。近几十年来，一些发达国家，尤其是美国、日本等对芦荟进行了深入的研究，发现芦荟中含有抗病、防病的活性成分，证实了芦荟的药用和美容功效。

芦荟的功能迅速赢得了各国科学家的关注，纷纷进行研究和开发。美国是当今芦荟产业最发达的国家，1982 年，美国成立了芦荟国际科学协会（IASC），著名的 Aloe Crop 公司专门从事芦荟产业。1987 年美国就有八家工厂专门从事芦荟加工，芦荟凝胶原汁年产量达 1000 多万磅，供应全国 200 多家工厂，用于配制芦荟食品、化妆品、药品及其他产品。1996 年，美国芦荟产业产值高达 20 亿美元。在日本芦荟作为原料和添加剂已被广泛应用于保健饮料和食品中。日本生产的芦荟果汁、芦荟口服液、芦荟保健品、芦荟洗发露等产品，除销售本国市场外，还远销其他国家和地区。韩国芦荟产业起步虽较晚，但产业化进程很快，现已有几十家经营芦荟的企业，生产芦荟化妆品、饮料等多种产品[53]。

1）芦荟化学成分

芦荟的药用功效与它的化学组成有很大关系。芦荟含有几百种已知的和未知的物质，目前已研究清楚的化学成分有 100 多种，其中有效成分达 70 种以上，主要有芦荟素、芦荟大黄素、多糖、有机酸、蛋白质、多肽、氨基酸以及多种微量元素等[53]。

芦荟中的糖类分为单糖和多糖，是芦荟中主要的一种化学成分。单糖主要有葡萄糖、甘露糖、阿拉伯糖、鼠李糖、半乳糖和果糖等。单糖多作为蒽醌类化合物的配糖基形成。而多糖是芦荟中主要的糖类化合物，也是芦荟中主要的生理活性物质。芦荟中多糖的种类较多，主要存在于芦荟凝胶的黏液部分，通常也被称为糖胺聚糖。已发现的芦荟多糖主要有以下几种：①由 D-葡萄糖和 D-葡糖醛分子以 9∶1 组成的分枝多糖。②由部分乙酰化的葡萄糖-甘露聚糖组成的多糖。③以半乳糖为主和甘露糖、葡萄糖及阿拉伯糖组成的中性杂多糖。④以甘露糖为主和半乳糖、葡萄糖、阿拉伯糖及葡糖醛酸一起组成的酸性杂多糖。⑤由 β-(1,4)-糖苷键连接的直链葡萄甘露聚糖，分子量为 12000。⑥由 β-(1,4)-糖苷键连接的甘露聚糖，在 3 位或 6 位上部分乙酰化[53]。

芦荟中的蛋白质一部分与糖结合成为糖蛋白，一部分以酶的形式存在。有研究表明，芦荟叶片中蛋白质从叶尖到叶基含量逐渐减少。芦荟中氨基酸种类繁多，已经测定的有谷氨酸、天冬氨酸、异亮氨酸、亮氨酸、色氨酸、赖氨酸、苯丙氨酸、丙氨酸、脯氨酸、精氨酸、缬氨酸、半胱氨酸、天冬酰胺、组氨酸、酪氨酸、蛋氨酸、苏氨酸等。

芦荟中含有丰富的有机酸，主要有柠檬酸、酒石酸、苹果酸、丁二酸、肉桂酸和琥珀酸等。另外，还有少量的脂肪酸像肉豆蔻酸、棕榈酸、亚油酸、亚麻酸、花生四烯酸等[53]。

芦荟叶片内含丰富的黄色液汁，其主要成分为蒽醌类物质。蒽醌类物质是芦荟中主要的一种化学成分，是植物体内含有的酚类化合物。长期以来蒽醌类物质一直被认为是芦荟中抗炎的主要成分，其中最主要的是芦荟大黄素和芦荟大黄素苷（也就是我们现在常说的芦荟苷、芦荟素）等。

各种酶是芦荟中的重要成分，虽然量少但其功效却不可忽略。在常温和芦荟自身的酸度下，它可使芦荟所含的多种化学组分间彼此维持平衡。酶在芦荟的生物功能中占有重要地位。目前，芦荟中已发现的酶类有纤维素酶、羧基肽酶、舒缓基肽酶、过氧化氢酶、淀粉酶、氧化酶、脂肪酶、乳酸脱氢酶、碱性磷酸酯酶、酸性磷酸酯酶、谷丙转氨酶、血管紧张肽以及植物凝血素酶等十余种[53]。

2）芦荟化妆品

随着我国国民生活水平的日益提高，人们更重视自身的美容、护肤和健康，希望有更多的天然植物化妆品面市。研究证明，芦荟是极佳的天然植物保湿剂，除有良好的滋润肌肤功能外，还具有消炎杀菌、抗敏止痒、软化皮肤、防紫外线、抑汗去臭、防粉刺、增强细胞活力、促进皮肤新陈代谢以及养发护发等诸多方面的功能。在国内外，芦荟被视为天然植物添加剂，广泛应用于化妆品中。据报道，美国、日本含芦荟的名牌高档化妆品竟达80％以上，表明芦荟在化妆品中的应用价值很高[53]。

芦荟中富含糖胺聚糖成分，这些糖胺聚糖具有很好的保水性能，可对皮肤起到保湿作用，从而达到肌肤美容的效果。芦荟中的水分还能作为一种载体物质，很容易携带活性物质透过肌肤。另外，芦荟中乳酸镁与芦荟胶中的糖类成分相似，具有一定的水化作用，在护肤品中添加芦荟可以起到保水作用。

芦荟中的活性成分可以防止皮肤和循环系统衰老。衰老是机体内的降解作用超过了机体内的合成作用，尤其在人的面部表现最为明显，如皱纹的产生、黑色素沉积产生色斑。芦荟胶可以刺激皮肤胶原蛋白和弹性纤维合成。长期使用芦荟胶可以增加皮肤中可溶性的胶原质，芦荟中芦荟素可以阻止黑色素形成。芦荟中的维生素 A 和 β-胡萝卜素或者还有其他未知成分能够减少自由基形成，从而延缓衰老。芦荟对超氧阴离子自由基链式反应的影响研究结果表明，芦荟能加快 O_2 参加的反应，使反应提前终止，并抑制反应物向中间产物及中间产物向后续产物转化，该体系 O_2 自由基的链式反应可能被芦荟中某种化合物所阻断，从而达到抗氧化的效果[53]。

我国对芦荟在化妆品中的开发应用也相当重视，已被应用于洗涤、化妆产品中，芦荟洗涤用品如芦荟洗面奶、芦荟沐浴露等能够深度清洁肌肤，尤其对粉刺有很好的效果。有人将芦荟提取物加入剥离型面膜中研制出了具有一定药用功效的芦荟面膜，经过临床应用发现其治疗粉刺、暗疮的作用十分明显。芦荟还是美发、护发之佳品，芦荟汁液中所含的蒽醌类物质可以和人头发中一种氨基酸产生生物化学作用，能产生荧光物质，使头发富有光泽，乌黑发亮，并去屑止痒，目前已有化妆品生产厂家将芦荟添加入洗发水中制成芦荟洗发水，芦荟牙膏、芦荟香皂、芦荟洗面奶和芦荟护肤品也已投放市场[53]。

（3）丝蛋白类保湿剂

1）丝蛋白的基本性能

中国是天然蚕茧的故乡，发现并使用蚕丝已有近5000年的历史。目前，我国是世界上家蚕丝及柞蚕丝产量最大的国家，家蚕生丝产量约占世界一半。蚕丝是一种具有优良特性的天然蛋白质纤维，因具有独特的光泽、悬垂性、手感等而成为一种"高雅"的纺织纤维，素有"纤维皇后"的美誉。随着科学技术的进步，蚕丝在非服饰领域的研究越来越引人注目。

研究表明，丝粉（丝素粉）具有良好的生物相容性，无毒、无污染，可降解，可应用于食品添加剂、化妆品、生物医用材料[54]。

蚕丝由丝素蛋白和丝胶两部分组成，丝胶包在丝素蛋白的外部，约占质量的 25%，蚕丝中还有 5% 左右的杂质，丝素蛋白是蚕丝的主要组成部分，约占质量的 70%。丝素蛋白中包含 18 种氨基酸，以甘氨酸、丙氨酸和丝氨酸为主，由于丝素与人体皮肤和头发的角朊极为相近，具有易被皮肤、毛发吸收的特点，目前作为新型高级化妆品原料，备受人们的青睐[54]。

2）丝蛋白在化妆品中的应用

在日本学者平林洁教授将蚕丝研究应用于非衣料服饰领域之后，日本及我国市场相继出现了添加可溶性蚕丝蛋白（如丝素肽、丝素氨基酸）的化妆品。丝蛋白在化妆品方面主要有两种形式：即丝素粉和丝肽。

丝素粉保持了蚕丝蛋白的原始结构和化学组成，仍然具有蚕丝蛋白特有的柔和光泽和吸收紫外线抵御日光辐射的作用，丝素粉光滑、细腻、透气性好、附着力强，能随环境温度、湿度变化吸收和释放水分，对皮肤角质层水分有较好的保持作用[54]。

丝肽因水解程度不同，其分子量从几百到几千不等，丝肽产品依平均分子量来分类，根据需要进行选用。丝肽可溶于水，与常用的表面活性剂都能相溶。由于丝肽分子侧链中含有较多的亲水基，具有较好的保湿作用。丝肽分子量较小，渗透性强，可透过角质层与上皮细胞结合，参与和改善上皮细胞的代谢，营养细胞，使皮肤湿润、柔软、富有弹性和光泽。丝肽具有较好的成膜性，能在皮肤和毛发的表面形成保护膜，这种膜具有良好的柔韧性和弹性，作为护肤、护发和洗浴用品的基础材料是相当合适的。

丝蛋白作为化妆品基材，其主要优点是热稳定性好，防晒、保湿、营养等功能俱全，与其他化妆品原料有较好的配伍性，可广泛应用于化妆品领域。近年来，国内许多单位，如江苏省丝绸公司、陕西省丝绸公司、辽宁柞蚕丝绸科学研究院、浙江省蚕研所、山东烟台蚕研所、上海华银日化厂相继研究、开发出了丝蛋白化妆品和洗浴用品，受到人们的青睐[54]。

（4）聚丙烯酸树脂

1）聚丙烯酸树脂基本性能

相比于低分子增稠剂，高分子增稠剂具有使用量小、不受溶液 pH 值或电解质浓度影响等特点。在化妆品领域，许多水溶性高分子化合物不仅作为增稠剂使用，而且还可以作为悬浮剂、分散剂和定型剂使用。

无机高分子及其改性物类：无机高分子类增稠剂一般具有三层的层状结构或一个扩张的格子结构，最具商业用途的两类是蒙脱石和硅酸镁锂，该类增稠剂易吸水膨胀形成触变性凝胶矿物。在含有无机高分子增稠剂的溶液中加入电解质，体系中离子浓度增加，无机高分子中的片晶表面电荷削弱，片晶间相互作用力由排斥力转变为片晶表面的负电荷与边角正电荷之间的吸引力，平行的片晶相互垂直地交联在一起，通过溶胀产生凝胶并产生增稠效果。但是电解质过量时，离子浓度过大会破坏结构发生絮凝从而导致体系黏度降低。这类增稠剂主要应用于日化领域[55]。

纤维素类：纤维素类增稠剂通过水合膨胀的长链而增稠，其体系表现明显的假塑性流变形态。纤维素类增稠剂的使用历史较长，品种也比较多，有甲基纤维素、羟乙基纤维素、甲基羟乙基纤维素、乙基羟乙基纤维素、甲基羟丙基纤维素等。纤维素类增稠剂是一类非常有效的增稠剂，被广泛应用于日化领域[55]。

聚丙烯酸类：聚丙烯酸类增稠剂属阴离子型增稠剂，是第一种由人工合成的增稠剂，也是目前应用较为广泛的合成增稠剂，尤其在印染、日化、食品、医药、涂料等领域。聚丙烯酸类增稠剂在国际市场中涌现了许多型号的产品，国外相关合成技术也相当成熟。

聚氨酯类：聚氨酯属于非离子型缔合增稠剂，分子结构中含有—NHCOO—单元，简称HERU，是一种疏水基改性的乙氧基聚氨酯水溶性聚合物。聚氨酯由疏水基、亲水链和聚氨酯剂三部分组成，呈现出一定的表面活性，其中疏水基起缔合作用，决定着产品的增稠效果。该类增稠剂被广泛应用于水性漆和涂料行业[55]。

天然胶类：天然胶类增稠剂主要包含胶原蛋白类和聚多糖类两种，其中聚多糖类增稠剂是天然胶类增稠剂的主要产品。此类增稠剂的增稠机理：聚多糖中的糖单元含有 3 个羟基，能与水分子之间产生相互作用形成三维水化网络结构，从而产生增稠效果。该类增稠剂主要有黄蓍胶、果胶、透明质酸钠、瓜尔胶、阳离子瓜尔胶、汉生胶、菌核胶等。

聚氧乙烯类：聚氧乙烯又名聚环氧乙烷，由环氧乙烷开环聚合得到的不同聚合度的物质。根据分子量的大小可分为聚氧乙烯和聚乙二醇。一般把分子量大于 2.5×10^4 的产品称作聚氧乙烯，而小于 2.5×10^4 的称作聚乙二醇。其增稠机理主要与高分子聚合物链有关，聚氧乙烯在水溶液中的质量分数为百分之几时是假塑性流体，该体系的水溶液倾向呈黏稠状。体系黏稠性随着分子量增加和分子量分布变宽而增大，分子量大小、浓度、温度和测量黏度时的切变速度都会影响体系的黏度。但是在强酸、紫外线、过渡金属离子作用下，聚氧乙烯的水溶液会发生自动氧化降解，不再呈现黏稠状，失去其黏度[55]。

其他种类：聚乙烯甲基醚/丙烯酸甲酯与癸二烯的交联聚合物（PVM/MA 癸二烯交联聚合物）是一类新型增稠剂，可应用于醇、甘油和其他非水体系增稠。该增稠剂具有透明、稳定、肤感好等优点，常用在个人保护用品和药品中，如发胶等。

2）聚丙烯酸树脂在化妆品中的应用

聚丙烯酸增稠剂常应用于日化领域，应用范围非常广泛，例如啫喱、沐浴露、膏霜、护肤或护发类乳液、彩妆类、防晒类、牙膏、洗发水等。聚丙烯酸增稠剂的型号众多，不同型号的聚丙烯酸树脂可根据性能和需求应用于不同的产品。例如，Carbopol ETD 2020 可应用于洗发露；Carbopol 940、Carbopol 941、Carbopol 981 等可以应用于制备凝胶或啫喱以及水包油型膏霜乳液；在含大量电解质的配方体系中可加入耐电解质性能较好的 Carbopol Ultrez 20。不同型号的聚丙烯酸树脂能给使用者带来不一样的触感：Carbopol 940 配制的乳液能给人带来轻质、一触即溶的清爽肤感；Carbopol Ultrez 20 配制的乳液能在涂抹过程中给人丰盈稠厚的奢华肤感；Carbopol 981 配制的乳液带来的触感介于上述两者之间，给人带来滑爽不黏腻的印象。消费者选择日化用品时非常关注外观以及性能，因此需要根据不同的产品需求选择不同型号的聚丙烯酸树脂[55]。

聚丙烯酸增稠剂在生活中扮演的角色越来越重要，究其原因主要是该类聚丙烯酸增稠剂有以下优点：无毒、高效、稳定，对人的皮肤无刺激作用，应用于化妆品时能起到清洁、保护、美化、促进身心愉悦等作用；耐盐性能好，可以根据配方体系中的电解质浓度选择不同型号的聚丙烯酸树脂，如在电解质浓度很高的配方体系中可以选择上述的 Carbopol Ultrez 20；防腐性能好，容易存放；润湿时间短，使用便捷；流变性能优异，可根据配方需要选择不同型号和不同浓度的聚丙烯酸树脂调节体系的黏度[55]。

8.4.4 营养和治疗用化妆品

"药用化妆品"是指医药专业人士研究、开发或参与销售的化妆品。通常用于美容皮肤科。有人认为，"药用化妆品"成分为药物，可放心使用。而实际情况是，药用化妆品也是委托化妆品公司制造的，有医生充分参与、一起进行产品的研究开发的，也有全权委托化妆品公司的。

所谓"药用化妆品"，较常使用的是雌二醇、雌酮一类荷尔蒙制品；还有就是副肾皮质荷尔蒙，也就是类固醇一类的制品；再有就是添加维生素的制剂、防晒用品、美白祛斑制剂（A酸、对苯二酚、熊果苷、曲酸、水杨酸）、含氟牙膏、抗头皮屑洗发水、止汗剂等，都归入药用化妆品之列，由政府相关单位来监管其有关的规范。

按加入的成分可分为：①天然滋补品类，如银耳、珍珠、人参、花粉、灵芝、奶制品；②蛋白类，主要用动物或植物水解蛋白；③维生素；④中草药类，如当归、红花、首乌、丹参、黄芪、补骨脂等；⑤其他，如胆固醇、磷脂、硅油、微量元素。

药用化妆品主要作用是润泽皮肤、保护皮肤，对某些皮肤病也能起到一些辅助治疗的作用，如当归美容霜等。当归中的蛋白质、氨基酸等各种营养成分有使皮肤变白变细、增进皮肤健康、减慢皮肤衰老等功效，能达到治疗黄褐斑、雀斑等美容目的。也有以白芷、白及等配制的制剂，用以滋润皮肤，防止皮肤粗糙、皲裂。

21世纪，天然营养护肤品将成为宠儿，科学家将动植物的精华提纯，或将牛奶、血清、海洋元素、矿物质、果蔬汁液等加入护肤基质中，成为人们追求天然美容的新时尚。特别值得一提的是，中医药这颗璀璨的明珠将在化妆品领域大放异彩。当归、人参、灵芝、花粉、珍珠、鹿茸、胎盘等的提取物均因其内含丰富的氨基酸、维生素、天然保湿因子、微量元素和其他生物活性物质而受到国际权威美容专家的好评和消费者的青睐。

草药对美容的贡献是有目共睹的，而且越来越受到重视。

① 柴胡皂苷：研究人员对具有解表和里、疏肝理气及消炎作用的柴胡进行了深度研究，结果发现，柴胡中的柴胡皂苷不仅具有促进皮肤纤维芽细胞增殖的活性作用，而且还能有效地促进皮肤透明质酸及表皮细胞中胶原蛋白生成。也就是说，柴胡皂苷的这种皮肤赋活作用，能有效地改善和延缓皮肤的光老化或自然老化，增强皮肤的弹性、减少皮肤幼纹出现，让肌肤恢复细致、弹性和柔嫩。随着对柴胡研究的深入以及细胞培养、器官培养等生物技术的引入，科研人员已使柴胡皂苷的工业化变为可能，具有抗衰老功效的柴胡化妆品在全球的上市也指日可待。因此，深度挖掘中药成分将慢慢成为美容品发展的新趋势。

② 人参皂苷：人参皂苷应用于化妆品中有着明显的护肤作用，对皮肤角质层有很强的亲和性和"穿透力"，有促进细胞生长的功能，中国虽早有发展，但仍是方兴未艾。人参皂苷在化妆品中的应用将在未来几年大展宏图。

③ 植物提取物：植物提取物添加到化妆品中，在中国有其独到之处。从植物中提取的胶原蛋白、植物激素、植物多糖等可以大大增加化妆品的功效和性能，在国内外均有着广阔的前景。

④ 肉桂酸类：肉桂酸类将成为防晒品主要成分，二合一或三合一彩妆将是化妆品的发展方向。它不但有彩妆修饰的功能，而且结合了护肤，将成为新一代的时尚品。这时，它的幕后英雄多羟基酸及 γ-羟基酸将在抗皱和去痘产品中发挥大作用，而肉桂酸类防晒剂则会成为防晒化妆品中的主要成分，用于防晒伤、抗光老化及防止黑素瘤。

⑤ "植物黄金"叶黄素：上海交通大学植物科学系成功地研发出从万寿菊中提取叶黄素的新技术。叶黄素是一种广泛存在于蔬菜、花卉、水果与某些藻类生物中的天然色素，广泛应用在化妆品、饲料、医药、水产品等行业中，并且能够延缓老年人因黄斑退化而引起的视力退化和失明症，以及因机体衰老引发的心血管硬化、冠心病和肿瘤疾病。

亚麻籽油具有优异的性能，应用广泛。

（1）亚麻籽油的基本性能

亚麻籽油又称胡麻油，是用油料作物亚麻的种子制得的一种纯天然植物油。亚麻是亚麻科亚麻属一年生草本植物，喜凉爽、光照，耐寒，怕高温，通常生长在北纬45°左右的高原地区，是世界十大油料作物之一。亚麻籽是油用亚麻最主要的收获物，含有丰富的油脂、蛋白质、亚麻籽胶及木酚素等多种功能成分。亚麻籽含油量高达 45%，主要用于榨油。而加拿大、美国等发达国家作为亚麻籽主产国，都有专门的公司收购高品质亚麻籽加工生产含亚麻籽油及亚麻籽提取物的化妆品原料及化妆品产品。

化妆品用亚麻籽油主要通过低温压榨制得，沉淀过滤后还需经过脱酸、脱臭及除菌等技术处理，油色较浅，呈黄色，具有淡淡的坚果清香。英国 Seaton 公司化妆品用亚麻籽油的技术参数中规定酸价低于 0.5mg/g（以 KOH 计），与 1973 年日本厚生省公布的"化妆品原料基准"中收载的油脂常数基本一致。亚麻籽油不饱和度高，且具有黏度低、皮肤铺展性好、渗透性强等优点，容易被皮肤吸收；但其碘值较高，容易氧化变质，需要通过添加新型高效的抗氧化剂、密封、避光、冷藏等手段来提高其储存稳定性[56]。

（2）亚麻籽油在化妆品中的应用

古人早就认识到亚麻籽具有特殊药用价值，中国最早在《图经本草》中就有亚麻籽可治肠燥便秘、眩晕、病后虚弱、皮肤痒疹、皮肤干燥起屑、脱发和痈疮肿毒的记载。压榨亚麻籽油具有亚麻籽油特有的风味，是一种重要的天然保健食用植物油；冷榨亚麻籽油更是多种护肤、护发化妆品的珍贵原料，具有一些传统的用法[56]。

亚麻籽油中不饱和脂肪酸含量高，对皮肤具有优良的亲和力和渗透力，所含多种脂肪酸容易被皮肤吸收，以补充皮肤所需的脂质养分，修复干性皮肤和由于接触表面活性剂而损伤的皮肤脂肪酸水平，维持和增强皮肤细胞膜及间质的正常结构和功能；还可以在皮肤表面形成透气保水膜，减弱皮肤深层的水分损失，使皮肤保持湿润、光滑、有弹性。在化妆品行业有"维生素 F"美称的必需脂肪酸 α-亚麻酸和亚油酸占亚麻籽油总量的 70% 左右，这些必需脂肪酸极易渗入皮肤表层甚至深层，发挥修复和增强皮肤细胞天然屏障功能，增加皮肤细胞膜的流动性，增强表皮细胞的水合和保湿作用，减少经皮水分损失[57]。由于亚麻籽油具有良好的滋润和保湿性能，将其应用于护肤化妆品中可使皮肤光滑、柔润、细嫩而富有弹性；应用于护发化妆品中，同样可以通过补充头皮和头发中必需脂肪酸而增强其表层细胞的水合保湿作用，改善枯黄、干涩发质，使头发健康、顺滑且有光泽[56]。

亚麻籽油应用于化妆品中，除作为优良的调理剂和保湿剂外，还可作为治疗助剂，有许多独特的用途。如 α-亚麻酸可通过增加抗炎和抗增生物质前列腺素，抑制炎性物质类花生酸产生，发挥消炎和抗增生作用；对减轻由紫外线引起的红斑症及炎症反应也有效果；不仅如此，α-亚麻酸还可以提高皮肤渗透性，促进生物活性物质渗透吸收，与抗炎剂协同发挥抗炎作用。亚麻籽油中还含有微量肽类物质，如环亚油肽 A 等，也具有免疫抑制及抗炎作用。另外，亚麻籽油作为一种稀有的富含 Ω-3 系列 α-亚麻酸的天然植物油，对一些皮肤缺陷如皮肤干燥、粗糙、皲裂、皱纹、瘙痒、过敏、湿疹、痤疮等的修复具有明显的功效；其中，优质冷榨亚麻籽油对皮肤过敏症、湿疹、皲裂、婴儿尿疹、皮肤烧伤等多种皮肤炎症均具有明显的改善和治疗作用。对因缺乏必需脂肪酸 α-亚麻酸或亚油酸所引起的皮肤脂肪代谢紊乱更具有特殊的疗效[56]。

一般认为，男性脱发、秃顶主要与发根（特别是毛囊）中 5α-脱氢酶活性异常升高密切关联，作用机制为毛囊周围过高的 5α-脱氢酶将睾丸激素转化成脱氢睾丸激素（DHT），而DHT 可能通过减少毛囊的血液供应阻止毛囊生长，使头发停留于生长终期。研究发现，植物油中多不饱和脂肪酸 γ，α-亚麻酸及亚油酸单独使用对 5α-脱氢酶具有抑制效果，而且是至今发现的功能最强的一类 5α-脱氢酶抑制剂，甚至还能抑制皮肤和指甲中的 I 型 5α-脱氢酶，还具有一定抗炎作用[58]。亚麻籽油中 α-亚麻酸及亚油酸含量达 70% 左右，是优异的脱发治疗剂。

8.4.5 毛发用化妆品

头发由毛干（皮肤外部的部分）和毛根（皮肤内部的部分）组成。头皮是被毛干覆盖的，分泌的汗液和皮脂较多。头皮屑中除含脱落的角质层外，还有汗液干燥后的残余物和皮脂。此外，头发整形用化妆品常有残留物，外来的尘土和细菌等也很容易黏附在头发上。因此，毛发化妆品的首要功能是洗净头皮和头发，使头发柔软，保持光泽，去除静电使之便于梳理，并赋予头部清凉感和一定的芳香，刺激头皮，止痒，滋养毛根以改善头皮的血液循环，增强皮肤机能，保护头发、头皮不受细菌等微生物侵害。此外，在头发整形、卷曲（烫发）以及剃须时使胡须软化等也是毛发化妆品的重要功能。

8.4.5.1 霍霍巴油

霍霍巴油是洗发及去屑产品中用途非常大的组分。许多皮癣问题都是由于变硬的皮脂阻塞毛囊引起的，如果这些变硬的皮脂不去除掉，最终将导致毛囊不能正常发挥作用，致使脱发以及毛囊死亡。霍霍巴油可以快速渗入头皮以及发丝中，疏松并溶解这些变硬的皮脂，使发丝和头皮得到清洁，恢复其正常作用。霍霍巴油也是一种很好的增溶剂，可以清洗因使用发胶而沾染空气中灰尘的头发，使头发恢复清洁、顺滑。霍霍巴油具有无与伦比的发膜可塑性，可以使头发充分显示其自然色泽，可以 0.5％～3％ 的比例用于洗发产品的配方中。头发中脂质的重要作用是通过保湿改善发质，使头发顺滑；保持头发拥有充足的水分是使头发柔软、顺滑和具有光泽的前提，而这正是霍霍巴油所能提供的；阻止头发因暴露于恶劣环境而变得易损、失去光泽，充分改善发质，使头发恢复弹性、顺滑和有光泽[52]。

8.4.5.2 聚乙烯吡咯烷酮及其共聚物

（1）乙烯吡咯烷酮/乙酸乙烯酯共聚物

N-乙烯吡咯烷酮（NVP）/乙酸乙烯酯（VAc）共聚物简称 VAP 树脂，其分子结构既含有 NVP 结构单元，又含有 VAc 结构单元，同时具有 PVP 的某些性能特点，又具有聚乙酸乙烯酯的性能特点，是一种无色透明的固体，微溶于水，可溶于异丙醇、乙醇、乙酸丁酯等有机溶剂，无毒，不容易燃烧。VAP 树脂保留了 PVP 作为高分子的功能，同时克服了PVP 价格高昂的缺点。另外，VAP 树脂的溶解性、黏度等还可以通过调整 VAP 树脂中NVP 与 VAc 的组成比来调整。由于 VAP 树脂具有的优良特性，其在食品、化妆品、医药、印刷等诸多领域均有良好的应用前景，并在很多领域有取代 PVP 的趋势。

NVP/VAc 共聚物应用非常广泛，在许多方面可以代替 PVP 应用。它主要应用于化妆品方面。VAP 树脂具有很好的成膜性，由于它在分子结构中引入了疏水的乙酸乙烯酯单元，降低了薄膜对湿度的敏感性，所以在高湿度环境下不会发黏并延长保持发型的能力。NVP/VAc 共聚物的性能随 NVP 与 VAc 之比不同而不同，导入 VAc 可使共聚物膜柔韧，在干燥时减小膜的脆性。此外，用 VAP 树脂配制的防污染剂具有很好的防污染能力，并在水洗阶段和退浆阶段都有很好的使用效果。另外，VAP 树脂防污染剂对污水有絮凝、澄清作用，可以用在污水处理等方面[33]。

（2）乙烯吡咯烷酮/甲基二甲氨乙酯共聚物

在乙烯吡咯烷酮与甲基二甲氨乙酯共聚物中，由于导入了阳离子单体而提高了对头发和皮肤的亲和性。在一般 pH 值下，头发纤维的表面具有阴离子特性，使用阳离子有助于沉积、吸附作用，这类共聚物广泛用于洗发水、护发素、发膜以及一般定型摩丝制品。使湿发易于梳理，不发生头发缠结，当头发干时自然蓬松、有光泽、卷曲，犹如湿发时的发型[33]。

（3）乙烯基吡咯烷酮与苯乙烯共聚物

此共聚物水溶液中呈低黏度乳液，粒径是亚微细粒。乳液具有极佳的冰冻熔化性能以及剪切稳定性。对 pH 值及盐浓度适应性宽，仅稍微引起乳液凝聚。由于它在高 pH 值下的稳定性，所以在碱性冷烫液、定型液、洗发水、沐浴制品中应用极有利。配方中用量一般在 1% 以下，使用安全。

8.4.6　美白作用及皮肤美白剂

8.4.6.1　黑色素的合成过程

人类皮肤的颜色与细胞中黑色素的含量及分布密切相关，当黑色素含量过多或分布不均匀时，就会产生雀斑、黄褐斑等皮肤问题[51]。

黑色素是一种聚合物，结构复杂，颜色多样，广泛分布在细菌、真菌、植物和动物中。黑色素细胞起源于胚胎神经髓，随胚胎发育移至表皮基底层，黑色素合成和储存在黑色素细胞内独特的膜结合细胞器黑素体中，黑素体由细胞质的高尔基体成熟区（GERL）、反面高尔基体管网状结构（TGN）复合体形成，成熟的黑色素通过黑色素细胞树枝状突起向周围角朊细胞转移，每一个黑色素细胞周围大约有 36 个角朊细胞。黑色素随表皮细胞逐渐上行，最后随角质层代谢脱落而排出[51]。

哺乳动物的黑色素分为真黑素和褐黑素两种，真黑素为棕黑色，褐黑素可呈现出由黄色到红棕色的多种颜色，两者均通过酶催化和化学反应生成。黑色素形成过程如图 8-16 所示，在黑色素细胞中，酪氨酸酶将酪氨酸羟化为多巴（3,4-二羟基苯丙氨酸），多巴继续在酪氨酸酶作用下氧化为多巴醌，经由两条不同途径生成真黑素与褐黑素。真黑素的合成过程被称为 Raper-Mason 途径，多巴醌经多次聚化反应及与无机离子、还原剂、硫醇、氨基化合物、生物大分子发生一系列反应后生成白色的多巴色素，随后在酪氨酸酶相关蛋白-2（Trp-2）的作用下，生成真黑色素的单体吲哚前体 5,6-二羟基吲哚（DHI）和 5,6-二羟基吲哚羧酸（DHICA），在酪氨酸酶催化下氧化成 5,6-吲哚醌和 5,6-吲哚醌羧酸，最后与其他中间产物结合形成真黑素。褐黑素是多巴醌经半胱氨酸或谷胱甘肽催化发生共轭反应，随后经过其他反应最终形成的。黑色素细胞虽然可同时合成真黑素和褐黑素，但在一个黑色素体中仅存在一条合成途径，其中酪氨酸酶是主要的限速酶[51]。

黑色素的合成及其在表皮的分布包括黑色素生成相关蛋白的转录、黑色素体的生物发生、运输黑色素体至黑色素细胞树突顶端及最终转运到角质形成细胞等多个步骤。目前已发现超过 150 个基因参与黑色素生物学过程，如图 8-16 所示。

8.4.6.2　酪氨酸酶及肤色调控

酪氨酸酶是一种金属氧化还原酶，在植物、动物、细菌、真菌和人体中均有分布，酪氨酸为底物时具有单酚酶活性，以 L-多巴胺为底物时具有二酚酶活性。酪氨酸酶在昆虫中被称为酚氧化酶，只有在微生物和人体中，才被称为酪氨酸酶[51]。

酪氨酸酶的活性中心包含了耦合双核铜配合物，如图 8-17 所示，酪氨酸酶中每个亚基含有 2 个与组氨酸残基结合的铜离子，由内源桥基将其联系在一起，酪氨酸酶活性中心通过与底物的羟基键合形成过渡态配合物。

黑色素合成的限速酶主要有三种：酪氨酸酶、酪氨酸酶相关蛋白-1（Trp-1）和酪氨酸酶相关蛋白-2（Trp-2）。酪氨酸酶位于黑色素体的膜上，在催化过程中主要是其活性中心的双核铜离子起作用，酪氨酸酶活性越强则黑色素的合成数量越多，会导致肤色越深。该酶促反应受到底物、激素等多种因素的影响，如多巴胺、微量元素、促黑素等，其中很多因子还具有多种生理功能，如促黑素是一种非常重要的免疫调节因子，具有很好的抗炎和免疫调节

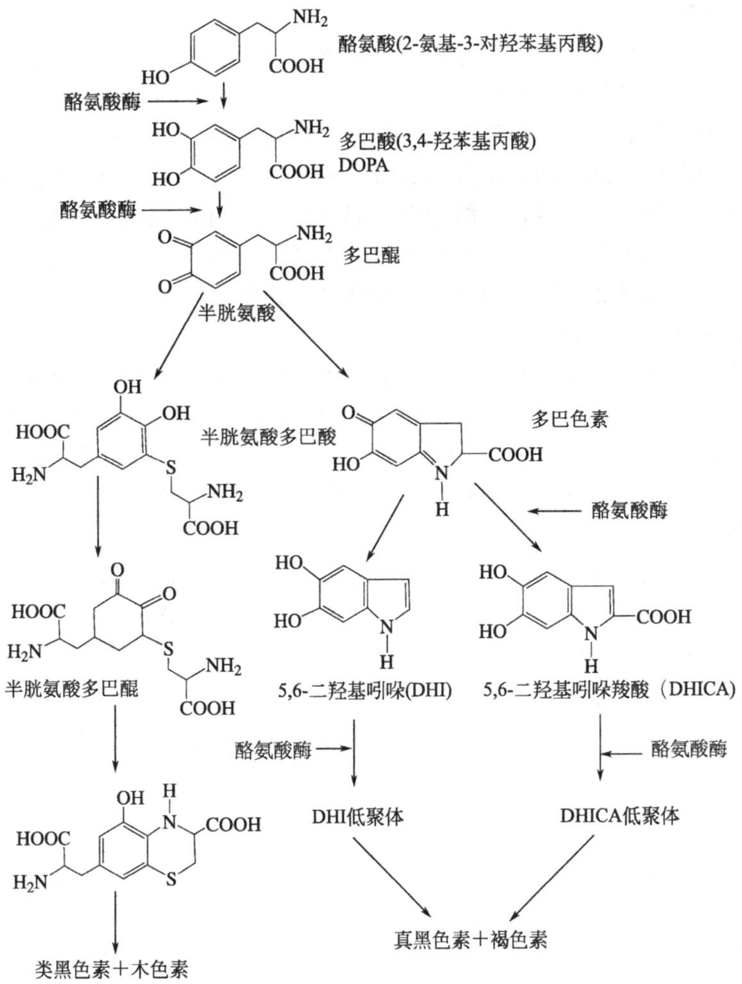

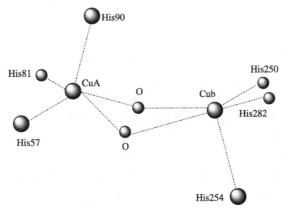

图 8-16 黑色素形成过程

图 8-17 酪氨酸酶的活性中心

作用[51]。

8.4.6.3 美白作用的机理

皮肤美白主要分为两种方式：一是抑制黑色素合成限速酶的活性，减少黑色素生成量；二是加速黑色素代谢从而使其排出体外。

酪氨酸酶、Trp-1 和 Trp-2 是黑色素合成的关键限速酶，目前的研究主要集中在天然植物提取物对酪氨酸酶的抑制方面，从抑制类型上可分为可逆抑制剂和不可逆抑制剂。可逆抑制剂是让抑制剂与酶分子以非共价键结合而引起酶活力降低或丧失，并且可用物理的方法，如透析、超滤、柱色谱等除去抑制剂而使酶活力恢复，而不可逆抑制剂主要是对酪氨酸酶活性中心的铜离子进行修饰和改性，酶活力不能恢复，其作用特点是抑制效果随时间延长而逐渐增强，最后可达到完全抑制[51]。

加速黑色素的代谢和排出，有将黑色素中间体还原成无色色素、抑制黑色素细胞增殖以及促进角质层脱落等方法。一些植物提取物具有很强的抗氧化能力，能将黑色素中间体如多巴醌、DHI、DHICA 等还原成无色的多巴色素，还有些能抑制黑色素细胞增殖，减少黑色素合成。一些有机酸能促进基底层细胞分裂，并使其逐渐向皮肤表皮推移，最后上行到角质层变成皮屑脱落。

另外，还有防御紫外线，消除各种炎症、致敏因子对黑色素形成的促进作用，及赋活肌肤细胞、提高皮肤自身保护能力，通过助渗剂加快美白成分的透皮吸收等方法。常用的紫外线散射剂或吸收剂可分为无机、有机和天然植物成分，有纳米级 ZnO 和 TiO_2、甲氧基肉桂酸辛酯、水杨酸辛酯、芦荟、芦丁、银杏、沙棘等[51]。β-1,3/1,6-葡聚糖是一种高分子糖类，可有效防护因紫外线辐射造成的伤害，并能加速受损皮肤复原。助渗剂常用原料有杜鹃花酸（又名壬二酸）、廿二碳六烯酸、海藻糖和脂质体等。

8.4.6.4 常用皮肤美白剂

多肽、蛋白质等大分子物质能够抑制酪氨酸酶活性。例如，醇溶性丝胶肽对酪氨酸酶活性有抑制作用，抑制类型为反竞争性。鱼胶原肽对酪氨酸酶的抑制能力较强，且随浓度升高，抑制率非线性增强，是安全的天然美白原料。从硬壳蛤中分离出的具有酪氨酸酶抑制活性的物质是一种多肽[59]。从烟草天蛾幼虫的角质层中分离得到一种不耐热的糖蛋白，能抑制酪氨酸酶活性[60]。

海洋生物尤其海洋藻类中含有多种化学活性成分。例如，念珠藻甲醇提取物对酪氨酸酶的抑制作用为可逆抑制，次级代谢产生的活性物质多为肽类和生物碱。从海洋生物中提取得到的一种小分子水解糖类有很好的美白作用，可能除了抑制酪氨酸酶活性和抑制细胞增殖以外，还能吞噬黑素小体。

生物和化学技术制备的美白剂超氧化物歧化酶（SOD）、过氧化氢酶（CAT）、金属硫蛋白（MT）等能够捕捉自由基，起到抑制酪氨酸酶活性的作用，使用较为广泛。有研究表明，选用 SOD 和 CAT 霜治疗黄褐斑，均有显著效果[51]。

维生素 C，又称抗坏血酸，能将色素中间体还原为无色，是一种可口服的、安全性极高的酪氨酸酶抑制剂。维生素 C 具有强大的抗氧活性，可消除氧自由基，影响皮肤修复和再生能力，延缓衰老，但由于稳定性较差，人们开发出了衍生物改善其稳定性，主要是维生素 C 的脂肪酸酯和脂肪酸酯盐，维生素 C 脂肪酸酯一般是 2,6-位衍生化产物。维生素 C 磷酸酯镁（维生素 C-PMG）经皮肤吸收后可在体内分解释放出维生素 C，同时也提高了皮肤的吸收率，大大提高了维生素 C 的疗效。此外，维生素 A、维生素 E 及其衍生物也有美白功效。维 A 酸能抑制人 A375 黑素瘤株细胞黑素含量、酪氨酸酶活性及蛋白表达[51]。

内皮素是人体表皮上的一种促细胞分裂剂，又是人体黑色素细胞的黑素原。一些植物提取液中含有的内皮素拮抗剂能阻止内皮素与黑素细胞膜结合，抑制黑素细胞增殖，减少黑素合成。一般的酪氨酸酶抑制剂要依次通过角质层、表皮深层、黑色素细胞膜和黑色素膜才能发挥抑制效果，而内皮素拮抗剂发挥效果快，只需通过前两层障碍与黑素细胞膜结合。目前，内皮素拮抗剂可从洋甘菊等植物中提取，也可以用生物发酵法制备[51]。

8.5 香精、香料的缓释作用

随着生活水平的提高，消费者对化妆品品质的要求也不断提高，只有简单护肤成分的基础配方再也不能满足消费者的需求，化妆品的趋势将越来越向着更加科学、天然和有效的方向发展，化妆品不仅有滋润、清洁、保湿、防晒、抗皱和护肤等作用，而且还有治疗、修复皮肤的作用，使皮肤更显年轻、自然，感觉更加细腻。所以，在现代化妆品配方领域，具有各种功效的活性成分和药物越来越受到配方师的重视，它们的应用也越来越广泛。这些具有各种功效的活性成分和药物在皮肤中的活性随其通过皮肤屏障的能力而变化，并与皮肤的状况及接触的情况如接触面积大小、时间等密切相关；另外，作为一种化妆品，使用时皮肤有好的感觉也很重要，这也是使用者能够接受它的重要前提。这两者都和基质的组成及特性密切相关。因此，各种美容化妆品的配方都需要考虑溶剂的活性，其基质一定要允许其活性成分通过角质层，促进活性物质穿透。

香精、香料物质的香味容易散发，保存时间不长。通过吸附或包埋除药物之外的其他物质，如将香精、香料吸附于淀粉微球或者微胶囊中，可延长香味的散发时间，并将通常的液态香精转换成固态，使物质不易变质，对功能性物质起保护作用，用微胶囊吸附目的物质还可达到缓释作用，更有利于目的物质的利用，提高使用效率。所以，近代一些化学家借助医药学一些理论和实验，将最初应用于医药学的载体系统、缓释理念和包埋技术应用于个人护理品领域，以增强产品的功效性、提高产品的稳定性、延长货架寿命、改善产品外观。

超微载体是指体积微小，粒径由几百纳米到几十微米，用于装载、保存和运输特定化学物质、药物进入特定反应区域或者透过皮肤进入人体组织的一类载体的总称[61]。其存在形式可分为微乳液、脂质体、纳能托、传递体、葡糖微球和微胶囊等。

8.5.1 微乳液

微乳液一般由水、油脂、表面活性剂和助乳化剂制成，是一种热力学稳定的分散体系。其液滴可以呈油包水状，也可以呈水包油状。在化妆品配方中，O/W 微乳液应用较 W/O 微乳液广泛。微乳液与普通乳状液相比，具有特殊的性质：界面张力小，有良好的增溶作用；胶束粒子很小，直径约为 10～100nm，易渗入皮肤；热力学更稳定，能够自发形成，不需要外界提供能量，经高速离心分离不发生分层现象；外观透明或近乎透明。所以微乳液化妆品发展非常迅速，在化妆品的多个领域得到了很好的应用，市场前景非常广阔[61]。

近年来，化妆品和疗效化妆品使用的活性物和药物日益增加，而一般活性物和药物的结构较复杂，溶解度较小，需达到一定的浓度才有效，通过微乳液的增溶性，可以提高活性成分及药物的稳定性和效力。以无毒性的甘油单月桂酸酯或甘油单辛酸酯为乳化剂，配制水包油型微乳液，能够很好地增溶 β-胡萝卜素、维生素 A、维生素 D、维生素 E、维生素 K 及它们的同系物和多聚不饱和脂肪酸这些难溶于水的油性物。微乳液也可提高香精和精油在水溶性产品中的溶解度，使它们很好地溶解到化妆品中，克服了传统用乙醇作为化学成分溶解香精的各种缺点。微乳液还可以包裹 TiO_2 和 ZnO 纳米粒子，添加在化妆品中具有增白、吸收紫外线和放射红外线等特性[61]。

8.5.2 脂质体

脂质体是由类脂组成的双层分子球形结构。类脂分子具有亲水基团和亲油基团，当它们分散在水中时，亲油基团相互结合处于膜的中间，亲水性基团排列成膜的内外表面，自发地形成双层分子球形结构，其粒径为 $50\sim500nm$。在球的中间可加载亲水成分，而在双层膜中间可加载脂溶性成分。各种脂质和脂质混合物均可用于制备脂质体，而磷脂是最常用的，如来自于生物体的卵磷脂、丝氨酸磷脂和神经鞘磷脂以及合成的二棕榈酰磷脂酰胆碱、二硬脂酰磷脂酰胆碱等。有研究表明神经酰胺脂质体是最天然的、理想的角质层脂质的屏障系统，不仅能满足脂质屏障的需要，而且能带给皮肤迷人的外观。脂质体化妆品除了具有微胶囊的优点外，还有其独特的性质。脂质体中的卵磷脂、胆固醇等本身就是天然的表面活性剂，具有良好的亲水性和亲油性，可以提高乳液的稳定性。脂质体涂于皮肤上后，类脂双层膜破裂，在皮肤上形成一个封闭的薄膜，活性成分渗透到表皮中，而膜材类脂却可滞留在皮肤表层和角质层起保湿作用，同时给皮肤补充必要的脂肪酸。构成脂质体的主要成分卵磷脂又是细胞的主要成分，其形态也与细胞相似，所以脂质体与细胞之间有很强的亲和力，可以增强有效成分对皮肤的渗透性，使活性成分可以达到皮肤深层，更有效地被吸收，或者完整的脂质体被细胞吞噬，然后进入细胞质中，再吸收。脂质体在化妆品中所起的功能、作用归纳起来为抗氧化剂、乳化剂、保湿剂、调理剂、软化和润肤剂、渗透剂、稳定剂、营养增补剂及维生素源。正是由于这些优异性能，脂质体在化妆品中的应用已引起人们极大的关注，至今欧美已有 100 多个新型含脂质体的化妆品上市。但由于脂质体的双层膜是一个动态开合膜，脂质体球体内的活性物可与膜外物质进行快速交换，如果在脂质体外存在少量表面活性剂，那么该表面活性剂就会迅速进入脂质体从而使其崩解[61]。

8.5.3 纳能托

纳能托是汽巴精化公司 1998 年发明的一种新型、稳定的化妆品活性物超微载体，是一种由卵磷脂和辅助表面活性剂以一定比例组成的单层膜状结构纳米胶体，平均粒径 25nm。纳能托透过角质层的概率和速率都远远高于普通的脂质体，能够使被包覆运载的活性成分到达表皮深层直至在真皮组织中发挥作用，与等质量其他载体相比，纳能托携带的活性成分更多，覆盖皮肤的效果更好。其在由卵磷脂形成的单层膜纳米级胶束中嵌入了辅助表面活性剂的锥形稳定结构有效阻碍了核中活性物质与核外界表面活性剂等其他物质交换，即有效地阻止了表面活性剂等对纳米胶体膜的溶解、破坏作用。这使得纳能托能够在化妆品的配方、贮存、运输以及消费者使用过程中保持较高的稳定性，使之能够更有效地扩散，透过皮肤角质层，被表皮细胞吸收或溶合。纳能托是现在性能非常好的超微载体，有可能引发一场外用药物和化妆品的革新。汽巴精化公司出品的两种包覆了 D-泛醇和维生素 E 的纳能托天来达 P及天来达 E 可以广泛应用在抗衰老及保湿型护肤液、润肤霜、爽肤水、精华素、特殊眼部护理液、眼霜、防晒及晒后产品等中[61]。

8.5.4 传递体

1992 年，Cevc 等[62] 首先提出 transfersome 这一概念，并对其制备方法和作用机理进行了初步探讨。1993 年开始对传递体自身变形性及其机理进行了更详细的研究。目前被大多数学者所认可的传递体的透皮机制是渗透梯度和水合力理论。Hadgraft[63] 则认为大分子物质如胰岛素、基因传递体透过皮肤角质层的作用机制应与传递体作用于皮肤后调节了角质层的状态有关。传递体是一种自聚集泡囊，亦称为柔性脂质体。它是由脂质体处方改进而来的，其主要组成成分为磷脂和表面活性剂（如胆酸钠、去氧胆酸钠等），有时加入一定量的乙醇，粒径多为几十纳米，外观为胶体溶液。嵌入泡囊膜中的表面活性剂扰乱了双分子层磷脂酰基链的顺序，使得有序参数显著下降，混乱度增加，泡囊在透皮水化力的作用下，能自身挤压通过角质层间区域。而且这种变形是短暂的，不是不可逆的，只涉及泡囊形状和体积的改变，并没有引起泡囊破碎。在加压通过比其自身尺寸小许多的膜孔屏障时，泡囊的变形性是非常显著的，其透过速率和量几乎与纯水相当。所以它能转运不同的活性物，而不需要考虑其大小、结构、分子量或极性。目前，主要研究传递体用作不同药物的透皮载体，有些传递体药物的皮肤透过率达 80％以上。传递体具备常规脂质体所不具备的柔性、快速透皮性，在化妆品中作为药物和活性物质特别是生物大分子活性物质如脂类或蛋白质类的透皮载体，具有很好的应用前景[61]。

8.5.5　葡糖微球

葡糖微球用于上层皮肤活性物的传输和保持，是一种含固态核心的超分子结构。固态核心由多糖组成，包含很强的阳离子基团，有很强的亲水性，并赋予颗粒化学和物理化学方面的稳定性、出色的生物相容性，具有包裹亲水性活性剂的能力。阴离子亲水活性物以离子键和葡糖微球核的阳离子基团键合，其稳定性是其他载体无法比拟的。脂肪酸单层共价地接在葡糖微球中心核的外缘，使得这个粒子在没有改变其内核亲水性的情况下具有一个亲脂性的外层，从而形成一个极性脂质体的有序排列，使得葡糖微球能够负载大量的亲油性活性物质。同时，由于它具有很小的粒径（20～200nm），能够很好地渗透角质层最上层。葡糖微球运载作用非常显著，可保持运载物的高稳定性，能包裹、保护如维生素、生物酶、抗自由基剂、美白剂等一些过去在化妆品中无法最有效使用的高活性纯天然植物精华，确保它们在产品的工业生产、储存、使用过程中不受破坏，长期保持新鲜活性。在使用时这些营养活性物又能被葡糖微球载入皮肤，直接释放到组织细胞上发挥作用，同时防止被包裹物与配方中的组分发生反应。使用神经酰胺、胆固醇及其他天然脂质等微粒作用葡糖微球的极性脂质外层，就可以得到一种独特的角质微球，既可作为缓释载体粒，又可被用于保湿剂，在皮肤表面立刻形成一层保护膜，阻止皮肤水分丢失，使皮肤得到充分滋润；还可作再生调理剂，渗透进皮肤表层组织，修复和强化角质层组织结构，恢复皮肤的自然活性，从根源上防治皮肤老化，使皮肤得到修复，减少和防止皱纹产生，恢复到健康肌肤[61]。

8.5.6　微胶囊

微胶囊技术是指把分散的固体物质、液滴或气体完全包封在一层致密膜中形成微胶囊的方法，微胶囊是指一类用有机高分子薄膜包覆的直径为 $1\sim1000\mu m$ 的球形微型容器。通常情况下，微胶囊内部的物质叫芯材，把有机高分子薄膜叫壁材。微胶囊的壁材主要是天然或合成高分子材料，天然的材料有生物大分子、植物胶类、蜡类以及现在被广泛使用的海藻酸盐类和壳聚糖类；半合成高分子材料主要是改性纤维素类；合成高分子材料种类则很多，如均聚物类、缩聚物类和共聚物类高分子材料等。芯材的质量一般占整个胶囊质量的 70％～90％，芯材的包覆率大部分在 25％以上，但很难达到 100％。

微胶囊具有一定的功能，可以使一些液体和气体变成干燥的粉末，可以降低易挥发物质的挥发性，可以提高某些物质（易氧化，易见光分解，易受温度和水分影响等）的稳定性，可以隔离一些活性成分，可以控制并延长芯材的释放时间和速率等[64]。它能包封和保护囊芯内的物质，使其不受外界温度、湿气、氧气和紫外线等因素的影响，使性质不稳定的囊芯不易变质。通过胶囊化，把化妆品中的色素、紫外线吸收剂、活性酶以及皮肤润湿剂等制成微胶囊产品，可以透过表皮的障碍层，诸如死细胞层而进入表皮以下的组织，持续释放活性物质，达到深层和持久的皮肤护理。在化妆品中，可用微胶囊将某些禁忌配伍的组分隔离放在同一产品中，例如用两种以上具有防晒功能的活性成分配制防晒护肤品，将其中之一微胶囊化，再与其他组分混合，可制得优质的产品。将香料、香精微胶囊化，以降低其挥发性，保持其长久散发香气。化妆品中的有些添加剂如维生素 C、维生素 E、氨基酸、超氧化歧化酶（SOD）等微胶囊化后，可增强稳定性，防止其氧化变质；特殊活性成分如果酸、防晒剂等，经微胶囊化后，既可以按照要求的速率逐步释放，达到长效、高效的目的，又防止了对皮肤的刺激。药物化妆品中有色泽和气味的草药液微胶囊化后，可以掩蔽使用时的不良味道。在化妆品中，将不溶于水的物料微胶囊化后，可分散在水介质中，易于配料和使用。但微胶囊也存在包埋基质成分在皮肤中铺展性不好，会在皮肤表面残留不均匀的包膜外壳，甚至有时会发生爆释现象等缺点[61]。

8.5.6.1 微胶囊壁材

一般来说，只要能够达到成囊所需性能并可以在囊芯材料表面沉降的物质都可作为微胶囊的壁材[65]。而壁材的选择一般都要遵循一定的原则，首先，选取的壁材不能与芯材发生化学反应，但能和芯材很好地配伍；其次，要考虑壁材是否稳定、力学强度是否良好、是否具有成膜性能、是否具有乳化性能、能否被油相或水相溶剂溶解等一些物理性质和化学性质；最后，要考虑选取的壁材物质价格是否合理，制备是否简单、容易。高分子聚合物具有良好的成膜性，因此，常被用来当作制备微胶囊的壁材材料，其中包括天然高分子材料，半合成高分子材料和合成高分子材料。

（1）天然高分子壁材

常见用于制备微胶囊的天然高分子壁材有壳聚糖、阿拉伯胶、明胶、海藻酸钠、松脂、糊精、淀粉等，其主要特点是易于形成膜、无毒害作用、化学性质相对稳定。该类壁材主要通过物理化学法和物理法制备微胶囊，其中明胶、阿拉伯胶主要通过凝聚法制备微胶囊；海藻酸钠通过凝胶法和锐孔凝固浴法制备微胶囊[66]；壳聚糖应用范围较广，可通过各种凝胶法和凝聚法制备微胶囊；淀粉主要通过喷雾干燥法制备微胶囊。

（2）半合成高分子壁材

这类材料主要是改性纤维素，包括羟甲基纤维素、乙基纤维素等。这类物质的毒性相对较小，形成盐之后有较大的溶解性，黏度较大，而且部分物质易水解、高温分解、稳定性较差、现用现配。羟甲基纤维素主要应用在溶剂挥发法和锐孔凝固浴法中；乙基纤维素应用较广，可应用于喷雾干燥法、复合凝聚法、溶剂挥发法、溶剂蒸发法、油相分离法等制备方法中[67,68]。

（3）合成高分子壁材

合成高分子材料的化学性质稳定，更容易形成薄膜。此类材料比较多，常见的有聚乙烯、聚酰胺、聚氨酯、聚乙二醇、聚甲基丙烯酸甲酯、环氧树脂、聚丙烯酰胺等，其主要通过化学法和物理化学法制备微胶囊。

8.5.6.2 微胶囊的制备方法

制备微胶囊的方法涉及的领域包括分散和干燥技术以及物理化学、材料化学、高分子化学、胶体化学等学科，目前，已经有 200 多种制备微胶囊的技术。由于制备微胶囊的反应机理、制备过程、成囊条件控制和微胶囊的性质不同，可以将微胶囊的制备方法大体分为物理法、化学法、物理化学法三大类（如表 8-4）[64]。

⊡ 表 8-4　微胶囊制备方法的分类

分类	包含方法	特点	应用
物理法	喷雾法、空气悬浮法、静电结合法、溶剂蒸发法等	对设备要求高，比较环保，操作较为简单，但包覆率和产率较低	主要用于固体和液体芯材，包括热敏性材料、油脂、活性物质、香料、食品添加剂等
化学法	原位聚合法、界面聚合法、锐孔凝固浴法等	对单体要求较高，反应速度快，设备要求低，包覆率较高，成本较低	固体、液体、气态均适用，一般芯材为活性物质
物理化学法	凝聚法、相分离法、复相乳化法、熔化分散冷凝法等	成膜材料对某些条件比较敏感，不同方法有不同特点，需具体分析	多适用于固体和液体芯材，主要包括精油、油脂、易挥发性物质、热敏物质

其中，物理法对设备要求高、包覆率和产率低等特点说明该方法成本高且实用性较差，应用受到局限；而物理化学法和化学法对设备的要求不高，一般在反应釜中即可完成，不需要大型复杂的设备、制备方法相对简单容易、成本低、包覆率和产率相对较高，因此被广泛地使用和研究。

8.5.6.3　化学法制备微胶囊的原理及分类

化学法制备微胶囊就是通过聚合反应、固化反应等化学反应生成壁材包覆芯材，制备出稳定的具有特殊性能的微胶囊的方法。制备微胶囊的化学法具有机理明确、影响因素多、可控制性强等特点，是成囊性能范围较为宽广的技术性方法，也是使用最为广泛的重要方法[64]。

（1）化学法制备微胶囊原理

应用化学法制备微胶囊的主要反应有聚合反应（包括共聚反应、均聚反应、缩聚反应）和固化反应。

共聚反应是具有两种或两种以上的反应单体分子直接接触发生聚合生成高分子化合物的反应。如由苯乙烯和二乙烯基苯制备聚苯乙烯：

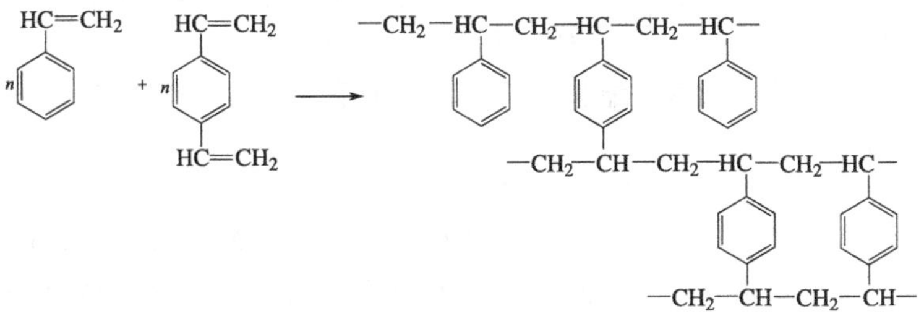

均聚反应为一种含有不饱和共价键的反应单体聚合形成高分子化合物的反应。如用氰基丙烯酸酯作为单体发生聚合反应生成聚氰基丙烯酸酯：

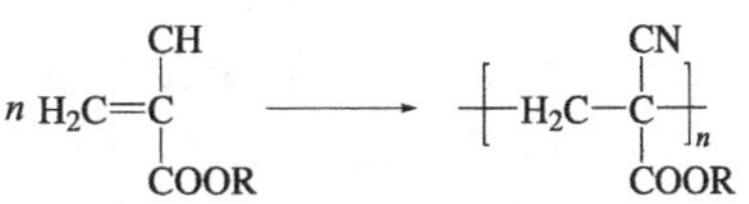

缩聚反应是化学法制备微胶囊的主要反应类型，主要是含不同官能团的小基团分子间通过化学反应脱掉小分子而聚合形成高分子。

例如，二（多）元胺和二（多）酰氯制备聚酰胺：

$$n \ H_2N-R-NH_2 \ + \ n \ Cl-\underset{O}{\overset{||}{C}}-R'-\underset{O}{\overset{||}{C}}-Cl \ \longrightarrow \ \left[HN-R-NH-\underset{O}{\overset{||}{C}}-R'-\underset{O}{\overset{||}{C}} \right]_n + n \ HCl$$

二（多）元胺和二（多）氯酸酯生成聚氨酯：

$$n \ H_2N-R-NH_2 \ + \ n \ Cl-\underset{O}{\overset{||}{C}}-O-R'-O-\underset{O}{\overset{||}{C}}-Cl \ \longrightarrow \ \left[HN-R-NH-\underset{O}{\overset{||}{C}}-O-R'-O-\underset{O}{\overset{||}{C}} \right]_n + n \ HCl$$

（2）化学法制备微胶囊分类[64]

制备微胶囊的化学法主要包括原位聚合法、界面聚合法和锐孔凝固浴法，随着科学技术的不断发展，很多制备微胶囊的新方法逐渐产生，其中主要的方法包括微通道乳化法、超临界微胶囊技术、超临界流体快速膨胀法、膜乳化法等。制备微胶囊最主要的化学方法是原位聚合法和界面聚合法，这两种方法具有典型的化学过程可控制性。

1）原位聚合法

原位聚合法一般指反应单体和催化剂全部位于芯材乳化液滴的内部（或者外部），使其在芯材外表面发生化学聚合反应，形成大分子物质，从而降低其在溶剂或芯材中的溶解度，让其沉积在相界面上包覆芯材而形成微胶囊。如何让单体在芯材表面形成聚合物，是该方法需要控制的重点。

原位聚合法可用的反应单体较广，包括气态和液态的单体或者是几种单体的混合物，也可是低分子量聚合物（或是预聚体）等。

当单体在含有芯材的分散相中时，所用的芯材状态务必是液态的，且分散相溶剂和芯材能够溶解反应单体和催化剂，反应过程中随着产生有机高分子壁材的分子量逐渐增大，形成的壁材物质在分散相和连续相中的溶解度都会减小，最后难溶于两相中，从两相中分离出来并在相界面形成了一层薄膜，并且膜逐渐加厚，当单体反应完全后，微胶囊形成。

当单体溶解在连续相中，此时的芯材除了液体之外也可以是固体细小颗粒，且单体、催化剂在连续相中随着聚合反应的不断发生和进行，逐步转变为不溶性的高分子物质沉积在芯材的外表面包覆芯材，从而形成了微胶囊。

采用原位聚合法制备微胶囊最常用的单体是尿素和甲醛，其具体的制备过程是先制备尿素-甲醛预聚体，调节溶液 pH 值，使其发生缩聚反应从而得到微胶囊，该方法制备出的微胶囊的抗渗透性和韧性非常好[29]。此外，聚氰基丙烯酸酯是一种无毒的、可降解的高分子材料，常用的单体为氰基丙烯酸乙酯和氰基丙烯酸丁酯，常被用作制备药物微胶囊的壁材。原位聚合法示意图如图 8-18 所示。

2）界面聚合法

相关的报道中没有界面聚合法的准确定义，但其原理和过程主要是指将两种含有不同活性的多官能团单体分别溶解到两种互不相溶的溶剂中，当含有单体的两种不同溶剂相互接触时，这两种单体会在互不相溶的两相界面上发生化学反应，形成一种聚合物薄膜包覆芯材，形成微胶囊。如图 8-19 所示。

图 8-18　原位聚合法示意图

在采用界面聚合法制备微胶囊过程中，通常会有两个互不相溶的相，一般由水-有机溶剂构成，在形成乳化液的过程中，其中一种为连续相，另一种为分散相。常用的有机溶剂有四氯化碳、苯、甲苯、二氯甲烷、三氯甲烷、环己烷、液态矿质油（或是由以上几种物质混合成的有机相）等。此外，有时有机相部分物质也可为反应单体，如苯乙烯等。

界面聚合法主要通过缩聚反应和加聚反应生成高分子聚合物，其中缩聚反应是主要的反应类型[30,31]。

在缩聚反应中，反应单体分为油溶性单体和水溶性单体。水溶性单体主要是多元酚、多元醇或是多元胺类物质，对于一些在水中溶解较少的反应单体，使它们反应生成盐，使其以盐的形式存在，这样就会提高它们在水中的溶解度。例如，某些胺类物质在水中溶解度较小，实验中可以通过加入酸使其变为铵盐增大其在水中的溶解度；某些酚类物质也可以通过加入一定量的碱性物质将其转变为盐而在水中大量存在。

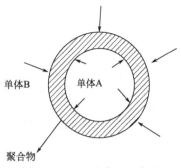

图 8-19　界面聚合法示意图

油溶性单体主要有异氰酸酯类、二元或多元酰氯类、环氧树脂、二元磺酰氯类、有机硅氧烷预聚体、二氯甲酸酯类等。以上单体发生缩聚反应能够生成聚酰胺、聚氨酯、聚磺酰胺、聚脲、聚酯、环氧树脂等，这些聚合物都具有良好的成膜性能，都可以用于制备微胶囊。

界面聚合法制备微胶囊具有工艺简单、反应迅速、对设备要求不高、温度条件不苛刻、制备的微胶囊性能良好等特点，在实验条件下，选用该种方法制备纸用微胶囊。

界面聚合法制备微胶囊一般包含乳化和聚合两个过程（具体过程见图 8-20）[64]。

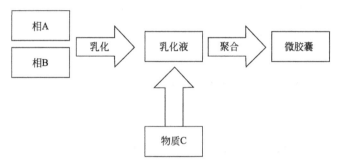

图 8-20　界面聚合法制备微胶囊流程示意图

其中，相 A 和相 B 分别表示水相（包含水溶性单体）和油相（包含油溶性单体），形成的乳化液有两类，一类是 W/O 乳化液，另一类是 O/W 乳化液。若形成 O/W 乳化液，则芯材在油相中，油相为分散相，加入的物质 C 为水溶性单体。相反，形成 W/O 乳化液，则芯材在水相中，水相为分散相，加入的物质 C 应为溶解的油溶性单体。当水溶性单体和油溶性单体在两相界面接触时，会迅速发生聚合反应，形成高分子薄膜，包覆芯材得到微胶囊。

8.5.6.4　微胶囊技术的应用

随着微胶囊技术研究的不断深入和发展，微胶囊的应用范围从最开始无碳复写纸的研发和药物微胶囊的产生到现在的食品、医药、农药、化妆品、化工、纺织、生物工程、涂料、造纸等相关领域都取得了很好的成果。在食品方面，微胶囊技术应用非常广泛，主要应用于生物活性物质（如肉碱、大蒜油、双歧杆菌等）、营养强化剂（如维生素、氨基酸、矿物质等）、食品添加剂（如香精、色素、酸味剂、甜味剂、防腐剂、酶制剂等）、食品配料（油脂、调味剂、食品配料）等。微胶囊技术应用于食品中能够起到的作用有改变物质的状态和性能、增强敏感成分的稳定性、控制物质释放、隔离组分、掩盖不良气味等。在医药方面，药物载体、人工细胞、活细胞、疫苗接种等方面都应用了微胶囊技术。微胶囊给药物带来了突飞猛进的发展，如今已有 30 多类药物采用了微胶囊技术。

参考文献

[1] 杨琳.化妆品广告的视觉形象审美研究 [D].长春：吉林大学，2011.

[2] 李琳，户献雷，佟锐.天然高分子及其衍生物在化妆品中的应用 [J].广东化工，2018.

[3] 姚龙坤，顾平远，黄文涛.明胶在食品工业中的应用简述 [J].明胶科学与技术，2009，29（1）：24-25.

[4] 潘明.马铃薯淀粉和玉米淀粉的特性及其应用比较 [J].中国马铃薯，2001，15（4）：222-226.

[5] 刘东亚，金征宇.变性淀粉在我国应用、研究现状及发展趋势分析 [J].粮食与油脂，2005（10）：7-10.

[6] 赵焕，刘海英，顾继友.淀粉在聚合物乳液中的应用 [J].粘接，2011（11）：80-83.

[7] 李琳，户献雷，佟锐.天然高分子及其衍生物在化妆品中的应用 [J].广东化工，2018.

[8] 王丽，黄建帮，张湘妮，等.含阳离子淀粉的香波组合物：中国，ZL201310120346.0，2013.

[9] 宋晓燕.早籼米辛烯基琥珀酸淀粉酯的制备及其理化性质的研究 [D].博士毕业论文，2007.

[10] 朱强.淀粉微球的制备及其在化妆品中的应用 [D].大连：大连工业大学，2008.

[11] 任俊莉，付丽红，邱化玉.胶原蛋白的应用及其发展前景 [J].中国皮革，2003，32（23）：16-17.

[12] Li G Y, Fukunaga S, Takenouchi K, et al. Comparative study of the physiological properties of collagen, gelatin and collagen hydrolysate as cosmetic materials [J]. International Journal of Cosmetic Science, 2010, 27（2）：101-106.

[13] 安锋利，王建林，权美平，等.胶原蛋白的应用及其发展前景 [J].贵州农业科学，2011，39（1）：8-11.

[14] Peng Y, Glattauer V, Werkmeister J A, et al. Evaluation for collagen products for cosmetic application [J]. International Journal of Cosmetic Science, 2010, 26（6）：313.

[15] 安锋利，王建林，权美平，等.胶原蛋白的应用及其发展前景 [J].贵州农业科学，2011，39（1）：8-11.

[16] 吉毅.瓜尔胶衍生物的合成 [D].大连：大连理工大学，2005.

[17] Cottrell I W, Martino G T, Fewkes K A. Keratin treating cosmetic compositions containing high ds cationic guar gum derivatives [J].2001.

[18] 於勤，郑赛华，汪原.化烫头发蛋白质丢失的测定及护发香波对其修护作用 [J].日用化学工业，2002，32（5）：62-64.

[19] KOLTAI K A, COTIRELL I W, MARTINO G T, et al. Keratin treating cosmetic compositions containing amphoteric polysaccharide derivatives [P]. EP：0950393, 1999：10-20.

[20] 袁淑鸿，陈璞新.新一代透明调理剂-Jaguar Excel [J].日用化妆品科学，1999（5）：41-43.

[21] FEWKES KA, COTTRE LL I W, MARTINO G T. Keratin treating cosmetic compositions containing high DS cationic guar gum derivatives [P]. WO：0197761, 2001.

[22] 郭瑞，丁恩勇.黄原胶的结构、性能与应用 [J].日用化学工业，2006（1）：42-45.

[23] 詹晓北.食用胶的生产、性能与应用 [M].中国轻工业出版社，2003.

[24] 催励，何钟林.黄原胶及其在日用化学工业中的应用 [J].日用化学工业，1999（4）：58-60.

[25] 郭瑞，丁恩勇.黄原胶的结构、性能与应用 [J].日用化学工业，2006（1）：42-45.

[26] 张金明，张军.基于纤维素的先进功能材料 [J].高分子学报，2010（12）：1376-1398.

[27] 李琳，户献雷，佟锐.天然高分子及其衍生物在化妆品中的应用 [J].广东化工，2018.

[28] 沈巍.壳聚糖改性及在化妆品中的应用研究 [D].江南大学，2007.

[29] 严俊.甲壳素的化学和应用 [J].化学通报，1984（11）：26-31.

[30] 杜予民.甲壳素化学与应用的新进展 [J].武汉大学学报（自然科学版），2000，46（2）.

[31] 李瑞国.壳聚糖衍生物的合成及其在化妆品中的应用 [J].日用化学工业，2004（5）：319-322.

[32] https://baike.sogou.com/v65816245.htm? fromTitle=%E8%81%9A%E4%B9%99%E7%83%AF%E9%86%87.

[33] 马丽.乙烯基吡咯烷酮均聚物与共聚物的制备新方法研究 [D].合肥工业大学硕士学位论文，2003.

[34] 刘立星.沉淀聚合法合成卡波树脂的研究 [D].广东工业大学硕士毕业论文，2013.

[35] 薛铁中，华慢，袁立新.卡波树脂在化妆品中的应用 [J].日用化妆品科学，2009，32（11）.

[36] 孟建.高分子量聚氧化乙烯的制备 [D].浙江大学硕士学位论文，2010.

[37] 徐静，倪道明，张振龙.聚乙二醇对蛋白质类药物的修饰 [J].微生物学免疫学进展，2004，32（4）：85-88.

[38] 王静.聚丙烯酸钠增稠剂的合成及工厂设计 [D].2016.

[39] 张远聪.化妆品用聚丙烯酸钠增稠剂的合成及性能研究 [D].广东工业大学，2015.

[40] 韩慧芳，崔英德，蔡立彬.聚丙烯酸钠的合成及应用 [J].日用化学工业，2003，33（1）.

[41] 程文娟.茶皂素提取纯化及其在婴幼儿香波沐浴露中的应用 [D].硕士毕业论文，2015.

［42］ 曹江绒.茶皂素的提取、纯化及在洗发液中的应用研究［D］.陕西科技大学，2014.

［43］ 周陈伟.酵母展示型脂肪酶催化合成辛烯基琥珀酸淀粉酯和糖脂［D］.浙江大学硕士毕业论文，2012.

［44］ 陈荣.一种皂基浓缩洗衣液的配方及工艺研究［D］.华东理工大学，2010.

［45］ 李奂奂.阴离子表面活性剂复配体系的相行为及添加剂影响研究［D］.天津大学，2016.

［46］ 李英.聚醚—有机硅表面活性剂及消泡剂的制备［D］.兰州理工大学，2011.

［47］ 徐宝，周雅温，韩富.洗涤剂配方设计 6 步［M］.北京：化学工业出版社.2010.

［48］ 吴映梅.薏苡仁饮料及面膜的研究与开发［D］.贵州大学，2015.

［49］ 杨爽，王李梅，王姝麒，等.薏苡化学成分及其活性综述［J］.中药材，2011（8）.

［50］ 陈宸.驼乳面膜的研制［D］.内蒙古农业大学，2013.

［51］ 孙玉洁.香水莲花美白保湿作用研究［D］.浙江大学，2016.

［52］ 李春霞.霍霍巴油在化妆品中的应用［J］.日用化学品科学，2007，30（2）：35-36.

［53］ 杜红延.芦荟凝胶原汁提取工艺及稳定性的研究［D］.南京农业大学，2002.

［54］ 吴瑞红.不溶性超细丝蛋白粉的制备及在化妆品中的应用［D］.河北大学，2007.

［55］ 张平.聚丙烯酸增稠剂的合成及性能研究［D］.广东工业大学，2015.

［56］ 杨金娥，黄凤洪，黄庆德，等.亚麻籽油在化妆品中的应用［J］.日用化学工业，2011，41（5）：371-374.

［57］ Brenner J . Applications of essential fatty acids in skin care, cosmetics and cosmeceuticals［J］. Detergent & Cosmetics，2005：441-448.

［58］ Roufs J B, Duvel L A, Fast D J, et al. Methods and compositions for modulating hair growth or regrowth［J］.2007.

［59］ Leng B, Liu X D, Chen Q X. Inhibitory effects of anticancer peptide from Mercenaria on the BGC-823 cells and several enzymes［J］. Febs Letters，2005，579（5）：1187-1190.

［60］ Sugumaran M, Nellaiappan K. Characterization of a new phenoloxidase inhibitor from the cuticle of Manduca sexta. ［J］. Biochemical & Biophysical Research Communications，2000，268（2）：379-383.

［61］ 朱强.淀粉微球的制备及其在化妆品中的应用［D］.大连工业大学，2008.

［62］ Cevc G, Blume G . Lipid vesicles penetrate into intact skin owing to the transdermal osmotic gradients and hydration force［J］. Biochimica et Biophysica Acta（BBA）-Biomembranes，1992，1104（1）：226-232.

［63］ Hadgraft J. Modulation of the barrier function of the skin［J］. Skin Pharmacology and Physiology，2001，14（Suppl. 1）：72-81.

［64］ 冯喜庆.界面聚合法制备香精微胶囊及其在香味纸中的应用［D］.东北林业大学，2015.

［65］ 韩路路，毕良武，赵振东，等.微胶囊的制备方法研究进展［J］.生物质化学工程，2011，45（3）：41-46.

［66］ Nochos A, Douroumis D, Bouropoulos N. In vitro release of bovine serum albumin from alginate/HPMC hydrogel beads［J］. Carbohydrate Polymers，2008，74（3）：451-457.

［67］ Kristmundsdóttir T, ó. S. Gudmundsson, Ingvarsdóttir K. Release of diltiazem from Eudragit microparticles prepared by spray-drying［J］. International Journal of Pharmaceutics，1996，137（2）：159-165.

［68］ Dash V, Mishra S K, Singh M, et al. Release kinetic studies of aspirin microcapsules from ethyl cellulose, cellulose acetate phthalate and their mixtures by emulsion solvent evaporation method［J］. Scientia Pharmaceutica，2010，78（1）：93-101.

第9章

智能高分子

9.1　智能材料概述

在社会进化的历史长河中，材料的发展经历着结构材料→功能材料→智能材料→模糊材料的过程[1]。人类支配自然与改造自然的能力伴随着每一种重要材料的发现和利用不断提高，材料给社会生产力和人类社会带来的巨大变化是无法磨灭的。近些年来，在材料领域中正在快速兴起一门全新的分支学科——智能高分子材料。

智能高分子材料指的是以高聚物为基体或有机物参与的智能材料。1959 年，英国科学家查里斯贝（Charlesby）在其所著的《原子辐射与聚合物》一书中，对辐射交联后的聚乙烯所具有的记忆效应现象进行了描述，但在当时和其后相当长一段时间里，人们热衷于金属及其合金记忆效应的研究，而对聚合物的记忆效应没有给予足够的重视，直至 20 世纪 70 年代中期，美国国家航空航天局（NASA）考虑到其在航空航天领域的潜在应用价值，对不同牌号的聚乙烯辐射交联后的记忆特性又进行了细致的研究，证实了辐射交联聚乙烯的形状记忆性能，才再次引起人们的关注。发展至今天，此类聚合物已经成为集形状记忆性及多种功能于一身的高智能材料。

智能高分子材料就是指高分子材料在不同程度上能够感知或监测环境的变化，进而能进行自我判断并得出结论，最终进行或实现指令和执行功能的新型高分子材料。与普通功能材料对比，智能高分子材料所具备的优势就在于其具有反馈功能，能根据反馈所得信息实现对环境的响应，依据其对酸碱度、温度、光照、电磁场、内外界压力、声、离子强度、生物的敏感性与响应性被制成各种各样的敏感元件。智能响应性材料与仿生学和生物信息紧密联系，被誉为材料科学史上的一大飞跃。智能高分子的研究涉及众多基础理论研究，波及信息、电子、生命科学、宇宙、海洋科学等领域，不少成果已在高科技、高附加值产业中得到应用，已成为高分子材料的重要发展方向之一。

9.2　智能高分子的分类

智能高分子材料可感知外界环境细微变化与刺激而发生膨胀、收缩等相应的自身调节。

其应用范围很广，如用于传感器、驱动器、显示器、光通信、药物载体、大小选择分离器、生物催化、生物技术、智能催化剂、智能织物、智能调光材料、智能黏合剂与人工肌肉等领域。智能高分子材料一般可以分为智能高分子凝胶、形态记忆高分子材料、智能纤维织物、智能高分子复合材料、智能高分子膜[2]。智能高分子材料主要类别及应用如表 9-1 所示。

▣ **表 9-1　智能高分子材料类别及应用**

类别	应用
记忆功能高分子材料	应力记忆功能高分子
	形状记忆材料：热致感应型、光致感应型
	体积记忆材料
	色泽记忆材料
智能高分子凝胶	溶胀及体积相变化
	刺激响应
	化学机械系统
	人工肌肉
智能药物释放体系	智能药物释放体系
	生物传导响应体系列：靶向药物、结合药物
智能表面与界面	表面与界面功能与性能的设计
	表面、界面的响应
	高分子表面响应行为的控制
	智能涂料、自愈合高分子材料
	表面环境响应生物材料
	智能黏结物
	电流变流体
智能高分子膜	选择透过膜材
	传感膜材
	仿生膜材
	人工肺
智能微球 MS	刺激响应性乳液：变色、转化、蓄能
	MS 复合体
智能纤维织物	随人心情变化的织物
	蓄能保温、凉爽服
	警示服与特种服装
智能橡胶材料、弹性材料	热收缩管
	自增强体系
智能高分子复合材料	自愈合、自应变、自停断、自动修补剂混凝土
	减震、速造、速筑材料
	形状记忆合金与复合功能器件

　　本章主要介绍智能高分子凝胶、智能纤维与纺织品和形态记忆高分子等。

9.3 智能高分子凝胶

智能高分子凝胶是由三维交联网络结构聚合物与低分子介质共同组成的多元体系，可随环境变化而产生可逆、非连续体积变化的高分子凝胶材料。智能高分子凝胶的大分子主链或侧链上含有解离性、极性或疏水性基团，对溶剂组分、温度、pH 值、光、电场、磁场等的变化能产生可逆的、不连续（或连续）的体积变化，这种膨胀有时能达到几十倍乃至几百倍、几千倍。当凝胶受到外界刺激时，凝胶网络内的链段有较大的构象变化，呈现溶胀相或收缩相，凝胶系统发生相应的形变，一旦外界刺激消失，凝胶系统又自动恢复到内能较低的稳定状态。所以，可以通过控制高分子凝胶网络的微小结构与形态来影响其溶胀或伸缩性能，从而使凝胶对外界刺激做出灵敏的响应，表现出智能特性。

高分子凝胶按来源分为天然凝胶和合成凝胶；按高分子网络所含液体分为水凝胶和有机凝胶；按高分子的交联方式分为化学凝胶和物理凝胶；根据环境响应因素，可将智能高分子凝胶分为单一响应智能凝胶、双重或多重响应智能凝胶；根据响应条件不同，单一响应智能凝胶又可分为温度响应型凝胶、pH 值响应型凝胶、电场响应型凝胶、光响应型凝胶、磁场响应型凝胶等；双重或多重响应智能凝胶可分为 pH 值、温度响应型凝胶，热、光响应型凝胶，pH 值、离子强度响应型凝胶等（见图 9-1）。

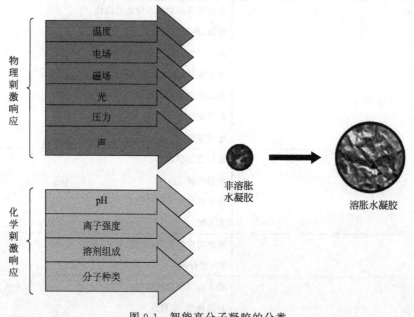

图 9-1 智能高分子凝胶的分类

其中，水凝胶占的比例较多，按照凝胶交联类型，又可分物理交联型水凝胶和化学交联型水凝胶。物理交联型水凝胶是指由于分子缠结和离子、氢键、疏水相互作用的存在而形成的网络结构。体系中物理交联点可以通过多种方式，如离子间的相互作用、疏水相互作用、结晶及氢键作用等，物理交联点是形成物理交联水凝胶的条件之一。化学交联型水凝胶是运用传统的合成方法或光聚合、辐射聚合等技术引发共聚或缩聚反应产生共价键而形成的共价交联网络。近十多年来，其研究工作，尤其是与生命科学相关的智能高分子水凝胶的研究工作空前活跃。高分子水凝胶可定义为在水中能溶胀并保持大量水分而又不能溶解的交联聚合物。智能水凝胶是一类对外界刺激能产生敏感响应的水凝胶。根据对外界刺激的响应情况，智能水凝胶分为温度响应性水凝胶、pH 响应性水凝胶、光响应性水凝胶、压力响应性水凝胶、生物分子响应性水凝胶、电场响应性水凝胶和超强吸水性水凝胶（高吸水性树脂）等。由于智能水凝胶独特的性能，其在化学转换器、记忆元件开关、传感器、人造肌肉、化学存贮器、分子分离、活性酶的固定、组织工程和药物控制释放等方面具有很好的应用前景。

9.3.1 智能高分子凝胶分类

9.3.1.1 温敏性水凝胶

温敏性水凝胶是一类能够通过快速的体积改变对外界温度变化做出响应的智能型水凝胶材料。这类水凝胶在特定的温度下会发生非连续的体积相转变，这一温度被称为低临界溶解温度（LCST）。当温度低于 LCST 时，水凝胶处于溶胀状态，当温度高于该温度时，水凝胶迅速失水收缩，从而显示出对温度的响应性[3]。自从 Scarpa 于 1967 年率先报道 PNIPA（聚 N-异丙基丙烯酰胺）在水中的低临界溶解温度（LCST）约 31℃以来，温敏性聚合物渐渐引起人们的关注。就线型温敏性聚合物而言，温度低于 LCST 时，聚合物可溶解在水中形成均相溶液；当环境温度高于其 LCST 时，出现相分离，聚合物将会从溶剂中析出，溶液浓度显著增大[4,5]。就交联的聚合物水凝胶而言，当环境温度在 LCST 以下时，会发生吸水溶胀；当温度升高至 LCST 附近时，凝胶的溶胀比（溶胀平衡的凝胶质量与干凝胶质量比）会发生不连续突变，其体积变化程度可达数倍甚至数百倍，且此现象是可逆的[5]。传统均聚物 PNIPA 水凝胶和树型接枝 PNIPA 水凝胶的去溶胀机理如图 9-2、图 9-3 所示。

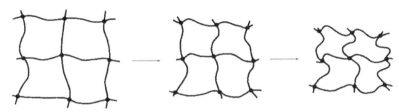

图 9-2　传统均聚物 PNIPA 水凝胶去溶胀机理示意图

图 9-3　树型接枝 PNIPA 水凝胶去溶胀机理示意图

PNIPA 产生温敏特性的机理是：PNIPA 分子内具有一定比例的亲、疏水基团，它们与水在分子内和分子间产生相互作用力。低温时，PNIPA 的分子链溶解于水时，在范德华力与氢键的作用下，大分子链附近的水分子会形成溶剂化层，这种溶剂化层的有序化程度较高，且是通过氢键来连接的，能够使高分子结构类似于线团状结构。当温度上升时，PNIPA 和水之间相互作用的参数会产生突变，有一部分氢键将被破坏，大分子链的疏水部分溶剂化层被破坏，随着 PNIPA 大分子内与分子之间的疏水相互作用力加强，疏水层形成，水分子从溶剂化层排出，这时高分子会由疏松的线团结构转变为紧密的胶粒状结构，进而产生温敏性。如图 9-4 所示。

PNIPA 类水凝胶在物料分离、药物释放、免疫分析、固定化酶等诸多方面具有广阔的应用前景。近些年来，国内外许多学者对其进行了大量的研究。许波[6] 为了增强聚合物链

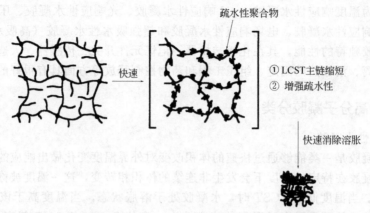

图 9-4　接枝水凝胶在水介质温度升高时的脱附机理示意图

与 SiO$_2$ 纳米粒子之间的相互作用，采用 3-(甲基丙烯酰氧) 丙基三甲氧基硅烷（MPS）对 SiO$_2$ 纳米粒子进行表面功能化（见图 9-5），使用功能化的 SiO$_2$ 纳米粒子作为交联剂，合成了 SiO$_2$ 纳米粒子交联的 PNIPA 纳米复合水凝胶，并对制备的纳米复合水凝胶的力学性质、溶胀性质、温度敏感性以及形状记忆行为进行了研究。

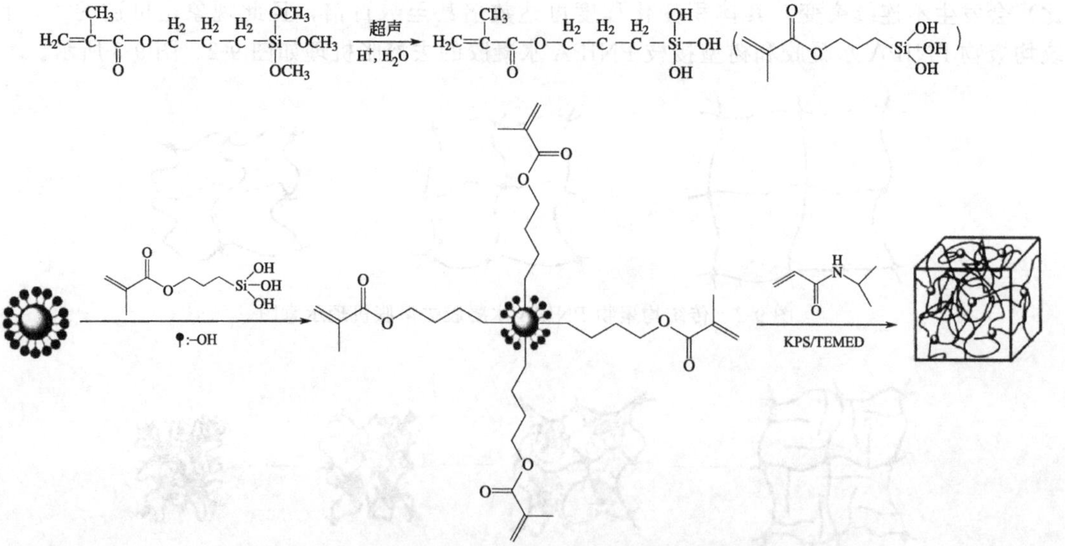

图 9-5　聚 N-异丙基丙烯酰胺/SiO$_2$ 纳米复合水凝胶的制备机理

　　Jeong 等[7] 将 NIPAAM 与甲基丙烯酸丁酯的共聚物凝胶作为药物吲哚美辛的载体，在 pH 为 7.4 的磷酸生理盐水缓冲液中进行温控释药的测试，发现凝胶体系的温度在 LCST 的附近交替变化时，可开关式地控制药物释放。NIPAAM 与功能性的单体如甲基丙烯酸缩水甘油（GMA）或 N-丙烯酰氧基苯邻二甲酰亚胺（NAPI）共聚，形成功能化的温敏型聚合物，通过偶合反应使聚合物和酶合成具有温度敏感性的生物大分子，从而实现酶固定。利用 PNIPA 的温敏特性还可以制作具有温敏性的多孔玻璃、功能膜及具有"开关"能力的温度敏感超滤膜等，这类膜具有不惧高温、高压，耗能少，易再生，不易使蛋白质中毒等优点，有利于分离稀溶液及生物物质，可以依据要求分离和浓缩的物质的分子尺寸或者分子性质设计凝胶交联密度与单体单元结构。PNIPA 能够与生物大分子发生偶合反应来制备生物功能性材料[8,9]。通过羟基化与接枝 PNIPA 可以制备温敏性聚苯乙烯盒，环境温度低于 LCST

时，盒内表面表现出亲水现象，细胞得以快速生长；高于 LCST 时，盒内表面表现出疏水现象，使得细胞脱附。

9.3.1.2 pH 响应凝胶

pH 响应高分子材料的体积或形态会响应 pH 值的改变而发生变化。这种应激响应变化基于分子及大分子层面，具有良好的可重现特性。pH 响应高分子材料性质特殊，且用途广泛，引起了国内外诸多专家、学者的广泛关注，并有一大批人投入时间、精力致力于开发这一类新材料。

在 pH 响应的高分子水凝胶中四种作用力共同起作用引发 pH 响应，其中起主要作用的是离子间作用力，而另外三种作用力相互影响和制约。目前，pH 响应高分子微凝胶的应用较为广泛。微凝胶粒子的合成需要考虑三大因素：分散粒径、凝胶粒子稳定性和官能团分布等。目前的研究表明，微凝胶的合成主要有三种机理：由单体合成、高分子合成（如水相高分子溶液、乳液聚合后化学交联）和大分子凝胶（研磨）制备[10]。可参与反应的单体包括乙烯基单体，如丙烯酰胺、N-异丙基丙烯酰胺、甲基丙烯酸等。

宋晓艳等[11] 利用水相溶液聚合法制备同时具备温敏性及 pH 响应性的水凝胶，NIPAM 和 AA 发生聚合反应形成 P（NIPAM-co-AA）水凝胶，这在控制药物释放等领域具有重要意义。P（NIPAM-co-AA）水凝胶的合成路线如图 9-6 所示。研究表明，由聚乙二醇二甲基丙烯酸作为单体合成的微凝胶可通过改变聚乙二醇链长而增加交联点，进而提高产物的柔性。一些水溶性高分子也可作为单体参与反应，通过乳液聚合或化学交联等方法来制备微凝胶粒子[12]。另外，还可将相反电性的高分子于稀溶液中混合来制备胶粒电解质复合物。Alberto 依据 Miao 等[13] 的研究方法，研磨聚乙烯胺（PVAM）大分子获得了粒径较大但形状不规则的微凝胶粒子。

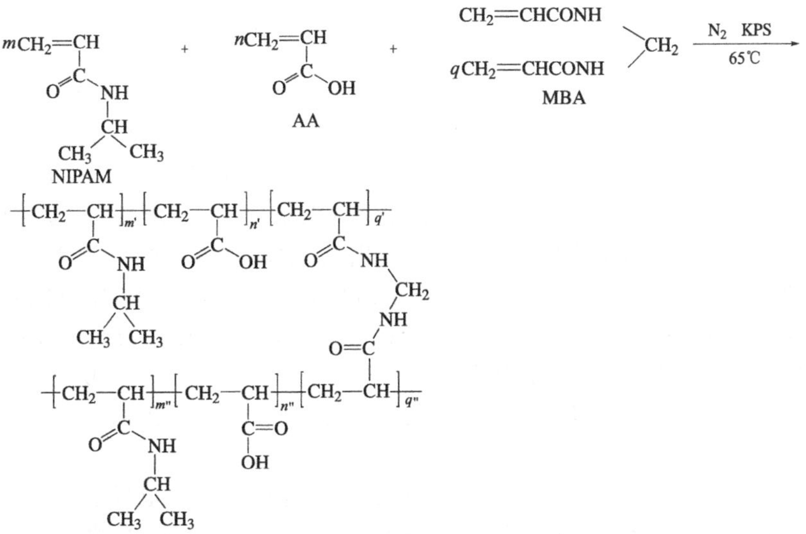

图 9-6　P（NIPAM-co-AA）水凝胶的合成路线

高分子微凝胶粒子有着广阔的应用前景，其在表面涂覆中的应用已十分成熟。此外，其还可用于催化剂、微胶囊、药物传输、人体组织修复工程等领域[14]。

9.3.1.3 电场敏感型凝胶

电场敏感型水凝胶是一类能够在电场的刺激下发生溶胀、消溶胀/收缩或弯曲的智能水凝胶。具有电场敏感性的水凝胶网络结构中一般带有大量在极性溶剂中可解离的基团。电场敏感性水凝胶由聚电解质构成，网络中具备可离子化的基团是凝胶材料具有电敏反应的重要条件[15]。分子链上具有离子基团的合成高分子或天然高分子通常可以通过共聚或共混形成电场敏感性水凝胶[16]。根据材料来源不同，电敏水凝胶可分为两类：一类是以合成高分子材料为基材的水凝胶；另一类是天然高分子材料作为基材的水凝胶。按照形状和结构不同，可以将电场敏感型水凝胶分为水凝胶膜、水凝胶纤维、互穿网络结构聚合物以及半互穿网络结构聚合物等。按照水凝胶聚合物网络上所带电荷不同，可以将电场敏感型水凝胶分为阳离子型、阴离子型以及两性离子型。阳离子型电场敏感型水凝胶的网络大分子链上带有固定的正电荷；与之类似，对阴离子型（或两性离子型）而言，网络大分子链上带有的固定电荷是负电荷（或正、负电荷皆有）。如图 9-7 所示。

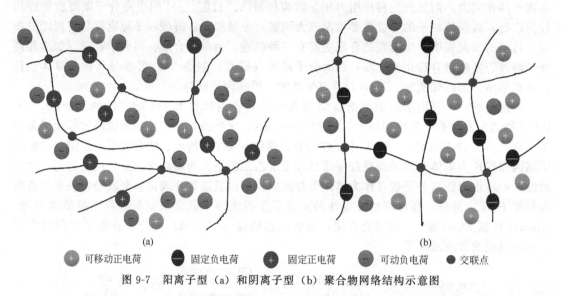

图 9-7　阳离子型（a）和阴离子型（b）聚合物网络结构示意图

　　目前，水凝胶在电场的刺激下发生响应的机理仍没有定论。Tanaka 等最早用平均场理论解释了水凝胶在电场中消溶胀/收缩行为。De Rossi 等通过研究聚乙烯醇/聚丙烯酸在电场下的响应行为，提出了水电解所引起的 pH 值变化是水凝胶膜两侧发生不同的溶胀/消溶胀行为并导致弯曲的原因。Shiga 等[17] 通过研究聚（丙烯酸-共-丙烯酰胺）水凝胶在直流电场下的响应行为提出了渗透压理论。Doi 等基于相同的水凝胶体系进行了研究，他们考虑了电化学反应和离子迁移的影响，并在 Flory 理论的基础上建立了一种半定量模型。Li 等对磺化聚（苯乙烯-b-乙烯-共-丁烯-b-苯乙烯）以及磺化聚苯乙烯水凝胶的研究证明了水凝胶的预溶胀环境也会对其在直流电场作用下的响应行为产生影响。有关水凝胶在电场刺激下响应机理的理论还有很多，在众多理论中，最受认可的是 Shiga 等所提出的渗透压理论，其微观结构示意图见图 9-8。

　　Irie 等利用聚丙烯酰胺制备了包含三苯甲烷无色母体衍生物的电场敏感和光敏感的复合凝胶。Kulkarni 等[18] 制备了聚丙烯酰胺接枝黄原胶（PAAm-g-XG）水凝胶，通过对切除的大鼠腹部皮肤进行体外药物渗透研究发现，该水凝胶具备电刺激响应性药物传递功能。肖林飞等[19] 采用水溶液聚合法合成了聚二甲基二烯丙基氯化铵/丙烯酰胺（PAM/DM-DAAC）敏感性水凝胶，并研究了其在不同质量分数氯化钠（NaCl）溶液、不同 pH 值溶液和直流电场中的敏感性行为。Shang[20] 等制备了壳聚糖/羧甲基壳聚糖、壳聚糖/羧甲基纤维素钠水凝胶，这些水凝胶表现出良好的电场响应行为，弯曲方向随着电解质溶液 pH 值的变化而变化。Kim 课题组在电场敏感壳聚糖水凝胶上做了大量的研究，他们通过将壳聚糖

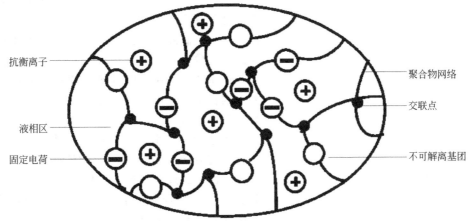

图 9-8　阴离子型水凝胶的微观结构示意图

天然高分子与合成高分子共混制备了多种电敏水凝胶膜。如壳聚糖/聚苯胺[21]、聚乙烯醇/壳聚糖[22]、壳聚糖/聚烯丙基胺水凝胶[23]，这些电敏水凝胶在电场作用下都具有良好的电场感应性，在电解质溶液中发生弯曲或收缩运动。

在电场的刺激下，电场敏感型水凝胶会发生溶胀，电能转化为其他能量（如机械能、化学能）。基于此，电场敏感型水凝胶被设计为各种柔性的"电-机械-化学"系统，用作人工肌肉、化学阀/开关、药物输送载体、药物可控释放载体、传感器等。

9.3.1.4　光敏性凝胶

在高分子主链或侧基上引入具有光致异构化特性的基团，即可合成具有光敏特性的智能高分子材料。与温敏型高分子的刺激信号传递受热控制、pH 敏感型高分子的刺激信号传递受 H^+ 扩散控制有所不同，光敏型高分子材料刺激信号的产生和传递均受控于光子，其感应无疑更加精准而快速。光响应性高分子使用的感光基元通常具有对光敏感的性质，即在某种特定波长的照射下分子可以自发可逆地在至少两种不同结构间变换，或在光诱导下发生可逆或不可逆的光化学反应（交联、解离等）。该光诱导过程中伴随分子物理、化学性质（如氧化还原电位、荧光强度、极性、溶解性等）的变化，从而引起高分子自组装形态、界面性质等改变，使光响应性高分子具备光可调控的特征。以上特性使光响应性高分子有着十分广泛的应用前景。

目前，绝大多数光响应性高分子中引入的感光基元可以通过光致异构化或光化学反应实现对光的快速响应。其中，通过光异构化实现响应的典型代表是偶氮苯类和二苯乙烯类。光化学反应引发的光响应行为包括如下 4 种机理：①以二芳基乙烯、俘精酸酐、螺吡喃为代表的分子内光致成键和断裂机理；②以三苯基甲烷为代表的光解离反应；③以叠氮萘醌为代表的 Wolff 重排；④以肉桂酸酯、香豆素为代表的光致二聚化反应。本文重点综述了含有上述几类典型感光基元的光响应高分子的合成及其光响应机制。

图 9-9 列出了主要的几种光致异构化感光基元。偶氮苯是光异构化分子的典型代表，是以偶氮连接的两个苯环为结构核心的芳香类分子[24]。其顺式亚稳态结构和反式稳态结构在受热或特定波长辐照下可发生可逆转化，形成的共轭 π 体系使偶氮苯分子在紫外/可见光波段产生吸收，呈现出不同颜色。将其引入高分子中则可获得热稳定性良好且具有成膜特性的偶氮苯类光响应高分子。

二苯乙烯是合成聚亚苯基乙烯（PPVs）光响应高分子的前体[25]。反式二苯乙烯中的苯

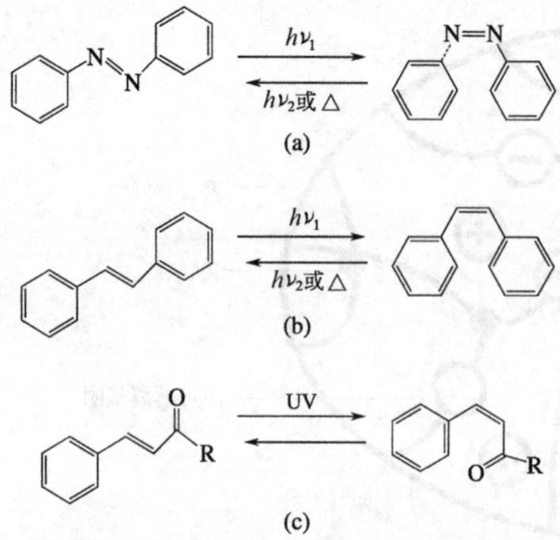

图 9-9　一些光致异构化的典型分子
（a）偶氮苯类；（b）二苯乙烯类；（c）肉桂酸酯类

环与 C═C 双键之间存在一个大 π 共轭体系，光照条件下顺反异构体之间的化学能垒较低，共轭体系易被打破发生构型转换，光谱发生蓝移，从而产生光致变色现象。这种性能也被逐渐引入高分子体系之中，在光电领域发挥着重要作用。此外，肉桂酸酯也可在紫外曝光下发生可逆的顺反异构反应[26]。

W. Ji 等[27] 设计并合成了一种新型香豆素光响应型超分子水凝胶材料，不需要传统的凝胶化模体，而是通过简单的一步缩合反应合成（如图9-10）。实验合理地设计了不含酰胺或长烷基链的光响应香豆素基凝胶 DPC。该凝胶可以自组装形成纳米纤维水凝胶，且由于酯键的存在，在紫外光照射下 DPC 可以裂解，使凝胶 DPC 的自组装被破坏，进而导致三维纤维凝胶网络解离。此外，通过控制光辐照时间，可以精确地从水凝胶中释放被包裹的甲基紫染料分子。光控染料释放的研究结果表明光响应的超分子水凝胶在药物控制释放方面具有潜在的应用前景。高分子凝胶由交联高分子网络和网络间隙中的填充液体组成，可逆膨胀和收缩是凝胶的一个特征。如果光能驱动凝胶收缩或溶胀，就可以实现光能和机械能的转变。

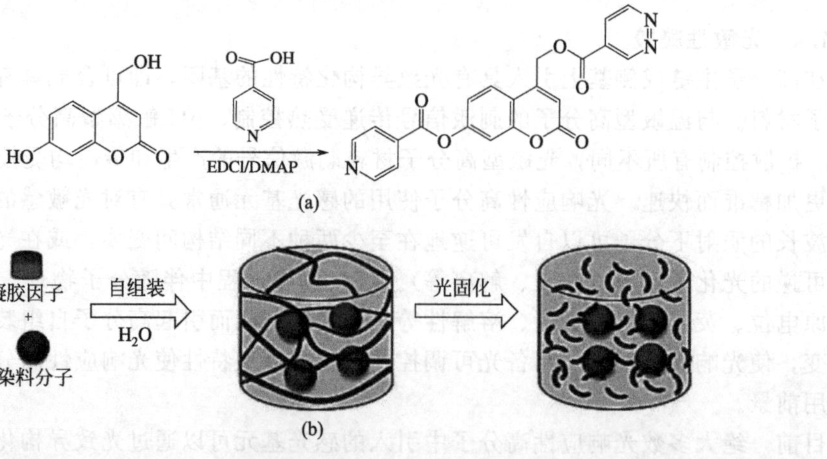

图 9-10　DPC 凝胶的合成路线（a）及凝胶和染料分子纳米纤维网络的组装和解组装示意图（b）

Chow 等[28] 报道了通过点击化学制备主链上包含多个偶氮苯感光单元的聚酰胺三唑，发现该聚合物能够形成较强的物理聚合有机凝胶。体系可以通过光照射和热处理平稳地触发高度可逆的溶胶-凝胶转变，为潜在的光致驱动器的应用创造了条件。近年来，光敏凝胶由于具有精确的空间和时间控制能力而引起了人们越来越多的兴趣，其收缩或溶胀也为其在组织工程、药物输送系统和医学治疗等方面的应用提供了可能。

9.3.2　智能高分子凝胶的应用

利用聚合物凝胶的收缩、膨胀和形变特性，可以实现化学能与机械能之间的受控转换。表 9-2 列出了智能高分子凝胶的一些潜在应用。

应用领域	用途举例
传感器	光、热、pH、离子选择、生物质、断裂等传感器
显示器	在任意角度检测和显示热源或利用红外感应显示温度
光通信	红外敏感和电敏感光栅,用于光滤波和光通信
药载技术	介入化疗和放疗的药物控释和靶向控释
生物技术	活细胞固定和脱附、生物催化、亲和沉淀、生化物质分离
智能织物	热适应性织物和可逆收缩织物
智能催化剂	温敏反应催化剂的开关系统

9.3.2.1　血管栓塞治疗

线型温度敏感型高分子水溶液可负载多种治疗药剂,在低温条件下通过介入导管准确注射到机体内病损血管网的部位,在与生理温度相同的条件下即可原位凝集,是理想的药物控释载体和组织工程支架。其显著优势是不受植入部位几何形状的限制,同时能有效避免支架植入过程引发组织的机械性刺激甚至伤害,以及避免微球状药物控释系统的毒副作用。

9.3.2.2　药物控释载体

虽然 PNIPAM 和 PEO-PPO-PEO 三嵌段共聚物都属于典型的温敏性高分子,可它们均不具有生物可降解性,因而在再生医学与组织工程领域的应用受到一定限制。近年来有报道称,采用温敏性甘油磷酸盐改性的壳聚糖体系（C/GP）在室温和 pH 6.8～7.2 条件下能在水中形成均一溶液,在人体体温条件下即使较低浓度的溶液也能转变为凝胶。

据报道 C/GP 水凝胶体系在微胶囊和药物控释领域蕴含着巨大的应用潜力,尤其便于传输蛋白质和活体细胞。另一方面,C/GP 水凝胶体系富含水分并存在较大的空隙率,若将低分子亲水性药物包埋其中,可在最初 24h 内达到完全释放。如果将低分子亲水性药物预埋于较为疏水的脂质体中,再将其结合于 C/GP 水凝胶体系内,则可观察到水凝胶内脂质体的缓慢扩散以及脂质体-水凝胶界面层的物理障碍,使得药物释放的速率显著下降,达到药物缓释长效的治疗目的。

9.3.2.3　酶活性控制载体

研究发现,游离的淀粉葡糖苷转化酶的活性通常在 20～50℃ 范围内随温度上升而增高,酶的活性难以控制。人们设想将游离的淀粉葡糖苷转化酶固定于温度敏感性聚乙烯甲基醚（PVME）或聚 N-异丙基丙烯酰胺（PNIPAM）的水凝胶之中,试验结果显示,当温度低于 PVME 的相转变温度（38℃）或 PNIPAM 的相变温度（32℃）时,淀粉酶的活性随温度升高而提高;当温度达到凝胶的低临界共溶温度 LCST 时,凝胶网络发生相变脱水而收缩,结构变得更加致密,对酶催化反应的亲水性反应物与生成物的渗透性能降低,于是淀粉酶的活性也就得到有效而适度的控制。

9.3.2.4　智能给药凝胶系统

下面再列举特异性智能凝胶的主要应用。临床医学实践也证明,对于某些疾病的治疗如用肾上腺素缓解支气管痉挛,用 L-多巴治疗帕金森综合征,用西咪替丁治疗胃溃疡等,采用间歇性给药的疗效通常都好于持续性给药。鉴于此,提出脉冲药物控释系统（PDDS）的概念,即按照患者病情设定控制给药量、控制持续时间、控制迟滞时间 3 个参数进行脉冲式给药。其突出特点就是每个脉冲给药量较少、毒副作用较小、用药安全系数较高、有利于患者长期使用。尤其是多肽、蛋白质类药物如生长素、胰岛素等，在体内的释放具有生理周期，药理作用特别强，用量务必非常精准，这就为脉冲式给药系统的设计和制作提出特别高的要求。目前已经用于临床的脉冲式给药系统包括两种类型，即程序型脉冲式（渗透泵式）给药系统和智能型脉冲式释放系统。

（1）渗透泵式药物释放系统

该系统由药物和对其具有控释功能的聚合物材料构成，药物的释放行为完全由高分子材料的性能决定，无需其他控释条件。释放药物速率及其迟滞时间主要通过聚合物膜的亲水/疏水平衡值（HLB）、聚合物的降解特性、聚合物膜层的厚度与强度等参数综合决定。

（2）智能脉冲式药物控释系统

智能脉冲式药物控释系统根据释放药物信号来源不同又分为外源刺激响应型智能脉冲式药物控释系统和自体调节型智能脉冲式药物控释系统两种类型。前者依赖接受温度、电场和光线等外源刺激信号控制药物释放，后者则受体内生化环境（如温度、pH、血压等）或活性生化物质（如电解质、葡萄糖等）调控，具有因人、因时自动调节释放药物的突出优势。

9.3.2.5　再生医学与组织工程支架

众所周知，生物体内许多器官和组织都具有水凝胶结构，而生物体的各类组织均由细胞和细胞外基质构成，细胞外基质的主要成分蛋白质和多糖等构成类水凝胶结构。从仿生学角度出发，构建多糖、蛋白质或多肽水凝胶具有重要的生物学和临床医学意义。

科研人员通过对人工软骨组织工程40余年的不懈探索，提出基于细胞修复的人工软骨组织的新概念。首先，用于精巧建造软骨的细胞种类的选择对移植以后的长期疗效甚为关键；其次，生物材料支架的选择也是成功实施软骨修复的关键要素。理想的细胞载体支架应该能够近似模拟真实人工软骨的基质环境。前期实验结果已确认，软骨特异细胞外基质成分如Ⅱ型胶原和糖胺聚糖（GAG）在调控软骨细胞的表型和软骨生长中起着关键作用。天然生物高分子Ⅰ型和Ⅱ型胶原、胶原海藻酸盐复合物、聚乳酸及其复合物等均可作为有效的软骨细胞释放支架。

多糖在细胞传递信息和免疫识别上起着关键的作用，合成技术的发展使人们能合成出寡聚糖，由此加快了揭开寡聚糖在信号传递中作用的过程。蛋白聚糖是构建人工软骨最主要的生物大分子之一，包括一个核心蛋白和共价连接的糖胺聚糖链。具有软骨特异性的GAG由硫酸-4软骨素、硫酸-6软骨素和硫酸角质素等组成。但是这些分子量较低的组分呈现高度水溶性，难以构建成能够赋形的凝胶。如果将其与某些阳离子型多糖如壳聚糖（CS）等作用即可形成凝胶配合物，有望用于制备人工软骨支架。

另一类GAG是存在于关节囊滑液中的透明质酸，也存在于软骨组织的基质内。其分子量较大并可形成凝胶。透明质酸通过化学改性拓展其在医学领域的应用，完全酯化的透明质酸可在体内存留数月之久，部分酯化的透明质酸可在几周内降解。透明质酸及其衍生物用于治疗骨关节炎，可提高关节表面的润滑性，减轻关节疼痛。实验已证实透明质酸具有抗发炎性和前列腺素合成的阻遏效应。除此之外，透明质酸也可抑制蛋白聚糖的释放和降解，阻止受纤连蛋白调控的软骨分解。

9.3.2.6　在水处理中的应用

污水处理过程中产生的大量污泥中含有大量的水，需进一步脱除，日本学者利用泡沫聚乙烯基甲基醚凝胶可从污泥中吸收水分溶胀，使污泥脱水而浓缩，将吸水溶胀的凝胶分离后可以再生进行循环利用，污泥则连续脱水，这种方法可以解决机械脱水耗能大的问题。

根据分子识别的一般原理，在凝胶上引入各种不同金属离子形成配位活性中心，可开发具有选择性识别、吸附和释放性的凝胶，它们可以有针对性地吸附一些有毒的重金属离子（如铅）。田中丰一等在丙烯酸和异丙基丙烯酰胺共聚物凝胶上引入螯合基团，在37℃时溶胀，使金属离子渗入凝胶，在50℃时收缩，靠拢形成捕获金属离子的活性位点，使凝胶再次溶胀后可释放出其截留的金属离子。

9.4 智能纤维与纺织品

智能纤维是指能够感知外界环境参量（如温度、湿度、酸碱度、某些化学物质、光线、电磁波、机械应力等）以及机体内部环境参数（如体温、心率、血压、皮肤汗湿度、体感舒适度等）所发生的变化并作出适度响应或调节的纤维材料。客观而论，智能纤维是与人们日常生活关系最为密切、最接地气的功能高分子材料。事实上，智能纤维是以纺织纤维的形态进入人们日常生活的各种特殊功能高分子材料。

智能纤维材料本质上集感应、驱动和信息处理于一体，形成类似生物材料那样具备自感应、自诊断、自适应和自修复等特殊功能的纤维材料。随着纳米技术、微胶囊技术、电子信息技术等在内的前沿技术的发展和运用，智能纤维的开发得到了迅速发展，并且催生了一系列新兴智能织物出现，从而满足了当今人们的某些特定需求。

虽然，目前已经面市的各种智能纤维涵盖了诸多特殊功能，在不同的领域具有不同的用途，但它们的制造工艺却拥有一个共同之处，那就是在纤维的纺织过程中或纺织之后，将具有目标功能的某种有机高分子功能材料、无机金属或非金属功能材料掺混或复合到纤维之中或者涂覆在纤维表面。因此，本节主要介绍各种智能纤维的结构与性能特征以及其特殊功能发挥的基本原理。而这些纺制纤维功能高分子的合成方法与前面各章讲述的功能高分子的合成方法大同小异。

例如，人们将聚乙二醇与棉花、聚酯或聚酰胺/聚氨酯等共混物相结合，使其具有热适应性与可逆收缩性。热适应性是赋予材料热记忆特性，温度升高时纤维吸热，温度降低时纤维放热。热记忆特性来源于结合在纤维上的相邻多元醇螺旋结构间的氢键作用。当温度升高时氢键解离，系统转变为无序状态，大分子线团的松弛过程需要吸收热量；当环境温度降低时，氢键使系统转变为有序状态，线团被压缩而放出热量。

用这种具有热适应性的纤维纺制的织物可用于服装和保温系统，包括体温调节和烧伤治疗的生物医学制品及农作物防冻系统等领域。此类织物的另一功能是可逆收缩，即湿润时收缩，干燥时恢复至原始尺寸，湿态收缩率可达35％以上，可用于传感/执行系统、微型发动机以及生物医用压力与压缩装置，如压力绷带包扎在伤口上所产生的压力具有止血作用，绷带干燥时压力自然消除。

智能纤维兼具感知与回应两种功能，保留纺织品原有的特点，属于新型纺织品；兼具传感功能、信息识别以及自我诊断等功能。近年来，各类技术的发展，如电子信息技术、纳米技术等，促使新兴智能纺织品出现，多方位满足了现代人的需求[28]。

9.4.1 智能纤维的主要类型

9.4.1.1 智能温控纺织品

智能温控纺织品对纺织物温度具有智能调节作用，旨在提升纺织产品的舒适度。纺织品根据温度刺激反应可分为三大类：保温型纺织品、降温型纺织品、调温型纺织品。调温型纺织品也称为智能纺织品，具有双向温度调节的特点，常用于消防服、滑雪服等产品中。调温型纺织品采取涂层、复合纺丝以及微胶囊纺丝，应用渐渐趋向成熟。国外在这方面也有较大的发展。其中，美国是最早研究调温纺织品的，最初主要为能应对登入月球而研究，在1988年研制 outlast 相变材料，经过6年时间的发展，调温纺织品被应用于商业产品中，并对其性能不断地完善。现阶段，美国 Polytech 公司成功研制 ureatech 纺织物，主要应用于聚氨酯涂层调温型纺织物。而我国在该方面的研究比较迟，于2003年，我国企业与美国企业联合研究，采用"太空技术"得到相变调温洛科绒线，制造了一批"冬暖夏凉"服装产品[29]。目前，这项技术已实现产业化发展，但存在加工难度高、实用性不强等问题，无明显进展。

9.4.1.2　形状记忆纺织品

将拥有记忆功能的材料经过织造、整理后编入纺织品中，增加形状记忆，具备良好的抗震等特性。主要通过两种方法实现：第一，使用形状记忆纤维织造；第二，使用纺织品开展形状记忆整理，采取形状记忆纤维织造，也可利用单纯的纺织技术，使用天然纤维或者化学纤维，对纤维实行树脂整理、形状记忆高分子整理等，同时还可以在纺织物上使用上层压聚氨酯膜。形状记忆纺织品已经成为服饰的选择，特别是阻热服、懒人衬衫等，经常用于领口、袖口等部分；针织物保形性质差，其对改善织物性能具有十分重要的意义。

9.4.1.3　防水透湿纺织品

在一定压力下，水无法渗透织物，而人体中散发的汗味可透过织物传输到外界，不会在体表进行冷凝变换，使用者不会感觉到不适，具有较强的防水性和透湿性。在实际应用中，最具代表的产品有三菱重工业公司生产的 Diaplex 产品，防水性能为 20000~40000mm，透湿气量可达到 8000~12000g/(m·24h)，会随着温度变化适当地调节透湿性能，呈现一定的智能性，不同条件下都适用[30]，适合用于登山服、滑雪服、救生服装等产品。

9.4.1.4　智能抗菌纺织品

纺织品经细菌处理后可实现两方面功能，即保护功能以及预防纤维遭到破坏的功能[31]。抗菌纺织品一般经两种方式获取，可采用抗菌纤维制造各类型的织物，用抗菌剂对织物进行后期处理。当前，抗菌纺织物使用抗菌剂作后期处理占大部分。抗菌剂的抗菌机理分析如下：第一，会使细菌细胞代谢酶失去活性；第二，细胞中的蛋白酶发生化学反应；第三，可抑制孢子生成，对细菌 DNA 合成有阻断作用；第四，破坏细胞正常生长能力和释放作用；第五，阻碍氨基酸转酶过程。目前被应用于毛巾、内衣等方面。智能抗菌纺织品加工方式多样，常用于智能凝胶纤维开发，如将湿纺的凝胶状态纤维放入抗菌溶液中，待溶液完全进入织物内部，洗涤织物抗菌性能就会降低甚至消失。

9.4.1.5　智能感声和感光纤维

美国麻省理工学院在人造纤维纺织过程中添加某种特殊的感光材料或感声材料制成应用于防侦探麦克风和精密医疗器械等领域的智能感声或感光纤维。在制作感声智能纤维时，首先制作里面包含导电石墨或别的压电棒状材料，然后加热拉伸到厚度仅为几纳米的薄膜，在拉伸过程中需采用特殊手段以避免其内部构造受到破坏。在这种半成品纤维中加入压电性材料，这种压电材料会在受到压力作用时产生电流。当声波遇到这种纤维时，会弯曲并产生电流，通过测量电流，就可以听到声音和压力波，从普通的声音到超声波都能感应。这种纤维还可以反向工作，当电流输入该纤维内，同样可以产生声波或压力波。

麻省理工学院研究出的这种综合性纤维可以应用在很多领域，首先，它可以嵌入衣服中，必要时作为扬声器使用。另外一些应用则更加神奇，这种纤维可以用来检测血管中的血流，形象地再现难以用超声波检测的人体器官如肺部的血流图像。

9.4.1.6 智能光导纤维

智能光导纤维也称智能光纤，是一种可将光能封闭在纤维中并将其以波导方式进行传输的复合光学纤维，一般由纤芯和包层两部分组成。它具有优异的传输性能，可随时提供描述系统状态的准确信息。光导纤维直径细、柔韧性好、易加工，兼具信息感知和传输的双重功能，被人们公认为首选的传感材料，近些年来被广泛用于制作各类传感器，在智能服装、安全性服装等新型服装中屡有应用，以实现对外界环境温度、压力、位移等状况以及人体体温、心跳、血压、呼吸等生理指标的监控。

日本著名化学纤维材料企业东丽与通信运营商 NTT 共同开发的智能服装涉足医疗领域。智能服装采用能获得活体信息的纤维制作。最近，由两家公司共同开发的一种能 24 小时监测心电图、检查心律不齐的新材料在日本被认定为医疗器械。两家公司从 2017 年开始面向医院销售使用该材料的专用内衣。关于智能服装，各相关企业正在竞相开发，不过被作为医疗器械使用尚属首次。

东丽和 NTT 的"Hitoe"品牌专用内衣上安装了 4 处专用超灵敏电极，通过内衣质地和缝制技术的特别设置，透过导电聚酯树脂浸渍的纤维材料读取体表毛细血管的微弱电信号，从而获得持续、实时测定心脏肌肉的动态参数。据称这种心血管疾病患者的专用内衣具有与传统心电图测定几乎同等水平的检测精度，已经获得日本医药品医疗器械综合机构（PMDA）的医疗器械注册。

9.4.1.7 会"呼吸"的智能纤维

美国杜邦公司开发的 Coolmax 纤维设计核心理念着力于提升人们衣着的舒适性，用这种纤维织制的衣物具有触感舒适、活动舒适、湿热感舒适和透气舒适 4 大特点。深入探究其结构之后发现，Coolmax 纤维具有 4 种特殊的排汗通道，人体在炎热环境中机体透过皮肤排出的汗液会立即被吸收排出，人体自然就会感觉特别舒适。与此相反，在较低温度的环境中，人体皮肤自然产生的极其轻微的汗湿水汽虽然难以感知，然而其产生的湿度却能导致衣物的热导率较干燥时增加 25 倍以上。此时，Coolmax 纤维也能将如此微量的汗湿水汽吸收排出，从而保证身体的热量不至于随着水汽蒸发而快速散失。如此优越的透气性能并非依赖于在纤维制造过程中添加任何化学试剂，因此不存在对化学添加剂的担忧，也不需要依赖复杂的针织结构。

9.4.2 智能纤维的发展趋势

智能纤维、智能结构的纺织品具有十分光明的未来。智能纤维可以根据环境温度和新陈代谢速度调节自身的蓬松（卷曲）程度，用于服装保温衬层，可以实现热阻的自由调节，用于消防或防烫服装，可减少伤亡；可以根据外界环境变化改变颜色，用于军用服装面料可以实现隐身；可以根据外界环境或人的情绪变化放出香味，甚至放出上次休假地的气息，调节人的情绪，达到心理治疗的效果；可以根据受到威胁的情况改变织物的电磁信号、强度或硬度和气体或液体透过性能，达到智能防御导弹、子弹或化学武器袭击的目的。

9.5 形态记忆高分子

形状记忆材料（SMMs）[32] 作为一种新型智能高分子材料在我们的生活中无处不在，上到航天飞机，下到深水潜艇，甚至日常生活中很多用品。在生物医学领域，有机/复合形状记忆材料因其可生物降解性被广泛应用到骨组织固定、血栓治疗、人造器官修复、血管手术夹、药物释放等方面，其相关产业的发展将给人类带来巨大的经济和社会效益。其实，具有形状记忆性的物质就像有生命的东西，当其在成型加工中被塑造成具有某种固有初始形状的物品后，就对自己所获得的这种初始形状持有终生记忆的特殊功能，即使在某些情况下被迫改变了本来面目，但只要具备了适当的条件，就会迅速恢复到原有的初始形状。这种可逆性的变化可循环往复许多次，甚至达到几万次。

材料的性能是其自身的组成与结构特征在外部环境中的具体反映。高分子材料的性能易受外部环境中物理、化学因素的影响，这是其应用中的不利因素。但是以积极的态度利用这种敏感易变的特点就可变不利因素为有利因素，它们可通过热、化学、机械、光、电、磁等外加刺激，触发材料做出响应，从而改变材料的技术参数，如形状、位置、应变、硬度、频率、摩擦和动态或静态特征等。

形状记忆高分子材料（SMP）就是在一定条件下被赋予一定的形状（起始态），当外部条件发生变化时，可相应地改变形状，并将其固定（变形态）。如果外部环境以特定的方式和规律再一次发生变化，它便可逆地恢复至起始态，至此，完成"记忆起始态-固定变形态-恢复起始态"的循环，促使 SMP 完成上述循环的外部因素有热、光、电、声等物理因素以及酸碱、螯合和相转变反应等化学因素。依据其实现功能记忆的条件不同，可分为感温型、感光型和感酸碱型等。图 9-11 为一种感光型形状记忆高分子材料。研究人员将金属和配体间通过配位作用作为"连接点"引入高分子基体当中，当紫外线照射时，配位作用被破坏，"连接点"打开（图 9-11a）；当紫外线照射时，加外力对材料赋形（图 9-11b）；移去紫外线最后重新形成配位作用，形变被固定（图 9-11c）；再次经紫外线照射，材料形状恢复（图 9-11d）。

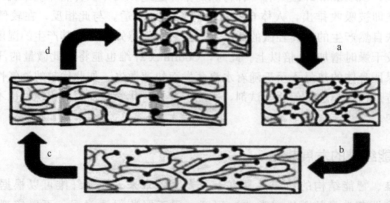

图 9-11 感光型形状记忆高分子材料

20 世纪 60 年代初，英国科学家 A. Charlesby 首次报道了经辐射交联后的聚乙烯具有记忆效应。其后，美国国家航空航天局考虑到其在航空航天领域的潜在应用价值，对聚乙烯辐射交联后的记忆特性进行了研究。20 世纪 70 年代末到 80 年代初，美国 RDI 公司进一步将交联聚烯烃类形状记忆聚合物商品化，应用于电线、电缆、管道的接续与防护，至今 F 系列战斗机、boeing 飞机上的电线仍在广泛使用这类记忆材料。近年来，又先后发现聚降冰片烯、反式聚异戊二烯、苯乙烯丁二烯共聚物、聚氨酯、聚酯等聚合物也具有明显的形状记忆效应。由于形状记忆材料具有优异的性能，诸如形状记忆效应、高恢复形变、良好的抗震性和适应性，以及易以线、颗粒或纤维的形式与其他材料结合形成复合材料等，越来越受到重视。此外，SMP 与纺织材料具有相容性，在纺织、服装及医疗护理产品中具有潜在的应用优势。

9.5.1 高分子材料的形状记忆原理

从分子结构及其相互作用的机理方面来看，可将形状记忆聚合物看作两相结构，即由记忆起始形状的固定相、随外界条件变化能发生可逆固化和软化的可逆相组成。固定相使成型制品可以保持原始形状记忆与恢复的能力，而可逆相则能使形变发生并锁定在临时形状，两者共同作用使材料具有了形状记忆的能力。固定相一般是聚合物的交联结构、部分结晶结构或超高分子链的缠绕结构等；可逆相可以是产生结晶与结晶熔融可逆变化的部分结晶相，或发生玻璃态与橡胶态可逆转变的相结构。在高分子形状记忆材料中，由于聚合物分子链间的交联作用，即材料中固定相的作用束缚了大分子的运动，表现出材料形状记忆的特性。以热致形状记忆聚合物为例，可逆相在转变温度（T_g）时会发生软化-硬化可逆变化，当在 T_g 以上时，材料变为软化状态，在外力作用下分子链段取向改变，使材料变形；当材料被冷却至 T_g 以下时，材料硬化，分子链段的微布朗运动被冻结，改变取向的分子链段被固定，使得材料定型；当成型的材料再次被加热时，可逆相结晶熔融，材料软化，分子链段取向逐渐消除，材料又恢复到了原始形状，从而完成一次记忆循环过程[33,34]。

根据上述机理，可以得出结论，可逆相主要影响材料的形变特性，而固定相主要影响其形状恢复特性。这就是既具有固定相又具有可逆相结构的聚合高分子材料都能够显示出一定形状记忆特性的原因。

9.5.2 形状记忆高分子的分类

根据固定相的结构特征，SMP 分为热固性和热塑性两类。根据材料恢复原理可分为热致感应型、电致感应型、光致感应型、化学感应型，具体如表 9-3。

▫ **表 9-3 根据材料恢复原理分类表**

类型(根据恢复机理)	恢复特征
热致形状记忆高分子	在室温以上变形并能在室温固定形变且可长期存放，当再升温至某一特定响应温度时，制件能很快恢复初始形状
电致形状记忆高分子	热致形状记忆高分子与具有导电性能物质(如导电炭黑、金属粉末及导电高分子等)的复合材料，通过电流产生的热量使体系升温。形状恢复：既具有导电性能，又具有良好的形状记忆功能
光致形状记忆高分子	某些特定的光致变色基团(PGG)引入高分子链，在紫外线照射下，PCG 发生光异构化反应，使分子链的状态发生显著变化。材料在宏观上表现为光致形变；光照停止，PCG 发生可逆的光异构化反应，分子链状态恢复
化学感应形状记忆高分子	利用材料周围介质性质的变化来激发材料变形及恢复。常见的化学感应方式有 pH 值变化、平衡离子置换、螯合反应、相转变反应和氧化还原反应等

9.5.2.1 热致感应型

目前研究并使用最多的主要是热致型形状记忆高分子，也叫热收缩材料。这类形状记忆高聚物一般是将已赋形的高分子材料交联或加热到一定的温度并施加外力使其变形，在变形状态下冷却，冻结应力，当再加热到一定温度时，材料的应力释放，并自动恢复到原来的状态。关于热致型形状记忆高分子的形状记忆机理，普遍认为与 T_g 有关。当热致型形状记忆高分子处于 T_g 以下时，高分子链段被冻结，固定相和可逆相也均处于冻结状态，此时，高分子聚合物处于玻璃态；当温度高于 T_g 时，链段开始运动，高分子聚合物处于高弹态，如果此时在外力的作用下，材料发生形变，之后温度下降，材料被冷却，但在冷却过程中保持外力存在以维持材料形状，则分子链段被冻结即可逆相处于被冻结状态。因此，材料被赋予的形状被保留了下来。一旦温度再次达到 T_g 以上时，材料的链段则被解冻且其运动逐渐恢复，在固定相的作用下，材料形状也恢复到初始形状。热致型形状记忆高分子的形状记忆与恢复过程如图 9-12 所示。

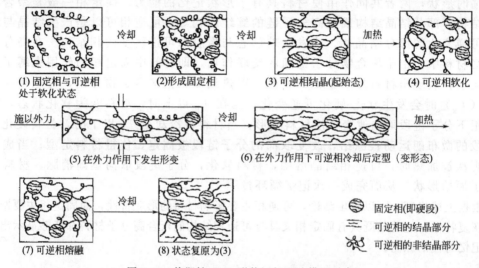

图 9-12　热塑性 SMP 形状记忆理论模型示意

将粉末状或颗粒状树脂加热熔化时可逆相和固定相均处于软化状态，将其注入模具等设备中成型冷却成为希望的形状，得到起始态。在此过程中，高分子链以物理交联的方式形成固定相和可逆相。当加热至适当的温度如 T_g 时，可逆相分子链的微观布朗运动加剧，而固定相仍处于固化状态，其分子链被束缚，材料由玻璃态转化为橡胶态。此时，以一定的加工方法可使橡胶态的 SMP 在外力作用下变形。其在外力保持下冷却，可逆相固化，解除外力后就可得到稳定的新形状，即变形态。此时的形状由可逆相维持，其分子链沿外力方向取向、冻结，而固定相处于高应力形变状态。当变形态被加热至形状恢复温度如 T_g 时，可逆相软化而固定相保持固化。可逆相分子链运动复活，在固定相的恢复应力作用下解除取向，并逐步达到热力学平衡状态，即宏观上表现为恢复原状。

热致感应型形状记忆高分子材料集塑料和橡胶的特性于一体，使其产生塑料-橡胶形态转变的因素是温度。橡胶形变时分子间不产生滑移，链单元是柔性的，且各个链段能自由地内旋转，形变是可逆的；塑料是在一定的条件下，可塑制成形的材料，在室温下，形状保持不变，其高分子形态为玻璃态或结晶态。如图 9-13 所示为热固性形状记忆高分子材料，材料由高分子的均聚物或共聚物组成，通过化学交联使其具有网形结构，其玻璃化温度或结晶态的熔点高于室温，在室温时，材料呈塑料特性。同理，当温度升至结晶态熔点时，结晶态

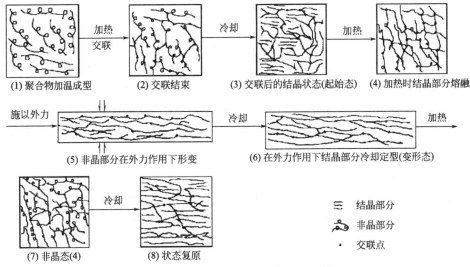

(1) 聚合物加温成型　加热交联→(2) 交联结束　冷却→(3) 交联后的结晶状态(起始态)　加热→(4) 加热时结晶部分熔融

施以外力→(5) 非晶部分在外力作用下形变　冷却→(6) 在外力作用下结晶部分冷却定型(变形态)　加热→

(7) 非晶态(4)　冷却→(8) 状态复原

⫘ 结晶部分
⟳ 非晶部分
· 交联点

图 9-13　热固性形状记忆高分子材料

消失或玻璃态转为橡胶态，在外力的作用下，材料伸长导致分子链的空间排布有了方向性，使分子链不得不顺着外力场的方向舒展开来，当这种变形至所期望形状时，将材料冷却，可逆相进入玻璃态或结晶态，分子链被冻结，材料硬化成为稳定的固形体；交联阻止了分子间的滑移，当变形后的固形体再被加热至橡胶态时，热运动力图使分子链无序化，以便恢复到卷曲状态，这就形成了回缩力，变形后的固形体恢复至原来的形状即该材料具有记忆性。

通常橡胶或热塑性弹性体在理论上也可称为热致感应型形状记忆高分子材料，只是链段运动被冻结的温度在室温以下，由于环境温度的影响，它所具有的这种记忆特性的实用性受到服制。理论上，通过高分子的分子设计，可使许多具有不同物理性质的高分子通过一定方式的分子组合得到具有不同记忆温度的高分子记忆材料。近些年，国内外采用物理方法或化学交联手段相继研制、开发出一系列热敏型 SMP，如聚降冰片烯、聚乙烯、乙烯-乙酸乙烯共聚物、聚四氟乙烯和聚氯乙烯、聚氨酯类（PU）、聚对苯二甲酸乙二醇酯、聚己内酯和聚乳酸等形状记忆材料。

热致感应型形状记忆高分子材料的记忆功能及不同记忆材料所具有不同记忆温度的物理性质，使其在很多方面都极具价值，已被广泛用于医疗卫生、体育、环保、建筑、包装、汽车等领域。如用其制作的温控材料，在软化点可随意赋形，冷后变硬成固形体，既可作为模型，也可起固定作用。利用形状记忆性回收电子产品的新思路设计将电子产品的许多紧固件（如螺钉、螺纹套管，夹子等）改用形状记忆材料，它们可以通过加热的方法自行脱落，智能自动拆卸，这使电子废弃物可重新回收利用，节约成本，且减少了电子废弃物对环境的污染，这符合国家循环经济发展战略。

热致形状记忆高分子材料以其独特的优点在众多领域都极具使用价值，具有广泛的应用前景，但尚存在些不足，还应该提高形状记忆性能和综合性能，开发更多的品种，在完善热致 SMP 的过程中，同时研究实用的光致感应型和化学感应型等材料以满足不同的应用需求。未来的研究应向以下方向努力：①提高响应速度、形变恢复力、力学强度、耐高温性、耐疲劳性和化学耐久性等；②同通用塑料相比，要降低成本、提高其加工性能；③满足对形状恢复温度的系列化要求，且提高恢复精度；④向研究其双向记忆及全方位记忆等性能发展。在保持形状记忆功能的前提下，充分运用分子设计原理和材料的改性技术，努力提高综合性能或性能优异的聚合物形状记忆功能，从而开发出更多品种的新型功能，并拓宽其应用领域，成为应用研究和理论研究的重要课题。

9.5.2.2 光致感应型

光致型 SMP 可以将光能转变为机械能，并且具有实时、定点调控变形和非接触等优点，所以近年来光致型 SMP 开始受到研究员的高度关注。光致型 SMP 根据记忆机理不同可分为光化学反应型和光热效应型两种。光化学反应型是将如肉桂酸、偶氮苯等具有光化学反应活性的基团引入高分子结构体系，并且利用光控化学变化来实现材料形状的赋形和恢复。光热效应型是加入光热转换材料，增强基体材料对光的吸收，间接地实现光致型的形状记忆行为。

9.5.2.3 化学感应型

化学感应形状记忆高分子就是某些高分子材料在化学物质的作用下和具有形状记忆现象物质的作用下，能产生形变及形变恢复。通常用的化学感应方式有 pH 值变化、平衡离子置换、螯合反应、相转变和氧化还原反应等手段。刺激手段不同，聚合物形状记忆机理也不一样。pH 值变化刺激方式：将聚合物浸泡于盐酸中，氢离子间相互排斥使分子链段扩展，再向体系中加入等当量的 NaOH 溶液，发生酸碱中和反应，分子链收缩，直到恢复原长；平衡离子置换：聚合物中羧酸阴离子的平衡离子发生置换时，可使分子链产生伸缩变化而产生形状记忆；螯合反应：侧链上含有配位基的高分子同过渡金属离子发生螯合反应时可发生可逆变化；相转变和氧化还原反应：蛋白质在各种盐类物质的存在下因高次结构破坏而收缩，高次结构再生则恢复原长。

9.5.2.4 电致感应型

电致感应型形状记忆高分子是将高分子材料与具有导电性能物质（如导电炭黑、导电高分子等）结合形成的一种复合材料。其记忆机理与热致感应型 SMP 相同，该复合材料通过电流产生的热量使体系温度升高，致使形状恢复，所以既具有导电性能，又具有形状记忆性能，主要用于如电子集束管、电磁屏蔽材料等。

9.5.3 形状记忆高分子的发展历程

形状记忆高分子，顾名思义，是一类具有形状记忆功能的智能材料，可以"记忆"一个或多个预先设定的形状，受到诸如热、光、水等外界刺激恢复其原始的永久形态[35]，所以也称为刺激响应型高分子。尽管 1941 年首次提出形状记忆效应，而直到 19 世纪 60 年代人们才意识到形状记忆高分子的重要性；20 世纪 80 年代后期，形状记忆高分子开始广为人知，并由日本 NipponZeon 公司率先实现商业应用；20 世纪 90 年代，其加速发展，形状记忆聚氨酯随之问世，走进工业应用；近十几年，其爆发式增长，各国研究人员不懈努力，基于形状记忆高分子的研究成果层出不穷[36~39]，已经在这方面取得显著进步。2002 年，Cao 等人巧妙地利用氢键作用将 P(MAA-co-MMA)（甲基丙烯酸-甲基丙烯酸甲酯嵌段共聚物）和 PEG（聚乙二醇）共混，随着嵌在 P(MAA-co-MMA) 分子网络中的 PEG 分子量增加，P(MAA-co-MMA)-PEG 形变恢复率高达 99%。2010 年，Du 和 Zhang[40] 报道了一种基于聚乙酸乙烯酯（PVA）的 SMP［简称 SM-PVA，不仅有很好的温度响应特性，同时还表现出溶剂（水、乙醇、DMF 等）特性］引起的形状恢复行为；以溶剂作为刺激源极大拓宽了 SMP 的应用范围，尤其是医疗器械领域。D. Radford 课题组[41] 成功开发了一种新型的 SMP，利用高分子的弹性和塑性在国际上首次实现了复杂且可变形"折纸"和三维形状转变。它属于多重形状记忆型的 SMP，不仅可以记住它最近被赋予的造型，还可以"重置"

记忆，在最近赋形的基础上还能记住更多的新造型。科研成果日新月异，不断激发新思维，注入新活力，同时给生活增添新景象。

9.5.4 主要的形状记忆高分子

形状记忆高分子根据材料成分组成，又可分为聚氨酯、聚乳酸、纤维素、聚酯、反式聚异戊二烯等类型。

9.5.4.1 形状记忆聚氨酯

聚氨酯（PU）是大分子主链上含有氨基甲酸酯基（—NHCOO—）结构单元的高分子化合物的总称，其结构如图 9-14 所示。SMPU 作为 PU 的一种，同样由软链段和硬链段组成。

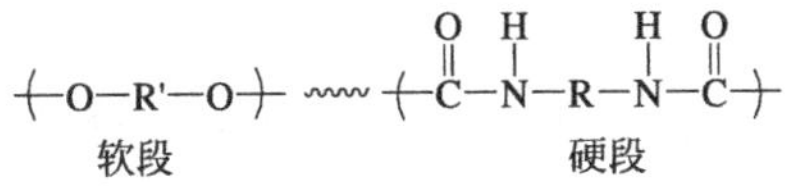

$$\begin{array}{c} \quad\quad\quad O\;H \quad H\;O \\ \{-O-R'-O\}\text{\textasciitilde\textasciitilde\textasciitilde}\{-\overset{\|}{C}-\overset{|}{N}-R-\overset{|}{N}-\overset{\|}{C}-\} \\ \text{软段}\quad\quad\quad\quad\quad\quad\text{硬段} \end{array}$$

图 9-14　聚氨酯结构

从分子组成上看，SMPU 的软段一般由聚酯或聚醚多元醇构成，软段分子一般比较柔顺、易伸展、堆积排列，具有低热转变温度（$T_{g\text{-soft}}$）；硬段一般由异氰酸酯与小分子扩链剂组成，分子极性较强且在链段间易形成氢键，形成的分子链比较刚硬，其热转变温度（$T_{g\text{-hard}}$）也较高[42]。从分子链交联结构上看，SMPU 的软段为物理交联结构，而硬段可分为物理交联结构和化学交联结构。有研究表明，形状记忆高分子材料可以看作转变两相结构，即记忆起始形状的固定相结构和随刺激变化能可逆发生固化-软化现象的可逆相结构。在 SMPU 中，软段作为可逆相，硬段作为固定相。硬段中以物理交联结构（通过分子间相互作用或者长聚合物链缠结形成）为固定相的称为热塑性 SMPU，以化学交联结构（异氰酸酯和交联剂之间反应或者多元醇链本身化学交联形成）为固定相的称为热固性 SMPU。

首例形状记忆聚氨酯由日本三菱重工业公司开发成功，该聚合物以软段（非结晶部分）作可逆相，硬段（结晶部分）作物理交联点（固定相），软段的 T_g 为形状恢复温度（$-30\sim70\text{℃}$），通过原料种类的选择和配比调节 T，即可得到不同响应温度的形状记忆聚氨酯。其分子链为直链结构，具有热塑性，可通过注射、挤出和吹塑等方法加工。该形状记忆聚合物还具有质轻价廉、着色容易、形变量大（最高可达 400%）及重复形变效果好等特性。日本 Mitsubishi 公司开发了综合性能优异的形状记忆聚氨酯，室温模量与高弹模量比值可达到 200，与通常的形状记忆高分子材料相比，具有极高的湿热稳定性与减震性能。日本三洋旭化成公司开发了一类液态聚氨酯，除加工成片材及薄膜外，还可注射加工成各种形状，将变形后的制品加热至 $40\sim90\text{℃}$，可恢复到原来的形状。谭松林等在聚氨酯体系中引入结晶性软段（聚己内酯），得到了具有热致形状记忆效应的多嵌段聚氨酯材料，而且其形状记忆行为与体系的化学组成、软段的结晶性、相态结构等有密切的联系。韩国的 B. K. Kim 等分别用无定形的软段相和结晶的软段相作为可转变相制备了若干种热致形状记忆聚氨酯，制备出了具有优良湿气渗透性的形状记忆聚氨酯。南京大学通过引入化学交联，调节软段组成和软、硬段比例已研制出形状记忆温度为 37℃ 的体温形状记忆聚氨酯。

形状记忆聚氨酯具有良好的力学性能、热膨胀性、透湿性阻尼性能及光学性能，在许多方面都有较广泛的应用。其记忆温度具有可调节性，根据需要可在 $30\sim90\text{℃}$ 的范围内进行调节，利用这一功能可开发出不同的智能型材料。但从现状来看，还存在一些不足，如形状记忆不具双向性、形状恢复力较弱及恢复形状的温度不够精确等，例如，在纺织品的实际使用中，在人体温度范围内，控制形状记忆行为及其透气机理（即控制分子之间的间距依体温变化，从而实现透气调温功能）还有待于进一步研究。

9.5.4.2 形状记忆聚酯

聚酯是大分子主链上含有羰基酯键的一类聚合物。脂肪族或芳香族的多元羧酸（如偏苯三甲酸）或酯（如间苯二甲酸二丙烯醇酯）与多元醇（如乙二醇、丁二醇、三羟甲基丙烯、季戊四醇）或羟基封端的聚醚（如聚乙二醇）反应可形成具有嵌段结构的聚酯。这种聚酯用过氧化物交联或辐射交联后可获得形状记忆功能。通过调整羧酸和多元醇的比例，可制得具有不同感应温度的形状记忆聚酯。这类形状记忆聚合物具有较好的耐热性和耐化学药品性能（但耐热性能不是很好）。这种产品可作为管件的接头，还可用作商品的热收缩包装材料，主要利用其透明性好、热收缩温度低、易加工等特点。目前研究较为广泛的聚酯有聚对苯二甲酸乙二酯、聚己内酯和聚乳酸等。

Zhang[43] 等利用 PPDO（聚对二氧环己酮）、PBS（聚丁二酸丁二醇酯）和 PCL（聚己内酯）等脂肪族聚酯与脂肪族聚醚、聚乙二醇（PEG）、聚四氢呋喃（PTMEG）设计合成了一系列基于可生物降解聚酯的嵌段共聚（醚）酯。如以 PPDO 为硬段、PTMEG 为软段的 PPDO-PTMEG 多嵌段共聚醚酯，利用 PTMEG 链段的结晶温度和 PPDO 链段的 T_g 十分接近的特点，使 PTMEG 链段的晶区和处于玻璃态的 PPDO 链段无定形区都起到了固定临时形状的作用，PPDO 链段结晶形成的物理交联则起到记忆永久形状的作用。研究发现，选择在高于或低于 PPDO 链段 T_g 的温度下进行材料临时形状固定，其 R_f 分别为 69% 和 92%，进一步证实了该作用机理（如图 9-15）。这种设计使得材料在 PPDO 链段的含量很高（质量分数为 85%）的情况下仍具有很好的形状记忆性能，同时保证材料优异的力学性能。

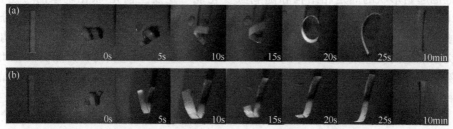

图 9-15　多嵌段共聚物 PPDO9.9-PTMEG2.9-85/15 分别在 −20℃（a）
和 −6.5℃（b）固定温度下固定后的恢复过程照片

化学交联网络在三重或多重形状记忆材料中得到了良好的应用，但是将 2 个及以上的聚合物链段共聚到一个网络中，链段规整性及运动能力降低，导致各组分的结晶能力下降，进而影响聚合物形变的固定和恢复。如何克服因为交联和共聚对聚合物链段结晶带来的影响？近年来，互穿网络结构受到了研究人员的关注。互穿网络聚合物（IPNs）是 2 种或 2 种以上的交联聚合物相互贯穿后形成的交织网络聚合物，是一种特殊形式的聚合物共混物。各网络之间并没有化学键结合，既能有效降低各聚合物链段之间的相互影响，又能有效改善两组分之间的相容性，最终获得优异的形状记忆性能。Mather 课题组[44] 以共混的方式合成了线型 PCL/交联 PCL 半互穿网络（semi IPN），材料具有一定的形状记忆性能和自修复功能。对于全互穿网络（full IPN），因为需要 2 种不同的反应机理才能构筑互穿网络结构，所以合成相对比较复杂，到目前为止，关于 full IPN 在 SMPs 中的应用报道很少。Feng 等[45] 用溶液浇铸法合成了由聚酯型聚氨酯和聚（乙二醇）二甲基丙烯酸酯（PEGDMA）网络构成的 full IPNs，其中聚酯型聚氨酯网络由星形 PDLLA 和 PCL 共聚物与 IPDI 反应形成，而

PEGDMA 网络通过光交联得到，IPNs 的 R_f 和 R_r 都在 93% 以上。

聚酯结晶度高、熔点高、溶解度低，是第一个被合成并在临床应用的可降解缝合线。由于其具有亲水性且降解速度快，在植入体内 2~4 周后就失去力学强度，因而制备了降解速度快和亲水性适中的羟基乙酸及羟基丙酸的共聚物聚酯并用于药物释放系统。Couarraze 等将米非司酮负载到 PLGA 中，考虑到降解和扩散因素，深入研究了它的药物释放特征，并提出了新的释放模型。研究表明增加 PLGA 中的乙交酯含量，释放速率增大，此外，酸性药物能离解出氢离子，能促进聚合物的降解，同时促进药物的释放。

9.5.4.3 形状记忆聚乳酸

聚乳酸类高分子是一种非常重要的热致型记忆材料，由于其结构简单、制备条件容易实现、性能优异，成为可生物降解形状记忆高分子中研究最为广泛的材料。按其组分将这类材料分为只含有聚乳酸的单组分聚合物材料、基于聚乳酸的共聚物材料以及聚乳酸与无机材料形成的复合材料三大类，对各类材料分别进行详细介绍。

聚乳酸根据光学活性不同分为左旋聚乳酸（PLLA）、右旋聚乳酸（PDLA）、消旋聚乳酸（PDLLA）三种。在形状记忆高分子中，研究最多的是 PLLA 和 PDLLA，PLLA 是半结晶型聚合物，特点是模量高。PDLLA 是无定形聚合物，其强度和模量相对较低。Shikinami 等系统研究了聚乳酸组成的高分子材料的形状记忆性能，发现该类材料在 60℃ 以上都很快地恢复到初始形状，并且具有较高的形状恢复率。在对不同分子量 PDLLA 的研究中发现，高分子量的 PDLLA 玻璃化转变温度大约为 55℃，在玻璃化温度以上 5~10℃ 的范围内即很容易进行赋形。恢复时，在 60℃ 左右即可较快地实现形状的恢复。鲁玺丽等考察了单体与引发剂摩尔比、聚合温度、聚合时间等条件对 PLLA 的影响，优化了适合记忆材料聚乳酸的制备条件。在此基础上，对 PLLA 的形状记忆性能进行了研究。他们用 PLLA 制备了长条状样品，在 65℃ 时对样品进行赋形，外力作用下使其变形为螺旋状，然后冷却至室温，形状被固定。当赋形后的样品被加热到 70℃ 时，经过 22s 恢复到原来的形状；如果被加热到 80℃，只需要 15s 即可完全恢复。研究发现，PLLA 的形状恢复率随分子量增大而增大。可能是因为随着分子量增大，聚合物结晶度逐渐减小，晶粒尺寸也减小，微晶体均匀分布在无定形相之中，易于形成更为有效的交联，所以记忆恢复率增大[46]。

单组分的聚乳酸类记忆材料脆性高，力学强度较低，难以满足人体医疗修复部件材料的要求，而且转变温度较高，一般在 60℃ 以上，远高于人体正常温度，这些都限制了其在生物医学领域的应用，因此，近年来研究者将其他高分子组分引入聚乳酸分子链中制备基于聚乳酸的共聚物成为研究热点。通过对聚乳酸改性，得到了性能优异的记忆材料，而且将其转变温度调控到接近人体温度，更适合作为医用材料。

嵌段共聚物综合了各个组分的性能特点，是聚乳酸类共聚物形状记忆材料的重要形式。Amirian 等用 PLLA 和聚-ε-己内酯（PCL）制备了嵌段共聚物。通过研究不同 PCL 含量的高分子材料的记忆行为，发现该类材料的形状固定率随 PCL 含量增加而降低，而形状恢复率则随 PCL 含量增加先降低然后升高。唐文珺等合成 PLLA 和 PCL 共聚物，研究了其冷变形条件下的形状记忆性能，获得了恢复应力高、恢复速率快的记忆材料。姜继森等[47] 采用聚合法制备了 PLLA 和聚乙醇酸（PGA）的共聚物，并且系统研究了其组成与记忆性能和力学性能之间的关系，实验发现，组成为 80/20 的聚合物材料具有最好的形状记忆性能。Min 等制备了 PLLA-P（GA-CL）嵌段共聚物，并研究了其形状记忆性能，实验发现该材料的形状恢复率超过 90%。Bertmer 等将乳酸-乙二醇的预聚物在 90℃ 的熔融状态下用 120w/cm² 的紫外线照射 25min，得到了共价交联的共聚物。该样品经过测试，其形状恢复率可达到 80%。

聚乳酸基形状记忆高分子材料具有生物相容性、可降解性、力学性能好等特点，在生物医学领域显示了重要的应用潜力，研究者开始探索该类材料在医用、药用材料中的应用。目前研究较多的是将其作为药物控制释放的载体材料、手术缝合线、器官和组织的替代材料等。

Wischke 等[48] 制备了基于聚乳酸的聚氨酯形状记忆高分子，并将其作为药物载体，用于药物的控制释放，其工作过程示意如图 9-16 所示。将该材料的初始形状加工成"打开"的形式，负载药物后，将其赋形为"关闭"的形式，然后通过微创手术植入病灶部位。在体温作用下，记忆材料逐渐"打开"，药物逐渐释放。药物释放完成后，载体材料在体内逐渐被降解而排出体外，无需二次手术将其取出，具有操作简单，应用方便的特点。

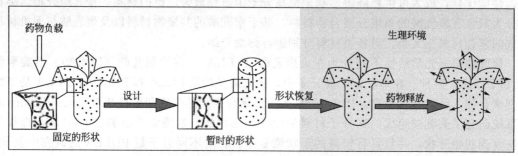

图 9-16　形状记忆高分子药物控释载体工作原理

罗彦凤、王远亮小组用聚乳酸基高分子材料制备了医用输卵管避孕材料，并进行了动物试验，考察其在生物避孕领域的应用。研究者还探索了聚乳酸基可降解形状记忆高分子材料在骨组织固定过程中的应用。总的来说，聚乳酸类记忆材料的应用研究还处于起步阶段，目前研究成熟的也都还处于动物试验阶段，要达到临床应用的条件，还需要对其力学性能、转变温度、固定率、恢复率等进行深入、系统的研究。

由于具有优异的性能，形状记忆高分子材料已被应用于食品包装、服装材料、商品保密、便携系统、航空航天等领域。随着环保要求和医用材料的发展，可生物降解的形状记忆高分子材料成为功能高分子材料的重要研究领域之一。聚乳酸类材料不仅具有形状记忆特性，还具有良好的生物相容性和可降解性能，得到研究者的青睐。但是，目前的研究主要集中在聚乳酸类材料的改性和记忆性能考察方面，关于其记忆机理以及复合体系中各组（分）之间的相互作用对记忆性能影响的研究还不是很深入，这将是聚乳酸类记忆材料今后的一个发展方向。目前，该类材料的重复记忆性能、形状恢复率、恢复速率和固定率都还不是很高，随着应用要求的提高，研究和开发记忆性能优异、力学性能高的聚乳酸类高分子材料也是一个重要的方向。

9.5.4.4　形状记忆反式聚异戊二烯

聚异戊二烯分为顺式 1,4 结合、反式 1,4 结合、1,2 结合、3,4 结合的乙烯基型。其结构见图 9-17。

反式聚异戊二烯（TPI）是一种热塑性弹性体，是结晶性聚合物，结晶度为 40%，熔点为 67℃，结构规整紧密，容易结晶形成一种球形的超结晶结构，具有高度的链规整性。以用硫黄或过氧化物交联得到的网络结构为固定相，以能进行熔化和结晶可逆变化的部分结晶相为可逆相，在低交联度下，DTA 曲线上残留 35℃ 的结晶熔融峰，在室温中保持约 40% 的结晶度，局部并存高次结构，成为形状记忆材料。未经交联的反式聚异戊二烯为结晶的热塑

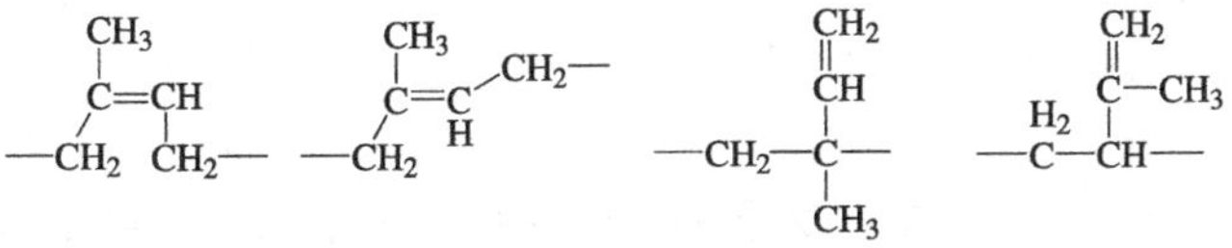

顺式1,4结合　　反式1,4结合　　1,2结合　　3,4结合

图 9-17　聚异戊二烯结构类型

性聚合物，没有形状记忆效应。但反式聚异戊二烯分子链中含有双键结构，可以像天然橡胶一样进行配合和硫化。经硫黄或过氧化物交联得到的具有化学交联结构的反式聚异戊二烯表现出明显的形状记忆效应，其形状记忆效果与恢复温度可以通过配比、硫化程度及添加物来调节。

TPI 具有诸多优点：①可在较低的温度条件下成型、加工；②常温条件下的硬度、模量和断裂强度高；③具有热熔解黏合性，自黏附力大；④用硫黄、过氧化物能交联，并可与其他的二烯类橡胶共硫化。

TPI 形变速度快、恢复力大、恢复精度高，可通过压延、挤出注塑等工艺加工成型；T_g 为 35℃，接近人体温度；室温条件下呈硬质，适于用作人用织物制品；强度高，有减震作用，具有较好的耐湿气性和滑动性，但耐热性和耐气候性差。除聚降冰片烯外，降冰片烯与其烷基化、烷氧基化羧酸衍生物等共聚得到的无定形或半结晶共聚物也有形状记忆功能。TPI 的力学性质受其结晶性支配，是具有很高弹性的二烯类聚合物，可通过加硫或加过氧化物交联，或与其他二烯类橡胶共硫化。硫化后 TPI 的力学性能变化不大，这可能是因为 TPI 在硫化后其力学性质仍受结晶性支配。形状记忆 TPI 就是利用这两种特性研制成的。交联得到的网络结构为固定相，能进行熔化和结晶可逆变化的部分结晶相为可逆相。

形状记忆 TPI 可作为夹层覆盖和内衬材料用于原来装配时操作困难的场合，借助改变材料的形状使安装易于进行，组装完毕后加热，使材料恢复原状。TPI 还可用作火警报警器，即将 TPI 加热拉伸后冷却，将拉成的杆固定，杆端装一金属片，然后装入火灾报警器温度传感装置的电路内。当发生火灾环境温度过分升高时，形状记忆 TPI 杆收缩，前端的金属片即可接通报警电路。TPI 在日常生活中还有多处有趣的应用，如用于携带式餐具，即事先按容器的形状用 TPI 预先成型，并在热水中二次成型为片状。使用时，只需放入热水中，就可恢复原形可供使用。此外，可将形状记忆 TPI 交联成狗、鱼、花等玩具的形状，然后加热软化使之变形为圆片或球状并冷却固化。当用温水或热空气加热时，就会出现动物或植物生动的形状，非常有趣。用形状记忆 TPI 制作的缓冲器、汽车保护罩等保护装置，即使受冲击变形，只需通过温水加热就可恢复其原状。如能有效地利用以上特点，其用途必将进一步扩大。

9.5.4.5　其他材料类型的形状记忆高分子

（1）交联聚乙烯（XLPE）

聚乙烯树脂是最早获得实际应用的形状记忆高分子材料。聚乙烯交联后，其热性能、电绝缘性能、形状记忆性能得到很大的提高，扩大了其应用范围。交联低密度聚乙烯（XLPE）常应用于电线、电缆包覆，耐热绝缘材料，热收缩管等。交联聚乙烯常用的制备方法有物理交联的高能辐射交联法、化学交联的过氧化物交联法和硅烷交联法。高能辐射交联法适用于材料纯净、薄壁产品。化学交联法中，因过氧化物交联法比硅烷交联法在成本、工艺及产品性能上有优势，工业上常采用过氧化物交联法制备交联聚乙烯。

采用电子辐射交联或添加过氧化物如过氧化二异丙苯（DCP）的交联方法，使大分子链间交联成网作为一次成型的固定相，而以结晶的形成和熔化作为可逆相。交联后的聚乙烯在耐热性、力学性能和物理性能方面有明显改善。如热收缩管可给予200%以上的膨胀（延伸），并且由于交联，分子间的键合力增大，阻碍了结晶，从而提高了聚乙烯的耐常温收缩性、耐应力龟裂性和透明性。如果在交联的同时保持一定结晶度，可制造热致型形状记忆材料，其特点是在温度高于软化点时具有橡胶的特性，即拉伸变形可恢复。而未经交联的聚乙烯在温度高于软化点（熔点）时完全软化，成为一种黏性流体。Ota等用辐射交联法制得热致型形状记忆 XLPE。据报道，聚乙烯和交联剂（LDPE用异丙过氧化物，HDPE用特丁基过氧化物）在一定温度条件下混合造粒和成型，然后在高温条件下进行化学交联，可制得热致型形状记忆材料。另外，在过氧化物存在下，聚乙烯与乙烯基三乙氧基硅烷接枝共聚，形成接枝共聚物，将接枝共聚物和含有机锡催化剂的聚乙烯（95/5）混炼造粒，即可得到具有形状记忆功能的 XLPE。

（2）聚乙烯-乙酸乙烯共聚物（EVA）

乙烯-乙酸乙烯共聚物（EVA）由非极性且结晶性乙烯单体和强极性且非结晶性乙酸乙烯单体在引发剂作用下聚合而成，其为无规共聚物。与形状记忆聚乙烯相比，乙烯分子链上引入了乙酸乙烯单体，原有结晶状态被扰乱，分子链间距离加大，导致其更富柔软性和弹性，同时熔点显著降低，制备工艺大大简化。王立斌等[49] 采用乙酸乙烯质量分数为26%的 EVA 热塑性弹性体制备了形状记忆材料，并对其力学性能、取向结构、结晶性能和形状记忆性能进行了系统研究，阐述了形状记忆过程中结构变化与宏观性能之间的关系，该形状记忆材料有望在智能医疗设备等领域中得到应用。武承林等[50] 采用双螺杆挤出制备了聚氯乙烯/乙烯-乙酸乙烯共聚物（PVC/EVA）共混物管材，考察了 EVA 含量对 PVC 塑料管材流变性能、热力学性能、形状记忆性能等的影响。研究发现，EVA 弹性体能够显著增加材料的韧性、降低材料的维卡软化温度、缩短材料的塑化时间；制备的 PVC/EVA 共混物具有较佳的形状记忆效应，且形变恢复后管材的环刚度、拉伸强度、断裂伸长率等力学性能没有明显降低，满足国标 PVC 管材要求。

（3）聚乙烯醇（PVA）

杜海燕等[51] 结合微波驱动原理、聚离子液体（PIL）及形状记忆聚合物的结构特性设计合成完全基于聚合物、能在微波驱动下快速恢复的聚离子液体/聚乙烯醇（PVA）形状记忆复合材料。先合成了乙烯基咪唑功能性离子液体单体，之后在含有戊二醛的 PVA 溶液中对 ILM 进行原位聚合生成 PIL，将 PIL 引入交联 PVA 中，形成聚乙烯基咪唑 PIL/PVA 形状聚合物复合材料（SMPC）。用核磁对 ILM 和 PIL 的结构进行了表征，证明了所合成目标化合物结构的准确性。介电性能测试结果显示 PIL/PVA 有较高的介电常数和介电损耗，当 PIL 含量从 0 增加到 30% 时 PIL/PVA 复合材料的介电损耗因子呈增大趋势，可见 PIL 是一种有效的微波吸收介质。弯曲法测试结果表明该复合材料在微波驱动下具有很好的形状记忆效应，所有复合材料的形变固定率都接近 100% 且形变恢复率都高达 80% 以上，而且 PIL 的含量和微波输出功率对材料恢复率和恢复时间有显著影响。140W 的微波足以驱动 PIL/PVA SMPC 恢复，280W 下 40s 内可以完成，微波功率增大到 420W 时 SMPC 在 20s 内可恢复到起始形状。

9.5.5　形状记忆高分子材料的应用

在日常生活中存在这样一些现象：登山服的透气性随着环境温度变化会自动调节；瘪了的乒乓球经热水浸泡就可复原；骨科上给断骨病人所用的套管在体温下会束紧，并在伤口愈合后会自动降解；给机器中的一些零部件设置一定的程序后，它会根据外界环境变化进行自动有序拆卸等。这些神奇的功能都是通过形状记忆材料实现的。自 1952 年 Chzrlesby 发现聚乙烯的形状记忆效应，形状记忆聚合物以其低成本、可加工性、优异的恢复性、多变的力学和物理性能等优势，迅速在许多领域发展起来，目前已被广泛用于医疗器械、纺织工业、包装材料、玩具、汽车和化工等领域。

9.5.5.1 生物医学领域

形状记忆聚合物具有质轻价廉、易于成型、形状恢复温度较容易调整且与体温相当的特点，其中一些聚合物生物相容性良好、可生物降解，因此在医疗器械、矫形固定、手术缝合、人工组织及器官和药物缓释体系等生物医学领域得到了广泛的应用。利用其形状记忆优势，将具有生物降解性的形状记忆聚合物以很小的形状植入，然后在温度刺激下形变恢复，起到治疗的作用，可用于各种医疗设备的智能控制系统中。比如，美国利弗莫尔国家实验室将聚合物聚氨酯、聚降冰片烯或聚异戊二烯等注射成为螺旋形，加热后拉直再冷却定型，制得血栓治疗仪中的关键部件——微驱动器[52]。将其装配到治疗系统上，经光电控制系统加热，使其恢复到螺旋形后可拉出血栓。这种方法快捷、高效、彻底、无毒副作用，是治疗血栓的有效途径之一。而且，利用具有低温形状记忆特性的聚氨酯、聚异戊二烯、聚降冰片烯、脂肪族聚酯类等可以制备用作矫形外科器械或用作创伤部位的固定材料（如骨折的内固定）来替代传统的石膏绷带，不仅轻巧舒适、便于安装，而且形状可调、力学性能优良。聚氨酯塑料具有生物降解性，通过内窥镜可将由形状记忆聚合物制成的器件如断骨的外套管、血管的内扩管、血液的过滤网等精确地定位植入人体。此类材料在体温的作用下能恢复形状，达到治疗目的。这种治疗方法，不仅可以减小放置器件时所需的外切口，而且由于器件本身在人体中可以逐步地通过降解而消失，不需要为取出器件而进行第二次手术，大大降低了危险性。

另外，SMPs 手术缝合线缝合伤口便捷，不需要像普通手术缝合线那样打结，而且可实现智能收紧。SMPs 良好的生物相容性、可生物降解性使其在组织工程领域的研究已涉及细胞水平。

9.5.5.2 纺织工业

2007 年中国国际纺织面料及辅料（秋冬）博览会上，聚对苯二甲酸三亚甲基酯（PTT）形状记忆聚合物织物柔软的手感、独特的视觉风格、百变的形状造型及形状记忆恢复性能成为展会的一个亮点，得到广大消费者和采购商的青睐。形状记忆材料可以通过纺丝赋予纱线记忆功能，也可以作为织物涂层剂或整理剂附加到纺织品上。在纺织工业中主要应用于透湿、保暖、透气、免烫、绝缘及抗冲击等功能和美学方面。利用形状记忆聚氨酯的透气性与可受温度控制的特性，在室温下就可以改善织物的穿着舒适度，具有良好的防水透气、抗褶皱、耐磨性能。香港理工大学形状记忆研究中心开发了水基形状记忆聚氨酯乳液及水基防水、透湿性膜材料，用于织物层压或整理，其生产的织物具有防水、保暖、透湿等功能，从而赋予了织物保暖、透湿和可以通过体温自动调节的智能特征[53]。

9.5.5.3 航天航空领域

由于航天器尺寸的限制，空间可展开太阳能电池阵、桁架和天线等大型结构在发射前必须折叠，进入轨道后又需展开达到工作状态，因此，具有很大变形特性的形状记忆聚合物显示出其自身的应用价值。于 2006 年发射的美国冲击号卫星将形状记忆聚合物材料用于天线结构。已发射的美国智能微型可操控卫星和卫星的太阳能电池板也应用形状记忆聚合物复合材料铰链进行驱动。装有形状记忆聚合物复合材料展开梁的大气观测卫星也于 2011 年左右由美国空军实验室发射[54]。机翼是飞行器在飞行中重新构型的主要部件，为了有效地增加机翼的效率，通常需要有目的地在飞行中改变机翼外形。而采用 SMPs 材料制造的机翼形状发生改变后会自动恢复至初始形状，因为 SMPs 的弹性模量可以通过外部刺激（如热或高频光、电刺激）可控改变，从高模量刚性体变成一种低模量弹性体，当再次被刺激后，又会恢复到原来的高模量形态。因此，可变弯度机翼一般由柔性 SMPs 蒙皮、金属面板及蜂窝结构组成。

9.5.5.4 包装材料

利用高分子材料的记忆功能制成的热收缩薄膜可用于包装方面。SMPs 材料作容器外包层时，为便于印刷，可先将其制成筒状套到要包装的产品外面，经过一个加热工序，使其在无外力作用下收缩恢复成初始形状从而牢固收缩在产品外面，如电池、药品、书籍、高档服装等的封装。常用的有形状记忆聚乙烯薄膜、聚酯薄膜等。SMPs 用于容器衬里时只需将 SMPs 加工成衬里形状，然后加热变形为便于组装的形状，冷却固化后塞入容器内，再加热便可恢复成衬里形状，从而牢固地嵌在容器内。

9.5.5.5 其他应用

SMPs 的应用领域十分广泛，除了上述应用，在汽车工程（如座椅组装、可重构存储箱、能量吸收组建、自适应镜头组建、除尘设备、可变汽车车身造型等）、玩具、报警、生活用品等方面都有很好的应用。汽车除尘系统：启动装置由 SMPs 材料组成，能对外界激活信号做出积极反应，并改变相应的偏转角，当环境改变时使空气流动可控。缓冲材料：用于汽车的外壳、缓冲器、保险杠、安全帽等，当汽车突然受到冲撞时，保护装置会发生变形，变形以后，只需加热就可恢复原状。涂料：用形状记忆聚合物配制的涂料，不仅具有普通涂料的功能，还能在受到划伤、碰伤后经加热处理自动除去痕迹，保护外观不受影响。火灾报警器：先制成接通时的形状，再二次成型为断开时的形状。当火灾发生时，温度上升，连接器自动恢复原状而使电路接通，报警器开始工作。

形状记忆高分子具有柔韧、质量轻、廉价易得、形变量大、加工赋形容易、结构和功能多样、触发方式多样、生物相容性和生物可降解性等诸多优点[55]，成为智能材料家族中独特的分支，美国国家航空航天局和美国空军研究实验室都对 SMPs 材料青睐有加。形状记忆高分子在纺织工业、工程、医学上都具有广泛的应用，已然成为智能材料的新热点之一。

9.6　智能高分子膜

膜技术是一种高效的流体分离技术，与传统的分离技术相比具有效率高、能耗低、操作简便、对环境无污染等特点，在节能降耗、清洁生产和循环经济中发挥着越来越重要的作用。在膜分离中，膜材料起着关键作用，目前人们对高分子膜材料的研究逐渐从传统商品化膜材料向功能性、智能化膜材料的方向发展。与传统商品分离膜不同，智能膜中含有可对外界刺激做出可逆反应的基团或链段，从而使膜的结构随外界刺激变化而可逆地改变，导致膜性能（如孔径大小，亲、疏水性等）改变，从而控制膜的通量，提高膜的选择性。目前，膜材料的智能化已成为当今分离材料领域发展的一个新方向。智能膜在控制释放、化学分离、生物医药、化学传感器、人工脏器、水处理等许多领域具有重要的潜在应用价值。细胞为生物体材料的基础，本身就集传感、处理和执行三种功能于一体，故细胞即可作为智能高分子膜材料的蓝本。目前智能高分子膜已成为国际上膜学科领域研究的新热点。

早在 19 世纪 80 年代，学者们就已受到生物膜选择透过性的启发，开始致力于环境刺激响应型智能高分子膜的研究。从智能材料的概念出发，智能高分子膜材是指对外界环境的化学物质及物理信号变化具有响应性，并具有执行功能的高分子膜材[56]。作为某些物质可选择性渗透的二维材料，其智能化在于其对外部环境具有感知、响应性，如智能化的控制渗透膜、具有传感器功能的膜、分子自组装膜、LB 膜等。它们可用于制备人工皮肤、分子电子器件、各种非电子光学器件等。

温度响应型聚合物可以在特定的溶剂体系中对外界温度变化做出相应响应，根据变化过程不同，可以将温度响应型聚合物大致分成两种：UCST 型聚合物（温度较低时聚合物不溶，升高温度后聚合物溶解）、LCST 型聚合物（温度较低时聚合物溶解，升高温度时聚合物不溶）[57]。如郭波等[58]通过 RAFT 聚合合成了以聚［(3-乙基-3-甲基) 氧杂环丁烷］为核、以聚（丙烯酰胺-丙烯腈)[P（AAm-co-AN）]为臂的超支化多臂共聚物。这种共聚物在水和电解质溶液中显示出可逆且受控 UCST 型相转变行为。UCST 型相转变温度可以通过增加 AN 含量或缩短臂长来提高，AN 含量增加 5.9%，聚合物的相转变温度可以从 33.2℃升高到 65.2℃。在加热冷却循环过程中该共聚物的 UCST 型相转变行为是通过 P（AAm-co-AN）臂和超支化内核的脱水以及自组织结构的转变来完成的。

LB 膜是与生物膜的脂质双层结构非常相似的有序分子组合体，以前制备的 LB 膜通常为小分子，近年来为提高膜的稳定性和性能越来越多地采用两亲聚合物制备 LB 膜或将小分子的 LB 膜进行聚合形成高分子。日本已成功地研制了人工视网膜，还可以利用其制作人工鼻、人工舌等，也可以作为分子筛对气体进行分离。

9.6.1 智能高分子膜分类

按照智能高分子膜的结构，智能高分子膜可以分为智能高分子凝胶膜和智能高分子开关膜两种。

所谓智能高分子凝胶膜就是具有环境刺激响应特性的智能高分子交联而成的均质凝胶膜，在外界环境刺激的作用下会整体溶胀或收缩，从而改变其渗透特性和选择透过性。高分子凝胶制成的膜能实现可逆变形，也能承受一定的压力。它的智能化是通过膜的组成、结构和形态来实现的。现在研究的智能高分子膜主要起到化学阀的作用。但是目前，有化学阀功能的高分子膜应用范围还比较窄，尚依赖于新材料领域的研究。智能高分子开关膜则是将智能高分子膜与非刺激响应型基材膜结合而成的，并将具有环境刺激响应特性的智能高分子材料采用化学方法或物理方法固定在多孔基材膜上，从而使膜孔或膜的渗透性可以根据环境信息变化而改变，即智能高分子材料在膜孔内起到智能"开关"的作用。智能高分子材料作为智能开关调节膜孔大小，从而实现渗透特性和选择透过性的变化。

根据智能高分子膜内采用的智能高分子材料对环境刺激响应的特性，可以将智能膜分为温度响应膜、pH 响应膜、电场响应膜、光敏感高分子膜等不同类型。

9.6.1.1 温度响应膜

温度响应性智能膜是指高分子膜的孔径大小、渗透速率等随所处环境温度变化而发生敏锐响应以及突跃性变化的分离膜，表现为膜的吸水量和吸溶剂量在某一温度有突发性变化，此时的温度称为最低临界溶液温度（LCST）。

聚氨酯是温度响应性智能膜中的一个代表。温敏聚氨酯膜线型嵌段结构的大分子主链由热力学上不相容的柔性链段（软段）和刚性链段（硬段）交替嵌段而成，具体如图 9-18。

温敏聚氨酯的硬段由二异氰酸酯与小分子二元醇或胺形成的氨基甲酸酯基、脲基等构

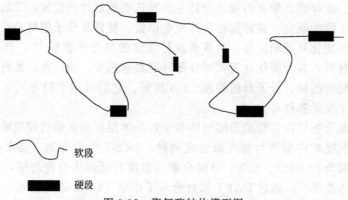

软段

硬段

图 9-18　聚氨酯结构模型图

成，这些基团刚性大、极性强，且相互之间由于氢键作用聚集形成微相晶区从而导致与软段产生微相分离（即硬段区和软段区不相容），微晶的熔点可达到 2000℃左右。软段由规整的长链聚二元醇构成，聚醇的分子量越大，软段的柔性越大，并与硬段的间隔也越大，从而实现其在相态转变温度上性能的变化。

9.6.1.2　pH 响应膜

pH 响应膜是指膜的体积或膜孔径及其渗透速率能随环境 pH 值、离子强度变化而变化的分子膜。pH 值响应性膜的表面接枝有或带有可离子化的聚合物功能刷，当介质的 pH 值发生变化时，可以接收质子或释放质子，从而表现出 pH 值响应性能。pH 值敏感膜材中含有大量易水解或质子化的酸、碱基团（如羧基、氨基），膜的形状会随着溶液 pH 值变化而改变，从而影响膜性能如物质渗透能力。阴离子型聚电解质一般含有官能团—COOH，例如聚丙烯酸（PAA）、聚甲基丙烯酸（PMAA）等，它们在低 pH 值条件下，—COO—质子化，疏水作用起主导作用，导致含羧基基团的聚合物链卷曲，使微孔膜上的孔径变大，有利于渗透介质通过。在高 pH 值条件下，—COOH 电离成—COO—，聚合物链上电荷密度增大，聚合物链段上的电荷相互排斥，聚合物链舒展，微孔的孔径变小，渗透介质难以通过，同时由于离子的存在，离子强度的变化也影响膜的性能。pH 值响应型的高分子膜是在基材膜上面接枝具有 pH 值响应性的聚电解质开关，从而实现定点定位控制释放及 pH 值响应性分离。在酶的固定、物料分离、化学阀、药物释放等领域具有广阔的应用前景。

江萍等[59] 采用 ATRP 接枝聚合制备得共聚物，将 pH 响应性链段引入乙基纤维素上，得到 pH 响应型微孔膜。微孔膜中，PDEAEMA 链段在不同 pH 值下去质子化程度不同而影响了膜的水通量，使膜具有 pH 敏感性能。这种将响应性链段引入天然高分子的做法，对扩展纤维素和壳聚糖的应用领域有重要意义。尹逊迪等[60] 通过单电子转移-蜕化转移活性自由基聚合制备了聚丙烯酸-b-聚氯乙烯-b-聚丙烯酸三嵌段共聚物（PAA-b-PVC-b-PAA），并制备了 PAA-b-PVC-b-PAA 改性的 PVC 超滤膜，克服了聚氯乙烯（PVC）疏水性造成其制备的分离膜易受生物质污染的缺点。PAA-b-PVC-b-PAA 共聚物出现两个独立的玻璃化转变区，说明其具有微相分离特征，使膜的指状结构增大。其中，PAA 链段的荷电性和构象会随着 pH 值变化而变化。测试结果表明，膜的通量和抗污染性较好。

9.6.1.3　压力响应膜

压力响应型高分子智能膜是一种新型的功能膜，该膜是依据聚合物共混界面相分离原理和热力学相容理论制备而成的，主要利用了聚合物与无机微粒之间或聚合物与聚合物之间的热力学相容性和物理力学性能的差异，使其界面与相在成型过程中发生分离，制备具有界面微孔结构的新型中空纤维膜，该膜对分离体系压力变化有明显响应。

该类材料具有"压力自感知"的分离功能，可通过调控工作压力、改变中空纤维膜孔的孔径和孔隙率解决常规中空纤维膜孔道内嵌入式污染物清洗的问题，对提高中空纤维膜的使用寿命、简化清洗流程、降低成套设备运行成本等具有显著作用。目前，基于压力响应性聚偏氟乙烯中空纤维膜的成套水处理装置和应用技术已经成功应用于纺织、化工、食品、电力等行业废水和生活污水的处理与回用，年处理各类水体超过 10^7 t，回用率大于 80%，年节约用水 8×10^6 t 以上，产生了很好的社会效益和经济效益。

9.6.1.4 分子识别膜

分子识别智能型膜是在基材膜上接枝具有分子识别能力的主体分子和构象可变化的高分子链。分子识别响应膜主要是基于环境响应高分子和分子识别主体分子而发展起来的。将制备分子识别聚合物的分子印迹技术应用到膜过程中，使所制备的膜具有在分子层次上对手性体进行识别的功能，是膜科学目前发展的主要方向之一。

分子印迹技术是近十几年发展起来的高分子功能化的新方法。分子印迹过程主要使功能单体在模板分子周围进行聚合（有的再交联），形成一个主体结构，再将模板分子提取出去。这样，聚合物中就形成了与模板分子形状和功能相对应的可进行识别的空穴，当该聚合物用于分离由模板分子与其他物质组成的混合物时，就能够有效地识别并分离出这些模板分子。分子识别聚合物就是采用分子印迹技术制备的、能够根据分子的形状和特征对手性体进行有效分离的高分子聚合物。目前，国内外已经成功合成出了多种具有分子层次识别功能的分子印迹聚合物，并且已经在手性化合物、氨基酸及其衍生物以及多种药物的分离中得到了实际应用。近年来，分子印迹聚合物的研究已得到了广泛发展，但是将分子印迹技术应用到功能高分子膜技术上仍是一个崭新的研究方向。

分子识别功能高分子膜采用的膜材料一般由两部分组成：一部分是具有优良成膜性能的成膜材料，另一部分是带有某种功能基团（如羧基、羟基等）的功能材料。成膜材料促使成膜，而功能材料用于与模板分子发生相互作用，从而对模板分子进行印迹。目前，分子识别高分子膜的成膜材料多采用聚丙烯腈、丙烯腈-苯乙烯共聚物等。以商业化的常见高聚物，如聚氯乙烯、尼龙6、聚苯乙烯、聚砜、聚氨酯等为成膜材料的研究也进行了尝试。最近，还出现了采用乙烯-乙烯醇共聚物和葡聚糖、两亲性高分子混合物作为膜材料的研究。膜材料中的功能材料多选用带有羧基的丙烯酸和甲基丙烯酸等。

分子识别功能高分子膜结构和性能上的特殊性，有望解决目前生产和生活中的许多难题，因而可以在很多领域得到广泛应用。对于分子识别功能高分子膜应用领域的开发，研究者也做了大量的工作。褚良银等制备了 PNIPPAm-coPMAA-β-CD 分子识别型的温敏膜，当膜孔中聚合物链上的 β-CD 识别客体分子 ANS 后，两者生成包合结构，使得聚合物链的 LCST 与之前相比朝着低温迁移，造成了聚合物链发生由伸展到收缩的相变过程，从而使膜孔发生由"关"到"开"的变化；当 β-CD 识别了客体分子 NS 后，两者生成包合物的结构使得聚合物链的 LCST 与之前相比朝着高温迁移，造成了聚合物链发生由收缩到伸展的相变过程，使得膜孔发生由"开"到"关"的变化。

分子识别膜主要应用在三个方面：①药物分析领域。众所周知，很多具有光学活性的异构体的生物活性往往差别很大，手性分离一直是药物分析中的一个重要问题。目前，有关分子识别功能高分子膜的研究体系涉及很多 DNA 和 RNA 物质，如黄嘌呤、色氨酸、咖啡因、谷氨酰胺、尿嘧啶、9-乙基嘌呤、喹诺酮等，这些生物分子都是药物分析常常涉及的，该方面的研究为氨基酸及其衍生物类药品的手性分离积累了大量宝贵的数据。②环境保护领域。分子印迹技术在环境保护领域具有广阔的前景。二苯并呋喃等二噁烷类物质是激素类有毒化合物，对环境造成极大危害。目前，多采用活性炭吸附的方法对其进行处理，采用对二噁烷有高选择性的吸附材料对其进行处理将更具优势。Fujii 等以二苯并呋喃为模板分子，制备了二苯并呋喃分子识别高分子膜。研究结果显示，所制备的分子识别膜对二苯并呋喃有较高的选择性。③传感领域。分子识别高分子膜也可望在传感领域取得广泛应用。Fujii 等作了将分子识别高分子膜用于石英微天平（QCM）技术的研究。他们把所制备的分子识别膜固定到 QCM 天平的传感装置上，将其浸入基质溶液中，测定不同时间的频率变化情况。结果发现，天平的频率随时间大幅度降低，最终达到一恒定值，而没有经过印迹的膜的频率只有极其微弱的变化。这一发现对开发新型的 QCM 传感器具有重大意义。

9.6.1.5 电场响应膜

电场敏感响应膜是指膜的特性受电场影响而改变的高分子分离膜。可用于电场敏感膜的高分子主要有两类：一类是交联的聚电解质，即分子链上带有可离子化基团的凝胶，在此类膜中高分子链上的离子与其对离子在电场下受到相反方向的静电作用，溶剂中的离子在电场的作用下发生迁移，致使凝胶脱水或膨胀，膜孔径也随之发生改变；另一类是导电高分子，如聚噻吩、聚吡咯、聚乙炔等在进行电化学掺杂、去掺杂或化学掺杂时，聚合物的构象会发生变化，导致其体积收缩或膨胀，进而影响膜的孔径大小。

电场响应型高分子膜的作用机理基于导电聚合物可逆的氧化还原作用、电性和本征电导率等特性。掺杂着反离子的聚苯胺、聚噻吩、聚吡咯膜是常见的导电聚合物膜。掺杂的反离子的性质在很大程度上决定着通过聚合物的阴离子和阳离子的量。目前，这种导电聚合膜在矿物离子、蛋白质的选择性分离和药物控制方面应用比较突出。

9.6.1.6 光敏感高分子膜

光敏感高分子的分子链带有一些光敏感性基团，在光辐射（如紫外线）下，这些光敏基团发生光异构化和光离解，其构象和偶极矩等会发生变化，导致膜材料发生体积相转变，从而使某些特定的性能发生改变。

光响应型高分子光敏特性的实现依赖于链段的构象改变和功能性基团。如偶氮苯及其衍生物在紫外线照射下，偶氮苯从反式构象转向顺式；在加热和可见光照射下，偶氮苯恢复到反式，这种转变改变了分子尺寸和偶极距，最终控制渗透通量。光敏感型膜不同是因为分离膜中引进不同的偶氮苯及其衍生物。转换可见光与紫外线，可调节渗透通量，能重复实施并快速响应。

9.6.2 智能高分子膜的应用

9.6.2.1 物质分离

Brenner 等于 1978 年提出带负电荷的毛细管壁可能会对血清白蛋白和其他聚阴离子的过滤起到静电阻碍作用。Deen 等于 1980 年用一定量理论模型支持了这一想法。之后 A. Jissbara 和 Kimura 使卵清蛋白通过阴离子磺化聚砜膜进行超滤实验，证实荷电膜会排斥具有相同电荷的溶质和胶粒，因而不易在表面形成胶层导致膜孔堵塞。Miyama 等和 Kimura 等分别用聚丙烯腈的接枝或共聚物和聚砜的衍生物制成两大类阴、阳离子型超滤膜，并通过控制体系的 pH 值、盐浓度、平衡离子种类和膜的电荷分布等因素成功地用于蛋白质及分子量相近的大分子的分离。Y. Ikada 等将 N-异丙基烯酰胺（NIPAM）及共聚单体接枝于聚偏二氟乙烯（PVDF）膜表面。这种接枝 PVDF 膜如同温控"阀门"，即温度变化，膜表面接枝链的形态也发生变化，从而有效地控制膜的扩散分离。

9.6.2.2　水处理

温度响应型聚合物膜的环境条件容易控制，成为人们研究最多的智能高分子膜材料。有人将 PNIPA 接枝于商品膜上制备了环境响应型智能膜，并将其用于膜的亲、疏水吸附分离实验，发现该类膜材料表现出良好的表面自清洁性。利用膜的这种特性，日本东芝公司最先将温度响应性智能膜制备成膜组件，用于水处理领域，取得了较好的应用效果。

9.6.2.3　生物医用

膜作为物质分离材料，在诸如微滤、超滤、纳滤、透析、反渗透、离子交换、气体分离等方面发挥着重大作用。膜在生物医学上的应用也极为广泛，包括固定、分离、纯化、浓集、转移等。用于分离的膜主要包括微滤膜、超滤膜、纳滤膜、反渗透膜、液膜、色谱分离膜等。微滤膜、超滤膜、纳滤膜、反渗透膜的区别在于膜孔径大小不同，均已广泛应用于工业生产、医药行业。

9.7　智能高分子复合材料

作为材料科学的重要分支，智能复合材料已成为当今社会的时代焦点[61]。智能复合材料因自感知、自诊断、自修复、自驱动等诸多优良特性而备受关注[62]，加之能实现生命智能基本功能——感知、决策和执行，具有类似于生物体体征的"活性"，被冠以智能复合材料之名。智能复合材料泛指能够感知外界环境并做出响应的材料[63]，杨大智院士将其定义为"模仿生命系统，能感知环境变化，并能实时地改变自身的一种或多种性能参数，做出所期望的、能与变化后的环境相适应的复合材料或材料的复合"[64]。智能高分子材料在工业、建筑、航空、医药领域的应用越来越广泛。复合材料大都用作传感器元件。新的智能复合材料具有自愈合、自应变等功能。

自 20 世纪 80 年代末提出智能概念以来，该技术取得了迅猛发展，给装备制造业带来了革命性的变化。美国成立了国家增制造创新研究院，英国设立国家增材制造中心，德国建立直接制造研究中心，日本设立了新物造研究工作组，《中国制造 2025》更是将 3D 打印技术列为未来智能制造的重点技术，使其在中国迎来了新的发展机遇期[65,66]。Li 等[67] 就此提出了一种具有热感应光束功率分配器功效的新型可编程 SM 聚苯乙烯薄膜。通过将双面SM 聚苯乙烯薄膜构造成可擦除和可切换的微槽光栅，借助形变微光栅在整个热激活恢复过程中的光学衍射效应，透射光从一个设计的分光方向和光束功率分布切换到另一个。这一原理得到了实验验证，可进一步扩展微/纳米光电子器件，实现纳米光学的新功能。

在医用领域，Rodriguez 等[68] 合成了 SM 聚氨酯泡沫用于颅内动脉瘤治疗，解决了传统铂金支架慢性发炎、线圈收缩和肿瘤长大等因素造成的不稳定。通过将该泡沫植入猪的动脉瘤模型对生物相容性、局部凝血活性和作为充填材料的稳定性进行测试，结果表明这种材料完全符合临床医学动脉肿瘤充填设备的需要，为血管内介入治疗提供了新思路。图 9-19展现了 SMP 泡沫在动脉瘤充填进程中的不同形态。

9.7.1　智能复合材料的构成及设计

9.7.1.1　基体材料

基体材料主要起承受载荷的作用，一般选用轻质材料，高分子材料因质量轻、耐腐蚀等

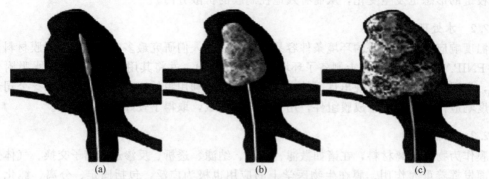

图 9-19　SMP 泡沫在动脉瘤充填进程中的初始褶皱形状（a）、
外部刺激下的中间形状（b）以及最终完全扩展形状（c）

优点而受到人们的重视。也可以选择金属材料，尤其以轻质有色合金为主。

9.7.1.2　传感器部分

传感器部分由具有感知能力的敏感材料构成。它的作用主要是感知环境变化，如温度、压力、电磁场等，并将其转换为相应的信号。目前，这些材料有形状记忆合金、压电材料、光纤、磁致伸缩材料、pH 致伸缩材料、电致变色材料、电致黏流体、液晶材料、功能梯度材料和功能塑料合金。

9.7.1.3　驱动器部分

构成驱动器部分的驱动材料在一定条件下可产生较大的应变和应力，从而起到响应和控制的作用，如形状记忆合金、磁致伸缩材料、pH 致伸缩材料、电致变色材料等。

9.7.1.4　信息处理器部分

信息处理器部分是智能复合材料的核心部分。随着高度集成硅晶技术的发展，信息处理器变得也越来越小，这就为将信息处理器复合进智能复合材料中提供了良好的条件。智能复合材料的功能结构虽然可以分为以上四部分，但它并不是四部分的简单叠加，而是它们的有机结合。制取智能复合材料在工艺上需要解决很多的关键技术问题，不仅要在宏观上进行尺寸和结构的控制和设计，而且要在微观上进行结构设计与复合。

9.7.2　智能复合材料的分类

9.7.2.1　形状记忆复合材料

形状记忆材料是（SMM）一种依靠形状改变的刺激响应性智能复合材料，能感知外界环境变化的刺激并对刺激做出响应，由临时形状恢复到初始形状。形状记忆材料包括形状记忆合金（SMA）、形状记忆聚合物（SMP）和形状记忆陶瓷[69]。

郑威等[70]研究了形状记忆合金在生物医学领域的应用，包括形状记忆纳米纤维在骨组织、神经组织、细胞培养方面的应用和形状记忆聚合物在血管支架及气管支架、骨修复、药物和细胞载体、动脉瘤及血栓、心脏贴片中的应用。武丹等[71]研究了形状记忆合金智能复合材料结构的有限元分析。研究表明，形状记忆智能复合材料结构层在横向和纵向卸载过程中载荷-变形量曲线均形成了封闭的滞后环，这表明形状记忆合金纤维结构层具有伪弹耗能能力。顾建平等[72]研究了纤维增强形状记忆聚合物智能复合材料的热变形行为。研究发现，碳纤维轴向均布 SMPC 在变温区间的轴向变形非常小，降温和升温阶段的应变无较大差别，横向变形与 SMP 基体的热变形规律基本一致。吴聂等通过溶液共混法制备出多壁碳纳米管（MWCNTs），并研究了其形状记忆功能。研究发现，当 MWCNTs 的含量为 3% 时，形状记忆性能最好。随着形状记忆材料的快速发展，各种类型的形状记忆材料也逐渐步入人们的视野。在形状记忆合金中，最受研究者重视的就是 Ti-Ni 形状记忆合金，由于其马氏体结构，弹性性能等区别于其他材料。

温度一升高材料就变形，从而实现太空中太阳能帆板自动展开；在太空中，同样可以利用材料的记忆功能，通过温度变化实现手机盖的展开和缩紧；使用复合记忆材料，未来甚至可能生产出可折叠的飞机——这种记忆功能是靠高分子材料本身的功能来实现的，在一定温度、光、电条件刺激下，材料可以靠自身的记忆呈现某种形态。形状记忆复合材料的应用前景十分可观，我国对该材料的研究已经趋于世界先进水平，但由于形状记忆材料具有十分广阔的应用前景，所以对形状记忆智能复合材料的研究应不懈努力。

9.7.2.2　自修复复合材料

复合材料在使用过程中会受到一定的外力作用，在内部会产生损伤和微小的裂纹，这种缺陷难以被设备检测出来，容易造成一定的隐患。自修复智能复合材料最先应用在航空航天领域。自修复智能复合材料能够自动修复材料中出现的损伤，保持结构的完整性，与传统复合材料相比具有很大的优势。袁新华利用原位合成法制备出自修复环氧树脂微胶囊，分析了该材料的各种性能。研究发现，制备的复合材料囊芯质量分数高，热稳定性好，自修复率达到 81.5%。顾海超等研究了中空纤维自修复复合材料的修复效率和力学性能。研究发现，压力破坏给试件带来的损伤最大达到 14.67%，已受损的试件在修复系统的作用下，试件的强度能恢复到原强度的 99.15%。刘远等的研究表明，基体材料为纯环氧树脂和含玻璃纤维的复合环氧树脂两种情况下，埋入的管网均不会使基体材料性能出现明显下降。韩珊等制备了具有石墨烯/有机复合壁材的自修复微胶囊，裂纹的自修复主要靠沥青分子在电热作用下的快速软化和黏合，以及修复剂在热量作用下的快速扩散。近年来，关于高分子基自修复材料的研究逐渐增多，这是由于在成型过程中可以选的固化剂类型较多，工艺适应性较好，成本较低，便于全面推广[73~76]。

9.7.2.3　纤维增强智能复合材料

碳纤维增强树脂基复合材料[77]（CFRP）替代金属材料制备贮箱是实现其减重的有效途径，陈振国等[78] 总结了碳纤维增强树脂复合材料替代金属材料制备贮箱的相关工艺并指出了发展方向，指出未来的研究重点将集中在以下几点：①充分发挥有限元分析的优势，对复合材料的微裂纹和泄漏速率进行建模，此外，模拟预测超低温的环境和机械负载所带来的影响；②针对大尺寸无金属内衬碳纤维复合材料低温贮箱，开发低成本的非热压罐固化成型工艺，并开发相应的树脂配方；③对聚合物内衬材料的可行性进行研究，薄的聚合物层可在低温循环后保持完好，能将受损复合材料的渗漏率降低数量级，并且重量轻微，可忽略不计；④提升无损检测的精确度以及改进渗漏性检测装置，从而实现对渗漏行为的全面监测和分析。刘家军提出了雷电流冲击作用下 CFRP 的等效电路模型，可为碳纤维复合材料在航空航天领域的广泛应用提供实验基础。梁佳玉[79] 等研究了以碳纤维纬编衬纬针织物增强环氧树脂复合材料的拉伸性能，结果显示衬入纬纱后，复合材料 90°方向强度及模量明显增强，且拉伸曲线呈线性；45°方向强度有所减小，但影响不大；并且对比衬入不同纬纱根数的复合材料强度，单位长度衬入纬纱根数越多，90°方向的强度越大。

9.7.3 智能复合材料的应用

近年来智能复合材料发展迅速，诸多难题得到切实解决，并在航空航天、医用、机器人等领域得到了广泛应用。

9.7.3.1 智能复合材料在航空航天领域的应用

哈尔滨工业大学的刘立武等[80] 提出了基于 SMP 并由多个可伸缩单元和立方体连接端部组成的框架式空间可展开结构。可伸缩单元两端分别与立方体端部的一个面相连接，形成了框架式的立方体空间可展开框架。构件加热时智能复合材料温度升高，发生变形伸展，伸缩套筒随之伸长，从而完成了立方体式空间可展开框架结构的展开过程。此外，他们还研究了弹性纤维增强 SMP 的制备方法和力学性能，并利用该材料和主动蜂窝结构制备了不同类型的变形机翼结构。他们基于剪式变形机构制备的大尺度变后掠机翼在风洞实验中实现了很好的气动性能。美国的 CTD 公司研发了一种 SM 可展开天线，该型天线反射面呈旋转抛物面，能收缩折叠成伞形结构。该公司还开发了由条状 SMP 支撑的天线反射面，此天线反射面背面的上下边缘处各固定连接有条状 SMP 环向加强件。美国 ILC Dover 公司和 NASA Langley 中心联合制备了一个充气式月球居住站，其居住舱的框架全部使用了 SMP，实现了结构折叠和充气热展开，以较小发射体积获得较大的使用体积。

9.7.3.2 智能复合材料在医用领域的应用

Zhao 等[81] 用 SMP 制备了新型骨折固定夹持装置，使用前将固定器浸入高于 SMP 玻璃化转变温度的水中，待结构变软烘干后将其贴合于骨折位置并冷却到玻璃化转变温度以下，此时结构在释放外部压力后保持一定形状，起到很好的夹持作用。

血栓会剥夺大脑的氧气，引起缺铁性中风，甚至引发永久性残疾。Small 等[82] 开发了基于 SMP 的血管内激光治疗装置——血管血栓切除微制动器，以机械形式取回血栓，使血液恢复流向大脑，去除脑血栓的操作得到简化。Jung 等[83] 通过熔融纺丝聚氨酯嵌段共聚物制备了用于正牙治疗的 SMP 丝线，其能在一个月内保持 0.7N 的高形状恢复力，足以矫正正畸测试中的不对准牙齿。Lendlein 等[84] 通过挤出成型的方式制得了聚己内酯 SMP 可降解手术缝合线，拉直和冷冻处理使其保持变形后的临时形状，温度作用下该缝合线自发卷曲打结，实现了伤口缝合。

9.7.3.3 智能复合材料在自折叠机器人方面的应用

Mu 等[85] 克服了聚合物活性材料响应慢、操作形式过激等缺陷，将功能石墨烯氧化物作为基本单元构成了自折叠石墨烯纸。应用该石墨烯纸的装置能达成预变形，执行行走、变角度等动作，并且该过程可通过柔光照射和加热等方式实现远程控制。抓持自身质量 5 倍的重物进行移动的仿生石墨烯已得到了实验验证，而且石墨烯微型机器人还能在狭小、密封环境中执行特定的爬行动作。Felton 等[86] 设计了一种爬行机器人，如图 9-20(a)、(b) 所示，它的初始形态呈内嵌电子设备的板型结构，借助能沿内嵌铰链变形的 SMP，可在 4min 内自发完成折叠组装，并在无人工干预下执行动作，这为机电系统的快速原型制造以及太空中的卫星变形提供了切实依据。该课题组还使用 3D 打印技术将 SMP 与硬质基体材料相结合制备了自执行蠕虫机器人，如图 9-20(c)、(d) 所示，通过控制蠕虫的反复弯曲折叠变形成功实现了前进运动。Tolley 等采用了一种 SMP 驱动的线性层压板结构设计，保证了机器人四条腿折叠动作的一致性，他们还通过改变参数实现了自折叠机器人线速度和角速度的精确控制，其线速度达到 23cm/s，旋转速率为 2rad/s，如图 9-20(e)、(f) 所示。

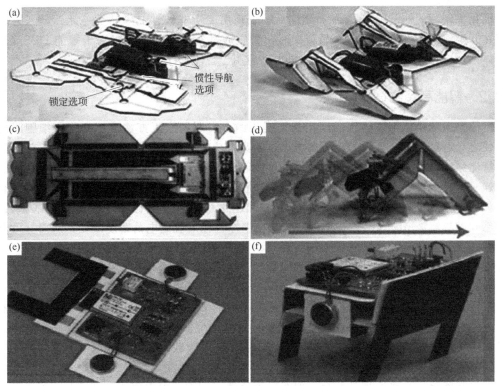

图 9-20　爬行机器人（a）、（b）和蠕虫机器人（c）、（d）
以及四足机器人（e）、（f）在变形前、后的图像

9.8　其他智能型高分子

9.8.1　智能型液晶高聚物

液晶高聚物（LCP）在高性能材料上的应用研究已得到了极大的发展，由于主链型高分子液晶的链段运动困难，响应速度慢，因此，在液晶的智能性和功能性研究中主要着眼于侧链型的高分子液晶及高分子聚合物与小分子液晶的共混物。在电场或磁场中，液晶基元发生诱导取向，光学性质将出现变化，因此，液晶同电、磁和光功能密切相关。此外，盘状的液晶正逐渐受到重视，适于制备自增殖材料和功能性分子聚集体。

研究发现，LCP 的分子间相互作用和其高次堆砌结构对智能性有着极大的贡献。如高组织性纤维质聚 L-谷氨酸苄酯是很有效的控释材料和人工皮肤，在电场作用下，可以从胆甾相转变为向列相，从而改变其通透性。含本征导电聚合物结构单元的侧链 LCP、液晶凝胶、超分子结构 LCP 等都在多层次结构上丰富了 LCP 的信息，具有诱人的发展前景。如使带有液晶侧链的高分子链连上特定的染料分子，利用染料吸收入射光线产生热量以达到分子的液晶态/液态转变，而其中的数据存储也是通过液晶态/液态来表现的，以光线照射读取，可以将其作为显示材料或储器器材料，大幅度提高存储密度。

以硝基螺苯并吡喃为发色团的侧链液晶聚硅氧烷在光照和温度的影响下可逆地显示红色、青色和黄色。含偶氮苯（侧基）的侧链液晶聚乙烯在光照作用下，偶氮苯发生异构化，聚合物由液晶态转变为各向同性液体。迅速冷却至玻璃化温度以下，其图形线条能维持一年，可用于全息摄影。

极化率较高的侧链 LCP 经涂布定向后，表现出二次非线性光学特性。此外，侧链 LCP 薄膜在一定温度下发生液晶向非晶转变时，物质透过率出现突变，可用于智能 DDS（药物控释体系）。含低分子液晶的高分子薄膜也已应用于智能 DDS 研究。

9.8.2　智能高聚物微球

智能型微球是从细胞仿生角度出发而提出的，力图用人工方法模拟细胞和细胞膜的功能，使之具有对环境可感知和响应的能力，并具有功能发现能力。

智能微球的尺寸在纳米到毫米范围，可以通过溶液或溶胶、微乳液聚合、种子聚合、喷雾干燥、悬浮聚合等方法制备。也可以利用微胶囊化技术，制备将核物质包于其中的复合微球。如由对苯二酰氯通过界面聚合制备的 5-磺基水杨酸微胶囊微球同时带有羧基和氨基，能够感知外界溶液 pH 和离子强度的变化，使微球粒径及表面电荷密度改变，从而导致其渗透特性改变。微胶囊微球具有尺寸小、表面积大、内体积适宜和稳定的半透膜等特点，可应用于制作可控释药物体系、急性中毒的解毒剂、载酶微胶囊、生物反应器等。

作为智能微球，可以以乳液及粉体的形式存在。乳液是微球智能化的良好基材之一，如含甲基丙烯酸组分的乳液，表面所含的羧基在不同的 pH 条件下，可对分散体系的黏度和流变特性进行调整。又如将有一定交联度的聚异丙基丙烯酰胺（PIPAM）制备成微球，在其分散液中，粒径随温度变化发生收缩或膨胀，在室温时吸收水，在高温时吐出水，可用于浓缩各种物质，如蛋白质等。

粉体智能化的主要途径是复合，如在凝胶色谱（GPC）中常用的玻璃微球，若通过氨基硅烷偶联剂可将 PIPAM 导入玻璃微球的微孔内，由于 PIPAM 的温度敏感性，可得到有温度响应性的 GPC 载体，极大地丰富了 GPC 测定的控制手段。

智能微球及其复合体系在电磁流变液、生物医用高分子、分子识别及分子印迹聚合物、化学反应催化剂、电磁波屏蔽和吸收材料方面均有广阔的应用前景。

9.8.3　生物工程用智能型高分子

智能型高分子材料具有感知和修复的能力，也可将之运用于生物工程方面。如将具有导电性的聚噻吩接枝于聚合物凝胶上，在加 0.8～0.5V 的正弦波电场时，将出现体积膨胀和收缩现象。

具有导电性的聚吡咯可用于神经细胞的修复，如在老鼠体内置入该聚合物，通过电流的刺激使之产生氧化态，将帮助神经修复细胞生长。

一些在近红外区具有光敏性的高聚物可以作为诊断物质。如 N-乙烯基咔唑与 2,4,7-三硝基-9-芴酮的混合物，除作为数据存储材料、防伪标识等外，还可作为肿瘤的诊断材料。由于肿瘤与其他组织的结构不同，它在近红外区有不同的折射率，因此可以对肿瘤进行造影。

高分子材料具有结构层次多样、便于分子设计和精细控制的特点，加之质轻、柔软且容易涂覆，是一类很有潜力的智能材料。智能高分子材料的研究开发已经取得了一定的进展，但其稳定性及加工制备技术仍有待提高。聚合物合成方法的改进、结构修饰与分子设计成为寻求高性能智能高分子材料首先要解决的问题。在分子水平上研究高分子的光、电、磁等行为，揭示分子结构和光、电、磁的特性关系将导致新一代智能高分子材料出现。目前，我国智能高分子材料的研究与开发存在着不足，与世界先进水平相比尚有相当大的差距，期待着我国在这一领域有更加全面的发展。

参考文献

[1] 宗十. 智能型纤维的应用与发展趋势 [J]. 纺织装饰科技，2004（4）：5-6.

[2] 刘巧宾，龚春所. 智能高分子材料 [J]. 杭州化工，2007，37（1）：20-23.

[3] Kujawa P，Winnik F M. Volumetric studies of aqueous polymer solutions using pressure perturbation calorimetry：a new look at the temperature-induced phase transition of poly（N-isopropylacrylamide）in water and D_2O [J]. Macromolecules，2001，34：4130-4135.

[4] 干建群. 可降解的聚（n-异丙基丙烯酰胺）基温敏性水凝胶的制备及其性能研究 [D]. 中国科学院大学，2016.

[5] 孙当如，叶高勇. 辐射聚合在高分子合成中的应用 [J]. 化学工程师，2004，18（9）：26-28.

[6] 许波，王兰兰，刘雨薇，等. 高强度 Poly（AM-co-IA）/Al2O3 纳米复合水凝胶的制备及形状记忆行为 [J]. 高分子材料科学与工程，2018，34（07）：13-19.

[7] Suh H，Jeong B，Rathi R，et al. Regulation of smooth muscle cell proliferation using paclitaxel-loaded poly（ethylene oxide）-poly（lactide/glycolide）nanospheres [J]. J Biomed Mater Res，1998，42（2）：331-338.

[8] Chiacchiarelli L M，Petrucci R，Torre L. Enhanced fracture toughness of nanostructured carbon-fiber reinforced poly（urethane-isocyanurate）composites at low concentrations [J]. Polymer Engineering & Science，2017，58（5）：1241-1250.

[9] Gupta，Preshi，Alam，et al. Studies on novel semi-2-IPNs from polyetherimide and citraconimide [J]. Journal of Applied Polymer Science，2011，120（5）：2790-2799.

[10] Fernandez-Nieves A，Wyss H M，Mattsson J，et al. Microgel suspensions：fundamentals and applications [J]. 2011：133-162.

[11] 宋晓艳，徐如梦，武佳洁. 温度及 pH 响应性水凝胶的制备 [J]. 河南工程学院学报（自然科学版），2018，30（02）：32-36.

[12] Duracher D，Elaïssari A，Pichot C. Effect of a cross-linking agent on the synthesis and colloidal properties of poly（N-isopropylmethacrylamide）microgel latexes [J]. Macromolecular Symposia，2000，150（1）：305-311.

[13] Miao C，Chen X，Pelton R. Adhesion of poly（vinylamine）microgels to wet cellulose [J]. Industrial & Engineering Chemistry Research，2007，46（20）：6486-6493.

[14] Yi Y，Zaher A，Yassine O，et al. A remotely operated drug delivery system with an electrolytic pump and a thermo-responsive valve [J]. Biomicrofluidics，2015，9（5）：1628-1638.

[15] Osada Y，Yamada K，Yoshizawa I. Preparation and electrical properties of plasma-polymerized copper acetylacetonate thin films [J]. Thin Solid Films，1987，151(1)：71-86.

[16] 尚婧，陈新，邵正中. 电场敏感的智能性水凝胶 [J]. 化学进展，2007，（09）：1393-1399.

[17] Shiga T，Kurauchi T. Deformation of polyelectrolyte gels under the influence of electric field [J]. Journal of Applied Polymer Science，2010，39（11-12）：2305-2320.

[18] Kulkarni R V，Sa B. Elect roresponsive polyacrylamide-graf ted-xanthanhydrogels for drug delivery [J]. Journal of Bioacti ve and Compatible Polymers，2009，24（4）：368-384.

[19] 肖林飞，廖列文，岳航勃，等. 电场敏感性 AM/DMDAAC 共聚水凝胶的合成和性能 [J]. 材料导报，2012，26（6）：62-65.

[20] Shang J，Shao Z，Chen X. Chitosan-based electroactive hydrogel [J]. Polymer，2008，49（25）：5520-5525.

[21] Pattavarakorn D，Youngta P，Jaesrichai S，et al. Electroactive performances of conductive polythiophene/hydrogel hybrid artificial muscle [J]. Energy Procedia，2013，34：673-681.

[22] Liu G，Song J. Electroresponsive behavior of 2-hydroxypropyltrimethyl ammonium chloride chitosan/poly（vinyl alcohol）interpenetrating polymer network hydrogel [J]. Polymer International，2012，61（4）：596-601.

[23] Liu G，Song J. Electroresponsive behavior of 2-hydroxypropyltrimethyl ammonium chloride chitosan/poly（vinyl alcohol）interpenetrating polymer network hydrogel [J]. Polymer International，2012，61（4）：596-601.

[24] Zhao B，Jiang W，Lei C，et al. Emergence and stability of a hybrid lamella－sphere structure from linear ABAB tetrablock copolymers [J]. Acs Macro Letters，2017，7（1）：95-99.

[25] Nakazawa K，Hishida M，Nagatomo S，et al. Photo-induced bilayer-to-nonbilayer phase transition of POPE by photo-isomerization of added stilbene molecules [J]. Langmuir，2016，32（30）：7647.

[26] Wang W，Ling L，Jiang L，et al. Synthesis，self-assembly，and formation of photo-crosslinking-stabilized fluores-

cent micelles covalently containing zinc（Ⅱ）-bis（8-hydroxyquinoline）for ABC triblock copolymer bearing cinnamoyl and 8-hydroxyquinoline side groups part A polymer [J]. Journal of Polymer Science Part A Polymer Chemistry, 2016, 54 (8): 1056-1064.

[27] Ji W, Qin M, Feng C. Photoresponsive coumarin-based supramolecular hydrogel for controllable dye release [J]. Macromolecular Chemistry & Physics, 2017: 1700398.

[28] Wang, Huai-Zhen, Chow, et al. A photo-responsive poly（amide-triazole）physical organogel bearing azobenzene residues in the main chain [J]. Chemical communications, 2018, 54 (60): 8391-8394.

[29] 一帆. 五种未来的智能纺织品发展趋势和检测 [J]. 中国纤检, 2015 (16): 66-67.

[30] 范艳苹, 胡克勤, 陶仁中, 等. 智能纺织服装的发展现状与进展 [J]. 染整技术, 2017, 39 (7): 1-6.

[31] 管昳昳, 刘晓霞. 智能及新型抗菌材料在纺织领域中的应用 [J]. 上海纺织科技, 2017 (3): 1-5.

[32] Hu J, Zhu Y, Huang H, et al. Recent advances in shape-memory polymers: Structure, mechanism, functionality, modeling and applications [J]. Progress in Polymer Science, 2012, 37 (12): 1720-1763.

[33] Julich-Gruner K K, Löwenberg C, Neffe A T, et al. Recent trends in the chemistry of shape-memory polymers [J]. Macromolecular Chemistry & Physics, 2013, 214 (5): 527-536.

[34] Ghosh P, Rao A, Srinivasa A R. Design of multi-state and smart-bias components using Shape Memory Alloy and Shape Memory Polymer composites [J]. Materials & Design, 2013, 44 (none): 164-171.

[35] Zhao Q, et al. Shape memory polymer network with thermally distinct elasticity and plasticity [J]. Science Advances, 2016, 2 (1): 1501297.

[36] Wang W, Liu Y, Leng J. Recent developments in shape memory polymer nanocomposites: Actuation methods and mechanisms [J]. Coordination Chemistry Reviews, 2016 (320-321): 38-52.

[37] Chatterjee T, Dey P, Nando G B, et al. Thermo-responsive shape memory polymer blends based on alpha olefin and ethylene propylene diene rubber [J]. Polymer, 2015, 78: 180-192.

[38] Chen H, Liu Y, Gong T, et al. Use of intermolecular hydrogen bonding to synthesize triple-shape memory supermolecular composites [J]. Rsc Advances, 2013, 3 (19): 7048-7056.

[39] Ellson G, M D Prima, Ware T, et al. Tunable thiol-epoxy shape memory polymer foams [J]. Smart Material Structures, 2015, 24 (5): 55001-55011.

[40] Du H, Zhang J. Solent induced shape recovery of shape memory polymer based on chemically cross-linked poly（vinyl alcohol）[J]. Soft Matter, 2010, 6 (14): 3370-3376.

[41] Radford D W, Antonio A. Enhancing the deformation of shape memory sandwich panels [J]. Strain, 2011, 47 (6): 534-543.

[42] Imre B, Gojzewski H, Check C, et al. Properties and phase structure of polycaprolactone-based segmented polyurethanes with varying hard and soft segments: effects of processing conditions [J]. Macromolecular Chemistry and Physics, 2017: 1700214.

[43] Zhang J, Wu G, Huang C, et al. Unique Multifunctional thermally-induced shape memory poly（\ r, p \ r, -dioxanone）-poly（tetramethylene oxide）glycol multiblock copolymers based on the synergistic effect of two segments [J]. The Journal of Physical Chemistry C, 2012, 116 (9): 5835-5845.

[44] Rodriguez E D, Luo X, Mather P T. Linear/network poly（ε-caprolactone）blends exhibiting shape memory assisted self-Healing（SMASH）[J]. ACS Applied Materials & Interfaces, 2011, 3 (2): 152-161.

[45] Feng Y, Zhao H, Jiao L, et al. Synthesis and characterization of biodegradable, amorphous, soft IPNs with shape-memory effect [J]. Polymers for Advanced Technologies, 2012, 23 (3): 382-388.

[46] 武元鹏, 丁强, 李晶, 等. 基于聚乳酸的可降解形状记忆高分子的研究进展 [J]. 高分子通报, 2012 (10): 33-39.

[47] 董文进, 姜继森, 谢美然. 形状记忆聚（乳酸-乙醇酸）(PLLGA) 的制备及性能研究 [J]. 化学学报, 2010, 68 (21): 2243-2249.

[48] Wischke C, Neffe A T, Steuer S, et al. Evaluation of a degradable shape-memory polymer network as matrix for controlled drug release [J]. Journal of Controlled Release, 2009, 138 (3): 243-250.

[49] 王立斌, 王君豪, 王兆波. EVA 热致型形状记忆高分子材料的制备与性能研究 [J]. 特种橡胶制品, 2019 (2): 19-23.

[50] 武承林, 何志才, 韦佳倩, 张建均. PVC/EVA 形状记忆管材的制备及性能研究 [J]. 塑料工业, 2018, 46 (07): 155-158.

[51] 杜海燕, 许玉玉, 任哲, 等. 微波驱动咪唑类聚离子液体/聚乙烯醇形状记忆材料 [J]. 化工学报, 2018, 69 (07): 3279-3285.

[52] Serrano M C, Ameer G A. Recent insights into the biomedical applications of shape-memory polymers [J]. Macro-

molecular Bioscience，2012，12（9）：1156-1171.

［53］ Gilmore K R，Terada A，Smets B F，et al. Autotrophic nitrogen removal in a membrane-aerated biofilm reactor under continuous aeration：a demonstration ［J］. Environmental Engineering Science，2013，30（1）：38-45.

［54］ Li Y，Zhang J. Corrigendum：Free vibration analysis of magnetoelectroelastic plate resting on a Pasternak foundation（2014 \ r，Smart Mater. Struct. \ r，23 \ r，025002）［J］. Smart Materials & Structures，2014，23（11）：119501.

［55］ Ahmed N，Kausar A，Muhammad B. Advances in shape memory polyurethanes and composites：a review ［J］. Polymer-Plastics Technology and Engineering，2015，54（13）：1410-1423.

［56］ 姚康德，尹玉姬，原续波，等. 智能高分子膜材 ［J］. 化工进展，1994（2）：34.

［57］ Halperin A，Martin Kröger，Françoise M Winnik. Poly（N-isopropylacrylamide）phase diagrams：fifty years of research ［J］. Angewandte Chemie International Edition，2015，54（51）：15342-15367.

［58］ 郭波，孙晓毅，周永丰. 温敏性超支化多臂共聚物的自组装和可控的药物释放 ［J］. 中国科学（化学），2010（03）：102.

［59］ 江萍，吴义强. 温度和 pH 值响应型高分子智能膜的制备及应用 ［J］. 科技导报，2016，34（19）：22-30.

［60］ 尹逊迪，黄志辉，包永忠. 聚氯乙烯-聚丙烯酸嵌段共聚物改性的 pH 响应性聚氯乙烯超滤膜 ［J］. 高校化学工程学报，2017（4）.

［61］ Qi M，Li K，Zheng Y，et al. Hyperbranched multiarm copolymer with a ucst phase transition：topological effect and mechanism ［J］. Langmuir，2018，34（9）：3058-3067.

［62］ 赵振业. 材料科学与工程的新时代 ［J］. 航空材料学报，2016，36（3）：1-6.

［63］ 杜善义，冷劲松，王殿富. 智能材料系统和结构 ［M］. 北京：科学出版社，2001：1-3.

［64］ Li D，He J，Tian X，et al. Additive manufacturing：Integrated fabrication of macro/microstructures ［J］. Journal of Mechanical Engineering，2013，49（6）：129.

［65］ 王延庆，沈竞兴，吴海全. 3D 打印材料应用和研究现状 ［J］. 航空材料学报，2016，36（4）.

［66］ 于相龙，周济. 智能超材料研究与进展 ［J］. 材料工程，2016，44（7）：119-128.

［67］ Li P，Han Y，Wang W，et al. Novel programmable shape memory polystyrene film：a thermally induced beam-power splitter ［J］. Scientific Reports，2017，7：44333.

［68］ Rodriguez J N，Clubb F J，Wilson T S，et al. In vivo \ r，response to an implanted shape memory polyurethane foam in a porcine aneurysm model ［J］. Journal of Biomedical Materials Research Part A，2014，102（5）：1231-1242.

［69］ 王恩亮，董余兵，傅雅琴. 氧化石墨烯增强水性环氧形状记忆复合材料的制备及其性能 ［J］. 浙江理工大学学报（自然科学版），2019，41（02）：5-11.

［70］ 郑威，王亚立，张风华. 形状记忆聚合物微纳米纤维膜在生物医学中的应用进展 ［J］. 中国科学（技术科学），2018，48（08）：5-20.

［71］ 武丹. 内嵌伪弹性形状记忆合金复合材料梁非线性有限元分析 ［D］. 青岛科技大学，2018.

［72］ 顾建平，孙慧玉，张小朋. 纤维增强形状记忆聚合物复合材料的热变形行为 ［J］. 高分子材料科学与工程，2018，34（10）：64-70.

［73］ 袁新华，陈燕秋，张倩，等. 自修复微胶囊型环氧树脂复合材料的制备及其性能 ［J］. 江苏大学学报（自然科学版），2017，38（4）：461-465.

［74］ 顾海超，杨涛，杜宇. 中空纤维型自修复复合材料的修复效率及力学性能 ［J］. 宇航材料工艺，2017，47（4）：75-78.

［75］ 刘远. 基于 NSGA-Ⅱ的树脂基自修复复合材料中管网载体的拓扑优化及研制 ［D］. 华东交通大学，2017.

［76］ 韩珊，张小龙，郭岩东，等. 中空纤维自修复材料研究进展 ［J］. 化工新型材料，2018，46（10）：42-45.

［77］ Yamawaki M，Kouno Y. Fabrication and mechanical characterization of continuous carbon fiber-reinforced thermoplastic using a preform by three-dimensional printing and via hot-press molding ［J］. Advanced Composite Materials，2017：1-11.

［78］ 陈振国，矫even成，闫美玲. 碳纤维增强树脂基复合材料低温贮箱抗渗漏性研究进展 ［J］. 玻璃钢/复合材料，2018（11）：109-116.

［79］ 梁佳玉，秦志刚. 碳纤维衬纬纬编针织物增强复合材料的拉伸性能 ［J］. 玻璃钢/复合材料，2018，298（11）：89-93.

［80］ 刘立武，赵伟，兰鑫，等. 智能软聚合物及其航空航天领域应用 ［J］. 哈尔滨工业大学学报，2016，48（05）：1-17.

［81］ Zhao W，Liu，Liwu，et al. Adaptive repair device concept with shape memory polymer ［J］. smart materials and structures，2017，26（2）：025027.

［82］ Small I W, Wilson T, Benett W, et al. Laser-activated shape memory polymer intravascular thrombectomy device [J]. Optics Express, 2005, 13 (20): 8204.

［83］ Jung Y C, Cho J W. Application of shape memory polyurethane in orthodontic [J]. Journal of Materials Science Materials in Medicine, 2010, 21 (10): 2881-2886.

［84］ Lendlein A, Langer R. Biodegradable, elastic shape-memory polymers for potential biomedical applications [J]. Science, 2002, 296 (5573): 1673-1676.

［85］ Mu J, Hou C, Wang H, et al. Origami-inspired active graphene-based paper for programmable instant self-folding walking devices [J]. Science Advances, 2015, 1 (10): e1500533.

［86］ Felton S, Tolley M, Demaine E, et al. A method for building self-folding machines [J]. Science, 2014, 345 (6197): 644-646.